LO ESENCIAL EN EL COMBATE DE INCENDIOS

SEQUNDO EDICION

APROBADO POR
LA ASOCIACION INTERNACIONAL DE CAPACITACION DE BOMBEROS

PUBLICADO POR
PUBLICACIONES DE PROTECCION CONTRA INCENDIOS

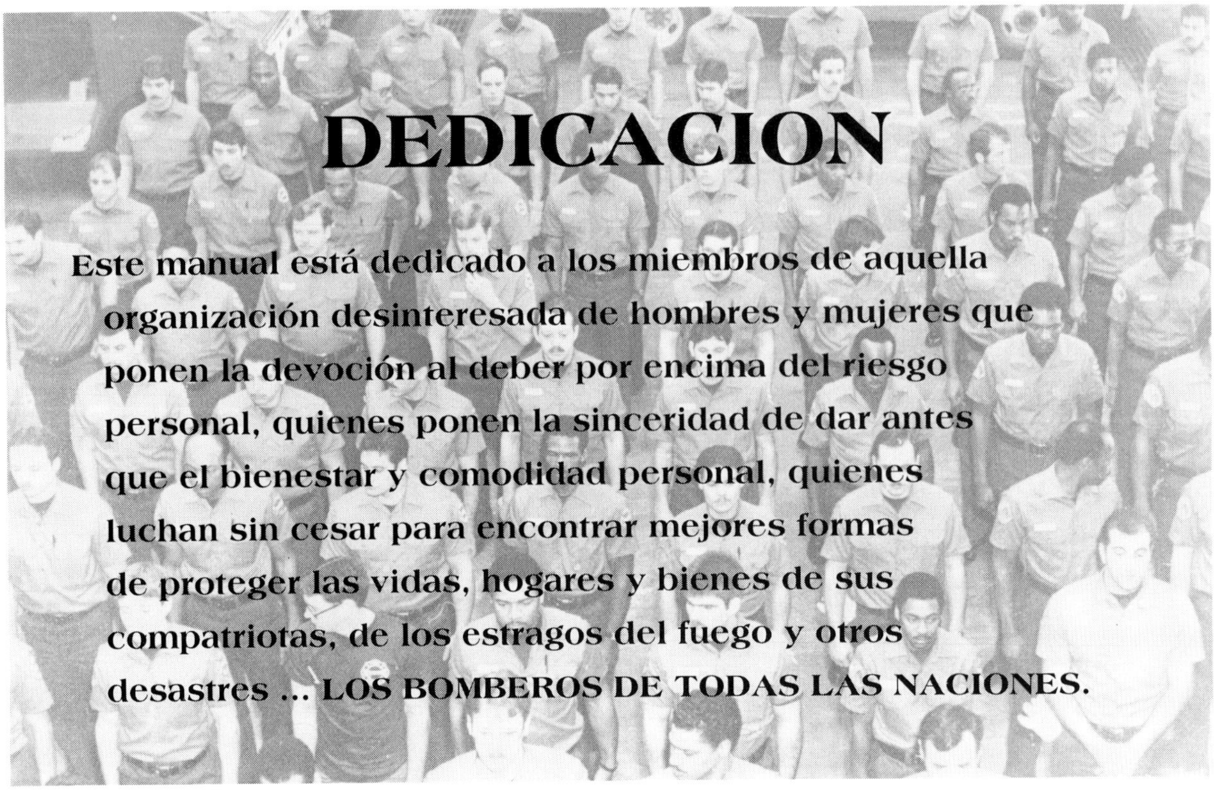

DEDICACION

Este manual está dedicado a los miembros de aquella organización desinteresada de hombres y mujeres que ponen la devoción al deber por encima del riesgo personal, quienes ponen la sinceridad de dar antes que el bienestar y comodidad personal, quienes luchan sin cesar para encontrar mejores formas de proteger las vidas, hogares y bienes de sus compatriotas, de los estragos del fuego y otros desastres ... LOS BOMBEROS DE TODAS LAS NACIONES.

Estimado Bombero:

La Asociación Internacional de Capacitación de Bomberos (IFSTA) es una organización que existe con el propósito de servir las necesidades de capacitación de los bomberos. La IFSTA es miembro de la Junta Mixta de Organizaciones Nacionales Contra Incendios (JCNFO). La Publicaciones de Protección Contra Incendios (Fire Protection Publications) es la casa editorial que publica los materiales de la IFSTA. El personal de Publicaciones de Protección Contra Incendios participa en la Asociación Nacional Contra Incendios (NFPA) y en la Sociedad Internacional de Instructores de Bomberos (International Society of Fire Service Instructors).

Si necesita mayor información acerca de estas organizaciones o ayuda con el pedido de estos manuales, comuníquese con:

Customer Services
Fire Protection Publications
Oklahoma State University
Stillwater, OK
EE.UU. 74078
(800) 654-4055 (dentro de los EE.UU.)

Para ayuda de materiales de capacitación, material recomendado para ser incluido en un manual, o preguntas acerca del contenido del manual, comuníquese con:

Technical Services
Fire Protection Publications
Oklahoma State University
Stillwater, OK
EE.UU. 74078
(405) 624-5723

ISBN O-87939-098-0
Biblioteca del Congreso 91-76749
Segundo Edición
Impreso en EE.UU.

Tabla de Contenido

INTRODUCCION . . . 1

1 COMPORTAMIENTO DEL FUEGO . . . 7
Definiciones . . . 7
Fuentes de Energía Calórica . . . 8
Energía Calórica Química . . . 8
Energía Calórica Eléctrica . . . 8
Energía Calórica Mecánica . . . 9
Energía Calórica Nuclear . . . 9
El Proceso de Combustión . . . 9
Características del Comportamiento del Fuego . . . 9
Fases del Fuego . . . 11
Explosión por Flujo Reverso (Backdraft) . . . 13
Inflamación Súbita Generalizada (Flashover) . . . 14
La Transferencia de Calor . . . 15
Conducción . . . 15
Convección . . . 16
Radiación . . . 16
Productos de la Combustión . . . 17
Teoria de Extinción del Fuego . . . 18
Extinción por Reducción de Temperatura . . . 18
Extinción por Eliminación de Combustible . . . 19
Extinción por Dilución del Oxígeno . . . 19
Extinción por Inhibición Química de la Llama . . . 19
Clasificación de los Incendios y Métodos de Extinción . . . 19
Incendios Clase A . . . 19
Incendios Clase B . . . 19
Incendios Clase C . . . 20
Incendios Clase D . . . 20

2 EXTINTORES PORTATILES . . . 23
Sistema de Clasificación de Extintores . . . 23
Clasificacione Multiple . . . 25
Ejemplos de Potencial de Efectividad de los Extintores . . . 25
Selección de Extintores . . . 26
Operación de los Extintores . . . 27
Extintor de Agua con Bomba Manual . . . 27
Extintores de Agua con Presión Almacenada . . . 28
Extintores a Base de Espuma de Película Acuosa . . . 28
Extintores a Base de Halon 1211 . . . 29
Extintores a Base de Bióxido de Carbono . . . 30
Extintores a Base de Bióxido de Carbono Sobre Ruedas . . . 31
Extintores a Base de Polvo Químico Seco-Polvo Químico Ordinario . . . 31
Extintores Sobre Ruedas a Base de Polvo Químico Seco . . . 32
Extintores de Polvo Químico Seco de Uso Múltiple . . . 33

Extintores y Agentes Extinguidores a Base de Polvo Químico Para Incendios de Metales . . . 33
Extintores Dañados . . . 34
Extintores Obsoletos . . . 34
Inspección de Extintores . . . 35

3 **CUERDAS Y NUDOS . . . 41**
Elementos de un Nudo . . . 41
Nudo la Vuelta de Escota . . . 42
Nudo el as de Guía . . . 43
Nudo Ballestrinque . . . 44
Nudo de la Argolla de Amarre con Seguro . . . 45
Nudo de Amarre de Chimenea . . . 46
Amarre de una Cuerdas Entre dos Objetos . . . 47
Elevación de Herramientas y Equipos . . . 48
Enrollado de Cuerda Para el Servicio . . . 49
Inspección y Cuidado de Sogas . . . 51

4 **EQUIPOS AUTONOMOS DE PROTECCION RESPIRATORIA . . . 57**
Peligros Respiratorios . . . 57
Deficiencia de Oxígeno . . . 58
Temperaturas Elevadas . . . 58
Humo . . . 58
Gases Tóxicos Generados en un Incendio . . . 58
Atmósferas Tóxicas no Asociadas con Incendios . . . 62
Tipos de Equipos Autonomos de Protección Respiratoria . . . 63
Equipos a Demanda . . . 63
Equipos a Demanda de Presión Positiva . . . 64
Aparatos de Oxígeno Comprimido-Presión Positiva-Circuito Cerrado . . . 65
Montaje de los Equipos Autónomos de Protección Respiratoria . . . 65
Modos de Ponerse los Equipos de Protección Respiratoria . . . 65
Método por Encima de la Cabeza . . . 65
Método de la Chaqueta . . . 68
Métodos de la Montadura del Asiento . . . 69
Método del Montaje en Compartimiento . . . 70
Método Para Ponerse la Máscara . . . 70
Inspección y Conservación . . . 74
Inspecciones Diarias . . . 74
Inspecciones Periódicas y Conservación . . . 74
Ensayo Para Verificar Fugas en la Valvula del Cilindro . . . 76
Método Para Recargar los Cilindros . . . 76
Precauciones de Seguridad . . . 77
Situaciones de Emergencia . . . 78

5 **ESCALERAS . . . 83**
Términos Sobre Escaleras . . . 83
Tipos de Escaleras . . . 85
Escaleras Sencillas . . . 85
Escaleras de Techo . . . 85
Escaleras Plegables . . . 86

Escalera de Extensión 86
Escaleras de Pértigas 86
Escalera de Combinación 86
Escalera de Pompier 87
Escaleras Aéreas 87
Plataforma de Escaleras Aéreas 88
Torres Aéreas Telescópicas 88
Torres Aéreas Articuladas 89
Construcción y Mantenimiento 89
Aspectos Sobre la Construcción 90
Mantenimiento 92
Manejo de las Escaleras 93
Métodos Para Colocar las Escaleras de Superficie en los Vehículos de Bomberos . . 93
Selección de las Escaleras Para el Trabajo 95
Retiro de las Escaleras del Carro de Bomberos 96
Métodos Recomendados Para Levantar y Bajar las Escaleras 97
Transporte de Escaleras 98
Colocación Apropiada de la Escalera 108
Izando y Trepando Escaleras 111
Procedimientos Generales 111
Izamiento de Escaleras 113
Izamiento por un Bombero 113
Izamiento por Dos Bomberos 117
Izamiento por Tres Bomberos 121
Izamiento por Cuatro Bomberos 122
Izando Escaleras de Pertigas 124
Asegurando la Escalera 126
Trepando Escaleras 130
Procedimientos Generales 130
Trepando Para Colocar una Escalera de Techo 131
Trabajando en una Escalera 133
Auxiliando a una Victima Mientras se Desciende por una Escalera 135
Medidas de Seguridad de Escaleras 138

6 ENTRADA FORZOSA 141
Aspectos de la Construcción de Edificios 141
Puertas Contra Incendios 143
Herramientas Para Entrada Forzosa 144
Herramientas de Cortar 144
Herramientas Para Empujar Halar 147
Herramientas Para Golpear 147
Cuidado y Mantenimiento de las Herramientas Para Entradas Forzosas 147
Mangos de Madera 147
Bordes Agudos 148
Superficies Pintadas y Niqueladas 148
Superficies de Metal sin Protección 148
Equipo de Potencia 148
Apertura de Puertas 148
Puertas Oscilantes 148

Puertas Giratorias y Técnicas Para el Forzamiento 159
Puertas Corredizas y Técnicas de Apertura 160
Puertas de Techo y Técnicas de Apertura 160
Cercas 161
Apertura de Ventanas 163
Ventanas de Rieles Contenibles y Técnicas de Aperturas 163
Ventanas Batientes Horizontales y Técnicas de Apertura 163
Ventanas Batientes Verticales y Técnicas de Apertura 164
Ventanas de Toldos o Celosía y Técnicas de Apertura 165
Ventanas Lexan y Técnicas de Apertura 165
Ventanas Protegidas o Enrejadas y Otras Aberturas 166
Apertura de Pisos 166
Pisos de Madera y Técnicas de Apertura 166
Pisos de Concreto y Técnicas de Apertura 167
Apertura de Paredes 168
Apertura de Paredes de Mampostería y Enchapadas 168
Apertura de Paredes de Metal 168
Apertura de Paredes de Estructura de Madera 169
Apertura de Tabiques 169
Operaciones Especiales de Entrada Forzosa 170
Precauciones de Seguridad 171

7 RESCATE 175
Rescate en Edificaciones Incendiadas 175
Rescate en Edificaciones Derrumbadas 179
Rescate de Hundimiento o Deslizamiento 180
Uso de Gatos Para el Rescate 181
Aparejo de Poleas 182
Precauciones de Seguridad 182
Rescate de Atmófera Peligrosa 182
Rescate en Contactos Eléctricos 183
Triaje 184
Traslados y Arrastre 185
Traslados por una Persona 185
Traslado por las Extremidades 186
Arrastre con Chaqueta o Manta 187
Colocando una Víctima en una Camilla 188
Camillas Improvisadas 189
Bajando a una Víctima 189
Nudo de Rescate 190
Rescate de Vehículos 192
Consideraciones de Seguridad 192
Estimación de lo Acontecido 193
Estabilización del Vehículo y Acceso 193
Cuidado y Traslado de Víctimas 193
Evacuación de Emergencia de Ascensores Acceso al Ascensor Puerta de la Cabina del Ascensor 195
Control del Ascensor 196
Evacuación de Ascensores 197

8 **SUMINISTRO DE AGUA** **203**
Fuentes de Suministro de Agua 204
Bombeo Directo 204
Sistema por Gravedad 205
Sistema Combinado 205
El Sistema de Distribución 206
El Sistema de Suministro de Agua 206
Válvulas Principales 207
Tuberías 209
Diferentes Tipos de Presión 210
Hidrantes 211
Ubicación de los Hidrantes 211
Mantenimiento de Hidrantes 211
Otras Fuentes de Suministro de Agua 211

9 **CHORROS DE EXTINCION** **215**
Las Propiedades Extintoras del Agua 215
Tipos de Presión 217
Presión Estática 217
Presión de Operación Normal 217
Presión Residual 217
Presión de Flujo 217
Pérdida por Fricción 217
Golpe de Ariete 218
Tipos de Chorros de Extinción 219
Chorros Sólidos 219
Chorros de Neblina 220
Chorros Dispersos 220
Characterísticas de los Chorros Sólidos 221
Capacidad de Flujo de los Chorros Sólidos 221
Alcance Efectivo de un Chorro Sólido 222
Characterísticas de los Chorros de Neblina 222
Velocidad del Chorro 222
Tamaño de la Particulas de Agua 224
Volumen de Agua Descargada 224
Alcance del Chorro de Neblina 224
Characterísticas de los Chorros Dispersos 225
Pitones de Mangueras de Extinción 225
Espumas 227
Espumas Químicas 227
Espumas Proteínicas 228
Espumas Sintéticas 229
Aplicación de la Espuma 231
Proporcionadores de Espuma 231
Eductor de Pitones de Espuma 232

10 **MANGUERAS** **239**
Construcción y Cuidados de las Mangueras 239
Tipos y Tamaños 240

Cuidado y Mantenimiento 240
Acoples y Otros Dispositivos 244
Tipos de Acoples Para Mangueras 245
Cuido y Mantenimiento de las Conexiones de Mangueras 247
Dispositivos y Herramientas Para Mangueras 249
Rollo de Mangueras 255
Rollo Recto 255
Rollo 256
Rollo Doble 258
Rollo de Cierre Automático 259
Conexión y Desconexión de Mangueras 263
Acoplando Mangueras (Método de Pie con Inclinación) 263
Acoplando Mangueras (Método Sobre el Muslo) 263
Acoplamiento de Mangueras (Método por dos Bomberos) 263
Aflojando una Conexión muy Ajustada 264
Disposición de Manguera 264
Compartimientos de Mangueras Contra Incendios 265
Factores en la Disposición de Mangueras 266
La Colocación en Forma de Acordeón 267
Disposición Plana de Mangueras 268
Disposición en Forma de Casquillo 269
Manguera de Gran Diámetro 270
Arreglos Especiales en la Disposición de Mangueras en los Vehículos de Bomberos 271
Carga de Mangueras Preconectadas 273
Lineas de Mangueras en Carretes 276
Tendidos de Manguera 276
Tendidos Hacia Adelante 276
Tendido en Reverso 278
Tendido Separado 279
Haciendo Conexiones al Hidrante 279
Manejo de Mangueras 284
Líneas Preconectadas 284
Líneas no Preconectadas 286
Despliegue de Líneas de Manguera 287
Despliegue de Línea de Manguera Dentro de una Estructura 289
Despliegue de Mangueras por las Escaleras Interiores 290
Despliegue de Líneas de Mangueras Desde Tubería de Incendios 290
Traslado de Manguera Sobre Escaleras de Bomberos 292
Traslado de Manguera Llena de Agua por la Escalera de Bombero 293
Uso de una Manguera Desde la Escalera de Bombero 293
Cómo Trasladar Mangueras Hacia Arriba 293
Izamiento de Mangueras con Cuerdas 294
Estensión de una Líena de Manguera 295
Rescate de una Línea de Manguera Suelta y sin Control 295
Reemplazo de una Sección de Manguera Rota 296
Método Para un Solo Bombero (Líneas de Mangueras de Tamaño Medio) 297
Método Para Dos Bomberos (Líneas de Manguera de Tamaño Medio) 297
Método Para un Sólo Bombero (Manguera de Gran Diámetro) 297

Método Para Dos Bomberos (Mangueras de Gran Diámetro) 298
Método Para Tres Bomberos (Mangueras de Gran Diámetro) 298
Traslado de Mangueras 299
Traslado en Forma de Acordeon Sobre los Hombros 299
Drenaje y Traslado de una Sección de Manguera 301
Para Transportar la Manguera Enrollada Sobre el Hombro 302

11 VENTILACION 307
Ventajas de la Ventilación 308
Apoyo a las Operaciones de Rescate 308
Acelera el Ataque y la Extinción 308
Reduce los Daños a la Propiedad 308
Reduce la Formación de Hongos de Humo 309
Reduce el Peligro de la Explosión por Flujo Reverso 309
Consideraciones que Afectan la Decisión Para Ventilar 310
Condiciones Visibles de Humo 311
La Edificación Involucrada 311
Riesgos a la Vida 313
Ubicación y Extensión del Incendio 314
Selección del Lugar a Ventilar 314
La Ventilación Vertical 315
Apertura de Techos 315
Precauciones a Seguir Para Evitar el Trastorno de la Ventilación Vertical Establecida 321
Ventilación Horizontal 322
Condiciones Metereológicas 323
Exposiciones 324
Precauciones Para Evitar Trastornar la Ventilación Horizontal Cruzada 325
Ventilación Forzada 325
Algunas Ventajas de la Ventilación Forzada 326
Desventajas de la Ventilación Forzada 327
Técnicas Para la Ventilación Forzada 327
Uso de la Neblina de Agua Para Expulsar Humo y Gases 328

12 RESGUARDO DE BIENES E INSPECCION DE COMPROBACION 333
Planificación de las Operaciones de Resguardo de Bienes 333
Arreglo y Disposición de Materiales y Equipos Para ser Cubiertos 333
Mantas de Protección 334
Mantenimiento de las Mantas de Protección 335
Equipo de Resguardo de Bienes 336
Equipos a ser Transportados en el Vehiculo 336
Métodos Para Doblar y Extender las Mantas de Salvamento 339
Enrollamiento de la Manta de Protección por un Solo Bombero 339
Despliegue por un Solo Bombero, con una Manta de Protección Enrollada 341
Doblado de la Manta de Protección Para Despliegue por un Solo Bombero 343
Despliegue por un Solo Bombero con una Manta de Protección Doblada 344
Doblado de Manta de Protección Para Despliegue por Dos Bomberos 346
Modo de Cargar la Manta de Protección Doblada Para Despliegue por Dos Bomberos 349
Despliegue por Dos Bomberos con una Manta de Protección Doblada 350

Como Improvisar con Mantas de Protección 351
Para Sacar Agua con Canales 359
Construcción de Receptáculos 359
Uso de Tapones Para Rociadores 353
Inspección Minuciosa de Comprobación 354
Buscando Fuentes de Reignición 355
Extinción de Fuentes de Reignición 357
Protección y Preservación de Evidencias 358
Protección de Ventanas y Techos 360

13 DETERMINACION DE LAS CAUSAS DE INCENDIOS 363
El Papel del Bombero 364
Acciones a Seguir Desde el Inicio de la Alarma 364
A la Llegada 365
Durante el Combate de Incendio 366
Después del Incendio 367
Conducta y Comentarios en el Escenario del Incendio 368
Asegurando el Area Incendiada 368
Consideraciones Legales 369

14 TECNICAS DE EXTINCION DE INCENDIOS 373
Extinción de Incendios Clase “A” 374
Ataque Directo 374
Ataque Indirecto 374
Ataque Combinado 374
Selección del Chorro 375
Extinción de Incendios Clase “B” 377
Uso del Agua Como Agente de Enfriamiento 378
Uso del Agua Como Herramienta Mecánica 378
Uso del Agua Como Sustituto 379
Uso del Agua Como Cubierta Protectora 379
Incendios en Vehículos de Transporte de Carga y Vehiculos de Pasajeros 379
Extinción de Incendios Clase “C” 381
Extinción de Incendios Clase “D” 381
Control de la Energía Eléctrica 382
Instalaciones de Electricidad 382
Corte de Energía Eléctrica 383
Guía Para Emergencias Eléctricas 384
Control del Servicio de Gas 385
Tácticas de la Brigada de Combate 387
Tácticas de Incendio Para Residencias Unifamiliares 388
Tácticas de Incendios en Instalaciones Protegidas con Sistemas de Extinción 389
Incendios y Emergencias en Espacios Confinados 390
Técnicas de Extinción de Incendios de Montes Bajos 392

15 COMUNICACIONES 399
El Centro de Comunicaciones 399
Reporte de Incendio 401

Método Para Recibir las Alarmas del Público . . . 401
Sistemas Municipales de Alarma . . . 401
Teléfono . . . 402
Alarmas por Radio y Personalmente . . . 403
Sistema Privado de Señales de Alarma de Incendio . . . 403
Sistema de Senal de Proteccion Auxiliar . . . 404
Métodos Para Alertar al Personal del Cuerpo de Bomberos . . . 405
Alerta del Personal Cuando Ellos Permanecen en el Cuartel . . . 405
Alerta de Cuarteles sin Personal . . . 405
Dispositivos de Control de Transito . . . 406
Dispositivos Activados Manualmente . . . 406
Dispositivos Activados por Luz . . . 406
Dispositivos Activados por Sirena . . . 406
Procedimientos de Radio . . . 407
Reporte de Llegada y de Operación . . . 407
Llamadas de Refuerzos . . . 408

16 SISTEMAS DE ROCIADORES AUATOMATICOS . . . 413
El Valor de los Sistemas de Rociadores Para la Seguridad de la Vida . . . 413
Cabezas de Rociadores . . . 414
Rangos de Temperatura de los Rociadores . . . 416
Válvulas de Control y Operación . . . 417
Alarmas de Flujo de Agua . . . 419
Suministro de Agua . . . 419
Tipos de Sistema de Rociadores . . . 422
Sistema de Tubería Húmeda . . . 422
Sistema de Rociadores de Tubería Seca . . . 424
Sistema de Acción Previa . . . 425
Sistema de Diluvio . . . 426

17 INSPECCIONES DE INCENDIOS . . . 431
Requisitos Para el Personal de Inspectores . . . 431
El equipo del Inspector . . . 432
Inspecciones del Cuerpo de Bomberos . . . 433
Como Iniciar la Inspección . . . 433
Realizando la Inspección . . . 433
Entrevista Final . . . 434
Seguimiento . . . 434
Elboración de Planos y Gráficos . . . 435
Fotografías . . . 435
Peligros de Incendios . . . 437
Peligros del Combustible . . . 437
Peligros de la Fuente de Ignición . . . 437
Peligros Comunes . . . 438
Peligros Especiales . . . 438
Instalaciones con Peligro Concentrado . . . 438
Inspeccións en Viviendas . . . 438
Responsabilidad de los Bomberos . . . 440

Qué Buscar Durante las Inspecciones 440
Seguridad Contra Incendio en el Hogar 442
Salida de Incendio en de las Escuelas 443

Lista de Tablas

1.1 Pirólisis 9
1.2 Ejemplos de Límites Inflamables 10
2.1 Características de los Extintores 38
3.1 Características de las Cuerdas 52
3.2 Capacidades Seguras de Trabajo para las Cuerdas 52
4.1 Efectos Fisiológicos del la Deficiencia de Oxígeno 58
4.2 Efectos Tóxicos del Monóxido de Carbono 60
5.1 Cargas Máximas de las Escaleras 91
5.2 Guía de Selección de Escaleras 95
9.1 Concentrado de Espuma de Baja Expansión Requerido Para 10 Minutos de Aplicación 229
13.1 Color del Humo Producido por Varios Combustiblers 366
14.1 Características del Chorro de la Manguera 376
14.2 Señales Para la Linea de Vido 390
16.1 Código de Colores de los Rociadores 417

LA ASOCIACION INTERNACIONAL PARA EL ADIESTRAMIENTO DE LOS SERVICIOS DE BOMBEROS IFSTA

La Asociación Internacional para el Adiestramiento de los Servicios de Bomberos es una organización con fines educacionales constituida para desarrollar materiales para el adiestramiento de los servicios de bomberos.. La reunión anual de sus miembros es fundamentalmente un taller de trabajo y presentación de conferencias, el cual persigue varios objectivos.

...Desarrollar material de adiestramiento para su publicación.
...Validar material de adiestramiento para su publicación
...Revisar si hay errores en las minutas propuestas
...Añadir nuevas técnicas y desarrollos
...Eliminar métodos obsoletos y anticuados
...Mejorar el servicio de bomberos a través del adiestramiento

Esta asociación para el adiestramiento fue constituida en Noviembre de 1.934, cuando La Oficina Occidental de Actuarios auspició una conferencia en Kansas City, Missouri, para determinar en qué forma se pudiera coordinar los esfuerzos de todas aquellas agencias interesadas en publicar material de adiestramiento para el servicio de bombero. Cuatro (4) estados estuvieron representados en esta conferencia y se acordó que en vista de que los representantes de Oklahoma habían desarrollado trabajos pioneros en lo que respecta a la elaboración de un manual de adiestramiento en materia de incendios, otros estados interesados podían unir esfuerzos con ellos. Esta consolidación hizo posible el desarrollar materiales de adiestramiento reconocidos nacionalmente, los cuales eran más amplios en alcance que los publicados por una agencia de un solo estado. Esta unión, además, hizo posible una reducción significativa en los costos de publicación, ya que permite que cada estado se beneficiéa económicamente de las grandes órdenes de pedidos. Estos ahorros no serían posibles si cada estado por separado desarrollara y publicara su propio material de adiestramiento.

De los cuatro estados originales, la lista de adopción ha crecido a cuarenta y cuatro (44) estados americanos; seis (6) provincias canadienses, el territorio británico de las Bermudas, el estado australiano de Queensland, el Centro de Adiestramiento de la Organización Internacional de Aviación Civil en Beirut, Líbano, el Departamento de Defensa Nacional de Canadá, el Departamento del Ejército de los Estados Unidos, el Departamento de la Marina de Los Estados Unidos, La Fuerza Aérea de los Estados Unidos, La Oficina de los Estados Unidos Encargada de los Asuntos Indígenas, La Administración de los Servicios Generales de los Estados Unidos y la Administración Nacional del Espacio y de la Aeronáutica (NASA). Representantes con diversas áreas de especialización son invitados para servir como un grupo voluntario de individuos que recomiendan procedimientos y validan materiales antes de ser publicados. La mayoría de los representantes son miembros de otras organizaciones internacionales de protección contra incendio, lo cual reúne individuos de diversos campos relacionados y afines, como son:

...Ejecutivos y Directivos de los Cuerpos de Bomberos y Expertos en Entrenamiento.
...Educadores de institutos de Educación Superior y Universidades
...Representantes de Agencias Gubernamentales
...Delegados de Asociaciones y Organizaciones Bomberiles
...Ingenieros de la Industria de Seguros e Incendios

Este aspecto único facilita una estrecha relación entre la Asociación Internacional de Adiestramiento del Servicio de Bomberos (IFSTA) y otras agencias de Protección contra Incendios, lo cual ayuda a correlacionar los esfuerzos de todos los interesados.

Las publicaciones de la Asociación Internacional de Adiestramiento del Servicio de Bomberos son compatibles con la Norma 1001 de la Asociación Nacional de Protección Contra Incencio (NFPA) "Norma para la Calificación Profesional del Bombero" (1.981), y con la Norma de la Asociación Internacional de Bomberos (IAFF), Asociación Internacional de Jefes de Bomberos (IAFF), "Normas Nacionales de Adiestramiento y Aprendizaje para Bomberos." Las Normas son un esfuerzo por alcanzar un alto nivel profesional a través del adiestramiento progresivo. Las Normas de la NFPA y así como las de las IAFF/IAFC fueron preparadas con la cooperación del Consejo Nacional de Organizaciones del Servicio Contra Incendios, del cual IFSTA es miembro.

La Asociación Internacional para el Adiestramiento de los Servicios de Bomberos se reúne en julio de cada año en Oklahoma State University, en la ciudad de Stillwater, Oklahoma. El Departamento de Publicaciones de Protección Contra Incendio de Oklahoma State University publica todos los manuales y textos de adiestramiento del IFSTA.

Prólogo A La Edicion En Español

Para todos aquellos vinculados a la protección contra incendios en Latinoamérica y muy particularmente los que han cumplido o cumplen funciones operativas en la honrosa tarea de salvar vidas y propiedades, existe un consenso generalizado en relación a las limitaciones que estamos sujetos en nuestro diario desempeño, como consecuencia de la escasa posibilidad de tener acceso oportuno a las novedosas tecnologías que se vienen desarrollando en el resto del mundo en materia de lucha contra incendio. Estas limitaciones no están sólo referidas a la posibilidad de adquirir modernos y sofisticados equipos o herramientas, sino el de compartir con los colegas bomberos profesionales de otras latitudes el fruto de su vasta experiencia de trabajo y su opinión en el manejo de tecnologías distintas.

Al conocer el extraordinario esfuerzo realizado por International Fire Service Training Assotiation de Estados Unidos (IFSTA), en la elaboración de un texto base para la formación y entrenamiento de los Servicios de Bomberos, conocido como el "Essentials of Fire Fighting", nos propusimos, en OPROCI, la traducción y publicación al español de tan importante y valioso documento, como una manera de romper en parte con una de nuestras limitaciones para acceder a nuevas tecnologías, como lo es la barrera del idioma, y darle la oportunidad, a todos y cada uno de los colegas de habla hispana, a sus instituciones y otros entes, el de contar con un manual, que a nuestro entender, se convertirá en guía y consulta obligada cuando de entrenamiento profesional de bomberos se trate.

El libro "Lo Esencial en el Combate de Incendios" primera edición en español, es presentado en la misma forma clara y sencilla que ha caracterizado siempre las publicaciones del IFSTA. En él se resumen los conocimientos básicos actualizados en materia de prevención y combate de incendio, que han resultado de la participación de destacados y muy calificados profesionales de la protección contra incendios en Estados Unidos, donde la experiencia, investigación y numerosas horas de trabajo conjunto lo hicieron posible.

Para todos y cada uno de los que me han acompañado en este trabajo es motivo de orgullo el poder ver cristalizado un proyecto de tanto significado e importancia para nuestras instituciones bomberiles.

En lo particular quiero dejar constancia del trabajo y dedicación puesto de manifiesto, en medio de las dificultades, por todos los que han estado vinculado a este Manual en Español, dignos profesionales y grandes amigos, con quienes comparto el ideal de hacer cada día más eficiente, más profesional, más técnica, más exitosa y menos riesgosa, la noble tarea de salvar vidas y propiedades, en beneficio de nuestras comunidades, es decir el ser Bomberos.

Especial reconocimiento quiero expresar a el Profesor Ing. Pat David Brock, de la Escuela de Ingeniería de Proteccción contra Incendios de Oklahoma State University, extraordinario catedrático y mejor amigo, artífice y motor de este trabajo, a quien se lo dedicamos muy especialmente como una pequeña muestra de nuestro respeto, consideración y agradecimiento.

Deseo destacar el apoyo y esfuerzo dado muy particularmente por: Tte. Cnel. (Av.) Eduardo Centeno George, incanzable trabajador, excelente profesional de la protección contra incendio y noble amigo quien coordinó y desarrolló personalmente mucho de lo que hoy le entregamos en este Manual.

Ing. Petrica Gordon de Gómez, especialista de la protección contra incendios, de cuyos conocimientos, paciencia, apoyo y perseverancia dependió en gran parte el llevar a feliz término nuestra iniciativa.

A los colegas y amigos del Cuerpo de Bomberos del Distrito Federal - Caracas, muy particularmente al Cnel. (Ing.). Angel Ramón Freytez G., Tte. Cnel. José Fernández Vegas, Cap. (Ing.). Ana Rosa Ramírez de Cambero, Tte. Luis Cambero, Sgto. Mercedez Zamora.

A los Oficiales, Sub-oficiales, clases y alumnos de la Escuela de Formación Profesional de Bomberos del Distrito Federal en Macarao, por su entusiasta participación y apoyo.

Gracias muy especial al amigo de siempre y estraordinario colaborador en la elaboración del Manual Sr. Eduarado Sánchez Rosales.

Mi agradecimiento a todo el personal de OPROCI que tuvieron participación destacada en la elaboración del Manual, en especial a, Ing. José Rafael Nieves, Ing. Rafael Fuente Latorraca, Ing. Eudi Alcalá, Dra. Amalia de Martín, Sra. Carmen González, Sta. Rosa Moreno, Sta. Ana Díaz, Sta. Enilda Rivera.

Especial reconocimiento al trabajo del Sr. Jorge Finol en las fotografías de portadas, Sr. Alex Sánchez y Bernardo Alpizar, por las ilustraciones que acompañan los textos.

A los amigos de Editorial Metrópolis en la persona de su Gerente General, Sr. Ramón Rodríguez, quienes además de trabajar arduamente en la impresión de los materiales, fueron unos impulsadores constantes de la idea de la publicación del material en beneficio de la colectividad bomberil.

En definitiva, quiero que esta primera edición de “Lo Esencial en el Combate de Incendios”, se convierta en un reconocimiento de todos los bomberos de habla hispana, para aquellos que reunidos en Noviembre del 1934 en Kansas City, Missouri y a proposición del estado de Oklahoma, decidieron crear el IFSTA.

Oklahoma State University, Mr. Gene P. Carlson, Fire Protection Publications, IFSTA, en nombre de todos.

Muchas Gracias.

Cap. (Ing.) Angel Rangel Sánchez

Director General OPROCI

Editor

Caracas - Venezuela 1990

Prólogo

De la segunda edición en inglés

Es digno que este manual, *Lo esencial en el combate de incendios,* segunda edición, esté siendo publicado en 1.983, del año 50mo. aniversario de la Asociación Internacional de Adiestramiento del Servicio de Bomberos (IFSTA). Este manual es el texto líder para instruir en todo lo básico del combate de incendios y así cumplir con los objetivos requeridos para la certificación de bomberos a los niveles I y II.

El manual, *Lo esencial,* manifiesta el propósito de nuestra asociación de proveer materiales de adiestramiento de alta calidad para uso internacional. Es un sumario de técnicas de adiestrameinto validadas por todos los que ejercen profesionalmente en los Cuerpos de bomberos de los Estados Unidos y Canadá. Debido a que es una recopilación de la información práctica proveniente de otros manuales, de comités, miembros de asociaciones, y del personal adjunto al representante de Publicaciones de Protección Contra Incendio, son miles las horas que se han empleado en su producción, al igual que con el resto de los manuales IFSTA. Los manuales continúan reflejando el espíritu de dedicación del comité de validación, del personal de redactores, y todas aquellas personas vinculadas al servicio de bomberos, que contribuyeron en su elaboración.

En este año aniversario, es oportuno señalar los líderes que han conducido a la Asociación hasta este punto en la historia.

Editores

Fred Heisler 1934-1955
Everette Hudiburg 1955-1975
John Peige 1975-1977
Jerry Laughlin 1978-1979
Gene P. Carlson 1980 al Presente

Presidentes de Conferencias de Validación

Fred Heisler 1934-1950
R.J. Douglas 1950-1962
Emmett Cox 1962-1976
Howard Boyd 1976 al Presente

La Junta Directiva se inició en 1.962 y eligió a Everett Hudiburg como su primer Director Ejecutivo en 1.971. El sirvió hasta 1.975 y ahora es el Director Emerito.

Estos son sólo algunos de los individuos que han contribuido en la Historia del IFSTA. A todos aquellos que han colaborado en la creación del sistema IFSTA de proveer los mejores materiales de adiestramiento en materia de incendios para los bomberos alrededor del mundo, nosotros le damos las gracias.

HAROLD R. MACE
Director Ejecutivo
Stillwater, Oklahoma. 1983

Prefacio

Esta es la segunda edición de **Lo esencial en el combate de incendios.** Ha habido algunos cambios sustanciales en la nueva edición que reflejan la revisión de la Norma 1001 de NFPA, *Requisitos Profesionales para Bomberos* (1981). Muchas ilustraciones nuevas y fotografías han sido añadidas y conversiones métricas han sido incluidas entodo el manual.

Reconocimiento y agradecimientos son extendidos a los miembros del comité de validación, quienes ayudaron con el borrador definitivo de este manual.

Presidente
Joseph L. Donovan
Superintendente de la Academia Nacional del Servicio de Incendios
Emmitsburg, Maryland

Vicepresidente
Carl McCoy, Representante Regional de FEMA Administración del Servicio de Incendio de los Estados Unidos
Denton, Texas

Secretario
Capitán William R. Cooper
Cuerpo de Bomberos de Huntington Beach
Huntington Beach, California

Otras personas que asistieron en las comisión durante su existencia fueron:

LOUIS AMABILI
EDWARD BENT
GERALD BRINKMAN
ROBERT HASBROOK
ERIC HAUSSERMANN
JOHN HOGLUND
JOHN HORN
JESSE JACKSON
KENNETH MITTEN
JUNIUS MURRAY
NICK RENIHAN
T.R. SPENCER

Reconocimiento especial y gracias se extienden al Comandante de Bomberos KEN MITTEN y al Cuerpo de Bomberos de la ciudad de Merced (California) por su cooperación y asistencia en proveer personal, equipos y medios para los fotógrafos de las Publicaciones de Protección contra Incendio. Sus habilidades para demostrar con esmero los progresos prescritos en NFPA 1001 e ilustrados en este manual son profundamente agradecidas.

Un libro de este alcance sería imposible de publicar si no fuera por las asistencia de muchas personas y organizaciones. A los siguientes y muchos otros como la señalaremos en los encabezamientos, nostros les debemos mucha gratiud porque ellos donaron sin reserva de parecer, equipos materiales de derechos registrados, ilustraciones y fotografías.

La Compañía Akron Brass
El Personal de la Academia del
Servicio de Incendios de Chicago
La Compañía Manufacturera Inc.
Elkhart Brass
El Instituto de Rescate y Servicio
de Incendios de Maryland
La Academia de Combate de Incendios
de Massachusetts
R. Goddard, J. Harrington, E. Hartin,
J. Peltier, G. Reardon, J. Russell
La Academia de Adiestramiento de
Rescate y Servicio de Incendios de
Maryland, Condado de Montgomery.
La Asociación Nacional de Protección
Contra Incendio.
Cuerpo de Bomberos de Rose

Los Servicios de Bombero de Stillwater

Fotos de la Portada
El Cuerpo de Bomberos de Chicago
Personal de Publicaciones de Protección
Contra Incendio.

Fotos Divisorias de capítulos
El Cuerpo de Bomberos de Chicago
El Diario News - Sentinel de Fort Wayne
El Cuerpo de Bomberos de San Clemente
Jim Nichols

Asimismo expresamos nuestras gracias a los siguientes estudiantes de protección contra incendio de la Universidad del Estado de Oklahoma por su asistencia en demostrar ciertas maniobras descritas en este manual.

KEVIN JOHNSON
JOHN SEPAPHUR
MICHAEL MALLORY
SCOTT STOOKEY
JEFF SIPES
KEVIN ROCHE
RICHARD A. BRENNER
JAY HOLTON
BRAD SHOEFSTALL

Igualmente, nuestro agradecimiento se extiende a los siguientes miembros del personal de publicaciones de protección contra incendio cuyo aporte hizo posible la publicación definitiva del manual.

WILLIAM J. VANDEVORT	Editor Asociado
SAMUAL O. GOLDWATER	Asociado de Mercadeo
GARY M. COURTNEY	Técnico de Investigaciones
SCOTT D. KERWOOD	Técnico de Investigaciones
DON DAVIS	Coordinador de Máquinas Tipográficas
KAREN MURPHY	Operador II de Máquinas Tipográficas
DESA PORTER	Operador I de Máquinas Tipográficas
ANN MOFFAT	Diseñadora Gráfica
CHRISTI WARD	Practicante Gráfico
CAROL SMITH	Asistente de Validación de Publicaciones

GENE P. CARLSON
Editor

Introducción

Hace algunos años el servicio de bomberos reconoció la necesidad de contar con normas profesionales para los bomberos. Representante de las principales organizaciones vinculadas con el servicio de bomberos de las Estados Unidos de Norteamérica se reunieron y formularon La Norma No 1001 de la NFPA, "Requisitos para la Calificatión Profesional del Bombero".

La elaboración de una norma concisa yel establecimiento de un programa viable, han incrementado la actitud profesional en todos los Cuerpos de Bomberos de la nación. Los manuales y materiales de adiestramiento del IFSTA han sido desarrollados para satisfacer esta actitud y fomentar el profesionalismo en el servicio de bomberos.

Es importante señalar que el propósito de la Norma 1001 de la NFPA es el de especificar, en términos de objetivo a cumplir, los requerimientos mínimos de suficiencia que son requeridos para prestar servicios como bombero. En muchos casos, este manual ilustra solo un método para efectuar cada tarea. Los métodos mostrados en todo el texto han sido aprobados por la Asociación Internacional de Adiestrammiento del Servicio de Bomberos como los métodos aceptados para realizar cada faena. Sin embargo, éstos no deben ser interpretados como los únicos métodos para efectuar cada tarea. Los métodos específicos a ser utilizados por los estudiantes a fin de alcanzar estos objetivos de complimiento deben ser determinados por su propia institución.

Propósito y Alcance

El manual, Lo escencial en el combate de incendios, está diseñado para proveer al bombero principiante la información necesaria para satisfacer los objectivos establecidos en la Normal 1001 de NFPA, *Norma para la Calificación Profesional del Bombero* para los nieles I y II. Muchos de los métodos, técnicas y las explicaciones detalladas contenidas en otros manuales del IFSTA no aparecen en este texto, por lo cual es altamente recomendable que el estudiante e instructor consulten ediciones actualizadas de estas publicaciones a fin de lograr una mejor comprensión de la mayor parte de los conceptos y tópicos discutidos en este manual.

Este manual ha sido elaborado para ser usado conjuntamente con los manuales del IFSTA, **Prácticas de primeros auxilios para cuerpos de bomberos y orientación y adoctrinamiento para el cuerpos de bomberos,** Este último manual explica la historia, tradiciones y organización del servicio de bomberos; las operaciones en los cuerpos de bomberos, responsabilidades y deberes de los bomberos, así como también un extenso glosario de los términos bomberiles.

Para la facilidad de organización, el manual Lo esencial ha sido dividido en capítulos titulados igual que en la Norma 1001 de NFPA. Al comienzo de cada capítulo, se destacan los objetivos fundamentales tales como aparecen en la Norma 1001 de la NFPA. En lo posible, el contenido de cada capítulo refleja este orden. Es bueno señalar que la Norma no require que los objectivos sean ejecutados en el orden en que aparecen. El programa de adiestramiento local y estatal debe establecer la prioridad instruccional y el contenido del programa de adiestramiento para preparar individuos que satisfagan los objetivos de cumplimiento establecidos en la Norma 1001 de NFPA.

Capítulo 1

Comportamiento del Fuego

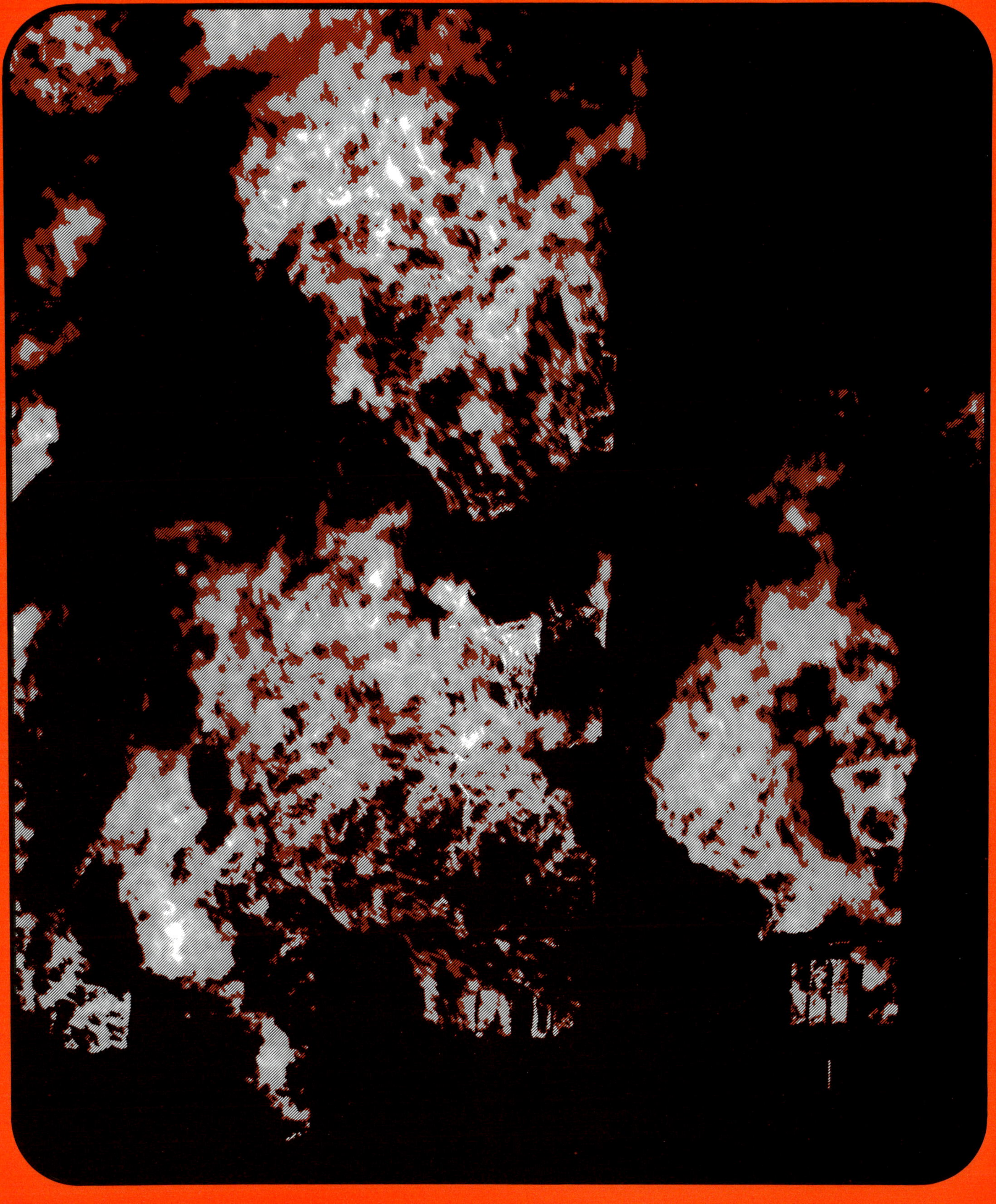

NORMA NFPA 1001
COMPORTAMIENTO DEL FUEGO
Bombero 1

3-10 Ventilación

3.10-6 El bombero deberá definir la teoría de una explosión por flujo reverso.

3-16 Comportamiento del fuego.

3-16.1 El bombero deberá definir el fuego.

3-16.2 El bombero deberá definir el triángulo del fuego.

3-16.3 El bombero deberá identificar las fuentes de energía térmica, química, mecánica y eléctrica.

3-16.4 El bombero deberá definir los siguientes estados de incendios potenciales:

a) Incipiente
b) Propagación de la llama.
c) Latente.
d) Inflamación Súbita Generalizada.
e) Estado Estable.
f) Combustión limpia.

3-16.5 El bombero deberá definir los tres métodos de transferencia de calor.

3-16.6 El bombero deberá definir los tres estados físicos de la materia en que comúnmente se encuentran los combustibles.

3-16.7 El bombero deberá definir el peligro de combustibles finamente divididos y su relación con el proceso de combustión.

3-16.8 El bombero deberá definir el punto de ignición y temperatura de ignición.

3-16.9 El bombero deberá definir la concentración de oxígeno en el aire y sus efectos sobre la combustión.

3-16.10 El bombero deberá identificar los tres productos de la combustión comúnmente encontrados en incendios estructurales, los cuales crean riesgos para la vida*.

Bombero II

4-18 Comportamiento del Fuego.

4-18.1 El bombero deberá definir las siguientes unidades de medidas del calor:

a) Unidad Térmica Británica (BTU).
b) Farenheit (°F).
c) Celsio (°C).
d) Caloría (c).

4-18.2 El bombero deberá definir balance y desbalance térmicos.

*Reimpreso bajo licencia de la Norma NFPA No. 1001, Norma para la Calificación. Profesional del bombero, Copyright (c) 1981 National Fire Protection Association, Boston, MA.

Las transparencias sobre comportamiento del fuego del IFSTA están diseñadas para complementar este capítulo.

Capítulo 1
Comportamiento del Fuego

El efectivo control y extinción de un incendio requiere un conocimiento básico de la naturaleza química y física del fuego. Esto incluye la información que describe las fuentes de energía calórica, composición y características de los combustibles y las condiciones ambientales necesarias para mantener el proceso de combustión.

La combustión es un proceso autosostenido de oxidación rápida de un combustible que es reducido por un agente oxidante conjuntamente con el desarrollo de luz y calor (Figura 1.1). La mayoría de los incendios involucran un combustible que es químicamente combinado con el oxígeno que normalmente se encuentra en la atmósfera del aire. El aire atmosférico contiene un 21 por ciento de oxígeno, 78 por ciento denitrógeno, y 1 por ciento de otros gases. Sustancias como gas cloruro y sus componentes también serán capaces de mantener lacombustión. Asimismo otras sustancias, tales

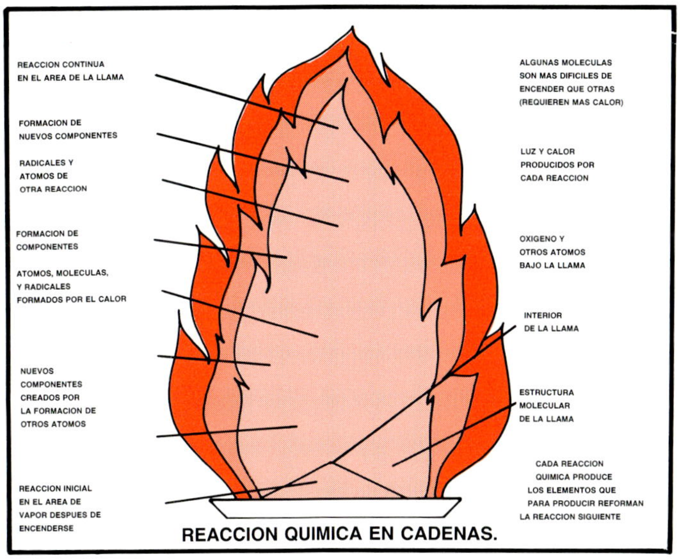

Figura 1.1 Acciones de la combustión que están asociadas a la reacción química en cadena.

como peróxidos orgánicos son conformados de tal manera que ellos contienen tanto combustible como moléculas de oxígeno dentro del compuesto, permitiendo entonces el que se queme en ausencia del oxígeno.

Los incendios son definidos por sus características físicas. Ellas pueden variar desde uuna oxidación lenta, hasta una oxidación rápida, tal como el caso de detonaciones y explosiones. Dentro de estos extremos se encuentran las dos reacciones más comunes y de mayor importancia en relación al trabajo bomberil: incendios latentes e incendios con llamas o de combustión libre.

DEFINICIONES

A continuación se presentan algunos términos usados para definir y describir la actividad de un incendio.

CALOR—Es una forma de energía que incrementa la temperatura. El calor es medido en función de la cantidad de trabajo que realiza.

UNIDAD TERMICA BRITANICA (BTU)—La cantidad de calor necesaria para aumentar la temperatura de una libra de agua un grado Fahrenheit.

FAHRENHEIT—En la escala Fahrenheit, 32 grados es el punto de congelación del agua, 212 grados es el punto de ebullición del agua.

CALORIA—La cantidad de calor necesaria para aumentar la temperatura de un gramo de agua un grado centígrado.

CENTIGRADO (CELSIO)—En la escala centígrado, cero es el punto de fusión del hielo; 100 grados es el punto de ebullición del agua.

PUNTO DE EBULLICION—La temperatura alcanzada por una sustancia donde la taza de evaporación es igual a la tasa de condensación.

PUNTO DE INFLAMACION—La mínima temperatura a la cual un combustible líquido emana vapores suficientes como para formar una mezcla inflamable con el aire alrededor de la superficie.

PUNTO DE IGNICION—La temperatura a la cual un combustible líquido produce vapores suficientes como para mantener la combustión una vez iniciada. El punto es por lo general unos pocos grados por encima del punto de inflamación.

TEMPERATURA DE IGNICION—La mínima temperatura a la cual un combustible en aire debe ser calentado a fin de iniciar una combustión autosostenida independiente de la fuente de calentamiento.

REACCION DE CALOR ENDOTERMICA—Una reacción química donde la sustancia absorbe la energía calórica.

REACCION DE CALOR EXOTERMICA—Una reacción química donde la sustancia libera energía calórica.

LIMITE DE INFLAMABILIDAD O EXPLOSIVO—El porcentaje de una sustancia en el aire que se quemará una vez que es encendido. La mayoría de las sustancias tienen un máximo (muy rico) y un mínimo (muy pobre) límite de inflamabilidad.

OXIDACION—Una compleja reacción química de un material orgánico con oxígeno u otro agente oxidante en la formación de un compuesto más estable.

FUENTES DE ENERGIA CALORICA

El calor es una forma de energía que puede ser descrita como una condición de "materia en movimiento" causada por el movimiento de moléculas. Todas las materias contienen cierta cantidad de calor, independientemente de qué tan baja es la temperatura, debido a que las molculas se están moviendo constantemente. Cuando se calienta el cuerpo de una molécula, la velocidad de las moléculas se incrementa, produciéndos entonces un aumento de la temperatura. Cualquier situación que genere movimiento en las moléculas de un material producirá calor en este material. Existen cuatro categorías generales de energía calórica, las cuales incluyen:

- Energía calórica química.
- Energía calórica eléctrica.
- Energía calórica mecánica.
- Energía calórica nuclear.

Energía Calórica Química

Calor de Combustión—Es la cantidad de calor generado en el proceso de combustión (oxidación).

Calentamiento Espontáneo—El calentamiento de una sustancia orgánica sin la adición de calor exterior. El calentamiento espontáneo ocurre más frecuentemente donde no existe aire suficiente para disipar el calor producido. La velocidad de la reacción calórica se duplica por cada 8°C (18°F) de incremento de temperatura.

Calor de Descomposición—Es el calor generado por la descomposición de un compuesto. Estos compuestos pueden ser inestables y generan su calor rápidamente o pueden detonar.

Calor de Solución—El calor generado por la mezcla de materia en un líquido. Algunos ácidos, cuando se disuelven, generan suficiente calor como para crear problemas a los combustibles cercanos.

Energía Calórica Eléctrica

Calentamiento por Resistencia—Es la energía generada al pasar una fuerza eléctrica a través de un conductor tales como un cable o un equipo.

Calentamiento Dieléctrico—El calor que resulta de la acción de pasar bien sea corriente continua o corriente alterna, de alta frecuencia, a través de un material no conductor.

El Calentamiento Inducido—El calentamiento que resulta en un material al ser expuesto a un flujo de corriente alterna creando un campo magenético de influencia.

Calentamiento por Corriente de Fuga—El calor resultante de una indebida o inapropiada protección de los materiales eléctricos. Esto se hace particularmente evidente cuando la protección es requerida para manipular alto voltaje o cargas cerca de una capacidad máxima.

El Calor Debido al Arco Eléctrico—El calor generado bien sea como arco de alta temperatura o como material fundido del conductor.

Calentamiento por Electricidad Estática—El calor generado como un arco entre superficies, con diferentes cargas. La electricidad estática puede ser generada por el contacto y separación de superficies cargadas o por fluidos que circulen a través de tuberías.

Calor Generado por Descargas Eléctricas—El calor generado por la descarga de miles de voltios bien sea de nube a nube o de nube a suelo.

Energía Calórica Mecánica

Calor por Fricción—El calor generado por el movimiento entre dos objetos que estén en contacto uno con el otro.

Chispas por Fricción—El calor generado en la forma de chispas desde objetos sólidos golpeados uno con el otro. Frecuentemente al menos uno de los objetos es de metal.

Calor de compresión—El calor generado por la fuerza de reducción de un volumen de gas. Los motores diesel encienden los vapores del combustible sin una bujía, haciendo uso de este principio.

Energía Calórica Nuclear

Fisión y Fusión Nuclear—El calor generado bien sea por la separación o combinación de átomos.

EL PROCESO DE COMBUSTION

El inicio de una combustión requiere la conversión del combustible a su estado gaseoso por calentamiento. El combustible puede encontrarse en cualquiera de los tres estados de la materia: sólido, líquido y gaseoso. Los gases combustibles son producidos de los combustibles sólidos por pirólisis. Esta es definida como la descomposición química de una sustáncia por intermedio de la acción del calor.

Los gases combustibles son producidos por vaporización de los líquidos. Este proceso es el mismo que el hervir agua o evaporar un recipiente con agua expuesto a los rayos del sol. En ambos casos, el calor causa la vaporización del líquido. Con los combustibles gaseosos no se requiere el suministro de calor y esto por supuesto restringe las consideraciones acerca del control y extinción de gases combustibles.

TABLA 1.1
PIROLISIS

Temperatura	Reacción
200°C (329°F)	Producción de vapor de agua, bióxido de carbono, ácido acético, y fórmico.
200°-280°C (392°-536°F)	Menos vapor de agua—algo de monóxido de carbono—todavía una reacción endotérmica primaria (absorción de calor).
280°-500°C (536°-932°F)	Reacción exotérmica (genera calor) con vapores combustibles y partículas. Algunas reacciones secundarias de las cenizas formadas.
Sobre 500°C (932°F)	Residuos primarios de cenizas con una notable acción catalítica.

Características del Comportamiento del Fuego

Los combustibles sólidos tienen tamaño y forma definida. Una de las consideraciones iniciales con respecto a los combustibles sólidos es el área de superficie del material en relación a su masa. Entre más grande sea la superficie del área en relación a una masa determinada, más rápido será elcalentamiento del material y el incremento de la velocidad de la pirólisis. La posición física de un combustible sólido, resulta también de singular importancia para el personal de combate el incendio. Si el combustible sólido se encuentra en posición vertical, la propagación del incendio será más rápida que si él estuviera en posición horizontal. Esto es debido al incremento en la transferencia por convección y el contacto directo de la llama adicional a la conducción y radiación.

Los combustibles líquidos tienen propiedades físicas que incrementan las dificultades para la extinción y el riesgo al personal. Los líquidos asumirán la forma del recipiente que los contenga. Cuando ocurre un derrame, el líquido asumirá la forma del suelo (alargado), fluirá y se acumulará en las áreas bajas.

La densidad de los líquidos en comparación con el agua es lo que se conoce como gravedad específica. Al agua se le asigna el valor de uno. Los líquidos con gravedad específica menor de uno son más livianos que el agua, mientras que aquéllos con una gravedad específica mayores que uno son más pesados que el agua. Resulta interesante el observar que la mayoría de los líquidos inflamables tienen una gravedad específica menor que uno.

La solubilidad de un líquido combustible en agua es un factor muy importante. Los hidrocarburos líquidos como regla general no se mezclan con agua. Los alcoholes y solventes polares se mezclan con agua, y si se usan grandes volúmenes de agua, se diluyen hasta el punto que no podrían encenderse. Se debe dar especial consideración sobre qué tipos de agentes extintores resultan más efectivos en hidrocarburos (insolubles) y cuáles afectan a los solventes y alcoholes (solubles).

La volatilidad o facilidad con la cual un líquido genera vapores, tendrá influencia en las labores de control del incendio. La densidad de un gas o vapor en relación con el aire debe considerarse en los casos de líquidos volátiles y gases combustibles.

Los gases tienen la tendencia de asumir la forma del recipiente que los contiene pero no tienen volumen específico. Si la densidad de vapor de un gas es tal que es menos densa que el aire (al aire se le asigna el valor de uno), él se elevará y tenderá a disiparse. Si el gas o el vapor son más pesados que el aire, tendrán la tendencia de buscar el suelo y viajar dirigido por el viento y el terreno.

La segundad fase en el inicio de la combustión es la mezcla de los vapores del combustible con un oxidante (aire). La mezcla de los vapores del combustible y el aire debe estar dentro de los rangos de flammabilidad. Los límites superiores e inferiores de concentración de vapor en aire permitirán la propagación de la llama cuando entre en contacto con una fuente de ignición.

El rango de flamabilidad varía con el combustible y con la temperatura ambiente. Generalmente el rango de flamabilidad es dado para temperaturas de 21°C (70°F). Cuando se alcanza la apropiada mezcla de vapor de combustible y aire, entonces deberán ser elevados hasta su temperatura de ignición.

TABLA 1.2
EJEMPLOS DE RANGOS DE FLAMABILIDAD

Combustible	Límite Superior	Límite Inferior
Vapores de gasolina	1,4	7,6
Metano (gas natural)	5,0	17
Propano	2,2	9,5
Hidrógeno	4,0	75
Acetileno	2,5	100

El fuego se manifiesta de dos maneras básicas, con llamas o incandescente. La combustión con llamas es representada en el tetraedro del fuego (figura de cuatro lados) con los cuatro lados representando combustible, temperatura, oxígeno y la reacción química en cadena (Figura 1.2). La combustión incandescente o superficial es representada por el triángulo del fuego con los tres lados representando combustible, temperatura y oxígeno (Figura 1.3).

El segmento de combustible de ambas teorías es cualquier sólido, líquido o gas que pueda ser combinado con oxígeno en una reacción química conocida como oxidación. La temperatura es la medida de la actividad molecular de una sustancia.

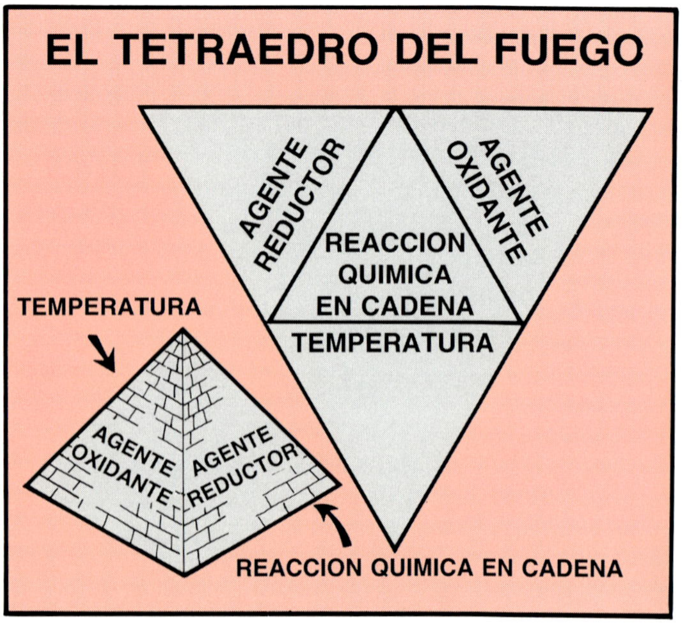

Figura 1.2 El tetraedro del fuego incluye la reacción química en cadena como componente de la combustión y convierte el triángulo del fuego en una figura de cuatro lados semejante a una pirámide.

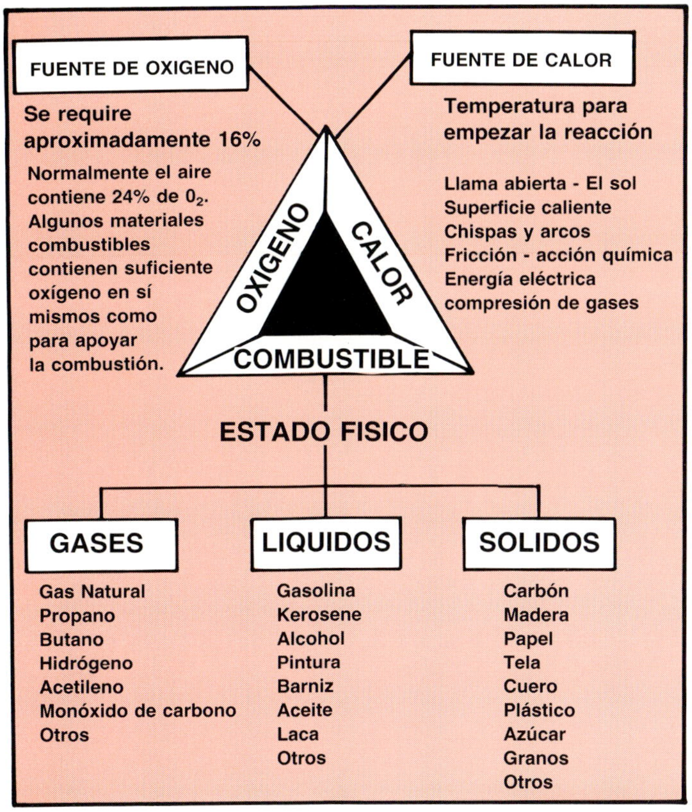

Figura 1.3 El triángulo del fuego es usado para explicar los componentes necesarios para que ocurra la combustión.

Un combustible con suficiente temperatura (alta) se encenderá si está presente un agente oxidante. La combustión continuará hasta que se cuente con la suficiente energía. En la mayoría de los casos el agente oxidante será el oxígeno del aire, pero el término ayuda a explicar el porqué algunos materiales que generan su propio oxígeno durante la combustión tales como el nitrato de sodio y el cloruro de potasio pueden arder en una atmósfera libre de oxígeno. Aun cuando los científicos sólo han podido explicarse parcialmente lo que sucede en una reación química en cadena, ellos saben que el calentamiento produce vapores que contienen sustancias que pueden combinarse con el oxígeno y arder.

Una combustión autosostenida de sólidos y líquidos depende de la retroalimentación radiante. Esto es el calor radiante que provee la energía para una continua vaporización. Cuando existe el suficiente calor como para mantener o incrementar esa retroalimentación, el fuego se mantendrá constantemente o crecerá dependiendo del calor producido. Cuando el calor es enviado nuevamente al combustible, se produce el llamado balance positivo de calor. Si el calor es disipado más rápido de lo que es generado, se crea un balance negativo de calor. El blance positivo de calor es requerido para mantener la combustión.

Fases del Fuego

Los fuegos pueden comenzar en cualquier momento del día o de la noche si el peligro existe. Si el fuego ocurre cuando las áreas están ocupadas, existe la probabilidad de que pueda ser descubierto y controlado en la fase inicial. Pero si ocurre cuando el edificio está cerrado y desierto, el fuego puede avanzar sin ser detectado hasta que alcanza mayores proporciones. Un incendio en una edificación cerrada es una de las consideraciones de importancia para la ventilación.

Cuando el fuego se encuentra confinado en una edificación o habitación, la situación que se genera requiere de procedimientos de ventilación cuidadosos y previamente calculados si se desea prevenir mayores daños y reducir los riesgos. Este tipo de fuego se puede entender más fácilmente mediante la investigación de sus tres etapas de progreso.

En cualquier momento un bombero puede enfrentarse a una o cualquiera de las siguientes fases del fuego; es por esto que el conocimiento de estas fases es de suma importancia en la interpretación de los procesos de ventilación.

FASE INCIPIENTE

En la primera fase, el oxígeno contenido en el aire no ha sido significativamente reducido y el fuego se encuentra produciendo vapor de agua (H20), bióxido de carbono (C02), posiblemente pequeñas cantidades de bióxido de azufre (SO2), monóxide de carbono (CO) y otros gases. Se genera cierto calor y el mismo se está incrementando a medida que el fuego avanza. El fuego puede producir temperaturas de llama por encima de 637°C (1,000°F) y en este momento la temperatura en la habitación puede estar ligeramente incrementada (Figure 1.4).

FASE DE LIBRE COMBUSTION

La segunda fase de combustión involucra las actividades de libre combustión del fuego. durante

Figura 1.4 Los fuegos incipientes son el incio de los daños por calor, humo y llama.

esta fase el aire rico en oxígeno es lanzado hacia la llama, a medida que la convección (elevación de gases calientes) lleva el calor a las regiones más altas del área confinada. Los gases calientes se expanden lateralmente desde el techo hasta abajo, fórzando el aire frío hacia niveles inferiores, y facilitando así la ignición de materiales combustibles en los niveles superiores de la habitación (Figura 1.5). Este aire caliente es una de las razones por las cuales los bomberos son instruídos a mantenerse en los niveles bajos y a usar los equipos de protección respiratoria. La aspiración de este aire super caliente puede lesionar los pulmones. En este momento la temperatura en las regiones superiores puede exceder los 700°C (1.300°F). A medida que el fuego progresa a las subsecuentes etapas de esta fase, continuará consumiendo el oxígeno libre hasta que se alcanza un punto en que el oxígeno resulta insuficiente para reaccionar con el combustible. El fuego es entonces reducido a la fase latente y requiere del suministro de oxígeno para encenderse rápidamente o explotar.

FASE LATENTE

En la tercera fase, la llama puede dejar de existir si el área confinada es cerrada suficientemente. A partir de este momento la combustión es reducida a ascuas incandescentes. El local se llena completamente con denso humo y gases, hasta un punto que se ve forzado a salir al exterior por el aumento de la presión (Figura 1.6). El fuego

Figura 1.5 Los fuegos de libre combustión son rápidos consumidores de oxígeno y desarrollan altas temperaturas.

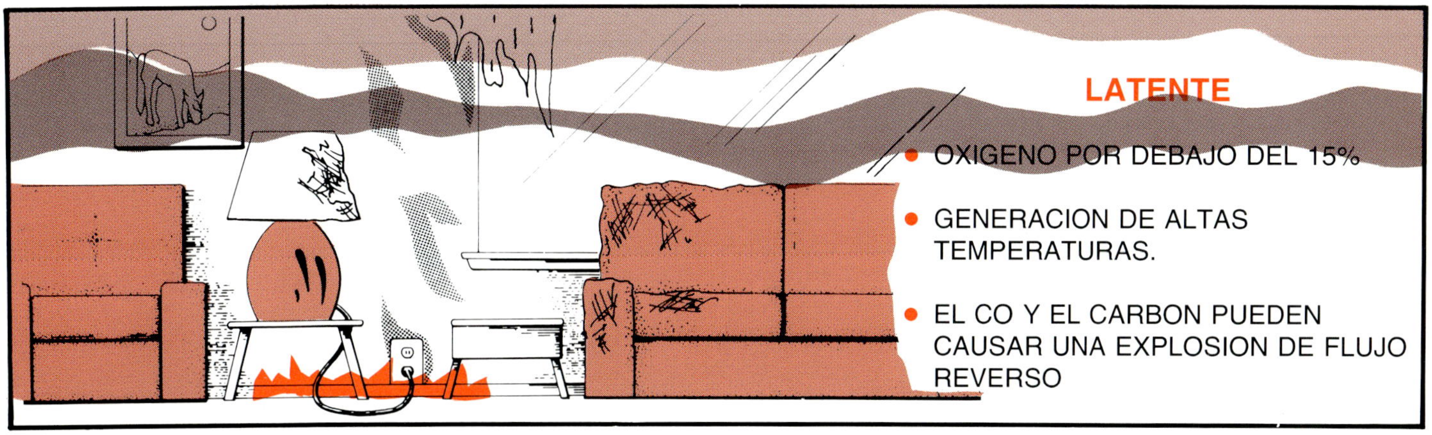

Figura 1.6 Los fuegos latentes son aquellos con contenido de oxígeno que está por debajo del 15%, pocas llamas, pero el área se llena de denso humo y alta temperatura.

continuará latente y el local se terminará de llenar de humo denso y gases de la combustión por encima de los 537° (1.000°F). El intenso calor tenderá a vaporizar las fracciones ligeras de combustibles tales como hidrógeno y metano de los materiales combustibles que se encuentran en el área. Estos gases combustibles serán añadidos a aquellos producidos por el fuego y posteriormente incrementarán el peligro para los bomberos y creará la posibilidad de explosión por flujo reverso.

Explosión por Flujo Reverso (Backdraft)

Los bomberos que responden ante un incendio confinado que se encuentra en la última etapa de la fase de libre combustión o en la etapa incipiente corren el riesgo de causar una explosión por flujo reverso si no se toma en consideración las ciencias del fuego en la abertura de la estructura.

En la fase latente del fuego, la combustión es incompleta debido a que no existe suficiente oxígeno para alimentar el fuego (Figura 1.7). Sin embargo, el calor generado en la fase de libre combustión se mantiene, y las partículas de carbón que no se han quemado, o cualquier otro producto de la combustión están esperando para entrar en uno rápida, casi instantánea combustión cuando se suministre más oxígeno. Una adecuada ventilación liberará el humo y los gases calientes no consumidos de las áreas superiores de local de la estructura. Una inadecuada ventilación en este momento sólo proverrá el peligroso componente, oxígeno. Tan pronto como el exígeno que se necesite se introduce, esa combinación casi terminada se reinicia, y puede resultar devastador en su velocidad, y ser verdadermente calificada como una explosión (Figura 1.7).

La combustión está relacionada con la oxidación, y la oxidación es una reacción química en la cual el oxígeno se combina con otro elemento. El carbono es un elemento natural abundante, presente en la madera, así como en otros materiales. Cuando la madera se enciende, el carbono se combina con el oxígeno para formar el bióxido de carbono (CO2), o monóxido de carbono (CO), dependiendo de la disponibilidad de oxígeno. Cuando ya no se dispone de oxígeno, el carbono es liberado en el humo. Un signo de alerta de una posible explosión por flujo reverso lo representa el humo denso, negro (saturado de carbón).

Las siguientes características pueden ser una indicación de una condición de explosión por flujo reverso:

- Humo bajo presión.
- El humo negro se convierte en denso y amarillo grisáseo.
- Temperatura excesiva y confinada.
- Llama muy escasa o poco visible.
- El humo sale de la edificación a intervalos o en bocanadas.
- Ventanas ahumadas.
- Sonido estruendoso.
- Rápido movimiento del aire hacia el interior cuando se hace una abertura.

Estas condiciones pueden hacerse menos peligrosas con una adecuada ventilación. Si la

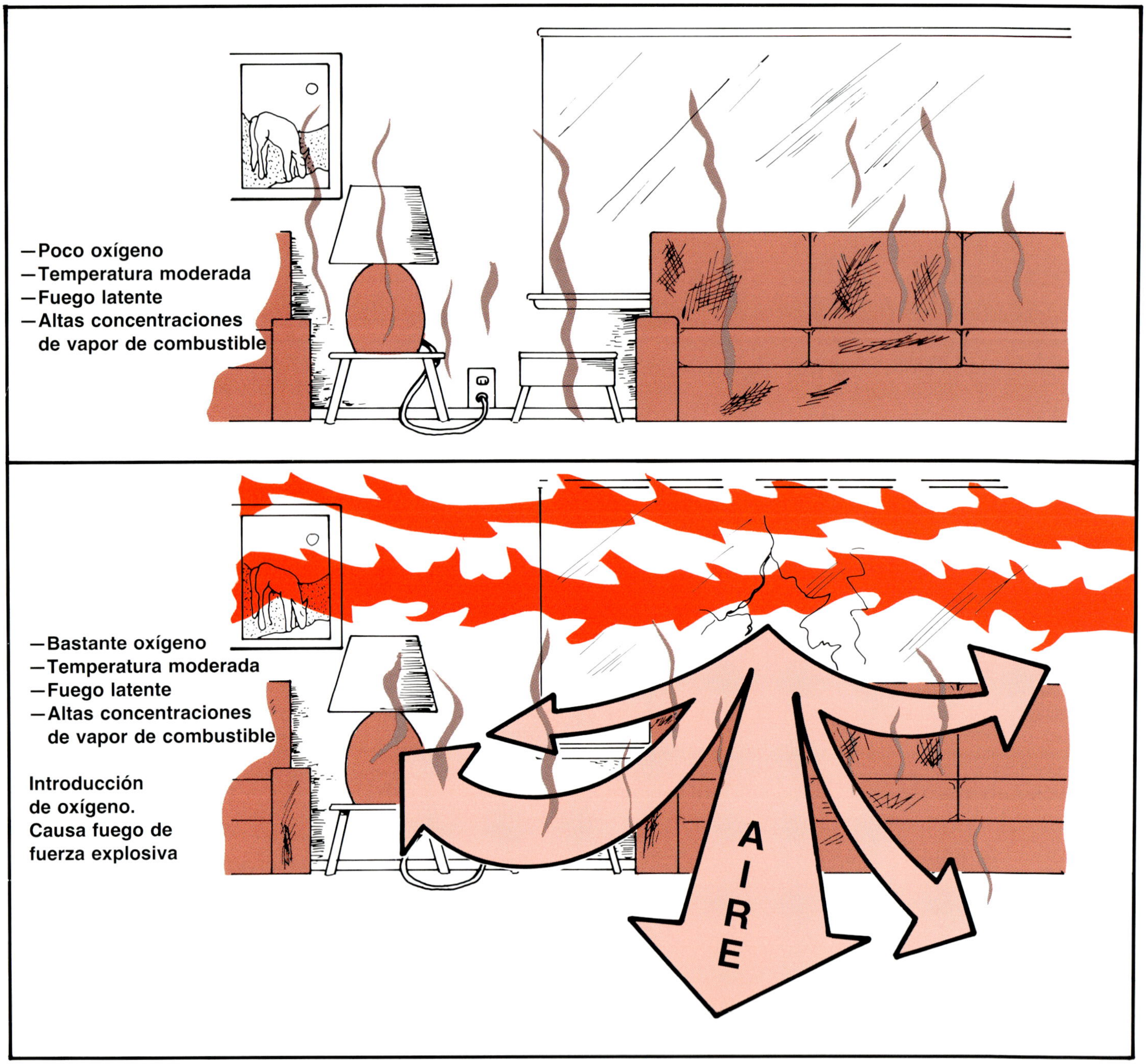

Figura 1.7 Con el incremento de temperaturas y una alta concentración de combustible, se puede producir una explosión per flujo reverso con gran fuerza explosiva cuando se introduce oxígeno dentro del área.

edificación es abierta en el punto más alto disponible, se liberarán los gases calientes y el humo, reduciendo así la posibilidad de una explosión.

Inflamación Súbita Generalizada (Flashover)

La inflamación súbita generalizada ocurre cuando un local u otra área se calienta al punto donde la llama se propaga sobre toda la superficie del área. Originalmente se creía que la inflamación súbita generalizada era causada por la liberación de los gases combustibles durante las fases iniciales de fuego. Se pensaba que esos gases concentrados a nivel del techo se combinaban con el aire hasta que alcanzaban su rango de inflamabilidad, luego se encendían rápidamente causando inflamación generalizada.

En los actuales momentos se piensa que aun cuando esto puede ocurrir, el mismo precede a la inflamación generalizada. La causa no es atribuible al excesivo desarrollo de calor generado por el fuego en sí mismo. A medida que el fuego continua ardiendo, todos los materiales contenidos en el área del incendio son calentados gradualmente hasta su temperatura de ignición. Cuando alcanzan este punto, ocurre una ignición simultánea y el área se envuelve completamente en situación de incendio.

LA TRANSFERENCIA DE CALOR

El calor puede viajar a través de una edificación incendiada por uno o más de los tres fenómenos comúnmente como conducción, convección y radiación. Debido a que la existencia de calor dentro de una sustancia es causada por la acción de las moléculas, mientras mayor sea la actividad molecular, mayor será la intensidad de calor. Cierto número de leyes naturales de la física se encuentran involucrados en la transmisión del calor. Una de ellas es llamada la *Ley del Flujo del Calor,* que especifica que el calor tiene la tendencia de fluir desde una sustancia caliente a una sustancia fría. El más frío de los dos cuerpos en contacto absorberá calor hasta que ambos objectos están a la misma temperatura.

Conducción

El calor puede ser conducido de un cuerpo a otro por contacto directo de dos cuerpos o por intermedio de un medio conductor (Figura 1.8). La cantidad de calor que será transmitida y su rango de transferencia dependerán de la conductividad del material a través del cual el calor esté pasando. No todos los materiales tienen la misma conductividad de calor. El aluminio, el cobre y el acero son buenos conductores. Los materials fibrosos, tales como tela y papel son deficientes conductores.

Los líquidos y los gases son deficientes conductores de calor debido al movimiento de sus moléculas. El aire es también un conductor relativamente deficiente. Ciertos materiales sólidos cuando son divididos en fibras y embalados en capas constituyen buenos aislantes debido a que el material en sí mismo es un conductor deficiente y además existen ciertos espacios de aire dentro de las capas.

Las paredes dobles de edificios que tienen un espacio de aire proporcionan un aislamiento adicional.

Figura 1.8 El calor es transferido por conducción cuando un medio lleva el calor de piso en piso o de cuarto en cuarto.

Convección

La *convección* es la transferencia de calor debido al movimiento de aire o de líquido (Figura 1.9). Cuando el agua es calentada en un recipiente de vidrio, se puede observar el movimiento dentro del recipiente. Si se añade cierta cantidad de arena, el movimiento se hace más aparente. A medida que el agua es calentada, se expande y se hace ligera, produciendo el movimiento hacia arriba. De la misma manera, el aire se calienta cerca del radiador de vapor por conducción. A medida que el aire calentado se mueve hacia arriba, el air frío toma su lugar en la parte inferior. Cuando los líquidos y gases son calentados, comienzan un movimiento dentro de ellos mismos. Este movimiento es diferente al movimiento molecular discutido en la conducción del calor y es conocido como transferencia de calor por *convección*.

El aire caliente en una edificación se expandera y elevará. Por esta razón, el fuego que se propaga por convección, lo hace mayormente en dirección ascendente, aunque las corrientes de aire pueden llevar calor en cualquier dirección. Las corrientes de convección son generalmente la causa del movimiento del calor de un piso a otro, de un salón a otro y de un área a otra. La propagación del incendio por pasillos, escaleras y ductos de ascensores, entre paredes, y a través de las fachadas son principalmente causadas por la convección de corrientes calientes y esto conlleva mayor influencia en cuanto a la posición de ataque del incendio y ventilación que se ha producido por la radiación y la conducción.

Otra forma de transferencia de calor por convección es por contacto directo de la llama. Cuando una sustancia es calentada hasta el punto donde se generan vapores inflamables, estos vapores pueden entrar en ignición generando una llama. A medida que otros materiales inflamables entran en contacto con vapores encendidos, o llamas, los mismos pueden ser calentados hasta una temperatura donde ellos también pueden entrar en ignición.

Radiación

El calor del sol se siente tan pronto como él aparece. Cuando el sol se oculta, la tierra comienza a enfriarse con una rapidez similar. Nosotros

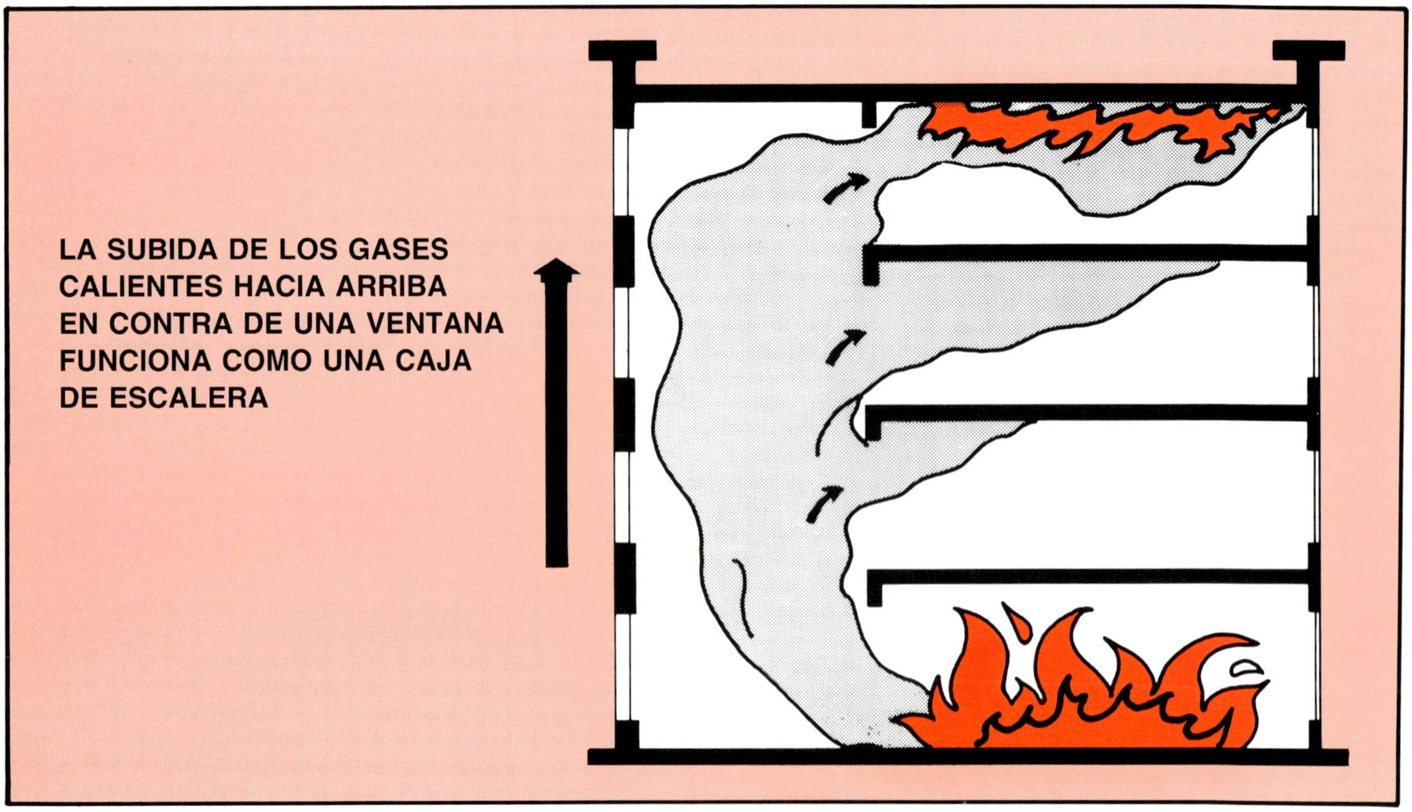

Figura 1.9 El calor es transferido por convección cuando el aire o el agua suben al ser calentados.

llevamos una sombrilla para protegernos del calor del sol. Un chorro de neblina interpuesto entre el bombero y el fuego minimizará el calor que recibe el bombero. Aunque el aire es un deficiente conductor, resulta obvio que el calor puede viajar donde la materia no existe. Este fenómeno de transmisión del calor se conoce como *radiación* de las ondas de calor (Figura 1.10). Las ondas de luz y calor son similares en naturaleza, pero difieren en la longitud del ciclo. Las ondas de calor son más largas que las ondas de luz y son llammadas algunas veces rayos infrarrojos. El calor de radiación viajará a través del espacio hasta que alcanza un objeto opaco. A medida que el objeto es expuesto al calor por radiación, emitirá calor de radiación desde su superficie. El calor por oxidación es una de las mayores fuentes de proporción de incendios, y su importancia demanda atención inmediata en aquellos puntos donde la exposición a la radiación resulta severa.

PRODUCTOS DE LA COMBUSTION

Cuando un material (combustible) se enciende, el mismo experimenta un cambio químico. Ninguno de los elementos que constituyen el material son destruidos en el proceso, pero toda la materia es transformada en otra forma o estado. Aun cuando se encuentren dispersos, los productos de la combustión son iguales en peso y volumen a aquellas de combustible de la combustión. Cuando un combustible se incendia se generan cuatro productos de combustión: gases, llama, calor y humo (Figura 1.11).

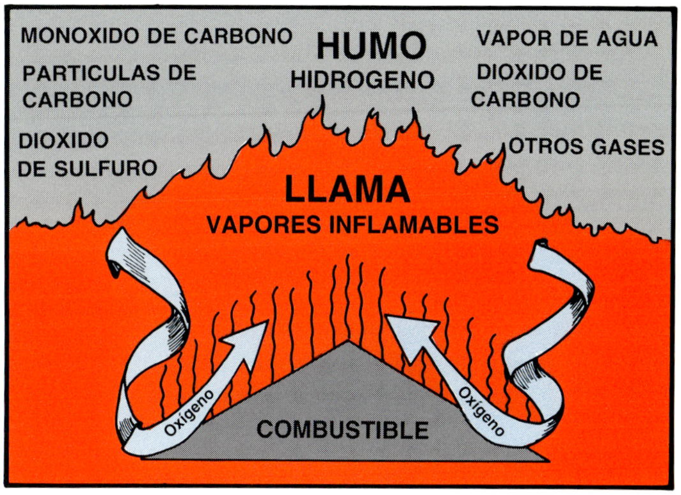

Figura 1.11 Un combustible incendiado genera nuevos y numerosos productos de combustión.

El calor es una forma de energía que es medida en grados de temperatura para significar su intensidad. En este sentido, el calor es el producto de la combustión responsable por la propagación del incendio. En sentido fisiológico, es el causante directo de las quemaduras y otras formas de lesiones personales. Las lesiones causadas por el calor incluyen la deshidratación, agotamiento, y lesiones a las vías respiratorias, además de las quemaduras.

Figura 1.10 El calor es transferido por radiación cuando las ondas de calor tocan un objeto y lo calientan.

La llama es lo visible, el cuerpo luminoso de un gas en combustión. Cuando un gas en combustión se combina con la adecuada cantidad de oxígeno, la llama se hace más caliente y menos luminosa. Esta pérdida de luminosidad se debe a la completa combustión del carbón. Por esta razones, la llama es considerada como producto de la combustión. El calor, el humo y el gas sin embargo, pueden generar cierto tipo de incendios latentes sin la evidencia de llama.

El humo encontrado en la mayoría de los incendios consiste en una mezcla de oxígeno, nitrógeno, bióxido de carbono, monóxido de carbono, diminutas partículas de carbón y productos derivados que han sido liberados de los materiales involucrados.

Algunos materiales emiten más humo que otros. Los combustibles líquidos por lo general generan un denso humo negro. Los aceites, pinturas, barnices, melazas, azúcar, gomas, azufre y muchos plásticos también emiten por lo general grandes cantidades de humo negro.

TEORIA DE EXTINCION DEL FUEGO

La extinción del fuego está basada en la interrupción de uno o más factores de los elementos esenciales del proceso de combustión. La combustión con llama puede ser extinguida reduciendo la temperatura, eliminando el combustible, el oxígeno, o deteniendo la reacción química en cadena (Figura 1.12). Si el fuego se encuentra en su etapa latente, solamente existen tres opciones para la extinción: reducción de la temperatura, eliminación del combustible o del oxígeno.

Extinción por Reducción de Temperatura

Uno de los métodos más comunes de extinción es por enfriamiento con agua. El proceso de extinción por enfriamiento depende del enfriamiento del combustible hasta el punto donde no se produzcan vapores suficientes que se puedan encender. Si observamos los tipos de combustibles y la producción de vapor, encontraremos que los combustibles sólidos y líquidos y gases inflamables con un bajo punto de ignición no pueden ser extinguidos por enfriamiento con agua debido a que la

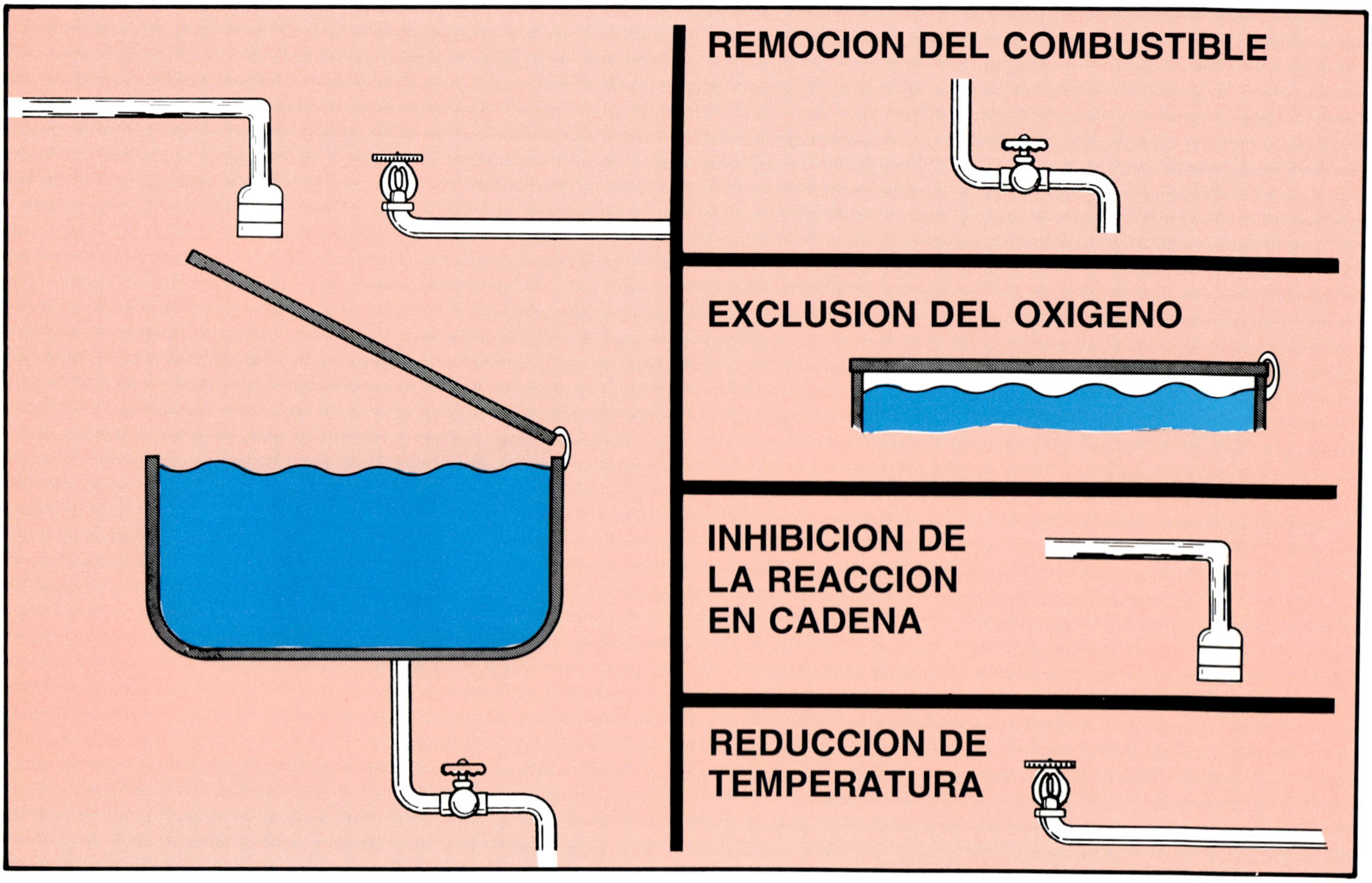

Figura 1.12 Cuatro métodos son usados para la extinción de incendios.

producción de vapor no puede ser reducida significativamente. La reducción de temperatura depende de la aplicación de un caudal adecuado, y en forma apropiada para así lograr establecer un balance negativo de calor.

Extinción por Eliminación del Combustible

En algunos casos, un incendio puede ser extinguido eficientemente con la remoción de la fuente de combustible. Esto se puede lograr deteniendo el flujo de un combustible líquido o gaseoso, o removiendo el combustible sólido del área del gaseoso del incendio. Otro método de remoción del combustible es el permitir que el incendio continúe hasta que el combustible sea consumido.

Extinción por Dilución de Oxígeno

El método de extinción por dilución del oxígeno es la reducción de la concentración de oxígeno dentro del área de incendio. Esto se puede lograr introduciendo un gas inerte dentro del incendio o separando el oxígeno del combustible. Este método de extinción no será efectivo en materiales auto-oxidantes o en ciertos metales que sean oxidados por efectos del bióxido de carbono o nitrógeno, dos de los más comunes agentes extintores.

Extinción por Inhibición Química de la Llama

Algunos agentes extintores, tales como el polvo químico seco y el halon, interrumpen la producción de llama en la reacción química, resultando en una rápida extinción. Este método de extinción es efectivo sólo en combustibles líquidos y gases ya que ellos no pueden arder en la forma de fuego latente. Si se desea la extinción de materiales en la fase latente, se requiere contar con capacidad adicional para enfriamiento.

CLASIFICACION DE LOS INCENDIOS Y METODOS DE EXTINCION

Incendios Clase A

Incendios donde se involucran materiales combustibles ordinarios tales como madera, ropa, papel, goma y algunos plásticos (Figura 1.13).

El agua es utilizada para efectos del enfriamiento a fin de reducir la temperatura de los materiales incendiados por debajo de su temperatura de ignición.

Incendios Clase B

Incendios que involucran líquidos inflamables, grasas y gases (Figura 1.14).

El efecto de sofocación por exclusión del oxígeno es el más efectivo. Otro método de extin-

Figura 1.13 Los incendios Clase A involucran material combustible ordinario.

Figura 1.14 Los incendios Clase B involucran líquidos, gases y sólidos inflamables.

ción incluye la remoción del combustible y reducción de la temperatura.

Incendios Clase C

Incendios que involucran equipos eléctricos energizados (Figura 1.15).

Este tipo de incendios pueden ser controlados por medio de un agente extintor no conductor. El procedimiento de seguridad es el de tratar de desenergizar los circuitos de alto voltaje y tratarlo como un incendio clase A o B, dependiendo del combustible involucrado.

Incendios Clase D

Incendios que involucran metales combustibles, tales como magnesio, titanio, circonio, sodio y potasio (Figura 1.16).

Las altas temperaturas de algunos metales en combustión hacen que el agua y otros agentes extintores comunes resulten ineficientes. No hay disponible un agente que efectivamente controle incendios en todo tipo de metales combustibles. Existen agentes extintores especiales para el control de incendios para cada uno de los metales y son identificados específicamente para ese metal.

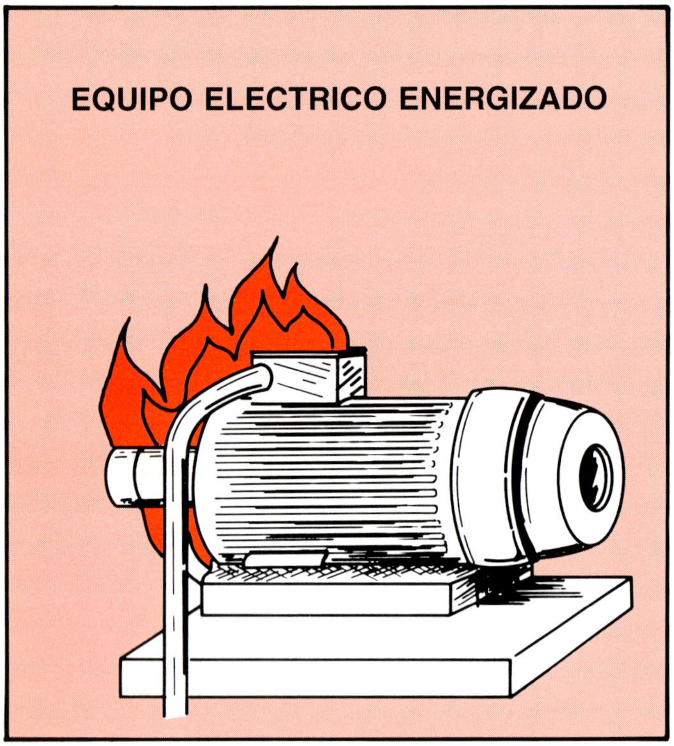

Figura 1.15 Los incendios Clase C involucran equipos eléctricos energizados.

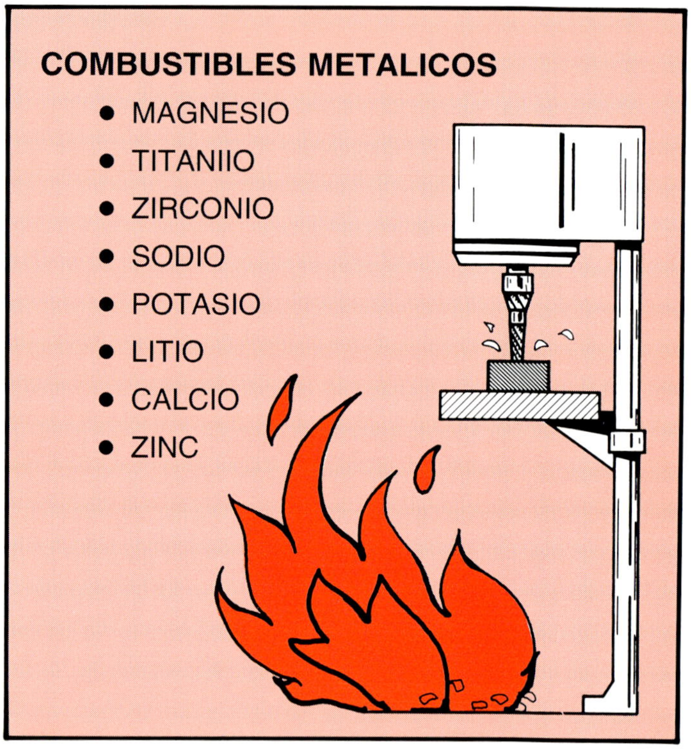

Figura 1.16 Los incendios Clase D involucran metales combustibles.

Nota del Editor

La manera de describir las fases de fuego pueden ser divididas más si se requiere de una información más detallada. Las fases de la combustión libre y de propagación de la llama pueden incluir la descripción del estado estable y de combustión limpia.

Estado estable: Una condición generalizada de incendio con suministro de aire para alimentar la combustión y desalojar los productos de la combustión.

Combustión limpia: La fase de la combustión que está acompañada de altas temperaturas y combustión completa. Normalmente ocurren columnas térmicas con alta velocidad de aire en la base del incendio.

Capítulo 2

Extinotores Portátiles

NORMA NFPA 1001
EXTINTORES PORTATILES
Bombero II

4-16 Extintores Portátiles.

4-16.1 El bombero deberá identificar la clasificación de los diferentes tipos de incendios y su relación con el uso de los extintores portátiles.

4-16.2 El bombero, cuando se le suministre diferentes tipos de extintores, deberá identificar el extintor más apropiado de acuerdo al tipo de incendio.

4-16.3 El bombero deberá definir el sistema de clasificación de los extintores, de acuerdo a su potencial de efectividad.*

*Reimpreso bajo licencia de la Norma NFPA No. 1001, Norma para la Calificación Profesional del bombero, Copyright (c) 1981, National Fire Protection Association, Boston, MA.

Las transparencias sobre comportamiento del fuego del IFSTA están diseñadas para complementar este capítulo.

Capítulo 2
Extintores Portátiles

Los extintores portátiles están clasificados de acuerdo al uso que se les intente dar en las cuatro clases de incendio (A,B,C, y D). Además de la clasificación por letra, a los extintores también se les asigna una clasificación numérica. El número que precede a la letra sirve para representar el tamaño del potencial de incendio que se espera pueda ser extinguido con el extintor (Figura 2.1).

SISTEMA DE CLASIFICACION DE EXTINTORES

El sistema para la clasificación de los extintores está basado en las pruebas conducidas por Underwriter's Laboratories, Inc. (USA) y Underwriter's Laboratories de Canadá, las cuales han sido diseñadas para determinar el potencial de efectividad para cada tamaño y tipo de extintor. Esta clasificación es tanto de letra como numérica

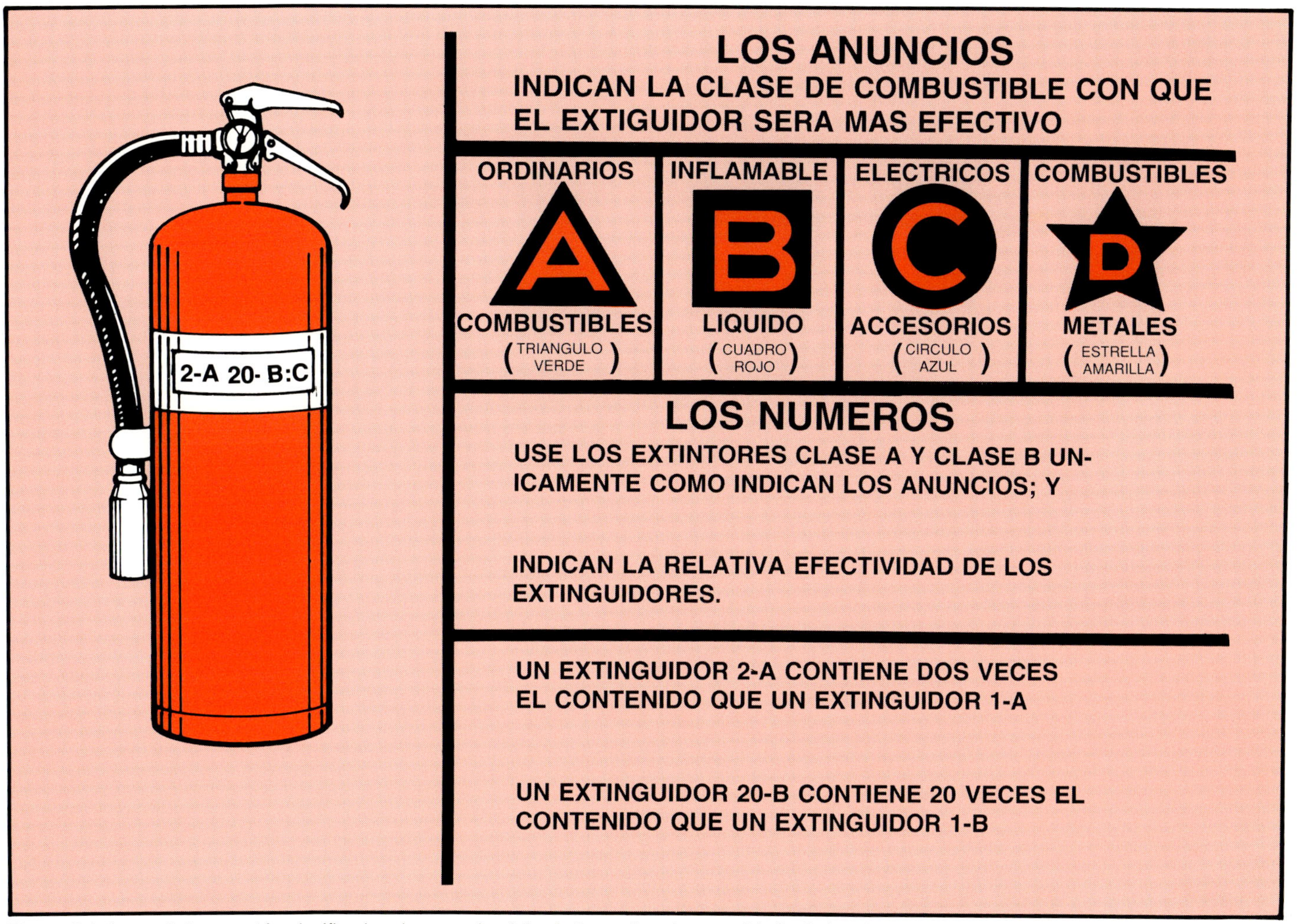

Figura 2.1 Los extintores están clasificados de acuerdo al tip de incendio y la capacidad relativa de extinción.

para extintores a ser usados en incendios clase A y clase B. A los extintores para incendios Clase C sólo se les asigna la clasificación por letras ya que no es posible medir cuantitativamente los incendios clase C, que son esencialmente incendios clase A o B en donde se involucran equipos eléctricos energizados. A los extintores clase D, de igual manera, no se les asigna ningún tipo de identificación numérica. La efectividad de los extintores clase D en metales se detalla en la placa de identificación. La designación con diversos números o letras es usada para aquellos casos en que los extintores resultan efectivos en más de una clase de incendio (Figura 2.2).

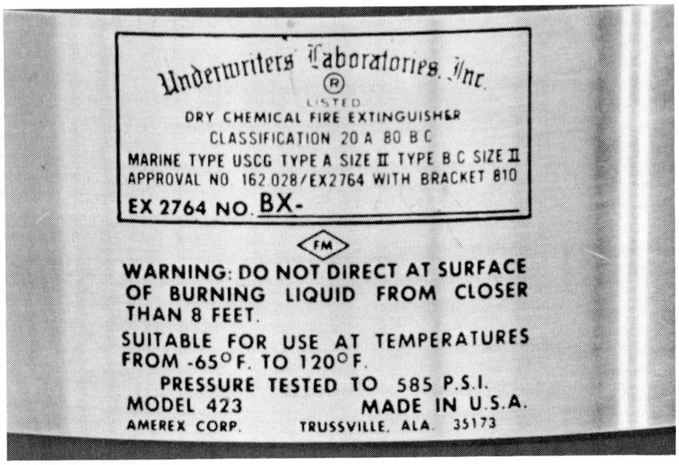

Figura 2.2 Un ejemplo de la clasificación multiuso de extintores.

La clasificación que va desde 1-A hasta 40-A es designada para unidades capaces de extinguir un incendio de la clase A. La representación numérica refleja la cantidad relativa de incendio que puede ser extinguido con un tamaño determinado de extintor. Cinco litros (1¼ galones) de agua se requieren para un incendio 1-A. Una clasificación 2-A requiere de diez litros (2½), galones es decir el doble de la capacidad requerida para el de 1-A. De la misma manera, un extintor de polvo químico seco, clasificado como 10-A es equivalente a cinco extintores de 10 litros (2½ galones) de agua. A medida que las pruebas se van llevando a cabo las dimensiones del incendio que puede ser extinguido por un operador no experimentado o por un experto, no difieren en gran medida para los incendios clase A. Las técnicas de aplicación no son tan importantes en los incendios clase A, como lo son en los incendios clase B, de acuerdo con la tabla de clasificación. Por eso, aun cuando se utilizan operadores experimentados para las pruebas, no se genera mayor diferencia en la clasificación.

Existen tres tipos de incendios clase A que deben ser extinguidos por un extintor para recibir la designación desde 1-A hasta 6-A. Estos tres tipos de incendios son: en rejilla de madera, tablero de madera y en viruta fina de madera. Cada uno presenta una gran diferencia en sus características de combustión a pesar de ser cada uno combustible clase A.

Los extintores para incendios Clase B son designados con clasificación numérica que va desde 1-B hasta 640-B. Las pruebas usadas por los laboratorios Underwriter's para determinar la Clase B consiste en la combustión de líquidos inflamables, N-Heptano, en recipientes metálicos cuadrados.

Los laboratorios Underwriter's siempre utilizan un operador experimentado para la realización de estas pruebas. Sin embargo la clasificación numérica del extintor es asignada asumiendo que el uso del extintor se realiza por un operador no experimentado o sin entrenamiento previo. Para lograr esto se determina una efectividad de trabajo del 40% del área de incendio que un operador experimentado sería capaz de extinguir durante la prueba. Por ejemplo, una unidad clasificada como 60-B puede extinguir un incendio de líquidos inflamables en un recipiente de 14 metros cuadrados (150 pies^2) cuando es utilizado por un operador experto. Un operador sin entrenamiento previo se considera que estaría en capacidad de lograr la extinción del 40% de los 150 pies^2 sea 60 pies^2) del incendio. Consecuentemente la clasificación de 60-B es asignada a la unidad.

La clasificación numérica de los extintores clase B sirve para indicar el potencial relativo de efectividad de los diferentes tipos y tamaños de extintores para incendios clase B. También proporciona una indicación aproximada del área en metros cuadrados (pies cuadrados) de un incendio de líquidos inflamables que un operador no experimentado podrá extinguir.

No existen pruebas específicas concebidas para la clasificación de clase C. Para dar la asignación de clase C, el agente extintor es probado sólo en lo refrente a conductividad eléctrica. Si el agente cumple con lo establecido en las pruebas, entonces le serán asignadas las letras de clasificación de clase C, considerando además que el extintor tendrá la respectiva clasificación numérica de clase A, B, o ambas. La clasificación de clase C es asignada conjuntamente con la clasificación previamente otorgada para incendios clase A y/o clase B.

Las pruebas de incendio establecidas para la clase D varían de acuerdo al tipo de metal combustible que está siendo sometido a prueba. Para esto durante las pruebas se consideran diversos factores que incluyen entre otras las siguientes: reacción entre el metal y el agente; toxicidad del agente; toxicidad del humo producido y de los productos de la combustión; posible reignición del metal, cuando se determina que un agente extinguidor es seguro y efectivo para su uso en metales, se dan los detalles de información en la placa de identificación del extintor, aunque no se le aplica ningún tipo de clasificación numérica.

Clasificacion Multiple

Los extintores que pueden ser usados en más de una clase de incendio deben ser identificados como tales en los símbolos previamente descritos. La mayoría de los extintores actuales llevan esta marcación desde el momento que son adquiridos. Si algún nuevo extintor no es debidamente identificado, al vendedor se le debe solicitar la placa de identificación correspondiente.

El sistema actual de placa y símbolos de identificación es diseñado de manera tal que la selección del extintor sea más efectiva y segura a través del uso de símbolos que minimicen las posibles confusiones. El sistema hace especial énfasis sobre las condiciones cuando el extintor no debe ser utilizado dependiendo del tipo de incendio. Algunos ejemplos sobre este sistema de identificación se muestran en la Figura 2.3-2.4.

Ejemplos de Potencial de Efectividad de los Extintores

EXTINTORES A BASE DE ESPUMA CLASIFICACION 4-A, 5-B

Este extintor deberá extinguir incendios mayores que los que puede extinguir un extintor clasificado 2-A. De igual manera deberá extinguir aproximadamente cinco veces lo que podría extinguir un extintor 1-B en incendios de la clase B. Asimismo, este extintor está en capacidad de extinguir un incendio de capa profunda de líquidos inflamables, tales como un tanque con una superficie de 0,5 metros cuadrados (5 pies cuadrados).

EXTINTORES A BASE DE POLVO QUIMICO SECO, CLASIFICACION 5-10-B: C

Este extintor deberá extinguir aproximadamente de cinco a diez veces lo que puede un extintor 1-B en incendios de la clase B, y deberá extinguir satisfactoriamente un incendio de capa profunda de líquidos inflamables con una área de 0,9 metros cuadrados (5 a 10 pies cuadrados). Resulta también seguro para ser usado en incendios que involucran equipos eléctricos energizados.

El término, polvo químico, es usado en algunos agentes extinguidores que resultan similares pero

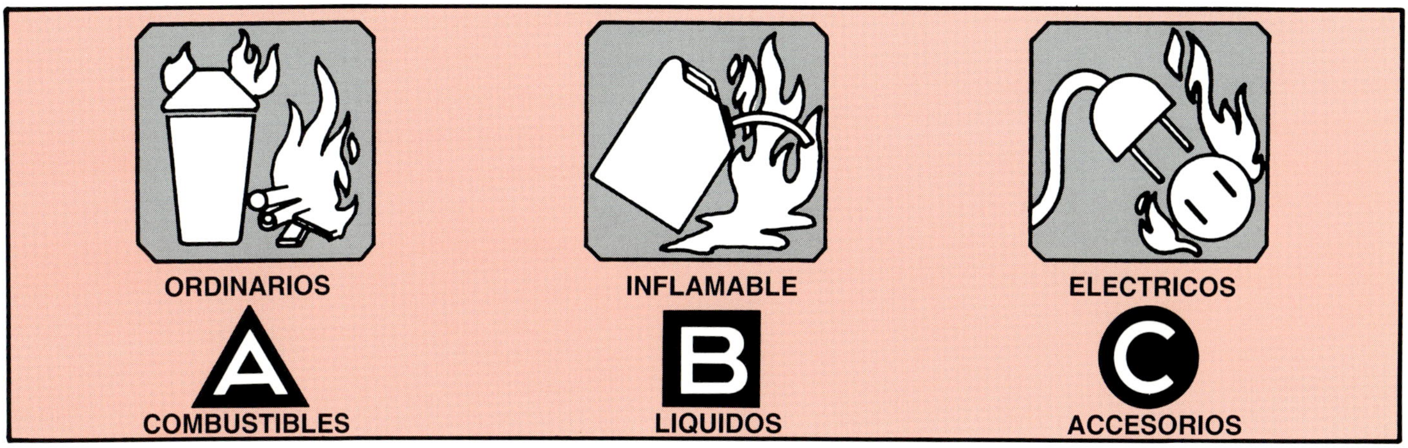

Figura 2.3 Estos son los tres símbolos básicos para identificar las diferentes clases de incendios.

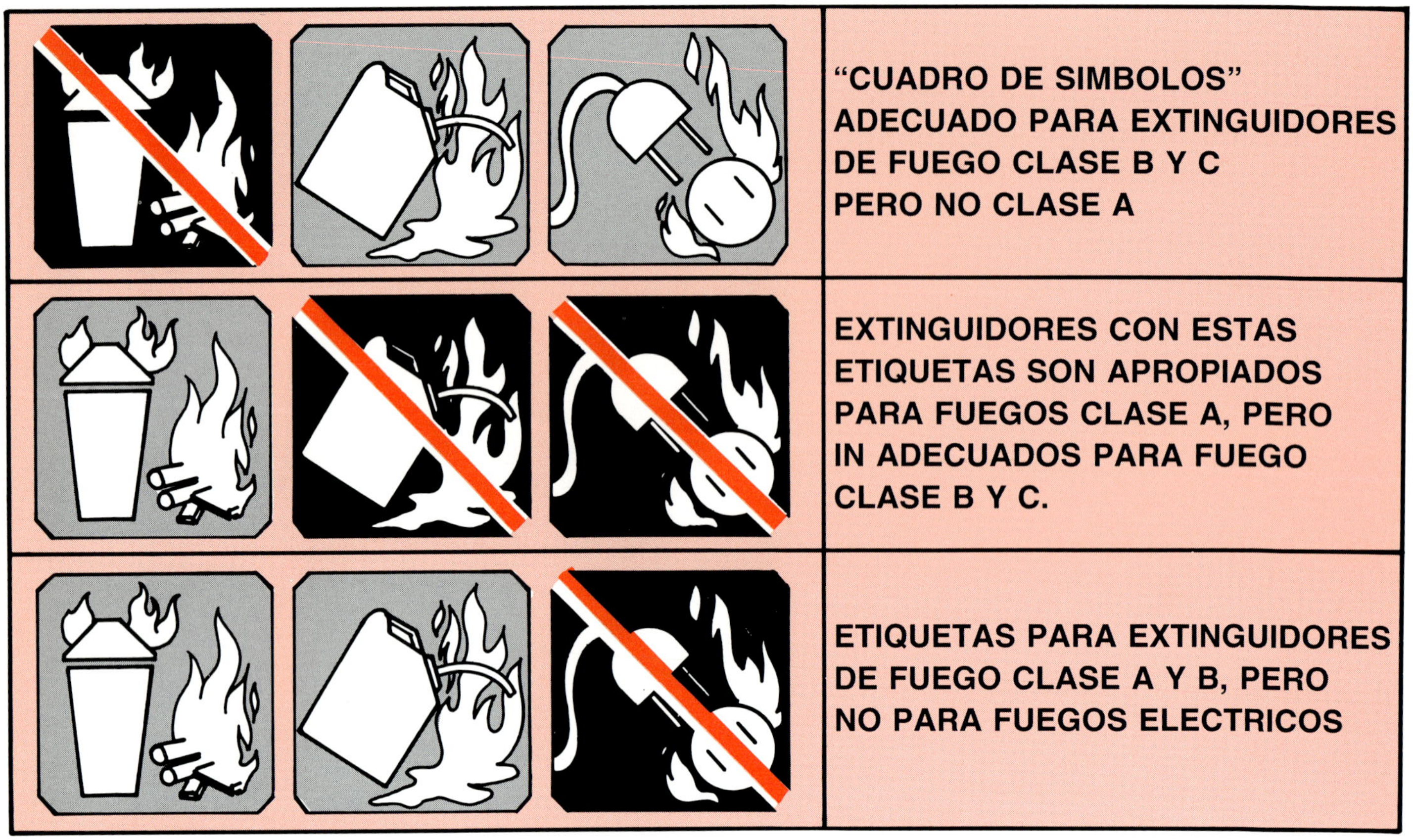

Figura 2.4 Ejemplos del sistema de "cuadro de símbolos."

con variadas diferencias. Cada uno de ellos deberá ser estudiado separadamente a fin de garantizar su uso correcto. Los polvos químicos secos son muy efectivos en ciertos metales combustibles, pero la aplicatión del tipo adecuado podría resultar sólo después de realizar la investigación y prueba particular pertinente.

Uno de los aspectos más importantes lo será sin duda el no confundir los extintores de polvo químico regulares con los extintores de polvo químico especialmente desarrolladas para incendio en metales combustibles (clase D).

EXTINTORES MULTIPROPOSITOS CLASIFICACION 4-A, 20-B: C

Estos extintores deben extinguir cierto tamaño de incendio clase A y aproximadamente veinte veces de incendio clase B como lo haría un extintor 1-B; y un incendio de capa profunda de líquidos 1-B; y un incendio de capa profunda de líquidos inflamables de seis (2) metros cuadros (20 pies cuadrados) de área. Resulta igualmente muy seguro de usar en incendios que involucran equipos eléctrios energizados.

SELECCION DE EXTINTORES

La selección del extintor adecuado dependerá de diversos factores incluyendo el tipo de riesgo a proteger, severidad del incendio, condiciones atmosféricas, personal disponible, facilidad para el manejo de los extintores, y posibles riesgos a la vida y las operaciones.

Los extintores portátiles se encuentran disponibles en diferentes tamaños, formas y tipos. Aunque los procedimientos operativos de cada tipo de extintor son similares, el operador deberá familiarizarse con los detalles contenidos en las instrucciones impresas en la placa de identificación. Durante una emergencia cada segundo resulta de gran importancia, por consiguiente todos deberán estar estrechamente vinculados con las siguientes instrucciones generales y aplicables para la mayoría de los extintores.

Las instrucciones generales de operación podrían tener la siguiente secuencia de letras, R-A-O-D.

R—Retire el pasador ubicado en la parte superior del extintor, el cual evita la activación involuntaria de la manilla. Rompa el plástico o hilo metálico que sirve de seguro.

A—Apunte con el pitón o tobera de descarga hacia el incendio. En algunos casos las mangueras van sujetas al cuerpo del extintor. Retírela y apunte.

O—Oprima la manilla ubicada sobre el asidero de transporte para lograr la descarga del agente almacenada. La manilla se puede dejar de oprimir a fin de parar la descarga en cualquier momento.

D—Disperse el agente extintor hacia la base de la llama, con movimientos que van de lado a lado, en forma de barrido. Luego que el incendio haya sido extinguido, realice una pequeña inspección por posibles fuentes de reignición. Asegúrese que el incendio esté totalmente extinguido.

Retire el pasador—Apunte con el pitón—Oprima la manilla—Disperse el agente con movimiento de barrido.

Los extintores modernos son diseñados para ser trasladados al sitio del incendio en posición vertical. Cuando se estén desarrollando programas de instrucción para el público en general sobre el uso de los extintores, se debe dar especial énfasis de que los mismos deben ser operados en posición vertical. Sólo los extintores obsoletos de ácido y soda, espuma, y de agua operados por cartucho son diseñados para ser invertidos durante la operación. Evite este tipo de extintores. No intente activar el extintor antes de estar lo suficientemente cerca del incendio y dentro del alcance efectivo del chorro de descarga del extintor en particular que esté utilizando. Los extintores más pequeños requerirán una mayor aproximación al incendio.

OPERACION DE LOS EXTINTORES

Extintor de Agua con Bomba Manual (Figura 2.5)

Capacidad: 9½ a 19 litros (2½ a 5 galones).

Aplicable: Incendios clase A.

Alcance del Chorro Efectivo Bajo Condiciones Normales: 9 a 12 metros (30 a 40 pies).

Tiempo de Descargo Bajo Condiciones Normales: 45 segundos a 3 minutos.

Figura 2.5 Extintor de agua con bomba manual para incendios clase A.

Servicio: Se debe proporcionar un servicio de acuerdo con las instrucciones que aparecen en la placa de identificación y en concordancia con las recomendaciones contenidas en la Norma NFPA-N° 10.

Método de Operación: Existen diversos tipos de extintores con bomba manual. Estos están generalmente equipados con una bomba de doble acción que genera un chorro continuo de agua. Para su operación lleve el extintor tomado por la manilla de transporte hasta el sitio del incendio. **PRECAUCION:** No corra en dirección al incendio. Opere la bomba con movimientos hacia arriba y abajo (o de lado a lado). Pequeños movimientos continuos en la bomba le podrán proporcionar un mejor chorro que movimientos muy largos. Algunos pitones disponen de dispositivos que le permiten el uso de chorro liso o chorro de neblina. La tapa de llenado dispone de un pequeño agujero de ventilación que debe permanecer sin ningún tipo de obstrucción, a fin de permitir que el aire sustituya el volumen del agua que está siendo descargada del tanque. En algunos casos pudiese resultar conveniente el colocar un dedo en medio del chorro de descarga a fin de lograr dividirlo en diversos chorros.

Extintores de Agua con Presión Almacenada (Figura 2.6)

Capacidad: 9½ litros (2½ galones).

Aplicable a: Incendio clase A.

Alcance del Chorro Efectivo en Condiciones Normales: 9 a 12 metros Bajo Condiciones Normales. 60 segundos.

Requiere Protección Contra Congelamiento: Sí, a menos que contenga una solución anticongelante.

Principio de Operación: El agua es expulsada por compresión del aire que está almacenado en el mismo recipiente donde está el agua. Cuando el mecanismo de actuación se libera, se produce la expulsión de agua a través de la manguera. Con este tipo de extintor, la presión siempre está disponible para producir la expulsión del agente, en cualquier momento.

Servicio: Se debe brindar un servicio de acuerdo con las instrucciones que aparecen en la placa de identificación ubicada en el cuerpo del extintor y en concordancia con las recomendaciones establecidas en la Norma NFPA N° 10.

Método de Operación: Los extintores de agua de presión almacenada son diseãdos para ser transportados al incendio en posición vertical. La manguera se deberá mantener en todo momento en las manos del operador, lista para ser usada. Dirija el chorro a la base del incendio.

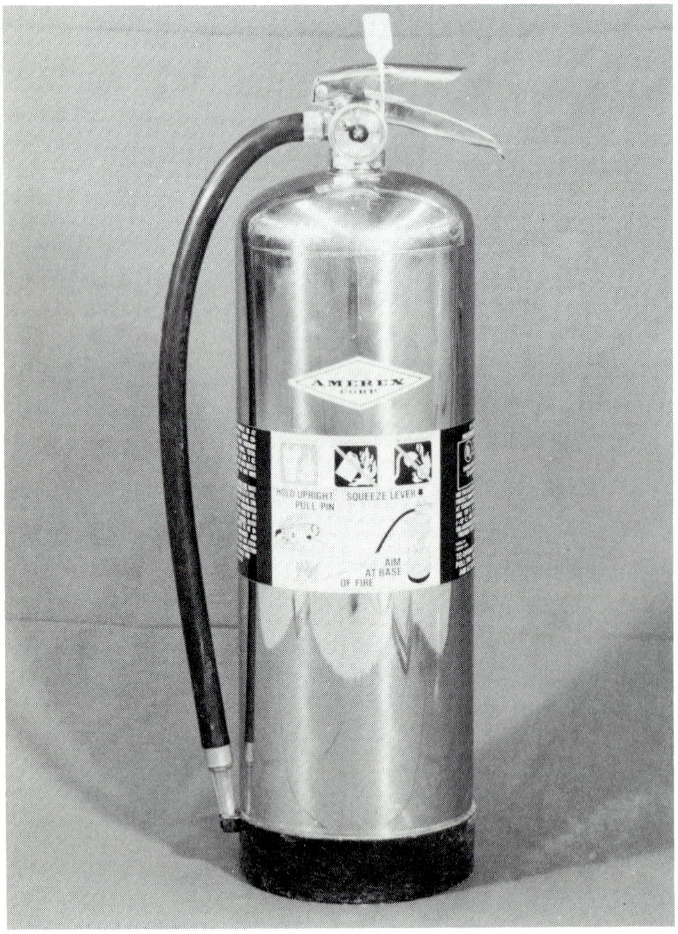

Figura 2.6 Extintor de agua con presión almacenada para incendios de la clase A.

Extintores a Base de Espuma de Película Acuosa (Figura 2.7)

Capacidad: 9½ litros (2½ galones).

Aplicable a: Incendios clase A y clase B.

Alacance del Chorro Efectivo en Condiciones Normales: 6 a 7 metros (20 a 25 pies).

Tiempo de Descarga Bajo Condiciones Normales: 50 segundos.

Requiere Protección Contra Congelamiento: Sí, a menos que se le añada solución anticongelante.

Principio de Operaciones: El agua y la solución formadora de espuma de película acuosa (AFFF) es expulsada por efecto del aire comprimido que está almacenado en la misma cámara o recipiente que contiene la solución. Cuando el extintor es activado, la solución es expulsada a través de la manguera y el aspirador dónde se produce la mezcla del aire con la solución, formándose la espuma. Con este tipo de extintor, la presión siempre está disponible para expulsar el agente en cualquier momento. **NOTA:** Aunque el concentrado de AFFF es concebido para ser usado con pitones con aspirador, puede usarse con

Figura 2.7 Extintor de AFFF con presión almacenada para incendio de la clase B.

pitones sin aspiración dando como resultado pequeñas pérdidas en la eficiencia y el rendimiento (Figura 2.8).

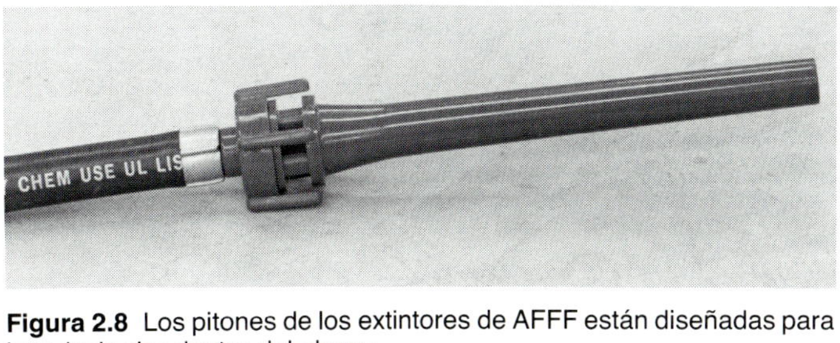

Figura 2.8 Los pitones de los extintores de AFFF están diseñadas para introducir aire dentro del chorro.

Servicio: El extintor normalizado de 9½ litros (2½ galones) deberá ser recargado con equipos especiales y por personal experimentado, para así asegurar una mezcla apropiada de la solución. La recarga se deberá efectuar de acuerdo con las recomendaciones del fabricante y la norma NFPA N° 10.

Método de Operación: Este extintor es diseñado para ser trasladado al incendio en posición vertical. La operación incluye retirar el pasador y romper el seguro. Un pitón con aspirador especial es el encargado de crear la espuma a partir de una solución de AFFF al 6%. Use movimientos de barrido de un lado a otro a todo lo ancho del incendio, pero evite el incrementar el derrame de líquido combustible. Este tipo de espuma especial tiene la habilidad de hacer que el agua flote sobre los combustibles que son más livianos que el agua. La capa creada extingue la llama y evita la reignición. La espuma tiene también muy buenas propiedades humectantes y de penetración en incendios de la clase A.

Extintores a Base de Halón 1211 (Figura 2.9)

Capacidad: 1 a 11 kilogramos (2½ a 25 libras).

Aplicables a: Incendios clase B y C.

Alcance del Chorro Efectivo Bajo Condiciones Normales: 2.5 a 5.5 metros (8 a 18 pies).

Tiempo de Descarga Bajo Condiciones Normales: 8 a 25 segundos.

Requiere Protección Contra Congelamiento: No.

Principio de Operación: Los extintores a base de Halón 1211 (Bromoclorodifluoro metano) operan bajo el principio de gas licuado a presión, el cual no permitirá la combustión, siendo descargado para ahogar y acabar con la propagación de la llama. El Halón 1211 es almacenado bajo presión y está listo para descargar el agente extintor en cualquier momento.

Servicio: El servicio a brindarse deberá estar acorde con las instrucciones que aparecen en la placa de identificación del extintor y con las recomendaciones contenidas en la Norma NFPA N° 10.

Método de Operación: Los extintores a base de Halón 1211 son diseñados para ser transportados por la manilla de transporte colocada en la parte superior. Son fundamentalmente concebidos para ser utilizados en incendios clase C, pero también resultan efectivos en incendios clase B. Este tipo de extintor tiene un alcance limitado y la descarga del agente

Figura 2.9 Extintor con presión almacenada de líquido vaporizante como agente extintor contiene halón para incendios de la clase B y C.

Figura 2.10 Extintor a base de gas licuado—CO_2 para incendio clase B.

podría verse afectada por el viento. La aplicación inicial del agente deberá hacerse tan cerca del incendio como sea posible y dirigir la descarga a la base de las llamas. La descarga del agente deberá ser aplicada a la superficie incendiada, y mantenida aún después que las llamas hayan sido extinguidas. En el caso de incendios de líquidos inflamables se podrán obtener mejores resultados si la descarga es dirigida a barrer las llamas de la superficie incendiada. Comience la aplicación de la carga al extremo del incendio más cercano y luego avance gradualmente con movimientos de lado a lado.

Estintores a Base de Bióxido de Carbono (Figura 2.10)

Capacidad: 1.5 a 2 kilogramos (2½ a 5 libras), 4.5 a 7 kilogramos (10 a 15 libras), 9 kilogramos (20 libras).

Aplicable a: Incendios clase B y C.

Alcance del Chorro Efectivo Bajo Condiciones Normales: 1 a 2.5 metros (3 a 8 pies).

Tiempo de Descarga Bajo Condiciones Normales: 8 a 30 segundos.

Requiere Protección Contra Congelamiento: No.

Principio de Operación: Los extintores a base de bióxido de carbono operan bajo el principio de un gas inerte, anhídrido carbónico ($C0_2$), el cual no permitirá la combustión, al ser descargado ahogará el incendio. El bióxido de carbono es almacenado bajo su propia presión listo para ser descargado en cualquier momento.

Servico: El servicio a ser proporcionado deberá estar acorde con las instrucciones que merecen en la placa de identificación del extintor y con las recomendaciones establecidas en la Norma NFPA N° 10.

Método de Operación: Los extintores a base de bióxido de carbono son diseñados para ser transportados a la escena del incendio sujetados por la manilla de transporte en su parte superior. Con la descarga se expulsa una nube de gas de bióxido de carbono a través de la tobera de descarga. **PRECAUCION:** Con frecuencia se forma en la tobera de descarga una película o residuo congelado, el cual al entrar en contacto con la piel pudiese resultar en quemaduras por hielo. La descarga deberá ser dirigida a la base de la llama y se deberá mantener la aplicación aún después que las llamas hayan sido extinguidas para prevenir posible reignición. En el caso de incendios de líquidos inflamables, se obtendrán mejores resultados cuando la descarga del extintor se realiza en forma de barrido a fin de generar la llama de la superficie encendida comenzando la aplicación en la orilla más cercana del incendio y luego avanzar progresivamente con movimientos muy suaves de la tobera, de un lado a otro.

Extintores a Base de Bióxido de Carbono Sobre Ruedas (Figura 2.11)

Capacidad: 23 (50 libras, 34 (75 libras) y 45 kilogramos (100 libras).

Aplicable a: Incendios clase B y C.

Chorro Efectivo Bajo Condiciones Normales: 1 a 3 metros (3 a 10 pies).

Tiempo de Descarga Bajo Condiciones Normales: 10 a 30 segundos.

Requiere Protección Contra Congelamiento: No.

Longitud de Manguera: 4.5 metros (15 pies).

Método de Operación: El principio de operación para estas grandes unidades es el mismo que para los extintores de CO_2 pequeños de menor capacidad. Son diseñados para ser rodados hacia el área de incendio, y operados de acuerdo con las instrucciones señaladas en el extintor.

Extintores a Base de Polvo Químico Seco-Polvo Químico Ordinario (Figure 2.12)

Capacidad: 0.5 a 13.5 kilogramos (1 a 30 libras).

Aplicable a: Incendios de la clase B y C.

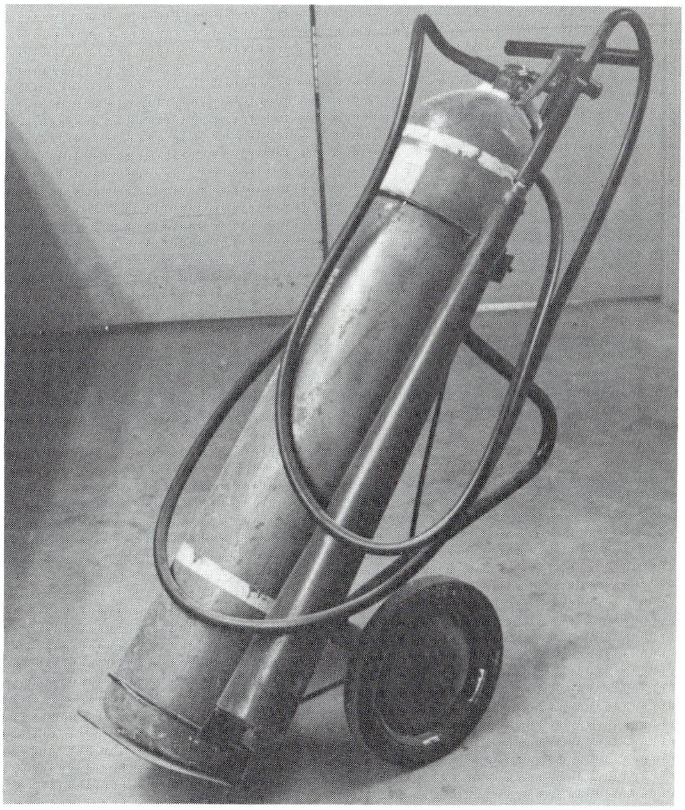

Figura 2.11 Los extintores a base de CO_2 con gran volumen son utilizados para apicaciones industriales.

Figura 2.12 Los extintores de polvo químico pueden ser de presión almacenado o de cartucho incorporado.

Alcance del Chorro Efectivo Bajo Condiciones Normales: 2 a 6 metros (5 a 20 pies).

Tiempo de Descarga Bajo Condiciones Normales: 10 a 25 segundos.

Requiere Protección Contra Congelamiento: No.

Principio de Operación: El componente principal en los extintores de Polvo Químico Seco lo constituye el bicarbonato de sodio, bicarbonato potásico, fosfato de amonio, o cloruro potásico, el cual ha sido químicamente tratado para hacerlo resistente y de fácil desplazamiento. El compuesto es descargado bajo presión y dirigido hacia el fuego. El extintor puede contener un cartucho de bióxido de carbono o gas nitrogéno, indistintamente en su interior o incorporado al cuerpo del extintor, para así descargar el polvo químico cuando se permita que la presión ingrese al interior del cilindro del extintor; el polvo químico puede entonces ser expulsado al abrir el pitón de descarga. Algunos extintores son presurizados con gas inerte o aire seco y no poseen cartuchos.

Método de Operación: Estos extintores son diseñados para ser trasladados al sitio del incendio. En el caso de los extintores que operan con cartuchos, el cartucho debe ser activado para expulsar el gas que presurizará la cámara que contiene el polvo químico para producir su descarga. En el caso de los extintores de polvo químico para presurizados, tanto el polvo químico como el gas propulsor son almacenados en la misma cámara. En ambos casos durante la operación se crea una nube de polvo qumico y la descarga es controlada cerrando la válvula. Los mejores resultados se obtienen al atacar el incendio en el borde más cercano y avanzar progresivamente mientras se efectúan movimientos de barrida con el pitón, de un lado a otro. La descsarga debe ser aplicada a la superficie incendiada aún después de haber extinguido las llamas, a fin de prevenir posible reignición, al dejar una capa sobre las superficies y objetos calientes. Cuando es usado en incendios eléctricos, se debe tener cuidado de que los equipos eléctricos no permanezcan abiertos, para evitar los costosos procedimientos de limpieza. En tales casos resultaría más conveniente utilizar otro tipo de agente.

Extintores Sobre Ruedas a Base de Polvo Químico Seco (Figura 2.13)

Capacidad: 34 a 160 kilogramos (75 a 350 libras).

Aplicable a: Incendios clase B y C.

Alcance del Chorro Efectivo Bajo Condiciones Normales: 3 a 15 metros (10 a 50 pies).

Tiempo de Descarga Bajo Condiciones Normales: 20 a 120 segundos.

Requiere Protección Contra Congelamiento: No.

Longitud de Manguera: 15 a 30 metros (50 a 100 pies).

Método de Operación: El principio de operación para estas unidades de polvo químico es el mismo como para unidades de menor

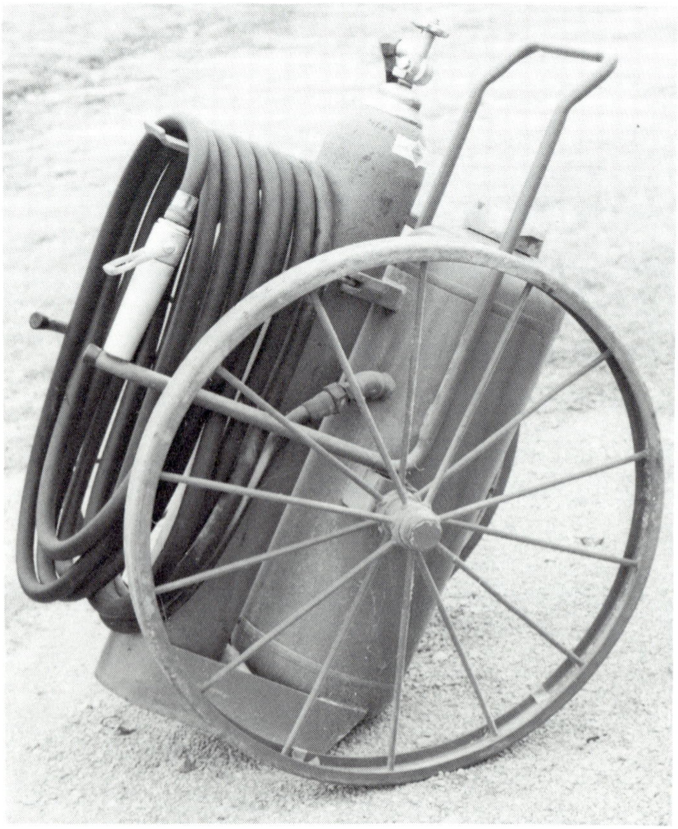

Figura 2.13 Los extintores a base de polvo químico seco están disponibles en unidades sobre ruedas de gran capacidad.

capacidad. Han sido diseñados para ser rodados al sitio del incendio con las instrucciones colocadas en el extintor.

Extintores de Polvo Químico Seco de Uso Múltiple (Figura 2.14)

El polvo químico de uso múltiple (monofosfato de amonio y sulfato de bario) es una mezcla química en forma de polvo que puede ser utilizado en los incendios incipientes de materiales combustibles comunes (clase A) así como en incendios de la clase B y C. No son recomendados para ser utilizados en incendios de metales (clase D), a menos que se especifique lo contrario. Estos extintores se encuentran disponibles en una gran variedad de tamaños y son idénticos al resto de los extintores de polvo químico. El método de operación es el mismo recomendado para los extintores a base de polvo químico regular. SE DEBE TENER ESPECIAL CUIDADO A FIN DE EVITAR LA POSIBLE CONTAMINACION DE CUALQUIER TIPO DE POLVO QUIMICO CON EL POLVO QUIMICO DE PROPOSITO MULTIPLE.

En los incendios de la clase A, se debe dirigir la descarga directamente a la superficie incendiada a fin de cubrirla con el polvo. Cuando las llamas han sido extinguidas, las descarga del polvo se debe lanzar de manera intermitente en áreas con posibles conatos. Se debe prestar especial atención por posibles materiales u objetos calientes que puedan requerir la aplicación adicional de agente extintor a fin de lograr un recubrimiento adecuado.

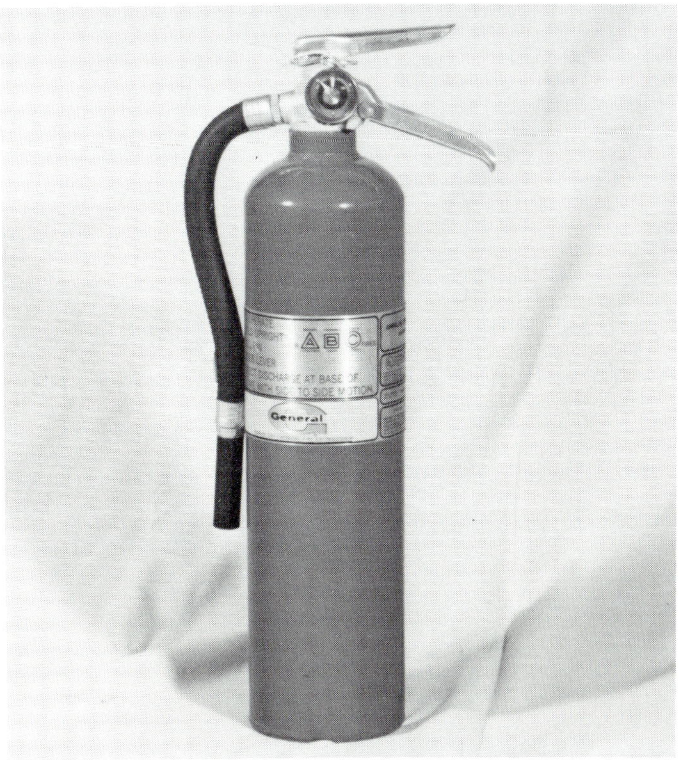

Figura 2.14 Los extintores a base de polvo químico son altamente usados para reducir el número total de extintores requeridos.

Extintores y Agentes Extinguidores a Base de Polvo Químico para Incendios de Metales (Figura 2.15)

Los agentes extinguidores normales, generalmente no deben ser usados en incendio de metales (clase D). Se han desarrollado técnicas y agentes extinguidores especiales para el control y la extinción de incendios de este tipo. Sin embargo, un agente determinado, no necesariamente podría controlar o extinguir incendio en todo tipo de metales. Algunos agentes son muy efectivos para el trabajo con diversos metales; otros son útiles para el combate de sólo un tipo de incendio de metal. Algunos de los agentes son concebidos para ser aplicados por medio de una pala o cucharón y otros por medio de extintores portátiles diseñados

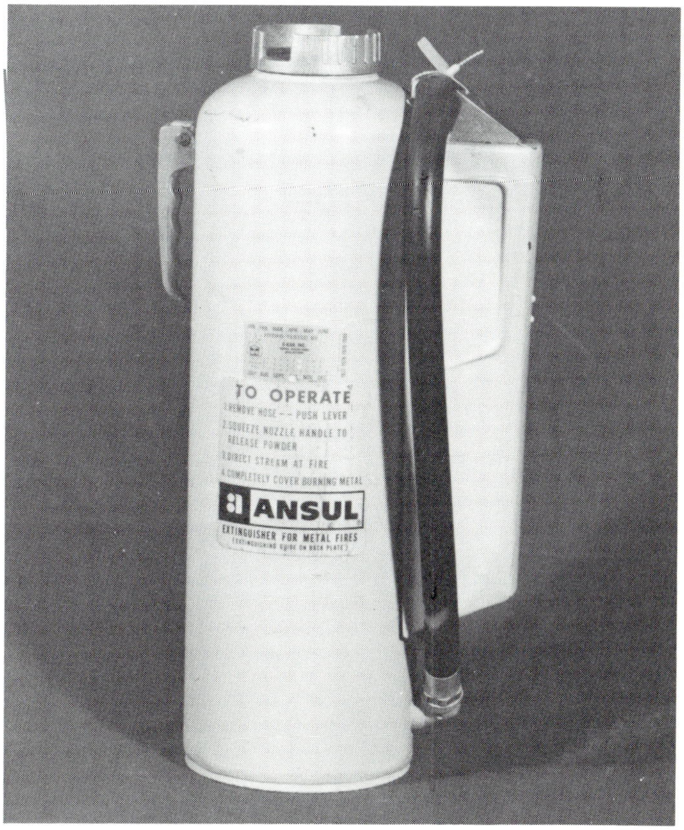

Figura 2.15 Los extintores de polvo secon son activados por cartuchos y contienen un agente para metales particulares.

para ser usados ccon polvo químico. La aplicaión del agente debe ser lo suficientemente gruesa como para cubrir adecuadamente el área de incendio y proveer una manta que ahogue la combustión. El agente debe ser aplicado en cantidades relativamente grandes para evitar la ruptura de cualquier fragmento que pudiese formarse sobre la superficie de metal incendiado. Si se produce la ruptura, el incendio puede extenderse hacia afuera y poner a riesgo de combustión al resto de los materiales.

En algunos casos podría ser necesario proporcionar una aplicación mayor a fin de cubrir cualquier parte caliente que se pueda desarrollar. El material deberá permanecer inalterado hasta que la masa se enfríe, luego podrá realizarse la disposición final. Se debe tener especial cuidado a fin de evitar el esparcir el metal quemado. En el case de que el metal en llamas se encuentre sobre una superficie combustible, primero se deberá cubrir el incendio con el polvo, luego se riega una capa de aproximadamente 25 a 50 mm. (1 ó 2 pulgadas) cerca del área del incendio y luego será trasladada con palas el metal en combustión hasta ésta capa y se le añade tanto polvo como sea necesario. Es conveniente el tener en cuenta las recomendaciones hechas por el fabricante acerca del uso y las técnicas especiales que ellos establecen para la extinción de distintos tipos de metales combustibles.

EXTINTORES DAÑADOS

Aquellos recipientes o cilindros de extintores con fugas, corrosión o cualquier otro tipo de daño deberán ser descartados y enviados al fabricante para su reparación. **PRECAUCION:** NUNCA TRATE DE REPARAR UN RECIPIENTE O CILINDRO QUE SE ENCUENTRE BAJO PRESION. Si algún extintor muestra ligeros daños o problemas de corrosión, o si la seguridad para su uso es dudosa, se deberá someter a la correspondiente prueba hidrostática bien sea por los fabricantes o por un laboratorio especializado. Las mangueras con fuga, empacaduras, boquillas y cartuchos pueden ser reemplazados por los bomberos.

EXTINTORES OBSOLETOS

In 1969, los fabricantes americanos dejaron de producir los extintores que requieren ser invertidos para su puesta en operación, tales como el de soda y ácido, el de espuma y el de agua operado por cartucho (Figura 2.16). Sin embargo se tiene la estimación de que todavía permanecen en servicio varios millones de ellos. Algunas de sus desventajas son:

- No se puede suspender su operación una vez que son activados.
- El agente es más corrosivo que el agua.
- Ellos son potencialmente peligrosos. En el caso de que la manguera de descarga se encuentre bloqueada, estos extintores pueden desarrollar presiones por encima de los 300 psi (2100 kPa) y explotar, causando lesiones severas o fatales.

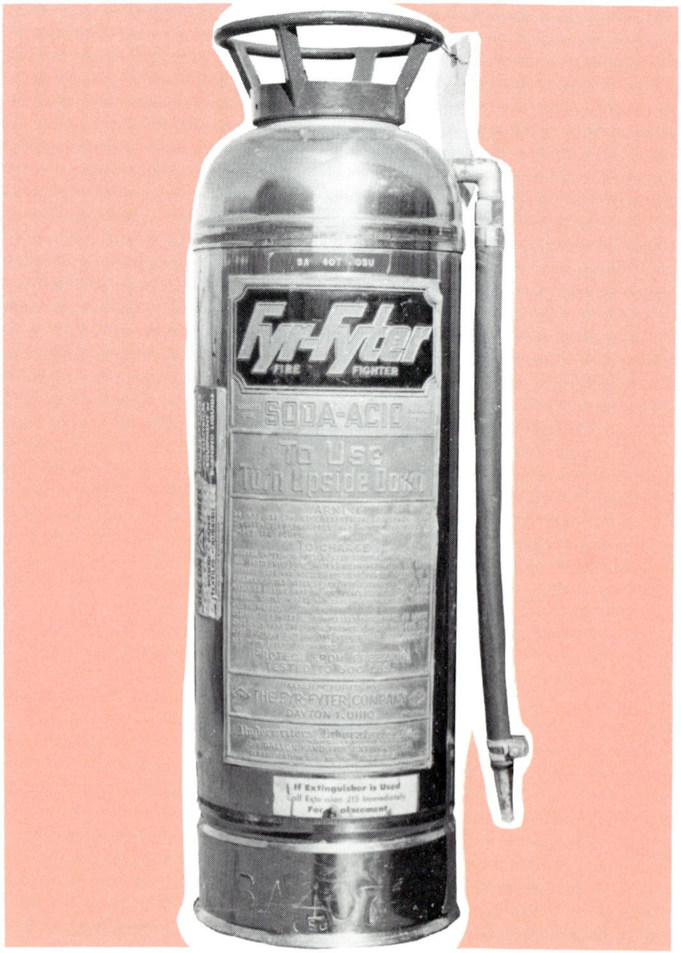

Figura 2.16 Los extintores que requieren el ser invertidos para su operación, están en la actualidad obsoletos.

De igual manera han sido desincorporados extintores hechos a base de cobre con soldadura blanda o remaches.

El extintor de soda y ácido es el más común de estos extintores obsoletos. Cuando se invierte, el ácido proveniente de un recipiente o botella se mezcla con la solución de agua y soda, y produce gas que expulsa el líquido. La presión en un cilindro corroído de soda y ácido ha sido en muchos casos la causa de la explosión de este tipo de extintor.

El extintor de espuma se parece al de soda y ácido. Al invertirse este extintor, se mezclan soluciones de dos cámaras, formándose así una espuma que se aumenta con un índice de 1:89 y un gas que descarga la espuma para combatir incendios de Clase A y B. Estas unidades han sido reemplazadas por unidades de presión almacenada.

El operador de un extintor de agua activado por cartucho tiene que invertirlo y golpear la unidad para perforar el cilindro de $C0_2$. La presión del gas que se expulsa del cartucho general produce la descarga de agua.

Algunas personas todavía poseen extintores a base de tetracloruro de carbono líquido, los cuales son considerados obsoletos desde los años 60. Cuando el tetracloruro de carbono entra en contacto con el calor, libera un gas de alta toxicidad como lo es el fosfógeno.

Aquellas personas que posean extintores obsoletos deberían proceder a reemplazarlos.

INSPECCION DE EXTINTORES

Con frecuencia los bomberos deben realizar la inspección de extintores. Dos de los factores que determinan la validez de los extintores y que justifican su adquisición y subsiguiente instalación son de su utilidad y accesibilidad. El inspector deberá prestar especial atención a los siguientes aspectos.

- Verifique la accesibilidad y correcta ubicación (Figura 2.17).
- Revise la tarjeta de control o registro de inspección para verificar la fecha de la última recarga o inspección (Figure 2.18).

Figura 2.17 Un extintor oculto representa una gran pérdida de tiempo en caso de emergencia. Ellos deberían estar ubicados de uno a dos metros por encima del piso (4 a 5 pies).

Figura 2.18 Un extintor que no ha sido inspeccinado en muchos años puede resultar inseguro o puede fallar en su operación. Cualquier revisión o recarga debe ser registrada.

- Revise los pitones o tableros de la descarga por posible obstrucción (Figure 2.19).
- Examine por posibles problemas de corrosión (fugas en las costuras) or daño mecánico.
- Revise el pasado de seguridad y dispositivo de supervisión (Figuras 2.20-2.21).

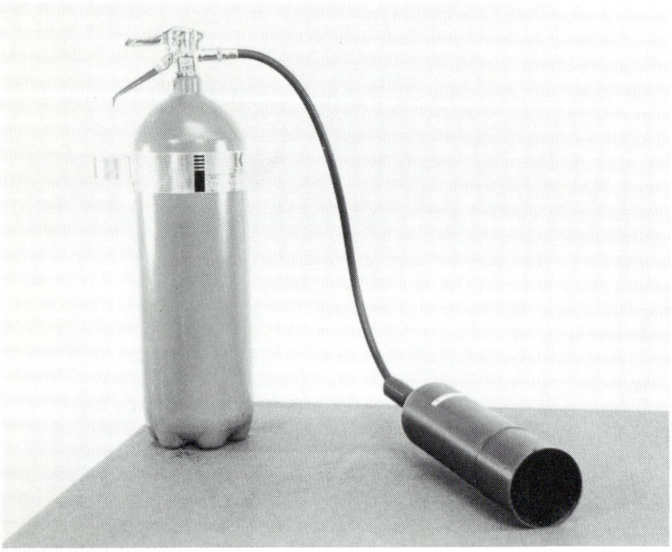

Figura 2.19 Cuando se está revisando el cuerpo del extintor o recargándolo, revise la tobera de descarga por cualquier obstrucción.

- Revise si está lleno (nivel de agua, presión del manómetro o peso) (Figuras 2.22-2.24).
- Examine las condiciones de las mangueras y sus conexiones.
- Revise las toberas de descarga por posibles grietas, sucio, o grasa que se haya podido acumular.
- La fecha de inspección y las inciales del inspector deberán ser colocadas en la tarjeta de control.

Figura 2.20 Asegúrese de que el extintor no haya sido abierto desde su última inspección. ¿Se encuentra el pasador de seguridad en su lugar?

Figura 2.21 Si el dispositivo de seguridad es de plástico, ¿se encuentra en la posición adecuada?

Figura 2.22 Si dispone de manómetro, cerciórese de la cantidad de presión en el cilindro.

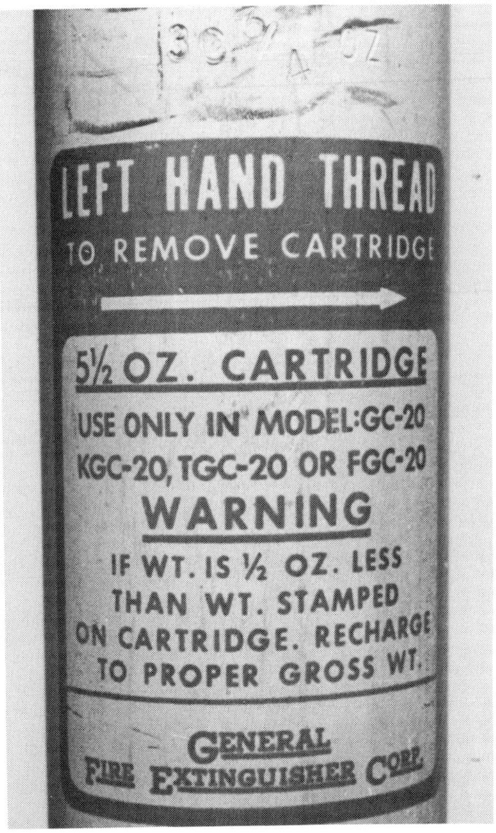

Figura 2.23 Si el cartucho de gas es usado, se deberá pesar para determinar si está lleno. Observe que el peso total del gas y el cartucho es de 861 gramos (30¾ onzas).

Figura 2.24 Los extintores a base de Bióxido de Carbono también pueden ser pesados. Si el cilindro está leno debe pesar 18 Kgs (39½ libras). El peso del gas (solo) es de 7 Kgs. (15 libras).

TABLA 2.1
CARACTERISTICAS DE LOS EXTINTORES

Agente Extintor	Método de Operación	Capacidad	Clasificación UL o ULC
Agua	Presión almacenada	9,5 L	2-A
Agua	Bomba Manual	5,7 L	1-A
	Bomba Manual	9,5 L	2-A
	Bomba Manual	15,1 L	3-A
	Bomba Manual	18,9 L	4-A
Agua (Anti-congelante: cloruro de calcio)	Cartucho o Presión almacenada	4,73, 5,7 L	1-A
	Cartucho o Presión almacenada	9,5 L	2-A
	Cilindro	125 L	20-A
Agua (Agente humectante)	Presión almacenada	5,7 L	2-A
	Bióxido de carbono (Cilindro)	94,6 L (sobre ruedas)	10-A
	Bióxido de carbono (Cilindro)	170,3 L (sobre ruedas)	30-A
	Bióxido de carbono (Cilindro)	227 L (sobre ruedas)	40-A
Agua (Soda y ácido)	Expelente químicamente generado	4,73, 5,7 L	1-A
	Expelente químicamente generado	9,5 L	2-A
	Expelente químicamente generado	64,3 L (sobre ruedas)	10-A
Agua (Chorro cargado)	Expelente químicamente generado	125 L (sobre ruedas)	20-A
	Presión almacenada	9,5 L	2 a 3-A: 1-B
	Cartucho o Presión almacenada	125 L (sobre ruedas)	20-A
AFFF	Presión almacenada	9,5 L	3-A 20B
	Nitrógeno (cilindro)	125 L (sobre ruedas)	20-A 160 B
Bióxido de carbono	Auto-expelente	0,9 a 2, 26 kg	1 a 5-B:C
	Auto-expelente	4,5 a 6,8 kg	2 a 10 B:C
	Auto-expelente	9 kg	10-B:C
	Auto-expelente	22,6 a 45,3 kg (sobre ruedas)	10 a 20-B:C
Polvo químico seco (Bicarbonato de sodio)	Presión almacenada	0,45 kg	1 a 2-B:C
	Presión almacenada	0,68 a 1,13 kg	2 a 10-B:C
	Cartucho o Presión almacenada	1,24 a 2,26 kg	5 a 20-B:C
	Cartucho o Presión almacenada	2,7 a 13,6 kg	10 a 160-B:C
	Nitrógeno (Cilindro) o Presión almacenada	34 a 158,7 kg (sobre ruedas)	40 a 320-B:C
Polvo químico seco (Bicarbonato de potasio)	Presión almacenada	0,45 a 0,9 kg	1 a 5-B:C
	Cartucho o Presión almacenada	1,02 a 2,26 kg	5 a 20-B:C
	Cartucho o Presión almacenada	2,4 a 4,5 kg	10 a 80-B:C
	Cartucho o Presión almacenada	7,2 a 13,6 kg	40 a 120-B:C
	Cartucho	21,7 kg	120-B:C
	Nitrógeno (Cilindro) o Presión almacenada	56,7 a 142,8 kg (sobre ruedas)	80 a 640-B:C

Agente Extintor	Método de Operación	Capacidad	Clasificación UL o ULC
Polvo químico seco (Cloruro potásico)	Presión almacenada	0,9 a 1,1 kg	5 a 10-B:C
	Presión almacenada	2,26 a 4 kg	20 a 40-B:C
	Presión almacenada	4,5 a 9 kg	40 a 600-B:C
	Presión almacenada	61,2 kg	160-B:C
Polvo químico seco (Fosfato de amonio)	Presión almacenada	0,45 a 2,26 kg	1 a 2-A y 2 a 10-B:C
	Presión almacenada o Cartucho	1,13 a 3,8 kg	1 a 4-A y 10 a 40-B:C
	Presión almacenada o Cartucho	4 a 7,7 kg	2 a 20-A y 10 a 80-B:C
	Presión almacenada o Cartucho	7,7 a 13,6 kg	3 a 20-A y 30 a 120-B:C
	Cartucho	20,4 kg	20-A y 80-B:C
	Nitrógeno (Cilindro) o Presión almacenada	49,9 a 142,8 kg (sobre ruedas)	20 a 40-A 60 a 320-B:C
Polvo químico seco (Compatibles con espuma)	Cartucho o Presión almacenada	2,1 a 4 kg	10 a 20-B:C
	Cartucho o Presión almacenada	4 a 12,2 kg	20 a 20-B:C
	Cartucho o Presión almacenada	8,2 a 13,6 kg	40 a 60-B:C
	Nitrógeno (Cilindro) o Presión almacenada	68 a 158,7 kg (sobre ruedas)	80 a 240-B:C
Polvo químico seco (Cloruro potásico)	Cartucho o Presión almacenada	1,13 a 2,26 kg	10 a 20-B:C
	Cartucho o Presión almacenada	4,3 a 9 kg	40 a 60-B:C
	Cartucho o Presión almacenada	8,8 a 13,6 kg	60 a 80-B:C
	Presión almacenada	56,7 a 90,7 kg (sobre ruedas)	160-B:C
Polvo químico seco (Bicarbonato de potasio, base de urea)	Presión almacenada	2,26 a 4,98 kg	40 a 80-B:C
	Presión almacenada	4 a 10,4 kg	60 a 160-B:C
	Presión almacenada	79,3 kg	480-B:C
Bromotrifluoro-metano	Presión almacenada	1,3 kg	2-B:C
Bromoclorodi-fluorometano	Presión almacenada	0,9 a 1,8 kg	2 a 5-B:C
	Presión almacenada	2,49 a 4 kg	1-A y 10-B:C
	Presión almacenada	5,90 a 9,97 kg	1 a 4-A y 20 a 80-B:C

Capítulo 3

Cuerdas y Nudos

NORMA NFPA 1001
CUERDAS Y NUDOS
Bombero 1

3-5 Cuerdas

3.5-1 El bombero, al suministrársele el nombre, gráfico o el propio nudo, debe identificarlo y describir el propósito para el cual debe ser usado.

3-5.2 El bombero, al suministrársele una cuerda adecuada, debe demostrar la forma de hacer el nudo as de guía, ballestrinque y el vuelta de escota.

3-5.3 El bombero, al suministrársele una cuerda adecuada, debe demostrar la forma de hacer el seno, el aro, la vuelta y el medio ballestrinque para ser usada en nudos y amarres.

3-5.4 El bombero, usando un nudo aprobado debe izar cualquier herramienta seleccionada de rescates, escaleras o utensilios hasta una altura de 6 metros (20 pies).

3-5.5 El bombero debe demostrar las técnicas de inspección, limpieza y mantenimiento de cuerdas*

Bombero II

4-5 Cuerdas

4-5.1 El bombero, dada una situación simulada de combate de incendio o rescate, debe seleccionar la cuerda adecuada en diámetros, resistencia y longitud para la tarea asignada.

4-5.2 El bombero debe seleccionar una cuerda y amarrarla entre dos objetos, separados por lo menos 5 mts, de tal forma que soporte el peso de un bombero sobre la cuerda.

4-5.3 El bombero debe usar una cuerda para amarrar escaleras, mangueras y otros equipos en forma segura a un objeto fijo.*

Las Transparencias de la IFSTA sobre Cuerdas y Nudos están diseñadas para complementar este capítulo.

Capítulo 3
Cuerdas y Nudos

Las práctica en el manejo de cuerdas descritas en este capítulo está limitado a los nudos y amarres básicos usados más comúnmente en el servicio de bomberos. Los procedimientos de los bomberos en cada localidad pueden contemplar el uso de nudos diferentes a los que se mencionan, y tales políticas deben ser estimuladas. Solamente se muestra un método aprobado para efectuar estos nudos básicos, pero si los bomberos han aprendido otra forma, se sugiere que no se cambié la técnica. Algunos cuerpos de bomberos ejercitan el hacer los nudos con los ojos cerrados para mejorar la habilidad del personal.

A través de las descripciones siguientes de cómo hacer los nudos se utilizarán los términos "parte fija" y "parte móvil." A fin de entender completamente estos términos se presentan las definiciones siguientes.

PARTE FIJA—La parte de la soga que será utilizada para el trabajo, tales como izar, halar o retener.

PARTE MOVIL—La parte de la soga que es utilizada para forma el nudo (conocida comúnmente como el "extremo suelto").

ELEMENTOS DE UN NUDO

Los nudos debilitan la cuerda porque ésta debe ser doblada para hacer el nudo. Las fibras en la parte exterior del arco se estiran y las fibras en la parte interior del arco se oprimen. Por consiguiente, un nudo con dobleces fuertes debilitará más una cuerda que un nudo con dobleces suaves. Los dobleces que lleva una cuerda para efectuar un nudo se conocen como el seno, el aro y la vuelta. La formación de cada uno de éstos se muestra en la Figura 3.1.

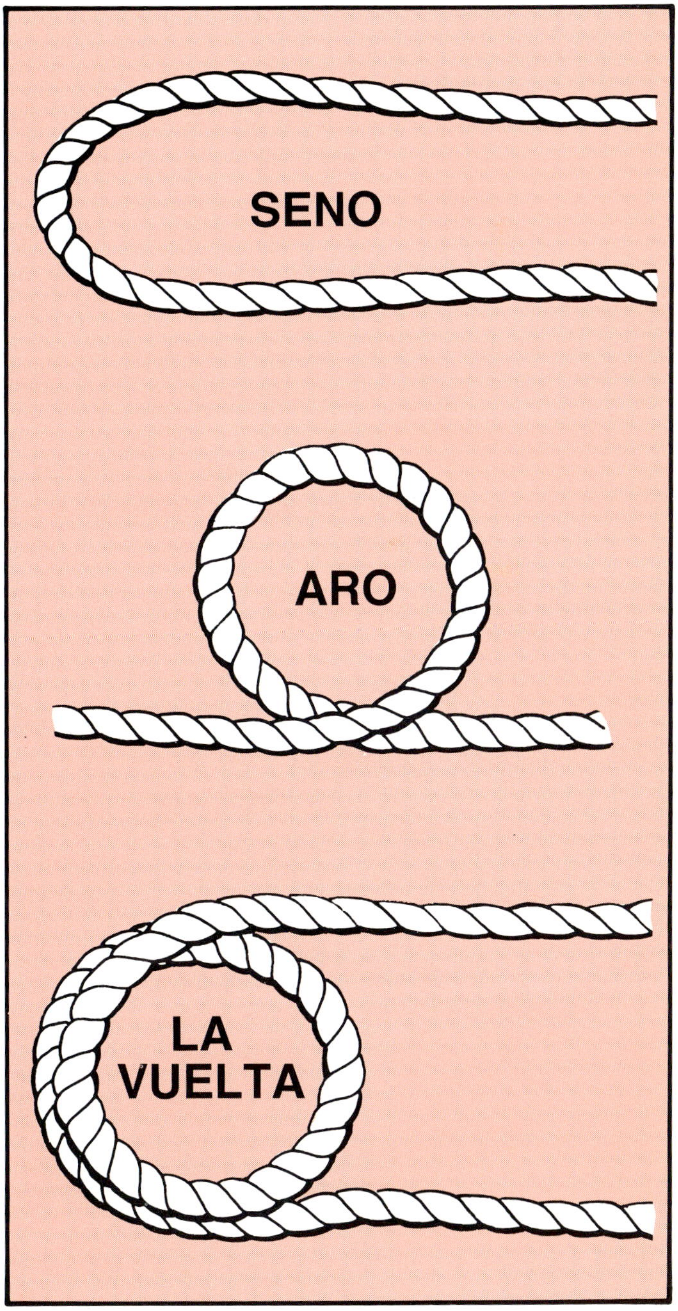

Figura 3.1 Elementos de un nudo o amarre.

El seno se forma doblando la cuerda mientras los lados permanecen paralelos. El aro se forma cruzando los aros del seno. La vuelta se forma prolongrando el doblez de uno de los extremos del aro. Los nudos y amarres se forman con la combinación de estos elementos de diferentes maneras, de tal forma que la parte fuerte de la soga soporta el extremo libre para mantenerlo fijo. Los nudos y amarres para ser utilizados por los cuerpos de bomberos deben ser aquéllos que puedan ser amarrados rápidamente, destados fácilmente, no sujetos a deslizamientos y con un mínimo de dobleces abruptos.

NUDO LA VUELTA DE ESCOTA

La vuelta de escota es utilizada para unir dos cuerdas y particularmente adecuada para unir dos cuerdas de diámetros diferentes. Estas ventajas la hacen insustituible en los trabajos con cuerdas. El nudo de vuelta de escota se efectúa de la forma siguiente y se ilustra en las Figuras 3.2-3.5.

Paso 1: Forme un seno en uno de los extremos a ser unidos (si se amarran dos sogas de diámetros diferentes el seno siempre debe ir en el medio de los dos) y pase el otro extremo a través de él (Figura 3.2).

Paso 2: Pase el extremo libre alrededor de las dos partes del seno como se muestra en la Figura 3.3.

Paso 3: Introduzca este extremo bajo su propia parte fija y sobre la parte fija del seno como lo muestra la Figura 3.4.

Paso 4: Finalice el ajuste del nudo como se muestra en la Figura 3.5.

Figura 3.2 Paso 1. La vuelta de escota.

Figura 3.3 Paso 2.

Figura 3.4 Paso 3.

Figura 3.5 Paso 4.

NUDO EL AS DE GUIA

El as de guía es un nudo formidable para hacer un aro que no se correrá bajo tensión y puede ser desatado fácilmente. Su uso dentro del cuerpo de bomberos es extenso y todos deben ser capaces de hacerlo libremente o alrededor de un objeto. El método siguiente, como se ilustra en las Figuras 3.6-3.9, es una buena forma de hacer el as de guía a pesar de que otros métodos puedan ser también efectivos.

Paso 1: Mida suficiente cuerda para el tamaño del lado deseado y haga un aro en la parte fija de la cuerda como se muestra en la Figura 3.6.

Paso 2: Pase la parte móvil a través del aro de abajo hacia arriba como lo muestra la Figura 3.7.

Paso 3: Lleve la parte móvil hacia la parte superior del aro, pásela por debajo de la parte fija, dándole la vuelta completamente y luego nuevamente a través del aro como lo muestra la Figura 3.8.

Paso 4: Finalice el ajuste del nudo, formando un as de guía "interno" con la parte inferior del aro como se muestra en la Figura 3.9.

NOTA: El as de guía puede hacerse con la parte móvil fuera del aro. Esto se conoce como un as de guía externo. Este nudo es tan resistente como el as de guía interno.

Figura 3.6 Paso 1. As de Guía.

Figura 3.7 Paso 2.

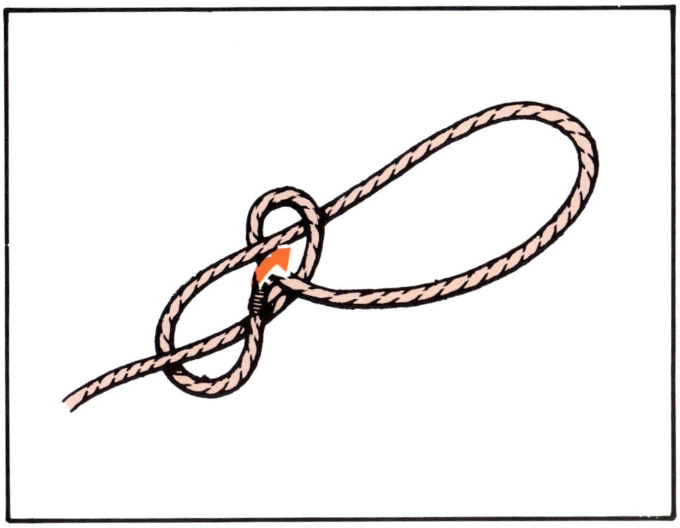

Figura 3.8 Paso 3.

Figura 3.9 Paso 4.

NUDO BALLESTRINQUE

El ballestrinque puede hacerse de varias formas. Consiste esencialmente en dos vueltas de soga. Su uso principal es el de amarrar una cuerda a un objeto como un poste, paral o manguera. Puede hacerse en cualquier parte de la cuerda, tanto en un extremo como en el medio, cuando se hace correctamente soportará una tensión perpendicular sin deslizarse. La forma de hacer un ballestrinque en un objeto abierto es las siguiente y se ilustra en la Figuras 3.10-3.13.

Paso 1: Forme un aro con la mano izquierda dejando la parte móvil hacia la derecha cruzándose por debajo de la parte fija, como lo muestra la Figura 3.10.

Paso 2: Forme otro aro en la mano derecha también con la parte móvil cruzándose por debajo de la parte fija como lo muestra la Figura 3.11.

Paso 3: Deslice el aro derecho sobre el aro izquierdo como lo muestra la Figura 3.12 (Este es el paso más importante para hacer el ballestrinque).

Paso 4: Junte los dos aros de la cuerda formando así el ballestrinque como se muestra en la Figura 3.13. Pase estos aros sobre el objeto que va hacer amarrado, tire de los extremos en dirección opuesta para apretar.

Figura 3.10 Paso 1. Ballestrinque en cualquier parte de la cuerda.

Figura 3.11 Paso 2.

Figura 3.12 Paso 3.

Figura 3.13 Paso 4. **NOTA:** El ballestrinque es usado para anclar la cuerda al objeto y la subsecuente aplicación de un enganche medio permite llevar el peso del objeto que se está izando.

El ballestrinque hecho por el método descrito obviamente no puede ser colocado en un objeto que no tenga un extremo libre (tal como sería en el centro de una manguera). Por consiguiente, es necesario conocer cómo amarrar un ballestrinque a un objeto como se ilustra en las Figuras 3.14-3.16.

Paso 1: Haga un aro completo alrededor del objeto y lleve la parte móvil debajo de la parte fija como lo muestra la Figura 3.14.

Paso 2: Cruce el extremo móvil sobre la parte fija, y complete un nuevo aro alrededor del objeto justo arriba del primer aro como muestra la Figura 3.15.

Paso 3: Pase el extremo móvil bajo la abrasadera superior justo sobre el cruce y tire los extremos para acomodar bien el amarre (Figure 3.16).

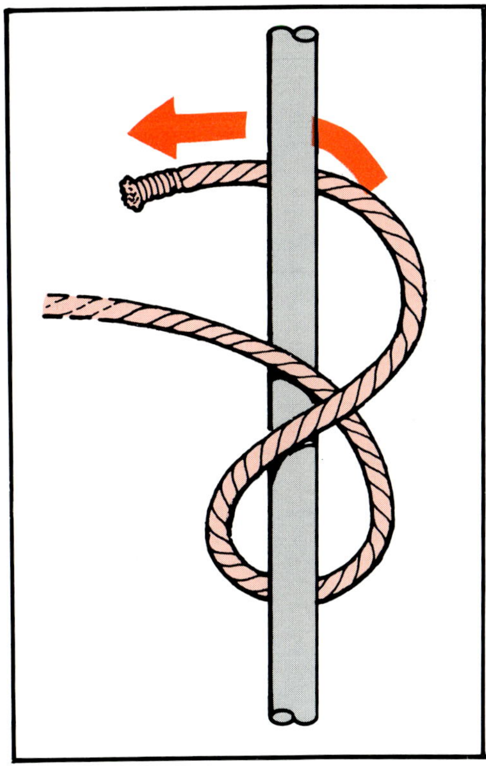

Figura 3.14 Paso 1. Ballestrinque alrededor de un objeto.

Figura 3.15 Paso 2.

Figura 3.16 Paso 3.

Para aseguararse que el ballestrinque no se afloja durante el uso, debe aplicársele un nudo de seguridad. Esto se logra haciendo un medio ballestrinque o nudo corriente alrededor de la parte fija con el extremo móvil de la cuerda.

NUDO DE LA ARGOLLA DE AMARRE CON SEGURO

La argolla de amarre consiste en un medio ballestrinque formado alrededor de un seno de cuerda y su uso principal está en relación con el tensado de una soga entre dos objetos tal como se haría en el acordonamiento de un sector. La forma de hacer la argolla de amarre es la siguiente, y se ilustra en las Figuras 3.17-3.22.

Paso 1: Con la cuerda asegurada a un objeto, pase la parte móvil alrededor de otro objeto y regréselo en forma paralela a parte fija como lo muestra la Figura 3.17.

Paso 2: Pasando frente a la parte fija que está asegurada al primer objeto, deje caer la parte móvil sobre la parte fija y luego forme un seno de aproximadamente 30 cmts. (12 pulgadas) de largo atrás del punto de cruce de cuerdas como lo muestra la Figura 3.18.

Paso 3: Tome la cuerda más allá del punto de cruce y forme un aro en la parte fija como lo muestra la Figura 3.19.

Paso 4: Pase el seno por el aro que acaba de formar y coloque esto lo más abajo posible para formar un medio ballestrinque como lo muestra la Figura 3.20. (De esta manera se forma la verdadera argolla de

Figura 3.17 Paso 1. Argolla de amarre con seguro.

Figura 3.18 Paso 2. Argolla de amarre con seguro.

Figura 3.19 Paso 3.

Figura 3.20 Paso 4.

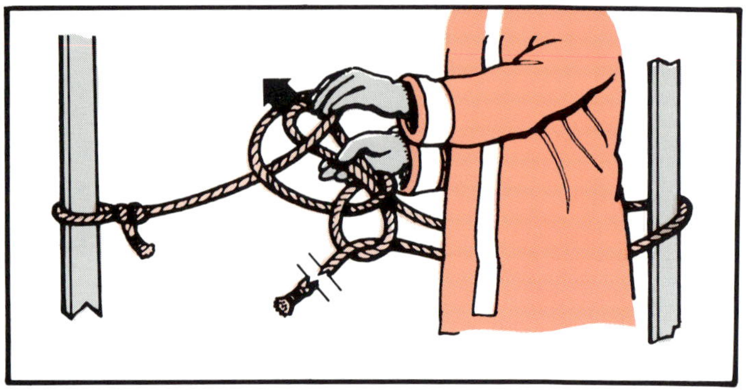

Figura 3.21 Paso 5.

Figura 3.22 Paso 6.

amarre, pero por razones de seguridad debe continuarse con el Paso No. 5 como sigue).

Paso 5: Pase otro medio ballestrinque por el extremo del seno como lo muestra la Figura 3.21.

Paso 6: Hale la parte móvil para apretar la argolla de amarre y que quede asegurada. El amarre terminado se muestra en la Figura 3.22.

NUDO DE AMARRE DE CHIMENEA

El amarre de chimenea está formado por varios medio-ballestrinques y un seno que se hace alrededor de la parte fija de una cuerda. Es utilizado para recoger la parte restante de un a cuerda durante una operación. La facilidad para deshacerlo lo hace ideal para anudar una cuerda alrededor de una chimenea. Este uso le dio el mombre. La forma de hacer un amarre de chimenea es la siguiente y se ilustra en las Figuras 3.23-3.27.

Paso 1: Con un extremo de la soga asegurada y la parte móvil alrededor de un objeto estacionario y paralelo a la parte fija, forme un medio ballestrinque alrededor de la parte fija como lo muestra la Figura 3.23.

Paso 2: Paso la parte móvil a través de las cuerdas paralelas y forme otro medio ballestrinque o aro sobre el medio ballestrinque hecho previamente, como lo muestra la Figura 3.24.

Figura 3.23 Paso 1. Amaree de chimenea.

Figura 3.24 Paso 2.

Paso 3: Aprete el aro a medida que ajusta el nudo hacia un lado del medio ballestrinque y ajuste éste hacia la parte fija de la cuerda como lo muestra la Figura 3.25.

Paso 4: Haga un medio ballestrinque (o más) en la parte fija después del amarre de chimenea para mayor seguridad, como lo muestra la Figura 3.26 (esto lo hace un amarre que no se deslizará bajo tensión).

Figura 3.25 Paso 3.

Paso 5: Agarre el amarre de chimenea con una mano y hale en la parte móvil con la otra mano para apretar la cuerda y deslizar el nudo sobre la parte fija hasta que quede apretado como lo muestra la Figura 3.27.

Figura 3.26 Paso 4

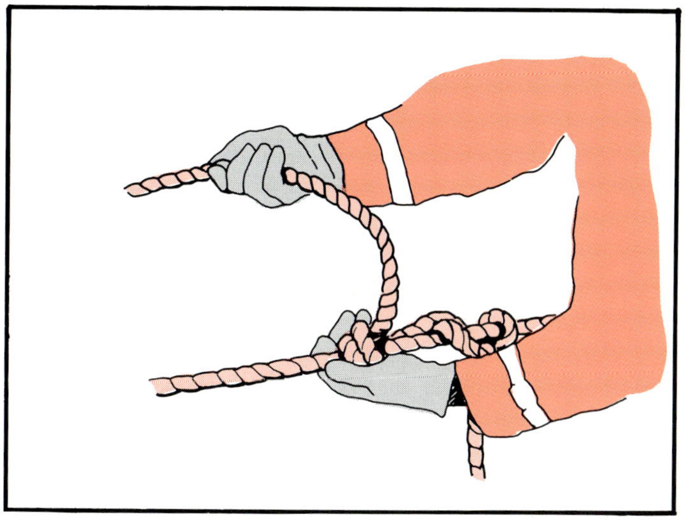

Figura 3.27 Paso 5.

AMARRE DE UNA CUERDA ENTRE DOS OBJETOS

Frecuentemente es deseable acordonar un área para mantener al público alejado de las actividades de combate de incendio o de una zona de peligro. Para llevar a cabo esta tarea, de tal forma que la cuerda pueda ser apretada, pueda utilizarse la argolla de amarre y el amarre de chimenea en conjunto. Para evitar tener que hacer el nudo con mucha cuerda, el bombero debe inicialmente extender la cuerda entre dos objetos estacionarios y dejar la parte excedente en el lado opuesto donde se va a hacer el amarre. Debe hacerse primero la argolla de amarre y luego el amarre de chimenea se hace detrás de la argolla para mantener la cuerda tensa.

Una cuerda que ha sido amarrada entre dos objetos usando estos dos nudos, se muestra en la Figura 3.28-3.29. El seguro detrás del amarre de chimenea está suelto para observar con mayor claridad la figura.

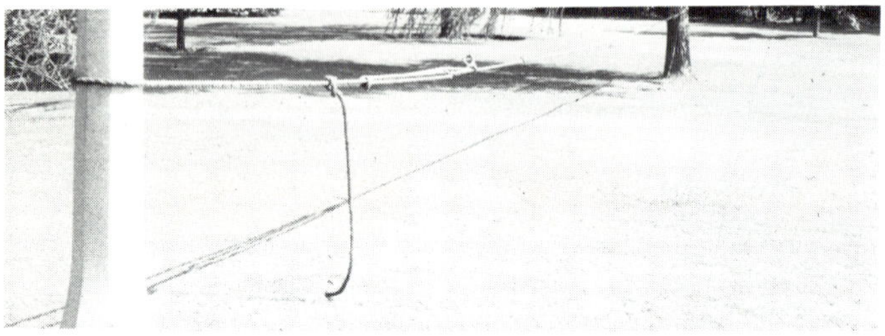

Figura 3.28 Un amarre de chimenea y una argolla de amarre pueden ser utilizados para asegurar una cuerda entre dos objetos.

Figura 3.29 Tensando la cuerda entre dos objetos formará una barrrera para mantener al público alejado de zonas de peligro.

ELEVACION DE HERRAMIENTAS Y EQUIPOS

La elevación de herramientas y equipos en un inicio involucra la aplicación de uno o más de los nudos y amarres básicos. Algunas de las técnicas más comunes de elevación se ilustran el las Figuras 3.30-3.36. Estas deben ser estudiadas y practicadas para adquirir destreza. Los nudos y amarres básicos pueden ser aplicados a casi todos los objetos. Otros equipos y herramientas pueden ser elevados de manera similar, adaptando los nudos y amarres más adecuados a la ocasión.

Figura 3.30 Para amarrar una escalera a ser izada con una cuerda, haga un aro grande, con un as de guía, páselo por entre los travesaños de la escalera aproximadamente a un tercio del extremo que va a ser izado.

Figura 3.31 Pase el aro sobre los extremos de los parales y la parte fija de la cuerda bajo los travesaños entre los parales hasta el final de la escalera.

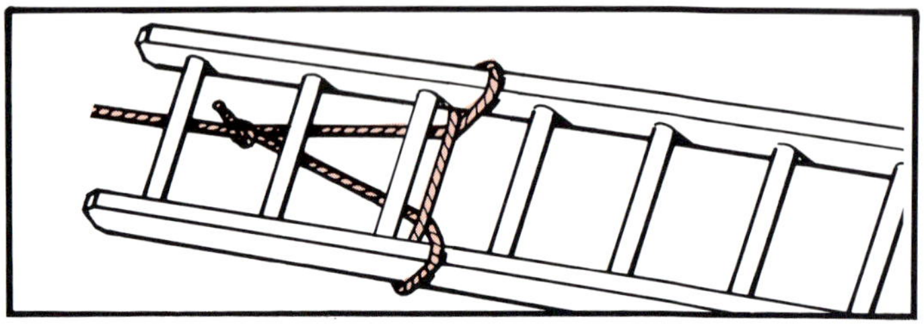

Figura 3.32 El amarre de la escalera se finaliza halando la parte fija de la cuerda y apretando los aros alrededor de los parales.

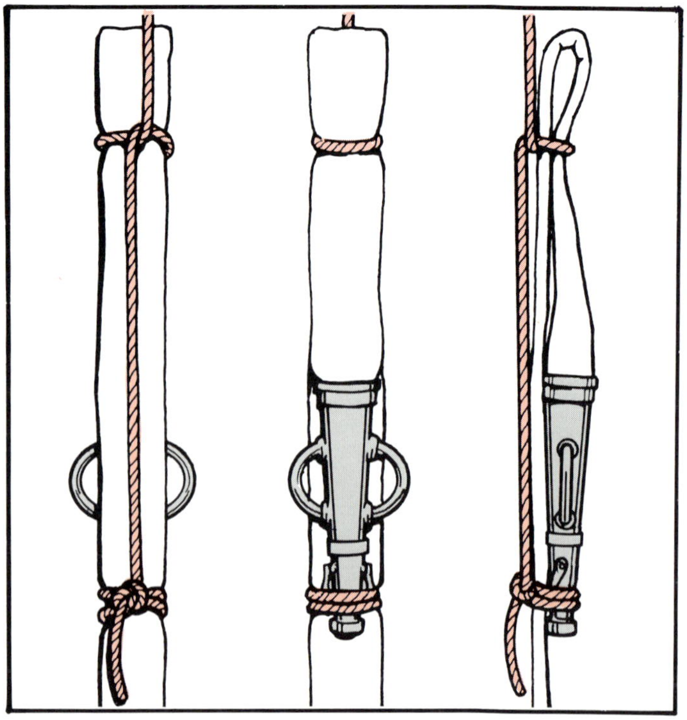

Figura 3.33 Una manguera seca se amarra para ser izada haciéndole un ballestrinque con seguro y un medio ballestrinque alrededor de una sección doble. La cuerda pasa por la parte posterior de la manguera para evitar que gire mientras es elevada y para proteger el pitón y los acoples del lado afuera.

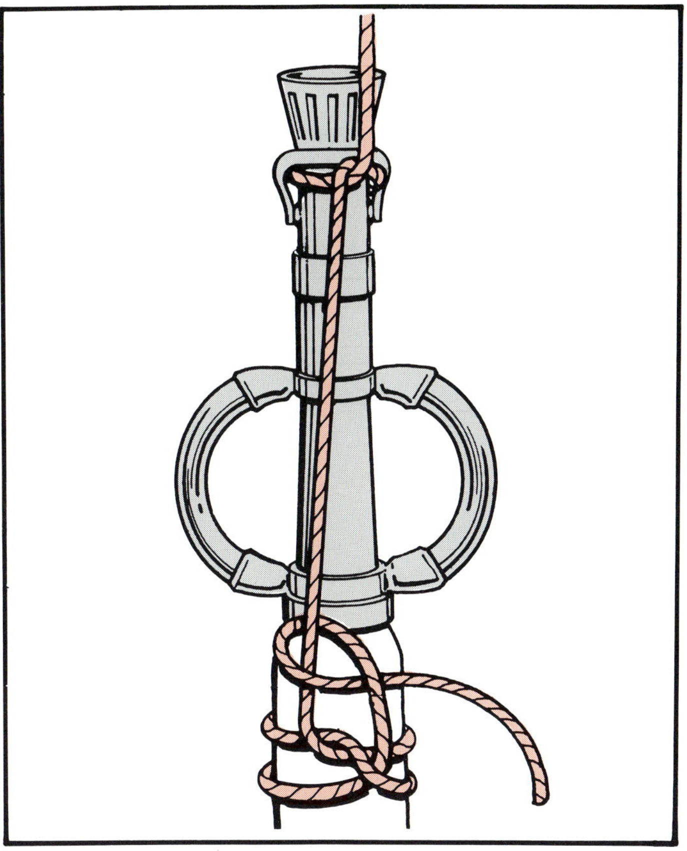

Figura 3.34 El ballestrinque con seguro y medio ballestrinque se utilizan para izar o bajar una manguera cargada.

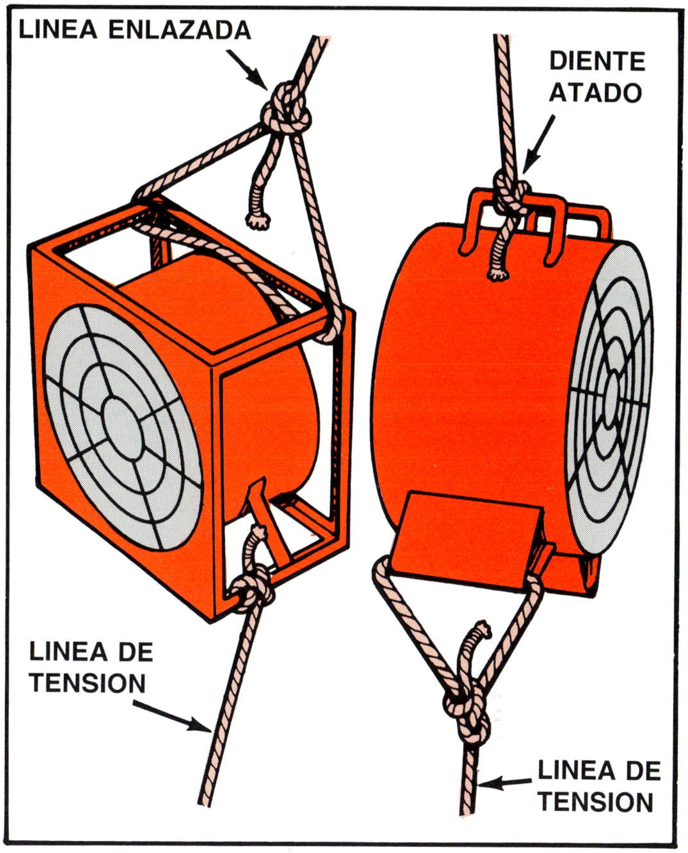

Figura 3.36 Objetos pesados como los extractores de humo pueden ser izados con el as de guía o una combinación as de guía con ballestrinques. Se recomienda usar una línea de tensión para evitar que el objeto golpée el edificio.

Figura 3.35 El ballestrinque más otro medio ballestrinque (o dos) se utilizan para izar una pértiga. El pico (la punta) debe estar hacia arriba.

ENROLLADO DE CUERDAS PARA EL SERVICIO

El enrollado de cuerdas para que puedan ser utilizadas con un mínimo de demora es muy importante para el servicio de bomberos. Una cuerda o línea de vida mal enrollada puede ocasionar fallas durante la ejecución. El método para enrollar una cuerda puede efectuarse de acuerdo a los siguientes pasos y que se ilustran en las Figuras 3.37-3.40.

Paso 1: Deje un excedente de cuerda en el extremo que va a comenzar a enrollar para amarrar el rollo una vez finalizado. Esta cantidad es usualmente el triple de la distancia entre los parales (Figura 3.37).

Figura 3.37 Enrollado de cuerdas.

Paso 2: Enrolle la cuerda remanente alrededor de los parales hasta que tenga un espesor adecuado. Puede ser necesario enrollar la cuerda en dos capas para usar una cantidad de cuerda suficiente. (Esta cantidad puede ser determinada probando varias veces) (Figura 3.38).

Paso 3: Enrolle la cuerda remanente alrededor del rollo ya formado y asegure el extremo con medio ballestrinque (Figura 3.39).

Paso 4: Haga el amarre que se ilustra para que el rollo acabado quede seguro (Figura 3.40).

Figura 3.38 Paso 2.

Figura 3.39 Paso 3.

Figura 3.40 Paso 4.

Para desarmar el rollo, suelte el amarre, agarre el extremo inferior y tire de él para sacar dos o tres vueltas y aflojar el rollo y déjelo caer desde la parte superior de una edificación o por una ventana según sea el caso.

Algunos bomberos prefieren enrollar sus cuerdas de forma diferente. Las dos objeciones principales a la forma descrita son el gran número de dobleces y la poca circulación del aire para el caso en que la cuerda se moje. El uso de cuerdas en el cuerpo de bomberos, requiere que ellas estén listas para ser usadas en todo momento en una forma que estén libres de dobleces y estrangulamientos. Para satisfacer este requerimiento algunas veces será necesario sacrificar algunos de los principios fundamentales del mantenimiento y cuidado de sogas, teniéndola en un ovillo compacto que la dejará lisa al momento de extenderla. Otro método que has sido utilizado satisfactoriamente por algunos cuerpos de bomberos es el de llevar la cuerda en una bolsa de transporte como se ilustra en la Figura 3.41. El extremo en el centro del rollo puede ser dejado fuera para ser agarrado cuando se deje caer la bolsa desde un techo o pisos superiores. A medida que desciende la bolsa, la soga va siendo extraída en forma ordenada. La bolsa puede tener incorporada una correa y arneses para su transporte. El tamaño común es de 30 cmts. (12 pulgadas) de diámetro y 80 cmts (32 pulgadas) de alto, lo cual proporcionará una capacidad adecuada para una cuerda de fibras de manila de 16 mm, (3/4 de pulgada) y 45 metros (150 pies) de largo.

Figura 3.41 También puede ser almacenada una cuerda en una bolsa o balde de plástico. La cuerda puede o no estar almacenada ordinariamente.

INSPECCION Y CUIDADO DE SOGAS

Las sogas deben ser inspeccionadas periódicamente, especialmente después de ser usadas, porque la vida y seguridad de los bomberos pueden depender de ellas. Se debe efectuar una inspección a todo lo largo de su superficie, para determinar si hay cortaduras, acción abrasiva severa o puntos que indiquen daños por la acción de productos químicos. Si la cuerda tiene olor a moho o muestra puntos marrones, destuércela para hacer un examen más minucioso entre las hebras. Si las fibras interiores se rompen fácilmente, muestran separación o han perdido su brillo, descarte la cuerda. Las cuerdas sintéticas con cubierta exterior deben ser revisadas por daños exteriores, desgaste y condición general. Los daños interiores pueden ser detectados por engrosamiento o delgadez bajo la cubierta protectora. Los sobre esfuerzos severos en cuerdas coloreadas pueden evidenciarse por las manchas de color de la cubierta exterior o en las superficies de contacto. Deben colocarse etiquetas de control de inspección directamente sobre la cuerda o su envoltorio y llevarse un registro de ellas. Toda cuerda sujeta a cargas excesivas debe ser retirada del servicio para ser utilizadas como línea de vida, sin embargo puede continuar siendo utilizada para otros propósitos. La cuerda que se reemplaza en el momento adecuado es una inversión en seguridad.

La cuerdas deben ser seleccionadas, usadas y cuidadas adecuadamente para garantizar la seguridad y uso eficiente. Las necesidades del cuerpo de bomberos y las situaciones en que podrían ser utilizadas, determinarán, en parte, el tipo de cuerda a ser seleccionada. Los diferentes diseños de cuerda y los materiales usados en su fabricación determinan la capacidad de carga, factor de seguridad inherente, capacidad de elasticidad y necesidades de mantenimiento (Tabla 3.1). Las cuerdas con cubiertas estáticas por ejemplo, usualmente son consideradas como las más recomendables para el uso de los cuerpos de bomberos que las cuerdas utilizadas por escaladores.

La cuerda estática tiene mejor capacidad para soportar fuerza tales como la caída de un rescatista o víctimas que la cuerda dinámica utilizada por los escaladores con su características de estira y encoge. Las cuerdas de manila y sisal, debido a que son hechas con plantas vivas, comienzan a deteriorarse a partir del momento en que son cortadas de la planta de origen. Cuando se seleccionan cuerdas, debe considerarse la información del fabricante sobre su capacidad de carga, la de absorber impactos, y su elasticidad. Algunas cuerdas pueden estar garantizadas para un número determinado de "caídas" o únicamente por un tiempo limitado después de su fabricación (Tabla 3.2).

Las cuerdas pueden sufrir daños por contacto directo con agentes químicos o por vapores de sustancias químicas. Los derrames de agua con fre-

TABLA 3.1
CARACTERISTICAS DE LAS CUERDAS

	Cáñamo de Manila	Henequén	Polipropileno	Polietileno	Nylon	Dacron (Poliéster)
Capacidad de recuperar humedad	Hasta 60%	Hasta 60%	0%	0%	Hasta 9%	Menos 1%
Fuerza — Diámetro de 16 mm	2000 kg	1600 kg	2800 kg	2540 kg	4700 kg	4540 kg
Estirado máximo antes de romper	13%	13%	24%	22%	35%	20%
Cambio de fuerza	Hasta +20%	Hasta +20%	No cambia	No cambia	Menos de -10%	No cambia
Flotabilidad	No	No	Sí	Sí	No	No
Resistencia al pudrimiento, moho, y ataque por organismos marinos	Mala	Muy Mala	100% Resistente	100% Resistente	100% Resistente	100% Resistente
Resistencia a abrasión de la superficie	Buena	Regular	Buena	Buena	Muy Buena	Excelente
Acidos	Muy mala	Muy mala	Excelente	Excelente	Regular	Muy Buena-Excelente
Alcalis	Muy mala	Muy mala	Buena	Buena	Excelente	Muy Buena
Solventes	Buena	Buena	Buena	Buena	Excelente	

TABLA 3.2
CAPACIDADES SEGURAS PARA TRABAJOS CON SOGAS

Diámetro (milímetros)	Cáñamo de Manila (nueva)	(usada)[1]	Henequén (nueva)	(usada)[1]	Nylon (nueva)	(usada)[1]	Dacron (nueva)	(usada)[1]	Polipropileno (nueva)	(usada)[1]	Cubierta de Nylon Trenzado Centro de Nylon (nueva)	(usada)[1]
9.5 mm (3/8")	122	61	98	49	166	83	224	112	186	93	382	191
12.7 mm (1/2")	240	120	194	97	330	165	366	183	332	166	682	341
15.8 mm (5/8")	400	200	320	160	510	255	500	250	510	255	1090	545
19.05 mm (3/4")	490	245	394	197	676	338	680	340	748	374	1546	773
22.2 mm (7/8")	700	350	560	280	976	488	900	450	874	437	2154	1077
25.4 mm (1")	818	409	654	327	1200	600	1226	613	1298	649	2590	1295
31.7 mm (1 1/4")	1228	614	982	491	1800	900	1726	863	1754	877	4000	2000
38.1 mm (1 1/2")	1682	841	1346	673	2550	1275	2550	1275	2512	1256	5910	2955
44.4 mm (1 3/4")	2410	1205	1928	964	3750	1875	3050[2]	1525[2]	3492	1746	8728	4364
50.8 mm (2")	2818[2]	1409[2]	2254[2]	1127[2]	4476[2]	2238[2]			4180[2]	2090[2]	9546[2]	4773[2]

[1]Según información del fabricante, las sogas de cáñamo de Manila y de henequén se consideran "usadas" después de que han prestado servicio por un período de seis meses, con tal de que la soga haya tenido un uso, cuidado, y almacenaje adecuados. Aquellas personas que usen soga sintética deberán consultar con el fabricante para enterarse de la interpretación de éste sobre lo que es "soga usada."

[2]Esto está basado en las recomendaciones del fabricante para soga nueva.

cuencia contienen sustancias químicas dañinas en suspensión, que pueden dañar las fibras de la cuerda. Las sustancias alcalinas, como los líquidos ácidos, atacan las fibras de las cuerdas y pueden evidenciarse como puntos o decoloración de la cuerda. La cuerda cuando es arrastrada o dejada en forma descuidada en el piso puede sufrir daños en sus fibras por la acción del polvo, vidrios y otros agentes abrasivos.

Las cuerdas pueden dañarse, incluso antes de ser usadas, si se sacan inadecuadamente del rollo. Siga las instrucciones para el desenrollado que aparecen en las etiquetas de todos los rollos de cuerdas. También pueden presentarse deformaciones después de desenrollar una cuerda si está está mojada. No debe aplicarse fuerza a una cuerda que tiene deformaciones o está torcida. Las cuerdas nuevas deben desenrollarse desde el centro del rollo en dirección contraria al movimiento de las agujas del roloj. Si empieza a desenrollarse en dirección contraria, debe voltearse el rollo y pasar el cabo por el centro hacia el otro lado. Desenrollar una cuerda en dirección incorrecta, le ocasionaría torceduras y deformaciones. Las deformaciones en cuerdas grandes son difíciles de corregir y pueden alterar la resistencia de la cuerda.

Deben evitarse dobleces pronunciados cuando se utilizan cuerdas. Los amarres deben efectuarse en lo posible sobre superficies suaves de tamaño adecuado. Nunca deben arrastrarse las cuerdas sobre el piso, pisarlas o halarlas sobre superficies irregulares o filosas. Las cuerdas, tanto nuevas como usadas, deben guardarse en sitios frescos, con buena circulación de aire, y protegidas de la acción directa de la luz solar. Las cuerdas almacenadas en los compartimientos de vehículos deben estar apartadas de los equipos operados con gasolina y de las baterías. De igual forma, debe evitarse el contacto con hierro, en vista de que el óxido de hierro es muy dañino para las fibras de las cuerdas. Nunca almacene una cuerda hasta que no esté completamente seca.

Cuando las cuerdas han sido utilizadas deben ser inspeccionadas y se debe registrar su condición en la etiqueta de control de inspección. También debe anotarse el propósito para el cual fue utilizada por última vez, carga real o estimada que soportó y la duración de la carga. Las cuerdas sucias o que han estado expuestas a agentes químicos deben lavarse únicamente con agua limpia y luego permitir que se sequen completamente. Debe hacerse otra inspección después de secarse y antes de ponerla nuevamente en servicio.

Capítulo 4

Equipos Autonomos de Protección Respiratoria

NORMA NFPA 1001
EQUIPOS DE PROTECCION RESPIRATORIA
Bombero 1

3-3 Equipos de Protección Respiratoria

3.3-1 El bombero deberá identificar al menos cuatro tipos de ambientes peligrosos para la respiración, que puede encontrar durante las labores de combate de incendio.

3.3-2 El bombero deberá demostrar el uso detodos los tipos de equipos de protección respiratoria en ambientes con alta densidad de humo.

3-3.3 El bombero deberá identificar los requerimientos físicos del usuario, las limitaciones de los equipos de protección respiratoria, y las medidas de seguridad de todos los equipos de protección respiratoria.

3-3.4 El bombero debeŕa demostrar cómo ponerse los equipos de protección respiratoria cuando esté usando ropa protectora.

3-3.5 El bombero debeŕa demostrar que el equipo de protección respiratoria se encuentra en condiciones seguras para ser usado inmediatamente.

3-3.6 El bombero debeŕa identificar los procedimientos para limpieza e higiene de los equipos de protección respiratoria para su uso futuro.*

Bombero II

4-3 Equipos de Protección Respiratoria

4-3.1 El bombero deberá identificar los procedimientos diarios de inspección y mantenimiento de los equipos de protección respiratoria.

4-3.2 El bombero, una vez que se le provea de cada uno de los tipos de equipos de protección respiratoria, deberá demostrar los procedimientos correctos de recarga.

4-3.3 El bombero deberá demostrar las técnicas de emergencia en el uso de los equipos respiratorios para:

a) Asistir a otros bomberos
b) Conservar aire
c) Restringir el uso de válvulas auxiliares*

*Reimpreso bajo licencia de la Norma NFPA No. 1001, *Norma para la Calificación Profesional del bombero.* Copyright (c) 1981, National Fire Protection Association, Boston, MA.

Las transparencias del IFSTA sobre los Equipos de Protección Respiratoria, son diseñadas para complementar este capítulo.

Capítulo 4

Equipos Autonomos de Protección Respiratoria

Es importante el dedicar una especial atención al equipo de protección respiratoria. Los pulmones y las vías respiratorias son probablemente las áreas más vulnerables a una lesiíon que cualquier otra parte del cuerpo, y los gases encontrados en situaciones de incendios son en su mayor parte peligrosos en una u otra forma. En el combate de incendios debería ser una regla fundamental el que no se le permita a nadie que entre a una edificación con una alta concentración de humo y gases a menos que esté dotado con un equipo autónomo de protección respiratoria. La omisión en el uso de este equipo puede incapacitar al personal y por supuesto llevar al fracaso todos los intentos de salvamento.

PELIGROS RESPIRATORIOS

El propósito de esta sección es examinar las atmósferas comúnmente encontradas en situaciones de incendios (Figura 4.1).

Deficiencia de Oxígeno

Temperaturas Elevadas

Humo

Gases Tóxicos

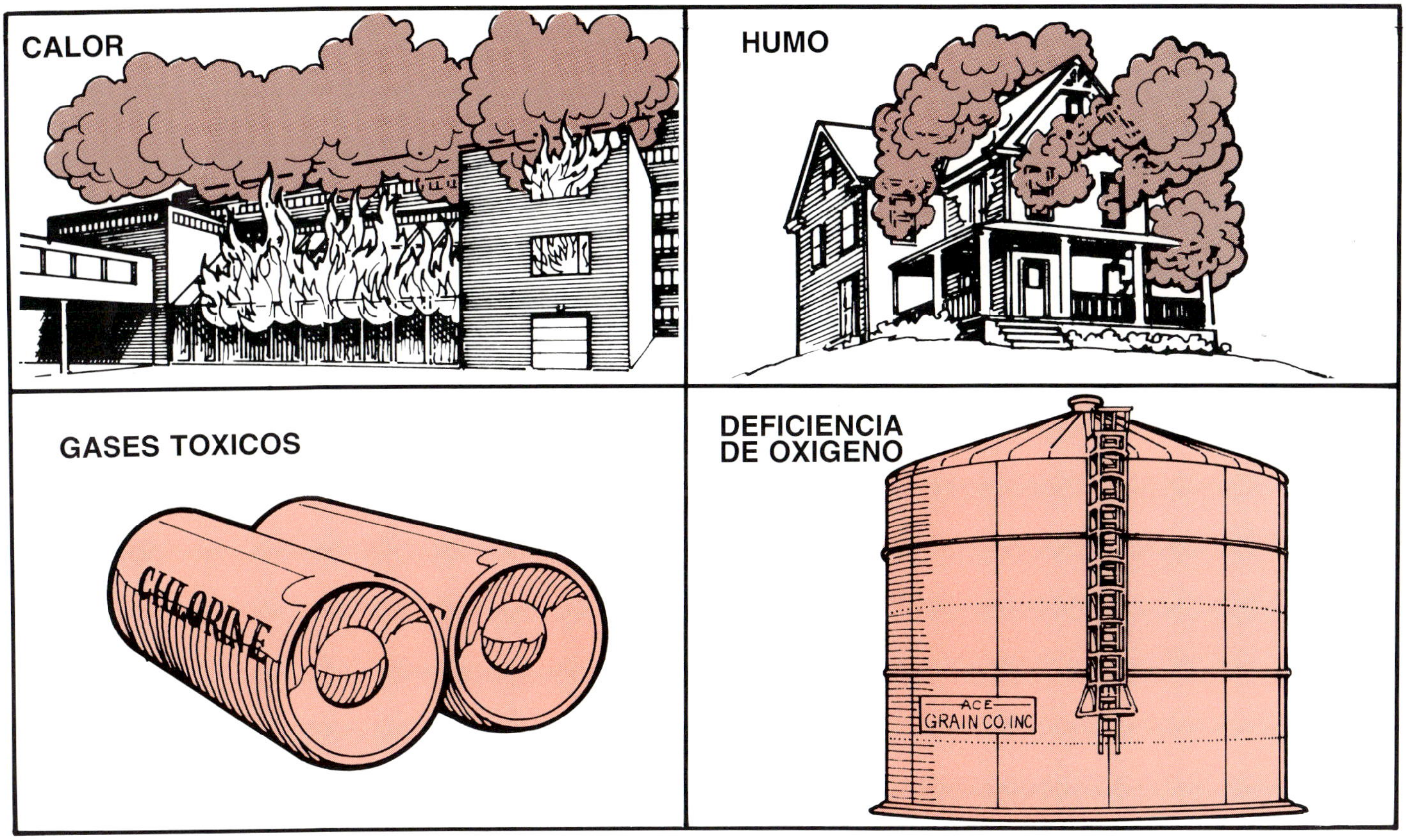

Figura 4.1 Los equipos de protección respiratoria son necesarios debido a las atmósferas peligrosas en que los bomberos trabajan.

Deficiencia de Oxígeno

El proceso de combustión consume oxígeno mientras produce gases tóxicos que físicamente remueven o diluyen su concentración. Cuando las concentraciones de oxígeno están por debajo del 18% el cuerpo humano responde incrementando el ritmo respiratorio. Los síntomas derivados de la deficiencia de oxígeno por porcentaje disponible se muestran en la Tabla 4.1.

TABLA 4.1
Efectos Fisiológicos de la Deficiencia de Oxígeno

Porcentaje de Oxígeno en el Aire	Sintomas
21	Ninguno-condición normal
17	Cierto deterioro en la coordinación muscular; incremento en la función respiratoria para compensar la proporción más baja de oxígeno.
12	Mareo, dolor de cabeza, mucha fatiga.
9	Pérdida del conocimiento.
6	Muerte a los pocos minutos por deficiencia respiratoria y la consecuente falla cardíaca.

NOTA: Los datos no pueden ser considerados absolutos pues en ellos no son consideradas las diferencias en la función respiratoria o el tiempo de exposición.

Estos síntomas solamente ocurren a causa de la reducción del oxígeno. Si la atmósfera es contaminada con gases tóxicos, pueden producirse otros síntomas.

Temperaturas Elevadas

La acción de exponerse al aire caliente puede lesionar las vías respiratorias y si el aire es húmedo, el daño puede ser mucho mayor; la inhalación rápida de calor excesivo, con temperaturas sobrepasando los 49°C (120°F) a 54°C (130°F), puede causar una seria disminución en la presión arterial y falla en el sistema circulatorio. La inhalación de gases calientes puede causar edemas (acumulación de fluido en los pulmones), lo cual puede causar la muerte por asfixia. El daño causado a los tejidos por inhalación de aire caliente no es inmediatamente reversible al introducir aire fresco y puro a las vías respiratorias.

Humo

La mayor parte del humo generado en un incendio es una combinación de pequeñas partículas de carbono y alquitrán en suspensión, pero también hay cierta cantidad de polvo corriente flotando en combinación con gases calientes. Las partículas proveen un medio para la condensación de algunos productos gaseosos de la combustión, especialmente aldehídos y ácidos orgánicos formados del carbono. Algunas de las partículas suspendidas en el humo son ligeramente irritantes, pero otras pueden ser letales. El tamaño de las partículas determinará cuán profundamente podrían ser inhaladas dentro de los pulmones indefensos.

Gases Tóxicos Generados en un Incendio

El bombero debe recordar que un incendio significa exponerse a una combinación de agentes irritantes y tóxicos que no pueden ser identificados previamente con exactitud. De hecho, la combinación puede tener un efecto sinergético en el cual el efecto combinado de dos a más substancias es más tóxico o más irritante que lo que sería el efecto total si cada uno fuera inhalado separadamente (Figure 4.2).

Los gases tóxicos inhalados pueden tener diversos efectos nocivos en el cuerpo humano. Algunos de los gases afectan directamente el tejido pulmonar y deterioran su función. Otros gases no tienen directamente un efecto nocivo en los pulmones pero pasan hacia la corriente sanguínea y otras partes del cuerpo y dañan la capacidad de los glóbulos rojos de transportar el oxígeno.

En particular los gases tóxicos producidos en un incendio varían de acuerdo a cuatro factores:

- Naturaleza del combustible.
- Cantidad de calor liberado.
- Temperatura de los gases generados.
- Concentración de oxígeno.

MONOXIDO DE CARBONO

La gran mayoría de las muertes por incendios ocurren a causa del monóxido de carbono (CO) más que por cualquier otro producto tóxico de combustión. Este gas incoloro e inodoro está presente en

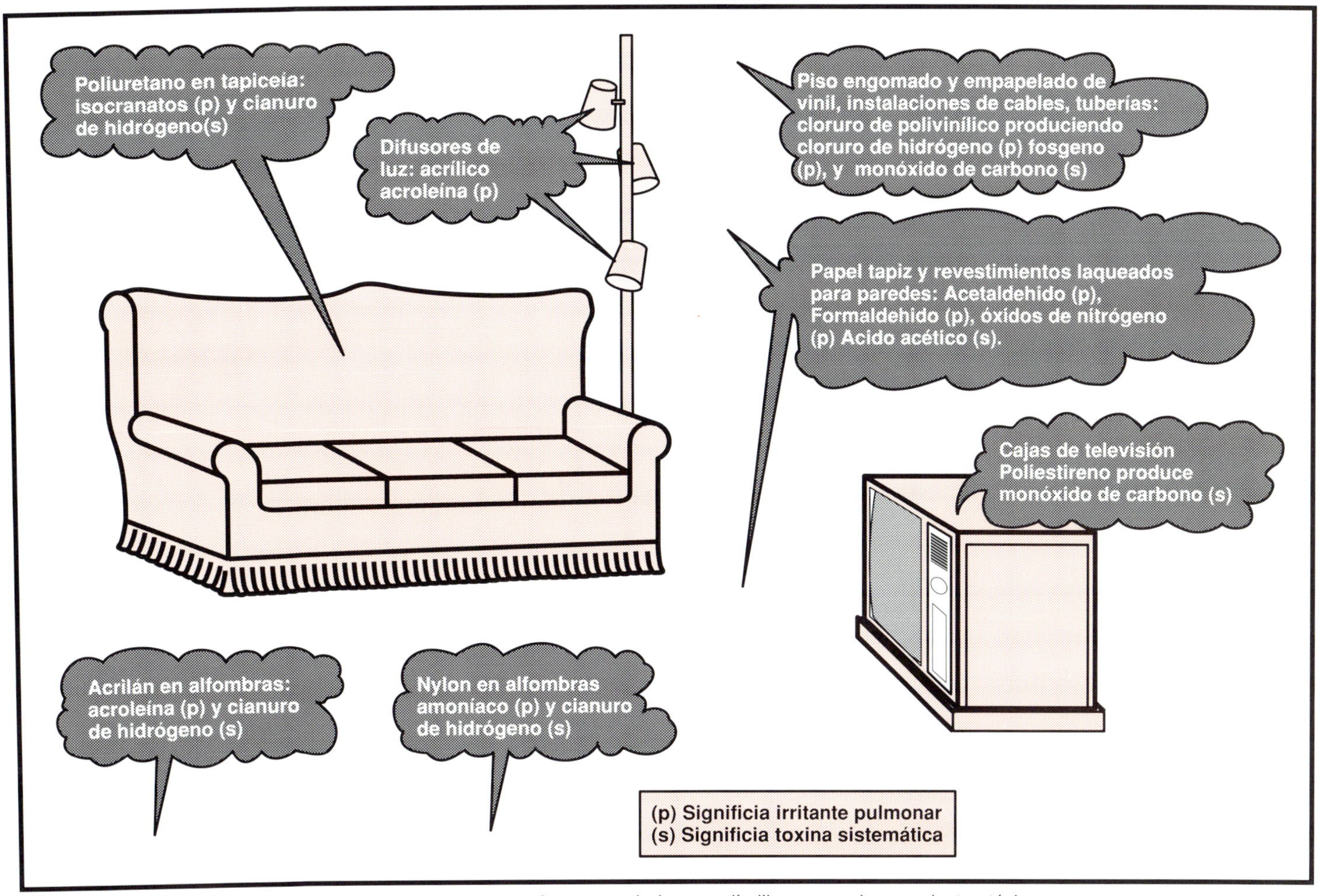

Figura 4.2 Los productos comunes que se encuentran en las casas de hoy en día liberan muchos productos tóxicos.

cada incendio, y mientras más deficiente es la ventilación y más incompleta es la combustión más grande es la cantidad de monóxido de carbono formado. Un método empírico de determinación, aunque sujeto a mucha variación, es que mientras más oscuro es el humo más altos son los niveles de monóxido de carbono presentes. El humo negro tiene un alto contenido de partículas de carbono y monóxido de carbono a causa de la combustión incompleta.

La hemoglobina de la sangre se combina con el oxígeno y lo lleva a una combinación química denominada oxihemoglobina. Las características más significativas del monóxido de carbono son que el mismo se combina tan fácilmente con la hemoglobina de la sangre que el oxígeno disponible es excluido. La combinación de la oxihemoglobina se convierte en una combinación más fuerte llamada carboxihemoblobina (COHb). En efecto, el monóxido de carbono se combina con la hemoglobina alrededor de 200 veces más fácilmente que el oxígeno. El monóxido de carbono actúa sobre el cuerpo, pero desplaza el oxígeno de la sangre y conduce a una eventual hipoxia del cerebro y tejidos, seguida por la muerte si el proceso no es invertido.

Las concentraciones de monóxido de carbono en el aire, superiores a cinco centésimas (0,05) por ciento, pueden ser peligrosas. Cuando el nivel es mayor que el uno por ciento no hay aviso sensorial a tiempo que permita escapar. A niveles más bajos hay dolor de cabeza y vértigo antes de la inhabilitación, de modo que es posible un aviso. El cuadro 4.2 muestra el efecto tóxico de los diferentes niveles de monxído de carbono en el aire, aunque éste no es absoluto, pues no muestra las variaciones en la función respiratoria o duración del tiempo de exposición, lo cual causaría que el efecto tóxico apareciera más rápido. El color rojo cereza en la piel, característico de la intoxicación con

TABLA 4.2
Efectos Tóxicos del Monóxido de Carbono

CO (Partes por Millón)	Porcentaje CO en el aire	Síntomas
100	0,01	Ningún sintoma- ninguna lesión
200	0,02	Dolor de cabeza leve, pocos síntomas
400	0,04	Dolor de cabeza después de 1 a 2 horas
800	0,08	Dolor de cabeza después de 45 minutos; náuseas, colapso, e inconsciencia después de 2 horas
1.000	0,10	Riesgo de inconsciencia después de una hora
1.600	0,16	Dolor de cabeza, vértigo náusea después de 20 minutos
3.200	0,32	Dolor de cabeza, vértigo náusea después de 5 a 10 minutos, inconsciencia después de 30 minutos.
6.400	0,64	Dolor de cabeza, vértigo después de a 1 a 2 minutos, inconsciencia después de 10 a 15 minutos
12.800	1,28	Inconsciencia inmediata, peligro de muerte dentro de 1 a 3 minutos

monóxido de carbono, no es siempre un signo confiable, particularmente en exposiciones prolongadas a concentraciones bajas.

La medida de la concentración de monóxido de carbono en el aire no es la mejor manera de predecir los rápidos efectos fisiológicos, porque la verdadera reacción es causada por la concentración de carboxihemoglobina en la sangre, causando así una gran falta de oxígeno. Los grandes consumidores de oxígeno como el corazón y el cerebro se lesionan con prontitud. La combinación del monóxido de carbono con la sangre será mayor cuando la concentración en el aire sea mayor. La condición física general de un individuo, edad, grado de actividad física, y tiempo de exposición, afectan el nivel de carboxihemoglobina en la sangre.

Los ensayos han generado ciertos parámetros de comparación relacionando las concentraciones del aire y de la sangre con el monóxido de carbono. Una concentración del uno por ciento de monóxido de carbono en un cuarto dará lugar a un nivel de 50 por ciento de carboxihemoglobina en el torrente sanguíneo en aproximadamente dos y medio a siete minutos. Una concentración de cinco por ciento puede elevar el nivel de carboxihemoglobina a un 50 por ciento en solamente un intervalo de 30 a 90 segundos. Una persona previamente expuesta a un alto nivel de monóxido de carbono puede reaccionar más tarde en una atmósfera más segura, pues la carboxihemoglobina recientemente formada estaría corriendo a traveś del cuerpo. A una persona así expuesta no se le debe permitir usar equipos de protección respiratoria o efectuar actividades de control de incendios hasta que el peligro de la reacción tóxica haya pasado. Aún con protección una condición tóxica podría significar la pérdida del conocimiento.

Un bombero bajo condiciones de trabajo físico forzado puede ser incapacitado por una concentración del 0,16 por ciento de monóxido de carbono. La combinación estable del monóxido de carbono con la sangre es eliminada sólo lentamente por la respiración normal. La aplicación de oxígeno puro es el elemento más importante dentro de la atención en primeros auxilios. Después de la convalescencia como consecuencia de una exposición severa, en cualquier ocasión pueden aparecer ciertas señales de lesión del cerebro o nervios, dentro de un lapso de aproximadamente tres semanas. De nuevo, ésta es una razón del por qué un bombero agotado, quien por lo demás se recupera rápidamente, no se le debe permitir que reingrese a una atmósfera humeante.

CLORURO DE HIDROGENO

El cloruro de hidrógeno (HCL) es incoloro pero fácilmente detectado por su olor penetrante y la intensa irritación que produce en los ojos y las vías respiratorias. Aunque en términos generales no se considera un veneno, el cloruro del hidrógeno causa inflamación y obstrucción de las vías respiratorias susperiores. La respiración se hace dificultosa y puede resultar en asfixia. Este gas está presente más comúnmente en incendios a causa del incremento de temperaturas en materiales plásticos tales como el cloruro de polivinilo (PVC).

Además de la presencia generalizada de plásticos en los hogares, los bomberos pueden esperar encontrar plásticos que contienen cloruro en farmacias, jugueterías y tiendas de mercancía en general. La jornada de inspección minuciosa de comprobación es especialmente peligrosa porque el equipo autónomo de protección respiratoria es a menudo removido encontrándose aún los gases tóxicos en forma diluida en el área. El concreto puede permanecer lo suficientemente caliente como para descomponer los plásticos de los cables eléctricos o de teléfonos y despedir cloruro de hidrógeno.

Los otros gases que se producen cuando esos plásticos son calentados son: el monóxido de carbono y el bióxido de carbono. Un investigador que se dedicó al estudio de cómo son afectados los bomberos expuestos al cloruro de hidrógeno, comenzó su estudio después de que un incendio relativamente pequeño y humeante ocurrido en una oficina fotocopiadora, causara la muerte de un bombero y el envío al hospital de otros. Finalmente encontró que el cloruro de hidrógeno actúa como irritante de los músculos del corazón y causó la alteración del ritmo cardíaco.

CIANURO DE HIDROGENO

El cianuro de hidrógeno (HCN) interfiere con la respiración a nivel celular y de los tejidos. El intercambio adecuado de oxígeno y bióxido de carbono se ve limitado, así que el cianuro de hidrógeno es clasificado como asfixiante químico. El gas inhibe las enzimas por medio de las cuales los tejidos toman y usan el oxígeno. El cianuro de hidrógeno puede ser absorbido también a través de la piel.

Entre los materiales que emiten cianuro de hidrógeno se incluyen el nylon, la lona, la espuma de poliuretano, el caucho y el papel. Raramente se encuentran atmósferas peligrosas en incendios de tiendas de ropa o alfombras. La exposición a este gas incoloro que tiene un notable olor a almendra pudiera causar respiración entrecortada, espasmos musculares e incremento en el ritmo cardíaco, posiblemente hasta 100 latidos por minuto. El colapso es a menudo repentino. Una atmósfera que contenga 135 partes por millón (0,0135 por ciento) es fatal dentro de 30 minutos; una concentración de 270 ppm es fatal. Casi todas las pruebas realizadas con materiales usados en el interior de las aeronaves reflejaron la producción de cierta cantidad de cianuro de hidrógeno.

Los negocios con problema de insectos usan algunas veces el cianuro de hidrógeno como fumigante. Los propietarios deben ser instruidos con el objeto de que notifiquen al cuerpo de bomberos cada vez que el establecimiento está siendo fumigado.

La asfixia con cianuro es uno de los asesinos más veloces en un incendio. Según la opinión de expertos la muerte es rápida y sin dolor.

BIOXIDO DE CARBONO

El bióxido de carbono ($C0_2$) debe ser tomado en cuenta debido a que es uno de los resultantes de la combustión completa de materiales carboníferos. El bióxido de carbono es incoloro, inodoro, y no inflamable. Los incendios que arden libremente deben formar generalmente más bióxido de carbono que los incendios que arden lentamente, sin llama. Normalmente su presencia en el aire y el intercambio desde el torrente sanguíneo hacia el interior de los pulmones estimula el centro respiratorio del cerebro. El aire normalmente contiene alrededor de 0,03 por ciento de bióxido de carbono. A una concentración de 5 por ciento en el aire, hay un notable incremento en la respiración, acompañado de dolor de cabeza, vértigo, transpiración, excitación mental. Las concentraciones de 10 a 12 por ciento causan la muerte casi a unos pocos minutos por parálisis del centro respiratorio cerebral. Desafortunadamente, al incrementar la respiración aumenta la inhalación de otros gases tóxicos. A medida que el gas aumenta, la función respiratoria inicialmente estimulada disminuye antes que ocurra la parálisis total.

Los bomberos deben considerar los altos niveles de bióxido de carbono que se generan cuando se activa un sistema de protección contra incendios de inundación total a base de bióxido de carbono. Estos sistemas están diseñados para extinguir incendios excluyendo el oxígeno, teniendo el mismo efecto en un bombero. Según la Confederación Americana de Higienistas Industriales, la exposición, incluso por período cortos, a cocentraciones de bióxido de carbono mayores de 15.000 ppm debe evitarse.

OXIDOS DE NITROGENO

Hay dos óxidos de nitrógeno peligrosos: el bióxido de nitrógeno y el óxido nítrico. El bióxido de nitrógeno es el más significativo debido a que el óxido nítrico se convierte fácilmente en bióxido de nitrógeno con la sola presencia de oxígeno y humedad. El bióxido de nitrógeno es un irritante pulmonar que tiene un color castaño rojizo. Cuando es inhalado en suficientes concentraciones causa edema pulmonar, el cual bloquea los procesos naturales de respiración del cuerpo y conduce a la muerte por asfixia.

Adicionalmente, todos los óxidos de nitrógenos son solubles en agua y reaccionan con la presencia del oxígeno para formar los ácidos nítricos y nitrosos. Estos ácidos son neutralizados por los álcalis en los tejidos del cuerpo y forman nitrito y nitratos. Estas substancias se adhieren químicamente a la sangre y pueden conducir al colapso y coma. Los nitritos y nitratos pueden causar también dilatación arterial, variación en la presión arterial, dolores de cabeza y vértigo. Los efectos de los nitritos y nitratos son secundarios a los efectos irritantes del bióxido de nitrógeno pero pueden llegar a ser importantes bajo ciertas circunstancias y causar reacciones físicas retardadas.

El bióxido de nitrógeno es un gas que requiere sumo cuidado debido a que sus efectos irritantes en la nariz y garganta pueden ser tolerados aun cuando sea inhalada una dosis letal. Por lo tanto, los efectos peligrosos de su acción como irritante pulmonar o reacción química puede no ser aparentes sino hasta varias horas después de haber estado expuesto.

FOSGENO

El fosgeno (COC12) es un gas incoloro, insípido, con un olor desagradable. Puede ser producido cuando los refrigerantes tales como el freón hacen contacto con la llama. Es un irritante fuerte de los pulmones y su amplio efecto venenoso no es evidente sino varias horas después de la exposición. El típico olor a material de descomposición del fosgeno es perceptible a 6 ppm, aun cuando cantidades menores pueden causar tos e irritación en los ojos. Veinticinco ppm son mortales. Cuando el fosgeno hace contacto con el agua se descompone en ácido hidroclórico. Como los pulmones y los bronquios están siempre húmedos, el fosgeno forma ácido hidroclórico en los pulmones cuando se inhala.

Atmósferas Tóxicas no Asociadas con Incendios

En numerosas ocasiones es posible encontrar atmósferas en situaciones no relacionadas con incendios (Figura 4.3). Muchos procesos industriales usan substancias químicas extremadamente peligrosas para la elaboración de productos corrientes. Por ejemplo, se pueden encontrar grandes cantidades de bióxido de carbono almacenado en un establecimiento donde se producen productos como alcohol metílico, etileno, hielo seco, o bebidas gaseosas carbonatadas. Así mismo cualquier otra substancia química específica puede estar presente en otros productos comunes.

Figura 4.3 Cuando se liberan gases tóxicos son liberados en un sitio estacionario o durante un incidente en el transporte, los equipos de protección respiratoria son imprescindibles.

Muchos refrigerantes son tóxicos y cualquier descarga accidental puede causar una situación en donde los bomberos pueden ser requeridos para las labores de salvamento. El amoníaco y el bióxido de azufre son dos refrigerantes peligrosos que irritan las vías respiratorias y los ojos. El bióxido de azufre reacciona con la humedad de los pulmones para formar ácido sulfúrico. Otros gases también forman ácidos fuertes o álcalis en las superficies delicadas de los alveolos.

Las fugas del gas cloro pueden ser obviamente encontradas en plantas industriales o, no tan obvio, en piscinas. En ambos lugares es posible encontrar concentraciones que pueden resultar incapacitantes. El cloro también es usado en la fabricación de plásticos, espuma, caucho y tejidos sintéticos, y comúnmente se encuentra en plantas de tratamiento de agua potable y aguas negras.

Algunas veces el escape del gas no ocurre en las plantas industriales sino durante el transporte del producto químico. Los descarrilamientos de trenes ocasionan daños en los recipientes, exponiendo al público a productos químicos tóxicos y gases. Las grandes cantidades involucradas pueden recorrer largas distancias.

Los rescates en alcantarillas, cuevas, fosos, tanques de reserva, vagones, silos, barriles, cañerías, pozos y otros lugares confinados, requieren el uso de equipos de protección respiratoria autónomas porque por lo general está presente algún tipo de gas tóxico o hay una deficiencia de oxígeno que establece como primera necesidad el salvamento. Algunos trabajadores también se han visto afectados por gases nocivos durante la limpieza o reparaciones de tanques grandes. Desafortunadamente, el personal que intenta un salvamento sin el uso del equipo de protección es a menudo igualmente afectado. Adicionalmente tenemos que la atmósfera en muchas de estas áreas es deficiente en oxígeno y no mantendrá condiciones de vida aunque no esté presente un gas tóxico.

Pequeñas comunidades, incluso sin plantas de procesos químicos o sin ninguna industria manufacturera que use productos químicos peligrosos, son susceptibles a situaciones de riesgos debido a accidentes que involucren substancias químicas nocivas transportadas en ferrocarril o camiones. Muchos de esos productos químicos son especialmente perjudiciales cuando son inhalados. La necesidad de usar apropriadamente los equipos autónomos de protección respiratoria es sumamente importante en estas situaciones, aún sin existir una condición de incendio.

TIPOS DE EQUIPOS AUTONOMOS DE PROTECCION RESPIRATORIA

Equipos a Demanda

El tipo de regulador a demanda del equipo autónomo de protección respiratoria provee protección facial y respiratoria al usuario, pero está limitado en la cantidad de aire u oxígeno que se lleva en el cilindro de suministro. Este equipo consiste esencialmente en una máscara completa, un tubo de respiración flexible y corrugado, un regulador de demanda, un cilindro de abastecimiento de aire u oxígeno y el arnés (Figura 4.4).

El manómetro del regulador debe estar a la vista del usuario en todo momento. Este manómetro indica la presión del cilindro y da una indicación del nivel de reserva. Durante la operación normal, la válvula auxiliar de emergencia deberá

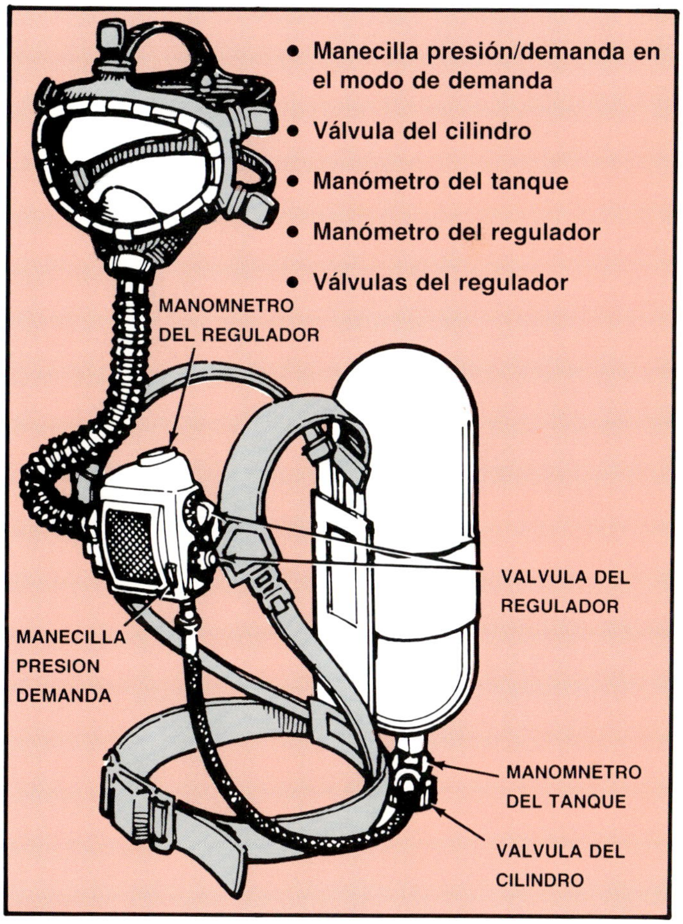

Figura 4.4 Los quipos autónomos de protección respiratoria tienen cinco partes principales: máscara, tubo de respiración, regulador, cilindro de aire y arnés.

estar completamente cerrada (gírela en el sentido de las agujas del reloj para cerrarla), y la válvula de control del regulador a la tubería principal deberá estar completamente abierta (gírela en sentido contrario al de las agujas del reloj para abrirla) y asegurada en posición por el mecanismo de cierre. Esta válvula está diseñada para cerrar el regulador automático de demanda en caso de avería. Este debe ser cerrado solamente después que la válvula auxiliar de emergencia haya sido abierta. Una vez que las válvulas estén puestas en esta posición, no deben ser cambiadas a menos que se requiera la válvula auxiliar de emergencia. El suministro de aire u oxígeno es controlado por una válvula principal en el cilindro. (Abra y cierre estas válvulas con los dedos; no use la fuerza).

NOTA: Las operaciones aquí descritas se refieren a una marca en particular de equipo con regulador a demanda. Las operaciones para otros tipos o marcas son muy similares, sin embargo la ubicación de algunas de sus partes puede variar. Este manual sugiere estas operaciones como patrón para el establecimiento de procedimientos para todos los equipos con reguladores a demanda.

Equipos a Demanda de Presión Positiva

La mayor parte de las unidades a demanda de presión lucen casi exactamente igual a los equipos normales de demanda. El montaje del cilindro y conjunto de piezas son similares. La diferencia principal es que en la unidad de presión positiva el diafragma del regulador es mantenido abierto para crear una ligera presión en la manguera de baja presión y la máscara. Esta presión es mantenida en la máscara por una válvula de exhalación con resorte, de manera que la presión dentro de la máscara sea ligeramente más alta, que la presión atmosférica (Figura 4.5) evitando así la entrada de partículas de humo y gases tóxicos. La cantidad insignificante de aire respirable que es gastado se justifica en la seguridad extra con que cuenta el usuario. Si el contacto entre la máscara y el rostro no es el adecuado, aún con presión positiva, hay la posibilidad de que se puedan introducir algunas substancias tóxicas hacia el interior de la máscara cuando el usuario efectúe una excesiva respiración. Por lo tanto, el hermetismo entre el rostro y la máscara de presión positiva es tan importante como lo es en el de la máscara de damanda.

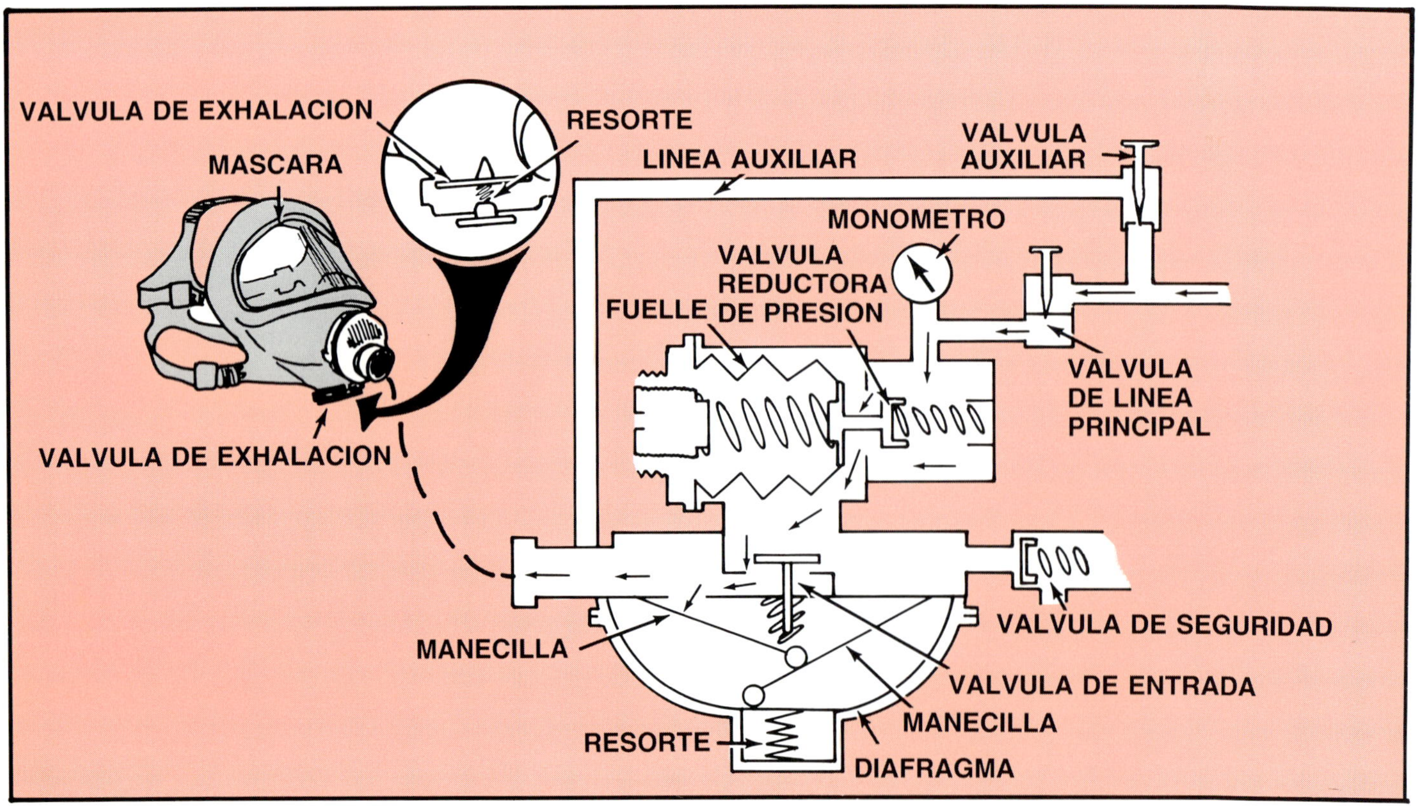

Figura 4.5 Dibujo esquemático de cómo un regulador de presión positiva trabaja.

El adiestramiento es altamente necesario para lograr que los bomberos usen las unidades de presión positiva eficientemente. Algunos equipos de presión positiva pueden ser convertidos en unidades de demanda golpeando ligeramente un pasador, pero un equipo sin pasador requiere que el usuario se asegure conscientemente de que la válvula del cilindro o la válvula de la tubería principal esté cerrada hasta que la máscara sea puesta, a menos que haya otra válvula de cierre. Los bomberos pueden preferir mantener la válvula de la tubería principal cerrada cuando la unidad no esté en uso. Cuando la válvula del cilindro se abre, el aire fluirá hasta el regulador, pero estará listo cuando se necesite. Puede haber confusión si el bombero usa ambas unidades, la de demanda y la de presión positiva sin pasador. Con los equipos de demanda, mantenga siempre la válvula de la tubería principal cerrada hasta que esté listo para ponerse la máscara antes de entrar al área peligrosa. Recurra a las instrucciones del fabricante y los procedimientos operacionales del cuerpo de bomberos para el uso de equipos específicos.

Aparatos de Oxígeno Comprimido-Presión Positiva-Circuito Cerrado

Los aparatos de circuitos cerrados, también conocidos como respiradores, recirculan la respiración exhalada del usuario después de remover el bióxido de carbono y la humedad y añadir el oxígeno suplementario cuando se requiere. Ninguna cantidad del oxígeno utilizado en este sistema y del gas exhalado se descarga fuera de la máscara. A pesar de todos los fines prácticos, los gases en el sistema permanecen dentro del mismo, viajando en un circuito cerrado. El oxígeno dentro del sistema proviene de un cilindro de oxígeno comprimido. El oxígeno comprimido del sistema se suministra en una proporción más grande que la requerida para respirar a solas. El gas adicional respirable incrementa la presión en las máscara durante la inhalación y exhalación. La ligera presión positiva se mantiene mecánicamente en la cámara de respiración por un mecanismo que ejerce una fuerza sobre el diafragma. La utilización del aire exhalado da por resultado una duración más larga y el peso de la unidad es menor. El depurador del bióxido de carbono debe ser cambiado y el cilindro de oxígeno recargado o sustituido después de cada uso. Para información adicional consulte el manual de los equipos autónomos de protección respiratoria del IFSTA.

MONTAJE DE LOS EQUIPOS AUTONOMOS DE PROTECCION RESPIRATORIA

Los métodos para almacenar los equipos autónomos de protección respiratoria varían de un cuerpo de bomberos a otro. Cada cuerpo deben usar el método más apropiado que facilite ponérselos rápida y fácilmente. Los tipos de almacenamientos incluyen el asiento, de lado, y en compartimientos especiales; dos de éstos se muestran en la Figura 4.6).

MODOS DE PONERSE LOS EQUIPOS DE PROTECCION RESPIRATORIA

Se pueden usar varios métodos para ponerse los equipos autónomos de protección respiratoria, dependiendo de cómo los aparatos estén almacenados. Los métodos utilizados en los cuerpos de bomberos incluyen el método por encima de la cabeza, el método de la chaqueta, y el ponérselos desde el asiento o compartimiento. Los pasos requeridos para ponerse el equipo difieren en cada método; sin embargo, una vez que dichos equipos estén sobre el cuerpo el método de aseguararlos es el mismo para cualquier modelo (hay distintos pasos para asegurar diferente marcas y modelos).

Método por Encima de la Cabeza

Todos los equipos autónomos de protección respiratoria deben ser almacenados en condiciones adecuadas y listos para ponérselos, con los tirantes del arnés arreglados de tal manera que no estorben para agarrar el cilindro. Asegúrese de doblar hacia arriba el cuello de la chaqueta antes de ponerse el equipo autónomo de protección respiratoria de modo que los tirantes de los hombros no mantengan el cuello oprimido.

Paso 1: Agáchese o arrodíllese en el extremo opuesto a la válvula del cilindro. Verifique el manómetro del cilindro para asegurarse de que el cilindro de aire esté lleno.

Paso 2: Abra la válvula del cilindro completamente (Figura 4.7) y verifique el

Figura 4.6 Existe una gran variedad de formas de almacenamiento de los equipos de protección respiratoria, lo que facilita el ponérselos. El montaje en compartimiento y en el asiento son mostrados en la fotografía.

manómetro del regulador (Figura 4.8). Ambos manómetros deben registrar aproximadamente la misma presión Si la unidad es de presión positiva (distinta a una scott sin suiche 2.2 ó 4.5) deje la válvula del cilindro abierta y asegúrese de que la válvula de la tubería principal esté cerrada después de verificar este manómetro. Si la unidad es de presión positiva sin suiche, deje la válvula del cilindro cerrada a menos que la unidad tenga una válvula especial en la máscara).

Figura 4.7 Paso 1. Método por encima de la cabeza.

Figura 4.8 Paso 2.

Paso 3: Agarre el espaldar o cilindro con ambas manos, una en cada lado (Figura 4.9). No debe haber tirantes entre las manos.

Paso 4: Levante el cilindro más arriba de la cabeza y deje que los codos encuentren los respectivos ojales de los tirantes flojos del arnés del hombro (Figura 4.10 y 4.11).

Figura 4.9 Paso 3.

Mantenga los codos cerca del cuerpo y permita que los tirantes caigan fácilmente en su lugar.

Paso 5: Inclínese levemente hacia adelante para equilibrar el cilindro sobre la espalda, luego tire hacia abajo los dos tirantes de las axilas (Figura 4.12).

Figura 4.10 Paso 4.

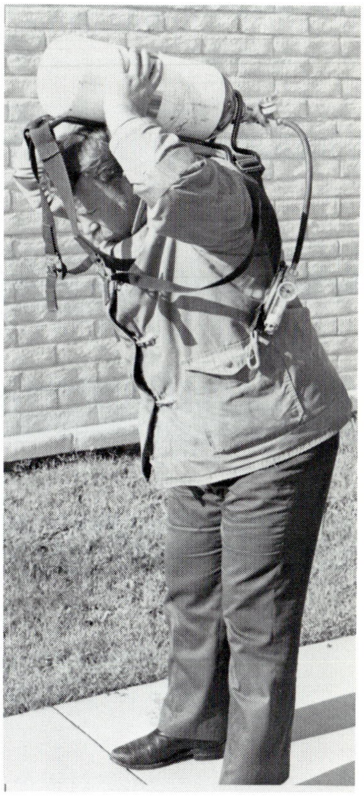

Figura 4.11 Paso 4 Los tirantes caen en su lugar.

Paso 6: Abróchese y ajústese la correa inferior de la cintura de modo que la unidad caiga cómodamente (Figura 4.13)

NOTA: Algunos cuerpos de bomberos de manera indebida y por una supuesta

Figura 4.12a Paso 5.

Figura 4.12b Paso 5.

Figura 4.13 Paso 6.

NOTA: Cuando se ponga un equipo autónomo de protección respiratoria sobre una superficie resbalosa o cubierta de hielo, es más seguro arrodillarse al lado estuche mientras utiliza cualquier método.

facilidad, han removido la correa de la cintura de los equipos autńomos de protección respiratoria. Sin un tirante abrochado en la cintura, se someterá a los usuarios de dichos equipos a esfuerzos indebidos por oscilación de un lado a otro de la unidad y la distribución incorrecta del peso de la misma

Paso 7: Póngase la máscara (ver páginas 63-66).

Método de la Chaqueta

El equipo de protección respiratoria puede ponerse como una chaqueta, metiendo un brazo simultáneamente a través de los ojales de los tirantes de los hombros. El equipo debe ser arreglado en el estuche de modo que un tirante de hombro pueda ser agarrado para levantarlo.

Paso 1: Verifique el manómetro del cilindro para determinar si está lleno.

Paso 2: Abra la válvula del cilindro completamente (Figura 4.14) y escuche la alarma audible a medida que el sistema se presuriza (Figura 4.15). Si la alarma audible no suena, cambie el equipo.

Paso 3: Agarre con la mano derecha el tirante del hombro que será llevado encima del hombro derecho (Figura 4.16). (Alternativa: mano izquierda, tirante izquierdo). (Observe que uno llega hasta el otro lado del equipo para hacer esto).

Paso 4: Suba la unidad de modo que el tirante descanse en el hombro. Durante este movimiento, el codo de este brazo debe deslizarse entre el tirante del hombro y la armadura de la unidad (Figura 4.17 y 4.18). A medida que la unidad se balancea por la espalda, el brazo opuesto debe ser introducido a través de la abertura de su tirante.

Figura 4.14 Paso 1. Método de la chaqueta.

Figura 4.15 Paso 2.

Paso 5: Abróchese o ajústese los tirantes de los hombros y del pecho como lo recomienda el fabricante (Figura 4.19).

Paso 6: Abróchese y ajústese el tirante de la cintura (Figura 4.20).

Figura 4.16 Paso 3.

Figura 4.19 Paso 5.

Figura 4.20 Paso 6.

Figura 4.17 Paso 4.

Figura 4.18 Paso 4. Observe la protección brindada al regulador al ponerse el aparato.

Paso 7: Póngase la máscara (ver páginas 63-66).

Métodos de la Montadura del Asiento

Se podrá ahorrar un tiempo valioso si el equipo de protección respiratoria es montado en el espaldar del asiento del bombero (Figura 4.21). Teniendo un soporte en el asiento, el bombero puede ponerse el equipo de protección respiratoria autónoma a la vez que se dirige a la emergencia.

Figura 4.21 Aparato de respiración situado convenientemente en el asiento del bombero.

Esto se hace introduciendo los brazos a través de los tirantes mientras se está sentado, luego ajustando los mismos hasta que ajuste cómodamente (Figura 4.22 y 4.23). El bombero en ningún

Figura 4.22 Coloque los brazos por entre los tirantes y ajústelos hasta que caigan cómodamente.

Figura 4.23 Abroche y ajuste la correa de la cintura.

momento debe pararse mientras se pone el equipo autónomo de protección respiratoria cuando el vehículo está en marcha. La posición del cilindro debe ser igual a la postura apropiada que lleva el bombero. El equipo de protección respiratoria autónoma visiblemente montado en un asiento recurda y hasta estimula al personal para que chequee el equipo más frecuentemente y además lo matiene expuesto de modo que las inspecciones sean efectuadas más apropiadamente.

Método del Montaje en Compartimiento

Los equipos autónomos de protección respiratoria instalados en compartimientos pueden ser deseables aunque no permiten ponérselos en el trayecto hacia la emergencia (Figura 4.24). El ahorro de tiempo es posible porque se eliminan los pasos requeridos para remover el estuche del equipo del camión de bombero, colocarlo en el suelo, abrirlo y levantar la unidad. El método utilizado para ponerse los equipos de protección respiratoria dependerá de cómo estén montados éstos (Figura 4.25).

Figura 4.24 Muchos camiones de bomberos tienen los equipos de protección respiratoria montados en cómodos compartimientos.

Método para Ponerse la Máscara

Las máscaras de casi todos los equipos autónomos de protección respiratoria se ponen de igual manera. Una diferencia importante en las

Figura 4.25 El método para ponerse los equipos de protección respiratoria dependerá del almacenamiento de los mismos.

máscaras es el número de tirantes usados para apretar la máscara contra la cabeza. Distintos modelos del mismo fabricante pueden tener un número diferente de tirantes. La forma y el tamaño del lente pueden diferir también; sin embargo, los usos y el modo de ponérselos no cambian.

NOTA: Intercambiar máscara, o alguna otra parte, del equipo de un fabricante al de otro sin permiso expreso de fabricante, hace que cualquier garantía y certificación sean anulados. La máscara no debe ser usada holgadamente ya que no se sellará contra el rostro apropiadamente y permitirá que los gases tóxicos entren y se inhalen. Los bomberos no deben usar pelo largo, patillas o barbas, porque estos impedirán que los bordes exteriores de la máscara hagan contacto y se forme un buen sello con la piel. Sin embargo, una máscara demasiado apretada, será incómoda y pudiera interrumpir la circulación.

La máscara puede ser empacada en un estuche o guardada en una bolsa o saquito de la chaqueta. De cualquier forma los tirantes deben dejarse extendidos completamente para mayor facilidad al ponerse la máscara.

Paso 1: Si el bombero está usando una capucha de Nomex, ésta debe ser colocada antes de ponerse la chaqueta y la máscara del equipo de protección respiratoria. Póngase la capucha sobre la cabeza y hálela hacia atrás y abajo de modo que la abertura de la cara esté alrededor del cuello.

Paso 2: Si el arnés de la máscara se coloca sobre el frente de la misma, hálelo hacia la parte posterior.

NOTA: Algunos arneses, principalmente aquellos de la máscaras Clearvue y Ultravue de MSA, no deben tenerse al frente de la máscara, porque el sello de la misma sería dañado.

Paso 3: Agarre el arnés de la cabeza, con los pulgares entre los tirantes desde el interior y extiéndalos (Figura 4.26).

Paso 4: Empuje la parte superior del arnés hacia arriba de la frente para quitar el cabello del área del sello facial y continúe hacia arriba y por encima de la cabeza (Figura 4.27) hasta que el arnés sea centrado en la parte posterior de la cabeza y el men-

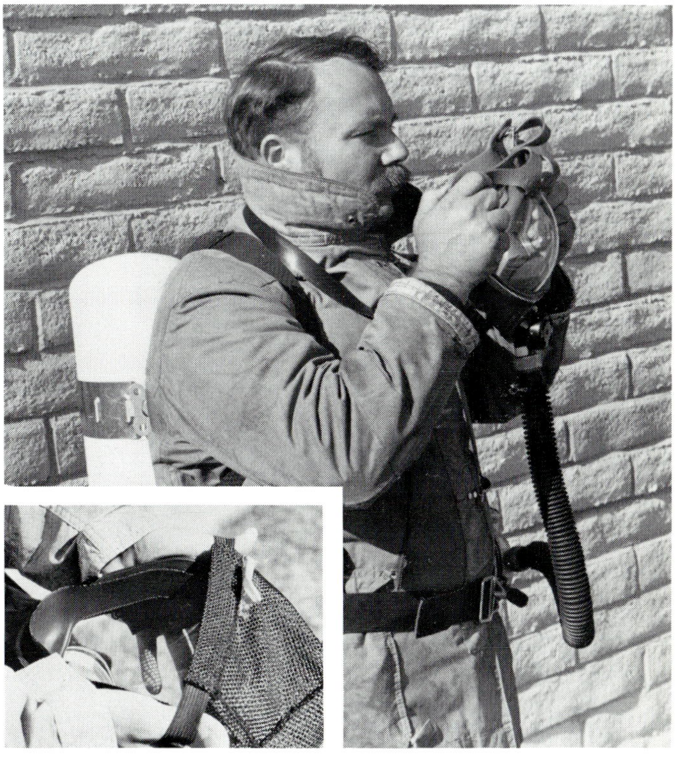

Figura 4.26 Paso 3. Modo de poner la máscara.

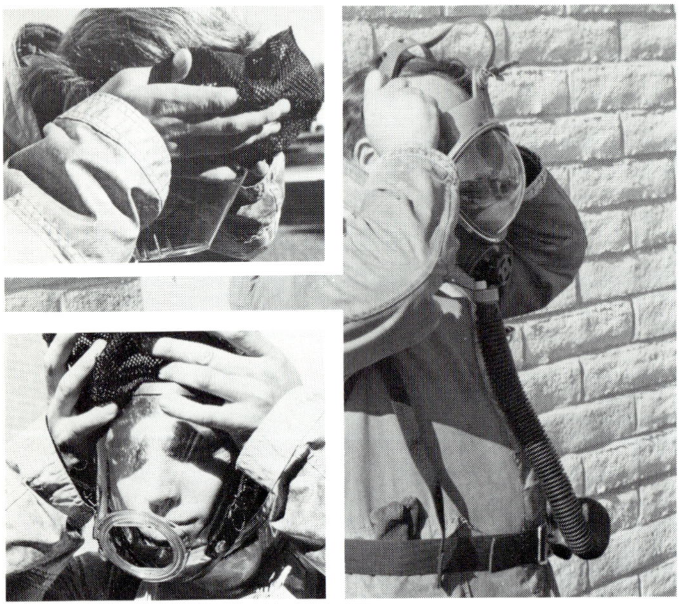

Figura 4.27 Paso 4.

tón descanse en la barbilla de las máscaras.

Paso 5: Apriete los tirantes de abajo halándolos simultáneamente hacia la parte de atrás (Figura 4.28).

NOTA: Halando los tirantes hacia afuera o a los lados, los dañaría.

Paso 6: Apriete los tirantes de las sienes (Figura 4.29).

Figura 4.28 Paso 5.

Figura 4.29 Paso 6. Para las unidades de presión positiva coloque la carrillera del casco debajo de la barbilla. Si el regulador está en su lugar, inhale para verificar el sello de la máscara, reajuste si es necesario.

Paso 7: Apriete el o los tirantes superiores (Figura 4.30).

NOTA: No apriete demasiado los tirantes superiores. La circulación será impedida y el ajuste de la máscara podrá ser alterado.

Paso 8: Verifique el sello de la máscara (Figura 4.31). Exhale profundamente, tape el extremo de la manguera de baja presión con una mano y aspire profundamente y despacio (la inhalación rápida sellará cualquier fuga y dará un falso sentido de seguridad). Si hay evidencia de fuga, ajústese o póngase de nuevo la máscara.

Paso 9: Verifique la válvula de exhalación: aspire, tape el extremo de la manguera de baja presión y exhale. Si la exhalación no pasa por esta válvula, mantenga la manguera tapada, presione los lados de la máscara contra el rostro y las sienes, y sople vigorosamente para soltar la válvula.

Paso 10: Si usa una capucha de Nomex, lleve la capucha a su lugar, aseguarándose de que toda la piel expuesta sea cubierta y que la visión no sea obstruida.

Figura 4.30 Paso 7. Para las unidades de presión positiva, si es necesario, inserte el regulador, verifique las empacaduras, coloque la válvula de purga vertical y en línea recta con la nariz.

Figura 4.31 Paso 8. En las unidades de presión positiva, abra la válvula del cilindro, verifique la alarma audible, inhale y mantenga el aliento. No debería haber flujo audible de aire dentro de la máscara.

Paso 11: Póngase el casco, introduciendo primero la manguera de baja presión por entre la barbilla del casco. No deje de ponerse el tirante del casco debajo del mentón.

NOTA: No ponga el tirante del casco alrededor del lente, válvula de exhalación, o cualquier parte de la máscara. Un golpe en el casco probablemente expulsaría la máscara, dejando entrar atmósfera tóxica en el interior de la misma.

Paso 12: Conecte manguera de baja presión al regulador (Figura 4.32). Si la unidad es de demanda, abra la válvula de la tubería principal completamente. Si la unidad es de presión positiva, abra la válvula del cilindro. Asegúrese de que la válvula de la tubería principal esté completamente abierta y la válvula auxiliar enteramente cerrada en el aparato de demanda o el de presión positiva.

Figura 4.32 Paso 12. Si es necesario en las unidades de presión positiva, gire el regulador un cuarto de vuelta a la izquierda para asegurarlo en su lugar. Verifique el sello de la máscara.

Para quitarse la máscara, desconecte la manguera de baja presión del regulador. Una unidad con suiche de demanda, presión positiva, debe ser cambiada a "demanda" antes de que dicha manguera sea desconectada. Si la unidad es de presión positiva sin suiche, cierre la válvula del cilindro. Cierre la válvula de la tubería principal, agarre la base de la máscara por la barbilla, y retire la máscara del rostro y por encima de la cabeza.

INSPECCION Y CONSERVACION

Inspecciones Diarias

Los equipos autónomos de protección respiratoria requieren cuidado apropiado con inspecciones antes y después de cada uso a fin de que proporcionen la protección para la cual ellos fueron diseñados. Esto puede hacerse hecho mejor conduciendo una inspeción diaria, inmediatamente después de recibida la guardia (Figura 4.33).

- ¿ Cilindros llenos?
- ¿ Los manómetros funcionan?
- ¿ La alarma funciona?
- ¿ Las conexiones de la manguera O.K.?
- ¿ La máscara O.K.?
- ¿ El arnés del hombro O.K.?
- ¿ Las válvulas de la tubería principal y la auxiliar operativas?
- ¿ Está la válvula auxiliar completamente cerrada?

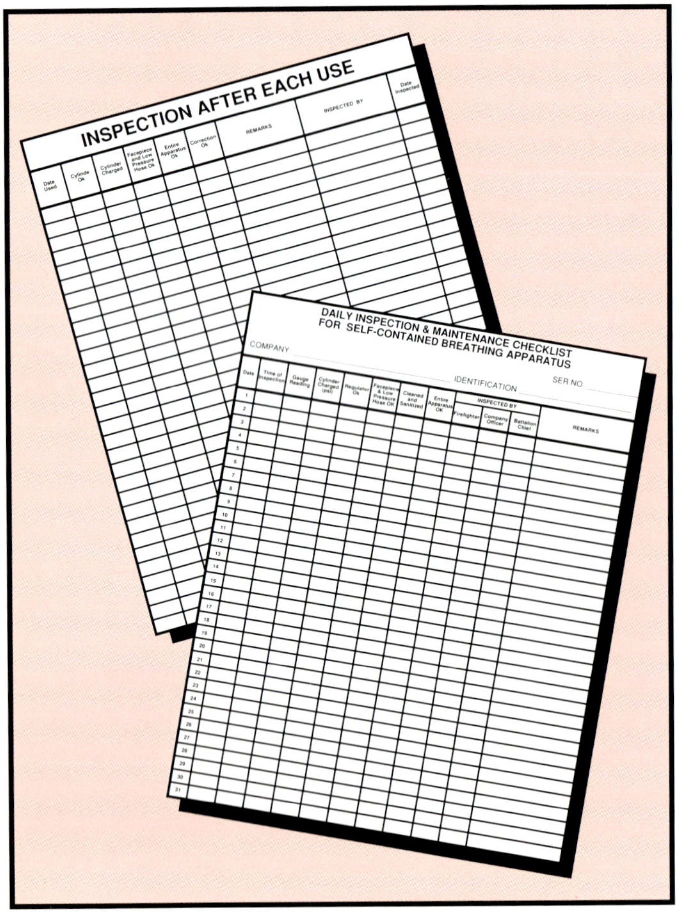

Figura 4.33 Deben hacerse inspecciones en todos los equipos de protección respiratoria diariamente y después de su uso.

Los aparatos de respiración deben ser limpiados y saneados inmediatamente después de cada uso. Las partes movibles que no estén limpias pueden funcionar mal. Una máscara que no haya sido limpiada y saneada puede contener un olor desagradable y propagar gérmenes por todo el cuerpo del bombero. Un cilindro de aire con menos aire que el prescrito por el fabricante hace que el equipo sea ineficaz, si no inservible.

La máscara debe ser completamente lavada con agua tibia que contiene algún desinfectante comercial ligero y luego enjuagada con agua tibia limpia. Cuidado especial debe dársele a la válvula de exhalación para asegurar su funcionamiento adecuado. La manguera de aire debe revisarse por si hay grietas or rasgaduras. Luego la máscara debe secarse con un paño sin hilachas o con el aire (Figure 4.34). **CUIDADO:** no use toallas de papel para secar los lentes ya que los mismos rayarían los lentes plásticos.

Inspecciones Periódicas y Conservación

Después de cada período de tres meses, es aconsejable remover el equipo del servicio y revisar las válvulas, reguladores de presión, manómetros, arnés y máscara. El siguiente ensayo práctico e inspección debe entonces hacerse: revise la máscara, manguera y válvula de exhalación aspirando lentamente con el pulgar sobre el extremo de la conexión de la manguera. Haga la conexión de la manguera y verifique el funcionamiento del regulador. Aspire profundamente y rápido. El regulado debe suministrar un fluido completo para dar al usuario todo el aire que sea requerido. Si durante un inhalación lenta, se escucha un sonido de bocina en el regulador, éste usualmente puede quitarse aspirando más rápido. El sonido es causado por la vibración del fuelle y de ninguna manera afecta el funcionamiento o seguridad del regulador. Si el fuelle vibra continuamente o excesivamente, el regulador, debe ser reparado por técnicos competentes recomendados por el fabricante. Si la válvula de demanda permanece ligeramente abierta (esto puede ser causado por estar frio el diafragma), el gas de respiración continuará fluyendo cuando el usuario no esté inhalando. Esta condición puede ser por lo general

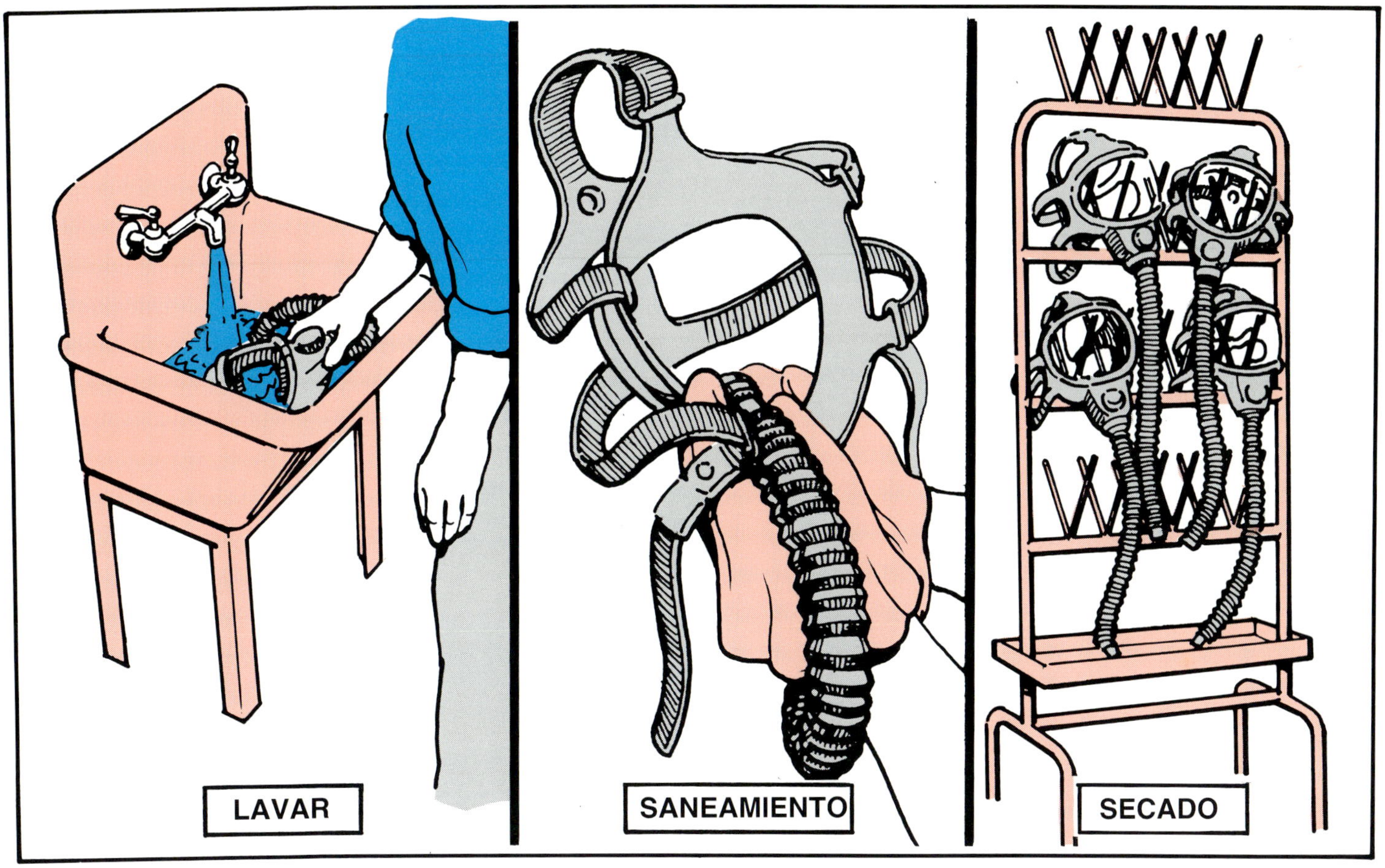

Figura 4.34 Las máscaras de los equipos de protección respiratoria deben ser limpiadas, saneadas, y secadas adecuadamente para su próximo uso.

corregida" respirando fuerte otra vez" en el regulador. Haga funcionar el regulador varios minutos para ejercitar el diafragma y las válvulas antes de autorizar oficialmente su uso. Con la manguera fuera de la conexión, cierre la válvula del cilindro. Con 1980 PSI (13.650 kPa) indicados en el manómetro del regulador, el regulador y el conjunto de piezas de la manguera del mismo deben contener la presión atrapada dentro.

Despueś de dos años y medio, el regulador y la manguera del regulador deben ser devueltos a la fábrica o a su representante para probarlos y/o repararlos. Después de cada período de cinco años, los cilindros deben ser probados hidrostáticamente. Cada cilindro es sellado con el mes y el año de fabricación y la fecha de la última prueba. Este procedimiento es necesario para cumplir con los requerimientos del Departamento de Transporte de los Estados Unidos (anteriormente Comisión Interestatal de Comercio). Siempre vacíe los cilindros antes de enviarlos para servicios y pruebas.

ENSAYOS PARA VERIFICAR FUGAS EN LA VALVULA AUXILIAR

Con la válvula de cierre del regulador y la válvula auxiliar cerradas (Válvula del cilindro abierto), ponga una solución de jabón a través de la pieza de conexión de jabón a través de la pieza de conexión de la manguera en el regulador. Si la válvula auxiliar tiene fugas, la burbuja se dilatará y romperá. Las burbujas de jabón que son derivadas de jabones corrientes or detergentes pueden ser tan densas o secas que no detectarán fugas pequeñas. Se ha descubierto que aquellas soluciones de burbujas especialmente preparadas, que son para que los niños las usen en tubo de burbujas, son las más adecuadas para detectar fugas que no pudieran ser encontradas de otra manera.

ENSAYO PARA VERIFICAR FUGAS EN LA VALVULA DE CIERRE DEL REGULADOR

Con la válvula de cierre del regulador y la válvula auxiliar cerradas (válvulas del cilindro abierta) inhale del equipo hasta que el manómetro del regulador indique "0". Luego observe el manómetro para ver si la presión aumenta. Si el indicador del manómetro se levanta indicando presión, la válvula de cierre del regulador tiene fugas. No haga uso de la fuerza para cerrar esta válvula o la válvula zuxiliar; "apretadas con los dedos" es suficiente.

Con algunas unidades de los equipos de protección respiratoria autónomos podría ser necesario usar el siguiente procedimiento. Con la válvula de la tubería principal y la auxiliar cerrada y la válvula del cilindro abierta, inhale desde el equipo para disminuir la presión en la válvula de reducción de presión, luego cierre la válvula del cilindro. Observe el manómetro para ver si la presión baja. Un descenso en la presión indicará una fuga en el sistema.

Los sellos de los vástagos de las válvulas auxiliar y la de cierre del regulador pueden revisarse para comprobar si hay fuga con el siguiente método: remueva ambos botones de las válvulas, inviértalos y reinstálelos en sus respectivos vástagos de modo que el vástago de la válvula sea descubierto. Abra la válvula del cilindro y haga funcionar las dos válvulas mientras aplica una solución de agua y jabón a los vástagos de las mismas y las tuercas de empacadura. Si los sellos de los vástagos tienen fugas, se formarán burbujas.

ENSAYO PARA VERIFICAR FUGAS EN LA VALVULA DEL CILINDRO

Revise la parte donde el manómetro del cilindro se conecta al cuerpo de la válvula y los cierres de seguridad con una solución jabonosa. Con la manguera del regulador y el regulador conectados a la válvula del cilindro, abra ésta última. Si aparecen burbujas alrededor del vástago de la válvula y tuerca de la empacadura del collarín cuando se haga el ensayo de la solución jabonosa, se debe apretar la tuerca de la empacadura o en caso contrario las empacaduras del collarín deben ser reemplazadas.

Con la manguera del regulador desconectada, cierre la válvula del cilindro. Si se forman burbujas en la conexión de la manguera del regulador cuando se aplica una solución jabonosa es que el asiento de la válvula tiene fugas. Abra y cierre la válvula con rapidez varias veces y deje que la presión salga rápidamente. Este procedimiento puede despejar de suciedad el asiento de la válvula y corregir el problema. Si la fuga continúa, el cilindro debe ser devuelto a la fábrica para su prueba y reparación.

METODO PARA RECARGAR LOS CILINDROS

La recarga de cilindros de aire generalmente se hace desde unas instalaciones en cascada de cilindros de aire grandes. En algunos casos, los cilindros grandes están conectados a un compresor de aire diseñado específicamente para ser usados en sistema de air respirable. Este sistema se denomina "Sistema de Cascada". (Figura 4.35). Los pasos para recargar cilindros incluyen:

Paso 1: Inspeccione el cilindro por si hay daño y verifique la fecha de la la última prueba hidrostática.

Paso 2: Coloque el cilindro en la estación de recarga, conecte la manguera de carga.

Paso 3: Abra la válvula del cilindro.

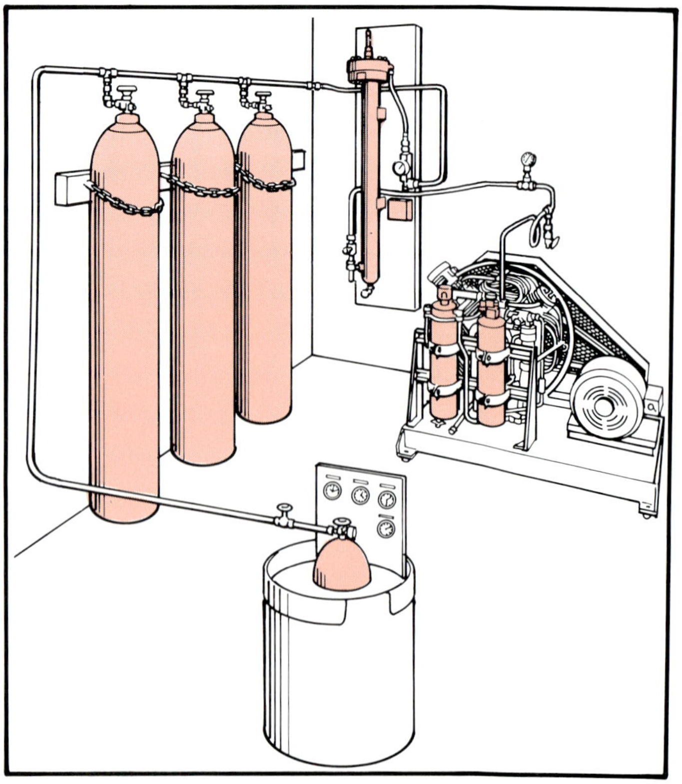

Figura 4.35 Un sistema cascada se utiliza para recargar cilindros pequeños. La cascada de grandes botellas puede o no ser conectada a un sistema de purificación y compresión de aire.

Paso 4: Abra lentamente la válvula del cilindro de cascada con la presión más baja, pero que tenga presión más alta que la del cilindro que se está llenando.

Paso 5: Cuando la presión del equipo de protección respiratoria autónomo y la del cilindro de cascada es igual, cierre la válvula del cilindro de la cascada y abra la válvula en el cilindro de la cascada con la siguiente presión más alta.

Paso 6: Repita el paso 5 hasta que el cilindro del equipo de protección respiratoria autónomo se cargue.

PRECAUCIONES DE SEGURIDAD

Cualquier combate de incendio es extenuante, pues se requiere una alta actividad, así que los bomberos necesitan estar en buenas condiciones físicas. Sus indumentarias protectoras pueden trabajar contra ellos mientras que al mismo tiempo los protegen. La chaqueta básica de protección requerida puede ser una virtual caja de sudor que acumula el calor del cuerpo e impide el movimiento, aumentando así el agotamiento del bombero. Esto debe enfatizarse aún más cuando el equipo de protección respiratoria autónomo se usa en situaciones de emergencia. La diferencia entre el peso de la ropa corriente y la indumentaria de combate de incendio, más el equipo de protección respiratoria ha sido estimada en unos 21 Kg. extras (47 libras); la unidad de respiración sola tiene unpeso de 15-30 Kg. (33 a 45 libras) dependiendo del tamaño y tipo.

En los ensayos y ejercicios realizados por el Cuerpo de Bomberos de Nueva York, trabajando primero en ropa corriente y después con ropa protectora completa y máscara, se procedió al registro de los niveles de fatiga en distintos hombres. Los hombres de baja estatura (5'6-5'8) mostraron un aumento de 81% en consumo de energía cuando usaban la indumentaria. Los hombres más altos, usualmente más fuertes mostraron un incremento del 19%, en gasto de energía.

Por lo general, las actividades realizadas en la escena de los incendios requieren un mayor uso de energía que en las actividades de entrenamiento.

Las Normas Federales de OSHA establecen que: "Las personas no deben ser asignadas a faenas que requieren el uso de respiradores a menos que se haya determinado que ellos son físicamente aptos para hacer el trabajo y usar el equipo".

Eso se aplica al sector privado. Precauciones más rígidas deben aplicarse a los bomberos.

Cuando se utilizan los equipos autónomos de protección respiratoria, para mayor seguridad es importante recordar y observar los siguientes detalles:

- Un bombero con una dolencia respiratoria no debe desempeñar trabajos que requieran el uso de equipos de protección respiratoria autónomos.
- Los equipos de protección respiratoria a demanda no deben ser utilizados inmediatamente después de realizar trabajos fuertes.
- El llamado equipo de protección respiratoria de 30 minutos debe esperarse que dure 1 minuto por cada 100 PSI (700 kPa) como está indicado en el manómentro del cilindro. NO ESPERE MAS.
- La válvula de la "tubería principal" debe estar siempre abierta y asegurada.
- La válvula "auxiliar" es para emergencia solamente.
- Cuando la válvula "auxiliar" tenga que ser usada, la válvula de la tubería "principal" debe cerrarse.
- Una vez que se entra a un área contaminada, los equipos de protección respiratoria no deben ser removidos hasta que Ud. Se haya marchado de la misma, pues aunque visibilidad mejora, esto no asegura que el área está libre de contaminación.
- Cuando trabaje con equipos de protección respiratoria, hágalo en parejas.

Situaciones de Emergencia

Las emergencias creadas por el mal funcionamiento de los equipos de protección a demanda pueden ser superadas de varias maneras. En todas estas emergencias, la conservación del aire es de extrema importancia.

- ¡No se aterrorice!
  - —Ocasiona respiración rápida utilizando más aire valioso.
- ¡Deténgase y reflexione!
  - —¿Cómo llegó a dónde Ud. se encuentra?
  - —¿Del piso inferior? ¿Del piso de arriba? ¿Con vueltas a la izquierda?
- Diferentes métodos a usar para encontrar una salida.
  - —Siga la línea de manguera hacia afuera, si es posible (acoplamientos macho hacia el incendio, hembra lejos del mismo).
  - —Gatée en línea recta (manos tendidas al suelo, mueva la rodilla hacia la mano).
  - —Una vez que esté en contacto con la pared, gatée en una dirección (todas las vueltas hacia la izquierda, todas las vueltas hacia la derecha)
  - —Controle la respiración mientras gatea.
  - —Pida instrucciones, grite o haga ruido para que otros bomberos lo asistan.

Cuando sea necesario usar la válvula "auxiliar" debido al mal funcionamiento del regulador, los siguientes procedimientos deben seguirse:

Paso 1: Abra la válvula "auxiliar" lentamente hasta un punto donde Ud. pueda respirar cómodamente.

Paso 2: Cierre la válvula de la "tubería principal".

Paso 3: Para conservar aire, tome una respiración profunda y manténgala. Cierre la válvula "auxiliar" hasta que usted necesite otra respiración. Continúe el procedimiento de los pasos 1-3 hasta que Ud. se halle fuera del área contaminada.

Otra situación de emergencia es cuando la máscara se daña durante las labores de combate de incendios tales como: arnés roto, máscara o tubos de respiración rasgados o válvula de exhalación defectuosa. En estos caos proceda como sigue:

Paso 1: Desconecte el tubo de respiración del regulador.

Paso 2: Quítese la máscara.

Paso 3: Afloje el arnés del cuerpo.

Paso 4: Eleve el regulador a su boca y respire directamente desde la conexión roscada del regulador.

El agotamiento de aire mientras se está dentro de un área contaminada es la emergencia más frecuente. Esta situación puede ser superada por un procedimiento denominado "Respiración compartida". "La respiración compartida" es ejecutada por dos bomberos. Cuando a un bombero se le acaba el aire (respirador que comparte), el segundo (portador de aire) comparte el aire hasta que ambos estén fuera del área contaminada.

Para los bomberos que utilicen equipos distintos a los reguladores armados con máscaras, se utiliza el siguiente procedimiento. El respirador que comparte, después de hacerle señales al portador del aire, puede desconectar la manguera de baja presión del regulador y dársela al portador de aire. Este bombero abre la válvula auxiliar, luego introduce la manguera en la máscara entre el pómulo y la mandíbula, sólo suficientemente lejos de modo que el acoplamiento de la manguera de baja presión no interfiera excesivamente con el sello de la máscara. Luego el portador de aire debe estrechar la abertura en la máscara alrededor de la manguera introducida, asegurándose de no oprimir la manguera en el proceso. Los guantes de uso ayudarán a tapar las aberturas entre la máscara y la manguera de baja presión. Esto y la presión positiva no dejarán entrar contaminantes a medidas que los bomberos avanzan a un área segura.

Capítulo 5
Escaleras

NORMA NFPA 1001
ESCALERAS
Bombero 1

3-9 Escaleras

3-9.1 El bombero identificará cada tipo de escalera y definirá su uso.

3-9.2 El bombero, operando como individuo y miembro de un equipo, demostrará las siguientes formas de transporte de escaleras:

(a) Transporte por una persona
(b) Transporte por dos personas
(c) Transporte por tres personas
(d) Transporte por cuatro personas
(e) Transporte por cinco personas
(f) Transporte por seis personas

3-9.3 El bombero, operando como individuo y miembro de un equipo, levantará cada tipo y tamaño de escalera de superficie y utilizará procedimientos diferentes para cada escalera.

3-9.4 El bombero trepará el cuerpo entero de cada tipo de escalera aérea y de superficie.

3-9.5 El bombero trepará el cuerpo entero de cada tipo de escalera aérea y de superficie, llevando equipos o herramientas para el combate de incendios mientras asciende y desciende.

3-9.6 El bombero trepará el cuerpo entero de cada tipo de escalera aérea y de superficie y las descenderá con una "persona lesionada".

3-9.7 El bombero demostrará las técnicas para trabajar en escaleras aéreas y de superficie con herramientas y accesorios, con y sin el cinturón de seguridad.

3-9.8 El bombero demostrará las técnicas para limpiar las escaleras.*

Bombero II

4-9 Escaleras

4-9.1 El bombero deberá identificar los materiales utilizados en la construcción de escaleras.

4-9.2 El bombero identificará las capacidades de carga máxima de todas las escaleras aéreas y de superficie.

4-9.3 El bombero demostrará las técnicas de inspección y mantenimiento para los diferentes tipos de escaleras aéreas y de superficie.

*Reimpreso bajo permiso de la Norma NFPA No. 1001, *Norma para la Calificación Profesional del Bombero.*, Copyright (c) 1981 National Fire Protection Association, Boston, MA.

Las Transparencias sobre el transporte, izamiento y manipulación de escaleras de superficie del IFSTA están diseñadas para complementar este capítulo.

Capítulo 5
Escaleras

Aunque las distintas actividades relacionadas con el combate de incendios requieren que los bomberos utilicen una gran variedad de herramientas y dispositivos, las escaleras de incendio son esenciales en la ejecución de las dos tareas prioritarias: salvar vidas y extinguir incendios. Las escaleras utilizadas en las actividades de control de incendios son en la forma, diseño y propósito, similares a cualquier otra escalera, pero la manera en que son utilizadas requiere que sean construidas bajo estrictas especificaciones. Su uso bajo condiciones adversas requiere además que cuenten con un factor de seguridad usualmente no esperado en las escaleras de uso comercial. La Norma 1938, "Standard For Fire Department Ground Ladders", de la National Fire Protection Association, provee las especificaciones técnicas aplicables a las escaleras de superficie a ser utilizadas por el Cuerpo de Bomberos. Las escaleras de superficie del servicio contra incendios, al igual que las mangueras de incendios, no son consideradas unas simples herramientas o aparatos, ya que se requiere de un entrenamiento especial, en lo referente a destreza individual y trabajo en equipo, para hacer un uso eficiente de ellas en caso de incendios. La energía mecánica ha hecho posible el uso de escaleras de elevación y plataformas elevadas, las cuales son accionadas mecánicamente, pero las escaleras de superficie, operadas manualmente, dependerán siempre de los bomberos para poder facilitar el acceso hacia áreas que no pueden ser alcanzadas por medios normales.

TERMINOS SOBRE ESCALERAS

Las escaleras de superficie del Cuerpo de Bomberos son diseñadas para realizar diversas funciones. La tarea específica a realizar determinará los tipos de escaleras que serán utilizadas. Aunque estas funciones son usualmente similares en diferentes regiones, la nomenclatura y los términos comerciales de los distintos tipos de escaleras pueden variar considerablemente. Debido a estas discrepancias, es algunas veces difícil discutir los términos relativos a las escaleras sin tener cierto conocimiento sobre sus significados.

Los bomberos deben familiarizarse con los términos más reconocidos y utilizados en este capítulo. Para ayudar al bombero a identificar y utilizar estos términos, se presenta a continuación un conjunto de términos a fin de que se comprenda más fácilmente la terminología relacionada con las escaleras. (Figura 5.1).

ANGULO DE INCLINACION—Se refiere al ángulo de una escalera en un lugar, con relación al horizonte.

SECCION DE BASE—(Llamada también sección principal). La sección inferior de una escalera de extensión.

LARGUERO—El riel lateral de una escalera.

PERNOS DE LARGUERO—Pernos que pasan a través de ambos rieles con un bloque de entramado de una escalera de madera para sujetar los dos rieles de la armadura juntos.

TALON—El asiento de tierra de una escalera.

ESPOLONES DE TALON—Chapas metálicas de seguridad adheridas al extremo del talón de los largueros de la escalera de tierra.

PERROS—Ver trinquetes.

ESCALERAS DE EXTENSION—Término para identificar una escalera con dos o más secciones.

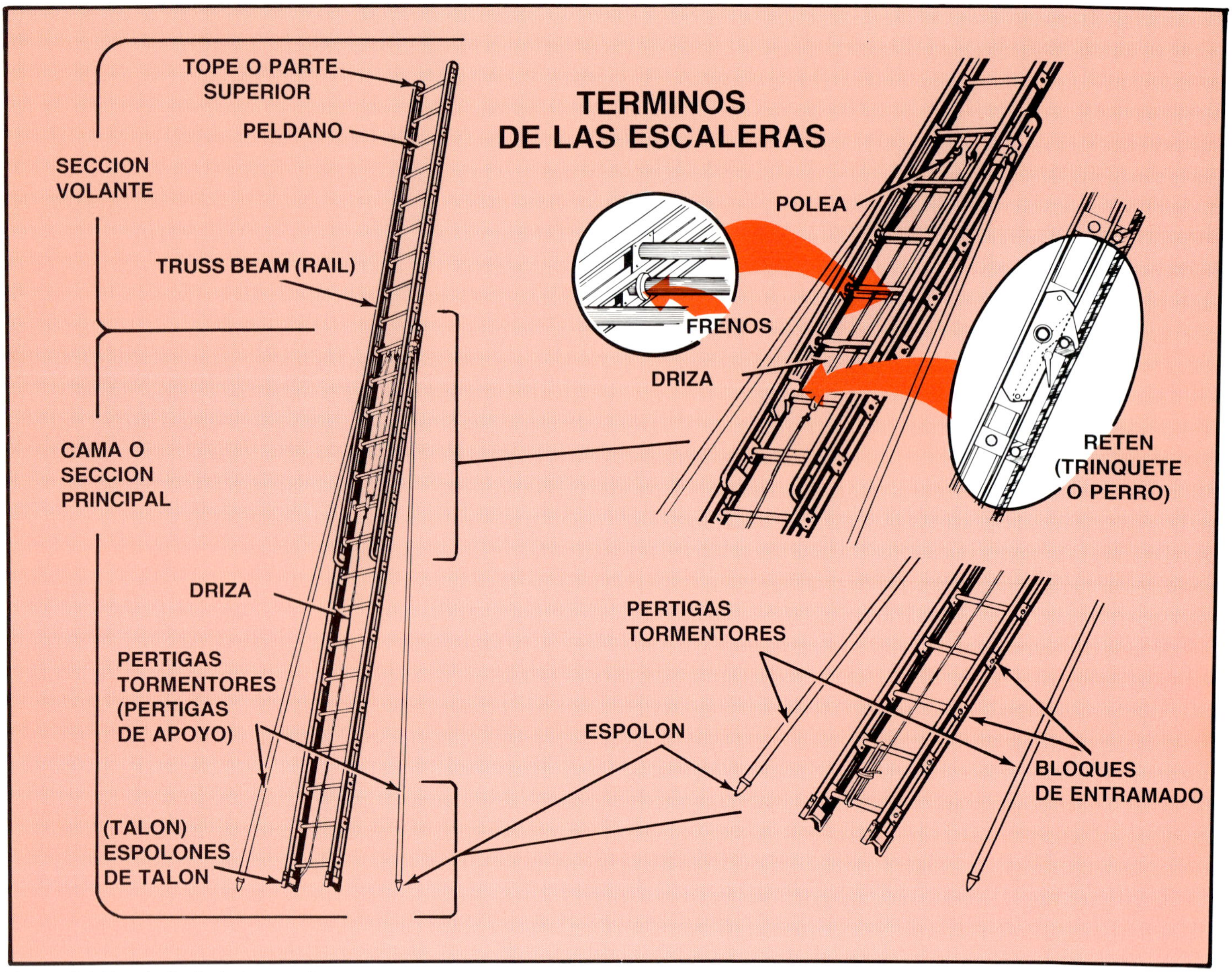

Figura 5.1 Terminología de las escaleras.

VOLANTE—La sección superior o partes más altas de una escalera de extensión.

ESCALERA DE SUPERFICIE—Término para designar la diferencia entre las escaleras izadas sobre la superficie y aquellas elevadas desde el aparato.

GUIAS—Listones de madera o metal de una escalera de extensión que dirigen la sección volante mientras se iza (algunas veces en forma de ranuras o canales).

DRIZA—Cuerda o cable utilizada para izar las secciones volantes.

ETIQUETA DE SENSOR DE CALOR—Etiqueta fijada al larguero de la escalera cerca de la punta, utilizada para advertir que la escalera ha estado expuesta a calor excesivo.

GANCHOS—Un par de dispositivos curvos y agudos que sobresalen de cada larguero en la parte superior de una escalera de techo.

RETENES—ver trinquetes.

TRINQUETES (Perros, Retenes)—Dispositivos fijados al interior de los largueros en las secciones volantes, utilizados para mantener la sección volante en su lugar después de que haya sido extendida.

LAMINAS DE PROTECCION—Láminas aseguradas a una escalera para evitar el desgaste en los puntos en que ésta entra en contacto con los soportes del camión.

POLEA—Una pequeña rueda acanalada a través de la cual se tira de la driza.

RIELES—Los dos miembros longitudinales de un larguero entramado de escalera que están separados por bloques de separación o armazón de maderas.

PELDANOS—Miembros transversales (ordinariamente redondos) entre los largueros por los que se sube.

ZAPATAS DE SEGURIDAD—Placas de espigones de goma o neopreno, por lo general de tipo giratorios, fijadas al talón de una escalera de superfice.

ESPOLONES—Puntas de metal en el extremo inferior de las pértigas.

PERTIGAS DE APOYO—Las pértigas que están fijadas las escaleras de extensión para ayudar a elevar y estabilizar la escalera. Algunas pértigas están permanentemente fijas y otras son removibles.

FRENOS—Piezas de madera o metal que impiden que la sección volante sea extendida demasiado.

ESCALERA SENCILLA—Término usado para identificar una escalera compuesta de una sección.

RIOSTRAS—Barras de metal que van de un larguero al otro.

CAZONETE—Dispositivo mediante el cual una pértiga de apoyo es fijada a una escalera.

TOPE O PUNTA—El extremo superior de una escalera.

BLOQUE DE ENTRAMADO—Piezas de separación entre los rieles de una escalera entramada. Algunas veces utilizado para sostener los peldaños.

TIPOS DE ESCALERAS

Todos los distintos tipos de escaleras del servicio contra incendios tienen un objetivo definido. Muchas de ellas, sin embargo, son más adaptables a una función espec ífica que a un uso general. El nombre con que se les identificará frecuentemente se refiere a la utilización que se hace de ellas y los bomberos por lo general se refieren a ellas por asociación. Las siguientes definiciones ayudarán a identificar con mayor claridad las escaleras utilizadas por los Cuerpos de Bomberos.

Escaleras Sencillas

Una escalera sencilla está compuesta de una sola sección y su longitud no es ajustable (Figura 5.2). Su tamaño es designado por la longitud total de sus rieles laterales. La escalera sencilla, denominada a veces escalera de pared, se utiliza para tener un acceso rápido a las ventanas y techos de las edificaciones de uno y dos pisos. Las escaleras sencillas deben ser construidas de modo que tengan mayor robustez y un peso mínimo y pueden ser del tipo de entramado para reducir su peso. Generalmente, se utilizan escaleras sencillas con longitudes de 4,4.3,5,5.5,y 7 metros (12,14,16,18 y 24 pies), pero existen escaleras sencillas más largas.

Escaleras de Techo

Las escaleras de techo son escaleras sencillas equipadas con ganchos plegables en su extremo superior, los cuales proveen un medio para anclar la escalera sobre el caballete del tejado u otra parte

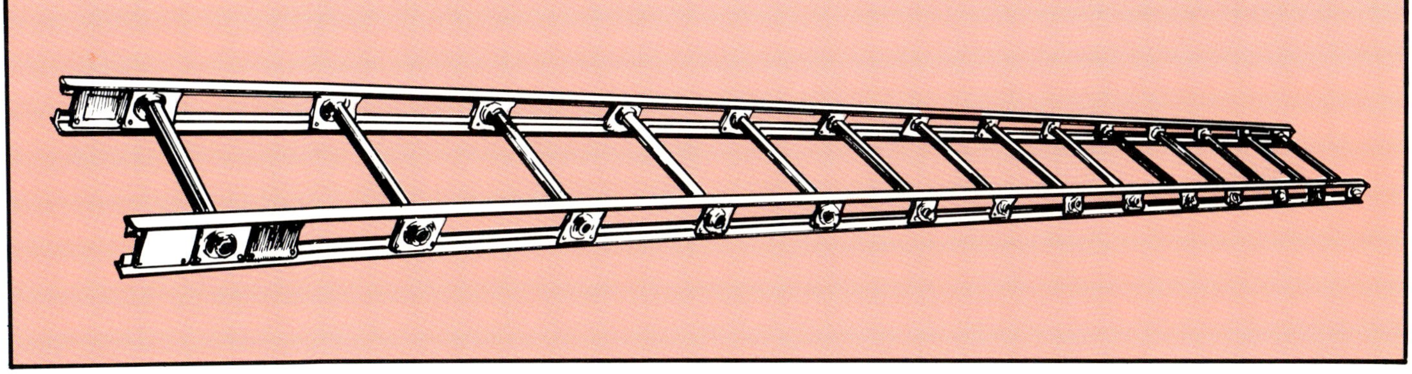

Figura 5.2 Escalera sencilla.

del techo (Figura 5.3). Generalmente, se requiere tender las escaleras de techo sobre la superficie del tejado de manera que los bomeros puedan situarse sobre ellas para trabajar en el techo; la escalera distribuirá el peso de los bomberos y ayudará a evitar el resbalamiento. Las escaleras de techo pueden utilizarse también como escaleras sencillas de pared. Sus longitudes varían de 4 a 6 metros (12 a 20 pies).

Escaleras Plegables

Las escaleras plegables son escaleras sencillas con peldaños engoznados que les permiten ser dobladas de modo que un larguero se posa junto al otro. Esto les permite ser transportadas a pasadizos angostos y ser utilizadas en agujeros de áticos y lugares pequeños o armarios. Las escaleras plegables tienen usualmente 3 metros (10 pies) de longitud ya que sólo se requiere que alcancen distancias pequeñas. Todas las escaleras plegables deben ser equipadas con zapatas de seguridad para evitar resbalamientos (Figura 5.4).

Escalera de Extensión

Una escalera de extensión es de longitud ajustable. Se compone de dos o más secciones que se deslizan a través de guías o soporte para permitir el ajuste de su longitud (Figura 5.5). Su tamaño es designado por la longitud de las secciones medidas a lo largo de los rieles laterales, cuando es extendida completamente. Las escaleras de extensión proporcionan el acceso a ventana y tejados dentro de los límites de sus longitudes extensibles. La mayoría de las escaleras de extensión más largas son del tipo de entramado, y más pesadas que las escaleras sencillas y se necesita más personal para manipularlas con seguridad. Generalmente poseen longitudes que varían de 7 a 15 metros (24 a 50 pies).

Figura 5.4 Escalera plegable en posición cerrada y abierta.

Figura 5.5 Escalera de extensión.

Escaleras de Pértigas

Las escaleras de pértigas son escaleras de extensión, que tienen pértigas de apoyo para mayor estabilidad. Sus longitudes varían de 11 a 20 metros (35 a 65 pies). Sin embargo, la mayoría no exceden 15 metros (50 pies). Estas escaleras son de construción de entramado y poseen de una a tres secciones volantes (Figura 5.6).

Escalera de Combinación

Las escaleras de combinación son diseñadas de manera que puedan ser utilizadas como es-

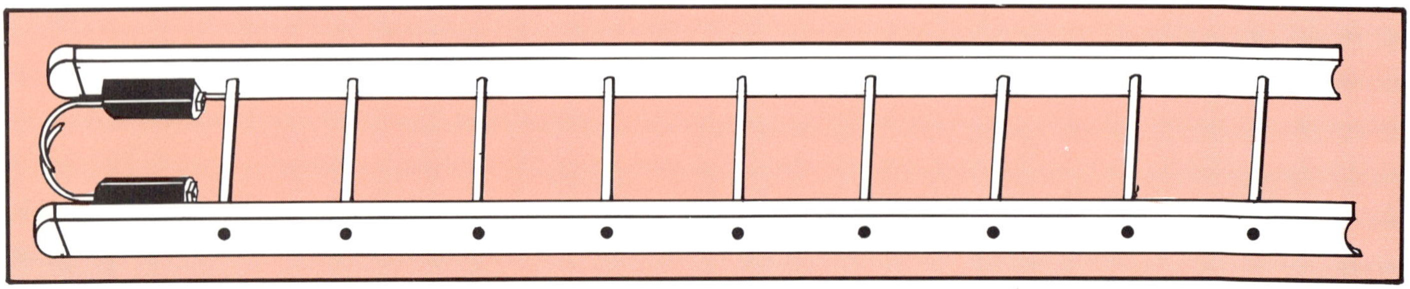

Figura 5.3 Escalera de techo con ganchos cerrados.

Figura 5.6 Escalera de extensión de tres secciones tipo pértigas.

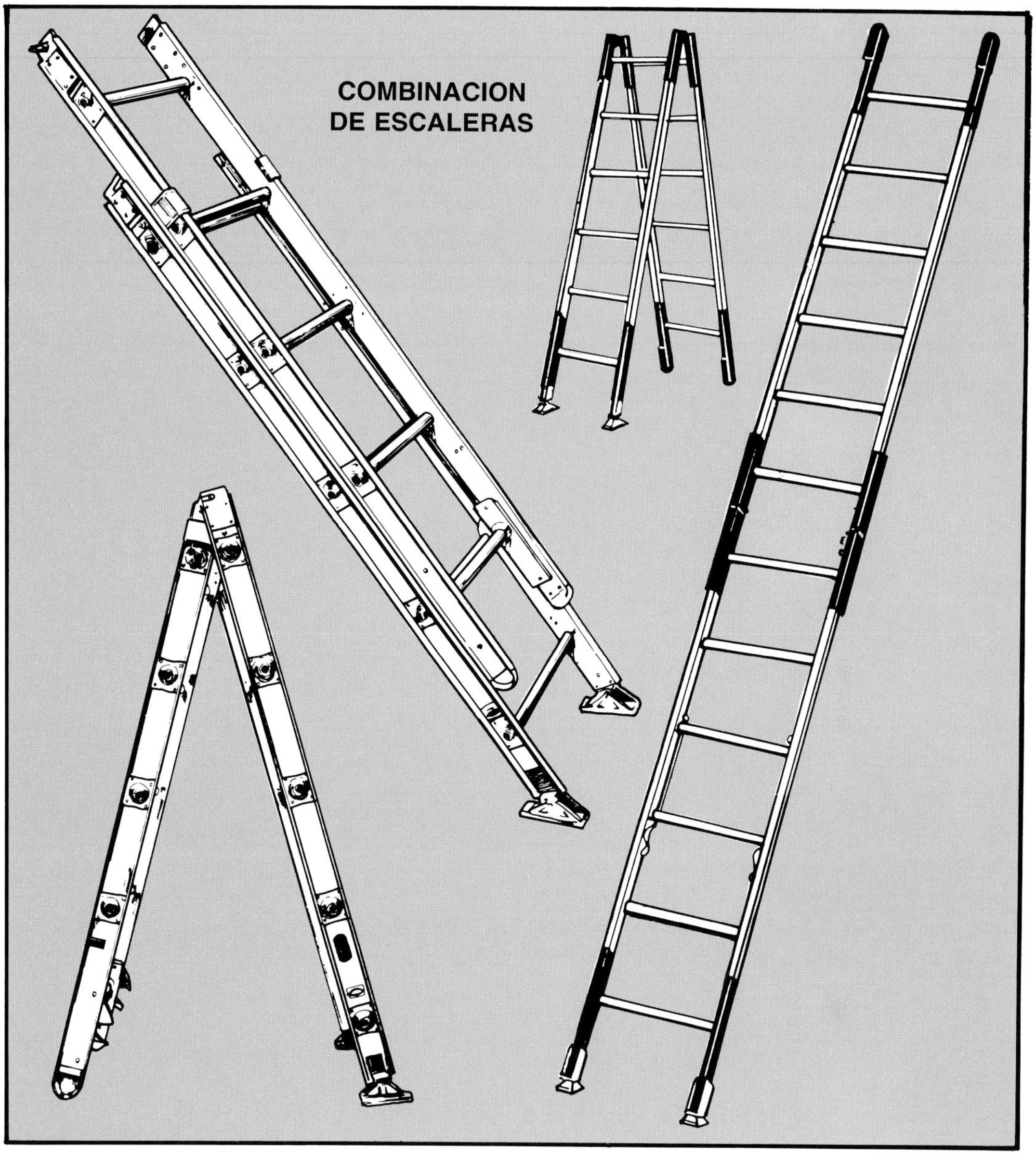

Figura 5.7 La escalera de combinación puede ser usada de tres formas.

caleras sencillas, de extensión o de estructura "A". Sus longitudes varían de 2 a 4,3 metros (8 a 14 pies) (Figura 5.7).

Escalera Pompier

Las escaleras pompier son de un solo larguero, con peldaños que sobresalen de ambos lados. Tienen un gancho "cuello de cisne", de metal, que se proyecta en la parte superior para insertarlo en ventanas u otras aberturas (Figura 5.8). Sus longitudes varían de 3 a 6 metros (10 a 20 pies).

Escaleras Aéreas

Los vehículos con escaleras aéras constan de una escalera de metal accionada mecánicamente

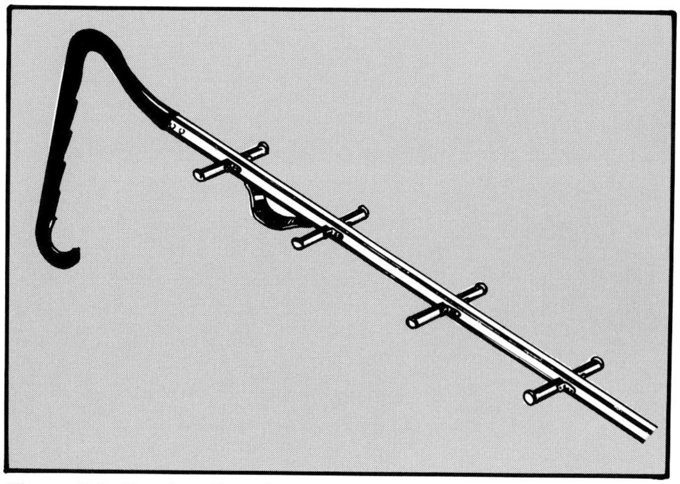

Figura 5.8 Escalera Pompier.

y montada sobre un chasis especialmente construido. La escalera aérea es activada hidráulicamente y puede estar montada sobre un vehículo de chasis sencillo o de tres ejes de tracción (Figura 5.9). Los camiones de escaleras aéreas constan de una pasarela continua para las operaciones de incendio y rescate y en longitudes que van de 20 a 41 metros (65 a 135 pies).

Plataforma de Escaleras Aéreas

Los vehículos de plataforma de escaleras aéreas combinan algunos de los aspectos de las escaleras aéreas y torres telescópicas. Ellos proporcionan una pasarela continua en forma de escalera área además dé una plataforma encerrada, fijada al extremo de la escalera (Figura 5.10). Las torres de escaleras están equipadas con tuberías dentro de su estructura misma y pitones para proveer chorros elevados; sus longitudes varían de 9 a 30 metros (30 a 100 pies).

Torres Aéreas Telescópicas

Una torre aérea telescópica tiene una barra telescópica con una plataforma encerrada, fijada

Figura 5.9 Escalera aérea.

Figura 5.10 Torre de escalera aérea.

al final de la barra (Figura 5.11). Estas torres tienen una escalera montada sobre la barra; sin embargo la escalera no está construida ni diseñada para ser utilizada al igual que una escalera aérea. Las torres aéreas telescópicas están equipadas con tuberías dentro de la estructura misma y pitones para proporcionar chorros elevados, y sus logitudes varían de 15 a 30 metros (50 a 100 pies).

Figura 5.11 Torre aérea telescópica.

Torres Aéreas Articuladas

Los vehículos con torres aéreas articuladas constan de dos o más barras o secciones con una plataforma encerrada, asegurada a la barra superior (Figura 5.12). La plataforma proporciona una base estable para llevar a cabo las operaciones de combate de incendio y rescate. Estas torres están equipadas con tuberías dentro de la estructura misma y pitones para suministrar chorros elevados, con longitudes que van de 15 a 46 metros (50 a 150 pies).

CONSTRUCCION Y MANTENIMIENTO

Las escaleras del servicio de incendio deben estar en capacidad de resistir esfuerzos considera-

Figura 5.12 Torre aérea articulada.

bles tales como una sobrecarga imprevista, exposiciones a temperaturas extremas, caídas de escombros y usos distintos de aquéllos para los que fueron diseñados.

Debido a la importancia de eliminar, o por lo menos reducir, algunos defectos estructurales y debilidades en el diseño, las especificaciones relativas a escaleras deben ser escritas de modo que cumplan con los requisitos establecidos en la de la Norma 1931 de la NFPA, Standard For Fire Department Ground Ladders. Todas las escaleras que reúnan los requisitos de NFPA 1931, deben llevar incorporada una etiqueta de certificación, emitida por el fabricante, donde se indique que la misma cumple con lo establecido en la norma.

Aspectos Sobre la Construcción

Los principales componentes en la construcción de una escalera son los largueros y los peldaños. Dos de los diseños utilizados son el de largueros sólidos y largueros de entremodo (Figura 5.13). Sin embargo, ambos tipos deben cumplir las mismas especificaciones.

Para longitudes de 8 metros (24 pies) o menores, la construcción con largueros sólidos provee escaleras más livianas. Para longitudes intermedias de 8 a 11 metros (25 a 35 pies), las escaleras metálicas de largueros sólidos por lo general serán todavía más livianas, aunque con construcción de madera sería lo contrario. Para escalera más largas con longitudes superiores a 11 metros (35 pies),

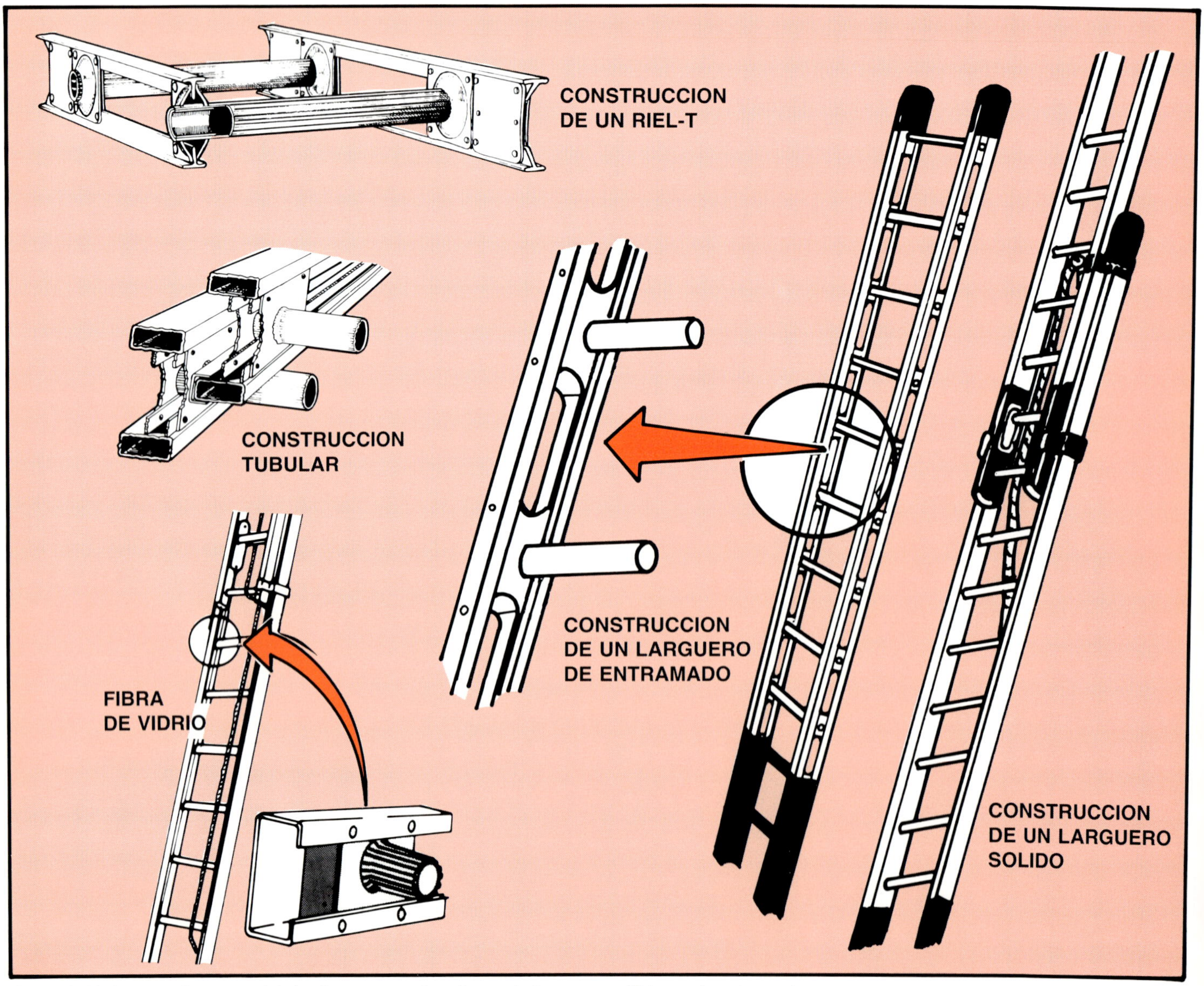

Figura 5.13 Las escaleras son fabricadas con construcciones de largueros sólidos o de entramado.

la construcción de entramada permite una escalera más liviana.

Los peldaños de la escalera no deben ser menores de 30 mm. (1¼ pulgadas) en diámetro y espaciados sobre centros de 360 mm. (14 pulgadas). Cuando se utilizan peldaños de metal, éstos deben ser construidos de un material acanalado, endentado, estirado o con hoyuelos, pero de alta resistencia. Como alternativa, los peldaños pueden ser revestidos con un material antirresbalante.

El personal del Cuerpo de Bomberos debe estar alerta sobre las capacidades máximas de carga de las escaleras. La capacidad de carga es el peso total sobre la escalera, el cual incluye el peso de todas las personas, sus equipos y algún peso adicional tal como líneas de manguera cargadas (Tablas 5.1).

Las escaleras para el servicio contra incendio pueden ser construidas de metal, madera o fibra de vidrio. Indistintamente del tipo de material utilizado en la construcción de escaleras, éste debe ser de alta calidad. La variedad de materiales usados es probablemente el resultado de la disponibilidad del material y los esfuerzos realizados por mejorar la construcción de escaleras.

ESCALERAS DE METAL

Las escaleras de metal del servicio contra incendios son generalmente construidas con una aleación de alumino tratado térmicamente. Las razones para el uso del aluminio son tres:

- Es de peso liviano.
- Tiene una robustez adecuada.
- Permite una inspección visual confiable de todas las partes de las escalera.

Las escaleras de aluminio requieren generalmente menos mantenimiento que las de madera porque no es necesario proteger sus superficies exteriores con revestimientos artificiales. Además, es difícil a veces para una persona realizar una inspeción visual sobre el mantenimiento de las escaleras de madera ya que pudiesen estar ocultos ciertos defectos tales como rugosidades, nudos, nótulo. Mantener una escalera de aluminio limpia es un proceso relativamente simple y por lo general no son necesarios programas especiales de mantenimiento. Existe sin embargo, algunas desventajas en utilizar aluminio para las escaleras del Cuerpo de Bomberos. Una resulta del hecho que son buenas conductoras de electricidad y otra desventaja sería la creciente posibilidad de congelamiento de las escaleras en climas extremadamente fríos. El aluminio puede enfriarse demasiado en invierno y calentarse notablemente en verano debido a sus buenas propiedades conductivas.

TABLA 5.1
CARGAS MAXIMAS DE ESCALERAS

CARGA	PLEGABLE	POMPIER	SENCILLA Y DE TECHO	DE EXTENSION Y DE PERTIGAS	COMBINACION
U.S.	300 lbs.	300 lbs.	750 lbs.	750 lbs.	750 lbs.
METRICO	136 kg.	136 kg.	340 kg.	340 kg.	340 kg.

NOTA: Estas cifras están basadas en la edición de 1984 de NFPA 1932. SE PERMITE UN AUMENTO SIGNIFICATIVO EN EL PESO según esta nueva norma. Por ejemplo, el aumento en la carga que se permite en el caso de las escaleras más comunes, la escalera de techo de 4 m (14 pies) y la escalera de extensión de 7 m (24 pies) es 113 kg. (250 lbs.). (Anteriormente a estas dos escaleras se les permitía un peso máximo de 227 kg. [500 lbs.]). Antes de utilizar esta norma para escaleras fabricadas antes de la adopción de la norma nueva, a los cuerpos de bomberos se les advierte que necesitan ponerse en contacto con el fabricante de sus escaleras y si éste lo recomienda, deben hacer una prueba del servicio de las escaleras de tierra de acuerdo a la norma nueva.

ESCALERAS DE MADERA

Aunque en los Cuerpos de Bomberos hoy en día existen relativamente pocas escaleras fabricadas de madera, todavía se pueden encontrar algunas, muchas de las cuales están todavía en servicio. La Abeto Douglas ha sido por mucho tiempo la madera favorita para largueros de escaleras porque está exenta de nudos y rugosidades. El fresno o nogal se usa para peldaños. Por lo general se requiere de un período de secamiento de dos años para que un material de escaleras pueda llenar los requisitos sobre el contenido de humedad, el cual oscila entre un 9% y 12%. Las escaleras construidas a base de madera con excesiva humedad probablemente encojan, causando alabeos de los peldaños o haciendo que éstos se desprendan. El encogimiento de la madera es particularmente notable después que la escalera ha estado sometida a baja humedad y calor artificial. Este proceso de secado lento es una de las causas principales en el desprendimiento de peldaños y agrietamiento de rieles en las escaleras de madera.

Algunas escaleras son fabricadas con compuestos de madera y aluminio para aprovechar el bajo peso y robustez, asimismo como la resistencia a la electricidad. Estas escaleras tienen rieles de madera y peldaños de aluminio.

ESCALERAS DE FIBRA DE VIDRIO

Las escaleras hechas de fibras de vidrio son relativamente nuevas en el servicio contra incendios. Estas escaleras no son totalmente construidas de fibra de vidrio. sino de una combinación de largueros de fibra de vidrio y peldaños de metal. La principal ventaja de la fibra de vidrio es que no es conductora de la electricidad. Sin embargo, para poder cumplir con las especificaciones de la norma 1931 de NFPA, *Standard For Fire Department Ground Ladders,* estos tipos de escaleras resultan relativamente pesadas. Esto se da como consecuencia de las densas propiedades de la fibra de vidrio y de la cantidad de materiales requeridos para satisfacer los requerimientos de robustez establecidos en la Norma.

Mantenimiento

El establecer un continuo programa de limpieza de las escaleras no es solamente una cuestión de apariencia. El sucio o los residuos acumulados luego de un incendio pueden almacenarse hasta el punto que las secciones de las escaleras resulten poco operables. Las escaleras deben entonces limpiarse después de cada uso.

El sucio debe removerse utilizando cepillo y agua corriente. Se pueden utilizar ciertos solventes para quitar residuos aceitosos o grasosos. Cuando las escaleras estén húmedas o después de enjuagarlas, séquelas con un trapo. Durante cada período de limpieza, los bomberos deben proceder a verificar si hay algún defecto en las escalera.

Aunque muchas escaleras de superficie son construidas con materiales distintos a la madera, es posible que todas las escaleras tengan, o se les formen, defectos y se deterioren debido a un mantenimiento inadecuado. Las porciones deterioradas o débiles de una escalera pueden ser encontradas más fácilmente mediante inspecciones regulares y sistemáticas. La inspección debe cubrir todas las partes de una escalera y cuando una sección muestre un deterioro excesivo, se debe determinar la causa (Figura 5.14).

Las escaleras de metal no están sujetas a muchos de los problemas derivados de la humedad y condiciones climáticas que afectan a las escaleras de madera. Todas las abrazaderas, guías, frenos, retenes, drizas, remaches, poleas y otras partes movibles deben ser lubricadas al menos cada seis meses con grasa resistente al agua. La grasa vieja debe ser removida con un disolvente.

Las escaleras de madera requieren una inspección mucho más minuciosa que las de metal, porque sus entramados y largueros están sujetos a sufrir agrietamientos y astillarse. Los peldaños de madera son susceptibles a dañarse en el punto donde ellos entran en contacto con los retenes, las pértigas de madera tienen características de deterioro similares. Las escaleras utilizadas en el Cuerpo de Bomberos deben ser inspeccionadas a intervalos regulares, después de cada uso o luego de reparaciones importantes y probadas una vez al año. Adicionalmente debe llevarse un registro minucioso del estado de cada escalera.

Resulta también importante el inspeccionar completamente las escaleras antes de que sean

Figura 5.14 Las inspecciones regulares y el mantenimiento son necesarios para todas las escaleras.

sometidas a cualquier tipo de prueba física. Debe revisarse la tensión de los peldaños, comprobar si las tuercas, remache y soldaduras están flojas y verificar cualquier evidencia de fallas debidas a la compresión en los largueros, entramados y bloques de entramado. Los defectos en la madera a causa de la compresión no pueden ser distinguidos fácilmente, pero algunas veces pueden ser detectados por las ondulaciones en las fibras de la madera. El exponer las escaleras de metal a temperaturas mayores de 149°C (300°F) impone un indicio de que deben ser sometidas a pruebas. Una indicación de exposición a altas temperaturas se evidencia cuando el agua hierve al rociar la escalera o si la etiqueta indicadora de calor colocada por el fabricante ha cambiado de color.

Durante la inspección de escaleras, el inspector debe marcar todos los defectos con tiza o algún otro marcador adecuado. Las marcas legibles permiten realizar las reparaciones sin el riesgo de no ver algún defecto que haya sido previamente encontrado. Las reparaciones primarias que deben ser hechas en las escaleras de metal pueden requerir a menudo herramientas especiales que por lo general no son accesibles para la mayoría de los Cuerpos de Bomberos. Las escaleras siempre deben repararse de acuerdo con las recomendaciones del fabricante.

Para preservar las escaleras de madera en buen estado, se puede utilizar barniz ya que éste sella los aceites naturales, resinas y excluye la humedad. Cuando el acabado de barniz llega a deteriorarse o rasparse, debe ser reemplazado sin demora. El barniz evita el pudrimiento de la madera y previene el crecimiento de hongos. La pintura no es recomendada en las escaleras del Cuerpo de Bomberos, sino para identificar los extremos de las mismas, el punto de equilibrio o su longitud. El uso de pintura como cubierta exterior en una escalera de madera, hace prácticamnete imposible el que se le detecte la formación de hongos o grietas de la madera durante una inspección de hongos o grietas de la madera durante una inspección rutinaria.

MANEJO DE LAS ESCALERAS

Métodos para Colocar las Escaleras de Superficie en los Vehículos de Bomberos

El método por medio del cual las escaleras de superficie son montadas en los carros bomberiles varía de acuerdo a las normas particulares, el tipo de vehículo, el tipo de escalera y las recomendaciones del fabricante. No hay normas establecidas para colocar escaleras de superficie en el carro de bomberos y la secuencia de procedimientos para retirar la escalera en un método local.

Los aspectos generales de construcción y la ubicación de las escaleras son comunes en la mayoría de los vehículos de bomberos.

Las especificaciones de la Norma 1901 de la NFPA, "Automotive Fire Apparatus", requieren que los carros bombas del Cuerpo de Bomberos estén equipados de una escalera de extensión no menor de 7 metros (24 pies) de largo y una escalera de techo con una longitud no inferior a 4 metros (14 pies). Estas escaleras están comúnmente montadas en el borde o por encima del nivel del hombro, sobre un lado de carro bomberil. Los tipos de soportes provistos y los métodos utilizados para sostener las escaleras son muchos y variados (Figura 5.15).

Figura 5.15 Las escaleras cargadas en autobombas son usualmente montadas verticalmente sobre un lado.

Los normas nacionales requieren también que las escaleras de los carros del servicio de incendios lleven un complemento de escalera de superficie de varias longitudes. Las escaleras pueden ser montadas de diferentes maneras:

- Pueden ser montadas desde la parte posterior del vehículo colocándolas en hileras ordenadas, por lo general de dos filas de ancho y dos de alto. Este tipo decolocación requiere que las escaleras encajen en patines o canales y sean asegurados en su posición en cada hilera por una palanca operada manualmente o por una barra de potencia activada por un solenoide eléctrico. Cuando las escaleras son montadas de esta manera, debe dejarse suficiente espacio libre en la parte trasera del vehículo para permitir laremoción y carga de las mismas (Figura 5.16).

Figura 5.16 Los aparatos aéreos pueden cargar escaleras de tierra en posición plana u horizontal en la parte trasera.

- Pueden ser colocadas verticalmente (sobre el borde) o en hileras extendidas sobre los lados del vehículo. Este tipo de acomodo elimina el problema de trasladar y cambiar las escaleras cuando otro carro bomberil se detenga demasiado cerca de la parte posterior del vehículo (Figura 5.17).
- Colocadas verticalmente (sobre el borde) en cado lado. Las escaleras son acomodadas de tal modo que puedan ser cargadas y de-

Figura 5.17 Los aparatos aéreos pueden cargar escaleras de tierra vertical u horizontalmente para removerlas desde un lado.

scargadas desde la parte trasera, deslizándolas hacia dentro o hacia afuera de los canales. Esto requiere que se deje cierto espacio en la parte posterior del vehículo bomberil para permitir la operación de remoción y carga de las mismas.

Cuando exista la necesidad de extender las escaleras más allá del extremo posterior del vehículo, lo cual pudiera significar un peligro de accidente, debe colocarse algún tipo de protección sobre las placas de los talones. En ocasiones se utilizan pequeños trozos de manguera o una pantalla protectora de color brillante para este propósito. Antes de que los bomberos sean entrenados en las labores de remover las escaleras del vehículo bomberil, cada bombero debe estar en capacidad de responder a las siguientes preguntas concernientes alequipo:

- ¿Están las escaleras montadas del lado derecho o izquierdo del autobomba?
- ¿Están las placas de los talones hacia el frente o hacia la parte trasera del vehículo?
- ¿Puede sacarse la escalera de techo dejando la escalera de extensión firmemente en su lugar en el autobomba?
- ¿Cuando la escalera está en el autobomba, la sección volante de la escalera de extensión se encuentra en la parte interna o externa?
- ¿Cómo se fijan las escaleras en su lugar?
- ¿Están las escaleras provistas de placas de protección?
- ¿Cuando se montan horizontalmente dos o más escaleras, una dentro de la otra, es necesario mover todas las escaleras de la hilera para sacar una sola escalera?

Selección de las Escaleras para el Trabajo

La longitud asignada a las escaleras de superficie se deriva de una medida basada en el principio de su máxima extensión utilizable. Estas longitudes han sido establecidas deacuerdo a los sitios que normalmente pueden alcanzar. Las escaleras de extensión de 15 metros (50 pies) alcanzarán normalmente ventanas ubicadas en un cuarto piso y en algunas circunstancias, el techo de un edificio de cuatro pisos. Si se incrementa la longitud de una escalera de extensión más allá de 15 metros (50 pies), ocasionaría un peso excesivo, reduciendo su seguridad y la aplicación resultaría impráctica. La escalera de extensión de 11 metros (35 pies) es probablemente la más versátil de todas las escaleras de extensión. Esta alcanzará los techos de algunas edificaciones de tres pisos. Las escaleras de superficie más pequeñas son útiles dentro de los límites de su alcance.

Para seleccionar una escalera que deba realizar un trabajo específico, se requiere que los bomberos juzguen de manera apropiada la distancia, tensión y resistencia. En términos generales, un edificio residencial tiene un promedio de 2 a 3 metros (8 a 10 pies) de piso a piso, y una distancia de un metro (3 pies) desde el suelo hasta el antepecho de la ventana. Las edificaciones comerciales tienen un promedio de 4 metros (12 pies) de piso a piso, con una distancia de 1 metro (4 pies) desde el suelo hasta el antepecho de la ventana.

En general se puede utilizar la tabla siguiente para seleccionar escaleras.

TABLA 5.2
GUIA DE SELECCION DE ESCALERAS

Techo del Primer piso	4,9 a 6,0 metros (16 a 20 pies)
Ventana del segundo piso	6,0 a 8,5 metros (20 a 28 pies)
Techo del segundo piso	8,5 a 10,7 metros (28 a 35 pies)
Ventana o techo del tercer piso	12,2 a 15,2 metros (40 a 50 pies)
Techo del cuarto piso	más de 15,2 metros (más) de 50 pies)

Las escaleras deben extenderse a cierta distancia (preferiblemente tres peldaños) más allá del antepecho de la ventana o del caballete de techo, para proveer un punto de apoyo a los pies y manos de las personas que andan sobre las escaleras. Cuando se va a realizar un rescate desde la abertura de una ventana, se deben colocar la parte superior de la escalera exactamente debajo del antepecho de la ventana.

Retiro de las Escaleras del Carro de Bomberos

Las escaleras llevadas en los autobombas están algunas veces montadas de tal modo que resulta necesario cambiar el ensamblaje completo de las escaleras de techo y de extensión antes de que puedan ser separadas. Una escalera puede desprenderse del vehículo cuando ésta no esté asegurada, a menos que las escaleras de techo y de extensión tengan soportes individuales y dispositivos para sostenerse. Alguna escalera pudiera desprenderse cuando se retira otra. Por razones de seguridad, cada escalera debe ser provista de un dispositivo para sostenerla en su lugar. Las escaleras que no sean usadas deben colocarse de nuevo en el vehículo o mantenerse en un lugar seguro y accesible. Cada institución debe elaborar su propio procedimiento para ubicar las escaleras que no estén en servicio, de tal manera que el personal no tropiece con ellas, ni los vehículos las golpeen (Figura 5.18).

Si se utilizan dos bomberos para retirar la escalera o escaleras de un autobomba, los mismos deben situarse frente a los dispositivos de retención. Después de soltar los retenes, cada persona debe agarrar un grupo de peldaños a cada lado y retirar el cuerpo completo de la escalera. Si un solo bombero va a retirar la escalera, debe colocarse en el centro de la misma, cerca del punto de equilibrio (Figura 5.19). La escalera puede ser entonces levantada sobre los soportes de retención y luego puede ser preparada para ser transportada debidamente, a otro lugar.

Algunos Cuerpos de Bomberos montan una escalera de extensión de tres secciones, 11 metros (35 pies), en el lateral del autobomba. Esta puede ser retirada por dos o tres bomberos como se ilustra en la Figura 5.20, siguiendo el mismo procedimiento utilizado con el método de dos bomberos. Ellos permanecerían entonces en la misma posición a un lado de la escalera cuando efectúen el transporte deseado. En los carros de bomberos con escaleras montadas verticalmente, tales como las plataformas elevadas, las escaleras deben ser sacadas por ungrupo de dos a seis bomberos dependiendo del tamaño de las mismas.

Cuando las escaleras son cargadas horizontalmente en los bastidores de los autobombas y carros de escaleras aéreas, el procedimiento comienza soltando el dispositivo de retención. Después que los retenes de la escalera hayan sido liberados, la escalera debe halarse en línea recta hacia atrás, desde su comportamiento en un plano horizontal. Esto puede ser realizado entre dos y hasta seis bomberos, dependiendo de la disponibilidad del personal y el tamaño de la escalera. A medida que la escalera es sacada de su comportamiento los bomberos deben esparcirse uniformemente a todo el largo de la escalera, sujetándola por los largueros. La persona más cercana al vehículo dará una señal para detenerse cuando la escalera esté a punto de salir del compartimiento (Figura 5.21). En este momento, todos deben levantar la escalera del carro bomberil y transportarla en la forma deseada.

Figura 5.18 Coloque las escaleras no utilizadas en posiciones seguras cuando necesite remover otras.

Figura 5.19 Un bombero sólo debe ubicarse en el centro de la escalera cerca del punto de equilibrio antes de sacar la misma.

Figura 5.20 Varios bomberos deben situarse en los dispositivos de retención (retenes) antes de quitar la escalera.

Métodos Recomendados para Levantar y Bajar las Escaleras

Cuando se levanta algún objeto del suelo, el esfuerzo debe provenir de las piernas y NO de la espalda. Para levantar una escalera del suelo, utilice el procedimiento siguiente:

- Disponga del personal adecuado para el trabajo.

Figura 5.21 Cuando las escaleras son transportadas y removidas en forma horizontal, los bomberos deben situarse uniformemente a lo largo de la escalera.

Figura 5.22 Cuando se levanta una escalera del suelo, todos deben alzarla al mismo tiempo utilizando las piernas.

- Coloque a los bomberos paralelamente a la escalera en los extremos y en el punto medio si es necesario.
- Doble las rodillas, manteniendo la espalada tan recta como sea posible y levántese con las piernas (NO UTILICE LA ESPALDA O LOS BRAZOS); esto debe ser ejecutado bajo la dirección de uno de los bomberos ubicado en la parte posterior, ya que así puede ver la operación. El levantamiento debe ser hecho por equipo, todos juntos y al mismo tiempo. Si un bombero no está listo para la tarea, deberá notificarlo (Figura 5.22).
- Cuando ponga la escalera en tierra, asegúrese de bajarla con los músculos de las piernas y no con los de la espalda. Asimismo, cerciórese de mantener el cuerpo y los pies paralelos a las escalera, de modo que cuando sea colocada en el suelo no le lesione los dedos de los pies.
- Cuando sea necesario colocar una escalera en el suelo, se utiliza el procedimiento contrario al levantamiento.

Transporte de Escaleras

METODO POR DEBAJO DEL HOMBRO (POR UN BOMBERO)

Las escaleras pequeñas y livianas pueden ser transportadas en el hombro por una persona. Seleccione un punto de equilibrio cerca del centro de la escalera, mire hacia el talón de la misma e inserte un brazo entre los largueros (algunos departamentos marcan el centro para mayor comodidad). Apoye el larguero superior sobre el hombro y estabilice la escalera con ambas manos (Figura 5.23). Baje ligeramente el extremo del talón

Figura 5.23 Para el transporte de escalera bajo el hombro coloque un brazo entre los largueros y apoye el larguero superior sobre el hombro.

para una major visibilidad y equilibrio durante el traslado (Figura 5.24).

Para alzar la escalera del suelo utilizando el método bajo el hombro, mire hacia la punta, agáchese al lado de la escalera y agarre el peldaño del medio con la mano más cercana a la escalera (Figura 5.25). Párese usando los músculos de las piernas y manteniendo la espalda recta. A medida que la escalera se levante, gírela e inserte el otro brazo a través de los peldaños de modo que el larguero superior descanse sobre el hombro (Figura 5.26). Ahora que está mirando hacia el talón, estabilice la escalera, baje ligeramente el extremo del talón para una mejor visibilidad y equilibrio (Figura 5.27).

Figura 5.24 Baje el extremo del talón mientras transporta la escalera.

Figura 5.25 Para levantar la escalera del suelo utilizando el método de transporte bajo el hombro, arrodíllese junto a la misma mirando hacia la punta y agarre el peldaño intermedio con la palma de la mano hacia adelante.

Figura 5.26 Parese y gire con la escalera, manteniendo la espaida recta mientras coloca el brazo a través de los peldaños.

Figura 5.27 Apoye la escalera sobre el hombro, estabilícela, y baje el talón antes de proseguir.

METODO POR ENCIMA DEL HOMBRO (POR UN BOMBERO)

El transporte de escalera por encima del hombro es conveniente utilizarlo cuando la escalera es levantada por el larguero. Mire hacia el talón y en el punto de equilibrio coloque la palma de una mano debajo del larguero inferior y la palma de la otra sobre el larguero. Levante la escalera y apoye el larguero inferior sobre el hombro. bajando levemente el extremo del talón. Sostenga el larguero superior con una mano, la palma hacia abajo (Figura 4.28).

Figura 5.28 Para el método de transporte arriba del hombro, coloque una mano debajo de cada larguero y apoye el larguero inferior sobre el hombro.

TRANSPORTANDO ESCALERAS DE TECHO

Normalmente, la escalera de techo se lleva a su lugar de uso con los ganchos cerrados. Si los ganchos van a ser utilizados, estos deben ser abiertos antes de poner la escalera sobre el techo. Cuando un bombero tenga que transportar una escalera de techo encima de otra escalera y utilice los ganchos para colocarla sobre un techo inclinando, es necesario que la escalera sea transportada con el extremo hacia adelante (Figura 5.29).

METODO POR DEBAJO DEL HOMBRO (POR DOS BOMBEROS)

Desde Compartimientos Verticales

Paso 1: Los dos bomberos se colocan de pie mirando hacia la escalera. Uno se sitúa cerca del extremo de la punta y el otro cerca del extremo del talón. Cada bombero usa ambas manos para agarrar la escalera y sacarla de su compartimiento (Figura 5.30).

Paso 2: Tan pronto como la escalera se saca del compartimiento, los bomberos continúan agarrándola con la mano más cercana al extremo del talón. Al mismo tiempo, colocan el otro brazo entre dos peldaños, giran y llevan el larguero superior sobre el hombro (Figura 5.31).

Figura 5.29a Transporte la escalera de techo con los ganchos cerrados, la punta bajada hacia adelante. La escalera de techo puede ser tansportad sobre o arriba del hombro.

Figura 5.29b

Figura 5.30 Un bombero se sitúa en cada extremo de la escalea (cerca de los dispositivos de retención).

Figura 5.31 Sostenga la escalera mientras gira y coloca un brazo entre los peldaños adecuados. Luego lleve la escalera hacia el hombro.

Paso 3: El bombero delantero está en una posición en que puede quitar las personas fuera del camino para evitar que sean golpeadas con el talón (Figura 5.32).

Figura 5.32 Los bomberos delanteros deben despejar la viá para evitar lesiones.

METODO POR DEBAJO DEL HOMBRO (POR DOS BOMBEROS)

Desde Compartimientos Horizontales

Paso 1: A medida que la escalera sale del compartimiento, cada bombero agarra dos peldaños, sosteniendo la escalera en forma horizontal (Figura 5.33).

Paso 2: Cuando la saca completamente del compartimiento, el larguero exterior es bajado y el interior es alzado hacia el hombro. Simultáneamente el bombero gira y coloca el brazo más lejano del extremo del talón entre dos peldaños. El larguero superior de la escalera estará ahora sobre los hombros de los bomberos y éstos deberán estar mirando hacia el extremo del talón (Figura 5.34).

OTROS METODOS DE TRANSPORTE (POR DOS BOMBEROS)

Dos métodos comúnmente utilizados para transportar escaleras con dos bomberos son: el método por debajo del brazo (Figura 5.35) y el método de los brazos extendidos (Figura 5.36). Para levantar la escalera desde el suelo con dos bomberos utilizando el método bajo los hombros, se realiza lo siguiente:

Figura 5.33 A medida que la escalera sale del carro bomberil, cada bombero agarra los últimos dos peldaños de los extremos y sostiene la escalera en forma horizontal.

Figura 5.34 El larguero exterior es bajado a medida que los bomberos giran colocando un brazo entre dos peldaños y apoyando la escalera sobre el hombro.

Figura 5.35 Dos bomberos pueden utilizar el método de transporte en la cadera o bajo del brazo con las escaleras sencillas.

Paso 1: Los dos bomberos se sitúan en el mismo lado de la escalera, uno cerca del extremo del talón y el otro cerca del extremo de la punta. Luego se arrodillarán junto a la escalera mirando hacia la punta y agarrarán el peldaño más conveniente con las palmas de las manos hacia adelante (Figura 5.37).

Paso 2: El bombero más cercano al talón de la escalera es el que ordena "subir la escalera a los hombros". Ambos bomberos deben ponerse de pie usando los músculos de sus piernas para levantar las escaleras (Figura 5.38).

Paso 3: A medida que la escalera y los bomberos se levantan, el larguero distante es inclinado hacia arriba; los bomberos girarán y colocarán el brazo libre entre dos peldaños. El larguero superior es colocado sobre los hombros con la mirada de los

Figura 5.36 El método de la longitud de los brazos es también utilizado con las escaleras sencillas.

Figura 5.37 Para levantar la escalera de suelo y transportarla bajo el hombro, los bomberos se arrodillan junto a la escalera en cada extremo mirando hacia la punta, luego agarran el peldaño.

Figura 5.38 Bajo orden, se ponen de pie y levantan la escalera con los músculos de los pies.

Figura 5.39 Los bomberos colocan la escalera en posición vertical y giran colocando un brazo a través de los peldaños. Apoyan el larguero superior sobre el hombro.

bomberos hacia el extremo de talón (Figura 5.39).

NOTA: El levantamiento debe ser parejo y continuo.

METODO DE TRASLADO EN FORMA HORIZONTAL SOBRE EL HOMBRO (CON TRES BOMBEROS) (Desde Compartimientos Horizontales)

A medida que la escalera es sacada del compartimiento, dos bomberos se sitúan en un lado de la escalera cerca de cada extremo y el tercer bombero se ubica en el madio del lado opuesto (Figura 5.40). Los tres bomberos agarran los peldaños y el larguero, levantan la escalera del vehículo y se preparan para girar hacia el extremo del talón (Figura 5.41). La escalera es alzada después a la altura del hombro al mismo tiempo que los bomberos giran y los largueros son colocados sobre el hombro (Figura 5.42).

METODOS DE TRASLADO EN FORMA HORIZONTAL SOBRE EL HOMBRO (CON TRES BOMBEROS) (Desde el Suelo)

Para levantar la escalera del suelo utilizando este método, los bomberos deben tomar las mismas posiciones como si estuvieran trasladando la escalera del carro bomberil. Cada bombero se arrodilla con la espalda recta, tocando el suelo con la rodilla más próxima a la escalera. Luego agarra el larguero con la mano más cercana a la escalera (Figura 5.43). El bombero situado en el talón da la orden de “subir la escalera” a los bomberos. Todos los bomberos se paran usando los músculos de sus piernas para levantar la escalera y giran hacia el

Figura 5.40 Dos bomberos se sitúan en cada extremo del mismo lado y el otro en el centro del lado opuesto.

Figura 5.41 Agarran los peldaños apropiados con las palmas hacia la parte posterior y se preparan para girar bajo la escalera.

Figura 5.42 Levantan, giran y colocan los largueros sobre los hombros.

Figura 5.43 Arrodíllese junto a la escalera con la rodilla más cercana a la misma, y agarre el larguero.

extremo del talón (Figura 5.44). El larguero es colocado sobre el hombro al mismo tiempo que el bombero mira hacia el extremo del talón (Figura 5.45).

Figura 5.44 Bajo orden, los bomberos se ponen de pie levantándose con sus piernas y giran hacia el talón debajo de la escalera.

Figura 5.45 Los largueros son bajados a los hombros para transportar la escalera.

METODO DE TRASLADO EN FORMA HORIZONTAL CON BRAZOS EXTENDIDOS (CON TRES BOMBEROS) (Desde el Suelo)

Paso 1: Dos bomberos se sitúan en un lado de la escalera cerca de cada extremo y el tercer bombero se ubica en el centro del lado opuesto (Figura 5.46).

Paso 2: Los bomberos se arrodillan junto a la escalera tocando el suelo con la rodilla más cercana y agarran el larguero. El bombero situado en el talón da la orden de "levantar la escalera" y todos se paran utilizando los músculos de sus piernas para alzar la escalera a la posición de la longitud de sus brazos (Figura 5.47).

Figura 5.46 Sitúe dos bomberos en cada extremo del mismo lado y otro en el centro del lado opuesto.

Figura 5.47 Todos los bomberos se arrodillan, agarran el larguero y se levantan con las piernas para transportar la escalera por el método de la longitud de los brazos.

METODOS DE TRASLADO BAJO EL HOMBRO O A NIVEL DE LA CADERA (CON TRES BOMBEROS)

El procedimiento para ejecutar el método bajo el hombro o el de la cadera con tres bomberos es igual que el de los métodos con dos bomberos, excepto que un tercer bombero es ubicado en el centro de los otros dos. El transporte completo es ilustrado en la Figura 5.48.

Figura 5.48 Los tres bomberos se colocan en cada extremo y en el centro para transportar la escalera en la cadera o bajo el hombro.

TRANSPORTE DE ESCALERAS CON CUATRO BOMBEROS

Los mismos métodos usados para transportar escaleras con tres bomberos, puede ser utilizados con cuatro, haciendo un ligero cambio en la posición de los bomberos. Para el método en que la escalera es llevada en forma horizontal sobre el hombro, dos bomberos se colocan en cada extremo de la escalera, opuestos un al otro (Figura 5.49) y los otros se colocan en la misma forma para el método en que la escalera es llevada en forma horizontal con los brazos extenidos, excepto que la escalera será transportada a la longitud de los brazos (Figura 5.50). Los bomberos se esparcen uniformemente a lo largo de un lado de la escalera.

TRANSPORTE DE ESCALERAS CON CINCO Y SEIS BOMBEROS

Normalmente se utilizan cinco y seis bomberos para transportar escaleras de 12 metros (40 pies) de longitud o más. La única diferencia entre el transportador de escaleras con cinco y seis bomberos está en la ubicación del personal. Asimismo,

Figura 5.49

Figura 5.51 Para el transporte con cinco bomberos, sitúe dos en el tope (en las pértigas), dos en el centro (larguero), y uno en la parte inferior (talón).

Figura 5.50 Método de transporte de longitud de los brazos con cuatro bomberos, tiene uno en el extremo de cada larguero.

Figura 5.52 Para el transporte con seis bomberos, dos son colocados en el tope, centro y talón.

debido al peso de estas escaleras, se recomienda utilizar solamente el método sobre el hombro y el de brazos extendidos, ambos en forma horizontal (Figura 5.51-5.53).

TRANSPORTANDO OTRAS ESCALERAS

Las escaleras deben ser transportadas por las asas, cuando están provistas en la escalera, en posición cerrada. Estas escaleras son usualmente transportadas por un bombero (Figura 5.54).

TRANSPORTE ESPECIAL POR UN PASILLO ANGOSTO

Cuando los bomberos transportan la escalera horizontalmente y encuentran un pasillo angosto que restringe el uso del transporte normal, la escalera puede ser levantada horizontalmente más arriba de la cabeza.

Para colocar la escalera en esta posición, se da una señal para cambiar de posición. Todos los bomberos levantan entonces la escalera hacia arriba y giran debajo de ella con los brazos estirados (Figura 5.55).

Colocacion Apropiada de la Escalera

La colocación de escaleras es determinada por el uso que se le dará a la escalera y por la seguridad y facilidad que brinde para treparla. Los factores que influyen sobre la colocación de escaleras, considerando el uso destinado a las mismas, son:

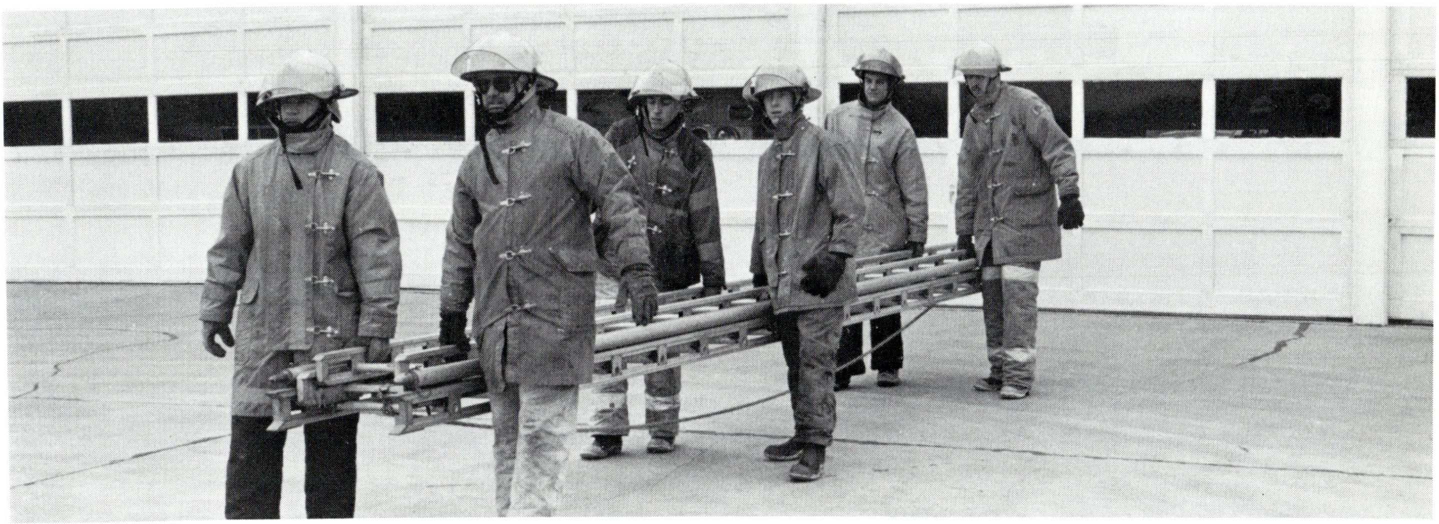

Figura 5.53 Para el transporte de escaleras con seis bomberos de acuerdo a la longitud de los brazos, los bomberos utilizan las mismas posiciones usadas cuando se transporta en el hombro.

Figura 5.54 Las escaleras plegables son transportadas por un bombero en la posición cerrada.

Figura 5.55 Cuando se transportan escaleras por un pasaje angosto, los bomberos de la derecha se mueven hacia adelante mientras aquéllos de la izquierda lo hacen hacia atrás, girando y cargando la escalera arriba de la cabeza.

- Si la escalera va a ser utilizada por un bombero para efectuar labores de ventilación desde una ventana, debe ser colocada a lo largo de la ventana hacia el lado por donde ventea, con la punta casi pareja con el tope de la ventana.
- La misma posición es utilizada cuando los bomberos desean trepar hacia el interior o fuera de ventanas angostas.
- Si la escalera va a utilizarse para proceder al rescate desde una ventana, debe considerarse el tamaño de la ventana. Normalmente, la punta de la escalera es colocada pareja con o ligeramente debajo del antepecho de la ventana. Si éste se proyecta fuera de la pared, la punta de la escalera puede ser calzada debajo del antepecho para mayor estabilidad. Cuando la abertura de la ventana es lo suficientemente ancha como para permitir colocar la escalera dentro de ella y dejar todavía espacio para facilitar el rescate, ésta debe ser colocada de modo que dos o tres peldaños es extiendan por encima del antepecho.
- La misma posición puede ser utilizada por los bomberos cuando requieran trepar

hacia el interior o fuera de ventanas amplias.

- Cuando se utiliza una escalera como punto de apoyo para dirigir un chorro de manguera hacia el interior de una ventana, sin penetrar por ella, la escalera es elevada directamente delante de la ventana con la punta sobre la pared y arriba de la abertura de la ventana.

Otros factores que afectan la colocación de escaleras son:

- Obstrucciones elevadas tales como: cables, ramas de árboles, señales, cornizas y aleros de edificaciones.
- Terrenos irregulares y puntos blandos.
- Vías de tránsito principales que los bomberos o personas evacuadas pudieran utilizar.

Cuando las escaleras son colocadas en su lugar, se debe hacer en ángulos que las hagan seguras en estabilidad y fáciles de trepar.

La distancia del talón a la edificación define el ángulo formado por la escalera y el suelo. Si el talón es colocado demasiado cerca del edificio, la estabilidad de la escalera será reducida y cuando se proceda a trepar la punta de la misma se separará de la edificación. Si el talón es situado muy lejos del edificio, la capacidad de transporte de carga de la escalera se verá reducida y ésta se desprenderá de la edificación. Un ángulo de 75 grados proporciona una estabilidad adecuada, garantiza una tensión adecuada sobre la escalera, y facilita trepar la escalera. Con la escalera a este ángulo, el que va a trepar puede colocarse perpendicularmente al suelo sobre los peldaños y trapar sirviéndose de los mismos al alcance de su brazo. El ángulo apropiado y la posición de una persona cuando trepa es ilustrada en la Figura 5.56.

Figura 5.56 El ángulo apropiado puede ser determinado colocándose recto en el talón de la escalera, con las puntas de los pies contra los largueros en el peldaño inferior. Las manos extendidas deben llegar hasta la escalera.

Una manera fácil de determinar la distancia adecuada en que debe colocarse el talón respecto a una edificación, es dividir entre cuatro la longitud útil de la escalera. Por ejemplo, si se utilizan 6 metros (20 pies) de una escalera de 7 m (24 pies), el talón debe colocarse a 2 metros (5 pies) de la edificación (20 ÷ 4 pies). En la escena de un incendio no se requieren medidas exactas. Los bomberos tendrán oportunamente la suficiente experiencia para juzgar visualmente cual sería el lugar apropiado para colocar la escalera.

Las escaleras colocadas hacia el techo deben ser extendidas tres peldaños por encima del borde del tejado para apoyarse al trepar sobre o fuera de la escalera y asimismo los bomberos colocados encima del techo pueden encontrar la escalera (Figura 5.57).

Figura 5.57 La escaleras colocadas hacia el tejado deben extenderse con tres peldaños por arriba del parapeto o borde del techo.

IZANDO Y TREPANDO ESCALERAS

El proceso de izar una escalera no extinguirá un incendio, pero una escalera bien colocada constituye el medio mediante el cual otras operaciones pueden ser ejecutadas. El trabajo colectivo, la uniformidad y la coordinación del ritmo son muy necesarios si se quiere lograr velocidad y precisión cuando se elevan y bajan escaleras del Cuerpo de Bomberos. Sin embargo, antes de aprender la técnica de izar escaleras, los bomberos deben conocer ciertos procedimientos generales que afectan el izamiento de escaleras.

Procedimientos Generales

TRANSICION DEL TRANSPORTE AL IZAMIENTO

Con la excepción de las escaleras de pértigas, no es necesario colocar la escalera horizontalmente sobre el suelo antes de izarla, solamente el extremo del talón necesita ser colocado en el suelo. La transción del transporte al izamiento de escaleras debe ser una serie de movimientos continuos y uniformes.

RIESGOS ELECTRICOS

La principal inquietud cuando se elevan escaleras, es el contacto de la escalera o la persona que la trepa con cables o equipos eléctricos energizados. El peligro de las escaleras de metal en este sentido ha sido previamente enfatizado; no obstante, muchos bomberos no comprenden que las escaleras de madera y fibra de vidrio mojadas presentan el mismo peligro. Antes de comenzar a izar una escalera, debe tenerse cuidado y evitar este riesgo.

POSICION DE LA SECCION VOLANTE EN LAS ESCALERAS DE EXTENSION

La pregunta de si la sección volante de una escalera de extensión debe estar hacia adentro (junto a la edificación) o fuera (lejos de la edificación), debe ser aclarada antes de comenzar la exposición sobre izamientos individuales. Esto ha sido por muchos años una materia de controversia.

La práctica recomendada es que la SECCION VOLANTE ESTE HACIA AFUERA (lejos del edificio), como aparece ilustrado en la Figura 5.58. Esta recomendación se basa en la información recibida de los principales fabricantes de las escaleras de superficie para el servicio de incendios, en la cual ellos notifican que la escalera colocada con la sección volante hacia fuera es más fuerte; de lo establecido en la Norma 1931 de la NFPA, Fire Department Ground Ladders, la cual requiere que dicha sección esté hacia afuera y del informe de la National Bureau of Standards sobre pruebas de robustez conducidas en las escaleras de

Figura 5.58 La sección volante puede ser colocada en el tope (volante hacia afuera) o en la parte inferior (volante hacia dentro) de la cama. El método del volante hacia fuera es recomendado debido a la mayor robuestez. NOTA: las escaleras en las siguientes fotos serán mostradas con la sección volante hacia adentro, porque ésta fue la opción del Cuerpo de Bomberos local para el momento en que fueron tomadas.

superficie, el cual expresa que las escaleras de extensión son más fuertes con la sección volante hacia fuera.

GIRANDO LAS ESCALERAS

Hay veces en que es necesario girar una escalera una vez que ha sido elevada a su posición vertical. Esto puede ser ocasionado por un levantamiento del larguero, un levantamiento horizontal paralelo a una edificación, o la necesidad de reubicar la escalera de modo que la sección volante esté colocada hacia fuera. El giro debe hacerse antes de extender la escalera, siempre que sea posible. El procedimiento para girar una escalera es el siguiente:

Paso 1: Dos bomberos se sitúan uno frente al otro a través de la escalera y agarran los largueros con ambas manos. Cada uno de ellos coloca su pie contra el larguero sobre el cual la escalera girará (Figura 5.59).

Otro método sería que un bombero colocará un pie en el peldaño inferior.

Paso 2: El larguero opuesto de la escalera es inclinado hasta separarse del suelo (Figura 5.60).

Figura 5.59 En preparación para girar la escalera, agarre los largueros y coloque los pies contra el larguero que servirá como pivote.

Figura 5.60 Incline el larguero opuesto hasta que se separe del suelo.

Paso 3: Gire la escalera a su posición. Ambos bomberos deben ajustar simultáneamente sus posiciones a medida que la escalera es rotada alrededor (Figura 5.61). Si se utilizan tres o cuatro bomberos, deben tomarse otras posiciones a lo largo de la superficie exterior del larguero de manera que proporcionen un soporte adicional (Figura 5.62).

Figura 5.61 Los bomberos ajustan sus posiciones a medida que la escalera se mueve. Observe el método alterno utilizado en la foto.

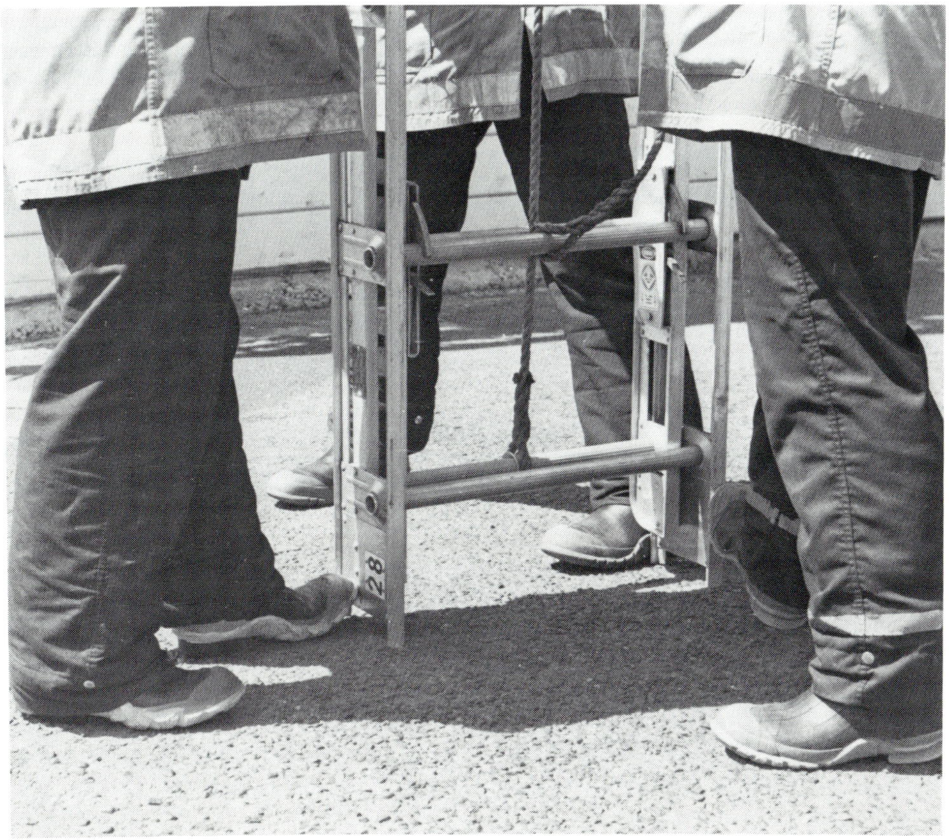

Figura 5.62 Los bomberos adicionales deben añadir más soporte en la parte exterior del larguero.

RODANDO UNA ESCALERA

Para colocar la sección volante de una escalera de extensión hacia afuera durante su izamiento por un bombero, es necesario reubicar la escalera una vez que ha sido levantada. Esto se logra rodando la escalera mientras se encuentra en posición vertical contra la edificación.

Paso 1: Párese cerca de la base de un lado de la escalera elevada, alcance y agarre el larguero opuesto, tire del larguero hacia arriba y al otro lado.

Paso 2: Continúe rodando la escalera izada de larguero en larguero hasta que se haya completado una vuelta completa. Si este procedimiento no es adecuado para reubicar la escalera en una ventana adyacente, repita la operación. Despues que la escalera haya sido rodada a su posición, puede ser necesario enderezarla, ajustarla o quizás arrastrarla a suposición apropiada.

IZAMIENTO DE ESCALERAS

Izamiento por un Bombero

Existen dos métodos comunes de elevar escaleras con un bombero. El tipo de izamiento utilizado dependerá del método de transporte, peso de la escalera y fortaleza del bombero. Cuando una escalera es transportada encima del hombro y se requiere izarla, se utiliza el procedimiento siguiente:

Paso 1: Baje el talón al suelo en un punto determinado para establecer un ángulo de trepar apropiado (Figura 5.63).

Figura 5.63 Coloque el talón en un lugar que proporcione un buen ángulo para trepar.

Paso 2: A medida que la escalera es colocada en posición vertical, el bombero gira la escalera a 90° y se ubica frente a ella en dirección opuesta a la edificación (Figura 5.64).

CUIDADO: El área por encima de la cabeza debe revisarse visualmente antes de colocar la escalera en posición vertical, para asegurarse de que no haya obstrucciones.

Paso 3: Para extender la escalera, coloque un pie en el talón de un larguero y con el empeine del pie, la rodilla y la pierna, estabilice la escalera (Figura 5.65).

Paso 4: Agarre la driza y extienda la sección volante moviendo las manos de arriba a bajo (Figura 5.66). Cuando la punta se encuentre a la altura deseada, asegúrese de que los pasadores de la escalera estén en su lugar.

Figura 5.64 Gire la escalera y colóquela en posición vertical de frente a la edificación.

Paso 5: Para bajar la escalera, coloque un pie contra un espolón del talón o sobre el peldaño inferior mientras agarra los largueros y baje la escalera lentamente dentro de la edificación (Figura 5.67).

Paso 6: Para colocar la escalera de modo que la sección volante esté hacia fuera, la escalera debe rodarse. Cierta reubicación puede ser necesaria después que se haya completado el giro.

Figura 5.65 Coloque el pie, la pierna y la rodilla para estabilizar el larguero antes de extenderla.

Figura 5.66 Extienda la sección volante moviendo las manos alternamente de arriba abajo.

Figura 5.67 Incline la escalera con un pie y bájela por los largueros.

La diferencia principal en utilizar el método detransporte bajo el hombro para el izamiento de escaleras con unbombero, se halla en la colocación del talón. En este caso, se utiliza una edificación para inclinar la escalera y evitar que su talón resbale mientras es colocada en posición vertical. Cuando una escalera es transportada bajo el hombro y se necesita izarla, se utiliza el procedimiento siguiente:

Paso 1: Coloque el extremo del talón de la escalera en el suelo con los espolones contra la pared de la edificaciónn (Figura 5.68).

Paso 2: Con la mano libre, agarre un peldaño frente al hombro mientras quita el brazo opuesto por entre los peldaños (Figura 5.69).

Paso 3: Párese debajo de la escalera y agarre el peldaño más conveniente con la otra mano (Figura 5.70).

Paso 4: Avance de mano en mano por los peldaños hacia el talón hasta que la escalera esté en posición vertical (Figura 5.71).

Figura 5.68 Coloque el talón de la escalera en el suelo contra la pared de la edificación.

Figura 5.69 Agarre el peldaño frente al hombro a medida que el brazo es sacado por entre los peldaños.

Figura 5.70 Use el brazo a lo largo del larguero para empujar la escalera hacia arriba, a la posición plana y párese debajo.

Figura 5.71 Coloque la escalera en posición vertical avanzando de mano a mano hacia abajo de los peladaños.

CUIDADO: El área encima de la cabeza debe revisarse visualmente antes de colocar la escalera en posición vertical, para asegurarse de que no haya obstrucciones. El terreno frente al bombero debe ser también revisado antes de dar un paso hacia adelante.

Paso 5: Para colocar la escalera para trepar, empuje contra un peldaño superior para mantener la escalera junto a la edificación. Agarre un peldaño inferior con la otra mano y mueva cuidadosamente el talón de la escalera hacia fuera de la edificación hasta el sitio deseado (Figura 5.72).

Figura 5.72 Estabilice la escalera contra la edificación con la mano superior mientras mueve el talón hacia fuera con la mano inferior.

Paso 6: Para extender la escalera desde esta posición es necesario ponerla primero en posición vertical. Agarre el peldaño más conveniente con ambas manos, incline la escalera, y sepárela de la edificación en posición vertical. Para completar el procedimiento de extensión y colocación, siga los pasos 3-6 del izamiento del hombro, los cuales fueron descritos anteriormente (Figura 5.73).

Figura 5.73 Coloque la escalera en posición vertical, asegúrela y extienda la sección volante a la altura necesaria.

Izamientos por Dos Bomberos

Existe poca diferencia cuando una escalera es elevada paralela o perpendicular a una edificación. Si es izada paralela con la edificación, la escalera puede ser siempre girada después que se encuentre en posición vertical. Siempre que dos o más bomberos estén involucrados en el izamiento de una escalera, el bombero situado en el talón es responsable de colocar el talón a la distancia deseada desde la edificación y determinar si la escalera será elevada paralela o perpendicular a la edificación. El procedimiento para izar escaleras con dos bomberos es el siguiente:

IZAMIENTO PLANO U HORIZONTAL

Peso 1: Cuando se haya conseguido el sitio deseado para el izamiento, el bombero situado en la parte inferior de la escalera coloca el talón en el suelo mientras el bombero ubicado en la punta apoya el larguero sobre su hombro (Figura 5.74).

Peso 2: El bombero situado en el talón inclina la escalera estando en el peldaño inferior, se agacha para agarrar el peldaño más conveniente o los largueros con ambas manos y se reclina. El bombero de la punta se para debajo de la escalera y agarra un peldaño con ambas manos (Figura 5.75).

Peso 3: El bombero de la punta avanza de mano en mano por los peldaños hacia el talón, hasta que a escalera se encuentre en posición vertical. A medida que la escalera adquiere su posición vertical, el bombero del talón agarra sucesivamente peldaños superiores o los largueros hasta que se pone de pie o dirige el peldaño inferior utilizando el cuerpo como contrapeso (Figura 5.76).

CUIDADO: El área arriba de la cabeza debe revisarse visualmente antes de colocar la escalera en posición vertical, para asegurarse de que no haya obstrucciones. El terreno frente al bombero

Figura 5.74 En el lugar deseado, el bombero situado en la parte inferior de la escalera coloca el talón en el suelo.

Figura 5.75 Gire la escalera e inclínela colocándose en el peldaño inferior a medida que el bombero situado en la punta se sitúa debajo de ella.

Figura 5.76 Los dos bomberos llevan la escalera a la posición vertical.

debe ser también revisado antes de dar un paso hacia adelante.

Paso 4: Ambos bomberos se colocan uno frente al otro e inclinan la escalera colocando sus pies contra el mismo larguero. Cuando se elevan escaleras de extensión, gire la escalera para ubicar la sección volante fuera de la edificación. Agarre al driza y extienda la sección volante moviendo las manos alternadamente de arriba a bajo (Figura 5.77). Cuando la punta alcance la altura deseada, asegúrese de que los retenes de la escalera estén en su lugar.

Paso 5: Para bajar la escalera, el bombero ubicado en la parte exterior de la escalera coloca un pie contra un talón o sobre el peldaño inferior y agarra los largueros. Ambos bomberos bejan lentamente la escalera hacia dentro de la edificación (Figura 5.78).

IZAMIENTO POR MEDIO DEL LARGUERO

Paso 1: Cuando se haya conseguido el sitio deseado para el izamiento, el bombero del talón coloca el larguero sobre su hombro, mientras que su compañero coloca un pie

Figura 5.77 Después de girar la escalera con la sección volante hacia fuera, ambos bomberos se colocan de frente uno al otro, inclinan la escalera y extienden la sección volante moviendo las manos de arriba abajo.

Figura 5.78 Ambos bomberos bajan la escalera por los larqueros y el que está ubicado en la parte exterior la inclina.

sobre el larguero inferior en el espolón del talón (Figura 5.79).

El bombero del talón agarra luego el larguero superior con las manos bien separadas y el otro pie muy extendido hacia atrás para contrarrestar la fuerza (Figura 5.80).

Un método alterno de inclinar la escalera es poniéndose de pie paralelo al talón de la escalera. Coloque un pie contra el espolón del talón y el otro ubíquelo adelante, hacia la punta de la escalera (Figura 5.81).

Paso 2: El bombero de la punta avanza con las manos por el larguero hacia el talón, hasta que la escalera alcance su posición vertical.

CUIDADO: El área por encima de la cabeza debe revisarse visualmente antes de colocar la escalera en posición vertical, para asegurar de que no haya obstrucciones. El terreno frente al bomnbero

Figura 5.79 En el lugar deseado, el bombero situado en el talón coloca el larguero de la escalera en el suelo y sitúa un pie en el espolón del talón.

Figura 5.80 El bombero ubicado en el talón agarra el larguero superior y extiende el otro pie como contrapeso.

Figura 5.81 Un método alterno de inclinar la escalera es colocar un pie en el espolón del talón y el otro hacia adelante mientras se hace presión con la mano en el talón y se tira hacia arriba con la otra.

debe ser también revisado antes de dar un paso hacia adelante.

Paso 3: Gire la escalera para ubicar la sección volante retirada de la edificación y complete los procedimientos de extender y bajar las escaleras como fueron descritos para el izamiento plano u horizontal.

Izamiento por Tres Bomberos

A medida que la longitud de la escalera aumenta, el peso también se incrementa. Esto requiere el uso de más personas para izar las escaleras de extensión más grandes. El bombero situado en el talón es responsable de colocar dicho talón a la distancia deseada desde la edificación y determinar si la escalera será elevada paralela con o perpendicular al edificio. El procedimiento para elevar escaleras con tres bomberos es el siguiente:

Paso 1: Cuando se haya conseguido el lugar deseado para el izamiento, el bombero situado en la parte inferior de la escalera coloca el talón en el suelo, mientras que los bomberos ubicados en la punta apoyan la escalera horizontalmente sobre sus hombros (Figura 5.82).

Paso 2: El bombero del talón inclina la escalera colocándose sobre el peldaño inferior, se agacha para agarrar el peldaño más conveniente con ambas manos y se reclina hacia atrás (Figura 5.83).

Figura 5.82 Cuando tres bomberos transportan la escalera, un solo bombero coloca el talón de la escalera en el suelo.

Figura 5.83 El bombero ubicado en el talón se para sobre el peldaño inferior, agarra un peldaño y se reclina hacia atrás para servir como contrapeso.

Paso 3: Los bomberos de la punta avanzan al mismo tiempo, con las manos exteriores sobre los largueros y las interiores sobjre los peldaños, hasta que la escalera llegue a su posición vertical (Figura 5.84).

Figura 5.84 Los bomberos ubicados en la punta llevan la escalera a la posición vertical utilizando una mano sobre los largueros y la otra en los peldaños.

CUIDADO: El área por encima de la cabeza debe inspeccionarse visualmente antes de colocar la escalera en posición vertical, para asegurarse de que no haya obstrucciones. El terreno delante de los bomberos debe ser también revisado antes de dar un paso hacia adelante.

Paso 4: Gire la escalera para colocar la sección volante retirada de la edificación, utilizando el procedimiento para tres bomberos.

Paso 5: Para extender la escalera, agarre la driza y extienda la sección volante moviendo las manos alternamente de arriba a bajo (Figura 5.85). Cuando la punta alcance la altura deseada, asegúrese de que los retenes de la escalera estén en su lugar.

Figura 5.85 Gire la sección volante hacia afuera, estabilice la escalera con los pies y extienda la sección volante.

Paso 6: Para bajar la escalera, el bombero ubicado en la parte exterior de la escalera coloca un pie contra un talón o sobre el peldaño inferior y agarra los largueros. Todos los bomberos bajan lentamente la escalera hacia dentro de la edificación (Figura 5.86).

Para elevar una escalera con tres bomberos utilizando el método del larguero, siga los mismos procedimientos descritos con dos bomberos. La única diferencia es que el tercer bombero es situado a lo largo del larguero (Figura 5.87). Una vez que la escalera haya sido elevada a la posición vertical, siga los procedimientos descritos para el izamiento plano u horizontal.

Figura 5.86 Todos los bomberos ayudan a bajar la escalera; el que está ubicado en la parte exterior la inclina por el peldaño inferior o por el espolón del talón.

Figura 5.87 Para izar una escalera con tres bomberos por medio del larguero, el tercer bombero se coloca a lo largo del larguero.

Izamiento por Cuatro Bomberos

Cuando se dispone de personal, es conveniente utilizar cuatro bomberos, porque pueden manipular mejor las escaleras de extensión más grandes y pesadas. El izamiento plano es normalmente utilizado y los procedimientos para elevar la escalera son similares a los del izamiento con tres bomberos, excepto por la ubicación del personal. Un bombero ubicado en la parte inferior de la escalera es responsable de colocar el talón a la distancia deseada desde la edificación y determinar si la escalera será elevada paralela con o perpendicular al edificio. El procedimiento para izar las escaleras con cuatro bomberos es el siguiente:

Paso 1: Cuando se haya conseguido el sitio deseado para el izamiento, los bomberos ubicados en la parte inferior de la escalera deben colocar el talón en el suelo, mientras los bomberos de la punta apoyan la escalera horizontalmente sobre sus hombros (Figura 5.88).

Figura 5.88 Con cuatro bomberos, aquéllos situados en la parte inferior de la escalera colocan el talón de la escalera en el suelo, en el lugar deseado.

Paso 2: Los bomberos ubicados en el talón inclinan la escalera colocando sus pies interiores sobre el peldaño inferior y los exteriores en el suelo del lado exterior del larguero. Ellos agarran después el peldaño apropiado con la mano interior y el larguero con la otra mano y tiran hacia atrás (Figura 5.89).

Paso 3: Los bomberos de la punta avanzan todos a la vez, con las manos exteriores en los largueros y las interiores sobre los peldaños, hasta que la escalera llegue a la posición vertical (Figura 5.90).

CUIDADO: El área por encima de la cabeza debe inspeccionarse visualmente antes de colocar la escalera en posición vertical, para asegurarse de que no haya obstrucciones. El terreno delante de los bomberos debe ser también revisado antes de dar un paso hacia adelante.

Figura 5.89 Los bomberos del talón colocan el pie interior sobre el peldaño, agarran un peldaño con las manos interiores y los largueros con las manos exteriores.

Figura 5.90 Los bomberos de la punta elevan la escalera con las manos interiores hacia los peldaños y las exteriores hacia los largueros.

Paso 4: Gire la escalera para colocar la sección volante alejada de la edificación, utilizando el procedimiento para cuatro bomberos.

Paso 5: Para extender la escalera, agarre la driza y extienda la sección volante moviendo las manos alternamente de arriba a bajo (Figura 5.91). Cuando la punta alcance la altura deseada, asegúrese de que los retenes de la escalera estén en su lugar.

Figura 5.91 Gire la escalera con la sección volante hacia fuera, estabilícela en todos los lados y extienda el volante. Asegure los retenes en su lugar.

Paso 6: Para bajar la escalera, los bomberos ubicados en la parte exterior de la escalera colocan sus pies interiores contra el talón o sobre el peldaño inferior y agarran los largueros. Todos los bomberos bajan lentamente la escalera hacia dentro de la edificación.

Izando Escaleras de Pertigas

Las escaleras de pértigas varían generalmente de 11 a 20 metros (35 a 65 pies) de longitud. Las pértigas de apoyo son utilizadas para ayudar a elevar, bajar y estabilizar la escalera. Estas pueden estar fijadas permanentemente a la escalera o pueden ser removibles.

Las escaleras de pértigas pueden ser elevadas paralelamente o en ángulos rectos a una edificación porque siempre pueden girarse después de llegar a la posición vertical. La responsabilidad del bombero ubicado en la parte inferior de la escalera, es seleccionar el lugar para el izamiento y situar el talón desde la edificación.

Paso 1: Coloque la escalera horizontalmente en el suelo, con la sección volante hacia abajo (Figura 5.92). Si solamente hay cuatro bomberos para el izamiento, apoye la escalera contra la edificación o algún otro objeto fijo.

Paso 2: Los bomberos toman sus posiciones para pasar y recibir las pértigas de apoyo. Dos se colocan en la punta, listos para recibir las pértigas y dos se sitúan en el medio de la escalera para pasar las mismas. El quinto bombero se ubica en el talón, listo para inclinar la escalera (Figura 5.93).

Figura 5.92 Coloque la escalera horizontalmente en el suelo.

Figura 5.93 Tomen posiciones para pasar y recibir las pértigas de apoyos, en el centro y la punta de la escalera.

Si hay seis bomberos, el quinto y el sexto se colocan en el talón y quitan los retenes que sostienen las pértigas de apoyo (Figura 5.94).

Paso 3: Los bomberos del centro de la escalera pasan las pértigas de apoyo a los bomberos de la punta, los cuales desalojan sus posiciones (Figura 5.95). Si las pértigas de apoyo están conectadas permanentemente, las mismas son pasadas en forma de arco verticales. Si por el contrario las pértigas de apoyo no están

Figura 5.94 El bombero ubicado en el talón suelta las pértigas y se aleja de la escalera.

Figura 5.95 Los bomberos de la punta reciben las pértigas y se alejan de la escalera.

fijas, sus talones son pasados primero a los bomberos situados en la punta, después de lo cual los bomberos ubicados en los largueros conectan los extremos de los cojinetes al compartimiento.

Paso 4: Los bomberos toman sus posiciones para el izamiento. El bombero situado en el talón se agacha sobre el peldaño inferior y se agarra de los largueros. Los bomberos ubicados en los largueros se arrodillan (La rodilla interior en el suelo) junto a la escalera y agarra el larguero o un peldaño justamente bajo los cojinetes. Los bomberos con las pértigas se colocan en la parte exterior de las mismas, una mano sostiene el extremo del talón, el espolón se extiende entre los dedos y la otra mano sostiene la pértiga a una distancia cómoda del extremo del talón. Las pértigas deben estar lo más alineadas posible con los largueros (Figura 5.96).

Figura 5.96 Tomen posiciones para izar la escalera; un bombero en el peldaño inferior, dos arrodillados exactamente debajo del cazonete y los otros dos con las pértigas alineadas con los largueros de la escalera. Los bomberos de las pértigas deben estar situados en la parte exterior con el espolón entre los dedos.

Paso 5: El bombero situado en el talón ordena elevar la escalera y se reclina hacia atrás de modo que el peso del cuerpo contribuya al izamiento. Los bomberos ubicados en los largueros se levantan, girando y llevando la escalera al nivel del hombro (Figura 5.97).

Figura 5.97 A medida que el bombero del talón equilibra la escalera, aquellos ubicados en los largueros llevan la escalera a sus hombros.

Paso 6: Los bomberos situados debajo de la escalera avanzan todos juntos, con las manos exteriores sobre los largueros y las interiores en los peldaños, hasta que la escalera alcance la posición vertical (Figura 5.98). Cuando la escalera tenga un ángulo de aproximadamente 45 grados, los bomberos de las pértigas asumen el peso de la escalera y la empujan hacia arriba. Los bomberos de los largueros ayudan a estabilizar la escalera.

Figura 5.98 Los bomberos ubicados en los largueros elevan la escalera a un ángulo de 45 dgrados, antes que los hombres de las pértigas asuman el peso y terminen el izamiento.

CUIDADO: El área por encima de la cabeza debe inspeccionarse visualmente antes de colocar la escalera en posición vertical, para asegurarse de que no haya obstrucciones. El terreno delante de los bomberos debe ser también revisado antes de dar un paso hacia adelante.

Paso 7: Cuando la escalera esté en posición vertical, uno de los bomberos de las pértigas camina hacia la edificación de modo que la pértiga sea alineada con el plano lateral de la escalera. El otro bombero se mueve para colocarse directamente en frente de la escalera. Las dos pértigas ahora proporcionan cuatro formas de estabilidad a la escalera. Los dos bomberos de las pértigas deben observar la punta de la escalera y controlar solamente los respectivos movimientos de la escalera, hacia adelante y atrás (Figura 5.99).

Paso 8: Uno de los bomberos situados en los largueros eleva la sección volante a la altura deseada mientras que el otro bombero ayuda a estabilizar la escalera (Figura 5.100).

Paso 9: La escalera es bajada lentamente hacia adentro de la edificación (Figura 5.101).

Paso 10: Los bomberos ubicados en las pértigas caminan con ellas hacia la edificación y las apoyan en el suelo (Figura 5.102). Las pértigas no deben ser calzadas. Las pértigas del apoyo no están diseñadas para aguantar las tensiones impuestas en la escalera. Se usan solamente para ayudar a elevar y bajar la escalera.

Asegurando la Escalera

La escalera debe fijarse para evitar que resbale cuando los bomberos la trepen, especialmente si la escalera es colocada a un ángulo inferior al deseable o si hay vientos fuertes o el suelo está helado o es inestable. Asimismo, se necesita mayor estabilidad cuando se operan líneas de mangueras desde la escalera o cuando es utilizada en rescates.

INCLINANDO LA ESCALERA

Existen diversos métodos para inclinar apropiadamente una escalera. Un método, como el ilustrado en la Figura 5.103, muestra al bombero debajo de la escalera. El bombero se coloca con los

Figura 5.99 Cuando la escalera está en posición vertical, los bomberos de las pértigas toman posiciones en ángulos rectos y observan la punta para controlar los movimientos hacia adelante y atrás, mientras se comunican unos a otros sobre la posición de la punta de la escalera.

Figura 5.100 Los bomberos ubicados en la base de la escalera la inclinan, extienden la sección volante y acomodan los retenes.

Figura 5.101 Todos los bomberos ayudan a bajar la escalera de la edificación.

Figura 5.102 Las pértigas son colocadas paralelas a la edificación, alineadas con el cazonete a los lados de la escalera. No calce las pértigas. Colóquelas adecuadamente de manera que permitan a la escalera tener el balanceo natural deseado.

Figura 5.103 Una escalera puede ser inclinada por un bombero ubicado debajo de la misma.

pies separados a una distancia equivalente a la anchura de sus hombros, agarra los largueros de la escalera casi a nivel de la vista y tira hacia atrás para presionar la escalera contra la edificación. Cuando se utilice este método, el bombero debe usar cierta protección en la cabeza y no debe mirar hacia arriba cuando alguien esté trepando la escalera. Asegúrese de agarrar los largueros y no los peldaños.

Otro método de inclinar una escalera es el ilustrado en la Figura 5.104. Con este método, la punta del pie del bombero es situada contra el talón de la escalera o un pie es colocado sobre el peldaño inferior. Las manos sostienen los largueros y la escalera es presionada contra el edificio. El bombero que inclina la escalera, debe permanecer alerta a los bomberos que descienden de la misma.

Figura 5.104 Un método de inclinación recomendado es con el pie contra el espolón del talón o sobre el peldaño inferior y las manos haciendo presión en los largueros.

AMARRANDO LA ESCALERA

Siempre que sea posible la escalera debe ser atada firmemente a un objeto fijo. Una cuerda, un trozo de manguera o banda de seguridad puede ser utilizada, como lo ilustra la Figura 5.105. Los métodos alternos para amarrar una escalera son simples y pueden ser hechos rápidamente ya que se recomienda enormemente evitar que la escalera se resbale o desprenda de la edificación (Figura 5.106). Asimismo, el amarre de las escaleras exime

Figura 5.105 Una herramienta de cuerda de manguera o banda de seguridad con un nudo de dos cotes puede ser utilizado para fijar la punta de la escalera.

Figura 5.106 La herramienta de cuerda de manguera puede ser además colocada sobre los largueros y traída de nuevo entre los peldaños para asegurar la escalera. Las escaleras pueden ser atadas a un instrumento colocado en el interior de una ventana.

de trabajos adicionales al personal, quienes de lo contrario tendrán que sostener la escalera en su lugar. Para mayor seguridad, la escalera debe ser atada en ambos extremos, el tope y la parte inferior (Figura 5.107).

Figura 5.107 La parte inferior de la escalera debe ser también sujetada. Un nudo de dos cotes amarrado a cualquier objeto disponible sería una solución.

AMARRANDO LA DRIZA

Antes de trepar una escalera de extensión, el exceso de driza debe ser atado a la escalera para evitar que la sección volante resbale e impedir que alguien se caiga sobre ella. El mismo nudo puede utilizarse para cualquiera de las dos drizas, la de extremo cerrado o abierto. El procedimiento para amarrar la driza es el siguiente:

Paso 1: Enrolle el exceso de driza alrededor de dos peldaños adecuados y tire de ella con tensión (Figura 5.108).

Figura 5.108 Enrolle la driza alrededor de los peldaños apropiados y tire de ella estrechamente.

Paso 2: Sostenga la driza entre el pulgar y el dedo índice con la palma de la mano hacia abajo (Figura 5.109).

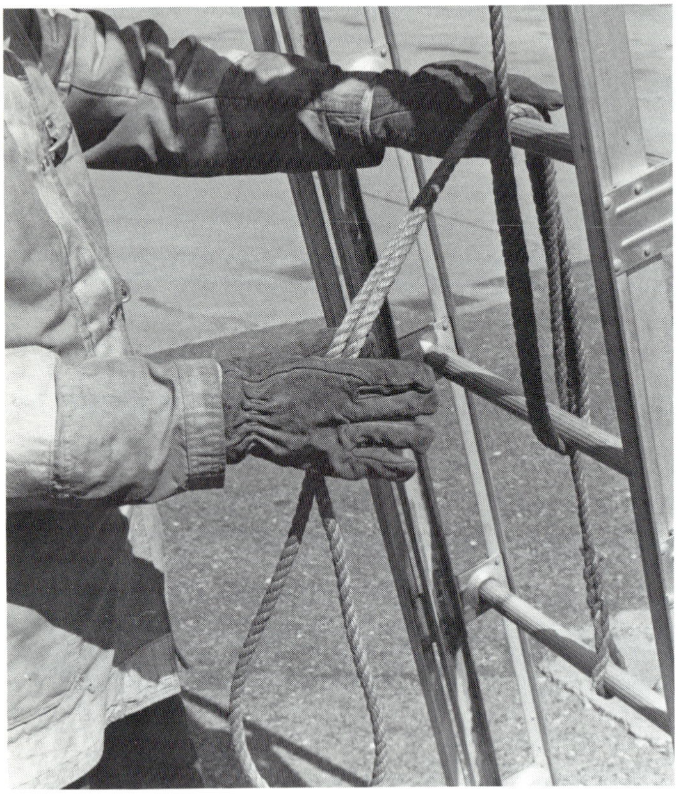

Figura 5.109 Sostenga la driza entre el pulgar y el dedo indice con la palma de la mano hacia abajo.

Paso 3: Voltee la palma de la mano hacia arriba y empuje la driza por debajo y atrás sobre el tope del peldaño (Figura 5.110).

Paso 4: Agarre la driza con el pulgar y el resto de los dedos y tire de ella a través del lazo, haciendo un nudo de dos cortes (Fiugra 5.111). Termine el alzo haciendo otro nudo (un corte) encima del nudo de dos cortes.

Figura 5.110 Gire la palma de la mano hacia arriba trayendo la driza alrededor del peldaño.

Figura 5.111 Agarre la driza con el pulgar y pásela de un lado a otro formando un nudo de dos cotes. Asegúrela con otro nudo (nudo de un cote).

TREPANDO ESCALERAS

Procedimientos Generales

Las escaleras se deben trepar con suavidad y ritmo. El trepador debe ascender por la escalera de manera que minimice el rebote y balanceo. Esta uniformidad se logra si el trepador dobla la rodilla para aliviar el peso en cada peldaño. El equilibrio natural sobre la escalera se logra si ésta es colocada a una distancia apropiada desde la edificación, porque el cuerpo estará perpendicular al suelo.

Se puede comenzar a trepar después de verificar el ángulo de colocación y si la escalera está debidamente inclinada. Los ojos del trepador deben estar enfocados directamente hacia adelante, con una mirada ocasional a la punta de la escalera. Los brazos del trepador deben mantenerse rectos durante el ascenso, lo que mantendrá al cuerpo alejado de las escalera y permitirá el libre movimiento de la rodilla durante el ascenso (Figura 5.112). Las manos deben sujetar los peldaños con las palmas hacia abajo y el pulgar debajo del peldaños alternos. Un individuo debe probar ambos métodos y seleccionar el que le parezca natural.

Si los pies resbalan, los brazos y las manos estarían en posición de evitar la caída. Todo el movimiento ascendente debe ejecutarse con los músculos de las piernas y no con los de los brazos.

Los brazos y las manos no deben extenderse hacia arriba durante el ascenso, porque esto acercaría demasiado el cuerpo a la escalera. La práctica de ascenso debe ser ejecutada lentamente para adquirir forma en vez de rapidez. La rapidez se desarrollará a medida que se domine la ténica apropiada. Demasiada rapidez ocasionara la pérdida de control del cuerpo y los movimientos rápidos hacen que la escalera rebote o se balancee.

Durante el combate de incendios se requiere con frecuencia que el bombero ascienda y descienda la escalera llevando consigo equipos. Este procedimiento interrumpe el ascenso natural ya sea por el peso adicional sobre el hombro o por el uso de una mano para sostener el equipo. Si el objeto tiene que ser llevado en una mano, es conveniente deslizar la mano libre debajo del larguero mientras asciende. Este método permite mantener un contacto constante con la escalera, como lomuestra la Figura 5.113. Siempre que sea posible, debe utilizarse una soga para elevar herramientas y equipos.

La técnica empleada para trepar escaleras aéreas es básicamente igual que la utilizada para escaleras de superficie. La única diferencia es que el bombero tiene la opción de agarrar los pasamanos así como los peldaños cuando trepa la escalera (Figura 5.114).

Trepando para Colocar una Escalera de Techo

Hay numerosas formas de colocar una escalera de techo sobre un techo inclinado, utilizando ya sea uno o dos bomberos. Una escalera de techo puede ser transportada adecuadamente por un bombero utilizando el método del hombro. Los ganchos deben estar cerrados mientras la escalera es transportada. El procedimiento siguiente muestra un método de colocar una escalera de techo en posición:

Paso 1: Transporte la escalera de techo al lugar deseado.

Paso 2: Un bombero asciende la escalera de trepar y se sujeta. El otro bombero se apoya en la escalera de trepar y abre los ganchos de la escalera de techo (Figura 5.115).

NOTA: Para la ejecución de esta operación por un bombero, una vez que los ganchos son abiertos, la escalera puede ser elevada en posición vertical e inclinada

Figura 5.112 Trepe con el cuerpo erguido, los ojos hacia adelante y los brazos rectos agarrando los peldaños directamente delante del pecho.

Figura 5.113 Cuando lleve consigo equipos, deslice la mano libre debajo del larguero para mantener un contacto constante con la escalera.

Figura 5.114 Los bomberos que trepan una escalera aérea pueden agarrar los pasamanos o peldaños.

contra el larguero de la escalera de trepar (Figura 5.116). Para colocar la escalera sobre el techo, siga los pasos 3-6.

Figura 5.115 A medida que el primer bombero asciende la escalera y se sujeta, el segundo inclina la escalera y abre los ganchos de la escalera de techo.

Figura 5.116 Cuando haya un solo bombero, abra los los ganchos, incline la escalera de techo contra el larguero de la escalera de extensión y prosiga hacia arriba de la escalera.

Paso 3: El bombero en tierra pasa la escalera de techo al bombero ubicado sobre la escalera de trepar (Figura 5.117).

Paso 4: La escalera de techo es luego alzada sobre el techo y colocada sobre el larguero (Figura 5.118).

Paso 5: Deslice el larguero de la escalera hacia arriba del techo hasta que los ganchos pasen el caballete del tejado (Figura 5.119).

Paso 6: Ponga la escalera en posición horizontal con los ganchos hacia abajo y estire éstos hacia el lado opuesto del caballete para asegurar la escalera (Figura 5.120).

Un método para subir una escalera de techo se describe en el procedimiento siguiente:

Paso 1: Transporte la escalera de techo hasta la base de la escalera de trepar, abra los

Figura 5.117 El bombero situado en el suelo eleva la escalera de techo hacia el compañero ubicado en el borde del tejado.

Figura 5.118 La escalera de techo es colocada verticalmente sobre el techo.

Figura 5.119 Deslice la escalera verticalmente sobre el techo hasta que los ganchos pasen el caballete.

Figura 5.120 Coloque la escalera en forma plana u horizontal con los ganchos hacia abajo y fije estos en el techo.

granchos, eleve la escalera a la posición vertical e inclínela contra el larguero de la escalera de trepar.

Paso 2: Trepe la escalera hasta pasar justamente el punto medio de la escalera de techo. Coloque la escalera sobre el hombro y continúe ascendiendo la escalera hasta el borde del tejado (Figura 5.121).

Trabajando en una Escalera

Los bomberos deben, algunas veces, trabajar mientras están situadas en la escalera de superficie y tienen ambas manos libres. Un cinturón de seguridad o una llave de pierna puede ser utilizado para asegurarse uno mismo a una escalera mientras trabaja desde ella.

El cinturón de seguridad o cinturón salvavidas se ata estrechamente alrededor de la cintura. El gancho puede ser movido a un lado, donde no estorbe, mientras el bombero trepa laescalera. De-

Figura 5.121

spués de alcanzar la altura deseada, retorne el gancho al centro y conéctelo a un peldaño (Figura 5.122). Una herramienta hecha de cuerda de manguera puede ser utilizada como cinturón de seguridad.

Para que un individuo se proteja mismo con una llave de pierna estando de frente a la escalera, se debe colocar sobre un peldaño con ambos pies. Luego levante la pierna opuesta al lado desde el cual se va a ejecutar el trabajo, hacia arriba y por encima de dos peldaños consecutivos. La corva de la rodilla debe estar sobre el segundo peldaño. Inclínese hacia delante y traiga de nuevo este pie y pierna a través de la escalera, ubicándolos justamente abajo del peldaño que sostiene la rodilla.

Figura 5.122 El cinturón de seguridad debe ser enganchado en el centro de un peldaño de la escalera.

Este pie puede ser colocado sobre el lado superior el larguero o peldaño; el otro pie se coloca contra el larguero opuesto para mayor estabilidad. La llave de pierna completa se ilustra en la (Figura 5.123). Una persona con piernas extremadamente largas o cortas podrá alterar este procedimiento por comodidad.

Para que un individuo se proteja con una llave de pierna estando alejado de la escalera, debe asegurarse primero de la parte superior de la escalera. Luego descienda al nivel desde donde se ejecutará el trabajo. Mientras se encuentra retirada de la escalera, levante una pierna e insértela a través de la escalera sobre el segundo peldaño, encima de aquel sobre el cual el otro pie se apoya. Traiga de nuevo el pie sobre el peldaño, encima de aquel sobre el cual elotro pie descansa y engánchelo por encima del larguero.

AUXILIANDO A UNA VICTIMA MIENTRAS SE DESCIENDE POR UNA ESCALERA

Cuando se sabe de antemano que una escalera será utilizada para el rescate desde una ventana, la punta de la escalera se eleva solamente hasta el antepecho de la ventana. Esta porporciona a la víctima un acceso fácil a la escalera. Todas las otras cargas y actividades deben ser retiradas de la escalera, la cual debe ser sujetada firmemente

Figura 5.123 Use la pierna opuesta al lado donde se va a ejecutar el trabajo para formar una llave de pierna, enganche la punta del pie sobre el larguero o peldaño.

en ambos extremos, superior e inferior, si es posible.

Utilice tres o cuatro bomberos en rescate por escaleras. Para los rescates en escaleras de superficie, por lo menos dos bomberos deben estar dentro de la edificación y uno sobre la escalera. Si la victima está consciente, los bomberos dentro del edificio deben bajar primero los pies de la victima desde la edificación hacia la escalera. El rescatador sobre la escalera sostiene la victima y desciende la escalera. El rescatador desciende primero, manteniendo ambos brazos alrededor de la victima y debajo de las axilas, con las manos sobre los peldaños delante de la víctima para sostenerla en caso de que resbale o se desmaye (Figura 5.124). Cuando se desciende escaleras aéreas, pudiera no ser posible colocar los brazos alrededor de la víctima ya que los rieles laterales estorbarían. Tranquilice a la victima constantemente durante eldescenso, porque ésta probablemente estará nerviosa y atemorizada.

Una victima inconsciente es sostenida sobre la escalera en la misma forma que una victima consciente, excepto que el cuerpo descansa sobre la rodilla de apoyo del rescatador. Coloque los pies de la victima fuera de los rieles para evitar el enredo (Figura 5.125).

Otra manera de bajar a una victima inconsciente involucra la misma forma de que el rescatador la agarre, excepto que la víctima es volteada con la cara hacia el rescatador (Figura 5.126). La posición disminuye el riesgo de que los miembros de la víctima queden atraspados en los peldaños.

En otro método, la víctima es levantada y pasada al rescatador sobre la escalera. La víctima es sostenida por las entrepiernas con uno de los brazos del rescatador y por el pecho con el otro brazo (Figura 5.127).

Si la víctima es pesada o si se requiere la intervención de varios efectivos bomberiles, se

Figura 5.124 El rescatador debe colocar ambos brazos alrededor de la victima con las manos cerca del centro de los peldaños. Esto podría ser imposible hacerlo en las escalers aéreas. En todos los casos, tranquilice constantemente a la victima.

Figura 5.125 Sostenga una víctima inconsciente con la rodilla y los brazos. Coloque los pies de la victima sobre las largueros.

Figura 5.126 La víctima inconsciente puede ser bajada volteándola de frente al rescatador. Esto elimina la posibilldad de que los miembros de la víctima queden atrapados entre los peldaños.

Figura 5.127 Una víctima inconsciente puede ser aizada y sostenida en los brazos por la entrepierna y el pecho.

Figura 5.128 Los adultos pequeños y los niños pueden ser bajados cargándolos entre los brazos y deslizando las manos por el larguero.

pueden colocar dos escaleras de superficie ubicadas de lado a lado. Un bombero desciende primero y sostiene a la víctima. El bombero sobre la otra escalera desciende ligeramente encima de la víctima, sosteniendo el torso superior.

Las personas más pequeñas y los niños pueden ser bajados por una escalera cargándolos entre los brazos (Figura 5.128).

MEDIDAS DE SEGURIDAD EN ESCALERAS

La seguridad y bienestar de un bombero mientras se encuentra sobre una escalera depende de las precauciones de sentido común. Los bomberos deben revisar detalles importantes en cada oportunidad. Los puntos que garantizan un ascenso seguro son:

- Revise si la escalera tiene el ángulo apropiado.
- Asegúrese de que la escalera esté sujeta en la parte superior o inferior (Preferiblemente ambas) antes de trepar.
- Revise los retenes para asegurarse de que estén fijados a los peldaños (Figura 5.129).
- Revise las pértigas de apoyo para asegurarse de que estén colocados debidamente.
- Trepe suave y rítmicamente.
- Cuando trabaje desde una escalera, sujétese siempre con una llave de pierna o cinturón de seguridad.
- No sobrecarge la escalera.
- Use siempre equipos de protección, incluyendo guantes, cuando trabaje con escaleras.
- Seleccione la escalera adecuada para el trabajo.
- Utilice la cantidad apropiada de bomberos para cada izamiento.
- Utilice los músculos de las piernas y no los de los brazos o espalda, cuando levante escaleras.
- Asegúrese de que las escaleras no sean elevadas cerca de cables eléctricos.
- Inspeccione las escaleras después de cada uso para determinar los daños y el deterioro.

Figura 5.129 Para seguridad en la escalera, revise siempre que los retenes de la escalera estén firmemente sobre los peldaños.

Capítulo 6

Entrada Forzosa

NORMA NFPA 1001
ENTRADA FORZOSA
Bombero 1

3-2 Entrada Forzosa

3-2.1 El bombero identificará y demostrará el uso de cada uno de los tipos de herramientas manuales de entrada forzosa.

3-2.2 El bombero identificará el método y procedimientos para limpiar, mantener e inspeccionar adecuadamente cada tipo de herramienta y equipo de entrada forzosa.

Bombero II

4-2 Entrada Forzosa

4-2.1 El bombero identificará los materiales y características de construcción de puertas, ventanas, tejados, pisos y barreras verticales y definirá los riesgos asociados con cada situación de emergencia.

4-2.2 El bombero identificará el método y técnica de entrada forzosa a través de cualquier puerta, ventana, techo, tejados, pisos o barrera vertical.*

*Reimpreso bajo licencia de la Norma NFPA No. 1001, *Norma para la Calificación Profesional del Bombero*. Derechos Reservados (c) 1981 National Fire Protection Association, Boston, MA.

Las transparencias sobre comportamiento del fuego del IFSTA están diseñadas para complementar este capítulo.

Capítulo 6
Entrada Forzosa

Aunque hay lugares específicos en los cuales los bomberos usualmente realizan la entrada forzosa en un edificio, el conocimiento general de cómo los edificios están construidos resulta esencial. Es importante que los bomberos estén familiarizados con los diversos términos utilizados en el ramo de la construcción, de modo que ellos puedan juzgar mejor, dónde y cómo forzar la entrada. Igualmente es conveniente conocer enteramente las distintas herramientas y aparatos más adecuados para realizar entradas forzosas.

ASPECTOS DE LA CONSTRUCCION DE EDIFICIOS

Casi todas los edificios modernos tienen fundaciones continuas de mampostería de concreto, ladrillo o piedra sobre las cuales el edificio propiamente dicho descansa. Los muros de fundación que sostienen la estructura pueden extenderse por encima del nivel del suelo. Las paredes exteriores pueden ser construidas de mampostería, láminas de metal o armazón de madera. Las paredes exteriores de mampostería son las más deseables desde el punto de vista de la protección contra incendio. Estas son por lo general 200 mm a 300 mm (8 a 12 pulgadas) de espesor dependiendo del material particular utilizado. Las paredes revestidas de mampostería son esencialmente paredes de entramado en las cuales los miembros de soporte son de madera con una capa de ladrillos o piedras en elexterior para dar la apariencia de una pared sólida de ladrillos o piedras. Los miembros verticales de apoyo de madera o metal en las paredes revestidas de mampostería son denominados "montantes," los cuales son usualmente de 50 mm x 100 mm (2 x 4) espaciados a intervalos de 410 mm, 460 mm ó 610 mm (16, 18 0 24 pulgadas). La presencia de estos montantes crea espacios vacíos entre las paredes a través de los cuales un incendio puede extenderse. Se deberá utilizar un material aislante contra incendios en estos espacios vacíos. Las paredes de entramado son construidas plenamente de madera, con revestimiento de tablas de fibras comprimidas o madera fijado a los montantes. Sobre el revestimiento está pegado el entablado exterior de los costados, el cual puede ser tablas de chilla, tejas de asbesto, estuco, u otros tipos de acabado exterior. Las paredes de entramado también tienen espacios vacíos en ellas que son creados por los montantes de madera, los cuales deben ser protegidos con material aislante.

Los sellantes contra incendio generalmente son pequeñas secciones de madera de 50 mm x 100 mm (2 x 4 pulgadas) que son colocadas en paredes, tabiques, techos, escaleras, entre los montantes en cada piso, y en el extremo superior de las ranuras del montante en el ático, conforme se muestran en la Figura 6.1. Estos sellantes de madera cortan la corriente de aire dentro de las paredes y ayudan a evitar la propagación. Si no son utilizados o los espacios no son rellenados con aislantes incombustibles, es posible que un incendio originado en el sótano se extienda por todas las paredes del edificio antes de que sea descubierto. Algunos aislantes cuando se calientan a cierto grado despiden gases venenosos y pierden su resistencia al fuego. La construcción de tipo moderno usa planchas en la parte superior e inferior de los montantes a fin de impedir que el fuego se extienda de piso en piso. Sin embargo, el incendio puede aún extenderse a lo largo del tabique o pared.

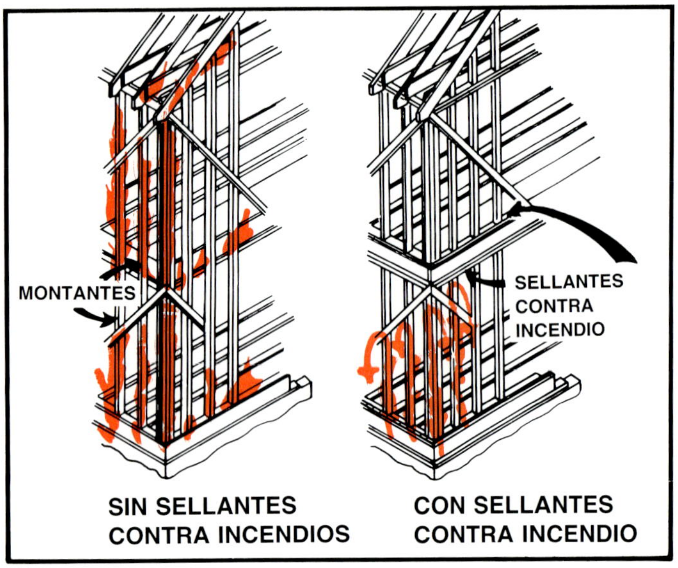

Figura 6.1 Los sellantes contra incendios son generalmente pequeñas secciones de madera de 50 mm y 100 mm (2 x 4) pulgadas) que cortan la corriente de aire entre paredes para reducir la propagación del fuego, calor y humo. Sin ellas, hasta un fuego muy pequeño puede volverse incontrolable.

Los techos de las viviendas son por lo general construidos con miembros de soporte de madera llamados "cabríos" en los cuales se fija el revestimiento del tejado. El material para cubierta del techo es luego aplicado al revestimiento del tejado. Las cubiertas para techos pueden ser tejas de madera, tejas compuestas, papel cubretechos compuesto, teja pizarra, o una superficie compuesta de brea y grava. La cubierta del tejado es la parte expuesta del techo, y su principal objetivo es proveer protección contra el clima. La selección de una cubierta adecuada para techados es importante desde el punto de vista de la protección contra incendio, debido a que puede estar expuesta a chispas y teas en llamas si un edificio cercano se incendiara. Una rdescripción más completa sobre la construcción de techos y los tipos de tejados encontrados con edificios industriales y mercan-

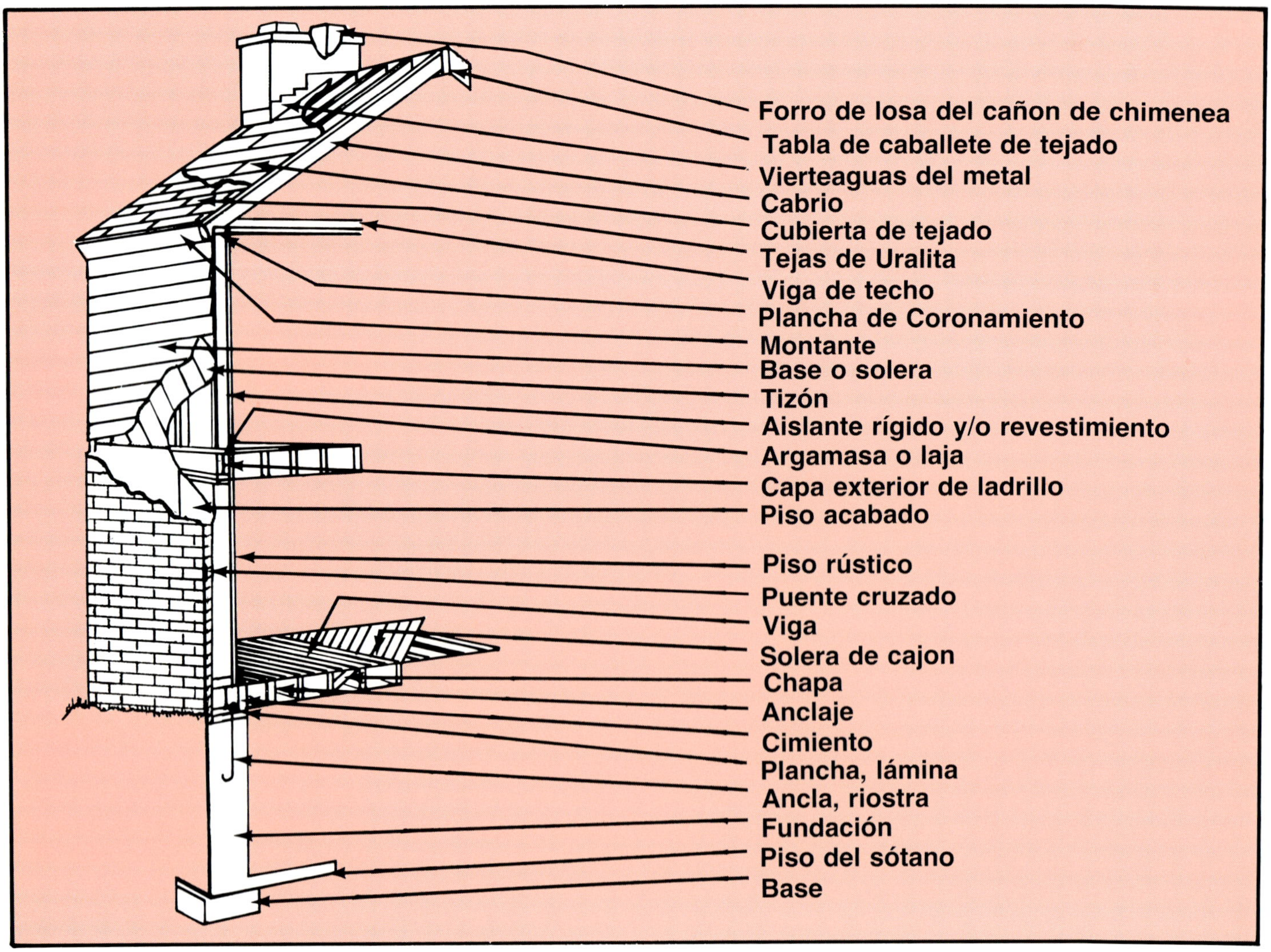

Figura 6.2 Términos comunes en las construcciones de edificios.

tiles será estudiado en la sección sobre apertura de tejados. Algunos términos que son empleados en el ramo de la construcción y son muy útiles en este estudio están ilustrados en la Figura 6.2.

Puertas Contra Incendios

Las puertas contra incendios se usan principalmente para proteger aberturas en paredes divisorias y paredes de recintos verticales tales como se usan para ascensores, pero en ciertas situaciones se usan para reemplazar puertas comunes. Las puertas contra incendios son clasificados de acuerdo a la característica y ubicación de la pared en la cual pueden estar situados. Aunque existen clasificaciones que van desde “A” hasta “F”, solamente las clases A y B serán discutidas aquí. Los vanos clase A son aquéllos que están ubicados en paredes que separan edificios o en paredes dentro de un edificio que está dividido en distintas áreas contra incendio. Los vanos clase B son recintos verticales, tales como ascensores, escaleras y montacargas, los cuales pueden permitir que el fuego se propague en el interior de un edificio. Los siguientes son tipos de puertas normalizadas contra incendio: deslizamiento horizontal y vertical, de oscilación simple y doble y enrollables de techo. Pueden ser o no contrabalanceadas. Existen fundamentalmente dos mecanismos por medio de los cuales las puertas contra incendio operan: (1). Las puertas de cierre automático son aquellas que luego de ser abierta retornan a la posición cerrada; (2). Las puertas contra incendio de cierre automático que normalmente permanecen abiertas pero que se cierran cuando el calor activa sus mecanismos de cierre (Figura 6.3).

Las puertas contra incendio oscilantes son generalmente usadas en recientos de escaleras y en otras situaciones donde deben ser abiertas y cerradas frecuentemente durante su uso rutinario. Las puertas contra incendio de deslizamiento vertical tambié n están normalmente abiertas y arregladas de modo que cierran automáticamente. Son empleadas donde las puertas contra incendio de deslizamiento horizontal u oscilantes no pueden ser usadas. Las puertas contra incendio enrollables pueden ser instaladas donde existan limitaciones de espacio que impidan la instalación de otros tipos, y al igual que las puertas de deslizamiento vertical, son acondicionados para cerrar automáticamente. Todas son similares en diseño estructural y pueden ser operadas mecánicamente, manualmente o eléctricamente. El tambor sobre el cual la puerta es enrollada, generalmente se hace girar por una serie de engranajes que están ubicados cerca del tope de la puerta. Este mecanismo hace que la puerta resulte excepcionalmente difícil de forzar y por lo tanto, el ingreso debe ser logrado en algún otro punto y la puerta accionada desde el interior. Las puertas contra incendio contrabalanceadas son generalmente empleadas en aberturas para fletar ascensores y son montadas en el lado de la pared interior del foso.

Figura 6.3 Las puertas contra incendio de cierre automático pueden ser del tipo oscilante doble o sencillo. Las puertas de cierre automático pueden ser controladas en forma magnética, corredizas o de tipo enrollables.

Las puertas contra incendio, a causa de sus características protectoras, no son generalmente consideradas como puertas que requieren ser forzadas. Las puertas contra incendio que cierran automáticamente necesitan solamente ser parcialmente abiertas con herramientas utilizadas para la entrada forzosa. Las puertas contra incendio que son usadas en vanos exteriores pueden ser cerradas con llave y por consiguiente la cerradura tiene que ser forzada. Una medida preventiva que los bomberos deben tomar, cuando pasen a través de un vano protegido por una puerta contra incendio, es bloquear la puerta abierta para evitar que se cierre y los atrape. También se tiene la experiencia de puertas contra incendio que se han cerrado a espaldas de los bomberos y han cortado el suministro de agua de una manguera.

HERRAMIENTAS PARA ENTRADA FORZOSA

En el mercado existen muchas herramientas que han sido ideadas para hacer posible la entrada forzosa. Dichas herramientas son por lo general diseñadas principalmente para el servicio de bomberos. La mayoría de las herramientas de los bomberos provienen del desarrollo de ideas individuales y de la experimentación con las mismas. Cada cuerpo de bomberos debe establecer sus propias normas para el cuidado de estas herramientas. El fomentar aprecio por las herramientas con que el bombero trabaja incidirá en su deseo de conservarlas apropiadamente.

El factor de seguridad, más que algún otro factor, debe determinar el método de transporte para las herramientas de entrada forzosa. Cuando estos instrumentos son llevados en las manos se deben tomar precauciones para proteger al portador, a otros bomberos y a personas que se encuentren alrededor. En atmósferas que pudieran ser explosivas, debe tenerse extremo cuidado en el uso de herramientas de mano y de potencia que puedan generar arcos o chispas.

Cuando las herramientas no estén en uso deben guardarse en el vehículo en lugares previamente designados. Algunas de estas herramientas son mostradas en la Figura 6.4.

Herramientas de Cortar

HACHAS GRANDES Y PEQUENAS

Los bomberos usan las hachas grandes para diversos propósitos. El hacha de cabeza plana es más adaptable para golpear, pero el hacha con pico es más versátil para combatir incendios. Los bomberos llevan algunas veces hachas especiales (hachas pequeñas), las cuales están equipadas con un pico en la parte superior. Aunque no están diseñadas para trabajo fuerte, estas hachas son utilizadas en operaciones similares a aquéllas en las cuales un hacha con pico (zapapico) es usada.

Un hacha para incendios debe ser cargada de modo que minimice el riesgo de sufrir una lesión. Un hacha o cualquier otra herramienta afilada o puntiaguda nunca debe ser cargada sobre el hombro. El bombero debe llevar la cabeza del hacha pegada al cuerpo. Tres modos de cargar un hacha son mostrados en la Figura 6.5. En estas figuras, la punta del pico es resguardada y la hoja cortante protegida u orientada lejos del cuerpo.

Si la hoja es extremadamente aguda y el cuerpo de la hoja está amolado demasiado fino, es posible que suelte ciertos pedazos de la hoja cuando se esté cortando tejados de grava o golpeando clavos y otros materiales en el suelo. Si el cuerpo es demasiado grueso, a pesar de la agudeza de la hoja, resultará difícil clavar el hacha a través de objetos ordinarios. Un espesor mediano del cuerpo de hacha es necesario. El espesor del cuerpo debe ser de 6 milímetros (¼ pulgadas) a 19 milímetros (¾ pulgadas) desde el borde, 10 milímetros (⅜ pulgadas) a 32 milímetros (1¼ pulgadas), y 12.5 milímetros (½ pulgadas) a 51 milímetros (2 pulgadas) desde el borde. Las medidas tienen que ser tomadas a partir del centro de la hoja. La dureza debe ser tal que la hoja no se doble fácilmente ni se rompa cuando sean golpeados clavos, gravas, u otros materiales extraños. Debe tenerse cuidado cuando se esté amolando para evitar calentamiento y consiguiente ablandamiento del acero. El hacha debe ser amolada para preservar el espesor del cuerpo y no solamente para afilar la hoja. Después de amolar la hoja, el bombero debe frotarla ligeramente sobre una piedra para quitarle el borde agudo y disminuir la posibilidad de cortar a otros bomberos quienes pueden

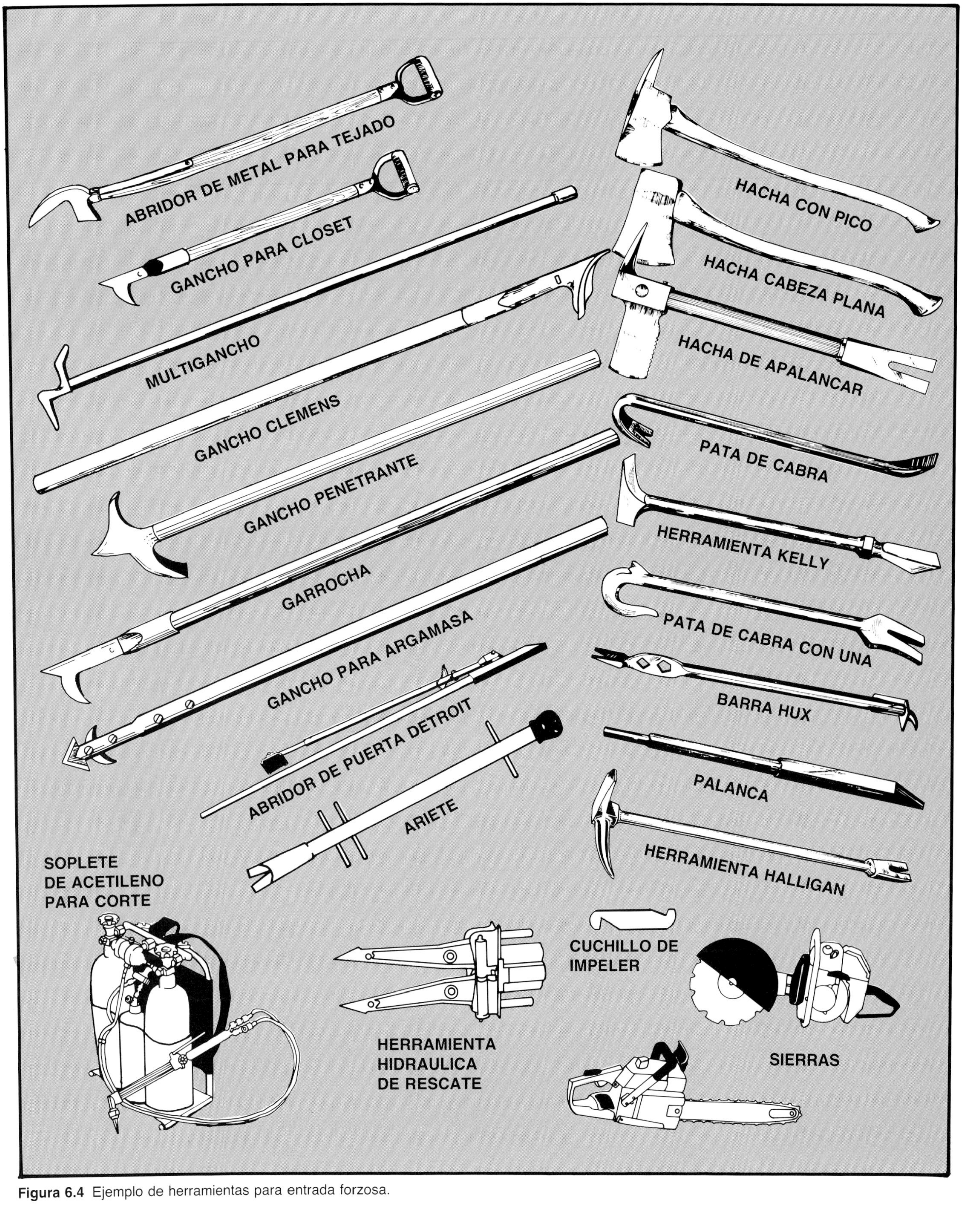

Figura 6.4 Ejemplo de herramientas para entrada forzosa.

Figura 6.5 Tres métodos de transporte seguro de hacha.

tropezar contra la hoja en casos de incendios. Un borde afilado no es necesario ya que se perdería pronto durante el uso. La efectividad de un hacha depende más de su uso apropiado que de la agudeza de la hoja.

La parte saliente o el astil debe ser más grueso para evitar que se rompa. El asidero debe ser delgado para que provea elasticidad y liso para evitar astillas. Las partes de madera de las hachas y otras herramientas similares deben ser lijadas para minimizar las lesiones en la mano. Después del uso, deben ser limpiadas con agua jabonosa, enjuagadas y secadas. Para evitar asperezas se recomienda untar una capa de aceite de linaza cocido en las partes de madera. La pintura o barniz utilizado en los astiles tiende a ampollarse cuando se expone al calor. Las hachas grandes y pequeñas equipadas con astiles de fibras de vidrio requieren un cuidado mínimo. Bajo uso normal no se agrietarán o astrillarán. Estos astiles no absorberán humedad, ni pudrirán, ni torcerán. Después del uso deben ser secados con un paño limpio y suave. Las manchas de desechos en las partes de metal de dichas herramientas deben ser removidas con papel de esmeril y luego cubiertos con una ligera película de aceite.

SIERRA DE MANO Y DE POTENCIA

Las sierras manuales de madera y metal son útiles donde la entrada tiene que ser hecha a través de madera o metal ligero. Las de potencia pueden ser equipados de hojas de carburo para cortar metales o concreto. La sierra de cadena o de sable también es útil. Estas sierras pueden funcionar a base de electricidad o de gasolina. Algunas sierras también funcionan a base de gas comprimido.

Otra clase de sierra, para trabajos pesados, utiliza una hoja circular que está abierta en el centro. Es útil para cortar una variedad de sustancias. La sierra K-12 utiliza una hoja circular sólida de dureza variada para cortar muchas sustancias que se encuentran en situaciones de entrada forzosa. Ambas sierras usan motor de gasolina.

CORTADORES DE METAL Y SOPLETE

Los cortadores de tornillo son usados como una herramienta de entrada forzosa para cortar barras de hierro, tornillos, cables, aldabas de candados y otros objetos. Los cortadores de alambre son usados para cortar cercas y cables distintos a los eléctricos. Un soplete de cortar de acetileno es clasificado como una herramienta de quemado y es muy útil para entrar a un área bloqueada por barras de hierro o pesadas planchas de hierro. Estos equipos de cortar con asequibles como unidades portátiles, y pueden ser llevados en el vehículo automotor contra incendio como una herramienta especial de entrada forzosa o de rescate. **CUIDADO:** Deben tomarse precauciones contra el peligro de metal fundido.

HERRAMIENTAS DE APALANCAR

Existen diferentes diseños de herramientas de apalancar utilizadas en el servicio de bomberos. Estas herramientas son muy efectivas para romper cerraduras, abrir puertas, forzar ventanas y levantar objetos. Tales herramientas deben ser usadas de modo tal que protejan al bombero y a otros de posibles lesiones. Ellas requieren poco mantenimiento. La parte penetrante de una herramienta de apalancar debe tener una punta larga y angosta para permitir su entrada dentro de espacios angostos tales como puertas y ventanas.

SEPARADORES HIDRAULICOS

Esta herramienta de rescate ha resultado muy efectiva en rescates de gran dificultad y sus poderosas quijadas capaces de ejercer 70.000 kPa (10.000 psi) de presión, son además útiles en situaciones de entrada forzosa. La herramienta puede ser operada por una persona y su capacidad para ejercer presión tanto para separar como para halar, la hace un instrumento muy versátil.

Herramientas para Empujar/Halar

VARA DE GARROCHA Y GANCHOS PARA ARGAMASA

Las varas de garrocha son útiles como herramientas para golpear y halar. Pueden ser usadas para abrir ventanas, techos y tabiques. El gancho de argamasa tiene dos alas similares a cuchillas, las cuales bajan cuando la punta es introducida a través de una obstrucción y vuelven a abrir o separarse hacia afuera bajo la presión de resortes autocontenidos. Las varas de garrocha y ganchos de argamasa deben ser llevados con los extremos agudos hacia el frente e inclinados hacia abajo. Las partes de madera de estas herramientas deben ser cuidadas de la misma manera como se describió anteriormente para los astiles de hachas.

ARIETE

Esta herramienta de entrada forzosa es usada para abrir puertas pesadas y romper paredes. El ariete puede ser llevado sin peligro por dos personas. Es diseñado para ser usado por dos o cuatro personas y requiere de poco mantenimiento. Ciertos fragmentos de metal pueden sobresalir de la punta de la herramienta después que ésta haya sido utilizada en objetos duros como el concreto. Estos fragmentos deben ser limados, la punta examinada y restaurada, y toda la herramienta pintada si es necesario.

Herramientas para Golpear

PICO Y MANDARRIA

El pico sirve como instrumento de corte. Su larga punta aguda puede ser usada para cavar tierra, concreto o escombros. La cabeza del pico puede utilizarse como mandarria aunque, al igual que el hacha de cabeza plana, no tiene tanta potencia para golpear como una mandarria o mazo. La mandarria puede ser usada eficazmente para romper losas, póstigos, paredes, concretos, piso veneciano, o para zafar barras de hierro presentes en hormigón.

CUIDADO Y MANTENIMIENTO DE LAS HERRAMIENTAS PARA ENTRADAS FORZOSAS

La limpieza, el secado y la recuperación adecuados de las herramientas para entrada forzosa es muy importante. El cuidado apropiado de estas herramientas incrementará su tiempo de servicio dependiendo de la intensidad de su uso. Algunos procedimientos para el cuidado de las herramientas de entrada forzosa están mencionados a continuación:

Mangos de Madera

- Verifique si hay grietas en la madera.
- Verifique que la cabeza esté ajustada.

- Verifique si hay astillas.
- Líjelos si han sido quemados
- No los pinte completamente: eso ocultaría grietas. Se sugiere pintar una franja de 12.5 milímetros (½ pulgada) alrededor del mango para fines de identificación.

Bordes Agudos

- Verifique si están exentos de cortes o si hay bordes rotos.
- Sustituye el borde agudo de los cortadores de tornillos.
- Proveer un borde moderado en lugar de un borde afilado.
- Lime los bordes. La amoladura le quita el temple al metal.

Superficies Pintadas y Niqueladas

- Consérvelas pintadas.
- Revise si hay daños.
- Las superficies niqueladas deben ser limpiadas con un trapo o lavadas con agua y jabón.

Superficies de Metal sin Protección

- Consérvelas limpias, sin herrumbe.
- Manténgalas aceitadas cuando no sean utilizadas.
- No las pinte completamente; eso ocultaría grietas.
- Deben estar exentas de bordes dentados o afilados. Límelos cuando se encuentren.

Equipo de Potencia

- Verifique si arrancan manualmente.
- Revise las hojas y equipos.
- Revise los cables eléctricos de las herramientas.
- Revise las hojas de cortar de los instrumentos eléctricos.

APERTURA DE PUERTAS

Las puertas pueden ser también consideradas como obstáculos para los bomberos cuando hacen un esfuerzo por alcanzar varias áreas de un edificio. El estudio de apertura de puertas trata cada tipo de puerta basándose en sus características de construcción y las técnicas de apertura que han sido demostradas a través de la práctica. No se hará ningún esfuerzo por señalar a un producto como mejor que otro, y las ilustraciones usadas aquí han sido seleccionadas más bien por claridad del modelo que por características del diseño. Los rasgos de construcción de algunas puertas las hace prácticamente imposible de forzar, y la entrada puede lograrse más fácilmente por algunos otros medios.

Desde el punto de vista de entrada forzosa del bombero, las puertas pueden ser clasificadas como puertas oscilantes, giratorias, corredizas y de techo. Haciendo caso omiso de la clase de puerta, los bomberos deben tratar de abrirla para asegurarse si está cerrada antes de utilizar la fuerza. Una buena regla es tratar de abrir antes de forzar. Si la puerta está cerrada, examínela para determinar en qué dirección abre y cuál método de entrada forzosa resultaría más efectivo.

Puertas Oscilantes

CERRADURAS Y PASADORES

Las cerraduras y los pasadores de las puertas oscilantes constan de un cerrojo o barra que sobresale de la puerta hacia el interior de un retenedor de metal que está encajado dentro del marco de la puerta. Este cerrojo o barra puede ser parte del conjunto de piezas de la cerradura o puede estar enteramente separado, pero en uno u otro caso la jamba tiene que hacerse suficientemente flexible para permitir que el cerrojo pase el retenedor durante una entrada forzosa. Algunas instalaciones especiales colocan dos barras, una en la parte superior de la puerta y otra en la parte inferior. Tales cerraduras son sumamente difíciles de forzar. Un registro del tipo de puerta y cómo se cierra puede ser valioso para los bomberos si dicha información es recogida durante las inspecciones. Algunos de los tipos de cerraduras más comunes delas puertas oscilantes son mostrados en la Figura 6.6.

CONSTRUCCION DE PUERTAS DE MADERA

Las tres clases generales de puertas oscilantes de madera son: panel, chapa y anaquel. Las puer-

Figura 6.6 Debido a la existencia de diversos tipos de cerraduras, el conocimiento previo de las técnicas de entrada se requiere a menudo.

tas principales en las residencias pueden ser de panel o chapa con paneles de vidrio en el área superior. Algunos paneles de vidrio son mantenidos en su lugar con moldaduras, las cuales pueden ser removidas para desmontar el panel. Las puertas de residencias generalmente abren hacia adentro; en esto difieren de las puertas exteriores de los edificios públicos, donde deben abrir hacia afuera.

Las puertas de chapas son muy populares y constan de un núcleo sólido o hueco. El término "núcleo hueco" significa que toda la puerta es hueca, sin rellenos, lo cual no es recomendable. Enlugar de ello, el núcleo debe ser compuesto de una serie de listones de madera integrados en una rejilla o malla. Estos listones son pegados dentro del marco, formando un núcleo rígido y fuerte. Sobre esta armazón y rejilla son pegadas varias capas de paneles de madera contraenchapada. El propósito de la rejilla del núcleo es reducir el peso y costo de la puerta. Casi todas las puertas exteriores de chapas que se encuentran en residencias recién construidas son puertas enchapadas de centro hueco, pero las puertas exteriores de chapas en casas más antiguas pueden ser de núcleo sólido.

El término "núcleo sólido" significa que todo el núcleo de la puerta es construido de material sólido. Algunas puertas enchapadas de núcleo sólido tienen el interior construido de bloques machihembrados de madera o tablas, las cuales están pegadas dentro del marco. Otras puertas de núcleo sólido pueden estar rellenas con una sustancia mineral comprimida que es resistente al fuego. En cualquiera de los dos casos, la puerta es sólida con un revestimiento de madera contraenchapada, construcción que aumenta considerablemente el peso de la puerta. Algunos tipos de puertas exteriores de chapas en edificios industriales y mercantiles son puertas enchapadas de núcleo sólido y hueco. Son mostrados en la Figura 6.7.

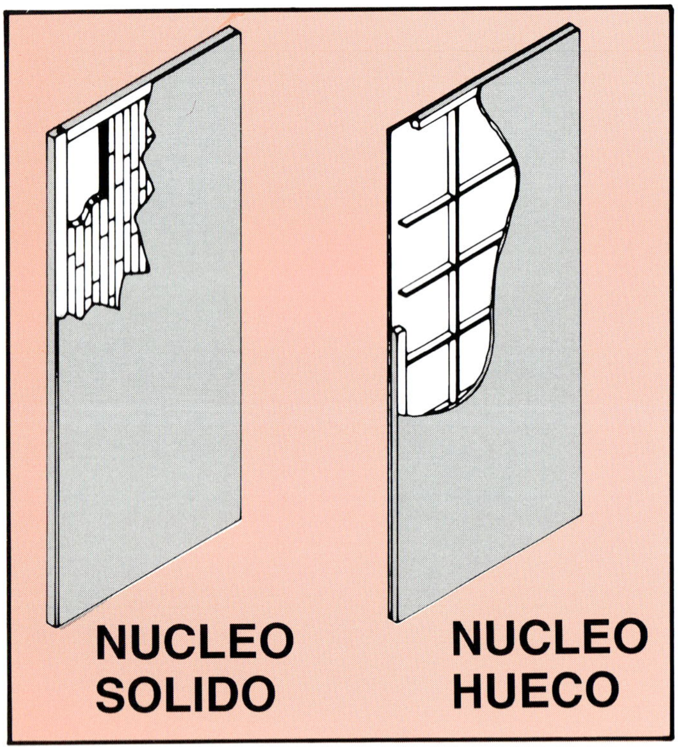

Figura 6.7 Las puertas de núcleo hueco son de construcciones más liviana que las puertas de núcleo sólido.

Las puertas de anaquel, algunas veces llamadas puertas de tablillas, se encuentran en depósitos, almacenes, graneros y lugares semejantes. Son hechas de material armado cerradas con aldabas y candados, cerraduras superficiales, cerrojos o barras. Las bisagras en las puertas de anaquel, generalmente de tipo superficial con pasadores estacionarios, son fijados a las puertas y sujetas con tornillos o pernos.

Jambas son los lados de los vanos de puerta, que sostienen el dintel. Las jambas para las puertas oscilantes de madera pueden ser ensambladas o retenidas. La ensamblada es una la cual una parte saliente ha sido moldeada para permitir que la puerta de cierre contra la moldadura provista. Las retenidas están provistas de una tira de madera o tope de puerta que está clavado dentro de la jamba contra la cual la puerta se cierra. Este tope puede ser removido fácilmente con la ayuda de la mayoría de las herramienta de apalancar. La estructura de tanto las jambas ensambladas y como las retenidas es mostrada en la Figura 6.8.

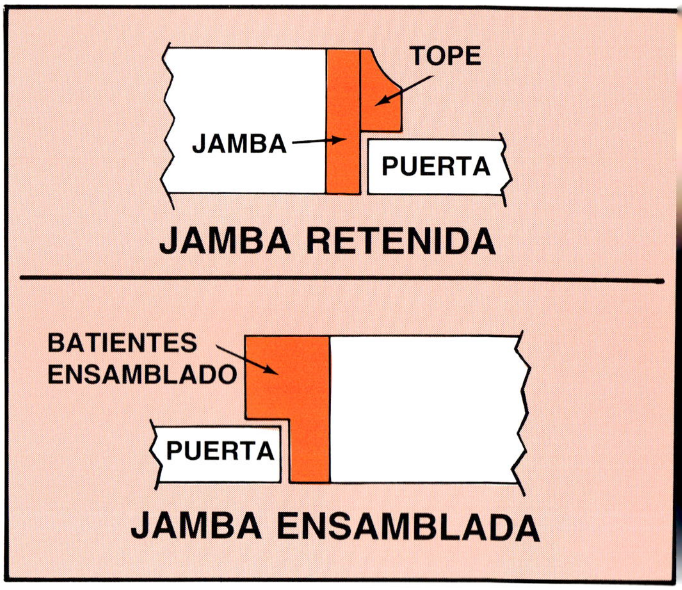

Figura 6.8 Las puertas con jambas ensambladas son más difíciles de forzar que las partes con jambas retenidas, las cuales pueden ser removidas con facilidad.

CONSTRUCCION DE PUERTAS DE METAL

Las puertas oscilantes de metal pueden ser clasificadas como huecas, recubiertas y tubulares. Estas puertas son generalmente más difíciles de forzar debido a la manera en que la puerta y la jamba son construidas. Esta dificultad es asimismo más crítica cuando la jamba es empotrada en la mampostería. Generalmente es considerado impráctico el forzar las puertas de metal. La armadura de las puertas de metal huecas es construida enteramente de metal. Las jambas son huecas y fijadas a las paredes por anclajes de metal especialmente diseñados.

Las puertas de metal recubiertas son construidas esencialmente como puertas de metal huecas excepto que puede haber listones de madera o de metal sobre los cuales se coloca el revestimiento de metal. Las paneles generalmente consisten en metal cubierto de asbestos.

El diseño estructural de metal tubular es de secciones rectangulares de tubos sin costura. Se provee una ranura en el tubo rectangular para los paneles de metal o vidrio. Las secciones de tubos forman una puerta con líneas continuas, todas en una pieza y son algunas veces encontradas en vanos exteriores de los edificios construidos más recientemente. Las puertas tubulares son fijadas con herrajes convencionales excepto que el principio del equilibrio de suspensión es a veces usado. El herraje operante consta de un brazo superior e inferior unidos por un pivote oculto. Los brazos y pivotes son visibles solamente desde el lado exterior y desde el lado interior la puerta balanceada se asemeja a cualquier otra puerta.

Las puertas tubulares de aluminio con largueros angostos son además muy usadas. Los paneles de estas puertas son generalmente de vidrio pero algunos paneles de metal son utilizados. Las puertas tubulares de aluminio son comparativamente livianas de peso, fuertes, y no están sujetas a mucha elasticidad dentro del marco de aluminio. Algunos rasgos de construcción de las puertas tubulares de aluminio son mostrados en la Figura 6.9.

TECNICAS DE APERTURA

El método utilizado para forzar una puerta oscilante es determinado, primero según cómo la puerta esté fijada, y en segundo lugar, según cómo esté cerrada. Antes de intentar forzar cualquier puerta, verifique si la puerta está cerrada, y en todo caso si los pasadores de las bisagras pueden ser removidos. Además, las condiciones de edificio

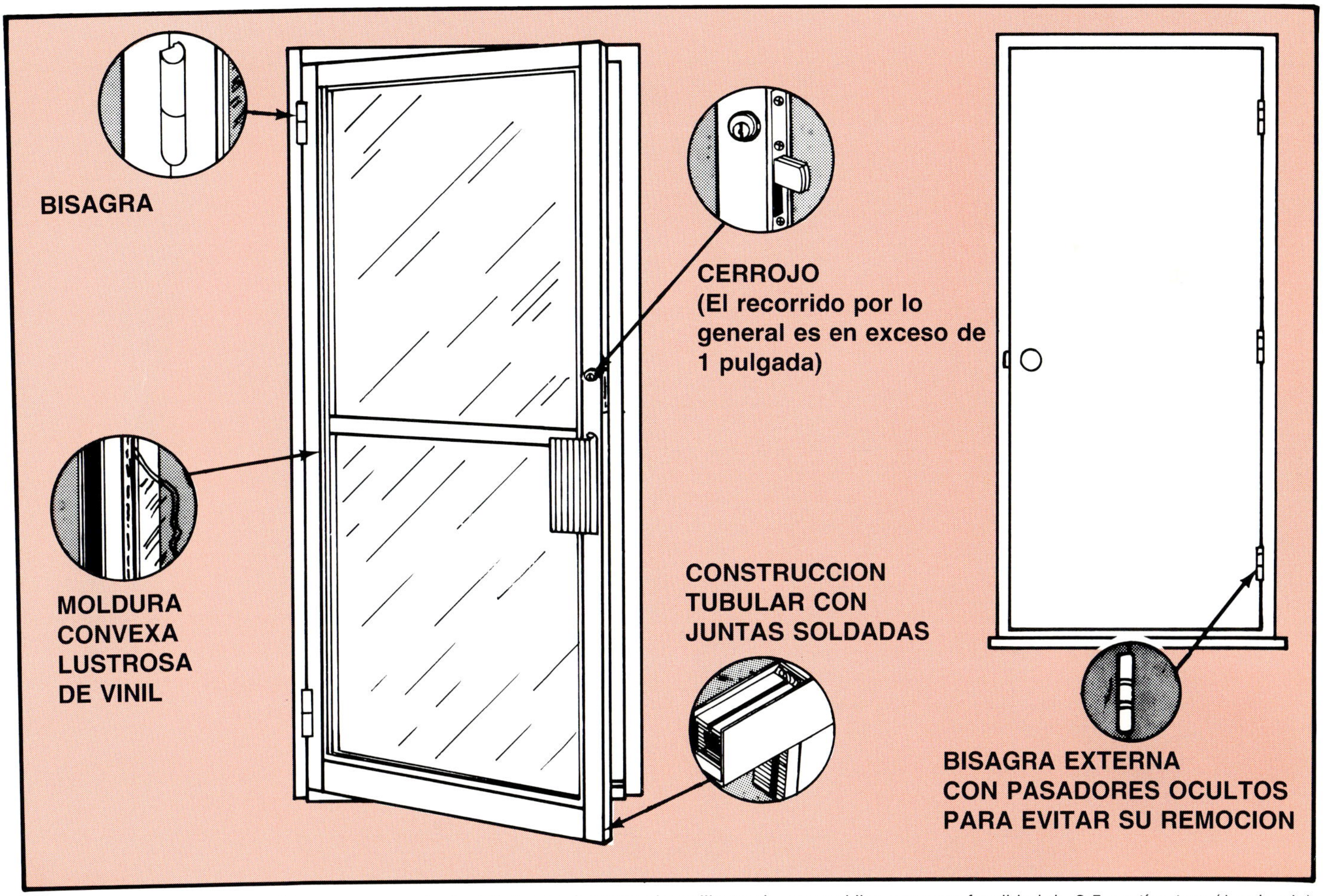

Figura 6.9 Debido a que las bisagras son un tanto difíciles de forzar y el tornillo por lo general lleva una profundidad de 2,5 centímetros (1 pulgada), pudiera en algunos casos resultar más fácil, rápido y económico el romper el vidrio que dañar toda la puerta. También pudiese ser conveniente el remover el sello vinílico del vidrio y retirarlo, si el tiempo no es crítico.

deben ser observadas, y las mangueras deben ser puestas al alcance para su uso. Los bomberos deben luego comprobar si la puerta está caliente usando el revés de la mano, el cual es más sensible al calor. La temperatura de la puerta indicará si es probable que ocurra una explosión de gases de combustión cuando la puerta sea forzada o abierta.

RUPTURA DE CRISTALES

En algunos casos es posible hacer menos daño rompiendo un vidrio pequeño cerca de la cerradura, a través del cual la puerta puede ser abierta desde el interior. La acción de romper vidrios debe ser hecha de cierto modo que garantice la seguridad al bombero, porque el cristal se romperá en fragmentos de bordes agudos. Algunos de los principales lineamentos de seguridad para romper cristales son:

- Mantenerse si es posible en el lado expuesto al viento del panel de cristal que va a ser roto.
- Golpear la herramienta por arriba del cristal.
- Mantener las manos por encima del punto de impacto.

Este procedimiento permite que las partículas rotas de vidrio caigan hacia abajo lejos de las manos y al lado de donde el bombero permanece. El vidrio puede ser roto con un hacha u otras herramientas como son mostradas en la Figura 6.10. **CUIDADO:** Nunca rompa el vidrio con las manos. Siempre que se rompan cristales se deberá usar ropa protectora completa. Después que el cristal sea roto, todos los pedazos dentados deben ser removidos del marco. La remoción de vidrios puede hacerse con la misma herramienta que fue utilizada para romper el cristal. El remover todos los pedazos de vidrio evitaría cortar a cualquiera que pase o penetre e impedirá daños a manguera, sogas u otro material que pueda ser pasado por la abertura.

Figura 6.10 El seguir las precauciones de seguridad incluye el retirar todos los pedazos de vidrio del marco luego que se han roto los vidrios.

Se deberán tomar precauciones especiales cuando se rompan ventanas encima del nivel de planta baja para evitar exponer a riesgo de una posible "guillotina voladora" a los civiles y bomberos que se encuentren debajo. Los vientos pueden hacer que los fragmentos pesados de vidrios recorran grandes distancias. Este riesgo de guillotina voladora no debe ser desatendido y se requiere una coordinación estrecha entre el personal de tierra para evitar lesiones severas a las personas que están abajo.

ROMPIMIENTO DE CERRADURAS

Una cerradura puede algunas veces ser removida o destruida con menos daños y gastos de los que pudieran ocurrir si la puerta fuese forzada. Un extractor de cerraduras o herramienta-K (Figura 6.11) puede ser usado para arrancar o forzar el cilindro de una cerradura. Estos instrumentos requieren poca fuerza y realizan un trabajo de entrada forzosa limpio y rápido. Se utiliza conjuntamente con un hacha de cabeza plana u otra herramienta de batir adecuada. Una "llave maestra" puede ser usada para remover el cerrojo o émbolo del retenedor.

Una manera de romper una cerradura es arrancar físicamente el cilindro de la puerta. La nueva herramienta-K, inventada por un bombero, es especialmente útil para sacar todos los tipos de cilindros de cerraduras: tubulares, embutidos, o decorona. Usada como herramienta Halligan u otro instrumento de apalancar, la herramienta-K es forzada por detrás del anillo y frente del cilindro hasta que las hojas cuneiformes agarren el cilindro. Los golpes ligeros de un martillo ayudan a este forzamiento. La herramienta-K es situada correctamente cuando las hojas son engranadas en el cuerpo del cilindro, eliminando así la probabilidad de romper el anillo y la cara de un cilindro hecho de aleación débil. La curvatura metálica de

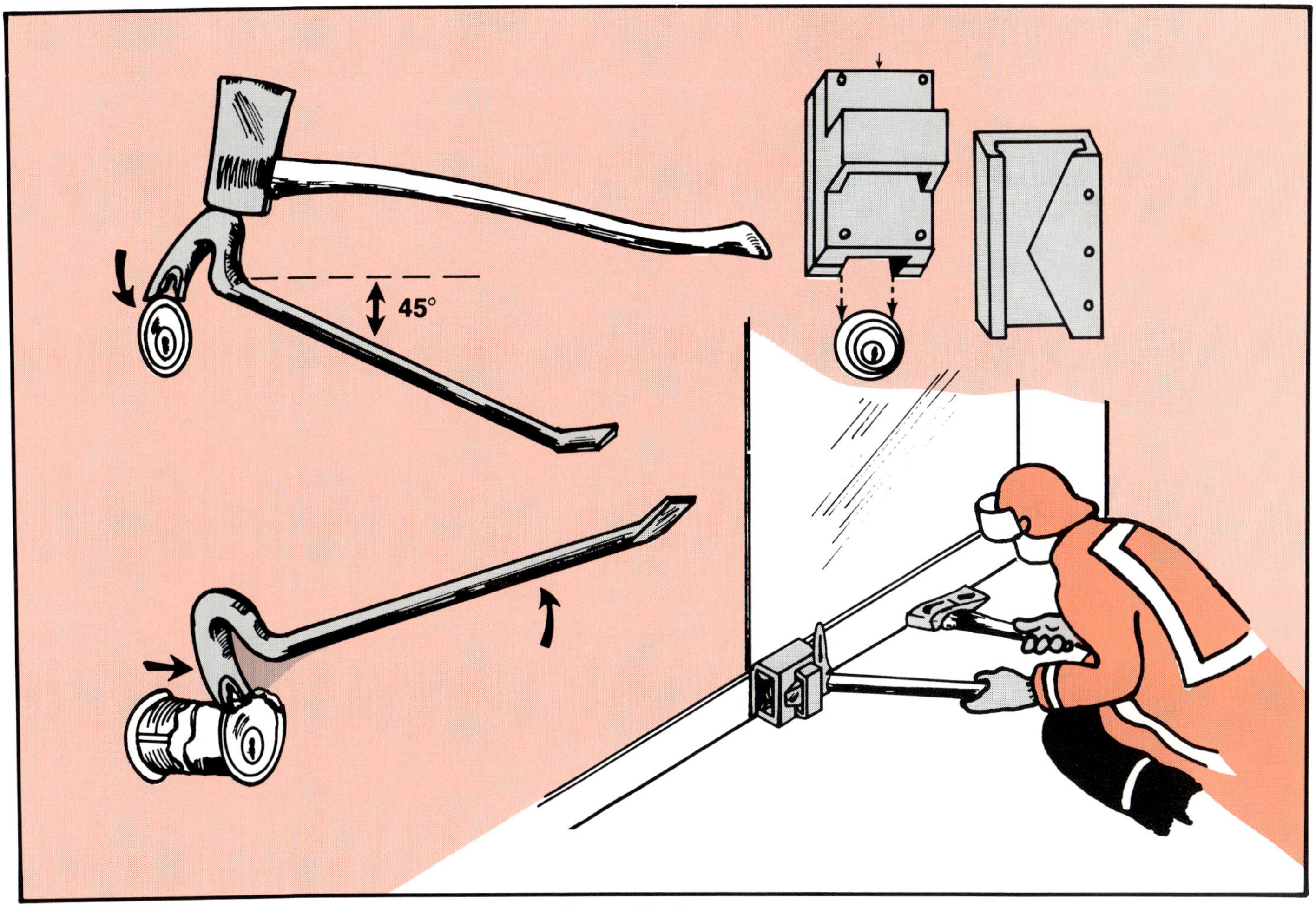

Figura 6.11 El extractor de cerraduras o herramienta "K" puede ser utilizada para remover los cilindros de las cerraduras.

laherramienta actúa como punto de apoyo para el apalancamiento y presiona la punta bifurcada del instrumento de apalancar.

Cuando un cilindro se encuentra muy cerca del umbral o jamba, el lado angosto del la hoja del la herramienta generalmente encajará aún por detrás del anillo. En una puerta corrediza de vidrio, generalmente se presentará una situación de contar con poco espacio libre pero solamente se requiere un espacio libre de 12.5 milímetros (½ pulgada).

Cuando el cilindro es removido, use una llave maestra dentro del orificio para mover el pasador de cierre a la posición abierta. El funcionamiento de la llave maestra es discutido más adelante en esta sección.

El extractor de cerradura es un instrument diferente que efectúa el mismo trabajo que la her ramienta-K. Sus quijadas son también forzada alrededor y por detrás del arco saliente del cilindro Luego la cabeza curva y el largo mango son usada para hacer el apalancamiento y sacar el cilindro En el otro extremo de la herramienta se utiliza una cabeza de cincel para los casos en que es neces sario sacar la madera que rodea elcilindro y au nque resulta ligeramente más dañino a la puerta que la herramienta K, extrae rápidamente el cilin dro, lo cual es una consideración important cuando en una condición de incendio se requiere el acceso a una determinada área, independien temente del daño que se le pueda causar a la puerta. Introduzca, bien sea la punta recta o la

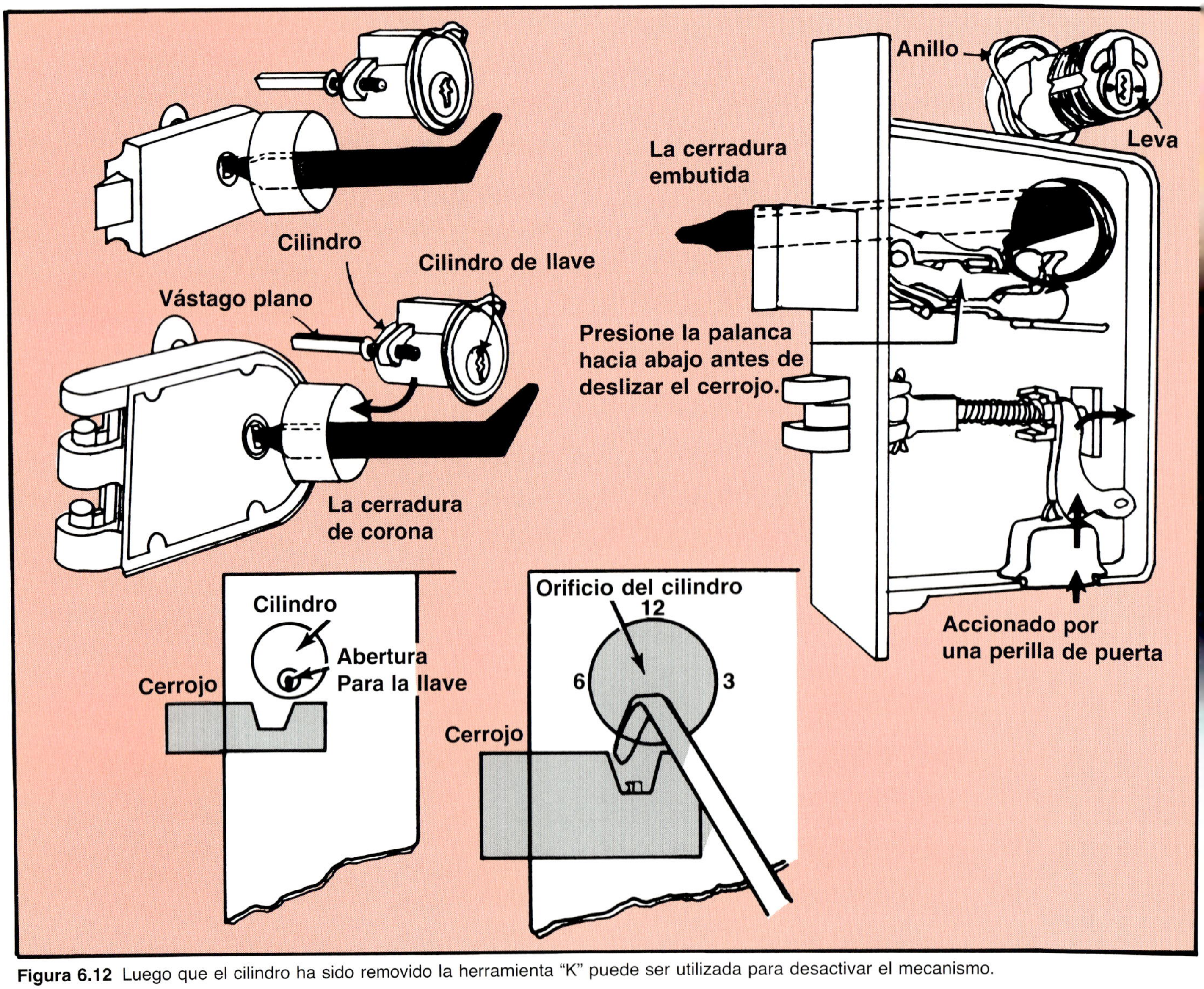

Figura 6.12 Luego que el cilindro ha sido removido la herramienta "K" puede ser utilizada para desactivar el mecanismo.

doblada de la llave maestra en el centro de la cerradura y hágala girar (Figura 6.12). Si por alguna razón esto falla, meta la punta recta del extractor de cerradura por el orificio y saque la cerradura de la puerta con un hacha.

Forzamiento de Puertas que abren hacia el Bombero

Las bisagras de la puerta y jambas tienen que ser revisadas para determinar la dirección en que la puerta gira. Si la puerta abre hacia el bombero, debe ser forzada de cierto modo. Se pueden utilizar varias herramientas de entrada forzosa para esta operación. Las técnicas de sus usos son similares y los pasos a seguir son mostrados en la Figura 6.13.

Paso 1: Introduzca la hoja de la herramienta entre la puerta y la jamba cerca de la cerradura.

Paso 2: Meta la hoja por la fuerza y contra el batiente o tope manipulando y haciendo avanzar la herramienta (la herramienta puede ser martillada con otro objeto).

Paso 3: Mueva la palanca en dirección opuesta a la de la puerta para separar la puerta de la jamba.

Paso 4: Hale la puerta abierta o apalanque para abrir con otra herramienta cuando la cerradura haya despejado el retenedor.

El uso de diferentes herramientas para esta operación es mostrado en la Figura 6.14. Estos métodos pueden funcionar muy bien en puertas ordinarias y baratas. Sin embargo, algunas variaciones tienen que hacerse para forzar puertas más fuertes. Se pueden usar dos herramientas simultáneamente para abrir una puerta. Si las dos herramientas son utilizadas, introduzca las dos entre la puerta y la jamba, una justamente arriba de la cerradura y la otra debajo de la misma. Apalancando alternadamente con una y enganchando con la otra, puede aplicarse más fuerza.

Forzamiento de Puertas que Abren en Dirección Opuesta al Bombero

Las puertas oscilantes que abren en dirección opuesta al operador presentan mayores dificul-

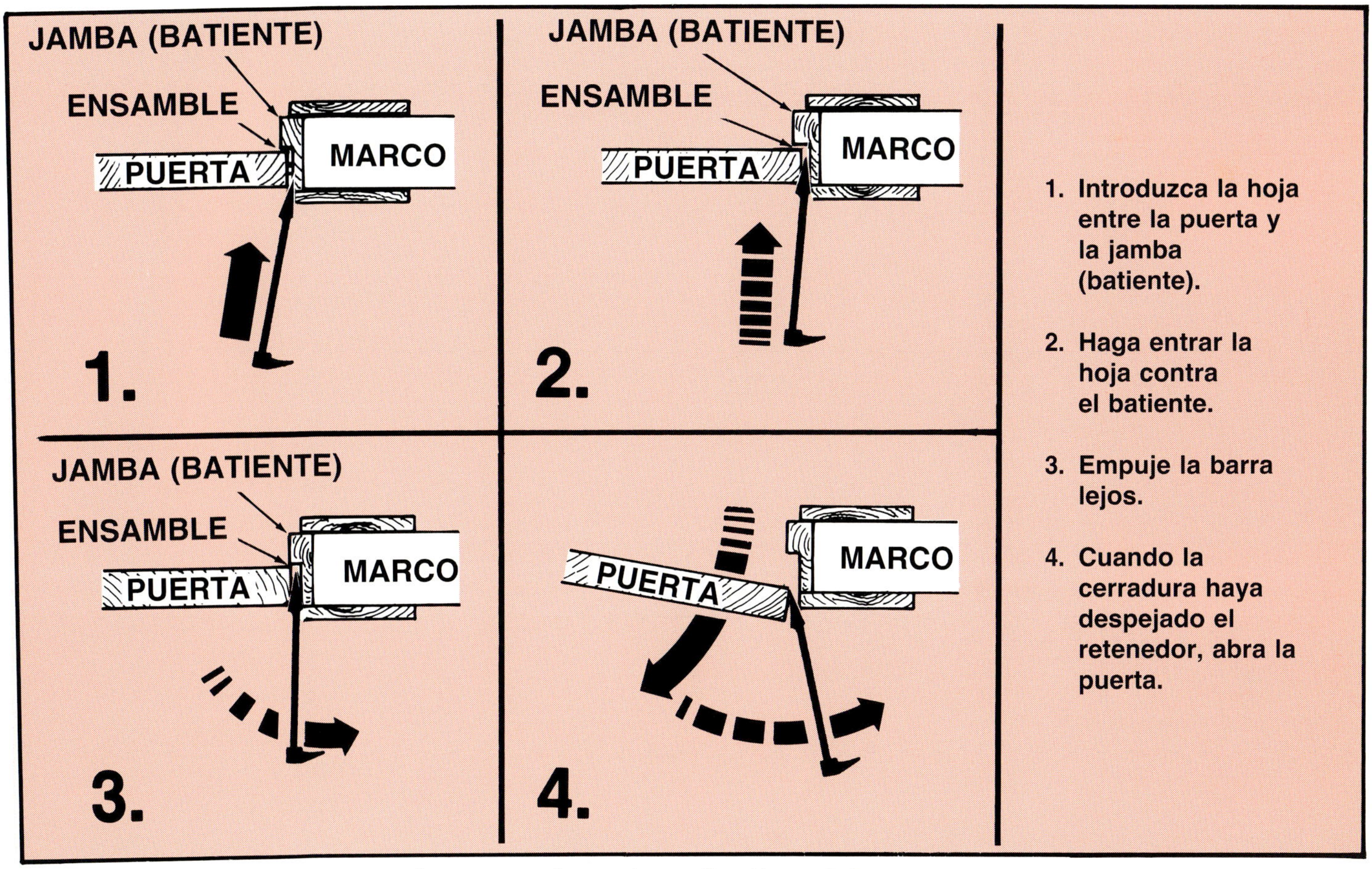

Figura 6.13 Siga estos cuatro pasos para forzar una puerta que abre en dirección a usted.

Figura 6.14 Existen diferentes herramientas que pueden ser usadas para forzar o remover una puerta. Removiendo las bisagras y luego la puerta puede resultar en menor daño.

tades. Si la puerta está en un marco retenido, la hoja de la herramienta puede introducirse entre el tope y la jamba. El tope puede levantarse y la herramienta puede meterse entre la puerta y la jamba cerca de la cerradura. Separando la puerta en dirección opuesta a la jamba, el operador puede forzarla suficientemente para hacer que el cerrojo pase el retenedor. Bajo ciertas condiciones, puede ser mejor remover el tope completamente. Los pasos para forzar una puerta que abre en dirección opuesta a la de un operador cuando son utilizados topes sobre la jamba, se dan a continuación y se muestran en la Figura 6.15 (como es mostrado en las ilustraciones, el tope no has sido completamente removido de la jamba).

Paso 1: Golpee el filo de la herramienta contra el tope para desprender la pintura o barniz de modo que la hoja pueda ser introducida.

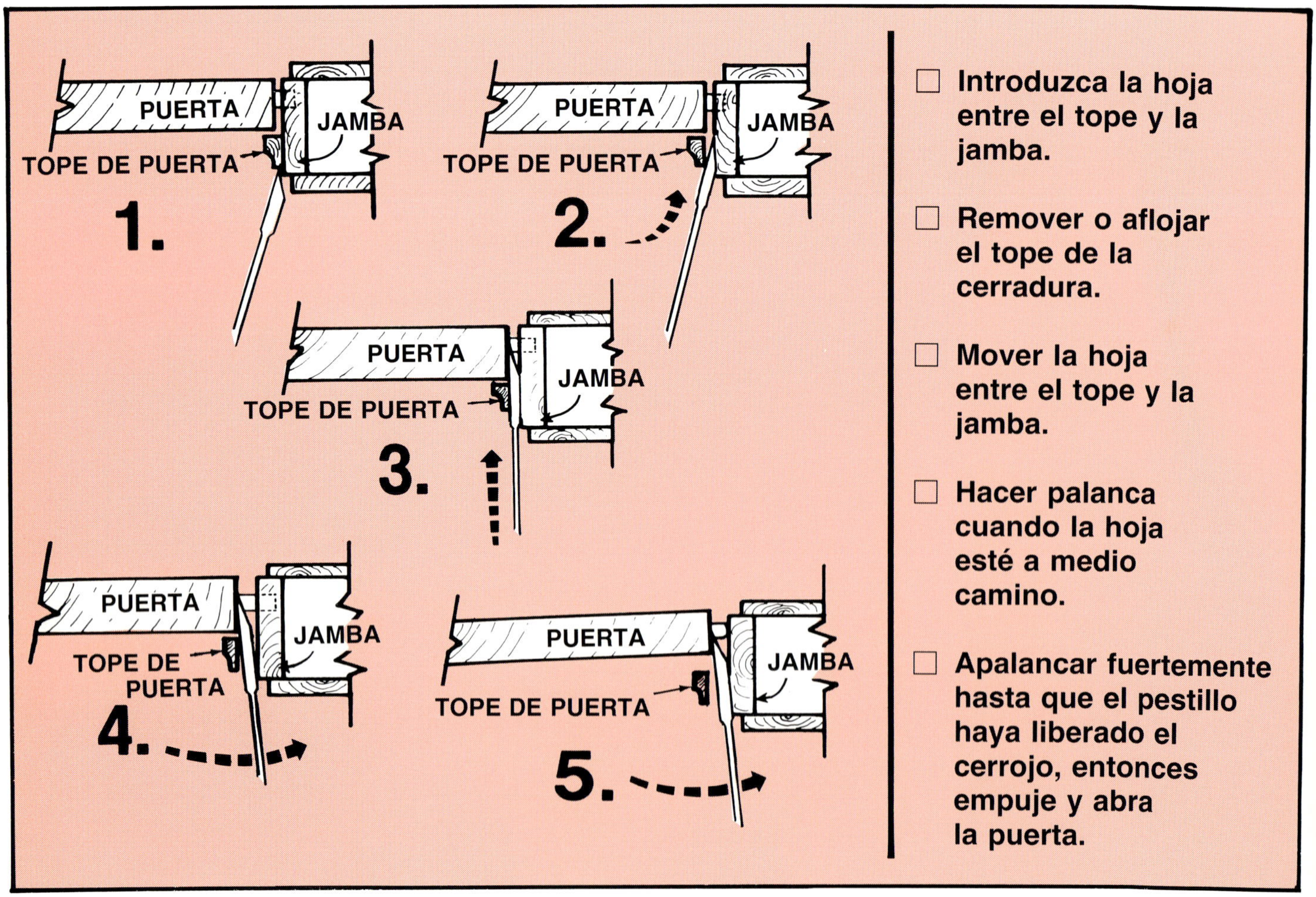

Figura 6.15 Siga estos cinco pasos para forzar una puerta con jambas ensambladas que abre en dirección opuesta a usted.

Paso 2: Afloje el tope en la cerradura o quítelo completamente.

Paso 3: Mueva la hoja entre la puerta y la jamba.

Paso 4: Haga el apalancamiento incial solamente después que la hoja haya entrado a mitad de camino, para permitir que la hoja sea movida e introducida.

Paso 5: Con un apoyo completo detrás de la puerta, apalanque la puerta en dirección opuesta a la de la jamba hasta que el cerrojo pase el retenedor.

Si la puerta que abría en dirección opuesta a la del operador estuviese en una jamba ensamblada, ésta podría ser forzada más fácilmente utilizando dos herramientas. Haciendo palanca contra la puerta con una herramienta, se podría hacer una rendija entre la puerta y la parte saliente, dentro de la cual la hoja de la segunda herramienta puede ser introducida. Una vez que la hoja de la segunda herramienta haya sido metida en esta abertura, entre la puerta y la jamba, la puerta puede ser forzada suficientemente para hacer que el cerrojo pase el retenedor. Incluso con dos herramientas, forzar este tipo de puerta puede ser bastante difícil. Los pasos para introducir las hojas de las herramientas en la rendija entre la puerta y la jamba ensamblada son dados a continuación e ilustrados en la Figura 6.16.

Paso 1: Coloque la hoja de la herramienta extendida contra la puerta e introdúzcla entre la parte saliente y la puerta.

Paso 2: Haga pequeños apalancamientos con la primera herramienta para separar la jamba.

Paso 3: Meta la hoja de la segunda herramienta entre la puerta y la jamba en dirección opuesta a la de la puerta hasta que el cerrojo pase el retenedor.

Paso 4: Con un asimiento completo detrás de la puerta, apalanque la jamba en dirección opuesta a la de la puerta hasta que el cerrojo pase el retenedor.

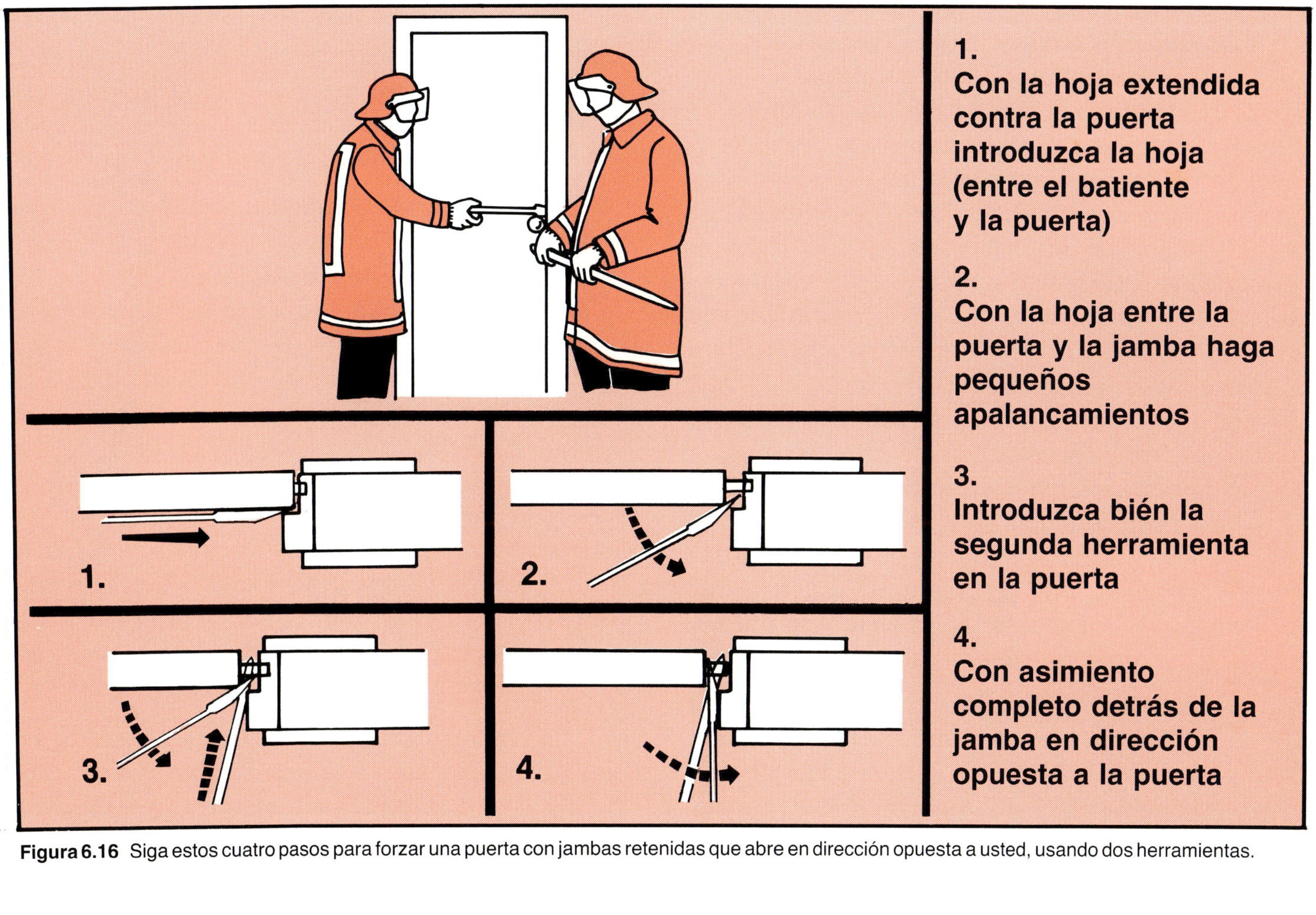

Figura 6.16 Siga estos cuatro pasos para forzar una puerta con jambas retenidas que abre en dirección opuesta a usted, usando dos herramientas.

Puertas Oscilantes dobles

Las puertas oscilantes dobles pueden ser forzadas con casi todas las herramientas de apalancar separando las dos puertas suficientemente, para hacer que el cerrojo pase el retenedor. Algunas veces una moldadura de madera es fijada a una o dos puertas de madera donde ellas se juntan en el centro. El propósito de esta moldadura es cubrir la rendija entre las puertas cuando ellas están cerradas. En este caso, esta moldadura debe ser removida antes que la hoja de la herramienta sea introducida. Las puertas oscilantes dobles son aseguradas a veces con una barra en la pared interior. Si la abertura entre las puertas es suficiente como para permitir la introducción de una herramienta u objeto plano, la barra puede ser a veces levantada o derribada de los estribos. Cuando este procedimiento no es posible, las puertas aseguradas con una barra requerirán ser derribadas si la entrada es necesaria. Puede ser posible, sin embargo, hacer un agujero en un panel de la puerta o romper el vidrio y remover la barra.

Puertas de Planchas de Vidrio Templado

Las recientes tendencias en la construcción de edificios y modernización de estructuras más viejas han incrementado el uso de puertas de planchas de vidrio templado. Tales instalaciones son encontradas frecuentemente durante las labores de combate de incendios. Las características de ruptura de las planchas de vidrio templado son completamente diferentes a aquéllas de vidrio ordinario. La diferencia es debido al tratamiento de calor que es dado al vidrio durante la temperación. Los resultados de temperar el calor en las planchas de vidrio producen esfuerzos de alta tensión en el centro del vidrio y esfuerzos de alta compresión en las superficies exteriores. Estos esfuerzos de tensión y compresión se balancean unos a otros y pueden ser visualizados cuando el vidrio es sujeto a luz polarizada. Bajo ciertas condiciones, la luz del sol puede producir luz polarizada y se pueden ver las características rayas o bandas multicolores.

El tratamiento de calor dado a las planchas de vidrio templado incrementa su resistencia y flexibilidad. Su resistencia a choques, presión, impacto, y temperaturas son también incrementadas. El vidrio templado se dice que es aproximadamente cuatro veces más resistente al impacto y soportará sin romperse una temperatura de 343°C (650°F), en un lado mientras el otro lado es expuesto a temperatura atmosférica ordinaria. Cuando es roto, la lámina de vidrio de repente se desintegra en pequeños pedazos. El vidrio debe romperse aproximadamente 36 centímetros (14 pulgadas) desde el suelo o hasta la rodilla y luego debe ser sacado del marco. Para romperlo use el hacha con pico.

Aunque las puertas de planchas de vidrio templado pueden ser cerradas en el centro, parte superior, o inferior de la puerta, su resistencia al choque e inflexibilidad las hace casi imposibles de forzar con herramientas de entrada forzosa. Los ensayos que han sido efectuados nos conducen a la conclusión básica de que los bomberos deben usar todos los otros medios disponibles de entrada forzosa antes de decidirse a lograr acceso a través de una abertura que está bloqueada por una puerta de planchas de vidrio templado. Los paneles de estas puertas son considerablemente más costosos que cualquier otra puerta con paneles de vidrio de tamaño similares. Cada puerta es hasta cierto punto hecha a la orden y el costo de instalación varía. El tiempo necesario para preparar una pieza de repuesto e instalarla puede ser considerablemente más largo que para puertas de otro tipo.

Las puertas de planchas de vidrio frecuentemente tienen paneles laterales de vidrio templado más angostos instalados en la abertura de entrada. Estos paneles deben ser tratados con la misma precaución que la puerta. Cuando sea necesario romper paneles de puertas de planchas de vidrio templado, dicho rompimiento puede ser efectuado más fácilmente con el pico de un hacha para incendio. El bombero debe usar una máscara adecuada para protegerse contra lesiones de ojos, o alejarse de la puerta a medida que el vidrio sea roto. Algunos cuerpos de bomberos colocan un protector hecho de una manta de salvamento y dos varas de garrocha tan cerca del vidrio como sea posible, y el golpe es asestado a través de la manta.

La fragmentación del vidrio templado es en pequeños gránulos con puntas relativamente redondas y bordes desafilados, mientras que el vidrio ordinario se rompe en pedazos puntiagudos y afilados mucho más grandes. Los fragmentos de las planchas de vidrio tienen suficiente peso y fuerza para causar serias cortaduras o heridas. Existe la opinión generalizada de que hay considerablemente menos riesgos envueltos al romper un panel de una puerta de vidrio y templado cerrada y asegurada, que al romper paneles de planchas de vidrio ordinario del mismo tamaño.

Método no Destructivo de Entrada Rápida

Las puertas en casi todas las edificaciones son cerradas después de las horas normales de oficina. Si bien esta precaución de seguridad es necesaria, a menudo causa complicaciones para los servicios de emergencia. Aun cuando la puerta principal de un edificio pueda ser abierta con una mínima cantidad de daño o tiempo de demora, los bomberos pueden encontrar numerosas puertas interiores cerradas. La falta de acceso inmediato en un edificio impedirá que los bomberos lleguen hasta el lugar del incendio. Esto puede conducir a un incremento en la propagación del incendio y el daño a la propiedad resultante de las actividades prolongadas de combate de incendio.

El problema de lograr entrada rápida sin destrucción lo han enfrentado los cuerpos de bomberos desde que las cerraduras han existido. Tratando de encontrar una solución, muchos cuerpos de bomberos han procurado mantener un inventario de llaves para los edificios en sus áreas. Mientras este procedimiento sí reduce daños por entrada forzosa, también presenta un problema de mantener un inventario de llaves y lograr acceso rápido a la llave indicada en el tiempo adecuado. Afortunadamente, los problemas presentados por puertas cerradas pueden ser eliminados mediante el uso de un sistema de caja de llaves para entrada rápida (Figura 6.17). Este sistema provee la seguridad que el propietario del edificio necesita y está disponible sin costo alguno para el cuerpo de bomberos pues el dueño del edificio compra el equipo. Tales sistemas son instalados fácilmente en cualquier edificio. Todas las llaves necesarias para el edificio, áreas de almacenajes, portones y ascensores son guardadas en una caja de llaves montada en un sitio de alta visibilidad en el exterior del edificio. Solamente el cuerpo de bomberos carga la llave maestra que abrirá todas las

Figura 6.17 Un rápido acceso se puede lograr sin ninguna destrucción cuando se usa una caja de seguridad que contiene las llaves necesarias. Sólo el cuerpo de bomberos mantiene la llave maestra. *Cortesía de Knox Company.*

cajas en su jurisdicción. El montaje apropiado es responsabilidad del dueño de la propiedad. El cuerpo de bomberos debe indicar el sitio deseado para la montura, inspeccionar la instalación completa, poner las llaves del edificio en el interior, luego cerrar la caja con la llave maestra. La duplicación no autorizada de la llave maestra es impedida porque los metales para trabajarlas no están disponibles para los cerrajeros y no pueden ser duplicadas con equipos convencionales. Ellos son suministrados por la fábrica cuando el sistema es puesto en uso por primera vez y son controlados estrictamente a través de un método de salida con firma autorizada. Este sistema provee un alto grado de seguridad y elimina la necesidad de cargar llaves individuales de edificios sobre el aparato automotor, y de practicar entrada forzosa destructiva.

Puertas Giratorias y Técnicas para el Forzamiento

Las puertas giratorias están compuestas de secciones que giran alrededor de un eje central.

Estas secciones dan vueltas dentro de un armazón de metal o vidrio que se abre en cado lado a través de la cual los peatones pueden pasar a medida que la puerta se hace girar. El mecanismo de la puerta giratoria es por lo general desarmable y a prueba de pánico, y cada una de las cuatro alas giratorias es mantenida en posición cuando los soportes son derribados. Algunas puertas giratorias se derrumbarán automáticamente cuando son ejercidas fuerzas en direcciones opuestas sobre dos de las alas. Todas las puertas giratorias no se derrumban de la misma manera, y sería una buena práctica recoger tal información cuando sean hechas las inspecciones por el cuerpo de bomberos. Tres métodos de derribar las puertas giratorias son los siguientes:

TIPO A PRUEBA DE PANICO

El mecanismo desarmable a prueba de pánico tiene un cable de 6 milímetros (¼ pulgada) que sostiene las alas separadamente. Para derribar el mecanismo, empuje o presione las puertas o alas en direcciones opuestas.

TIPO DE BRAZO CAEDIZO

El mecanismo de brazo caedizo tiene un brazo sólido que pasa a través de una de las puertas y el trinquete será encontrado sobre la puerta por entre la cual el brazo pasa. Para derribar el mecanismo, presione este trinquete para desengancharlo del brazo y luego empuje el ala a un lado.

TIPO REFORZADO DE METAL

El mecanismo reforzado de metal es mantenido en posición por brazos que se asemejan a un gancho de portón con agujero. Para derribar el mecanismo, solamente será necesario levantar los ganchos que están en ambos lados de estas puertas y sujetarlos atrás, contra la puerta fija o ala. Los pivotes son, en la mayor parte de los casos, de hierro colado y pueden romperse forzando la puerta con una barra en los pivotes.

Las puertas giratorias pueden cerrarse de varios modos y en general son consideradas difíciles de forzar cuando están cerradas. Las puertas oscilantes son por lo general encontradas en cualquier lado de una puerta giratoria y se permiten grandes claraboyas encima de las puertas.

Puertas Corredizas y Técnicas de Apertura

Las puertas corredizas generalmente son consideradas como aquéllas que pueden deslizarse hacia la derecha o izquierda de sus aberturas y en el mismo plano. Estas puertas son generalmente sostenidas en un carril de metal y sus movimientos laterales se hacen más fáciles por ruedecillas o ruedas guías. La puerta corrediza ordinaria se desliza dentro de un tabique o pared cuando es empujada para abrirla. Este tipo de instalación es más común para interiores. Estas puertas pueden ser forzadas de igual manera que la puerta oscilante excepto que tienen que ser apalancadas directamente hacia atrás de la cerradura. Desde el punto de vista de entrada forzosa, las puertas corredizas de patio presentan el problema más grande. Estas unidades constan de un panel completo de vidrio de alta resistencia, que es colocado en un marco de madera o metal. Estos paneles de vidrio son algunas veces duplicados, "termopaneles", o templados, lo que aumenta su valor. Las puertas corredizas de patio por lo general se deslizan a lo largo de los paneles de vidrio fijos en lugar de desaparecer dentro de una pared. No es recomendable romper estos paneles de vidrio para lograr la entrada. No obstante, estas puertas pueden ser forzadas introduciendo una herramienta cuneiforme entre la jamba y la puerta junto a la cerradura y apalancando lapuerta en dirección opuesta a la del marco. A veces pueden ser trancadas o bloqueadas con una barra de metal o un dispositivo especial. Este rasgo distintivo puede ser visto fácilmente desde el exterior y elimina práticamente cualquier posibilidad de forzamiento.

Puertas de Techo y Técnicas de Apertura

Las puertas que abren moviéndose hacia arriba pueden ser clasificadas en puertas seccionales de acción ascendente, puertas enrollables de acero y puertas de chapas (Figura 6.18). Cada una será considerada separadamente para claridad de los métodos de entrada forzosa. Las puertas de techo pueden ser construidas de metal, fibra de vidrio, o armazón de madera. Desde un punto de vista de entrada forzosa, la puerta seccional no presenta un problema serio a no ser que sea movida por electromotor o controlada remotamente. La aldaba

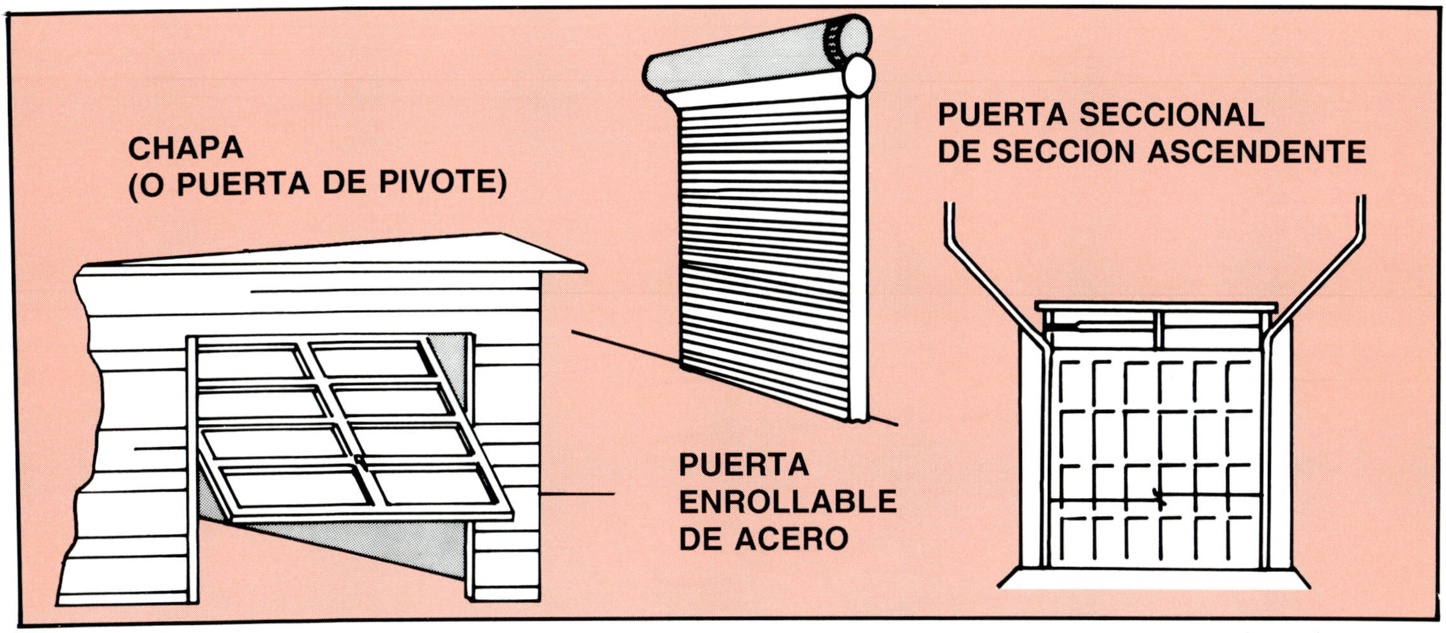

Figura 6.18 Las puertas de techo puede ser construidas de diversos materiales para enrollar, envolver, o levantar como un solo panel.

está por lo general en el centro de la puerta y controla las cerraduras que están a cada lado. La cerradura y aldaba también pueden estar a un lado solamente. Estas aldabas y cerraduras están ilustradas en la Figura 6.19. Las puertas de techo pueden ser forzadas levantando la parte inferior de la puerta con una buena herramienta de apalancar, pero se haría menos daño y se ahorraría tiempo si se perfora un panel y la aldaba es girada desde el interior (Figura 6.20). Algunas puertas de techo pueden cerrarse con un candado a través de un agujero en cualquier extremo de la barra, o el candado puede incluso estar en el carril. Estos sistemas de cierre pueden hacer necesario derribar la puerta con un ariete u otro aparato de batir si el acceso no puede ser logrado a través de un panel para remover el candado.

Las puertas de chapas o de pivote son cerradas de manera similar a la puerta corrediza de techo previamente descrita. Estas puertas pueden ser de metal, fibra de vidrio, o de madera, y a menos que haya ventanas de vidrio, es prácticamente imposible alcanzar la aldaba en el interior. Algunas veces es posible levantarlas desde afuera con una palanca en cada lado, cerca del suelo. Esta acción tenderá a doblar la barra de cerrar suficientemente hasta pasar el retenedor. **CUIDADO:** todas las puertas de techos deben ser bloqueadas abiertas (posición levantada) para evitar lesiones a los bomberos en case de que el dispositivo de control fallase.

CERCAS

Las cercas de madera, metal, mampostería y alambre tejido a menudo plantean un problema de entrada. Los portones en estas cercas son or-

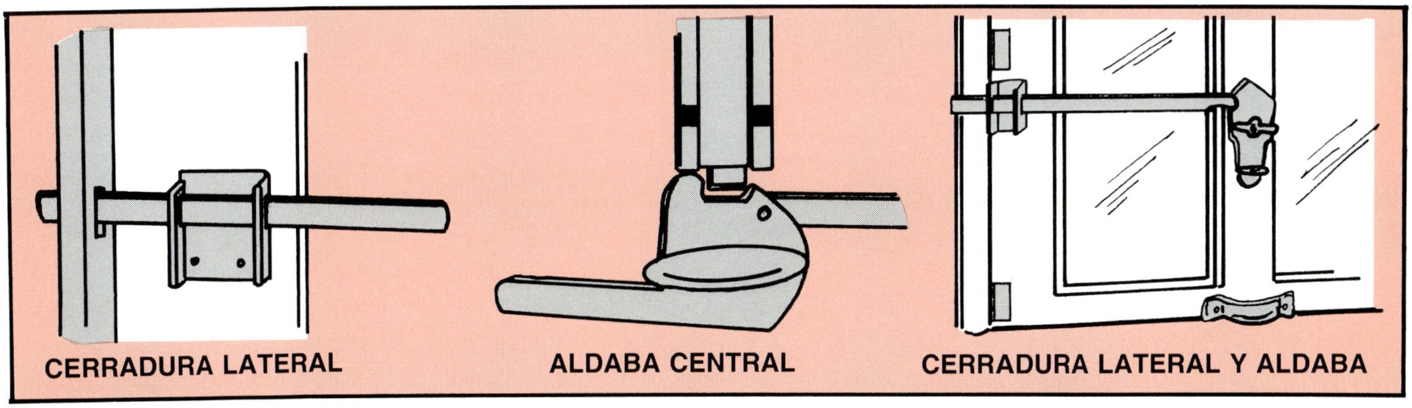

Figura 6.19 Las cerraduras y anclajes de las puertas de techo pueden estar localizadas en diferentes posiciones.

Figura 6.20 La entrada rápida se puede lograr retirando un panel y luego cerrando el cerrojo.

dinariamente cerrados con aldabas y candados. Estas cerraduras pueden ser rotas con una pata de cabra o picadas con alguna herramienta de cortar disponible. La hembra del cerrojo puede ser a veces despegada o torcida usando una palanca o la punta de la pata de cabra con uña. Otro método rápido que se aplica a cerraduras de bajo costo, es asegurar el arco del cerrojo contra la aldaba o hembra y luego golpear la parte inferior de la cerradura con el revés del hacha. La cerradura por lo general se soltará para abrir o el arco abrirá de golpe. En los casos donde sean utilizadas cadenas y candados para portones, el mejor método de entrada sería cortando las cadenas.

Una cerca de madera sólo requeriría que fuesen despegadas o cortadas varias tablas para una entrada segura al área. Las cercas de alambre tejido pueden algunas veces ser cortadas, pero el alambre tejido del tipo de cerca de ciclón debe ser generalmente atravesado de alguna manera como es mostrado en la Figura 6.21. Estas cercas deben cortarse cerca de postes para proveer de espacio adecuado a los aparatos contra incendio y disminuir el riesgo de lesiones a causa del rollo de alambres sueltos.

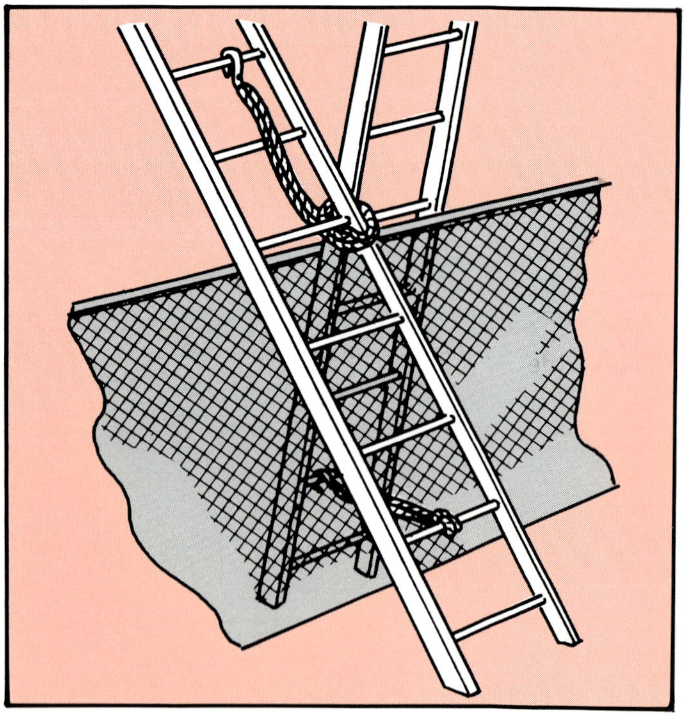

Figura 6.21 Las cercas de alambre pueden ser cortadas o cruzadas con escaleras.

Es extremadamente difícil, costoso, y consumidor de tiempo hacer brechas en cercas de mampostería, y esto sería hecho solamente como último rescurso. Si se requiere hacer brechas en una cerca de mampostería, debe hacerse como es descrito en un párrafo posterior sobre rompimiento de paredes de mampostería. **CUIDADO:** El bombero debe estar alerta a los animales encerrados dentro de recintos.

APERTURA DE VENTANAS

Hay muchos tipos y diseños diferentes de ventanas a través de la cuales los bomberos deben forzar la entrada para llevar a cabo sus labores de rescate y extinción de incendios. Cada tipo presenta una técnica distinta si se desea hacer una entrada forzosa efectiva. A menudo es más fácil forzar una ventana que una puerta, y la entrada por una ventana puede permitir que una puerta sea abierta desde el interior. Los tipos de ventanas que serían estudiados aquí son: ventanas suspendidas dobles o rieles contenibles, ventanas engoznadas o puerta, ventanas de toldos o celosía.

Ventanas de Rieles Contenibles y Técnicas de Aperturas

Las ventanas de rieles contenibles o doblemente suspendidas pueden ser hechas de madera o metal, pero el diseño de construcción es bastante similar. Generalmente constan de dos bastidores que se unen en el centro de la ventana, conocidos como bastidores superior e inferior. Estos dos bastidores pueden ser cerrados juntos con una aldaba o cerrojo en el interior (Figura 6.22). Las ventanas de madera de rieles contenibles no son difíciles de forzar, si la aldaba está sobre el riel, porque el tornillo de la cerradura se sacaría y los bastidores

Figura 6.22 Las ventanas doblemente suspendidas o de rieles son fáciles de abrir debido a que tan sólo se debe forzar un par de tornillos.

se separarían. Prácticamente cualquier herramienta de apalancar puede ser usada, tales como un hacha o llave de tuercas. Si el apalancamiento debe hacerse en el centro del bastidor inferior los bastidores son cerrados en el medio del riel.

El forzamiento de los cerrojos de bastidores en las ventanas de metal presenta un problema diferente. La aldaba o cerrojo no es probable que sea sometida a palanca, y puede hacerse demasiado daño y gastarse más tiempo que si el vidrio fuese roto cerca de la cerradura y la ventana abierta desde el interior. El vidrio armado con tela de alambre requiere a menudo más fuerza para romperse, y el uso de la hoja o pico de hacha en lugar de la parte plana puede resultar algunas veces ventajoso.

Ventanas Batientes Horizontales y Técnicas de Apertura

Las ventanas engoznadas o ventanas batientes horizontales son por lo general hechas de metal; sin embargo, también pueden utilizarse puertas de madera. Estas se componen de uno o dos bastidores que son engoznados por los lados y abren hacia afuera desde el marco. Si se emplean telas metálicas, las mismas son colocadas en el interior opuesto a la dirección en la cual las ventanas abren. Existen varias clases de ventanas batientes horizontales, cerraduras y mecanismos. La Figura 6.23 además señala que este tipo de ventanas no es solamente cerrado con aldabas, sino que el mecanismo operante puede ser alcanzado para abrir la ventana. Para llegar a la aldaba hay que cortar la tela metálica y es bastante obvio que la alambrera tiene que ser removida si la entrada va a ser efectuada en este punto.

A causa de estas condiciones, la manera más práctica de forzar la entrada a través de ventanas batientes horizontales es como sigue:

- Rompa el cristal de ventana más bajo y saque los bordes afilados.
- Fuerce o corte la alambrera en la misma área.
- Penetre hacia arriba para levantar la aldaba y después mueva las manijas o manecillas en la parte inferior.

Figura 6.23 Rompa el vidrio del panel inferior, desactive el cerrojo y opere el mecanismo para abrir la ventana.

- Remueva la alambrera completamente y entre.

Ventanas Batientes Verticales y Técnicas de Apertura

Las ventanas batientes verticales son ordinariamente hechas de metal y pueden accionarse hacia adentro o afuera desde el marco. (Figura 6.24). Pueden girar sobre un pivote en el centro o pivotear en la parte superior o inferior. Las ventanas "Batientes Verticales-Hacia Afuera" abren hacia afuera en la parte inferior y la parte superior se desliza en una ranura provista para ese propósito. Las ventanas "Batientes Verticales-Hacia Adentro" abren hacia el interior por la parte superior y usualmente tienen una bisagra en la parte inferior. Las ventanas batientes que giran sobre pivotes son accionadas generalmente por una palanca de operación que es entallada para mantener la ventana en su posición. Las telas

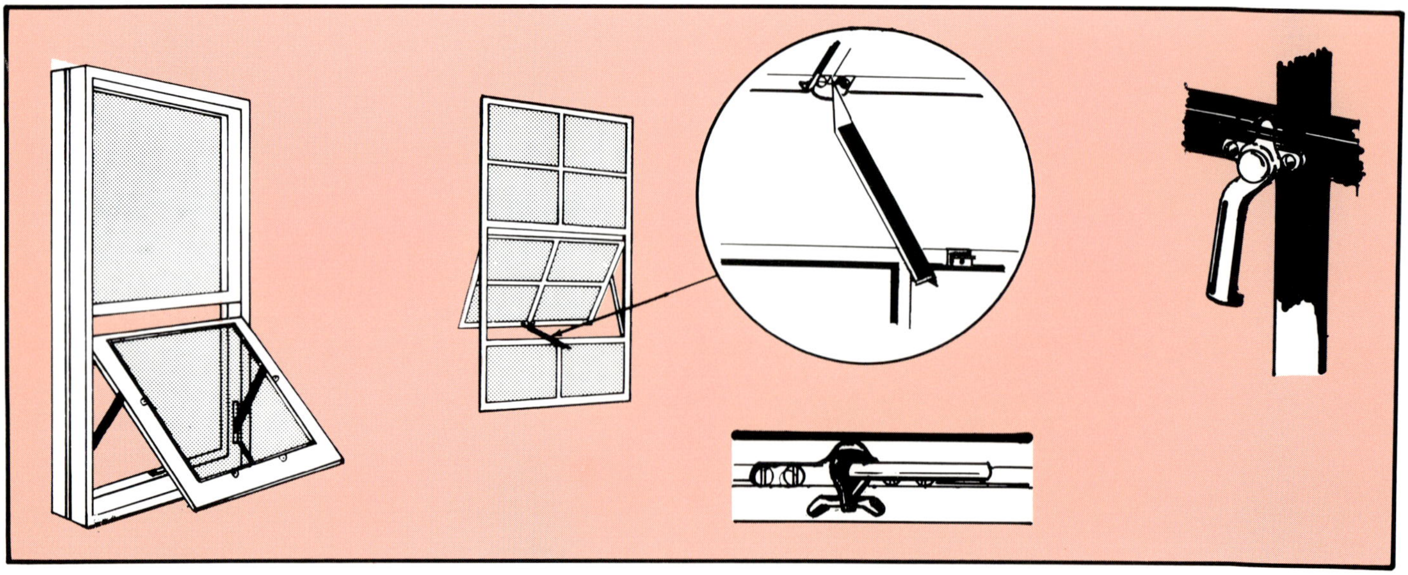

Figura 6.24 Las batientes verticales generalmente requieren que se rompa el vidrio y se desconecte el cerrojo.

metálicas son rarmente utilizadas con este tipo de ventana, pero cuando existen, se encuentran en el lado opuesto a la direción de apertura. El método más práctico para forzar ventanas tipo-batiente vertical es el mismo que ha sido descrito previamente para las ventanas batientes horizontales, excepto que las ventanas de servicio accionadas por manijas son por lo general de tipo de ventanas batiente vertical y se aseguran de igual mannera que todas las otras ventanas del mismo tipo. La entrada puede efectuarse aplicando técnicas similares.

Ventanas de Toldos o Celosía y Técnicas de Apertura

Aunque las ventanas de toldo y celosía son a menudo consideradas del mismo tipo, hay dos diferencias importantes que deberían tomarse en cuenta en un estudio de entrada forzosa. Ambos tipos son a veces mencionados como ventanas de persianas, por sus métodos de operación (Figura 6.25).

Figura 6.25 Las ventanas con persianas del tipo toldo o celosía, son abiertas rompiendo o removiendo un panel. Durante los incendios pueden ser utilizadas sólo para efectos de ventilación.

Las ventanas de toldo constan de grandes secciones de vidrio de 30 mm (1 pie) de ancho y tan largas como el ancho de la ventana. Las ventanas de celosía se componen de pequeâs secciones de cuatro pulgadas de ancho y tan largas como el ancho de la ventana. Las secciones de las ventanas de toldo son construidas con un marco de metal o madera alrededor de los paneles de vidrio, que son por lo general de doble resistencia. Las secciones de las ventanas de celosía usualmente no tienen marcos, y los cristales son de láminas gruesas que han sido esmerilados para que solapen cuando están cerradas.

Las secciones de vidrio de tanto las ventanas de toldo como las celosía son sostenidas en cada extremo por un mecanismo de metal. Este dispositivo mecánico puede estar expuesto u oculto a lo largo de los lados de la ventana, y en cada panel de vidrio abre la misma distancia exteriormente cuando la manija es girada. La manija operante y la caja del engranaje están situadas en la parte inferior de la ventana. Las ventanas de toldo o celosía son las más difíciles de todos los tipos para forzar. Incluso con las persianas abiertas, es obvio que no hay suficiente espacio entre las persianas para permitir que una persona entre. La entrada a través de estas ventanas requiere que varios paneles sean quitados. A causa del costo de las ventanas de celosía, estas aberturas deben evitarse.

Ventanas Lexan y Técnicas de Apertura

Una tendencia común en la industria de la construcción es el uso de Plexiglás y otros termoplásticos en lugar de ventanas de vidrio por su habilidad de resistir maltratos del vandalismo o el tiempo. Lexan es 250 veces más fuerte que el vidrio de seguridad, 30 veces más fuerte que los acrílicos y es clasificado como autoextinguible, es 50% más liviano que el vidrio y 43% más ligero que el aluminio. Lexan está disponible en espesores que varían desde 3 a 13 milímetros (⅛ a ½ pulgadas). Varios ensayos han sido conducidos por cuerpos de bomberos a través del país (USA) para obtener información sobre la mejor manera de forzar la entrada en ventanas Lexan. En los ensayos han utilizado equipos corrientes de entrada forzosa incluyendo hachas de pico, sopletes de acetileno, sierras de movimiento alternativo y sierras circulares. Estos ensayos conjuntamente con las experiencias de campo con Lexan durante situaciones de incendio indican que una sierra circular con una hoja dentada de carburo es más efectiva cuando se tiene que entrar a través de Lexan. Debe tenerse cuidado en la selección de la hoja, una hoja con dientes demasiado pequeños derretiría el Lexan y haría trabar la hoja en exceso; inversamente, una hoja que sea demasiado gruesa se deslizaría peligrosamente sobre la superficie de cortar. Se ha descubierto que una hoja de dientes medianos (aproximadamente 40 dientes) rinde mejores resultados.

Ventanas Protegidas o Enrejadas y Otras Aberturas

Los protectores fuertes de mallas de alambres sobre ventanas y puertas presentan un problema serio para la entrada forzosa, ventilación y las labores de combate de incendios. Estos protectores pueden ser instalados permanentemente, engoznados por arriba o de lado, o encajados en soportes cerrados firmemente. En cualquier caso, el forzamiento de estos protectores envolverá un tiempo considerable, lo cual debe ser evitado.

Para zafar las barras en mampostería, el bombero debe golpearlas con una mandarria aproximadamente 25 centímetros (10 pulgadas) por encima del antepecho. A medida que la barra se doble, la punta se soltará del antepecho. Otro método es golpear el antepecho con una mandarria al otro lado del extremo de la barra. Un golpe en este punto agrietaría algunas veces la mampostería suficientemente para soltar la punta de la barra.

Las hojas de hierro pueden ser encontradas en aceras, sobre ventanas de sótanos, en pisos, o en paredes. Pueden ser sostenidas en posición, solamente por la fricción de la reja contra el antepecho, pueden estar colocadas por medio de un pivote en la parte posterior, o pueden ser engastadas en mampostería y cerradas en posición con aldabas y candado. Estas rejas pueden ser abiertas a veces con el extremo puntiagudo del hacha forzándola entre el antepecho y la reja y luego levantándola. Una cadena de remolque conectada a un vehículo o un guinche pueden ser utilizados para remover barras de hierro y protectores de mallas de alambre de las ventanas. El soplete de acetileno y sierras de potencia son herramientas de entrada forzosa recomendadas para estructuras de acero y se utilizarán cuando otros instrumentos fallen. Las puertas de acero, rejas, barras y otras obstrucciones de acero pueden ser cortadas con un soplete.

APERTURA DE PISOS

Hay casi tantas clases de pisos como edificios. El tipo de construcción de pisos está, sin embargo, limitado fundamentalmente a madera y concreto. Cualquiera de los dos puede ser terminado con una variedad de materiales de revestimiento para pisos. Con el advenimiento de grandes urbanizaciones de viviendas la salida del subsuelo convencional y estructura de vigas de madera sobre cimientos y bases de vigas firmes es actualmente una práctica común en las residencias unifamiliares y multifamiliares. Los pisos de losas de concreto sobre sistemas de cañerías y antioxidantes son bastante comunes. Comúnmente hablando, los pisos de las plantas superiores de las residencias familiares son todavía de vigas de madera con subsuelo y construcción de acabado. No es raro que un piso sea clasificado según su revestimiento en lugar del material con el cual se ha construido. La posibilidad de abrir un piso durante una operación de combate de incendio obviamente depende de cómo y de qué material está construido. Un piso de madera no asegura en sí mismo que pueda ser penetrado fácilmente. Muchos pisos de madera son puestos encima de planchas de concreto. El tipo de construcción de pisos puede ser determinado mediante pre-inspecciones contra-incendios en estructuras comerciales e industriales, aun cuando las informaciones similares en estructuras residenciales no son obtenidas fácilmente. Algunas técnicas aceptadas y recomendadas para abrir pisos de madera y concreto son ofrecidas. Las diferentes técnicas serán discutidas separadamente porque cada tipo de piso representa una situación distinta.

Pisos de Madera y Técnicas de Apertura

Las vigas de construcción de pisos de madera están usualmente separadas unas de otras por un máximo de 400 milímetros (16" pulgadas). Un piso de soporte integrado por tablas de 25 milímetros (1" pulgada) o madera laminada 1 metro x 2 metros (4 pies por 8 pies) es tendido primero sobre las vigas. El material de revestimiento puede ser linóleo, baldosa, madera dura, o alfombra, es colocado de último. El piso de soporte es ordinariamente tendido diagonalmente a las vigas y el piso acabado en ángulos rectos a las mismas.

Las pisos de madera pueden ser abiertos conforme es ilustrado en la Figura 6.26.

Paso 1: Determine la ubicación para la abertura, sondee en busca de las vigas, y corte un lado del piso acabado utilizando cortes angulares.

Paso 2: Corte el otro lado del piso acabado del mismo modo y remueva el piso o revestimiento con el pico del hacha.

Paso 3: Corte el piso de soporte empleando la misma técnica y los cortes angulares. Por lo general es conveniente cortar todos los lados del soporte antes de remover las tablas. Si sólo algunas tablas son removidas antes que las otras sean cortadas, las condiciones de calor y humo pudieran impedir la terminación del trabajo.

Se pueden hacer excelentes cortes en pisos de madera de una manera similar con sierras de potencia. Se podría proveer de una hoja metálica de cortar con sierra circular, o podría utilizarse la sierra de sable o de cadena. Es mejor suministrar energía a dichas sierras desde un generador portátil, el cual es cargado sobre el aparato automotor contra incendio, antes que depender de energía doméstica durante un incendio. Los pisos que están cubiertos con losas, linóleo, u otros materiales semejantes, primero hay que quitarles estos materiales antes que el piso sea cortado. Las alfombras y tapetes deben ser removidos o enrollados a un lado antes de cortar un piso.

Pisos de Concreto y Técnicas de Apertura

La estructura general de los pisos de concreto armado los hace extremadamente difíciles de forzar, y si es posible debe evitarse su apertura. Si los pisos de concreto tienen que ser abiertos, el recurso más viable es utilizar un martillo de aire comprimido. A menos que se disponga fácilmente de esta herramienta, este proceso sería extremadamente lento y pudiera no ser beneficioso para la extinción de incendios, pero podría ser el mejor medio para las operaciones de rescate.

Figura 6.26 Siga estos tres pasos para abrir un piso de madera.

Las hojas de cortar concreto son asequibles para casi todas las sierras portátiles de potencia. Hay también pitones para fines especiales que son diseñados para penetrar mampostería y concreto. Aunque estos dispositivos son primordialmente pitones, también llenan los requisitos como herramientas de entrada forzosa. A veces son llamados pitones de perforación o penetrantes por su disposición para ser introducidos en objetos duros. La punta de la herramienta es de acero templado y provista de una sección llamada cabeza, donde la herramienta puede ser martillada con un mazo o mandarria. El cuerpo de la herramienta es hueco y perforado por pequeños agujeros a través del mismo, lo que permite que el agua sea expulsada de regreso a la punta. Además se han tomado medidas para que una línea de manguera de 38 milímetros (1½" pulgada) pueda ser conectada al pitón, el cual suministra el agua bajo presión. Es mejor golpear primero la argamasa o concreto y proveer un centro para la herramienta.

Cuando se utiliza madera u otros materiales como revestimiento encima del concreto, a menudo dan la apariencia de un piso distinto al de concreto.

APERTURA DE PAREDES

Apertura de Paredes de Mampostería y Enchapadas

La abertura en paredes de mampostería es muchas veces llamada "brecha". Una herramienta que puede ser utilizada es conocida como ariete. El ariete está hecho a base de hierro con sus respectivas asas y protectores de mano. Un extremo es de forma dentada para romper ladrillo y piedras, y elotro extremo es redondo y liso para ser utilizado en paredes y puertas. El ariete requiere de dos a cuatro bomberos para su uso.

Las herramientas de potencia han demostrado ser el mejor método para hacer brechas en paredes de mampostería y concreto. Las mismas son más rápidas y por lo general requieren solamente de una persona para ser accionadas. Se debe continuar usando la herramienta de potencia hasta lograr que el agujero tomado sea del tamaño deseado. Asegúrese de que las líneas cargadas estén en la posición adecuada antes de romper una pared durante un incendio.

Apertura de Paredes de Metal

Las paredes de metal y las prefabricadas de metal están resultando cada vez más populares en la construccón de paredes exteriores. Hay varias razones que explican el por qué su uso se ha hecho tan extensivo recientemente, pero hay una que afecta la entrada forzosa y no es otra que la oportunidad de añadir aislante entre las superficies exteriores e interiores. Este tipo de construcción puede ser encontrada en edificios de almacenamiento, estaciones de servicio, fachadas de tiendas y en otras estructuras de tipo comercial. El metal para estas paredes se encuentra en la forma de láminas, secciones o paneles. Estas láminas son fijadas a montantes de madera o metal con pernos, tornillos, remaches o con soldadura. El metal puede tener una superficie pintada o revestida de porcelana, trayendo como consecuencia que un panel dañado pudiera resultar difícil de reemplazar. La entrada a través de una puerta o ventana es generalmente más conveniente que abrir una pared de metal y su abertura es por lo general considerada como "último recuerso". Si la abertura de una pared de metal no puede ser evitada, normalmente el mejor medio para abrir la pared es una sierra de potencia, especial para cortar metales. Los paneles deben ser examinados para determinar si hay montantes u otros soportes o si las paredes sostienen las estructura completa. Es extremadamente importante asegurarse que el material que va a ser cortado no vaya a debilitar la estructura o que pueda ser afectado el sistema eléctricio o de cañerías. Este riesgo puede ser prevenido y atendido si se cuenta con un programa de inspecciones bien organizado. Una abertura realizada cuidadosamente será más fácil de reparar y en el mejor de los casos, cuando sea posible, es recomendable retirar la lámina entera o panel. El metal deberá cortarse a lo largo del montaje para darle estabilidad a la sierra y facilitar la reparación.

Después que el metal sea cortado, debe ser removido y colocado en un sitio donde no comprometa la seguridad de bombero. Los aislantes u otros materiales que puedan hallarse en la pared pueden ser cortados con un hacha para finalmente removerlos. En algunos casos un hacha o herramientas tipo abrelatas, ambos instrumentos para entrada forzosa, pueden utilizarse para cortar este metal ligero. **PRECAUCION:** Se deben tomar las adecuadas precauciones cuando se efectúen cortes de paredes de metal revestidas con porcelana ya que pueden saltar astillas de porcelana.

Apertura de Paredes de Estructura de Madera

Las paredes de estructuras de madera son construidas con revestimiento de madera o tablas de fibras clavadas sobre los montantes. El entablado exterior, el cual puede ser hecho de tablas y tablillas, tablas de asbesto, estuco, u otro acabado exterior, es fijado sobre el revestimiento. Cuando se abre una pared de estructura de madera es sumamente importante tener cuidado con el sistema eléctrico y las cañerías. La necesidad de abrir una pared de madera es muchas veces para lograr acceso al área o foco de incendio entre los montantes. El procedimiento para abrir estas paredes es el mismo que para los tejados y pisos excepto que la abertura se hará en un plano vertical en vez de horizontal. Remueva el entablado, inspeccione la pared en busca de soportes, y corte a lo largo de un montante.

Apertura de Tabiques

Para cumplir con el objetivo de este estudio, serán considerados tres tipos generales de construcción de tabiques (ladrillos huecos de arcilla, montantes cubiertos de madera o metal, y bloques sólidos de concreto como son mostrados en la Figura 2.27). Los tabiques sólidos de mampostería deben ser abiertos de la misma manera que ha sido descrita para la pared exterior de mampostería y deben tomarse las mismas precauciones. A menos que se hayan realizado inspecciones previas en el edificio implicado, es muy difícil determinar la construcción de un tabique durante las operaciones de combate de incendios. En el caso de que resulte necesario hacer una abertura en un tabique, se sugiere seguir los siguientes procedimientos:

Paso 1: Seleccione la ubicación de la abertura y antes de intentar abrir el tabique, verifique si hay enchufes de pared y suiches.

Paso 2: Tenga suficientes herramientas disponibles, tales como pico, herramientas de potencia, hachas para incendios, mandarrias y planchas.

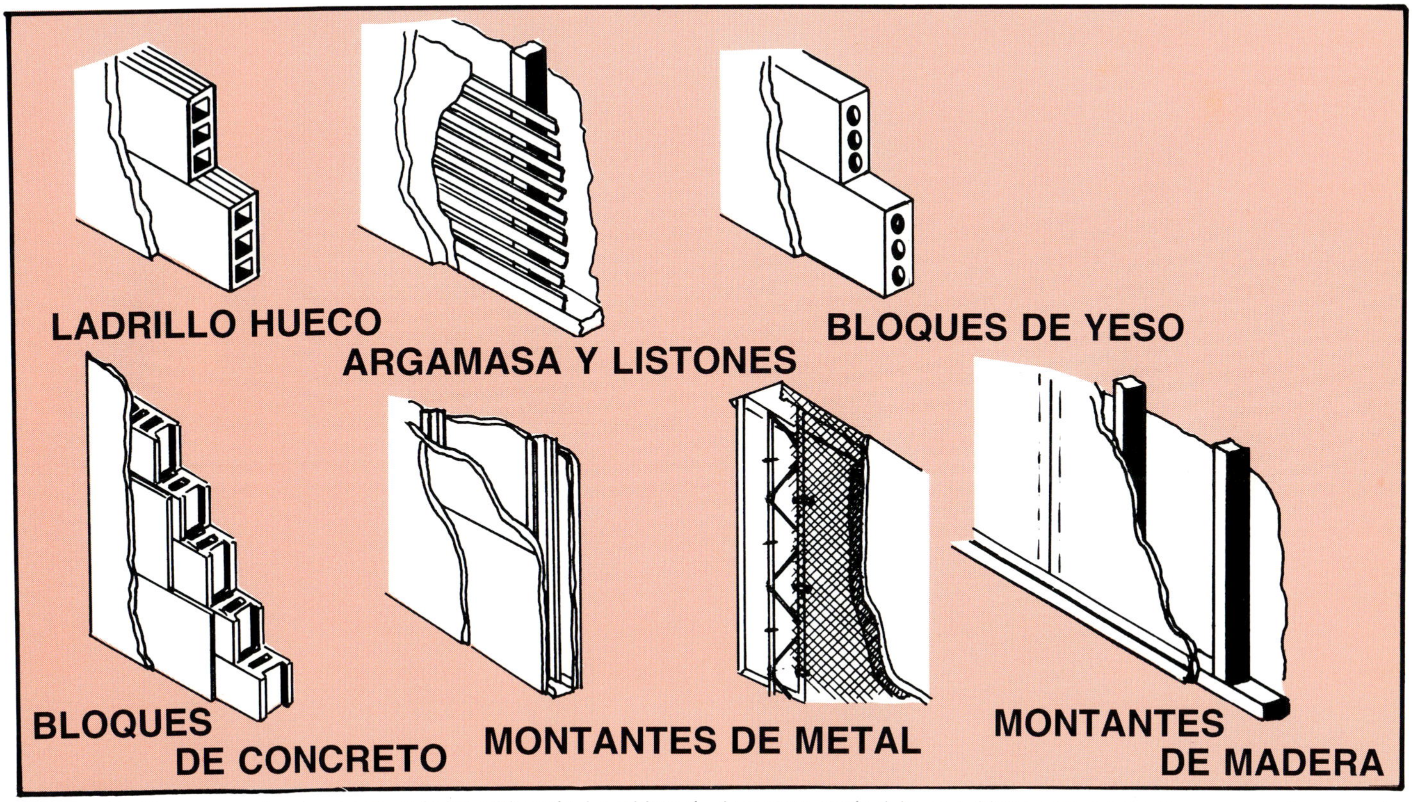

Figura 6.27 Tipos generales de construccón de tabiquería. La tabiquería de mampostería debe ser abierta en la misma forma que se hace con las paredes exteriores.

Paso 3: Si los montantes en el tabique son de madera o metal, ubíquelos por sondeo.

Paso 4: Corte a lo largo de los montantes con el hacha para incendios.

Paso 5: Si el tabique es de ladrillos huecos, de arcilla o bloques de concreto, triture uno o dos bloques con una mandarria o martillo de aire, y así logrará remover los otros bloques o ladrillo más fácilmente.

Los tabiques no deben ser abiertos a menos que haya una indicación de incendio en la pared. Tres maneras de determinar si los tabiques están involucrados en el incendio son: palpando la pared en busca de sitios calientes, buscando papel tapiz o pintura ampollada y escuchando el ruido de la combustión. El tabique debe ser abierto en el lado donde la abertura cause el menor daño. Si es posible coloque una manta de salvamento sobre el piso antes de abrir el tabique. Una abertura en un tabique debe ser realizada solamente en el área donde existe indicación de incendio y el revestimiento de la pared debe ser cortado a lo largo de los montantes y removido en lugar de rasgarlo al azar (Figura 6.28).

Figura 6.28 Los listones y el yeso pueden ser retirados de los tabiques con el uso de un pico o gancho, mientras que el resto del friso puede ser cortado a lo largo de los listones.

OPERACIONES ESPECIALES DE ENTRADA FORZOSA

Las operaciones de entrada forzosa van más allá que el abrir puertas, ventanas, pisos, paredes y barreras de propiedades, porque hay sótanos y subsótanos, puertas tipo-bóveda, los cuales requieren acciones especiales. Los sótanos y subsótanos a menudo tienen entradas exteriores. Estas aberturas pueden tener escaleras, ascensores o toboganes que conducen al nivel del suelo, con rejillas y pórticos de hierro, o puertas de madera que resguardan la entrada. Las puertas tipo-bóveda pueden ser encontradas en refugios atómicos, y en bóvedas y bancos. La inspección y planificación previa de las operaciones es lo más recomendado para tales sitios.

PRECAUCIONES DE SEGURIDAD

A continuación se mencionan algunas de las muchas precauciones de seguridad y procedimientos que deben aplicarse a las operaciones de entrada:

- Siempre intente abrir una puerta o ventana antes de forzarla con una palanca.
- Cargue las herramientas teniendo en mente la seguridad de usted mismo y la de los demás.
- Tenga cuidado con las atmósferas explosivas.
- Cuando sea posible, después de entrar bloquee un puerta o ventana en posición abierta, para de este modo garantizarse una salida segura.
- No coloque las herramientas donde ellas constituyen un peligro de tropiezo.
- Manténgase a un lado cuando rompa los cristales y remueva todos los pedazos dentados que quedan en los bordes.
- Trate de mantener todas las puertas de techo abiertas (posición ascendente) después de entrar.
- Tenga cuidado con los objetos ubicados sobre usted y de las personas que se encuentran en las cercanías cuando utilice el hacha y siempre que sea posible mantenga el área despejada.
- Cuando rompa paredes y techos, tenga cuidado con el sistema eléctrico y las cañerías.
- Una abertura grande es por lo general más útil que varias aberturas pequeñas.

Capítulo 7

Rescate

NORMA NFPA 1001
RESCATE
Bombero 1

3-12 Rescate

3-12.1 El bombero deberá demostrar la remosión de una persona lesionada de la inmediaciones del área de peligro, utilizando para eso carros, carretas y camillas.

3-12.2 El bombero deberá demostrar los procedimientos de búsqueda de víctimas atrapadas en edificaciones incendiadas o con denso humo, o en algún otro ambiente hostil.

3-12-3 El bombero deberá definir el uso del cinturón de seguridad.

Bombero II

4-12 Rescate

4-12.1 El bombero deberá demostrar las técnicas para remover escombros, fragmentos de piedra y otros materiales que pueden encontrarse en el hundimiento.

4-12.2 El bombero demostrará el uso de las siguientes herramientas de rescate:
(a) Apuntalamiento de bloque
(b) Gato de trinchera
(c) Aparejo de poleas
(d) Gatos hidráulicos
(e) Gato de tornillo

4-12.3 El bombero deberá demostrar las técnicas para el transporte de emergencia de una víctima, utilizando los equipos normales disponibles, o improvisando métodos.

4-12.4 El bombero deberá identificar los peligros relacionados a la búsqueda y rescate de misiones realizadas en túneles, fosos, áreas de construcción y otras áreas de rescate.

4-12.5 El bombero, trabajando como parte de un equipo, deberá demostrar las técnicas para retirar a una víctima atrapada en un accidente automovilístico.

4-12.6 El bombero deberá proceder a demostrar la ejecución de un nudo y la utilización de las cuerdas para proceder a bajar una víctima desde un tercer nivel o piso.

Las Transparencias de Rescate de la IFSTA están diseñadas para complementar este capítulo.

Capítulo 7
Rescate

Debido al peligro que representa la exposición a condiciones meteorolgícas severas, con fenómenos tales como inundaciones, ciclones, tornados, maremotos, etc., ninguna comunidad o población puede ser considerada como totalmente segura y exenta a daño en caso de presentarse uno de estos fenómenos. La ocurrencia de tales eventos traerá como consecuencia las necesarias actividades de operaciones de rescate. Por lo tanto se hace necesario el establecer anticipadamente un plan de atención de emergencia donde se utilicen todos los medios locales posibles y se establezcan los programas de ayuda mutua que pudieran ser útiles en caso de desastre. El plan debe incluir la gran variedad de herramientas y métodos requeridos por el servicio de bomberos para rescatar una víctima que pudiese estar bajo tierra, agua, atrapada en un automóvil o en un edificio en llamas.

La protección personal de los bomberos durante las operaciones de rescate resulta de suma importancia. Un bombero necesita protegerse contra las inclemencias del tiempo, el calor excesivo y los gases de la combustión, y no debe arriesgarse innecesariamente durante las operaciones de rescate.

Aun cuando la indumentaria básica utilizada para el combate de incendios, con equipo tales como casco, chaquetón, pantalón, guantes y botas de goma, proveerá una protección personal razonable, en algunos casos equipos tales como las botas deben ser equipadas con plantillas de acero para proteger los pies de posibles heridas punzo-penetrante.

Los pulmones y las vías respiratorias son probablemente más vulnerables a una lesión que cualquier otra parte del cuerpo. Por esta razón, se le debe dar una atención especial al uso de los equipos de protección respiratoria. Los protectores faciales o de los ojos son por lo general necesarios durante algunas de las operaciones de rescate, debido a que estas áreas son también muy susceptibles a las lesiones.

En términos generales se pudiera señalar que una evaluación es una estimación o avalúo de una condición a partir de la cual puede tomarse una opinión o criterio. Pero debemos tener presente que la evaluación de una situación de rescate es un proceso continuo de revisión de las condiciones existentes. Es mucho más que un simple paso dentro de una operación, ya que la evaluación nunca termina sino hasta que la situación esté considerada bajo control. Cuando se efectúa la evaluación se deben considerar entre otros aspectos los siguientes:

- Entérese de la realidad de la situación.
- Analice las probabilidades
- Conozca su propia situación (potencial humano y equipo)
- Determine el plan de acción.

RESCATE EN EDIFICACIONES INCENDIADAS

Cuando los bomberos entren en un edificio incendiado para efectuar trabajos de rescate, deben primero que todo, considerar su propia protección. Deben usar los trajes apropiados para proteger el cuerpo del calor y las llamas. Como fue mencionado anteriormente, el equipo de protección comúnmente utilizado por los bomberos resulta adecuado. En lo que a resguardo de la integridad física del bombero se refiere, pero para aquellos casos en que se desarrolle la actividad de rescate dentro de áreas riesgosas con poca visibilidad o en la oscuridad, se recomienda utilizar el procedimiento de llevar una cuerda atada al cuerpo como línea de guía.

Es necesario el llevar consigo los equipos y herramientas recomendadas para facilitar la apertura de medios de acceso y tal vez más importante, para facilitar la salida en caso de presentarse cualquier inconveniente. Resulta recomendable también el llevar como parte del equipo una linterna de mano y un martillo.

Los radios portátiles son equipo de gran valor y utilidad en las labores de rescate. Durante las operaciones de rescate los chorros de extinción son frecuentemente usados para brindar protección a los bomberos y las víctimas. Las víctimas pueden ser atrapadas en un edificio incendiado y con las vías de escape bloqueadas por el fuego. Para llegar hasta dichas víctims, pudiera ser necesario utilizar las plataformas de elevación o las escaleras del Cuerpo de Bomberos.

Aquellos incendios que ocurren en sitios donde se desarrollan reuniones públicas pueden presentar problemas adicionales. Si las vías normales de escape están bloqueadas, los ocupantes deben abandonar el lugar por salidas con las cuales ellos no están familiarizados. El solo hecho de que exista una condición de incendio en una edificación, por lo general causa miedo a una alto porcentaje de los ocupantes a tal punto que genera el pánico y crea complicaciones. Un lugar de reuniones públicas debe ser desalojado de la manera más ordenada posible. Muchos edificios modernos son construidos con escaleras de emergencia, las cuales están aisladas con paredes resistentes al fuego y separadas de los pisos por puertas resistentes al fuego. Las edificaciones que no son construídas de este modo, deben ser provistas de vías de escape y salidas múltiples. Las instituciones tales como hospitales, albergues de convalescientes, sanatorios y asilos de ancianos, presentan condiciones en que los ocupantes pudiesen estar incapacitados para salir por sus propios medios, por lo cual aquellas personas que ejecutan los trabajos de rescate deben estar preparadas para trasladar a los ocupantes hacia lugares seguros sin agravar sus condiciones.

Uno de los trabajos más importantes y peligrosos realizados por los bomberos, los constituye el rescate de personas que se encuentran dentro de una edificación incendiada. Resulta entonces prioritario el que se establezcan los procedimientos adecuados de búsqueda y rescate a fin de que se pueda, de manera exitosa, encontrar y trasladar sin peligro a las víctimas involucradas en una situación de incendio. Bajo estas condiciones, el tiempo es el elemento mas crítico de las labores de rescate. El procedimiento descrito a continuación ayudará a lograr una operación de rescate rápida y segura, desde el mismo momento en que el bombero entra a la estructura involucrada. (Figura 7.1)

- Use siempre equipos de protección respiratoria cuando efectúe labores de búsqueda y rescate en edificios incendiados.
- Si es posible trabaje en pareja.
- Localice más de una salida observando el exterior de la edificación antes de entrar.
- Antes de entrar a la edificiación, asegúrese de que otros compañeros efectúen las labores de extinción.
- Una vez dentro del edificio la visibilidad puede ser escasa. Si usted no puede ver sus pies, no permanezca parado. Examine el área de rodillas (Figura 7.2).
- Inspeccione completamente un cuarto antes de moverse al siguiente.
- Comience su búsqueda en una pared exterior. Esto le permitirá a usted ventilar el área solamente si la ventilación no

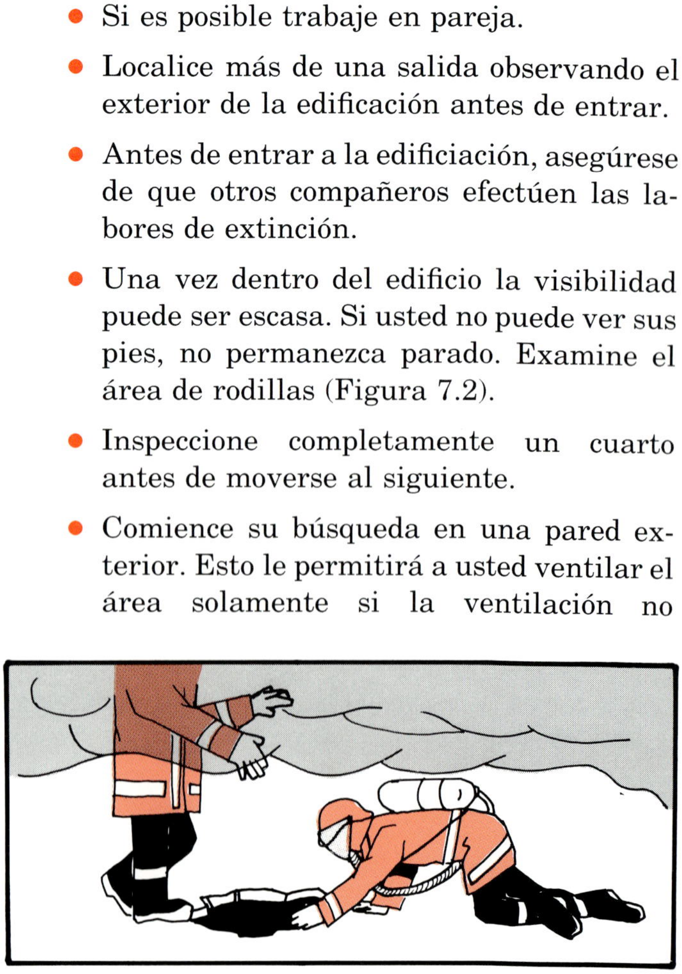

Figura 7.2 Explore de rodillas cuando la visibilidad sea escasa.

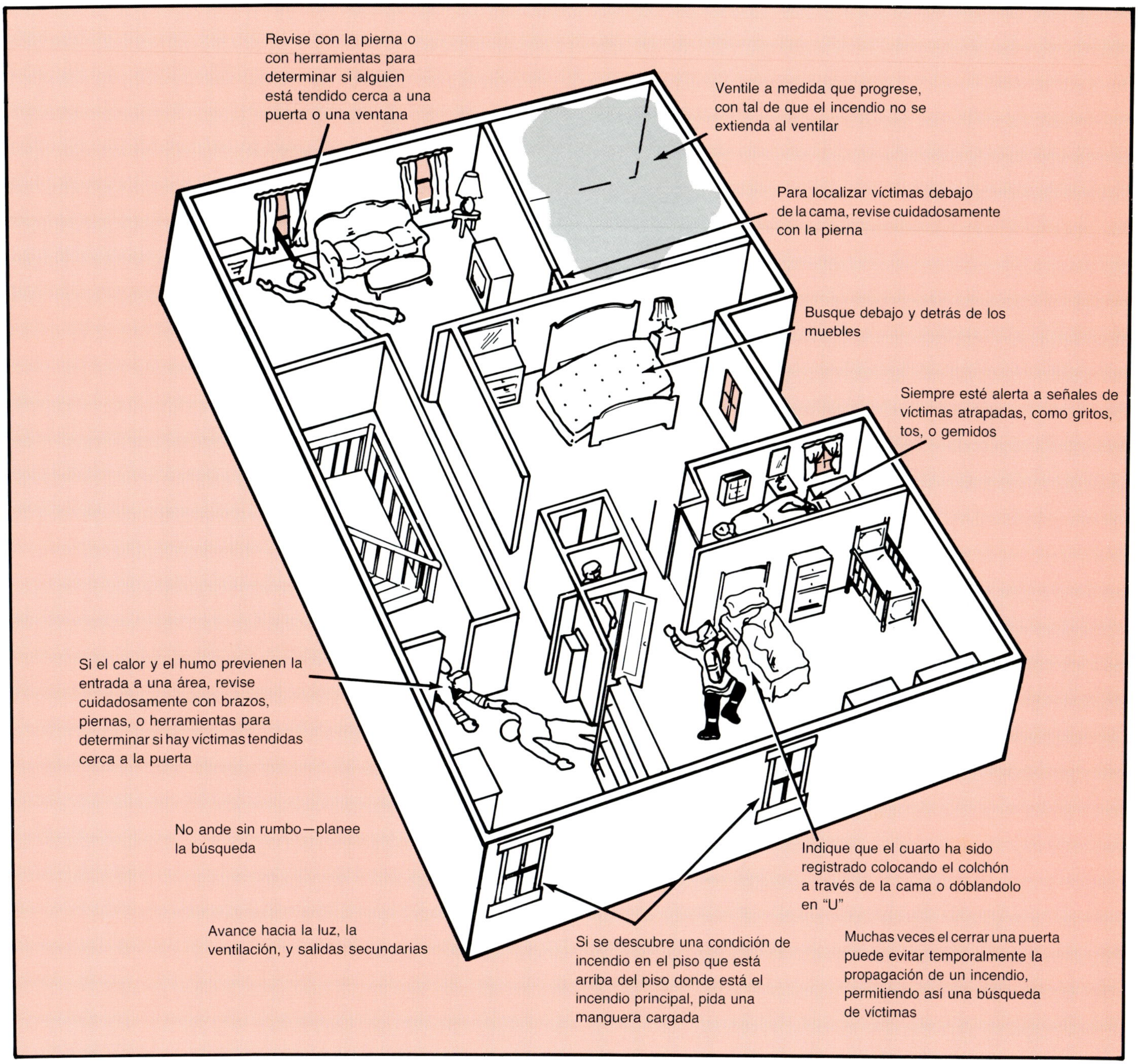

Figura 7.1 Siga estos pasos, los cuales le ayudarán en la exploración de una edificación.

ocasiona la propagación del incendio (Figura 7.3).

- Mueva todo el mobiliario, busque debajo y por detrás de todos los muebles.
- Revise todos los closets y armarios, incluyendo los de los baños.
- Ocasionalmente, haga una pausa durante la búsqueda y preste atención a las señales de auxilio, llantos u otros signos semejantes.
- Suba y baje la escalera de rodillas, manteniendo la cabeza en alto bien sea que ascienda o descienda.
- Después de revisar un cuarto, deje una señal o signo que indique que el mismo ha sido revisado, tales como sillas volteadas, colchones doblados lateralmente sobre la cama, o puertas de closets, abiertas. Pero cierre la puerta de entrada al cuarto para evitar la propagación del incendio.

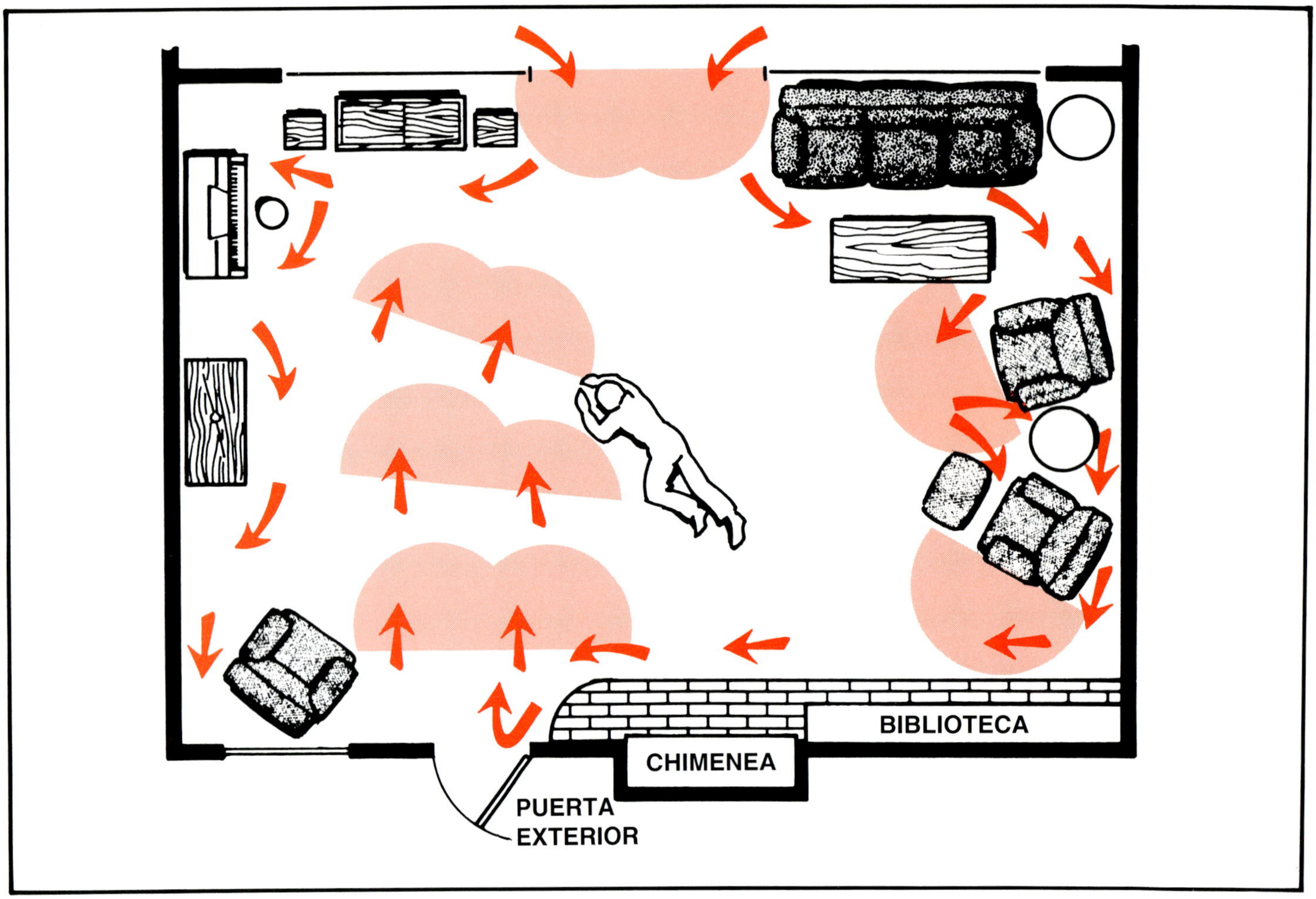

Figura 7.3 Una búsqueda adecuada en grupo proveerá una cobertura completa del perímetro y su interior.

- Esté atento a posibles extensión del fuego y reporte cualquier propagación al oficial a cargo de las operaciones.
- Si los cuartos o las edificaciones están muy calientes para entrar, meta por la puerta o ventana el mango de una herramienta. Muchas víctimas pudieran ser encontradas justamente en el interior de la puerta o ventanas.
- Una vez que haya rescatado exitosamente a las víctimas, ubíquelas en un lugar seguro y bajo la custodia de alguien para que no traten de reingresar al edificio por ninguna razón.
- Si usted queda atrapado en un pasillo o en las escaleras, trate de retroceder. Las condiciones serán peores en los pisos superiores. Si no puede bajar o salir diríjase a un cuarto fuera del pasillo. Cierre la puerta al entrar. Abra una ventana y móntese en el antepecho de la misma. Pida ayuda o deje caer algunos artículos disponibles por la ventana para llamar la atención. Si no encuentra una ventana, conscientemente deténgase y relájese mientras considera las acciones a tomar para escapar. La respiración superficial prolongará el aire restante en el equipo de protección respiratoria.

Cuando el cilindro del equipo esté completamente vacío, desconecte la manguera de suministro de la máscara al regulador y colóquela dentro de la ropa para lograr efectos filtrantes. Sin embargo, esta acción como último rescurso no mejorará los efectos peligrosos de los gases tóxicos o la insuficiencia de oxigeno. El aire ordinariamente posee un 21% de oxígeno, pero este elemento puede ser consumido en un incendio asta reducirse el contenido por debajo de un 10%, que hace probable que las personas sufran un lapso. La alta demanda de esfuerzo por parte de s bomberos en el combate de incendios, puede asionar síntomas de desorientación y colapso un cuando el oxígeno esté presente en altas conntraciones. Además, muchos gases tóxicos, productos de la combustión de materiales ordinarios, esultan peligrosos en concentraciones menores el 1%.

ESCATE EN EDIFICACIONES DERRUMBADAS

La dificultad que pudiera presentarse al rescatar una víctima en una edificación derrumbada, ependerá de las situaciones encontradas. Primero eben efectuarse los rescates de las vctimas en la uperficie y de aquellas ligeramente atrapadas. Este rescate inmediato atenderá a las personas esionadas que no están atrapadas y aquéllas que, aún estando atrapadas, su rescate puede ser rápidamente realizado. El rescate de una vctima uertemente atrapada es una labor más complicada y requiere más tiempo. Este tipo de rescate depende de las habilidades y recursos del personal en lo que respecta a la construcción de edificaciones y derrumbes y con suficiente experiencia en el uso de las herramientas y equipos de rescate.

Cuando las estructuras de soporte ceden en cualquier tipo de edificación, el techo y los pisos pueden caer en grandes secciones y formar vacíos. Si las estructuras permanecen como una sola pieza, pero apoyándose sólo por un lado, formarán una inclinación a derrumbarse como la ilustrada en la Figura 7.4. El debilitamiento o destrucción

Figura 7.4 Un derrumbe en inclinación puede atrapar víctimas en una posición precaria.

de la estructura de apoyo pudiese ocasionar el derrumbe de los pisos o del techo. Este derrumbamiento podría hacer caer los escombros hasta el piso inferior o sótano. Un derrumbe de esta naturaleza es conocido "como derrumbe tipo panqueca" y está ilustrado en la Figura 7.5. Los vacíos pueden ser formados entre los pisos. Cuando las cargas pesadas, tales como muebles y equipos, están concentradas cerca del centro de un piso, el exceso de peso puede hacerlos desplomar dicho piso. Esta forma de derrumbe es conocida como derrumbe tipo "V" y está ilustrada en la Figura 7.6.

Figura 7.5 Un derrumbe tipo panqueca puede causar vacíos entre los pisos caídos.

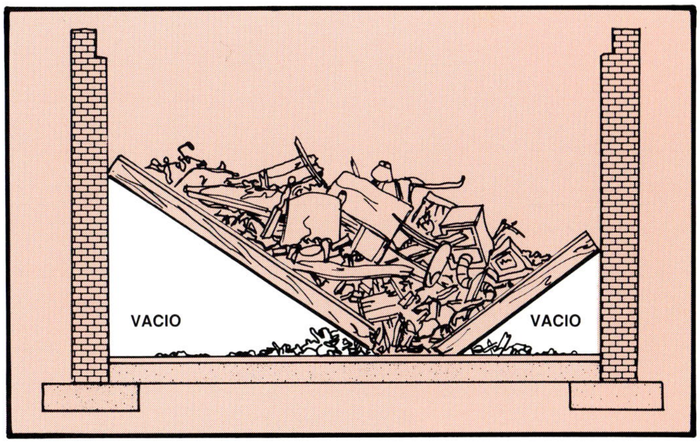

Figura 7.6 Las cargas pesadas pueden hacer ceder el piso creando un derrumbe tipo "V".

Para poder llegar hasta una víctima que ha sido enterrada o atrapada debajo de los escombros, muchas veces es necesario cavar un túnel como medio de escape. La construcción de un túnel es el proceso de excavar el camino a través de los escombros durante las operaciones de rescate. Este proceso es lento y peligroso y debe ser emprendido sólo después que todos los otros métodos hayan resultado imprácticos. La contrucción de un túnel debe efectuarse desde el nivel más bajo y no debe ser utilizado para la exploración general. La construcción de un túnel puede, sin embargo, ser usada para conseguir un vacío debajo de un piso donde nuevamente la búsqueda ha de continuar. Un túnel debe ser lo suficientemente grande como para permitir al personal de rescate sacar las víctimas y no debe ser construido con curvas quebradizas. Los túneles pequeños de 760 mm (30 pulgadas) de ancho y 1 mt (3 pies) de alto, han resultado satisfactorios para la mayoría de los trabajos de rescate. Los túneles deben ser abiertos a lo largo de una pared siempre que sea posible. Este procedimiento simplifica la armazón requerida para evitar el hundimiento.

El apuntalamiento es un proceso de erigir soportes de madera para reforzar una pared o evitar más derrumbes en la edificación o aberturas en la tierra, no para restaurar las paredes o pisos a sus posiciones originales. Cualquier intento de regresar las vigas, secciones de los pisos o las paredes, de nuevo a su lugar podría ocasionar derrumbes y daños adicionales. El apuntalamiento temporal es todo lo que ordinariamente hacen las cuadrillas de rescate. El arriostramiento, apuntalamiento o soporte de las paredes y pisos son básicamente problemas de ingeniería; por eso, los oficiales de bomberos deben pedir ayuda a los entes especializados cuando planifiquen y conduzcan estas operaciones. El apuntalamiento es un trabajo difícil y para ser expertos en esto se requiere de ciertos adiestramientos y práctica. La entibación es un proceso de colocar tablas dentro de una construcción de encofrado, la cual generalmente tiene juntas separadas. Estas tablas pueden estar cruzadas algunas veces con las juntas remachadas. La entibación, conforme se usa en las labores de rescate, es adaptada por lo general a los soportes del techo y cielo raso, pero puede ser utilizada en las paredes cuando sea necesario. Las aberturas de túneles y pasajes son hechos más seguros cuando se utilizan los procesos de apuntalamiento y entibación.

RESCATE DE HUNDIMIENTO O DESLIZAMIENTO

Un gran número de lesiones severas y fatalidades en los sitios de construcción provienen de los hundimientos en excavaciones y fosos. Aun cuando una víctima sepultada debe recibir aire inmediatamente, la continuación de las operaciones de rescate dependerá de la posibilidad de hacer el sitio lo más seguro posible mediante el apuntamiento y entibación para retener otras formaciones de tierra debilitadas. Una manguera con aire o un cilindro parcialmente abierto puede ser insertado en un agujero excavado hacia el rostro de la víctima. La excavación adicional debe remover también el material alrededor del pecho de la víctima a fin de dejar espacio para la expansión del tórax al respirar. En una emergencia, el aire puede ser dirigido hacia la víctimá a través de una manguera de jardín. Mientras tanto los equipos de rescate, las maquinarias pesadas y los espectadores deben ser retirados para evitar que ocasionen otros deslizamientos o hundimientos.

Mientras las paredes restantes del foso son retenidas, los escombros deben ser removidos de los alrededores de la víctima. Los equipos pesados no deben ser usados hasta que se conozca la ubicación exacta y el número de víctimas. Asimismo no se deben utilizar picos en la búsqueda de víctimas o en todo caso deben usarse con sumo cuidado. Remueva los escombros con cestas, baldes y carretillas hacia un área despejada. Tómese el tiempo necesario para efectuar esta operación, de modo que el material no esté tan cerca como para caer de nuevo dentro del sitio del derrumbe.

Al remover los escombros, identifique las rocas y maderos claves que sostienen otras porciones pesadas del suelo u otros escombros. El movimiento inadecuado de estas piezas claves podría causar un derrumbe o deslizamiento peligroso. Si estas piezas claves tienen que ser dejadas en su lugar y se decide la construcción de un túnel entre los escombros, ésta resultará en una de las tareas más difíciles en el trabajo de rescate, y debe ser emprendida únicamente cuando los otros medios para lograr acceso resulten imprácticos.

Durante las operaciones de rescate, los maderos de apuntalamiento y entibación pueden ser utilizados para reforzar las paredes inestables.

Los espacios entre las paredes pueden ser mantenidos con una variedad de herramientas llevadas en los aparatos o disponibles en muchos sitios de construcción. El uso de láminas de madera o metal deslizadas dentro de un foso para ser utilizadas con gatos, puede ayudar a extender la fuerza del gato sobre un área más amplia de la pared del foso.

Uso de Gatos para el Rescate

Gatos de tornillo (Screw Jack). Este equipo es similar a algunos gatos de automóviles; es accionada por una palanca que qira un tornillo para levantar la carga. El principal aspecto de seguridad del gato de tornillo es que se elimina el peligro de que se resbale. Muchos carros bombas rutinariamente llevan gatos de tornillo dentro de su equipo de herramienta.

Gatos para Fosos o Zanjas (Trench Jack). Este es un gato de tornillo usado entre dos montantes para sostener apartes las paredes del foso. El tornillo con sus dos agarraderas (entre dos láminas en punta) puede ser girado para ajustar la abertura del gato según el ancho de la zanja. Los gatos para zanjas pueden ser usados en posición alta y baja para sostener las paredes y permitir el movimiento del personal en el foso (Figura 7.7).

Gato Hidráulico. Este gato es accionado mediante la resistencia ofrecida cuando el líquido, generalmente aceite, es forzado a través de una pequeña abertura para mover un émbolo y levantar una carga. Esto requiere un mínimo de presión en la agarradera para levantar objetos pesados, pero una carga no debe descansar por mucho tiempo en el gato porque existe el riesgo de que se derrumbe el fluido hidráulico.

MEDIDAS DE SEGURIDAD PARA EL USO DE GATOS

- Trabaje desde una buena base.
- Encofre a medida que opere el gato, utilizando una armazón de durmientes de madera.

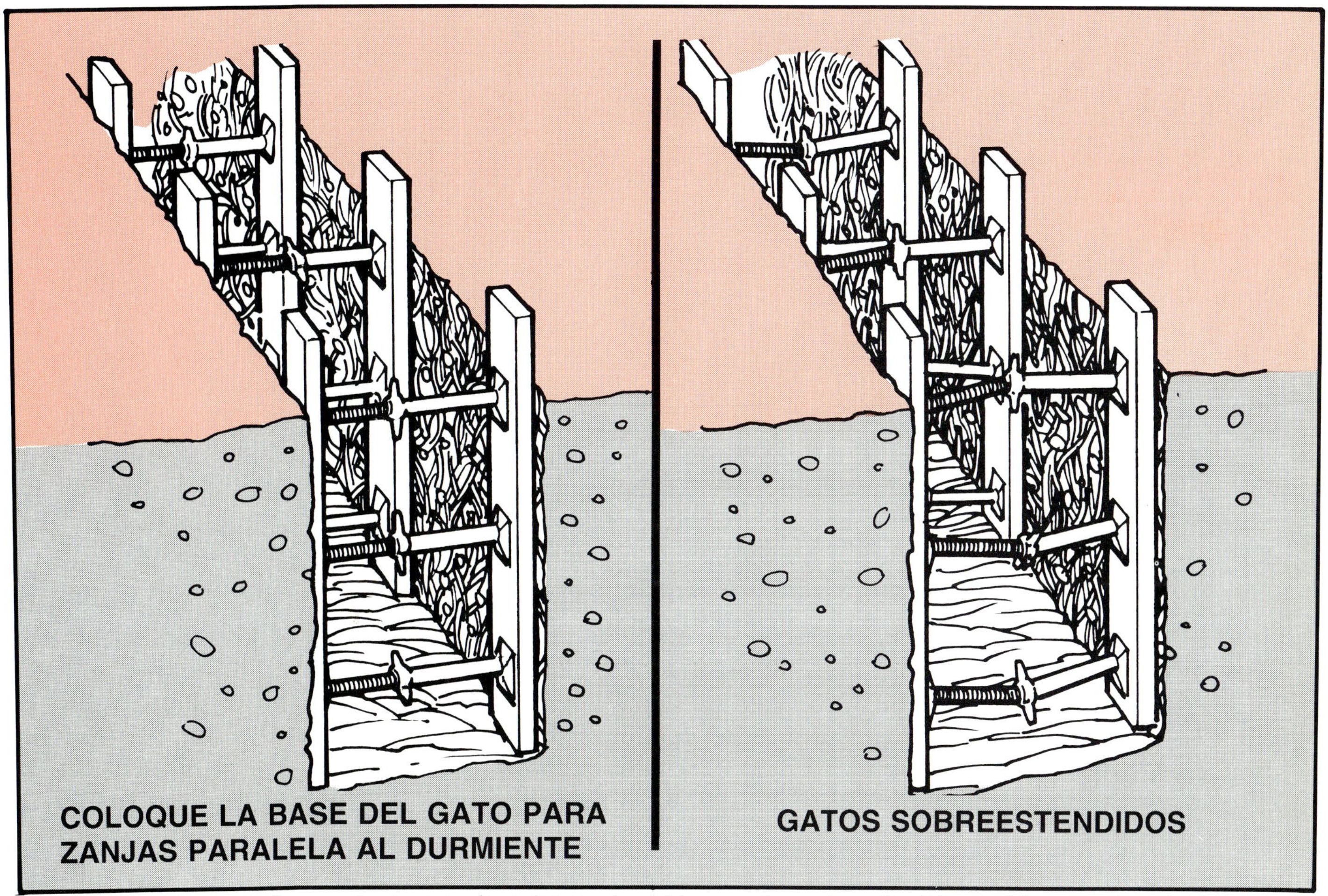

Figura 7.7 Un gato para zanjas se extiende para reforzar las paredes del foso y evitar su derrumbe. Estos no deben ser sobreextendidos.

- Nunca deje un gato bajo presión.
- Cuando use varios gatos en una carga, levántelos o bájelos juntos lentamente.
- Evite sobreextender el gato.
- Remueva la agarradera del gato cuando no sea utilizada.

Aparejo de Poleas

Otro mecanismo de alzar utilizado para levantar o mover cargas pesadas es el del aparejo de poleas. La caja es una polea o poleas acanaladas con un garfio para el enlace. El aparejo es un montaje de poleas ordenada con la caja para proporcionar una ventaja mecánica dependiendo del número de poleas. Se pueden utilizar varios aparejos para colocar el aparejo de poleas sobre el sitio del hundimiento o sobre cualquier objeto a elevar (Figura 7.8).

Precauciones de Seguridad

Hay varias precauciones de seguridad que el personal de bomberos debe tener presente cuando estén involucrados en situaciones de rescates debidos a hundimientos y excavaciones:

- El personal del servicio de bomberos no debe entrar al foso sin cascos y chaquetas de protección. Aunque puede parecer torpe el trabajar en un área confinada llevando puestos estos artículos, pueden salvar a alguien de una lesión o sofocación si otro hundimiento ocurriera.
- Las escaleras deben ser colocadas en el foso sobre ambos lados del área del hundimiento para garantizar una "salida rápida", Las escaleras deben extenderse por lo menos un metro (3 pies) por encima de la superficie de la zanja y deben asegurarse en su lugar, si es posible.
- Los bomberos deben tener cuidado con el uso de herramientas en el interior de foso para evitar posibles lesiones tanto a ellos como a las víctimas.
- El personal del servicio de bombero que se considera no necesario para la operación debe ser retirado del foso y debe quedarse lejos de la orilla.
- Los espectadores y curiosos deben ser mantenidos alejados del foso. Si alguno se rehusa a moverse, llame a la policía.
- El equipo mecánico de cavar que es utilizado en el lugar del acontecimiento *tiene que* tener un guía asignado al mismo. Esta persona actuará en el foso como los "ojos" del operador para evitar posibles lesiones.
- Los miembros de la brigada de rescate deben estar atentos a la presencia de otros típos de riesgos que pudiesen estar presentes en el escenario, tales como cables eléctricos subterráneos, líneas de agua, gases tóxicos o inflamables, explosivos.
- Si en el área del accidente pudieran encontrarse trabajadores civiles que pueden estar listos y dispuestos a ayudar voluntariamente, su participación estaría coordinada con sus supervisores inmediatos pues nunca deben ser ordenados a ayudar a los bomberos y rescatadores dentro de un área peligrosa.

Cortesía de la revista Fire Command)

RESCATE DE ATMOSFERA PELIGROSA

La operación de rescate de una víctima que se encuentre dentro de un área con altas concentraciones de gases representa un riesgo latente de lesión a los órganos respiratorios, así como exposición a los riesgos de explosión o incendio. Bajo tales consideraciones resulta obligatorio el uso de los equipos de protección respiratoria cuando se trabaje en estas atmósferas contaminadas. Entre los gases que probablemente generen una condición de riesgo y subsiguientes labores de rescate tenemos: 1.-Gases industriales tales como refrigerantes, fumigaciones anestésicos, gases combustibles y gases para la elaboración de materias primas. 2.-Gases de combustión, incluyendo el humo, bióxido de carbono, monóxido de carbono, hidrógeno, sulfuro de hidrógeno, nitrógeno y anhídrido sulfuroso. 3.-Existen dos normas básicas

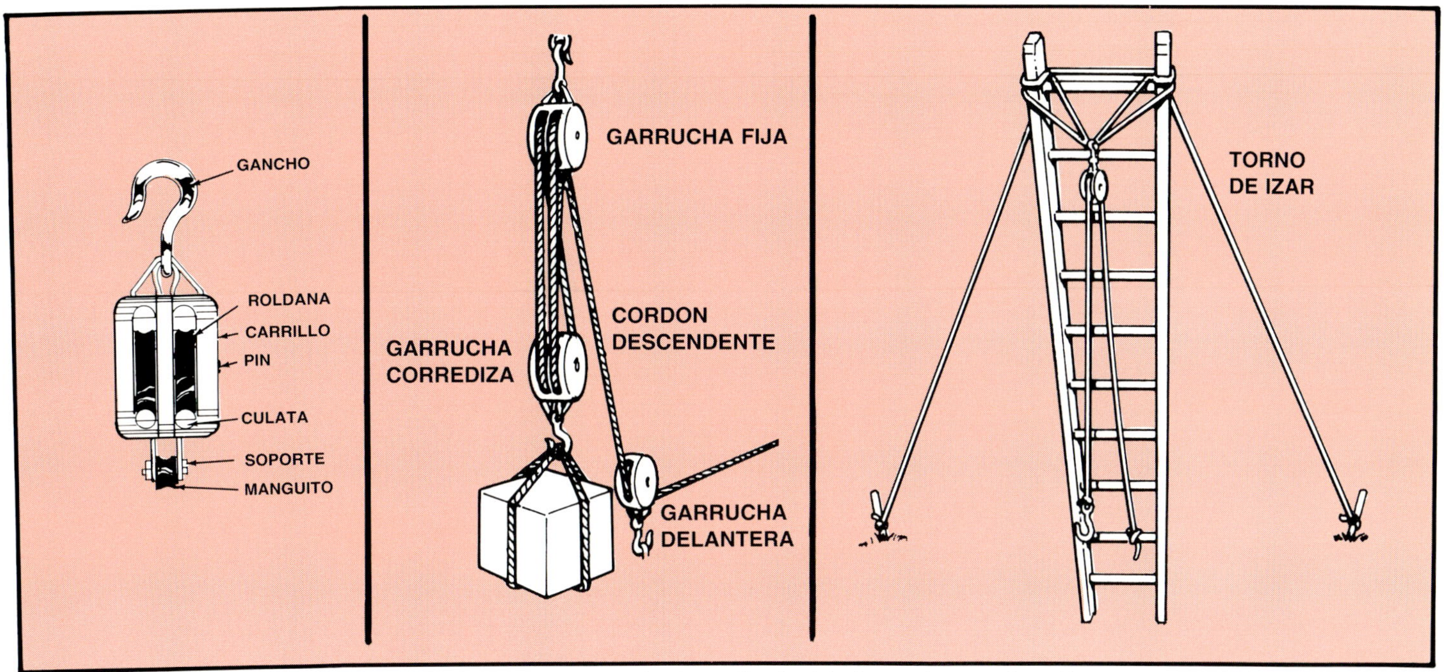

Figura 7.8 Un aparejo de poleas aumenta la fuerza de elevación dependiendo del número de garruchas. Numerosos arreglos son utilizados para suspender el aparejo de poleas sobre un objeto.

para aquellos bomberos que deben trabajar Dentro o alrededor de una atmósfera peligrosa:

- Obtenga tanta información como sea posible sobre la situación y reaccione en concordancia con lo existente.
- Cuando no haya sido posible obtener suficiente información, asuma que se encuentra ante una situación de altro riesgo, es decir la peor.

Aquellas víctimas que se encuentren atrapadas en una atmósfera peligrosa, no serán mejor socorridos por los bomberos si se abalazan precipitadamente en su ayuda y son vencidos por el mismo riesgo. El personal encargado de las labores de rescate deben tomarse su tiempo para evaluar el peligro y tomar las precauciones necesarias antes de entrar al área. No debe intentarse el ingreso si existe la certeza de que la víctima está muerta, a menos que la operación no presente ningún tipo de riesgo para el bombero.

RESCATE EN CONTACTOS ELECTRICOS

Para alcanzar una víctima que se encuentra en contacto con una fuente de energía eléctrica, necesariamente los bomberos se verán involucrados con equipos o conductores eléctricos activos (vivos). Los bomberos deben reconocer el hecho de que una operación de esta naturaleza es extremadamente peligrosa y que deben tomarse todo tipo de precauciones para protegerse ellos mismos y a los demás. En consecuencia todos los cables y conductores eléctricos deben ser considerados como activos.

Si un cable tiene que ser cortado, siempre existe la posibilidad de que se ensortije y ruede a lo largo del suelo. Trate siempre de asegurar el cable en su lugar entes de cortarlo, de modo que los extremos sueltos sean mantenidos bajo control. Un método recomendado es el arrojar dos objetos transversalmente al cable para fijarlo al suelo hasta que los repesentantes de la compañía de electricidad se hagan presentes y procedan a cortar el cable con un cortador de cables adecuado y aprobado para líneas en caliente. Los cortadores de líneas en caliente no son cortadores de tornillos con aislantes en su asas, sino que son un tipo de cortador montado en varillas aislantes. Todos tienen sus limitaciones desde el punto de vista de su seguridad. El cable debe ser cortado a ambos lados de la víctima y luego debe ser separado de los extremos que fueron previamente asegurados con los dos objetos.

Si el cable no está enredado con el cuerpo de la víctima o si no está en una posición que pudiese poner en peligro las labores de rescate, el método más rápido sería usar lo que es conocido como una "varilla técnica". Esta varilla técnica debe estar revestida con un material no conductor para evitar que el asa se convierta en conductora. La capa protectora debe estar en buenas condiciones y sin daño evidente. Cuando utilice este equipo, engánchelo a la ropa de la víctima y arrastre a la misma quitándola del cable. No permita, bajo ninguna circunstancia, que usted mismo o su ropa entren en contacto con el cable o la víctima hasta que esta se encuentre aislada.

A veces puede resultar más práctico remover el cable del lado de la víctima. Si esta es la situación, enganche la varilla térmica por encima del cable y arrástrelo hacia usted retrocediendo. El halar el cable hacia usted en vez de apartarlo, le permitiría retroceder desde el calbe energizado, representando para usted un procedimiento de menor riesgos en caso de que el cable se desenganche de la "varilla técnica" Durante el proceso de retroceder, muévase en una dirección de tal manera que si el cable cargado se suelta y tiende a enrollarse hacia elposte de la línea de alto voltaje, usted no se encuentre en sucamino.

Si existe la posibilidad de colocar o lanzar de manera segura una cuerda por debajo de un cable energizado, esta punta puede entonces ser llevada hacia un lado. El amarrar un objeto en el extremo opuesto de la cuerda permite que ésta punta pueda ser arrojada por encima del cable. De esta manera uno de los brigadistas del equipo de rescate tendrá la oportunidad de asegurar ambos extremos a una distancia segura y halar (Figura 7.9).

TRIAJE

El significado original de la palabra "triaje" data del francés del siglo XIV. "Clasificación según las calidades" era su significado original; sin embargo, su acepción en el servicio de bomberos y en las prácticas de primeros auxilios es el de evaluación y selección inicial de pacientes y la determinación de cómo cada uno deberá ser tratado para casos de salvamentos de emergencias. Ob-

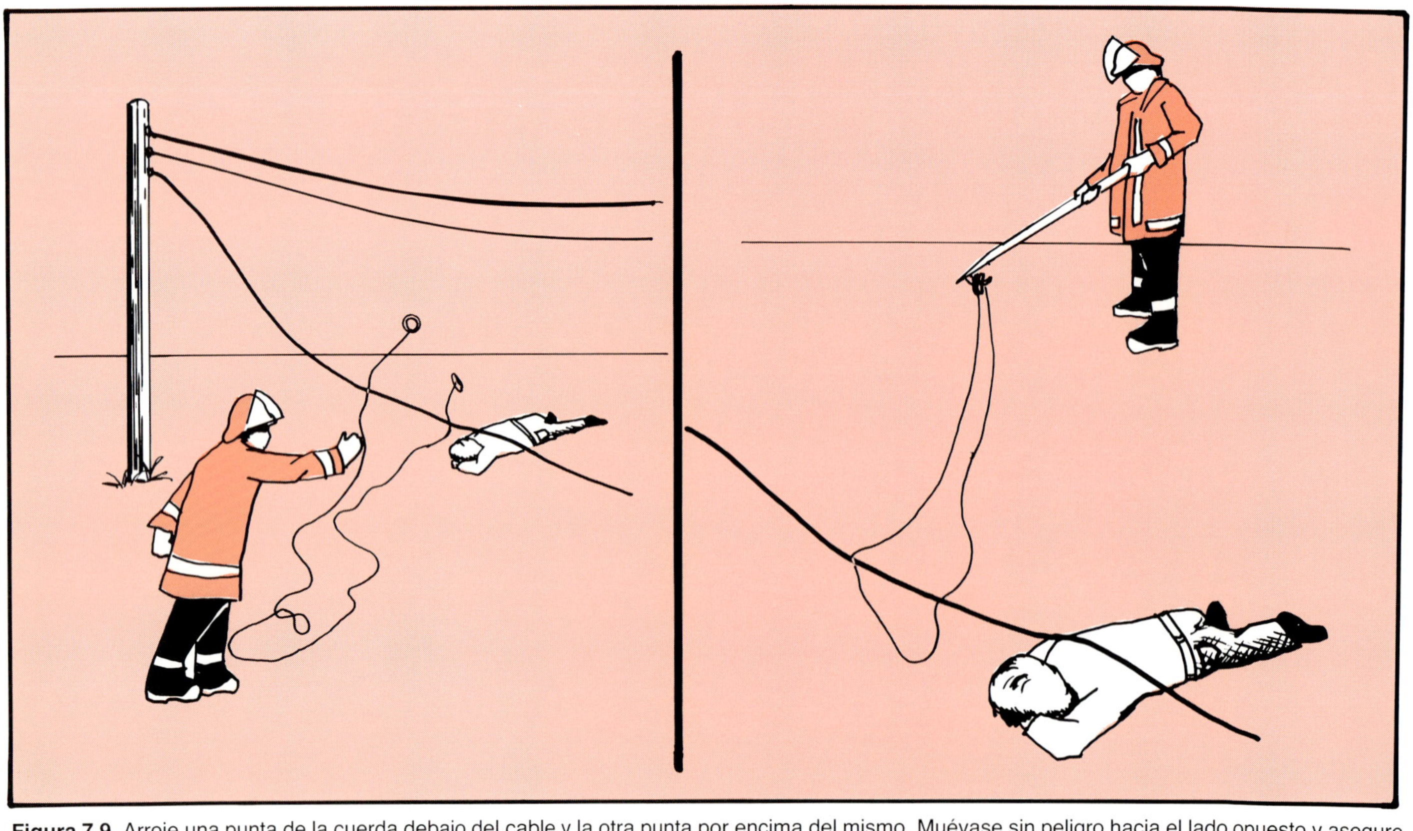

Figura 7.9 Arroje una punta de la cuerda debajo del cable y la otra punta por encima del mismo. Muévase sin peligro hacia el lado opuesto y asegure ambas puntas a una pértiga. Cuidadosamente separe el cable.

viamente, una persona con una pierna severamente lesionada necesitará más atención inmediata que una persona con un brazo fracturado.

El proceso de triaje será más efectivo en los casos de accidentes con múltiples víctimas. En grandes desastres, tales como tornados o terremotos, el triaje es una necesidad. El cuidado y transporte de aquellas personas más seriamente lesionadas será una de las primeras responsabilidades del bombero una vez que se encuentre en el escenario de la emergencia. Para tomar las decisiones apropiadas en cuanto a la prioridad de atención de lesionados, se requiere adiestramiento, un buen conocimiento de primeros auxilios, y la habilidad de pensar racional y lógicamente durante situaciones de emergencia. Los servicios de bomberos deben planificar previamente sus tareas en situaciones de emergencia, con organismos tales como la Defensa Civil local u otro organismo público de atención de desastre para utilizar más eficientemente su personal disponible.

Algunas consideraciones necesarias para establecer las prioridades de atención de víctimas podrían incluir las siguientes:

LESIONES DE ALTA PRIORIDAD

- Respiración-trancada o forzada
- Hemorragia-severa o incontrolable
- Posible envenenamiento
- Lesiones de cabeza-severas
- Paro cardíaco o ataque cardíaco
- Conmoción-severa
- Heridas abdominales o toráxicas abiertas

LESIONES DE SEGUNDA PRIORIDAD

- Quemaduras
- Fracturas múltiples-abiertas o cerradas
- Lesiones espinales

LESIONES DE BAJA PRIORIDAD

- Fracturas leves
- Cortaduras y contusiones leves
- Lesiones de tal severidad que la posibilidad de muerte parece inevitable o que ya ha ocurrido.

Es evidente que el proceso de triaje variará dependiendo de cada situación en particular, pero debe comenzar tan pronto como el bombero llegue a la escena del accidente. Aquellas víctimas que no requieran atención urgente deben ser sacadas del área tan pronto como sea posible para evitar mayor congestión.

TRASLADOS Y ARRASTRE

Traslados por una Persona

Algunas veces un solo brigadista tendrá que transportar a una víctima pero pudiera tener cierta dificultad en levantarla. Si las lesiones lo permiten, es a menudo satisfactorio el realizar el siguiente procedimiento:

Paso 1: Empuje los pies de la víctima cerca a las nalgas y manténgalos en posición con un pie (Figura 7.10).

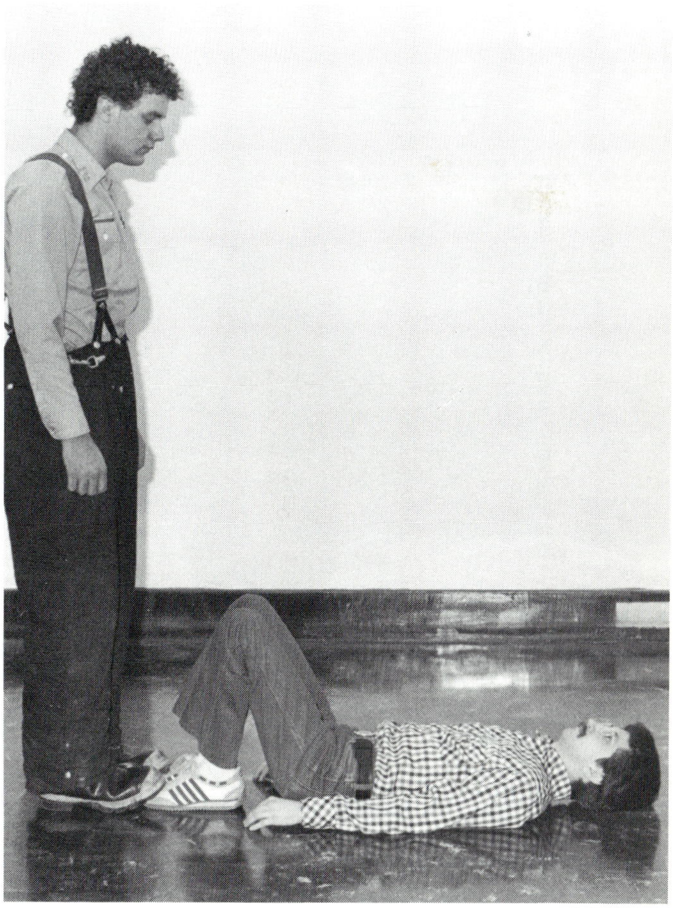

Figura 7.10 Empuje los pies de la víctima justo a las nalgas.

Paso 2: Agarre las manos de la víctima y mézala hacia arriba y hacia abajo varias veces. La distancia del balanceo se hace cada vez mayor por el impulso (Figura 7.11).

Paso 3: Cuando esté listo, el brigadista arroja la víctima hacia arriba y sobre el hombro (Figura 7.12).

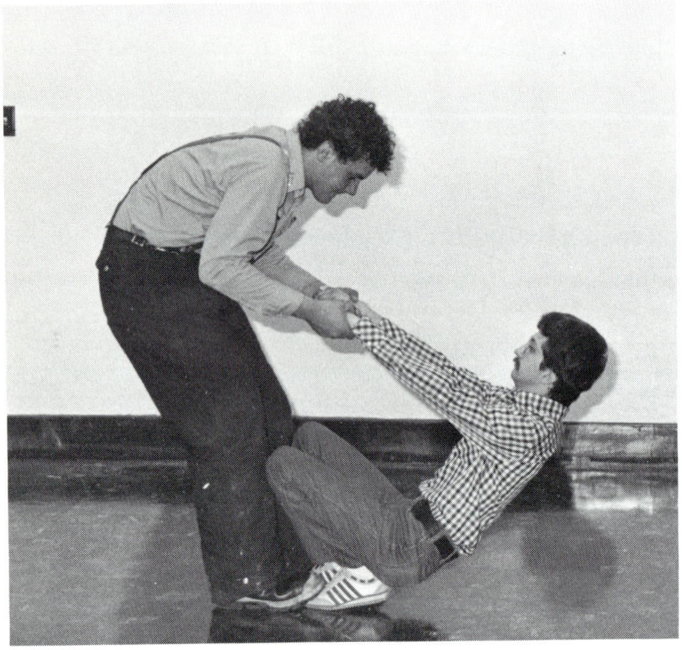

Figura 7.11 Asegure las piernas de la víctima con un pie y meza a la víctima hacia arriba y habia abajo varias veces, para el impulso.

Figura 7.12 A la altura de una vuelta hacia arriba, el rescatador arroja la víctima hacia y sobre el hombro para transportarla.

Traslado por las Extremidades

El traslado por las extremidades es un acarreo realizado por dos personas que resulta facil de hacer con víctimas conscientes e inconscientes.

Los pasos para ejecutar son citados a continuación:

Paso 1: Un brigadista se coloca a la cabeza de la víctima y el otro se coloca a nivel de los pies.

Paso 2: El que se encuentre colocado a la cabeza se arrodilla y desliza los brazos debajo de los brazos de la víctima y alrededor del pecho, agarrando las muñecas de la víctima (Figura 7.13).

Paso 3: El que está colocado a los pies se arrodilla con los pies juntos entre las piernas de la víctima. Este brigadista agarra a la víctima por debajo o casi a nivel de las rodillas (Figura 7.14).

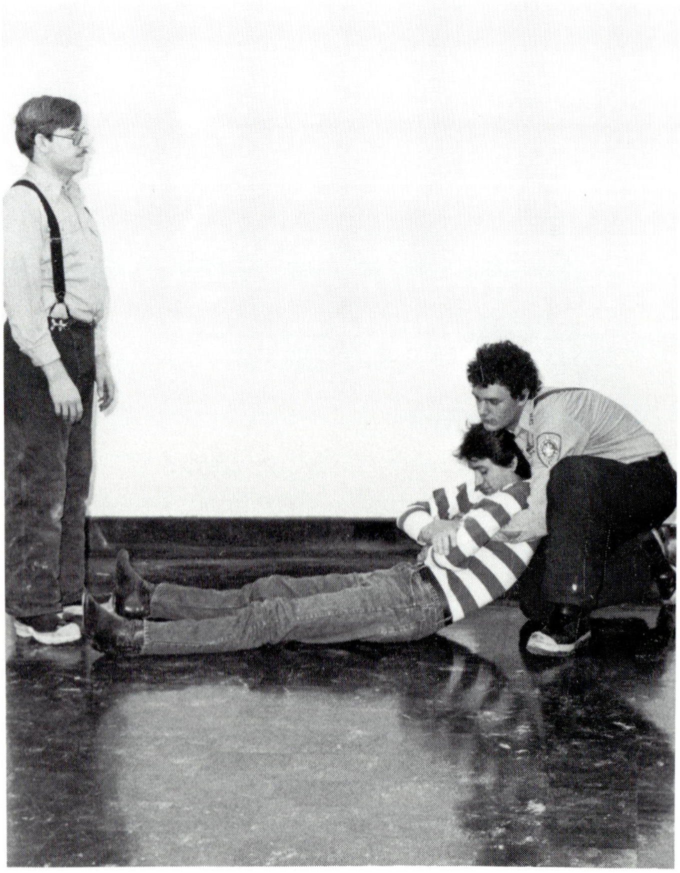

Figura 7.13 Para iniciar el traslado por las extremidades, el primer rescatador pone a la víctioma en posición sentada y agarra las muñecas de la misma desde atrás.

Paso 4: Los dos brigadistas luego se levantarán y transportarán a la víctima hacia un lugar seguro (Figura 7.15). (Recuerde usar los músculos de sus piernas cuando se esté levantando).

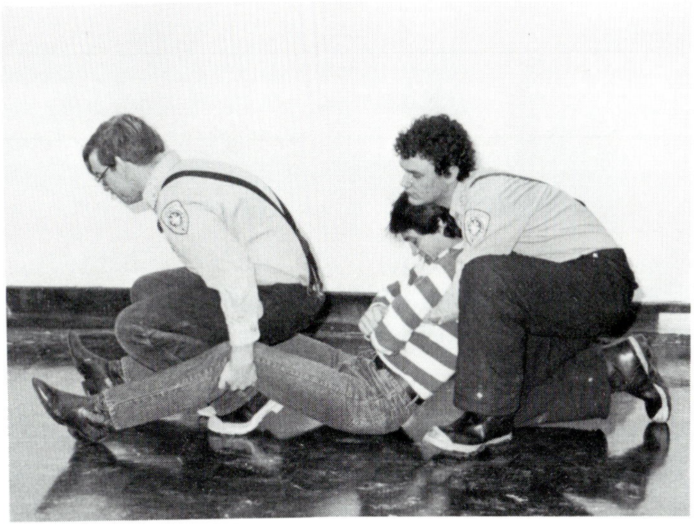

Figura 7.14 El segundo rescatador se arrodilla entre las piernas de la víctima y la agarra por debajo de las rodillas.

Figura 7.15 La víctima es luego levantada y llevada a un lugar seguro.

Arrastre con Chaqueta o Manta

Este arrastre puede ser ejecutado colocando un amanta, chaqueta u objeto similar debajo de la víctima.

Los pasos a seguir son mencionados a continuación:

Paso 1: Coloque una chaqueta o manta al lado de la víctima en posición boca arriba (Figura 7.16) y recoja una orilla junto al costado de la víctima.

Paso 2: Ruede la víctima hacia usted y mientras la sostiene recoja la chaqueta o manta debajo (Figura 7.17). Ruede la víctima sobre la chaqueta o manta y despliegue ésta (Figura 7.18).

Paso 3: Agarre la chaqueta o manta a cada lado de la cabeza de la víctima y levante suficientemente para despejar la cabeza y los hombros del piso. De esta manera arrastre a la víctima a un lugar seguro (Figura 7.19 y 7.20).

Figura 7.16 Coloque la manta o chaqueta forrada al lado de la víctima.

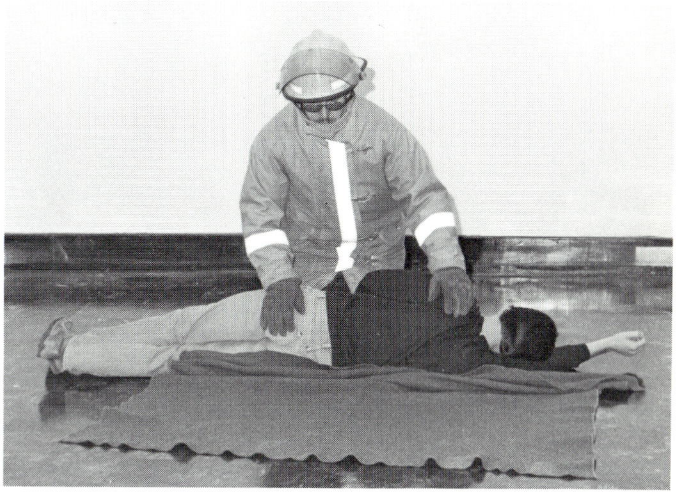

Figura 7.17 Ruede la víctima hacia el rescatador y recoja la manta o chaqueta debajo de la víctima.

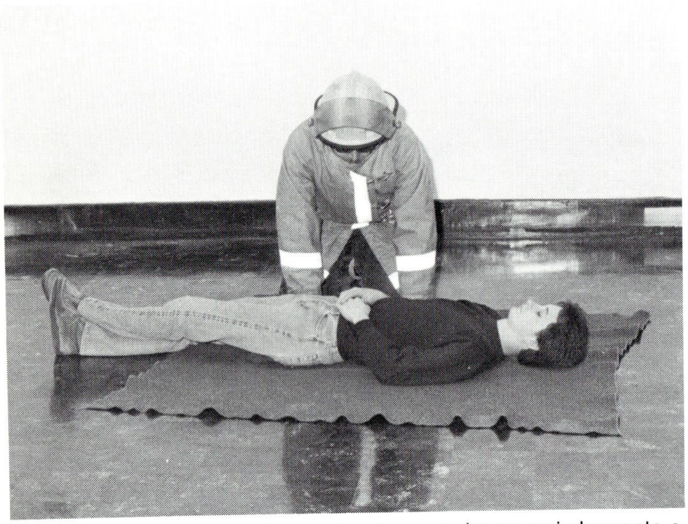

Figura 7.18 Ruede la víctima hacia el rescatador y recoja la manta o o chaqueta y despliegue ésa.

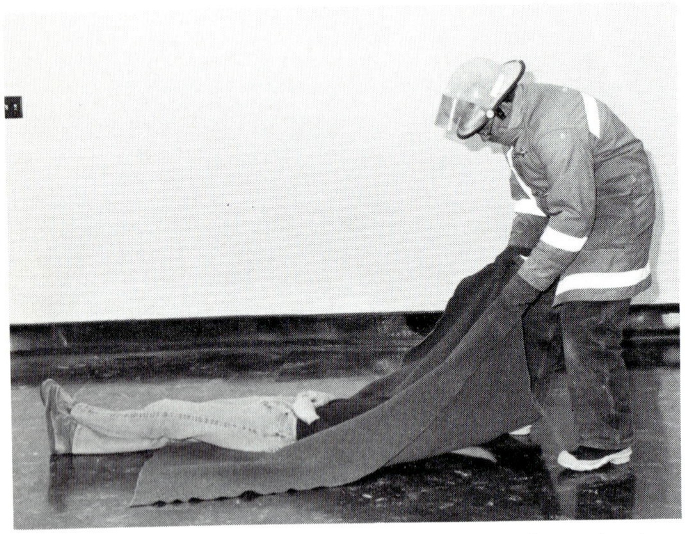

Figura 7.19 Agarre la manta o chaqueta, levante a cabeza y hombros de la víctima del piso y luego arrastre hacia un sitio seguro.

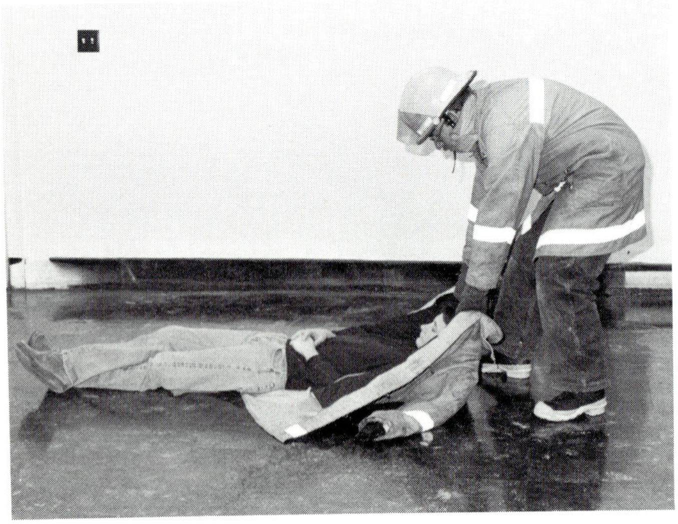

Figura 7.20 Cuando utilice una chaqueta forrada, agarre el área del cuello o de los hombros.

Colocando una Víctima en una Camilla

Las posiciones para colocar una víctima en una camilla son las mismas que cuando se dispone el levantamiento de una víctima para realizar un traslado por tres personas. Para colocar una víctima en una camilla, siga los pasos siguientes:

Paso 1: Cada persona se arrodillará sobre la rodilla más cercana a los pies de la víctima, una persona en la cabeza, una en las caderas y una de las piernas y otra en el lado opuesto frente a los tres mencionados anteriormente.

Paso 2: Cada persona pone cuidadosamente sus manos debajo de la víctima hasta que el peso repose sobre las manos. La persona situada en los pies puede colocar sus manos debajo de la víctima de modo que el peso descanse sobre los antebrazos. La persona situada en la cabeza tiene una mano debajo del cuello y la cabeza y la otra debajo de los hombros. La persona intermedia tiene una mano debajo de la parte estrecha de la espalda y la otra debajo de las caderas. La persona situada a los pies tiene una mano debajo de las rodillas y la otra debajo de los tobillos. La persona en el lado opuesto ayuda en el punto de máximo peso o en el punto de la lesión (Figura 7.21).

Paso 3: Todas las personas levantan lentamente a la víctima, todos juntos, lo suficientemente alto para meter una camilla en su lugar, la cuarta persona coloca luego la camilla (Figura 7.22).

Paso 4: Baje despacio la víctima a la camilla invirtiendo el procedimiento del levantamiento (Figura 7.23).

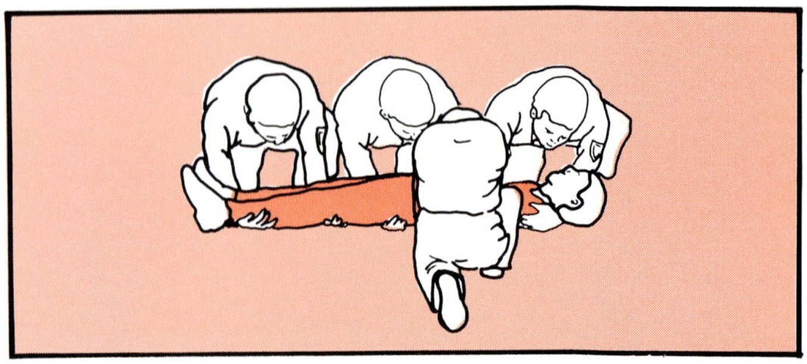

Figura 7.21 Coloque cuidadosamente ambas manos debajo de la víctima hatsa que el peso descanse sobre las palmas de la mano.

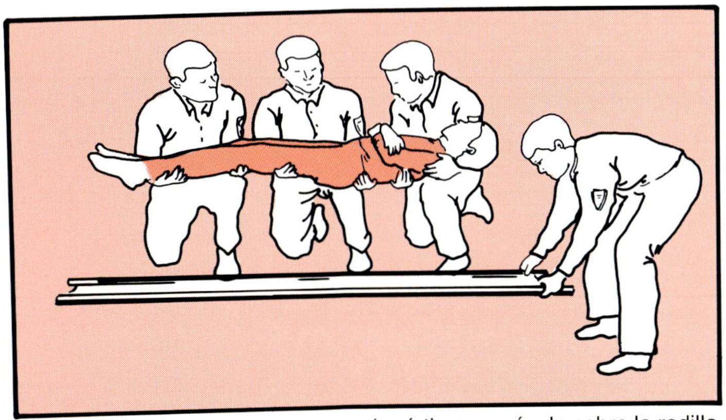

Figura 7.22 Levante lentamente a la víctima y apóyela sobre la rodilla. La cuarta persona colocará entonces la camilla debajo de la víctima.

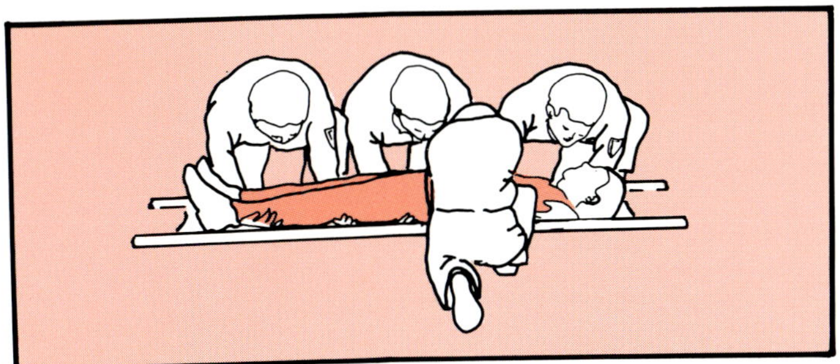

Figura 7.23 Bajar despacio la víctima invirtiendo el procedimiento de levantamiento.

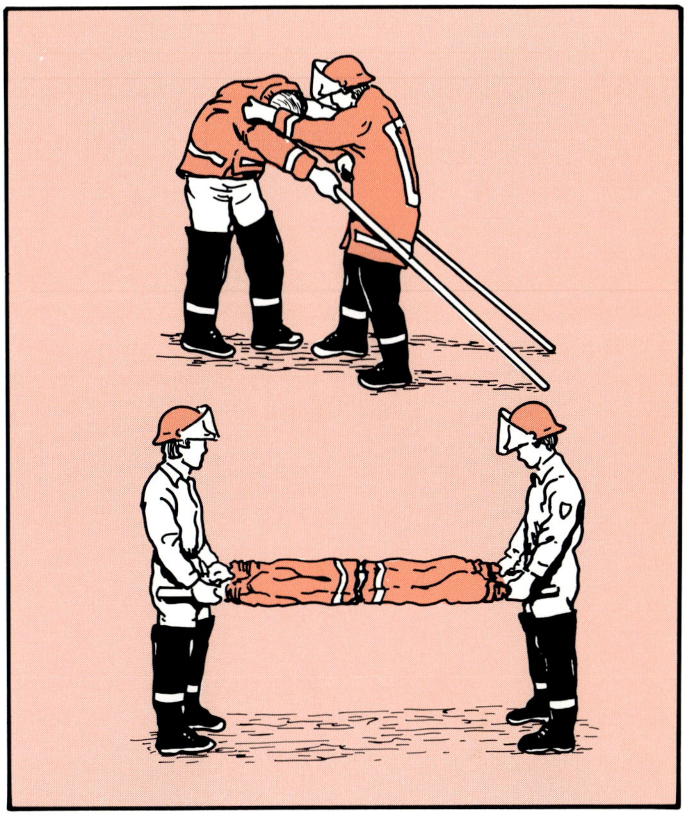

Figura 7.24 Bajar despacio la víctima invirtiendo el procedimiento de levantamiento.

Camillas Improvisadas

Las camillas o parihuelas pueden ser improvisadas utilizando los materiales que estén disponibles. Una buena camilla puede ser hecha con dos sacos o chaquestas y dos varas o listones. Las chaquetas pueden ser fácilmente deslizadas sobre las varas volteando la chaqueta sobre la cabeza, mientras se sostienen las dos varas en las manos, como aparece ilustrado en la Figura 7.24. Los faldones deben ser luego doblados y abotonados o abrochados en la parte de abajo.

Otra camilla improvisada que resulta satisfactoria puede ser la preparada con una manta y dos varas. Coloque una pértiga hacia el otro lado. Coloque una segunda vara sobre las dos capas superpuestas, como a 510 mm (20 pulgadas) de la otra vara y doble el lado sobrante de la manta por encima de la segunda vara y hacia la primera. Cuando una persona sea colocada sobre la manta, entre las varas, el peso del cuerpo sostendrá la manta firme. El procedimiento se muestra en la Figura 7.25.

Coloque una vara en la manta extendida aproximadamente a un pie del centro de la manta,

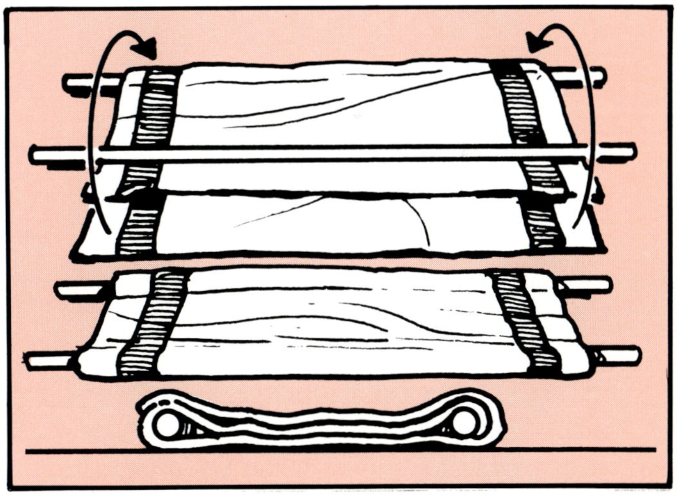

Figura 7.25 Dobiando una manta o lona de salvamento airededor de una pértiga para hacer una camilla improvisada.

y doble el extremo más corto hacia el otro lado de la manta.

BAJANDO A UNA VICTIMA

Una víctima inconsciente puede ser bajada desde un piso superior mediante el uso de una escalera y una cuerda (Figura 7.26). Aunque este método pueda parecer lento comparado con el tras-

Figura 7.26 Utilice unnudo de rescate y una escalera para bajar a las víctimas desde los pisos superiores cuando sea necesario.

lado de una víctima por una escalera, éste podría ser más seguro en ciertas situaciones. Si hay que rescatar varias personas desde un mismo lugar, este método podría resultar más rápido que lo esperado. El nudo de rescate es el punto más importante de esta práctica y el brigadista debe saber como hacer el nudo.

Nudo de Rescate

En un nudo de rescate se pueden formar dos lazos en una cuerda que puede ser colocada alrededor de los muslos de una víctima. Este nudo de rescate debe ser hecho más seguro en la víctima, atando un lazo adicional alrededor de su pecho.

Cómo atar un cabo en una presilla y com colocarlo sobre una víctima se describe en los paso siguientes:

Paso 1: Doble la punta de trabajo de una cuerd sobre sí misma, aproximadamente 2 mt (8 pies). Colóquese sobre esta cuerd doble, cerca del centro, y con doble cuerd en cada mano, adáptela a las caderas cintura del brigadista. (Si la víctima o e brigadista es excepcionalmente alto bajo, esta medida debe ser alterada) (Fig ura 7.27).

Paso 2: Considere la punta del lazo de la cuerda doblada como la punta de trabajo y amarre un nudo por encima de la mano para formar un lazo de aproximadamente 1 mt (3 pies) de largo, de modo que el lazo cuelgue por el nudo. (Figura 7.28).

Figura 7.27 Doble la cuerda y aparte el largo a las caderas o cintura.

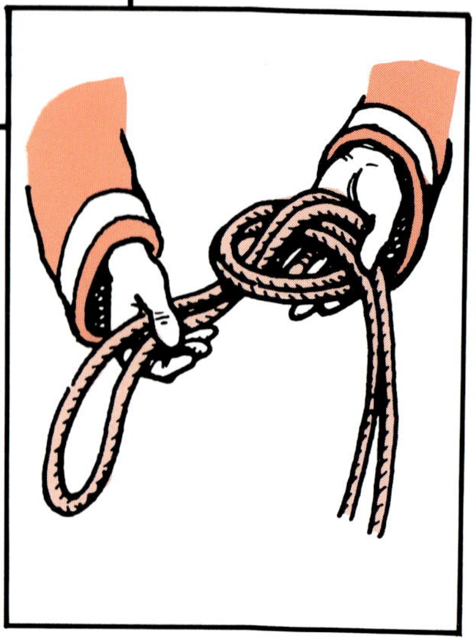

Figura 7.28 Amarre un nudo por encima de la mano con un lazo de tres pies extendiéndose hacia abajo a través del nudo.

Paso 3: Sostenga el nudo en la mano izquierda, agarre con la mano derecha el lazo de 1 mt (3 pies) y llévelo hacia arriba y por encima de la mano izquierda (Figura 7.29).

Paso 4: Coloque el lazo que está en la mano derecha debajo del pulgar de la mano izquierda, para sostenerlo firme (Figura 7.30).

Paso 5: Agarre los lados del lazo por donde ellos atraviesan el nudo y hálelo hacia arriba para formar una presilla (Figura 7.31).

Paso 6: Apriete la presilla y ajuste los dos lados de modo que sean iguales (Figura 7.32).

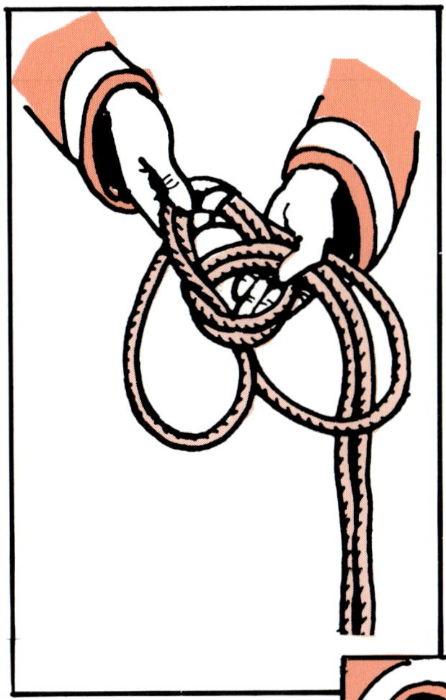

Figura 7.31 Agarre la cuerda por donde ésta atraviesa el nudo y hala hacia arriba para formar una presilla.

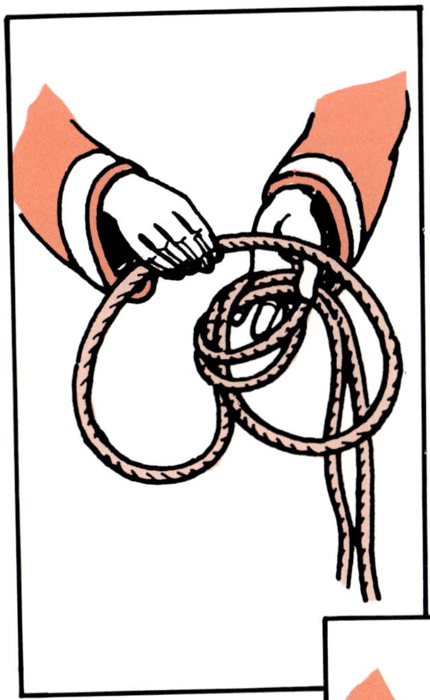

Figura 7.29 Lleve el lazo hacia arriba y por encima del nudo.

Figura 7.32 Apriete la presilla y ajuste uniformemente los lazos.

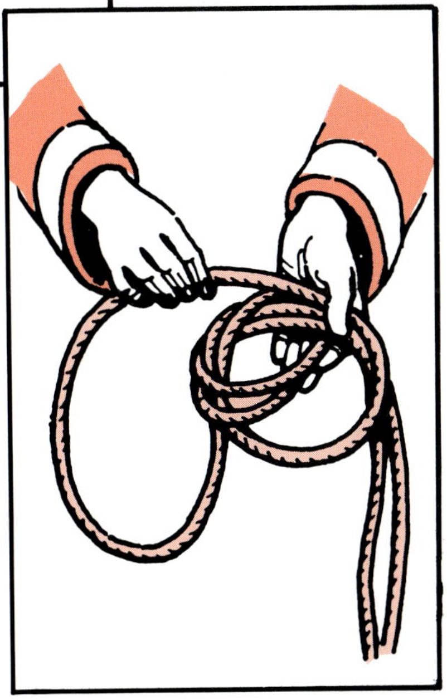

Figura 7.30 Coloque el lazo debajo del pulgar de la mano derecha.

Paso 7: Coloque los dos lazos sobre las piernas de la víctima y súbalos a las entrepiernas estirándolos bien hacia arriba (Figura 7.33).

Paso 8: Haga un nudo alrededor del tórax de la víctima con la cuerda de trabajo y asegúrelo enfrente para formar un lazo (Figura 7.34).

Paso 9: Coloque la punta suelta de la soga a través del lazo recién formado, hale la cuerda de trabajo para asegurar el nudo (Figura 7.35).

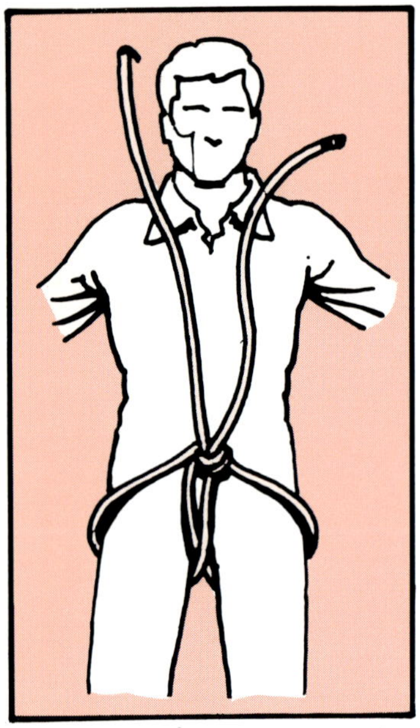

Figura 7.33 Lleve los lazos sobre las piernas hacia las entrepiernas.

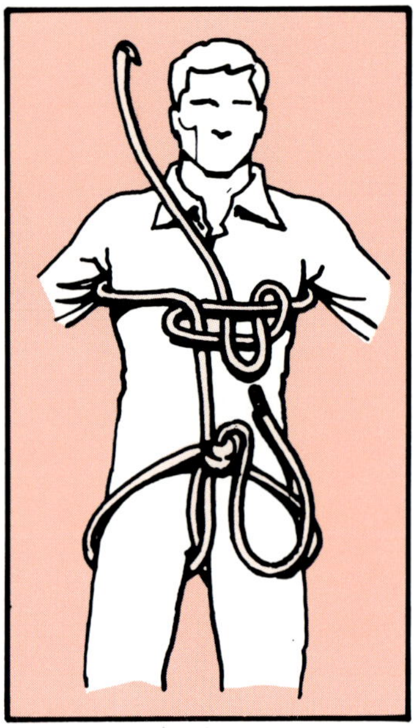

Figura 7.34 Haga un nudo airededor del tórax y asegúrelo con un lazo para fijar el nudo.

Figura 7.35 Coloque el cabo suelto de la cuerda de la presilla a través del lazo formado por seguridad y hale la cuerda de trabajo hasta que ésta se enrolle y esté firme.

RESCATE DE VEHICULOS

Ocurren millones de accidentes automovilísticos todos los años en los Estados Unidos y la cantidad de asistencia por parte de los servicios de bomberos se ha venido incrementando significativamente. El rescate en vehículos es tarea compleja y exigente, que requiere conocimientos sobre el diseño del automóvil, habilidades para el uso de las herramientas manuales y de potencia y cuidado del paciente. Además, el que realiza el rescate debe estar mentalmente preparado para el trauma psicológico de mirar a víctimas de todas las edades que estén quemadas, mortalmente lesionadas o histéricas. La planificación y el adiestramiento en situaciones simuladas pueden preparar a los bomberos para afrontar estos problemas de una manera profesional y eficiente.

El uso frecuente y cotidiano de las herramientas utilizadas para el rescate aumentará la confianza de los brigadistas. Las sesiones de adiestramiento permiten al personal de rescate aprender cómo y por qué una herramienta funciona, cuando utilizarla, lo que ésta en capacidad de hacer, y lo más importante, sus limitaciones.

El adiestramiento debe enfocar los riesgos especiales mientras perfecciona las destrezas básicas. La cooperación con otras agencias en prácticas de desastre en masa, mejorará las relaciones de trabajo y procederá una oportunidad para el intercambio de informaciones.

Consideraciones de Seguridad

La seguridad en las operaciones es esencial. Sin las precauciones de seguridad apropiadas, ninguna operación puede ser exitosa. Los miembros de la brigada de rescate que desatiendan lo concerniente a la seguridad, exponen a las víctimas a más riesgos y se exponen ellos mismos al peligro de lesiones. Esto es válido, tanto en las labores de entrenamiento como en una situación de emergencia real. En el caso particular de los accidentes de vehículos, nos encontramos que estos involucran peligros diversos tales como:

- El incendio y sus productos
- Fragmentos de vidrio
- Bordes de metal puntiagudos
- Vidrios y metales desprendidos
- Productos químicos y radiaciones peligrosas
- Fallas de las herramientas
- Vehículos inestables

Recuerde que en cualquier operación que realice debe utilizar los aparejos de acompañamiento, incluyendo las máscaras.

stimación de lo Acontecido

La información que se obtiene cuando se recibe na llamada de emergencia, es muy importante n el éxito de la operación. La información recibida ebe incluir:

- Lugar del accidente
- Clases de vehículos involucrados
- Número de vehículos
- Condición o posición de los vehículo(s)
- Cantidad de personas lesionadas y tipo de lesiones
- Alguna información de riesgos especiales
- Nombre de la persona que llama y número telefónico

Teóricamente la estimación de lo que pudiera ocurrir en un accidente comienza en el campo de entrenamiento, pero en realidad empieza cuando se recibe la llamada. Con una adecuada información, la estimación puede iniciarse mientras se acude al sitio.

Una vez en el escenario, pueden ser identificados con mayor detalle los riesgos mayores para así tomar las medidas correctivas que sean pertinentes. Si se requiere recursos adicionales, los mismos deben ser solicitados por el oficial a cargo de las operaciones.

Estabilización del Vehículo y Acceso

El personal de rescate a menudo encuentra un vehículo de lado o volteado en una zanja o ladera. Resista la tentación de balancearlo o empujarlo. Muchas veces esta presión es todo lo que se necesita para volcar definitivamente el vehículo, produciendo resultados desastrosos a las víctimas así como a los miembros de la brigada. Un vehículo que se encuentre en posición peligrosa debe ser primero estabilizado. La estabilización puede lograrse por diversos medios, tales como armazones de apoyo o cuñas, gatos y bolsas de aire (Figura 7.36). Bajo ninguna circunstancia debe ser volcado un vehículo mientras las víctimas se encuentren todavía en su interior. En una emergencia, la estabilización puede ser improvisada con un gato de parachoques, sogas o abriendo la tapa de la maleta y la capota.

Figura 7.36 Las armazones de apoyo o cuñas y las sogas están entre los artículos que se pueden usar para estabilizar un vehículo. *Cortesía de Joel Woods.*

Seleccione la ruta de acceso más facil para lograr la entrada al vehículo. Trate de abrir las puertas normalmente, pero si están trabadas, la ventana sería la siguiente opción lógica.

Si las ventanas se rompen en el accidente y los marcos no se doblan, el personal de rescate tendrá una ruta directa hacia la víctima. Si no, pruebe por la ventana trasera. Así se dispondrá de una abertura más grande y los vidrios no caen sobre la víctima tan fácilmente como desde una ventana lateral. Recuerde que el objetivo principal es lograr el acceso enforma segura para luego estabilizar y proteger a la víctima delesiones adicionales por chispas, vidrios, metales y herramientas de rescate.

Cuidado y Traslado de Víctimas

Una vez que se haya logrado el acceso al vehículo, el miembro más calificado de la brigada de rescate debe concentrarse en lograr el bienestar de la víctima (Figura 7.37). Para estabilizar a la víctima, el personal debe ante todo realizar un examen previo para identificar las lesiones y determinar la gravedad de las mismas. Para este fin se recomienda seguir los siguientes pasos:

- Mantenga abierto el conducto respiratorio
- Efectúe el R C P si es necesario
- Controle la hemorragia

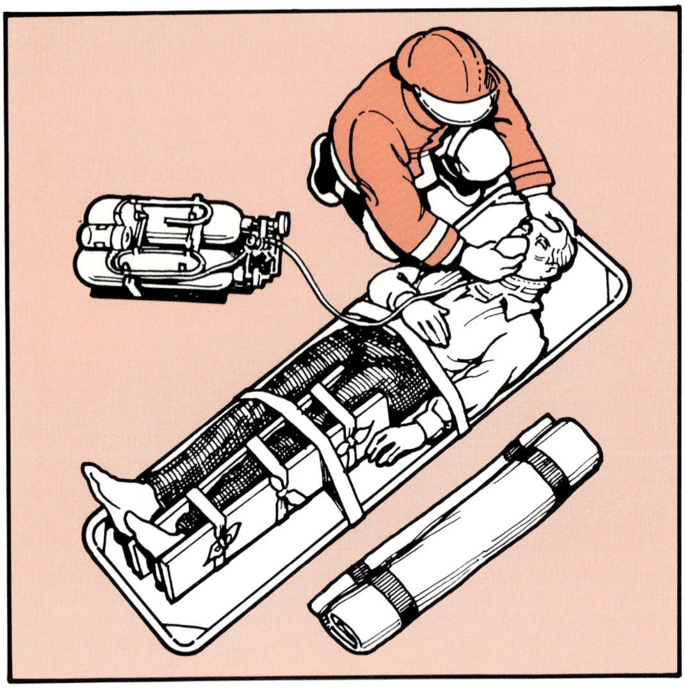

Figura 7.37 Examine a la victima para identificar lesiones y estabilicela antes de iniciar su traslado.

- Inmovilice la columna vertebral
- Inmovilice las fracturas
- Colóquelo en la posición adecuada
- Ate firmemente con correas o bandas

En casos donde se presenten lesiones en la espalda, cuello, o médula espinal, se sugiere que la víctima sea debidamente inmovilizada.

Una vez que se haya logrado la entrada al vehículo y las lesiones de la víctima hayan sido identificadas, se pueden iniciar las actividades tendientes a lograr el rescate de la víctima. El punto más importante a recordar es que el vehículo sea removido de alrededor de la víctima y no lo contrario. Se debe tener presente que algunas partes el vehículo tales como volantes, asientos, pedales y tableros pueden estar aprisionando a los ocupantes (Figura 7.38). El rescate debe realizarse teniendo en cuenta que lo primero es la seguridad de la víctima. El estar familiarizado con todas las herramientas de rescate disponibles y contar con la habilidad para improvisar, impedirá que el personal se vea "obligado" al uso de una sola herramienta o técnica.

Antes de que el pesonal pueda comenzar a remover o trasladar una víctima, el responsable del cuidado del paciente debe estar seguro de que el paciente esté listo. Si la víctima está consciente, coherente y solo levemente lesionada, entonces ésta no necesitará mayores cuidados.

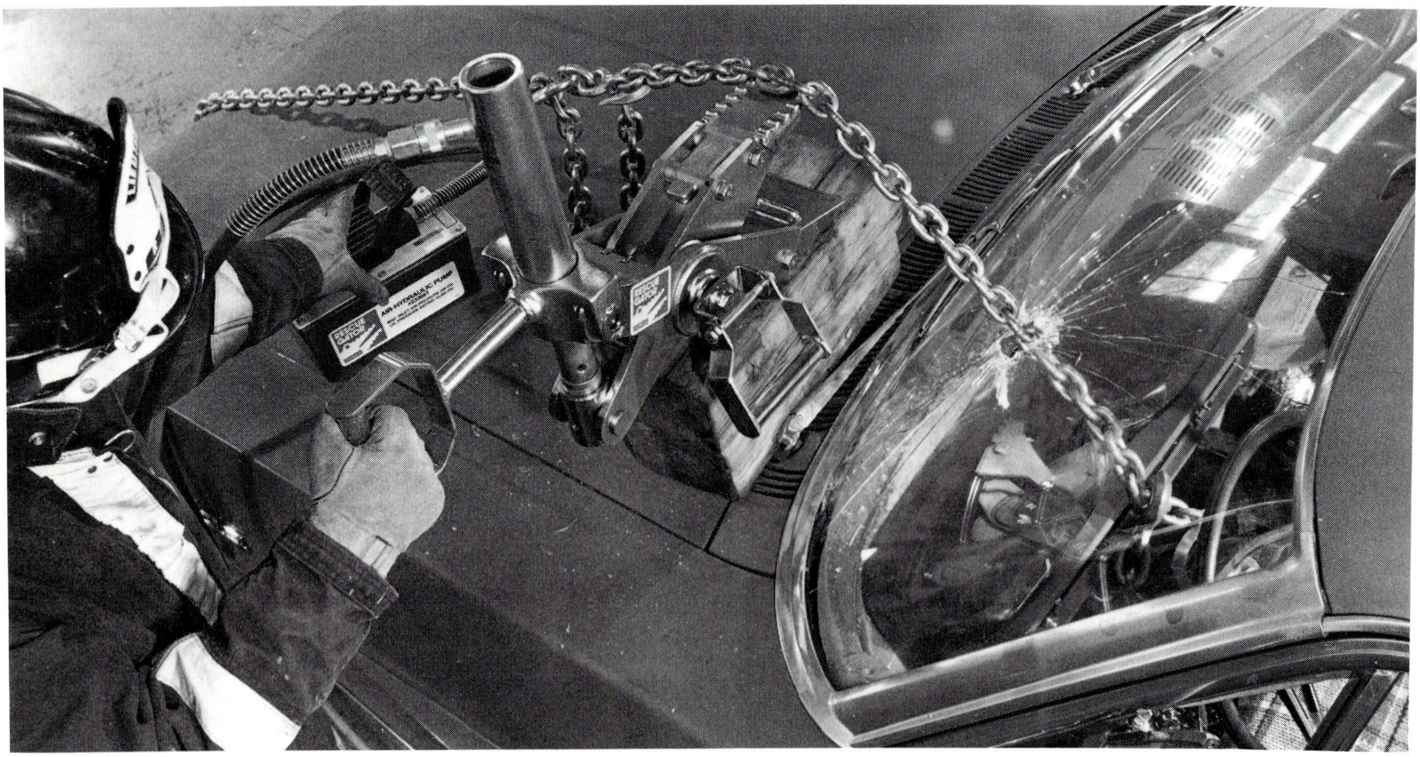

Figura 7.38 Saque cuidadosamente a la víctima utilizando técnicas seguras para remover volantes, asientos, tableros, u otras partes del vehículo. *Cortesía de Bill Maggi.*

"El empaquetamiento" es un término que significa que las heridas han sido curadas y vendadas, las fracturas han sido estabilizadas y el cuerpo de la víctima ha sido inmovilizado para reducir la posibilidad de más lesions. El empaquetamiento apropiado protege a la víctima y ayuda a facilitar el traslado de la misma.

Cuando la víctima haya sido empaquetada adecuadamente y esté lista para su traslado, cubra los bordes agudos que pudieran cortar al personal y a las víctimas. Las aberturas deben ser ensanchadas y los bordes acolchados con mantas o con mangueras de incendios que hayan sido preparadas con antelación para tal fin. Las aberturas deben ser bastante anchas para que la víctima pueda ser trasladada tan fácilmente como sea posible sin sacudirse y sin movimientos bruscos.

EVACUACION DE EMERGENCIA DE ASCENSORES ACCESO AL ASCENSOR PUERTA DE LA CABINA DEL ASCENSOR

Las puertas del ascensor son accionadas por un motor eléctrico que descansa sobre la cabina del ascensor. La puerta de la cabina no tiene ninguna cerradura y puede ser empujada con la mano para abrirla; sin embargo, cuenta con engranajes eléctricos para detener el movimiento de la cabina cuando se requiera que las puertas se abran. Las puertas de las cabinas de los ascensores están diseñadas para abrir y cerrar automáticamente cuando la cabina recibe instrucciones del panel controlador para detenerse en un piso en particular. La puerta de la cabina, también accionada por el motor, es otro medio empleado para abrir la puerta del ascensor. Cuando el ascensor se detiene en un piso deseado, sus puertas son abiertas por un mecanismo motriz que está conectado a la puerta de la cabina (Figura 7.39). Cuando la puerta de la cabina se abre, este mecanismo golpea una rueda que suelta el pasador de la puerta del ascensor y la puerta de la cabina empuja las puertas del ascensor para abrirla completamente. Para cerrarlas, a medida que un peso impulsa el ascensor, el mecanismo motriz se aleja de la rueda y las puertas del conducto de ascensor son cerradas de nuevo. Esta acción ocurre solamente cuando las puertas supuestamente han de abrirse y no sucede si la cabina se detiene en alguna parte distinta al área de desembarco.

Figura 7.39 Ensamblaje de una puerta típica de la caja de un ascensor.

PANELES DE ACCESO

Además de las puertas principales de las cabinas de ascensores, existen salidas adicionales que son provistas para ser utilizadas en situaciones de emergencia. Estas están ubicadas en la parte superior y en los lados de la cabina del ascensor (Figura 7.40).

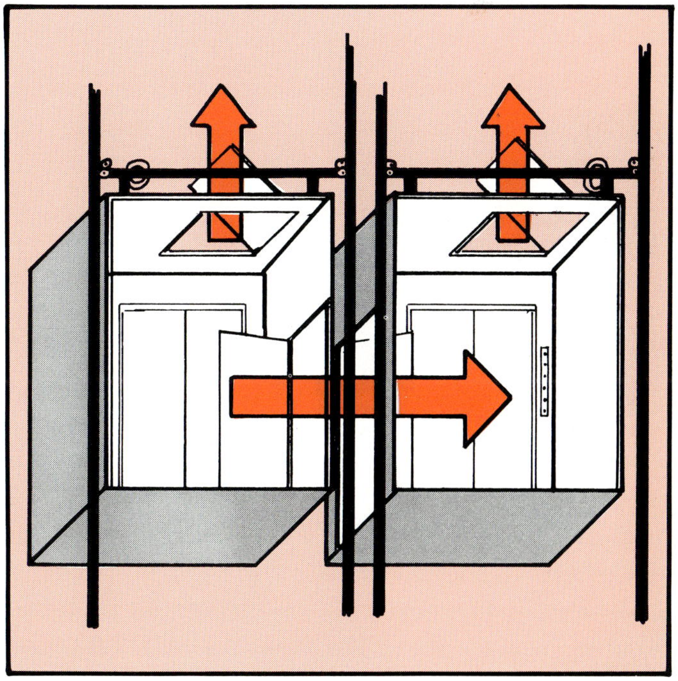

Figura 7.40 Los paneles de acceso del ascensor son provistos además de las puertas principales de la caja.

Salida Superior

En todos los ascensores de tracción eléctrica se provee una salida por la parte superior. En los ascensores hidráulicos se puede proveer la salida por la parte superior o no, ya que el sistema está equipado con una válvula manual de descenso. Las salidas superiores son únicamente requeridas si el ascensor no tiene esta válvula que permita el descenso de la cabina en caso do averías. El panel de la salida superior es normalmente cerrado desde el exterior de la cabina y esta diseñado para abrir en esa dirección. Adicionalmente, algunas cabinas de ascensores están provistas de engranajes eléctricos que evitan el movimiento de la cabina mientras el panel está abierto.

Salida Lateral

En instalaciones con múltiples ascensores, las salidas laterales son normalmente provistas de modo que se pueda lograr el paso de una cabina a otra durante las operaciones de rescate. Sin embargo, éstas no pueden ser provistas en ascensores hidráulicos que tengan que tener engranajes eléctricos para evitar el movimiento de la caja mientras el panel está abierto. Los paneles pueden ser abiertos desde el interior con una llave especial o desde el exterior donde se proveen mecanismos permanentes.

PUERTAS DEL ASCENSOR

Las puertas de los ascensores están equipadas con un mecanismo de cierre sobre uno de los paneles para evitar que las puertas se abran cuando la cabina del ascensor no esté en el lugar de parada. El dispositivo de cierre es elaborado en un extremo a fin de que se enganche alrededor de un retén para impedir que las puertas se abran. En la posición abierta, la punta moldeada del dispositivo de cierre es alejada del retén y la puerta puede ser abierta. La aldaba está concectada a una rueda o soporte de impulsión y cuando una cabina de ascensor llega a un lugar de parada, el mecanismo motriz (DRIVING VANE) montada sobre la puerta de la caja se sitúa cerca de la rueda o soporte. Si la caja no está programada para detenerse, el mecanismo pasa por la rueda sin tener contacto. Cuando la cabina se detiene, el mecanismo es empujado contra la rueda y la aldaba del ascensor se suelta y luego el movimiento de la puerta de la cabina empuja la puerta del ascensor para abrirla completamente (Figura 7.41). Las puertas de los ascensores están equipadas con un peso o sistema de resorte que aplica una fuerza constante contra la puerta hacia la posición cerrada. La fuerza para abrir la puerta de la caja debe ser suficiente para vencer la fuerza de los pesos de las puerts del ascensor, permitiendo que la cabina se mueva.

Figura 7.41 Cuando el ascensor se detiene en un piso deseado, las puertas del ascensor son abiertas por un mecanismo motriz que está contectado a la puerta de la caja.

Control del Ascensor

Una cabina de ascensor procederá automáticamente al piso del cual recibe una llamada, sin considerar lo que activó al botón de llamada. A causa de esto, es posible que una cabina de ascensor vaya al piso del incendio, abra sus puertas y exponga a los ocupantes a condiciones de riesgo. Sin embargo, en situaciones de emergencia es conveniente tener la habilidad de controlar a la cabina del ascensor sin interferencias. Los dos métodos disponibles son conocidos como servicio independiente y servicio de emergencia. Ambos servicios son controlados con llaves que pueden o no estar fácilmente disponibles; por lo tanto, los bomberos deben saber como obtener las llaves de control y hacer uso de ellas.

SERVICIO INDEPENDIENTE

El servicio independiente es una característica prevista en la mayoría de las instalaciones de ascensores que permite que la cabina sea conolada manualmente. La cabina responderá únamente a aquellas instrucciones dictadas por el perador dentro de la cabina y no responderá a eñales iniciadas desde lugares de parada en pasilos. Esto es una ventaja para los bomberos porque sí ellos pueden mover la cabina a su voluntad, in hacer que ésta se detenga por llamadas en ugares de parada o en el piso del incendio. El ervicio es activado por un mecanismo ubicado freuentemente dentro de la cabina en un panel cerado e identificado por las letras S.I. (Figura 7.42). In algunas instalaciones el mecanismo puede star ubicado en el panel de control en el pasillo rincipal. Después que la cabina haya sido camiada al servico independiente, el movimiento y a dirección del recorrido es establecido oprimiendo in botón del piso. Cuando se llegue al piso, la uerta se abrirá automáticamente.

Figura 7.42

SERVICIO DE EMERGENCIA

Una de las innovaciones más recientes es la conocida como el modo de operación del servicio de emergencia. El mecanismo de acción para éste está ubicado en el panel de control de la cabina y es accionado por una llave que abre o cierra. Una vez abierto, éste responderá solamente a las señales iniciadas desde el interior de la cabina y desatenderá aquellas desde los lugares de parada en los pasillos. Además, las puertas pueden ser abiertas y cerradas solo oprimiendo el botón apropiado.

Los dos operaciones descritas anteriormente requieren el uso de la llave, para poder funcionar. El servicio independiente requiere una llave para abrir el panel que protege al interruptor de presión mientras que el servicio de emergencia necesita una llave para accionarlo.

Evacuación de Ascensores

Al llegar al escenario de una emergencia de ascensor, los bomberos deben enviar un mecánico de ascensores al lugar de la emergencia. El mecánico es el más indicado para hacer los ajustes mecánicos al ascensor a fin de que se logre la salida de los ocupantes del mismo de una manera normal.

Puede haber ocasiones en que no se dispone de un mecánico o que la hora de su llegada puede ser extremadamente tardía. También pudiera darse el caso de ocupantes abordo que estén en condiciones médicas críticas y se requerirá que el Cuerpo de Bomberos evacúe la cabina inmediatamente. Sin embargo hay que recordar que el rescate en ascensores requiere adiestramiento especial en el uso de técnicas apropiadas de rescate y por tal motivo especial los bomberos no deben intentar un rescate, si sólo cuentan con un personal inexperto. En ninguna circunstancia los bomberos deben alterar el sistema mecánico del ascensor en un intento de impulsar el ascensor. Los ajustes al sistema mecánico de la instalación del ascensor deben ser hechos únicamente por mecánicos de ascensores.

DETERMINE LA UBICACION DE LA CABINA

Después que haya sido decidido que la evacuación de la cabina del ascensor es necesaria, se debe determinar la ubicación exacta de la misma. Su posición en el ducto del ascensor puede ser seleccionado observando el panel indicador de posiciones en el pasillo o abriendo las puertas del ducto de ascensor en el pasillo y mirando dentro del ducto.

ESTABLEZCA LA COMUNICACION

Se debe establecer comunicación con los ocupantes para asegurarles su protección y enterarlos de que se está trabajando para rescatarlos. Si no hay disponible un teléfono o sistema de intercomunicación, puede ser suficiente gritar a traveś de la puerta cerca de la ubicación de la cabina para pasar mensajes de uno o otro. La comunicación con los ocupantes es esencial para su estado de ánimo y mental y debe ser establecido sin hacer caso de si el servicio de bomberos va a rescatar de inmediato o a esperar por el mecánico de ascensores.

ASEGURE EL ASCENSOR

Los procedimientos de rescate varían dependiendo de donde se encuentre ubicada la cabina del ascensor con relación al lugar de parada más cercano. Los ascensores pueden ser detenidos cerca del sitio deparada (varios centímetros), debajo del lugar de parada o por encima del mismo. Cada situación requiere el uso de técnicas diferentes para sacar a los pasajeros.

Los bomberos deben cerciorarse de que la cabina del ascensor una vez detenido no empiece a moverse cuando haya comenzado las operaciones de rescate. El ascensor puede ser asegurado abriendo el circuito eléctrico principal del motor de impulsión del ascensor. El botón de desconexión está en el cuarto de máquinas y éste inmoviliza el ascensor quitándole la energía y aplicándole los frenos. Como respaldo adicional, el botón de parada de emergencia de la cabina debe ser activo ya que éste elimina también la energía del motor de impulsión. Los ocupantes pueden ser instruidos a activar el botón y cuando los bomberos entren a la caja, ellos deben asimismo revisar para asegurarse de que el botón haya sido activado.

APERTURA DE LA PUERTA DEL ASCENSOR

La apertura de la puerta del ascensor se puede lograr fácilmente con el uso de llaves de emergencia, o si es necesario, forzando las puertas. Hay tres tipos de llaves comúnmente usadas en la mayoría de las instalaciones de ascensor los cuales son identificadas como: llaves en forma de luna, en forma de T y llaves caedizas. La llave en forma de luna es introducida en la abertura (algunos centímetros) y luego halada hacia abajo. La llave en forma de T es empujada en forma recta dentro de la abertura para operar el mecanismo de cierre. La llave caediza es construida de dos secciones engoznadas juntas. Cuando la llave es insertada lo suficiente lejos dentro de la abertura, la sección frontal cae para formar un ángulo de 90% con la sección posterior.

La llave es luego girada para abrir la puerta (Figura 7.43). Después que las llaves hayan soltado el mecanismo de cierre, las puertas del ducto de ascensor pueden ser abiertas empujándolas con ambas manos.

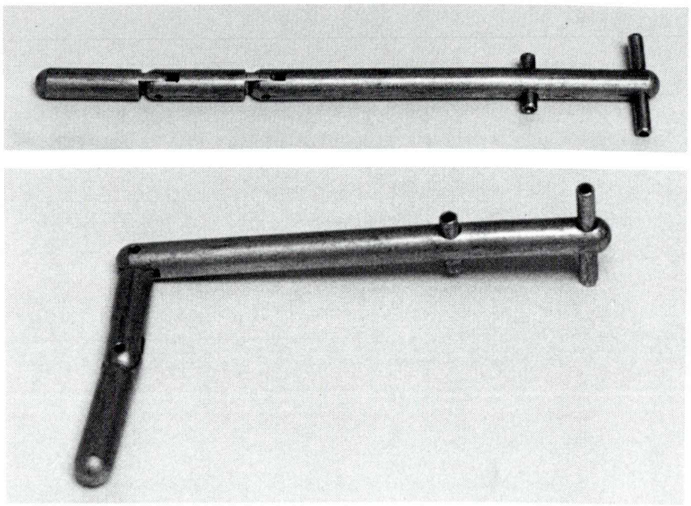

Figura 7.43

Cuando las llaves de los ascensores no se encuentran disponibles o son inutilizables, se deben utilizar métodos alternos. Si el ascensor está detenido cerca o dentro del área de parada, los ocupantes pueden ser instruidos a empujar para abrir la puerta de la cabina del ascensor. Ahora si la cabina está lo suficientemente cerca del sitio de parada, la puerta del ascensor también se abrirá. Si ésta no se encuentra lo suficiente cerca al lugar de parada, la apertura de la puerta dela cabina mostrará solamente las puertas cerradas del ascensor. Sin embargo, el mecanismo de cierre puede igualmente ser visto con facilidad y los ocupantes pudieran ser capaces de soltarlo.

Otro método que puede ser utilizado en el caso de ascensores múltiples, es ubicar de manera alineada otro ascensor junto a la puerta del ascensor detenido. También pudiera deslizarse una vara delgada o tabilla entre la cabina y la pared del ascensor hasta alcanzar la cerradura de la puerta del ascensor detenido.

Un método menos deseable de abrir las puertas del ascensor es el forzar la apertura de la puerta utilizando herramientas para entrada forzada. Existe la posibilidad de doblar la puerta y no de abrirla. Cuando las puertas son forzadas, sólo debe hacerse desde la parte superior, cerca de la cerradura y en la dirección en que la puerta abre.

TRASLADO DE OCUPANTES

Cabina Detenida Cerca del Lugar de Parada

Cuando la cabina del ascensor se detiene dentro del área de parada se encontrará lo suficientemente cerca del sitio de parada como para soltar el mecanismo de cierre en la puerta del ducto de ascensor. La evacuación de la cabina del ascensor es simplemente cuestión de empujar las puertas para abrirlas y asistir a los ocupantes de la misma.

Cuando el ascensor se detiene por arriba o por debajo del piso de parada, los ocupantes serán obligados a subir o bajar para llegar hasta el lugar de parada. Una vez que las puertas sean abiertas un bombero debe entrar a la cabina para asegurarse de que el botón de parada de emergencia sea activado. Un riesgo que existe cuando se detiene la cabina arriba del lugar de parada es la abertura al ducto que está debajo de la cabina. Deben tomarse precauciones para resguardar el agujero con una escalera y así evitar la posibilidad de que alguien se caiga dentro del ducto de ascensor.

Traslado por la Salida Superior

El acceso a la parte superior de ascensor detenido se consigue abriendo la puerta del ducto del ascensor por arriba de él. Los bomberos, haciendo uso de cuerdas, podrán descender hasta lograr abrir el panel, ya que el mismo sólo puede ser abierto desde el exterior. Debe tenerse especial cuidado para evitar que parte del techo del ascensor caiga sobre los pasamanos. Una vez que el panel esté retirado, se debe colocar una escalera hacia el interior de la cabina. Se introduce un hombre para verificar que el botón de parada de emergencia haya sido activado. Deberá atarse una cuerda a cada pasajero y asistirlo en su ascenso hacia el techo del ascensor. El bombero que se encuentra ubicado frente a la puerta del ducto deberá ayudar a los pasajeros con la cuerda. En los casos en que la part superior esté muy retirada del área del ducto, pudiera ser recomendable el uso de una escalera portátil.

Traslado por la Salida Lateral

El traslado de los pasajeros por la salida lateral es un método efectivo de rescate si la instalación del ascensor está en un ducto de ascensores múltiples. Para efectuar un rescate, se utiliza una cabina de ascensor para rescate (en el modo de servicio independiente), la cual es movida al nivel de la cabina del ascensor parado. Las puertas de las salidas laterales de ambas cabinas se abren y los rescatadores entran a la cabina detenida para revisar el botón de parada de emergencia. Se coloca una tabla o pasarela entre las dos cabinas colocando una pértiga como pasamanos mientras los ocupantes son guiados al interior de la cabina utilizada para el rescate.

Capítulo 8

Suministro de Aqua

NORMA NFPA 1001
SUMINISTRO DE AGUA
Bombero II

4-13 Suministro de Agua.

4-13.1 El bombero deberá identificar el sistema de distribución de agua y otras fuentes de suministro en la comunidad.

4-13.2 El bombero deberá identificar:
(a) Distribuidores.
(b) Alimentadores primarios.
(c) Alimentadores secundarios.

4-13.3 El bombero deberá identificar un:
(a) Hidrante de cilindro seco.
(b) Hidrante de cilindro húmedo.

4-13.4 El bombero deberá identificar los conceptos siguientes:
(a) Presión normal de operación de un sistema de distribución de agua.
(b) Presión residual de un sistema de distribución de agua.
(c) Presión de caudal de una boca de salida por la cual mana agua.

4-13.5 El bombero deberá identificar los siguientes tipos de válvulas para suministro de agua:
(a) Indicadora.
(b) No Indicadora.
(c) De Poste Indicador.
(d) De Vástago Ascendente (O.S. & Y.).

4-13.6 El bombero deberá identificar la capacidad de un hidrante para ser utilizado en función de:
(a) Obstrucciones para su uso.
(b) Orientación adecuada de las tomas.
(c) Daños mecánicos exteriores.
(d) condiciones de la pintura por óxido y corrosión.
(e) El flujo abriendo totalmente el hidrante
(f) Habilidad para drenar*

*Reimpreso bajo licencia de la Norma N° 1001, *Norma para la Calificación Profesional de Bombero,* Copyright (c) 1981 National Fire Protection Association, Boston, MA.

Las transparencias sobre suministro de agua, de la IFSTA están diseñadas para complementar este capítulo.

Capítulo 8
Suministro De Aqua

La tecnología sigue desarrollando nuevos métodos y materials para la extinción de incendios, pero el agua todavía se mantiene como el agente extintor primario debido a su abundancia en la tierra y su capacidad de absorber calor. El agua puede ser enviada a través de grandes distancias, puede ser incorporada a una bomba para incrementar automáticamente su presión y también puede ser almacenada. Por lo tanto resulta sumamente importante el familiarizarse con los métodos de suministro de agua.

Un sistema de suministro de agua está compuesto por una gran variedad de partes e instalaciones. Básicamente estos sistemas pueden ser descritos con los siguientes componentes fundamentales.

- La fuente de suministro.
- Las instalaciones para procesamiento y tratamiento de agua.
- Los medios para impulsar agua.
- El sistema de distribución y almacenamiento.

Algunas de las estructuras físicas necesarias para la operación eficiente de los componentes básicos de un sistema de suministro son: represas; acueductos y líneas de tuberías; ríos y afluentes de lagos; estaciones de bombeos; filtros; plantas detratamiento; sistema de distribución y tanques de almacenamiento. Para una operación eficiente, cada componente debe ser diseñado de tal forma que funcione adecuadamente en relación con los otros componentes del sistema (Figura 8.1).

El la mayoría de las áreas pobladas, el sistema de suministro de agua puede ser privado o público.

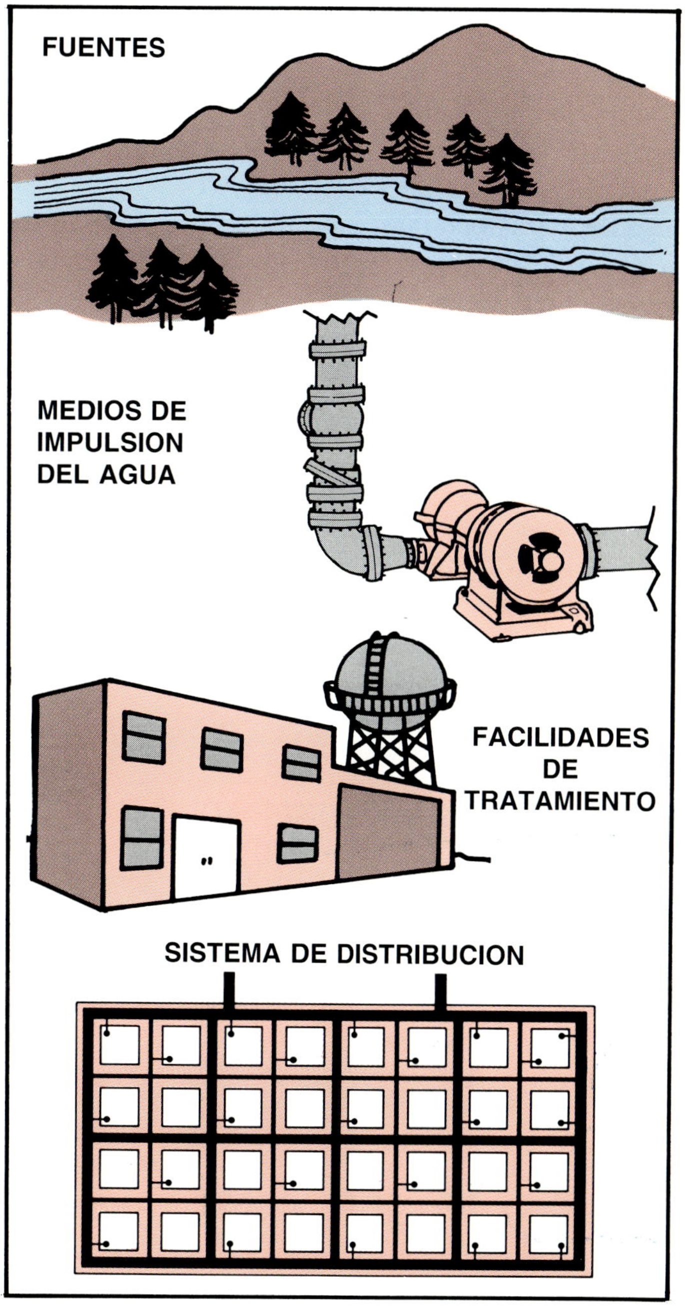

Figura 8.1 Existen muchos componentes en un sistema de distribución de agua.

A medida que en las áreas rurales se incrementa la población, estas comunidades sienten la necesidad de establecer un sistema de distribución confiable y seguro.

El sistema de distribución de agua de una comunidad es un servicio público cuya función principal es proveer de agua en una forma apta para el consumo humano. Este servicio público debe ser operado y considerado por expertos en materia de abastecimiento de agua. Este personal debe tomar en cuenta la importancia que reviste para el cuerpo de bomberos los suministros de agua, por lo que sería recomendable determinar en conjunto las necesidades de abastecimiento de este líquido, la ubicación y tipo de los hidrantes.

FUENTES DE SUMINISTRO DE AGUA

La fuente primaria para el suministro de agua puede provenir bien sea de aguas de superficie o de aguas subterráneas. A pesar de que la mayoría de los suministros se abastecen de una sola fuente, se presentan alguno casos donde se utilizan ambos tipos de suministros. Un ejemplo de suministros de aguas de superficies son los lagos y ríos. Suministros subterráneos pueden ser los pozos o yacimientos.

La cantidad de agua que una comunidad necesita puede ser determinada por cálculos de ingeniería. Esta estimación de la cantidad de agua requerida debe ser la suma de la cantidad requerida para uso doméstico o industrial y los requerimientos para los sistemas contra incendio.

En pequeñas poblaciones los requerimientos para la protección contra incendios exceden los otros requerimientos.

Existen tres tipos de sistemas para distribución del agua:

- Bombeo directo.
- Sistema por gravedad.
- Sistema combinado.

Bombeo Directo

Este sistema funciona con una o más bombas, las cuales toman el agua de la fuente primaria y la descargan a través de filtros y plantas de tratamiento. De aquí en adelante una serie de bombas envían el agua al sistema de distribución. Si la purificación del agua no es necesaria, ésta puede ser bombeada directamente dentro del sistema de distribución. Para prevenir fallas en los sistemas de distribución, tanto las líneas de abastecimiento como las bombas deben duplicarse y proporcionar una fuente de energía secundaria (Figura 8.2).

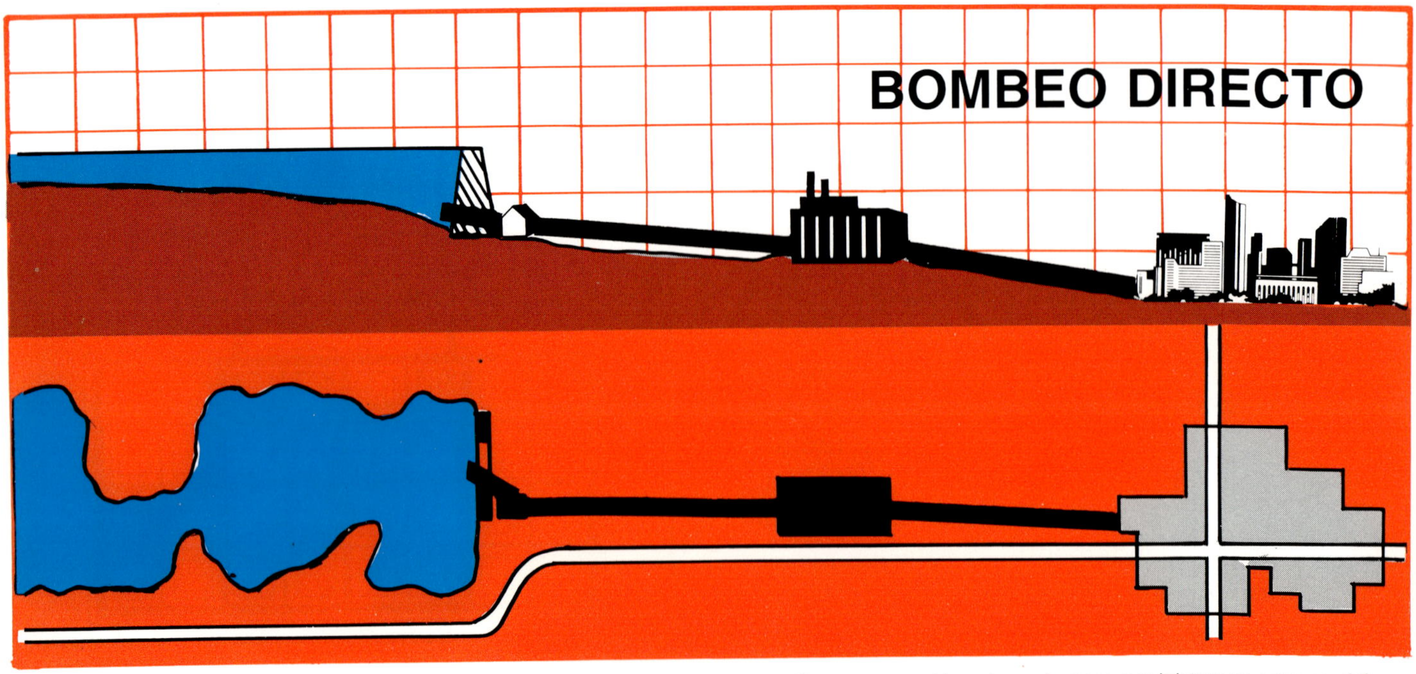

Figura 8.2 Se utiliza un sistema de bombeo directo cuando la fuente de agua no tiene una presión adecuada para suministrar un gran caudal.

istema por Gravedad

Este sistema es un tipo de fuente primaria, la ual está localizada a una elevación mayor que el istema de distribución mayor proporciona la preión necesaria (Figura 8.3).

istema Combinado

La mayoría de las comunidades usan los sisemas combinados. Este sistema utiliza la combinación del bombeo directo y el sistema por gravedad. En muchos de los casos el flujo por gravedad es realizado a través de tanques de almacenamiento elevados. Estos tanques sirven como almacenamiento de emergencia y pueden proveer la presión necesaria debido al flujo por gravedad. Cuando la presión del sistema es alta, durante los períodos de bajo consumo, las válvulas automáticas se abren y permiten que se llenen los

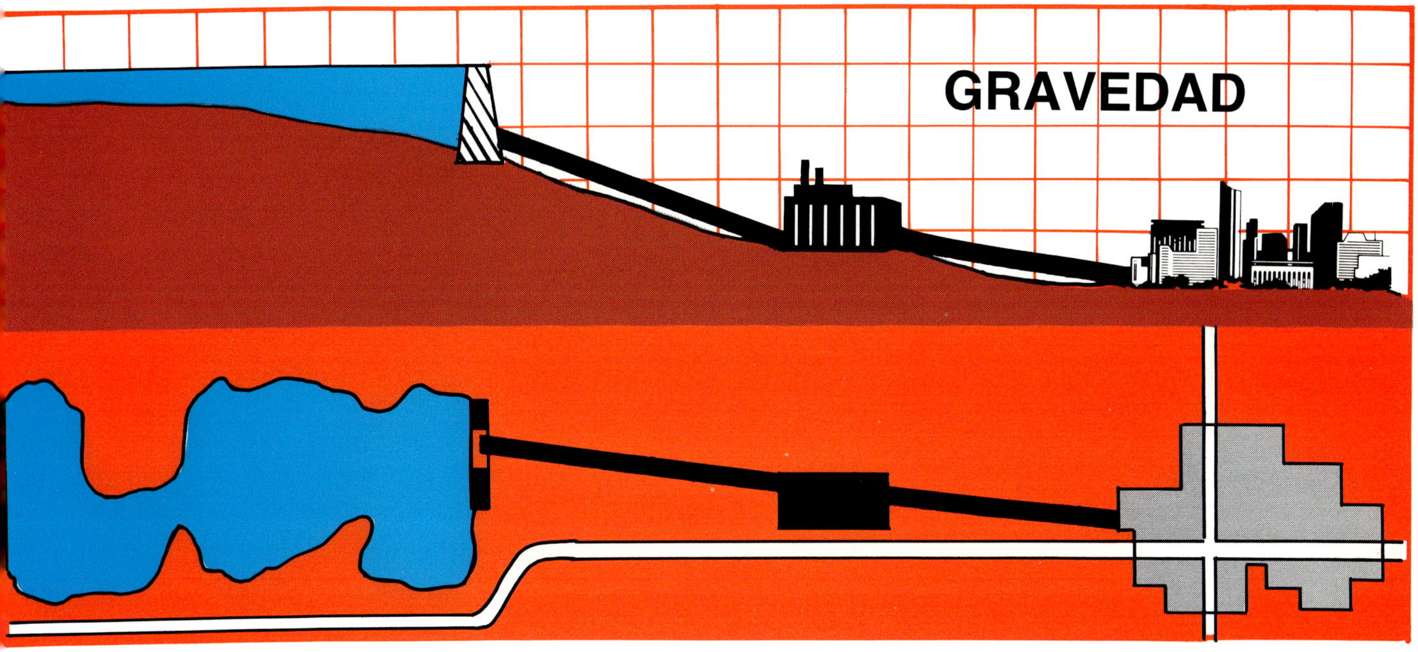

Figura 8.3 Se utiliza un sistema por gravedad donde la fuente de agua es elevada.

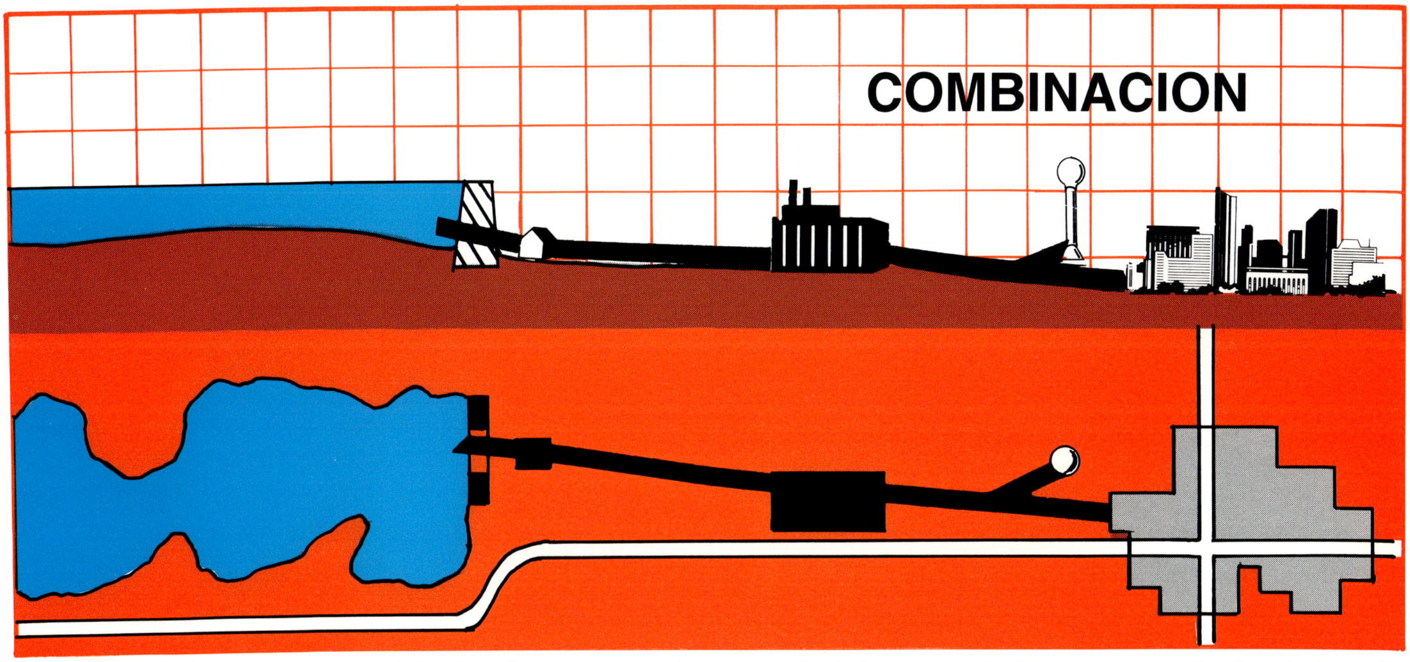

Figura 8.4 Se utiliza una combinación de bombeo directo y gravedad, para permitir el almacenamiento de agua en momentos de baja demanda, que podrá cubrir la necesidad cuando la demanda exceda la capacidad de la bomba.

sistemas de almacenaje con el agua que no es consumida por los usuarios. Cuando la presión baja durante los períodos de alto consumo, los tranques de almacenamiento proveen el agua extra requerida para alimentar los sistemas de distribución. La duplicación de los equipos y la ubicación de los tanques de almacenamiento en lugares estratégicos provee a la comunidad de un sistema confiable (Figura 8.4).

Los tanques de almacenamiento localizados en sitios elevados podrán abastecer a la comunidad cuando los sistemas convencionales fallen. De acuerdo con los Ingenieros de la Asociación Americana de Aseguradores (AIA), el almacenamiento deberá ser suficiente para que en casos de emergencia pueda abastecer la comunidad durante un período de cinco (5) días a consumición máxima, para proveer el servicio doméstico e industrial, más el flujo para incendio requerido en un período de dos a diez horas, dependiendo de las dimensiones y características de la comunidad servida. Este almacenamiento, deberá ser suficiente para permitir realizar la mayoría de las reparaciones, alteraciones o incorporaciones al sistema. Tanto la localización de los tanques de almacenamiento y su capacidad como el diámetro de las tuberías de distribución son factores importantes en el sistema de distribución.

Algunas industrias poseen su propio sistema de abastecimiento, tales como tanques elevados, los cuales están a la disposición de los cuerpos de bomberos. Existen algunas comunidades que poseen tanques subterráneos distribuidos en toda la ciudad, para uso exclusivo de los cuerpos de bomberos, mediante el uso de camiones bombas, esta agua es succionada y elevada su presión.

EL SISTEMA DE DISTRIBUCION

La distribución es la parte del sistema de abastecimiento de agua, que recibe el líquido desde las estaciones de bombeo y lo distribuye a todas las áreas que deben ser servidas. Los hidrantes, válvulas de paso, tanques de reserva de agua y sistemas de tuberías contra incendios son partes suplementarias del sistema de distribución.

Muchas industrias proveen sus propios sistemas privados, tales como tanques de almacenaje elevados, que están disponibles para los bomberos. También en algunas comunidades puede haber agua disponible de sistemas de almacenaje tales como cisternas, que se consideran parte del sistema de suministro de agua. El cuerpo de bomberos remueve el agua y la bombea.

EL SISTEMA DE SUMINISTRO DE AGUA

El sistema de suministro de agua es aquella parte del servicio público que recibe el agua almacenada y la distribuye a través del área que sirve. Hidrantes, válvulas, tanques elevados, y depósitos de varios tipos son partes del sistema de suministro.

La habilidad de un sistema de suministro de agua para proveer la cantidad adecuada depende de la capacidad de la red de tuberías en la ciudad. Cuando el agua fluye a través de las tuberías, este movimiento causa fricción, lo cual da como resultado la reducción de la presión. Cuando un hidrante es abastecido de dos o más direcciones, se puede decir que la pérdida de presión en el sistema de distribución es mucho menor. Un hidrante que recibe agua de una sola dirección se llama hidrante ciego. La alimentación proveniente de dos o más direcciones se conoce como alimentación circulante. Un sistema de distribución que provea alimentación desde tuberías principales, se conoce como sistema en malla.

Un sistema en malla (Figura 8.5), estará constituido por los siguientes elementos.

- Alimentador Primario: Consta de tuberías de gran diámetro, las cuales distribuyen grandes cantidades de agua hacia puntos del sistema para su distribución local. Este alimentador primario se cierra formando un gran cuadrado (Figura 8.5).
- Alimentador Secundario: Está compuesto por tuberías de tamaño intermedio, las cuales se distribuyen formando cuadrículas dentro del cuadrado primario de alimentación y ayuda a la concentración del caudal requerido en cualquier punto.
- Distribuidores: Consisten en un arreglo en malla de tuberías de pequeño diámetro, las cuales llevan el agua a los hidrantes y a las edificaciones.

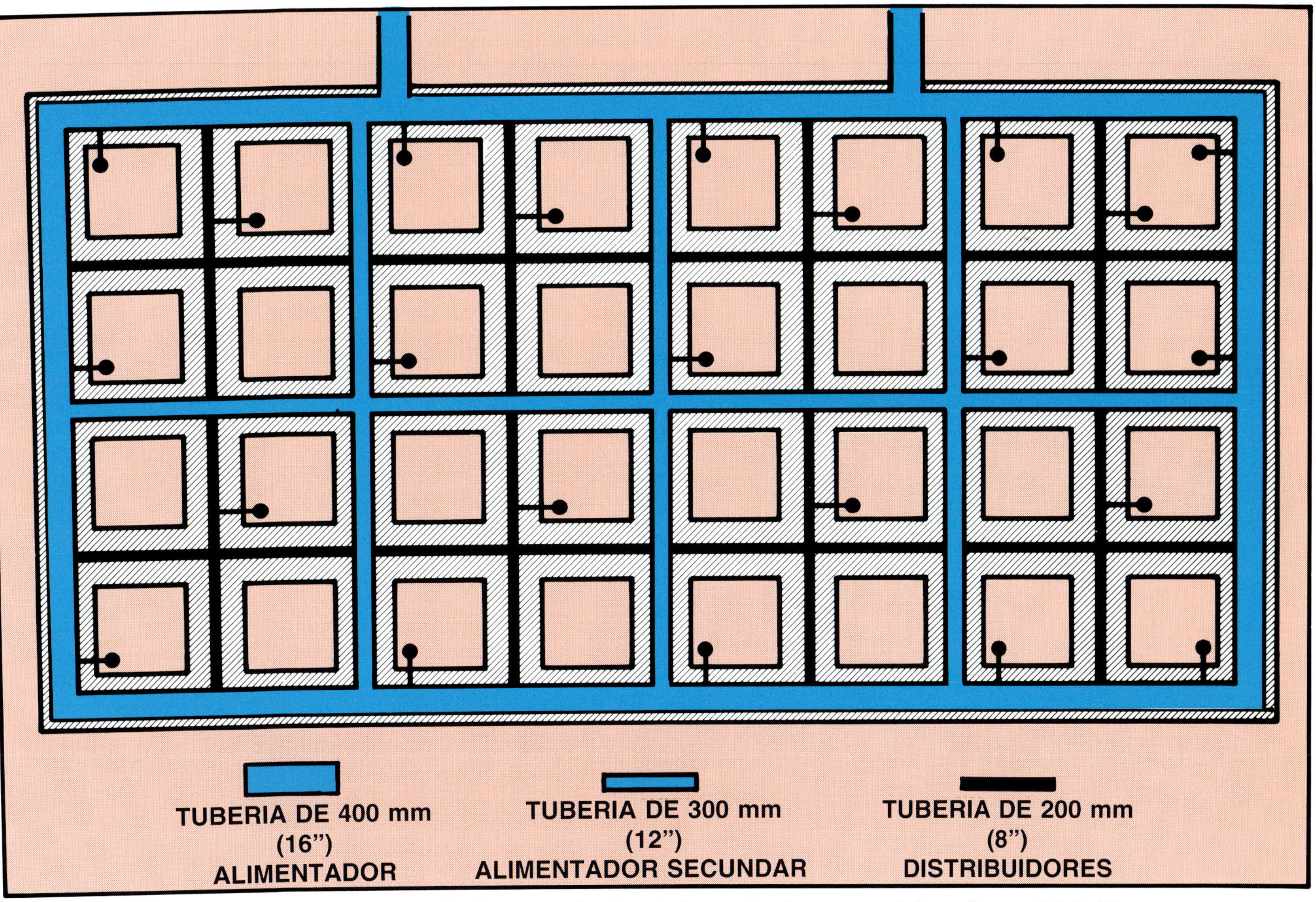

Figura 8.5 Un sistema de distribución bien planificado, consta de alimentadores primarios y secundarios así como distribuidores.

Para asegurar un abastecimiento suficiente de agua, las comunidades deben poseer en sus zonas industriales y de alta densidad dos o más alimentadores primarios, los cuales corren por rutas separadas desde las fuentes de abastecimiento. De igual forma, los alimentadores secundarios deben estar dispuestos tan separados como sea posible, para asegurar que cualquier punto de suministro tenga una alimentación desde más de dos direcciones. Esta práctica incrementa la capacidad de abastecimiento a cualquier punto de la comunidad y asegura que en casos de ruptura de un alimentador principal no necesariamente se tenga que suspender el suministro.

En zonas residenciales, el diámetro recomendado para el abastecimiento de hidrantes deberá se por lo menos de 20 cm (8 pulgadas) y nunca menores de 15 cm (6 pulgadas). En zonas industriales y áreas de alta densidad, el diámetro mínimo es de 20 cm (8 pulgadas), con cruce de tuberías principales cada 180 metros (600 pies); (Figura 8.6). Se recomiendan alimentadores principales de 30 cm (12 pulgadas) en todas las calles principales.

Válvulas Principales

La función de las válvulas en un sistema de distribución de agua, es la de proveer los medios para controlar el flujo de agua a lo largo de la red de tuberías. En un sistema de mallas las válvulas deberán estar localizadas a intervalos, de tal forma que permita suspender el suministro sólo en pequeñas áreas cuando se necesite reparar las tuberías. Las válvulas deberán ser operadas por lo menos una vez al año para mantenerlas en buenas condiciones. La necesidad de operar las válvulas rara vez ocurre, y en muchos casos esto será después de varios años. La distancia entre válvulas debe ser tal que tan sólo un mínimo de longitud de tuberías quede fuera de servicio al

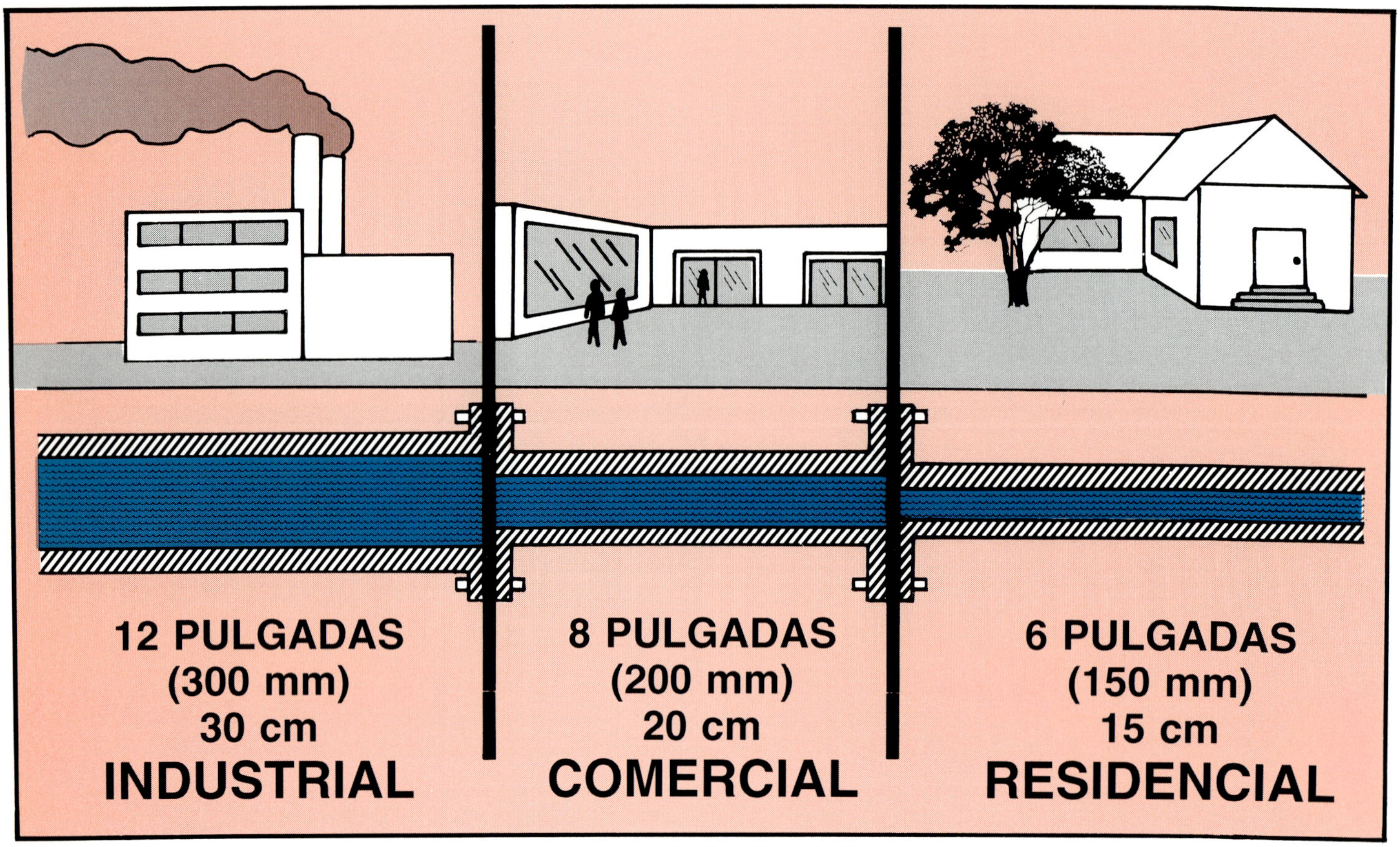

Figura 8.6 El diámetro de la tubería principal depende del caudal requerido, y los tubos deberían estar normalmente interconectados en forma de malla.

mismo tiempo. La máxima separación deberá ser de 150 mts. (500 pies) en áreas de alta densidad y de 240 mts (800 pies) en otras áreas.

Uno de los factores más importantes de un sistema de distribución de agua es la de garantizar la rápida puesta en operación de las válvulas durante una emergencia o rotura del sistema. La dependencia que administra la prestación del servicio de agua debe tener un registro de la ubicación, mantenimiento y reparación a realizar anualmente.

Si los cuerpos de bomberos conocen la ubicación de las válvulas en el sistema de distribución, pueden observar sus condiciones y accesibilidad durante sus recorridos de inspección de hidrantes y reportar al administrador del acueducto lo pertinente.

Las válvulas de un sistema de distribución de agua pueden ser comúnmente de dos tipos, con indicador y sin indicador (Figura 8.7). Una válvula del tipo indicadora, muestra visualmente la posición de la compuerta, si está abierta, cerrada o parcialmente cerrada. Las válvulas en los sistemas de protección contra incendios privados, son usualmente del tipo indicadora. Las válvulas del sistema de distribución pública, son normalmente del tipo sin indicador, salvo algunas ubicadas en estaciones de bombero y plantas de tratamiento. Las válvulas más comunes del tipo indicadora son las del tipo poste indicador (PIV), y la del vástago ascendente (OSY). La válvula de poste indicador es un poste metálico hueco el cual está acoplado al cuerpo de la válvula. El vástago de la válvula está dentro de este poste y tiene marcadas las palabras “Abierto” y “Cerrado” de tal forma que indiquen la condición de la misma. La válvula OSY tiene un vástago roscado que controla el cierre o apertura de la misma, cuando el vástago roscado está hacia afuera de la válvula,, es una indicación de que la misma está abierta y la válvula estará cerrada cuando la rosca del vástago no sobresalga.

Las válvulas no indicadoras están normalmente enterradas o instaladas en tanquillas. Cuando las válvulas enterradas están instaladas adecuadamente, podrán ser operadas desde la

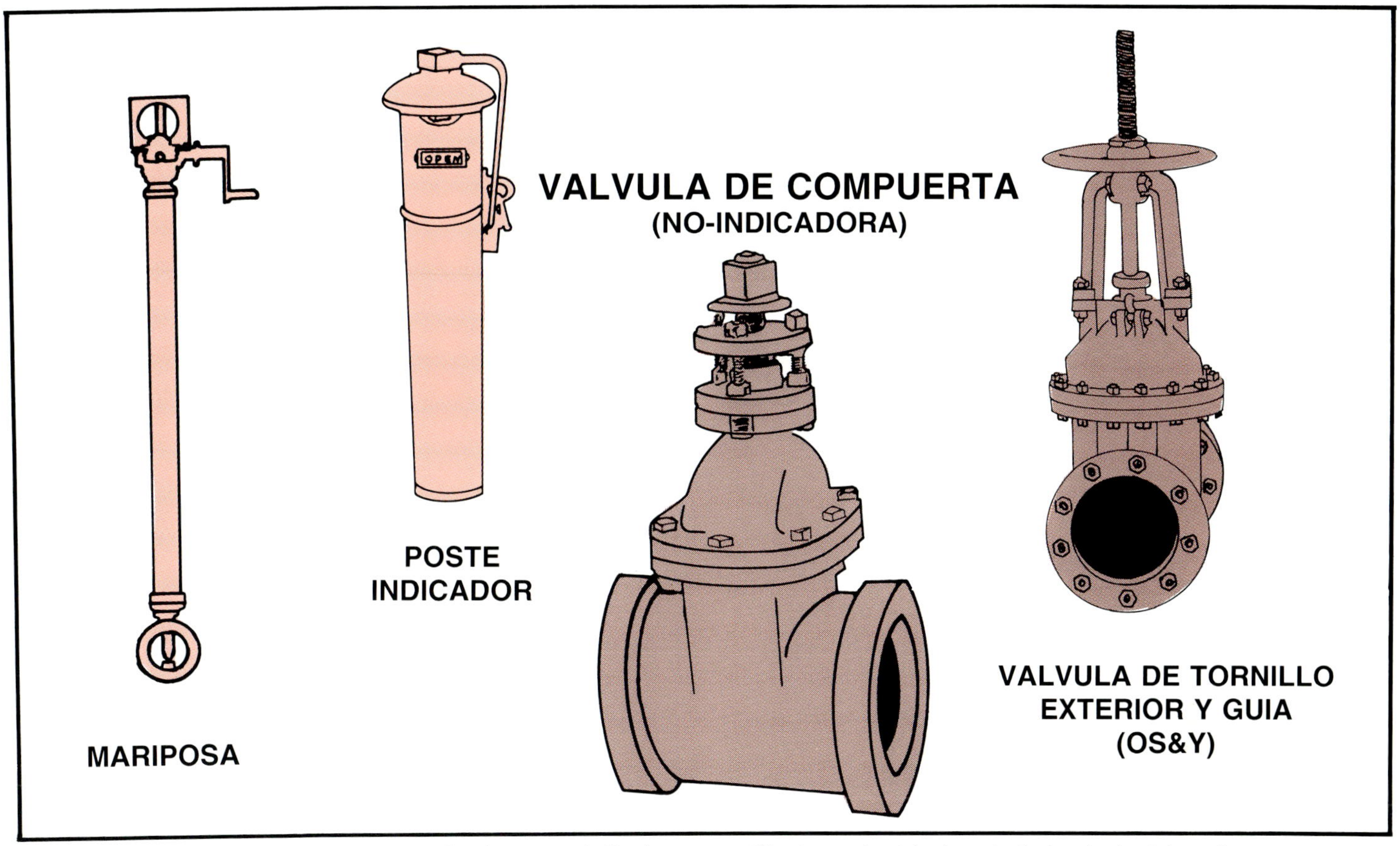

Figura 8.7 Una gran variedad de válvulas indicadoras y no indicadoras son utilizadas en las tuberías principales de duministro de agua.

superficie. Se dispone de una barra metálica o de una llave mecánica especial acoplada a su extremo para abrir o cerrar la válvula. Las válvulas de control en los sistemas de distribución de agua, pueden ser de compuerta o del tipo mariposa. Las válvulas de compuertas, son usualmente del tipo de vástago no ascendente y a medida que la válvula es girada por medio de la herramienta especial, la compuerta se eleva o baja para controlar el flujo del agua. Las válvulas mariposas usualmente tienen un asiento de goma o material compuesto acoplado al cuerpo de la válvula. El disco de la válvula permite la rotación en un ángulo de 90° desde la posición completamente abierta a la posición cerrada. Las válvulas del tipo no indicador, también requieren del uso de unas llaves o herramientas para operarlas. Los principios de operación de estas válvulas, proporcionan una operación satisfactoria después de largos períodos de inactividad.

Las ventajas de una instalación y ubicación adecuada de las válvulas en una red de distribución son muy evidentes. Si las válvulas se instalan de acuerdo a las normas establecidas, sólo hará falta cerrar uno o quizás dos hidrantes cuando se requiera efectuar alguna reparación. Las ventajas de una buena distribución de válvulas, no solamente ofrece beneficios a la red de hidrantes, sino también a los usuarios del sistema. Estas ventajas de la distribución adecuada de válvulas, podría verse reducida si las válvulas no son mantenidas adecuadamente o no se mantienen completamente abiertas, lo cual causa en el sistema pérdidas de presión por fricción. Esta posición de las válvulas posiblemente no sea detectada durante el servicio normal de la red de distribución. Esta condición será detectada cuando se efectúan las pruebas de caudal o en casos de incendios cuando se requiera un alto cuadal de agua. En este caso se experimentarán grandes dificultades en la obtención de agua en áreas donde existan válvulas cerradas o parcialmente cerradas en el sistema de distribución.

Tuberías

Las tuberías para agua utilizadas en los sistemas de distribución subterránea, son generalmente construidas de hierro fundido, asbesto, cemento, acero, plástico o concreto. Cuando se instala un sistema de tuberías, debe hacerse adecuado al tipo de suelo y a las presiones a las cuales será sometido. Cuando las tuberías son instaladas en suelos inestables, corrosivos o en áreas de difícil acceso se debe usar tubos de acero o concreto armado, a fin de obtener la durabilidad requerida. En los casos en los cuales las tuberías estén expuestas a altas presiones, a paso de autopistas, áreas cercanas a industrias pesadas, zonas sísmicas o terrenos muy inclinados, se requerirá una protección extra de las tuberías.

La superficie interna de las tuberías, sin importar el material del cual están hechas, ofrece resistencia al flujo de agua. Algunos materiales, sin embargo, tienen considerablemente menos resistencia al flujo de agua que otros. Los departamentos de ingeniería de las compañías deben determinar el mejor tipo de material de acuerdo a las condiciones del sistema.

Diferentes Tipos de Presión

La velocidad con la cual un fluido viaja a través de tuberías se debe a la presión que se ejerza sobre él. La rapidez con la cual viaja el fluido a través de una tubería es a menudo denominada como la velocidad y la presión, ya que normalmente este término tiene una gran variedad de usos. Presión, en su uso normal, puede ser definida como una fuerza o energía que puede ser medida en libras por pulgadas cuadradas (PSI) o kilo pascal (KPA). La comprensión de los términos presión estática, presión normal de operación, presión residual y presión de caudales es de suma importancia (Figura 8.8). Estos términos identifican los tipos de presión.

PRESION ESTATICA

La presión ejercida por un fluido cuando no está en movimiento se denomina presión estática. Para nuestros propósitos, presión estática puede ser definida como "La energía potencial almacenada que está disponible para impulsar el agua a través de las tuberías, conexiones, mangueras de incendios y adaptadores".

PRESION NORMAL DE OPERACION

El flujo de agua a través de un sistema de distribución para alimentar el consumo normal

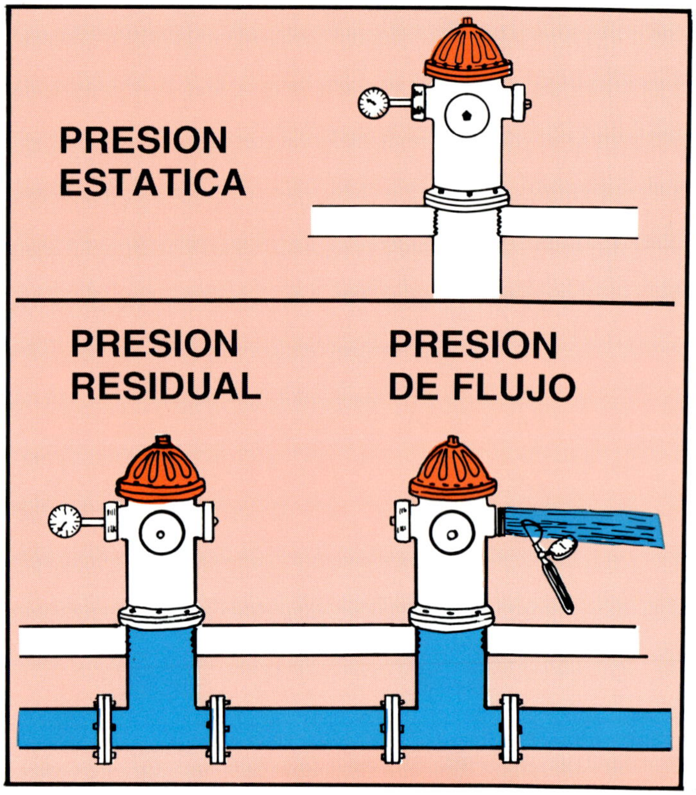

Figura 8.8 Los diferentes tipos de presión son usados en el cálculo del caudal de agua y determinan la cantidad de agua disponible cuando se bombea agua a un incendio.

continuamente fluctúa durante el día y la noche. Este término podríamos definirlo como sigue: "La presión normal de operación es la presión que se encuentra en un sistema de distribución durante la demanda del consumo normal."

PRESION RESIDUAL

El término residual representa la presión sobrante en un sistema de distribución en un punto específico, cuando cierta cantidad de agua está circulando. Para nuestro propósito la definición de presión residual podría ser la siguiente: "Presión residual es la parte de la presión total disponible que no es utilizada para vencer la fricción o la gravedad, mientras el agua es impulsada a través de tuberías, conexiones, mangueras de incendios y adaptadores".

PRESION DE FLUJO

La velocidad del flujo de agua ejerce una presión que puede ser leída en un tubo PITOT con manómetro. La definición de presión de flujo puede ser la siguiente: "Presión de flujo es aquella presión que ejerce la velocidad del flujo de agua que mana de una boca de descarga abierta".

HIDRANTES

Los dos tipos de hidrantes más comunes son los de cilindro seco o cilindro húmedo (Figura 8.9). El hidrante de cilindro seco, utilizado normalmente en regiones donde puedan existir temperaturas ambientales de congelamiento, se clasifican usualmente como de comprensión de compuerta, o de unión articulada, los cuales abren bien sea con la presión o contra presión. El agua que pueda quedar en el interior de un hidrante de cilindro seco es drenada a través de unas pequeñas válvulas ubicadas en el fondo. Los hidrantes de cilindro húmedo no tienen este dispositivo. Las válvulas de drenaje se abren, a medida que la válvula principal se desplaza hacia la posición de cerrado. Los hidrantes de cilindro húmedo, usualmente tienen una válvula de compresión en cada una de las salidas, o pueden tener una sola válvula ubicada en el extremo superior, que controla el flujo de agua en todas las salidas. Por regla general, la cubierta, el cilindro y la base de los hidrantes, son hechos normalmente de hierro fundido. Sin embargo, las partes móviles son hechas usualmente de bronce y las caras de las válvulas pueden ser hechas de goma, cuero o material compuesto.

El flujo de un hidrante puede variar por algunas razones que ya han sido mencionadas tales como la ubicación y dimensión del surtidor principal. La sedimentación e incrustaciones dentro del sistema de distribución, puede aumentar la resistencia al flujo de agua. Los Cuerpos de Bomberos podrían tomar mejores decisiones en la extinción de un incendio, si conocieran al menos el flujo de agua relativo disponible en los hidrantes de cualquier vecindario. Para facilitar esto, la NFPA desarrolló un sistema de colores para los hidrantes, para indicar el rango del flujo de agua. De acuerdo a este sistema los hidrantes se clasifican como sigue:

Color de Cubierta	Flujo
Verde	Más de 1.000 GPM (3.800 Lt/min).
Amarillo o Anaranjado	De 500 a 1.000 GPM (1.900 - 3.800 Lts/m)
Rojo	Menos de 500 GPM (1.900-Lt/min)

En algunos sitios puede conseguirse variación de los colores; sin embargo, el objetivo principal sigue siendo la simplificación.

Ubicación de los Hidrantes

A pesar de que la instalación de los hidrantes es efectuada normalmente por el personal de la empresa que presta el servicio, su ubicación, distanciamiento y distribución deben ser la responsabilidad del Cuerpo de Bomberos. Por regla general, la separación de hidrantes no debe ser mayor de 90 Mts (300 pies) en zonas densamente pobladas. Una regla básica puede ser la de instalar un hidrante en cada intersección de vías y colocar uno en posición intermedia cuando la distancia entre intersecciones sea mayor de 105 a 120 Mts. (350 a 400 pies). Esta regla básica constituye un requerimiento mínimo y debe ser considerada sólo como referencia para la separación de los hidrantes. Otros factores adicionales relacionados con la situación incluyen los tipos de construcción, uso de las edificaciones, densidad poblacional, cantidad de agua disponible, caudal y bombas.

Mantenimiento de Hidrantes

En la mayoría de los centros urbanos, la reparación y mantenimiento de los hidrantes es responsabilidad de la organización que proporciona el servicio de agua, en vista de que están en mejor situación para ello que cualquier otra organización.

Además de las pruebas de presión y drenajes recomendables de acuerdo a las condiciones ambientales locales, a los hidrantes se les debe hacer la siguiente inspección:

- ¿Existen obstáculos, tales como postes de alumbrado o de señales, cercas, caseta, etc., instalados muy próximos a los hidrantes?
- ¿Las salidas de descarga están orientadas adecuadamente y tienen separación suficiente del piso?
- ¿Han sido dañados por vehículos?
- ¿Tienen corrosión?

OTRAS FUENTES DE SUMINISTRO DE AGUA

Los Cuerpos de Bomberos no deben limitar sus consideraciones de suministro de agua a la red

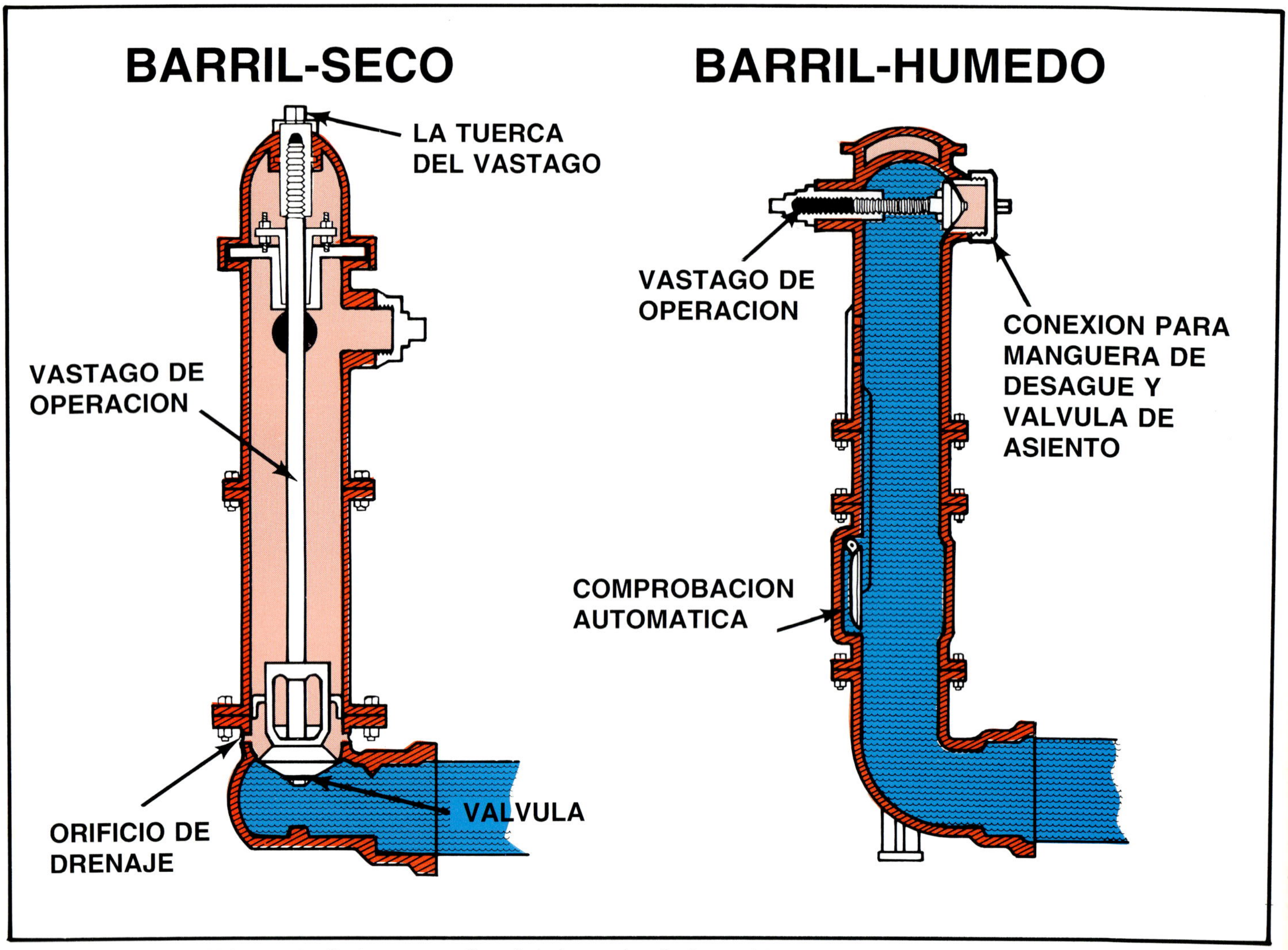

Figura 8.9 Se utilizan hidrantes de cilindro seco en climas helados con la válvula por debajo de la linea de congelamiento. Se utilizan hidrantes de cilindro húmedo se utilizan en climas moderados y tienen las válvulas en la salida.

de distribución pública. Las áreas reservadas por el sistema público deben ser estudiadas a fin de ubicar fuentes alternas. El sistema de suministro de agua privado de una industria puede ser utilizado. Con los vehículos bomba modernos, el agua puede ser succionada de muchas fuentes naturales tales como el océano, lagos, manantiales y ríos. El agua también pude ser obtenida de tanques de depósito en granjas o de piscinas. Un buen método para proporcionar agua para combatir incendios es mediante la construcción de tanques de almacenamiento. El auto/bomba del Cuerpo de Bomberos puede abastecerse de agua mediante una conexión directa del tanque.

Los auto/bombas del Cuerpo de Bomberos llevan agua para las acciones del ataque inicial. Muchos cuerpos de bomberos también están dotados con vehículos cisternas para transportar agua para la extinción de incendios en sitios distantes del acueducto público y otros utilizan tanques portátiles plegables.

CLASE DE HIDRANTE	COLOR	FLUJO
AA	Azul claro	5678 L/min (1500 gpm) o más
A	Verde	3785-5677 L/min (1000-1499 gpm)
B	Naranja	1893-3784 L/min (500-999 gpm)
C	Rojo	Menos de 1893 L/min (500 gpm)

Capítulo 9

Chorros de Extinción

NORMA NFPA 1001
CHORROS DE EXTINCION
Bombero I

3-7 Mangueras, Pitones y Accesorios

3-7.2 El bombero demostrará el uso de pitones, adaptadores de manguera y accesorios llevados en un autobomba.

3-7.5 El bombero demostrará las técnicas para limpiar las mangueras, acoples y pitones, e inspeccionarlos por si existen daños.

3-8 Chorros de Extinción

3-8.1 El bombero definirá un chorro de extinción.

3-8.3 El bombero definirá el golpe de ariete y por lo menos un método para su prevención.

3-8.4 El bombero demostrará cómo abrir y cerrar un pitón*.

Bombero II

4-7 Mangueras, Pitones y Accesorios

4-7.1 El bombero identificará, seleccionará y demostrará el uso de cualquier pitón.

4-7.3 El bombero demostrará la inspección y mantenimiento de las mangueras, acoples y pitones y recomendará el reemplazo o reparación según sea necesario.

4-8 Chorros de Extinción

4-8.3 El bombero identificará las características de todos los tipos de chorros de extinción.

4-8.5 El bombero identificará tres condiciones que causan péridas de presión en una línea de manguera.

4-8.6 El bombero identificará cuatro pitones de chorros especiales y demostrará al menos dos usos o aplicaciones para cada uno.

4-8.7 El bombero identificará y definirá los aparatos de hacer espuma y mostrará un chorro de espuma de cada uno.

4-8.8 El bombero identificará tres resultados observables que son obtenidos cuando la aplicación adecuada de un chorro de extinción es efectuada.

4-8.9 El bombero identificará y definirá aquellos objetos requeridos para producir tres tipos de chorros de extinción y mostrará cada uno.*

*Reimpreso bajo licencia de la Norma N° 1001, *Norma para la Calificación Profesional de Bombero,* Copyright (c) 1981 (Derechos Reservados). National Fire Protection Association, Boston, MA.

Las transparencias de los Chorros de Extinción sobre de IFSTA están diseñadas para complementar este capítulo.

Capítulo 9

Chorros De Extincion

Un chorro de extinción puede ser definido como un chorro de agua o de otro agente extintor, después de salir de la manguera y el pitón hasta alcanzar el punto deseado en la configuración apropiada. El perfecto chorro de extinción no puede ser definido exactamente, ya que los usos individuales y los requerimientos de extinción varían. Mientras un chorro de agua atraviesa el espacio, es influenciado por su velocidad, gravedad, viento y la fricción con el aire. La condición del chorro cuando sale del pitón es influenciada por las presiones de operación, el diseño y ajuste del pitón y la condición del orificio del mismo.

Los chorros de extinción tienen por objeto reducir las temperaturas y proveer protección mediante uno de los siguientes métodos:

- Aplicando agua directamente sobre el material incendiado.
- Reduciendo la alta temperatura atmosférica y absorbiendo y/o dispersando el humo caliente y los gases de combustión desde un área caliente en un espacio confinado.
- Reduciendo la temperatura sobre una llama abierta y de este modo permitir una mayor aproximación con las líneas manuales de manguera para efectuar la extinción.
- Protegiendo al personal de bomberos y las propiedades del efecto del calor mediante el uso de los chorros de extinción como cortina de agua.

LAS PROPIEDADES EXTINTORAS DEL AGUA

El agua tiene la habilidad de absorber grandes cantidades de calor. La cantidad de calor es medida en términos de B.T.U. (Unidades Térmicas Británicas). Una Unidad Térmica Británica se define como la cantidad de calor necesaria para elevar la temperatura de una libra de agua en un grado Farenheit.

A nivel del mar, el agua hierve y se vaporiza a 100°C (212°F). Sin embargo, la vaporización completa no ocurre en el instante en que el agua alcanza el punto de ebullición, porque cada libra de agua requerirá entonces aproximadamente 970 BTU de calor adicional para transformarse completamente en vapor. Cuando un chorro de extinción es esparcido en partículas pequeñas, absorberá el calor y será convertido en vapor más rápidamente que si estuviera en una forma compacta, a causa de la mayor superficie de agua expuesta al calor. Por ejemplo, si un cubo de hielo de una pulgada cuadrada se deposita en un vaso de agua, tomará bastante tiempo para que absorba su capacidad de calor, porque un área de superficie de sólo 15 cm cuadrados (6 pulgadas cuadradas) del hielo está expuesta al agua, pero si este cubo de hielo se divide en trozos de 3 mm. (⅛ de pulgada) y colocados en el agua, una superficie de 121 cm cuadrados (40 poulgadas cuadradas) del hielo está expuesta al agua. Las partículas de hielo finamente divididas absorberán el calor más rápidamente. Este mismo principio se aplica al agua en el estado líquido.

Otra característica del agua que ayuda en el combate de incendios, es su expansión cuando se convierte en vapor. El agua se expande cuando se transforma en vapor. La cantidad de expansión varía con las temperaturas del área del fuego. A 100°C (212°F), un pie cúbico de agua se expande aproximadamente 1.700 veces su volumen original. A mayor temperatura, la cantidad de expansión será mayor. Por ejemplo, a 260°C (500°F), la proporción de expansión es aproximadamente 2.400 veces y a 649°C (12000°F), la proporción es de 4.200 veces.

Podría ser conveniente visualizar un pitón que descarga 284 lt (75 gal.) de agua en forma de neblina cada minuto, en un área calentada aproximadamente a 100°C (212°F), y que esa agua se convierte en vapor. Durante un minuto de operación, 10 pies cúbicos de agua habrán sido evaporados y éstos se habrán expandido en aproximadamente 481 metros cúbicos (17.000 pies) de vapor. Esto es suficiente vapor para llenar un salón de aproximadamente 3 mts. de alto (10 pies), 8 mts. de ancho (25 pies) y 20 mts. de largo, como se muestra en la Figura 9.1. En atmósferas extremadamente calientes, el vapor se expandirá a mayores volúmenes. La expansión del vapor no es gradual sino rápida, pero si el salón y está lleno de humo y gases el vapor reemplazará estos gases. A medida que el salón se enfría, el vapor se condensa y permite que el local se llene con aire fresco. El vapor producido puede ser también una a yuda en la extinción de incendios, sofocándolos cuando ciertos tipos de materiales arden. Este sofocamiento es consumado cuando la expansión del vapor reduce el oxígeno en un espacio confinado.

El agua puede ser usada como agente sofocante, actuando sobre líquidos más pesados como el bisulfuro de carbono. Si el material es soluble en agua, como el alcohol, la acción sofocante no ocurrirá. El agua también puede causar una acción sofocante en los incendios por la formación de una emulsión sobre la superficie de algunos líquidos inflamables. Cuando un chorro de agua agita la superficie de ciertos líquidos inflamables en combustión, la agitación puede ocasionar que elagua sea temporalmente suspendida en una burbuja de emulsión sobre la superficie y así sofocar el incendio. Esta acción sólo ocurre cuando el líquido inflamable tiene suficiente viscosidad. La viscosidad es la tendencia de un líquido a poseer una resistencia interna al flujo (Ejemplo: la del agua esbaja; la de la melaza es alta). Un aceite combustible ligero (Grado N° 2) retendrá una emulsión por corto tiempo solamente, mientras que un aceite combustible más pesado (Grado N° 6) retendrá una superficie emulsionada por un-

Figura 9.1

período de tiempo mayor. El agua que está presente en la emulsión absorbe calor del aceite adyacente, reduce la temperatura del mismo y disminuye la cantidad de vapores inflamables que son emitidos.

Resumiendo, de las propiedades extintoras de agua, se pueden señalar varias características que son extremadamente valiosas desde el punto de vista de la extinción de incendios:

- El agua tiene una mayor capacidad de absorción de calor en comparación con otros agentes extintores comunes.
- Una cantidad relativamente grande de calor se requiere para transformar el agua en vapor.
- Entre más grande es el área de superficie de agua expuesta, más rápidamente será absorbido el calor.
- El agua convertida en vapor ocupa varios cientos de veces su volumen original.

TIPOS DE PRESION

La rapidez con la que viaja un fluido a través de una manguera, es desarrollada por la presión sobre este fluido. La rapidez de viaje a menudo se llama velocidad y la presión debe ser identificada según la clase de presión, porque la palabra "presión" con respecto a fluidos tiene un significado muy amplio. La presión, en un sentido normal, puede ser definida como una fuerza o energía que puede ser medida en libras por pulgada cuadrada (psi) (kilo Pascals-kPa). El entendimiento de los términos presión estática, presión de operación normal, presión residual y presión de flujo, es esencial. Estos términos identifican las clases de presión.

Presión Estática

Si el agua no está en movimiento, la presión ejercida es estática. Una definición de la presión estática de un flujo de agua podría ser la siguiente: "PRESION ESTATICA ES LA ENERGIA POTENCIAL ALMACENADA QUE ES UTILIZABLE PARA IMPULSAR EL AGUA A TRAVES DE LA TUBERIA, UNIONES, MANGUERAS Y ADAPTADORES."

Presión de Operación Normal

El flujo de agua para abastecer a los consumidores a través de un sistema de distribución, fluctúa continuamente durante el día y la noche. *Una definición a la presión de operación normal de un flujo de agua puede ser la siguiente: "PRESION DE OPERACION NORMAL ES AQUELLA PRESION QUE SE ENCUENTRA EN UN SISTEMA DE DISTRIBUCION DURANTE LAS DEMANDAS DE CONSUMO NORMAL."*

Presión Residual

El término residual representa la presión queda en un sistema de distribución, en una localidad específica, cuando fluye una cantidad de agua. Una definición de la presión residual de un flujo de agua podría ser la siguiente: "PRESION RESIDUAL ES AQUELLA PARTE DE LA PRESION TOTAL DISPONIBLE QUE NO ES UTILIZADA PARA VENCER LA FRICCION O LA GRAVEDAD MIENTRAS EL AGUA ES IMPULSADA A TRAVES DE LA TUBERIA, UNIONES, MANGUERAS Y ADAPTADORES."

Presión de Flujo

La velocidad de un chorro de agua ejerce una presión que puede ser leída en un manómetro sobre un tubo Pitot. Una definición de la presión de flujo de una corriente de agua puede ser la siguiente: "PRESION DE FLUJO ES AQUELLA PRESION DE VELOCIDAD ORIGINADA EN UN ORIFICIO DE DESCARGA MIENTRAS FLUYE EL AGUA."

PERDIDA POR FRICCION

Si se hace una abertura en un sistema cerrado de tubería o manguera, habrá una diferencia de presión entre la presión interna y la presión atmosférica en el exterior del tubo o manguera. Esta diferencia de presión hace que el agua fluya hacia la presión menor. Esta pérdida de presión usualmente se llama pérdida por fricción o pérdida a causa de la fricción. La única persión utilizable para vencer esta resistencia es la presión total. Una definición de pérdida por fricción de un chorro de extinción podría ser la siguiente: "PERDIDA POR FRICCION ES AQUELLA PARTE DE LA PRESION TOTAL QUE SE PIERDE MIENTRAS

EL AGUA ES IMPULSADA A TRAVES DE TUBERIAS, UNIONES, MANGUERAS, Y ADAPTADORES." La diferencia de presión en una línea de manguera entre un pitón y un autobomba es un buen ejemplo de pérdida por fricción. La pérdida por fricción puede ser medida introduciendo manómetros alineados en una línea de manguera. La diferencia en las presiones, residuales entre los manómetros cuando el agua fluye a través de la manguera será la pérdida por fricción de la longitud de manguera entre los instrumentos para esa proporción de flujo.

Un punto que debe ser considerado al aplicar presión al agua en una línea de manguera es que existe un límite para la velocidad o rapidez en que puede viajar el chorro. Si la velocidad es aumentada por encima de este límite, la fricción llega a ser tan grande que el flujo entero es agitado por la resistencia. Esta agitación ocasiona un punto de turbulencia llamado "velocidad crítica." Más allá de este punto, se hace necesario utilizar paralelas o siamesas en las líneas de manguera para incrementar el flujo y reducir la frición.

Algunas características de la disposición d las mangueras afectan la pérdida por fricción (Fig ura 9.2). Para reducir la pérdida de presión debid a la fricción, considere lo siguiente:

- Revise los revestimientos irregulares e las mangueras viejas.
- Reemplace los acoples deformados.
- Elimine los pliegues agudos.
- Use los adaptadores sólo cuando sea necesario.
- Mantenga los pitones y las válvulas completamente abiertos cuando sea posible.
- Use las empacaduras del tamaño adecuado
- Utilice líneas pequeñas tanto como sea posible.
- Utilice mangueras más grandes o líneas múltiples cuando tenga que aumentar e flujo.

GOLPE DE ARIETE

Cuando el flujo de agua a través de mangueras o tuberías es suspendido repentinamente, la onda

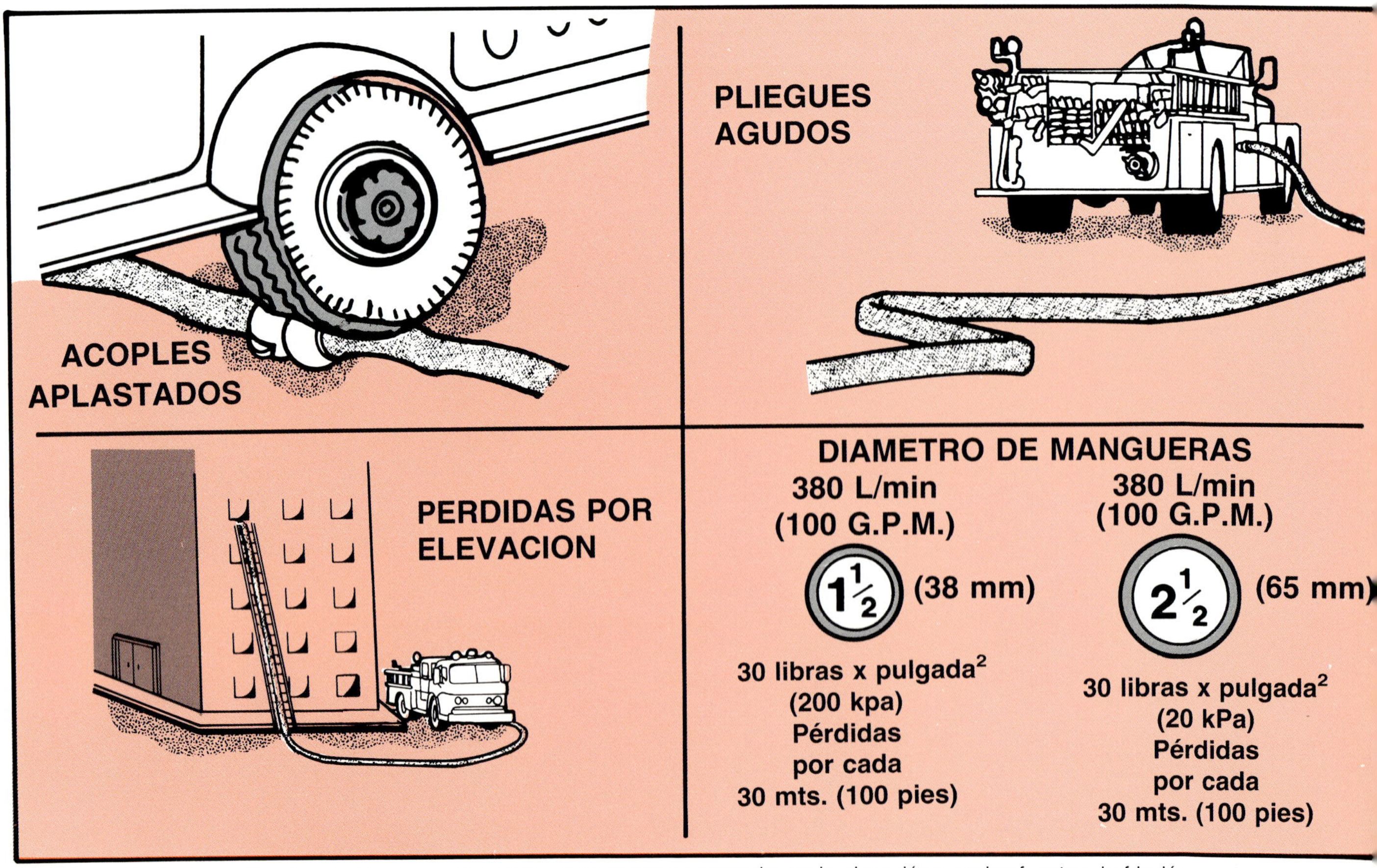

Figura 9.2 En los incendios, la pérdida de presión en las mangueras es causada por la elevación o varias fuentes de fricción.

esultante es definida como golpe de ariete. El olpe de ariete puede ser escuchado a menudo como uido agudo, muy parecido al de un martillo al olpear un tubo. Esta interrupción repentina rigina un cambio en la dirección de la energía y sta es instantáneamente multiplicada muchas eces. Estas presiones excesivas pueden causar años considerables a las tuberías principales, sisemas de tubería interiores, mangueras y bombas ontra incendio. Los controles de los pitones, hidantes, válvulas y abrazaderas de manguera deben ser manipulados lentamente para prevenir golpes le ariete (Figura 9.3).

TIPOS DE CHORROS DE EXTINCION

Los chorros de extinción pueden ser definidos en función del tamaño o volumen. Un chorro pequeño puede ser considerado como de bajo volumen cuando descarga menos de 151 L/min (40 gpm), incluidos aquellos alimentados por líneas de manguera booster (impulsadoras). Los chorros de líneas manuales pueden ser surtidos por mangueras de 38 mm (1½ pulgadas) y 65 mm (2½ pulgadas). Los chorros surtidos por mangueras de 1½ pulgadas tendrán capacidades fluctuando entre 150 L/min - 455 L/min (40 y 125 gpm), mientras que aquellos alimentados por mangueras de 65 mm (2½ pulgadas) descargarán de 445 L/min - 1.150 L/min (125 a 300 gpm). Los pitones con flujos por encima de 1.150 L/min (300 gpm) no son recomendados para líneas manuales. Un chorro maestro es un flujo de gran volumen que descarga más de 1.150 L/min (300 gpm) y por lo general, es alimentado por dos o más líneas de mangueras unidas por un dispositivo de flujo maestro. En cualquier clasificación, el chorro puede ser sólido o pulverizado.

Chorros Sólidos

Los servicios de bomberos requieren de un pitón de extinción para producir un patrón específico de chorro de agua a fin de realizar una función específica (Figura 9.4). El pitón de chorro sólido está diseñado para producir un chorro tan

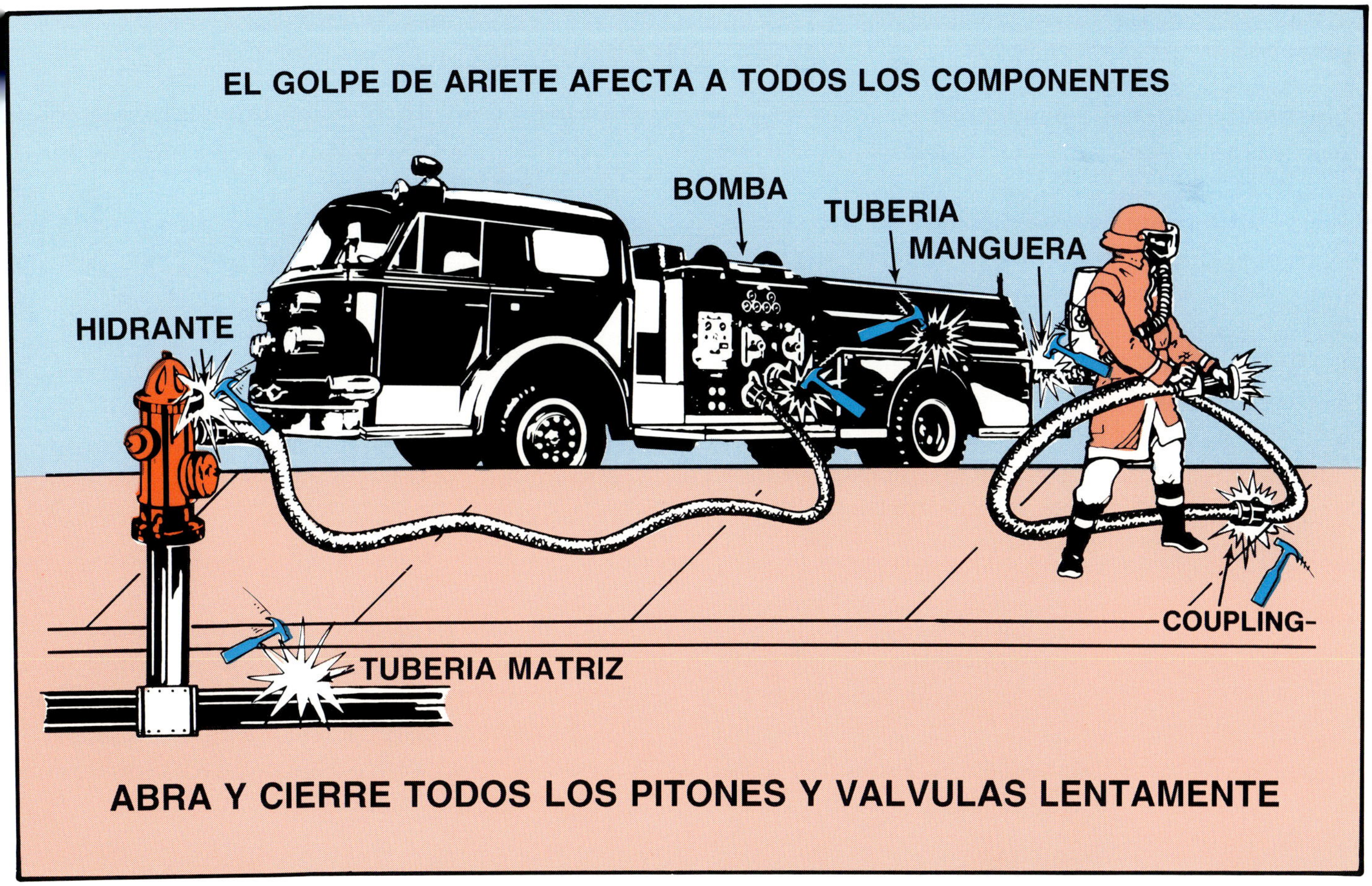

Figura 9.3 Un golpe de ariete puede tener efectos perjudiciales en todo el sistema de suministro de agua.

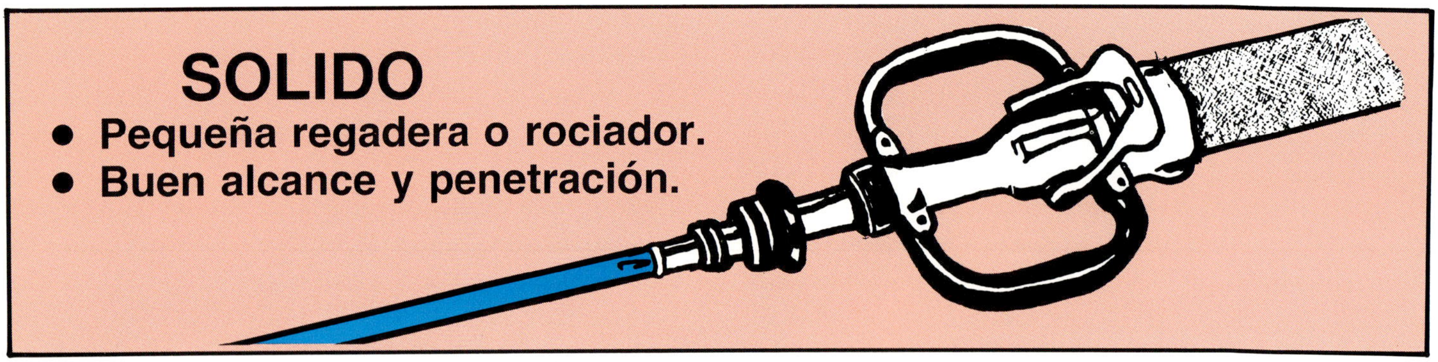

Figura 9.4

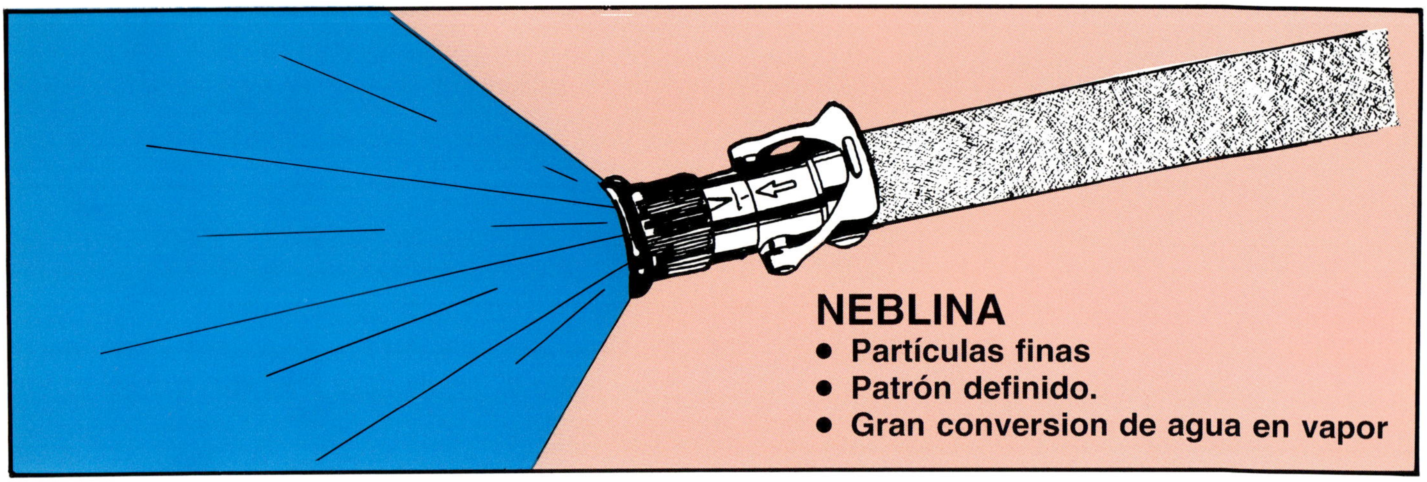

Figura 9.5

compacto como sea posible, con poca llovizna o rocío. Su habilidad para alcanzar áreas que no son accesibles por otros medios, ha establecido el chorro sólido como necesario para el servicio de bomberos. Cuando los pitones de chorro sólido son utilizados en una línea manual, se recomienda usar una presión de 350 kPa (50 psi) en el pitón. Si elpitón ha de utilizarse en un dispositivo de chorro maestro, son recomendables 550 kPa (80 psi). El flujo constante moderno o los pitones de neblina de galonaje constante producirán, sin embargo, un chorro directo que es sustancialmente equivalente a un chorro sólido.

Chorros de Neblina

EL término "chorro de neblina" es comúnmente usado en el servicio de bomberos para describir un flujo moldeado compuesto de gotas pequeñas y será utilizado en este manual (Figura 9.5)*. Debe sobre entenderse que un chorro directo es un patrón del pitón de neblina regulable, mientras que un chorro sólido es descargado desde un pitón de orificio liso.

Chorros Dispersos

Un chorro disperso puede ser un chorro sólido que ha sido fraccionado en gotas divididas toscamente (Figura 9.6). Un chorro sólido puede convertirse en un chorro disperso a causa de las fuerzas de reacción y puede ser deseable que un chorro se rompa cerca del fuego para rociar el material que se quema. Pueden ser empleados otros medios para producir chorros dispersos, tales como: los pitones distribuidores rotatorios, pitones de cortina de agua, o dirigiendo dos chorros sólidos juntos en el aire. Las gotitas son más grandes que las de un chorro de neblina y tienen gran penetración; en consecuencia, el chorro disperso puede ser útil en situaciones requiriendo estas cualidades de flujo donde ni un chorro de neblina y tampoco uno sólido serían tan eficaces.

*Aquí es donde está la diferencia entre un chorro de neblina y un chorro disperso: el chorro de neblina tiene un patrón definido, mientras que el disperso no lo tiene siempre y por lo general está compuesto de gotas más grandes.

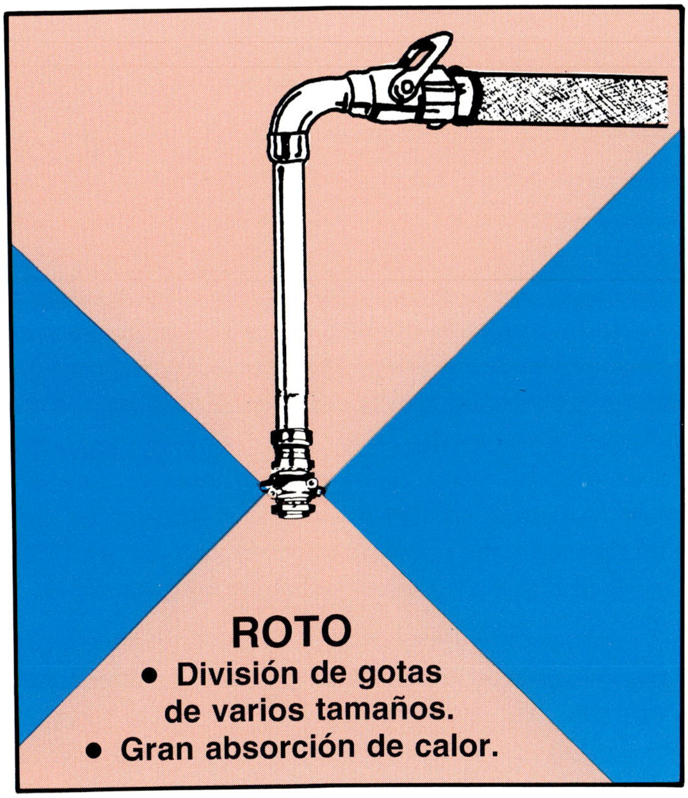

Figura 9.6

CARACTERISTICAS DE LOS CHORROS SOLIDOS

El límite extremo en que un chorro sólido de agua puede ser clasificado como efectivo no puede ser definido con precisión y es en sumo grado una materia de criterio. Es difícil decir dentro de cinco pies (2 mts) o en algunos casos, incluso, dentro de diez pies (3 mts), justamente donde un chorro deja de ser efectivo. Cualquier impresión u observación que pudiera hacerse para clasificar los chorros sólidos reflejará a su vez las características de la condición de pitón. Las observaciones y pruebas que cubren el rango efectivo de los chorros de extinción han clasificado como efectivos aquellos chorros que en el punto de ruptura tienen las siguientes características físicas requeridas:

- Un chorro que en el punto de ruptura no ha peridido continuidad por romperse en lluvias de rocío.
- Un chorro que hasta el punto de ruptura parece descargar 9/10 del volumen completo de agua dentro de un círculo de 380 mm (15 pg) diámetro y ¾ del agua dento centro de un círculo de 250 mm (10 pulgadas), tan cerca como pueda ser visualmente apreciado.
- Un chorro que probablemente fuese lo suficientemente firme para alcanzar en condición favorable la altura requerida, aunque una brisa ligera esté soplando.

El agua de un pitón que produce un chorro de acuerdo con estas características sería lanzada más lejos que el punto de ruptura, pero más allá de este punto tiende a caer en forma de lluvia densa que es alejada fácilmente. Estas características y el punto de ruptura están lustrados en la Figura 9.7.

Capacidad de Flujo de los Chorros Sólidos

El promedio de descarga de un chorro de extinción se mide en galones por minuto (gpm) o litros por minuto (L/min). El flujo de un pitón es ampliamente determinado por la velocidad del

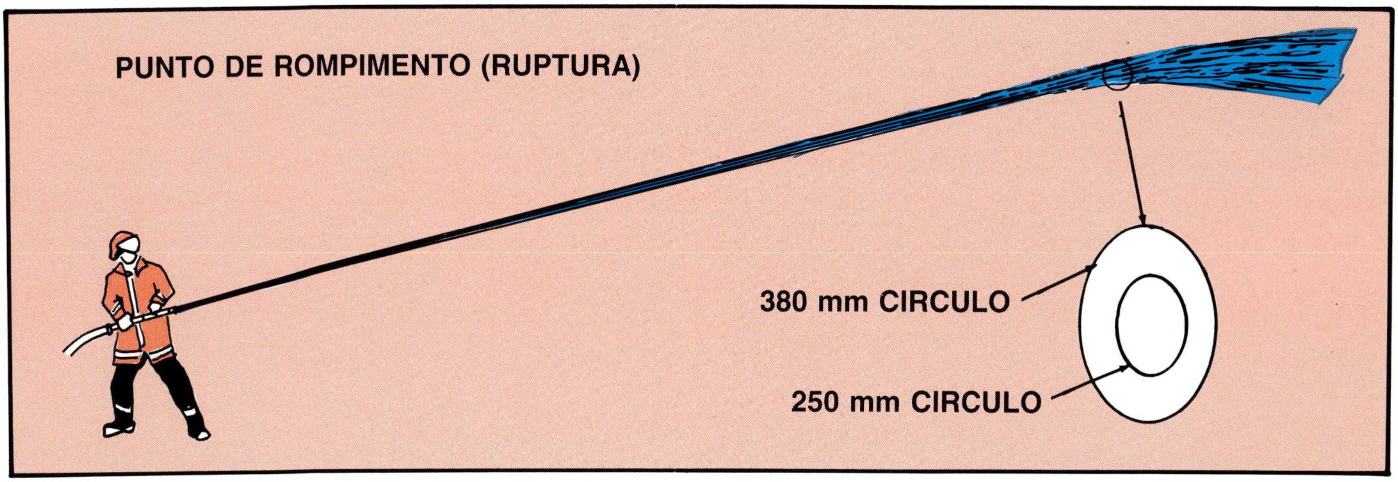

Figura 9.7 El punto de ruptura es donde el chorro sólido se divide en gotitas de lluvia densa.

chorro y el diámetro del orificio de descarga. Estos dos factores son influenciados por otras fuerzas y por esta razón, serán considerados separadamente.

Alcance Efectivo de un Chorro Sólido

Así como un chorro sólido proporcionará una descarga definida bajo condiciones dadas, también recorrerá una distancia predeterminada desde el pitón. El alcance de un chorro de extinción sólido es la distancia a la que éste puede ser lanzado efectivamente desde un pitón. Dos fuerzas, la gravedad y la fricción del aire, tienden a reducir este alcance. Estas fuerzas opuestas deben ser superadas por la velocidad y el volumen del chorro. Ya que el chorro está fuera de control mecánico después que deja el pitón, su velocidad mientras pasa por el espacio y la distancia que recorrerá son determinadas por esos dos factores.

Si el chorro es encerrado dentro de un tubo y sometido a una presión de 350 kPa (50 psi) en la base del tubo, el agua alcanzará una altura de 35 mts. (115 pies). En otros términos si 7 kPa (1 psi) eleva el agua en la tubería a 700 m (2,3 pies), entonces 350 kPa (50 psi) la elevarán a 35 mts (115 pies). Si el mismo chorro de agua no es encerrado en una tubería sino que es dirigido verticalmente en el aire, el rendimiento cambia. Después de dejar la boquilla, el chorro tiende a mantener su forma por una distancia considerable y luego comienza a ensancharse y dividirse en gotas. Estas gotas de agua pronto pierden su movimiento y caen al suelo. Este desprendimiento continúa hasta que sólo la parte interior de la columna alcanza la altura máxima. La fricción del aire sobre la superficie exterior de la columna de agua rompe el chorro y la fuerza de gravedad atrae las gotas hacia el suelo.

CARACTERISTICAS DE LOS CHORROS DE NEBLINA

Los factores que deben ser considerados cuando se selecciona un pitón de neblina son: el tipo de chorro, el tamaño y peso del pitón y la simplicidad de su operación. Eldiseño del pitón de neblina controla ciertos factores que influyen en el chorro de neblina. Un pitón de neblina puede ser considerado de tener un diseño perfecto que reúne todos los requerimientos, pero sin la presión requerida puede ser inadecuado. La baja presión en el pitón afectará adversamente la calidad de la neblina de agua.

Una pregunta que ha sido de gran preocupación para los servicios de bomberos es la relativa a las presiones de operación. Cuando el diseño del pitón y la presión son considerados separadamente, es fácil poner demasiado énfasis en las presiones de operación. A medida que las presiones se aumentan, aparecen factores que influyen en el desarrollo del patrón del chorro de neblina. La velocidad del chorro, el tamaño de las partículas de agua y el volumen de agua descargada, son más importantes que cualquier exceso en la presión que pueda ser necesario para producir un chorro que alcanzará un objetivo deseado.

Aunque los diseños de pitones difieren, el patrón de agua que es controlado por la gradación del pitón usualmente afecta la facilidad con que este pitón en particular puede ser manejado. Los pitones de los chorros de extinción, en general, no son considerados de fácil manipulación, especialmente los pitones del tipo de chorro sólido. Esta dificultad es debida al hecho de que el agua de un pitón ordinario de chorro sólido esproyectada directamente lejos del pitón y la reacción es igualmente fuerte en la dirección opuesta. De este modo, la reacción causada por la velocidad y la masa de un chorro directo que actúa contra el pitón y las curvas de la manguera hacen que el pitón sea difícil de manejar. Si el agua puede dirigirse en ángulos hacia la línea directa de descarga, las fuerzas de reacción pudieran más o menos balancearse recíprocamente y reducir la reacción del pitón. Este equilibrio de fuerzas el la razón por la cual los chorros de neblina pueden ser manipulados más fácilmente. El rendimiento deseado de los pitones de neblina absorberá y la proporción por la cual el agua se convierte en vapor. Estos dos factores deben ser considerados cuando un pitón de neblina se compara con otro, porque desde estos dos parámetros es que seobtendrá un descenso en la temperatura, el desplazamiento de humo y gases, y un mínimo daño por el agua.

Velocidad del Chorro

La velocidad puede ser definida como el índice de movimiento de una partícula en una dirección dada. La dirección y el índice de movimiento son partes esenciales de la velocidad y pueden ser medidos y expresados pictórica o gráficamente. La aceleración es el índice de desplazamiento, prescindiendo de la dirección. La medida exacta de la velocidad del agua hacia su objetivo es de poco valor para los bomberos. No importa, desde un punto de vista de extinción de incendios, si una partícula de agua se demora uno o cinco segundos para desplazarse del pitón al fuego, mientras el chorro alcance el objetivo en el patrón deseado. Cuando un chorro es dirigido contra un obstáculo, la velocidad es parcialmente reducida en proporción a la forma del obstáculo y al ángulo del objeto que golpea. Si la superficie del obstáculo está en un ángulo recto con el chorro, toda la velocidad se perderá, pero si está a un ángulo menor, la pérdida será en proporción al ángulo. Tan pronto como el agua es descargada del pitón, es llevada hacia adelante por su movimiento y hacia abajo por la fuerza de gravedad y su movimiento es retardado por la fricción con el aire. Obviamente, mientras más rápido se desplace el agua hacia adelante mayor distancia recorrerá antes de ser atraída hacia la tierra por la gravedad. Por lo tanto, la velocidad es un factor que determina el alcance de un chorro de neblina.

El efecto que el diseño del pitón o sus ajustes tienen sobre un chorro de neblina, puede ser ilustrado operando dos pitones ajustables idénticos a presiones iguales. Puesto que las presiones son iguales en ambos pitones, se puede asumir que el agua es descargda desde ambos a la misma velocidad, pero la diferencia en el ajuste de estos pitones demuestra una marcada desigualdad en los dos chorros. El chorro de neblina de la Figura 9.8 parece tener considerablemente menos alcance y velocidad que el de la Figura 9.9. El diseño del pitón permite un ajuste diferente de la boquilla de neblina para producir distintos patrones de chorro desde los dos pitones. Este ajuste cambia el ángulo del orificio de descarga y permite un ajuste diferente de la boquilla de neblina para producir distintos patrones de chorro desde los dos pitones. Este ajuste cambia el ángulo del orificio de descarga y aumenta la velocidad del chorro. Los chorros de neblina deben ser llanamente divididos en

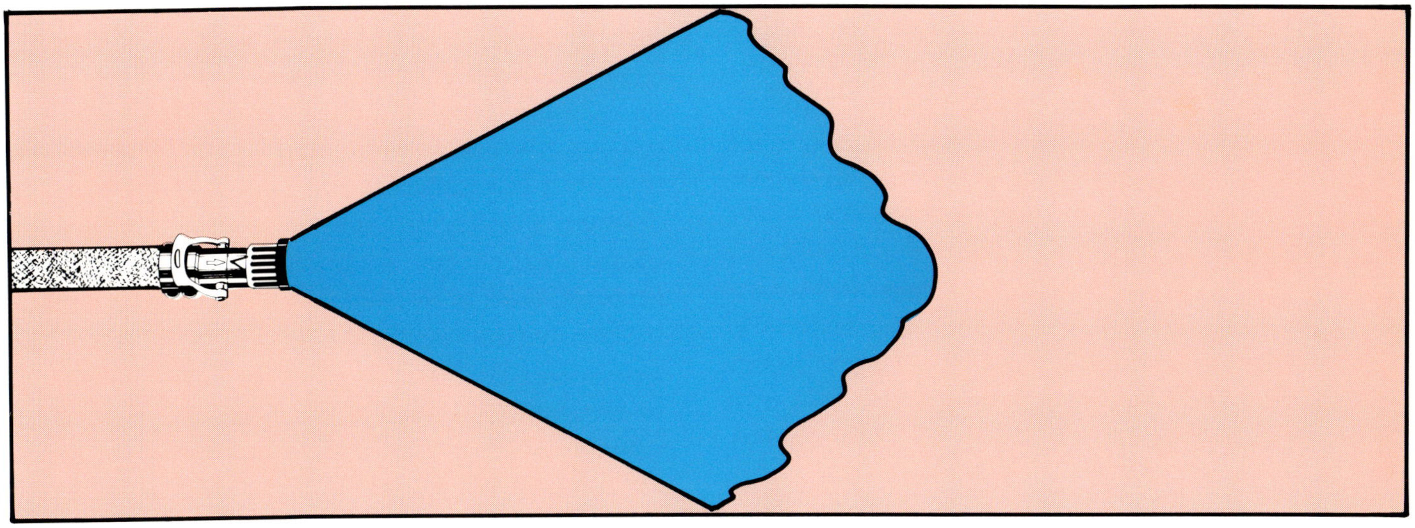

Figura 9.8 Un patrón de neblina de ángulo amplio tiene menos velocidad y por lo tanto menor alcance.

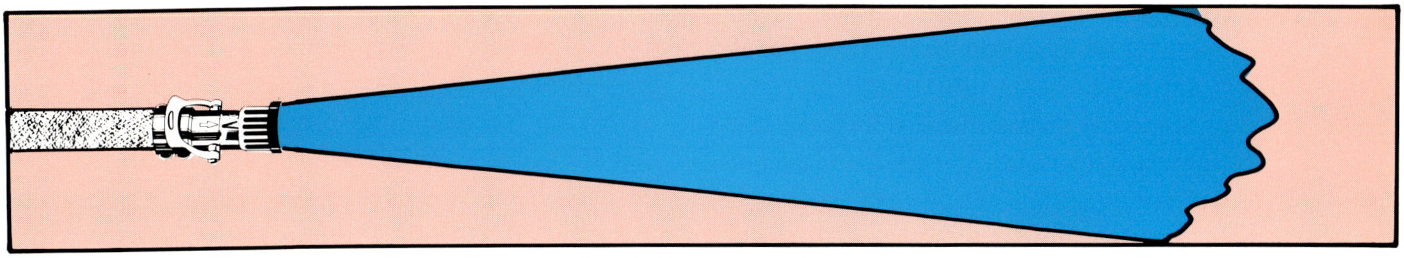

Figura 9.9 Un patrón de neblina de ángulo angosto tiene más velocidad y mayor alcance.

un fino rocío con un patrón de descarga uniforme alrededor del "cono", a pesar de la colocación del pitón.

Una neblina de corto alcance tiene poca velocidad. Una neblina de largo alcance tiene una velocidad considerable y su alcance variará en proporción a la presión aplicada. Los malos patrones de descarga de neblina de largo alcance son causados a menudo por las presiones insuficientes en el pitón. Hay un alcance máximo, sin embargo, para cualquier patrón de neblina de largo alcance y una vez que la presión del pitón es suficiente para producir un alcance satisfactorio, los incrementos adicionales en esta presión tendrán relativamente poco efecto sobre el chorro, a excepción de aumentar el volumen.

Tamaño de la Partículas de Agua

Cualquier chorro de agua es retardado en su recorrido por el aire a causa de la fricción entre la superficie exterior del chorro y el aire. Un chorro de neblina está compuesto de gotitas de aire. El aire se incorpora al chorro y se convierte en parte de él. Un chorro de neblina es retardado por la fricción entre la superficie exterior del cono de neblina y el aire circundante, la turbulencia dentro del chorro, y el proceso de incorporación del aire. Si dos chorros de neblina son del mismo diámetro y las gotitas de agua tuviesen la misma velocidad inicial, el que contenga más agua tendrá el mayor alcance, porque tendrá un movimiento mayor. El tamaño de las gotitas tendrá algún efecto sobre el alcance del chorro de neblina a causa de la cantidad de aire asociado. Ya que los chorros de neblina tienen un diámetro mayor en comparación con los chorros directos, hay más área sujeta a la fricción con el aire y su velocidad es retardada más rápidamente.

El agua puede ser dividida tan finamente que el aire parece estar saturado con una fina niebla y las pequeñas partículas de agua parecen estar suspendidas en el aire. Las partículas de agua, en esta forma, son tan finas que pueden ser alejadas del fuego por las corrientes de aire y no penetrar nunca en el área del incendio. El resultado es que ellas no tienen una oportunidad para abosorber el calor con la suficiente rapidez y cantidad para ser efectivas. A fin de mantener al movimiento y obtener el alcance y la penetración deseado, un pulverizador de agua puede ser efectivo. Los patrones de neblina, deben ser suficientemente densos para penetrar en vientos moderados sin ser destruidos.

Volumen de Agua Descargada

Otro factor que es determinado por el diseño de pitón y la presión en éste, es el volumen de agua descargada. Los chorros de neblina son superiores a los sólidos cuando se comparan sus cualidades de absorción de calor, pero los chorros de neblina deben tener suficiente volumen para penetrar al área calentada. El agua no puede absorber toda su capacidad de calor a menos que sea convertida completamente en vapor. Si un pitón de bajo volumen es usado para producir partículas finamente divididas donde el calor es generado más rápido de lo que es absorbido, el fuego pudiera ser controlado hasta cierto punto, pero su extinción probablemente no se lograría. Es esencial que un chorro de neblina proporcione un volumen de agua suficiente para que absorba el calor más rápidamente de lo que es generado.

Alcance del Chorro de Neblina

Antes de que se introdujera "el dispositivo de corte de agua" a los pitones de neblina, éstos eran considerados fáciles de causar daños innecesarios con el agua. Ellos tampoco tenían lo que entonces era considerado como la cualidad deseada de pentración a la verdadera base del fuego. Otra seria objeción a estos pitones de neblina era el pobre alcance del chorro. El proceso de construcción de un pitón para producier neblina a las presiones de trabajo normales, causó una reducción considerable en la velocidad del chorro. Esta reducción de la velocidad también originó una seria disminución en el alcance, el cual requería una mayor aproximación al fuego. Estas objeciones no estuvieron bien fundadas, ya que al espacio ocupado por el chorro de neblina se le dio poca consideración en esa época. El alcance de un chorro de neblina y la facilidad de manejo de éste fueron después considerados de primera importancia, porque la extinción del fuego se obtenía por la aplicación directa del agua a la base del fuego. La aplicación de la neblina de agua en el área calentada para absorber el calor y desplazar el humo no había sido todavía considerada. La aplicación de la nebina de agua para este propósito requiere que el chorro de neblina tenga suficiente alcance y volumen.

CARACTERISTICAS DE LOS CHORROS DISPERSOS

Los chorros dispersos son producidos por pitones de chorro esparcido. Son especialmente útiles para incendios en paredes, áticos y sótanos. La efectividad del pitón será determinada por la magnitud del incendio, su ubicación, y el tipo de combustible.

Cuando los chorros dispersos son usados en incendios de sótano, un distribuidor o pitón para sótano se utiliza comúnmente. Deben ser introducidos por agujeros hechos en el piso o a través de alguna otra abertura adecuada. Las obstrucciones ocultas pueden impedir la efectividad del pitón utilizado a través del agujero.

Ya que estos pitones no poseen dispositivos de cortar el agua, se debe colocar una válvula alineada para cerrar el agua en un lugar conveniente detrás del pitón. Baje el pitón hasta que golpee algo sólido, como una prueba para obstrucciones. Si la caída es lo suficiente lejana para indicar que no hay obstrucciones entre el piso y techo del sótano, suba el pitón un poco más alto que la mitad del espacio recorrido y aplique el chorro.

Una cortina de agua es un chorro de extinción que toma aproximadamente la forma de una cortina o abanico entre un incendio y otro material combustible. Una cortina de agua, es deseable a veces para proteger a los bomberos del calor. Quien haya tenido la experiencia de seguir a un pintón de neblina dentro de una sala caliente o contra un incendio, fácilmente puede apreciar esta aplicación. La cortina debe cubrir una amplia área y ser razonablemente densa para satisfacer este requerimiento. Las pruebas han indicado que una cortina de agua entre el fuego y el material combustible no es tan efectiva como dirigir la misma cantidad de agua sobre la superficie del material combustible. Por lo tanto, es mejor dirigir los chorros de extinción sobre las superficies expuestas en vez de establecer una cortina de agua entre un incendio y un material expuesto.

PITONES DE MANGUERAS DE EXTINCION

Los pitones de mangueras de extinción son agrupados de acuerdo al tipo de chorro deseado y el propósito por el cual serán utilizados (Figura 9.10). Los tipos más comunes de pitones son:

- Chorro Sólido
- Chorro de Neblina
- Chorro Disperso
- Chorro Maestro
- Chorro Especial

El pitón de chorro sólido está diseñado para producir un chorro tan compacto como sea posible, con poca llovizna o rocío. Su habilidad para alcanzar áreas que no podrían ser alcanzadas por otros pitones ha establecido el chorro sólido como necesario para el servicio de bomberos.

Muchos diseños y formas de pitones que producen chorros sólidos están disponibles para el servicio de bomberos y los fabricantes están constantemente esforzándose por mejores diseños. Aunque estos pitones difieren en forma y tamaño, todos ellos se ajustan a las características físicas requeridas para los pitones de chorro sólido. La conexión de la válvula a la boquilla debe ser labrada con roscas de Manguera Nacional de 38 mm (1½ pulgadas).

El pitón de neblina ajustable es el método más popular para producir un chorro de neblina. Estos pitones pueden ser ajustados desde un patrón de neblina de ángulo amplio hasta un patrón de chorro dircto. Recuerde que un "chorro directo" es un patrón del pitón de neblina ajustable, mientras que un chorro sólido es descargado desde un pitón de orificio liso.

Es difícil deducir una líneas exacta entre los pitones de chorro disperso y de chorro de neblina, excepto que los chorros de pitones de neblina son usualmente producidos en patrones definidos y en partículas más finas. Un chorro disperso debe cubrir el mayor espacio posible y además proporcionar suficiente absorción de calor para extinguir un incendio. Si es posible acercar el pitón al fuego, la ruptura del chorro puede ser hecha en el pitón. Estos chorros dispersos son útiles cuando se combate un incendio de sótano a través del piso

Figura 9.10 Los pitones han sido diseñados para producir chorros sólidos, de neblina, dispersos, maestros y especiales.

superior o cuando se combate un incendio en un tabique. El volumen de un chorro esparcido debe ser comparable al del chorro sólido. Donde son utilizados los chorros dispersos, al daño ocasionado por el agua generalmente no se le da tanta importancia como a la extinción del incendio, ya que gran cantidad de agua es proyectada sobre toda el área. Haciendo caso omiso al método utilizado para producir in chorro disperso, tales chorros tienen un propósito definido en el combate de incendios.

El término " chorro maestro" es aplicado a cualquier chorro de extinción que sea demasiado grande para ser controlado sin ayuda mecánica. Se deben tomar precauciones de seguridad, como por ejemplo amarrarlo. Un chorro maestro puede ser sólido o de neblina y es producido usando pitones espaciales, líneas paralelas de manguera y bombas de gran capacidad. Un chorro maestro sólido requiere un pitón liso grande; un chorro maestro de neblina requiere un pitón de neblina de suficiente tamaño para descargar una cantidad de neblina de agua comparable en volumen a la del chorro sólido.

Debido a que los dispositivos de chorro maestro son usados desde posiciones fijas, la mayoría de ellos tienen ciertos medios para mover el chorro en un plano horizontal o vertical, o ambos. Para permitir tales ajustes, el agua debe pasar a través de una o más curvas pronunciadas cerca del cuello del pitón. En algunos aparatos de chorro maestro más grande, hay dos curvas que forman un lazo, con la configuración de los cuernos de un carnero. Algunos otros de estos dispositivos tienen la forma de una "U" angular lateral. La cantidad de pérdida por fricción variará de un dispositivo a otro. Aunque la pérdida por fricción en un aparato de chorro maestro puede asumirse de que sea alguna cifra fija, como 70 o 1700 kPa (10 ó 25 psi) cada cuerpo de bomberos debe determinar dicha pérdida en los dispositivos que tenga disponibles.

Los pitones de chorros especiales son diseñados con fines especiales para satisfacer necesidades específicas. El grado en el cual tales pitones son necesitados en el sevicio de bomberos depende de la situación particular que exista o del combustible específico que haya originado la situación. El uso externo de procesos industriales riesgosos, el almacenamiento y transporte de líquidos inflamables, la prueba de combustibles y motores de aviación y la construcción de edificios en general son algunas de las actividades que han incrementado la demanda de pitones de propósitos especiales para el combate de incendios.

Los pitones deben ser inspeccionados periódicamente para asegurarse de que se encuentran en condiciones de trabajo adecuadas. Esta inspección debe incluir:

- Revisión de empacaduras.
- Revisión de daños externos.
- Revisión por daños internos y acumulación de residuos.
- Verificación de la facilidad de operación.

Los pitones deben ser limpiados completamente con agua y jabón, utilizando un cepillo de cerdas suaves.

ESPUMAS

Las espumas de combate de incendios son creadas mezclando mecánicamente el concentrado de espuma, agua y aire. Las espumas son apropiadas para el control de líquidos inflamables debido a sus densidades ligeras, altos contenidos de agua, tendencias de cubrimiento, y resistencia a la descomposición rápida. Estas propiedades permiten que la espuma flote sobre las líquidos inflamables (Figura 9.11). Las espumas no son adecuadas para incendios tridimensionales o reactivos con el agua, tales como rebordes con fugas.

Hay tres tipos básicos de agentes de espuma. Estos son: espumas químicas, proteínicas y sintéticas. De estas tres, las proteínicas y sintéticas son generalmente llamadas espumas mecánicas, para distinguirlas de las espumas de tipo químico. Las tres espumas pueden ser utilizadas con agua dulce o salada.

Espumas Químicas

Las espumas químicas, son producidas cuando una sal ácida y una alcalina entran en contacto en una solución. La sal ácida es usualmente llamada el igrediente "A" y la alcalina nombrada el ingrediente "B".

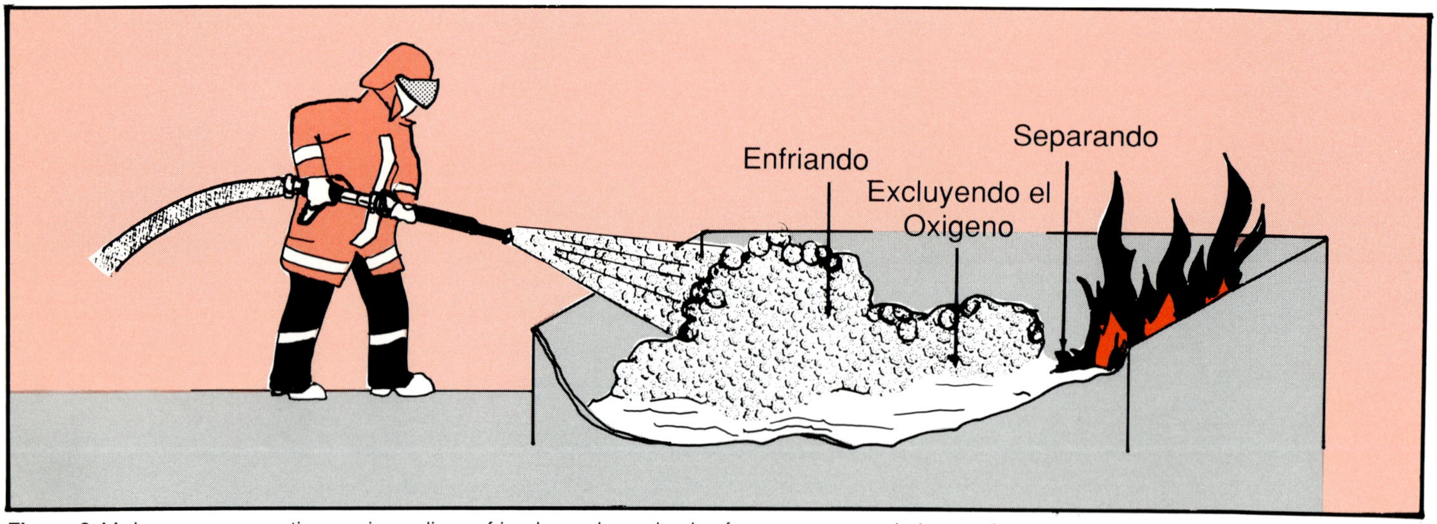

Figura 9.11 Las espumas extinguen incendios enfriando, excluyendo el oxígeno, y separando los vapóres de las fuentes de calor.

Los sistemas que utilizan espumas químicas tienen problemas inherentes al mantenimiento debido a la naturaleza corrosiva de los polvos "A" y "B". La mezcla de los polvos ocasiona a menudo problemas de obstrucción y las espumas producen serios inconvenientes a causa de sus tendencias a "endurecerse" y "agrietarse". Esto origina fisuras por donde los líquidos inflamables pueden evaporarse e incendiarse. Por estas razones y debido a que otras espumas adecuadas son fácilmente asequibles, las espumas químicas son consideradas obsoletas y están incluidas en esta sección principalmente para mencionar las instalaciones que aún existen.

Espumas Proteínicas

ESPUMAS PROTEINCIAS CORRIENTES

Las espumas proteínicas corrientes son sólidos proteínicos naturales descompuestos químicamente. Los productos finales de esta reacción química son polímeros proteínicos, los cuales tienen excelente elasticidad, capacidad de retención de agua y alta resistencia. Estas características hacen que la espuma proteínica sea excelente para usar como agente de combate de incendios. Las espumas proteínicas básicas no son tóxicas y trabajan dentro de un intervalo de temperatura de 38°C (100°F) desde los 7°C hasta los 49°C (20°F a 12°F). Estas espumas no son apropiadas para usarlas sobre disolventes polares, para temperaturas extremadamente frías, para inyecciones debajo de la superficie o para utilizarlas con polvos químicos secos. Sin embargo, ciertos disolventes orgánicos pueden ser añadidos a la espuma a fin de mejorar su adecuación para utilizarla en estas situaciones.

Las espumas proteínicas corrientes, así como la mayoría de las otras espumas, se venden para ser mezcladas ensoluciones de espuma al 3% y 6%. Esto significa que en una solución de espuma al 3%, por cada cien partes de solución de espuma (concentrado de espuma y agua mezclados) hay 3 partes de concentrado y 97 partes de agua. Para una solución al 6%, hay 6 partes de concentrado y 94 partes de agua. La razón principal para esta diferencia en la concentración es debida a los avances tecnológicos en la producción de concentrados de espuma (Tabla 9.1). Inicialmente, el mejor concentrado asequible era al 6%. Después de cierto tiempo, los procedimientos fueron mejorados para permitir que fuese llevado al mercado un concentrado de espuma apropiado, al 3%. El 3% dio la ventaja de costar menos, para despacharlos por área de cobertura y de requerir solamente la mitad del espacio de almacenamiento que los concentrados de espuma al 6%. Los concentrados de espuma al 6%, todavía se venden para satisfacer las necesidades de los departamentos que no tienen los recursos para convertir sus sistemas a un concentrado de espuma al 3%.

Las espumas de baja temperatura son espumas en base a proteínas con soluciones anticongelantes e incombustibles añadidas. Estas espumas pueden ser usadas a temperaturas atmosféricas hasta los -7°C (-20°F). Al igual que las es-

TABLA 9.1
Concentrado de Espuma de Baja Expansión Requerida para 10 Minutos de Aplicación

Flujo de Concentrado de Espuma/Agua en GPM del pitón	Galones de Solución Usados para 10 min. de Aplicación	Galones de Concentrado de Espuma		Galones de Agua		Galones de Espum Aireada
		3%	6%	3%	6%	
60 (227,12 L)	600 (2271,24 L)	18 (68,13 L)	36 (136,27 L)	582 (2203,10 L)	564 (2134,97 L)	4800 (18,169 L)
95 (359,61 L)	950 (3596,14 L)	28.5 (107,88 L)	57 (215,76 L)	921.5 (3488,25 L)	893 (3380,37 L)	7600 (28769,12)

Estos son los mínimos para cada pitón. El suministro de respaldo debe ser igual al requerimiento mínimo. Con una buena técnica de aplicación, un tercio menos de AFFF podría ser usado para incendio de derrames.

NOTA: Ya que un galón (3,79 L) de solución produce 8 galones (30,28 L) de espuma aireada, 5 galones (18,92 L) de concentrado de espuma al 6% proporcionarian 664 galones (2.513,5 L) de espuma aireada; 5 galones (18,92 L) de concentrado 3% deben producir 1.3 galones (5.027,0 L) de espuma aireada.

pumas proteínicas normales, ellas se venden en soluciones al 3% y 6%.

ESPUMAS FLUROPROTEINICAS

Las espumas fluroproteínicas son básicamente espumas proteínicas fortificadas con solventes de fluor. La adición de estos solventes proporciona varias ventajas a las espumas fluoroproteínicas, ya que estas tienden a separarse de los líquidos inflamables en las cuales están mezcladas. Esta cualidad hace que las espumas fluroproteínicas sean excelentes para inyecciones debajo de la superficie o aplicaciones superficiales, en las cuales la espuma se revuelve con el líquido inflamable. Otras ventajas son: las espumas fluroproteínicas tienden a ser más estables que las espumas proteínicas corrientes y más compatibles para usarlas con agentes químicos secos.

Las fluroproteínicas tienen las mismas características de temperatura que las espumas proteínicas corrientes. Además, se venden en concentrados al 3% y 6%.

ESPUMAS DE ALCOHOL

Las espumas de alcohol han sido producidas para usarlas sobre solventes polares, tales como alcohol, tinner de laca, acetona y ketonas. Los solventes polares son miscibles en agua. Esta característica hace que las espumas corrientes se descompongan rápidamente. Las espumas de alcohol fueron producidas porque las espumas corrientes son muy miscibles en solventes polares y tienden a disolverse en el líquido incendiado sin extinguir el fuego. Además, los líquidos de hidrocarburos comunes mezclados incluso con pequeñas cantidades de solventes polares, tienden a destruir la efectividad de los productos de espuma corriente.

Hay un tipo de espuma de alcohol a base de proteínas. Esta espuma es derivada de la espuma proteínica corriente mezclada con sales de metales pesados suspendidas en solventes orgánicos. Las espumas de alcohol a base de proteínas para ser eficaces deben ser aplicadas despacio a la superficie incendiada e inmediatamente después de la reducción en el agua. Cuando estas espumas son bombeadas a través de mangueras o tuberías, pierden efectividad. Esta pérdida es en proporción a la distancia que son bombeadas. Por esta razón, las espumas de alcohol en base a proteínas son usualmente mezcladas dentro del chorro de agua en o cerca del pitón de uso. La temperatura de aplicación es de 20°C a 49°C (35°F a 120°F).

Espumas Sintéticas

ESPUMAS DE ALCOHOL

Hay dos tipos de espumas sintéticas de alcohol. Estas dos espumas tienen la ventaja sobre las espumas de alcohol a base de proteínas de que no tienen que ser aplicadas lentamente a la superficie y pueden ser bombeadas a grandes distancias sin pérdida de efectividad. Ambas se venden en soluciones al 3% y 6% y tienen el mismo intervalo de temperatura que la espuma proteínica de alcohol.

El primer tipo de espuma sintética de alcohol es la espuma de alcohol catalítica. Esta es el resultado de la mezcla de una solución de dos partes: un polímero y un catalizador. La espuma que resulta es una espuma muy estable resistente al alcohol. Esta espuma puede ser bombeada a grandes distancias sin pérdida de efectividad.

La segunda espuma sintética de alcoholes algunas veces es conocida como espuma de múltiples usos. Esto es debido a que puede ser utilizada eficazmente sobre líquidos de hidrocarburos o polares y actúan eficientemente cuando son aplicadas por medio de aparatos mezcladores de espumas. Estas espumas son concentrados producidos sintéticamente en una espuma de componente simple. La proporción es muy similar a la de las espumas proteínicas corrientes y pueden ser bombeadas a grandes distancias sin pérdida de efectividad.

ESPUMAS DETERGENTES

Actualmente, se pueden conseguir diversas espumas detergentes producidas sintéticamente. Estas espumas tienen un alto rendimiento, pero generalmente son menos estables que las otras espumas. Tienen poca resistencia al calor o a la destrucción física y requieren altas proporciones de aplicación para ser eficaces.

Las espumas detergentes causan una tensión superficial de agua muy baja y pueden ser consideradas como agentes humectantes. Esto contribuye a que su uso sobre los combustibles Clase "A" sea eficaz y algunas veces formará una emulsión espumosa encima de los líquidos inflamables. Sin embargo, esta característica hace que las espumas detergentes descompongan otras espumas.

ESPUMAS DE FORMACION DE PELICULA ACUOSA

Las espumas de formación de película acuosa (AFFF) son espumas sintéticas de acción doble. La primera acción de la AFFF es similar a la acción de atrapamiento de aire de la espuma detergente. Esta acción forma una manta de espuma fuerte que se extiende sobre la superficie del líquido incendiado. Esta manta sofoca el fuego y retarda la evaporación del líquido combustible por debajo de sus límites inflamables. La segunda acción es la formación de una película de solución acuosa desprovista de burbujas a través de la superficie del líquido. Esta película acuosa extingue el incendio y evita la evaporación al igual que la película de espuma. La película acuosa es autosoldable y recubrirá las áreas abiertas ocasionadas por la agitación de la superficie del líquido inflamable (Figura 9.12). El resultado de la acción de la espuma y la acción de la película formada contribuyen a que la AFFF sea una de las espumas más confiables y versátiles disponibles. El uso de las espumas AFFF tiene las ventajas adicionales de no requerir los aparatos especiales para su aplicación y de ser compatibles con los químicos secos.

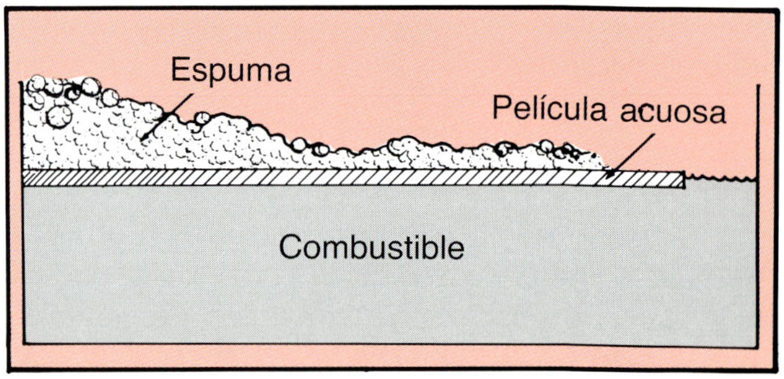

Figura 9.12 AFFF tiene una película que flota sobre la superficie del líquido, restringiendo su evaporación.

Las espumas AFFF son generalmente fortalecidas por la adición de solventes de fluor como aquéllos usados para estabilizar las espumas proteínicas. Estas espumas pueden ser utilizadas sobre líquidos inflamables y en algunas condiciones sobre solventes polares. Las espumas AFFF son utilizadas frecuentemente en derrames de líquidos inflamables para evitar la ignición del líquido combustible. Estas espumas se venden en soluciones al 3% y 6% y poseen características de temperatura parecidas a las de las espumas de alcohol.

ESPUMAS DE ALTA EXPANSION

Las espumas de alta expansión son concentrados de espuma mezclados en una solución al 2% y luego ligados con aire para formar espumas de alto contenido de aire y buena calidad. La espuma de alta expansión es diferente a otras espumas, en el sentido que es útil para combatir incendios en estructuras interiores y lugares inaccesibles por medio de la aplicación de la inundación total. Ha sido demostrado que es un agente eficaz cuando se utiliza con rociadores de agua. El uso externo de la espuma de alta expansión puede ser efectivo, dependiendo de las condiciones del viento.

Cuando se utilizan espumas de alta expansión, es necesario proporcionar ventilación para permitir que la espuma fluya apropiadamente. Si el aire se atrapa delante de la espuma, èsta no fluirá adecuadamente.

La espuma de alta expansión actúa a través de la remoción del oxígeno en un área confinada. Además, proporciona una buena manta aislante que sirve como protección de riesgos. No es tóxica pero el ingreso en un ambiente ocupado por la espuma es peligroso debido a la falta de visibilidad. También, las espumas que han sido generadas utilizando aire contaminado con productos de combustión tendrán las características de toxicidad del contaminante y por lo tanto el ingreso a esa área requerirá el uso de aparatos de protección respiratoria. Adicionalmente, los productos de combustión hacen que la espuma se descomponga rápidamente.

Aplicación de la Espuma

Como en todo combate de incendio, el desarrollo de una buena técnica de aplicación de espuma requiere mucha práctica y entrenamiento. En vista de que hay un envejecimiento y deterioro definido de los concentrados de espuma, debe establecerse un programa para utilizar la espuma más vieja en los entrenamientos con un plan determinado para reemplazar la espuma almacenada en un período de tiempo. La espuma protecínica tiene una duración de sólo cinco años.

Las pruebas de laboratorio sobre espumas mecánicas o proteínicas, son conducidas a un índice de aplicación de 3,80 L/min (1 gpm) de proporción de agua extendida a la expansión normal de 30 cms. cuadrados (10 a 1, por pie cuadrado) de superficie de líquido inflamable incendiado. Esta es un buen índice rata de aplicación para fines prácticos. Esto significa que un incendio de hidrocarburo corriente de 180 mts. cuadrados (660 pies cuadrados), debe ser controlado en un pitón de 227 L/min (60 gpm). La tasa de aplicación de las espumas de alcohol en incendios de alcohol, es normalmente el doble de esta cantidad y algunos de los otros agentes de espuma requieren una aplicación ligeramente superior a 3,80 L/min (1 gpm) ppr 30 cms. cuadrados (por pie cuadrado). Cuando se combaten incendios interiores, el porcentaje de aplicación de espuma es muy importante. Con un suministro de agua limitado, muchas veces es mejor una tasa aplicación más rápida que extender el tiempo de aplicación con una tasa menor.

El método más satisfactorio de aplicar la espuma a una superficie líquida es rebotar el chorro en una superficie sólida. Si el incendio es un derrame sobre una superficie plana, el chorro debe ser dirigido al suelo frente al fuego para iniciar una manta de espuma. Mientras el chorro esté cubriendo el ancho del incendio, el pitón es levantado para empujar la manta de espuma sobre la superficie. Se debe tener cuidado de no aplicar el chorro directamente dentro de una manta de espuma existente para evitar removerla de la superficie. El movimiento del pitón no debe ser violento sino suave y controlado. El chorro debe ser dirigido a un lado hasta que la espuma aparezca y luego debe girarse hacia el incendio. Si la espuma deja de salir durante el proceso, inmediatamente el chorro debe ser removido de la manta de espuma a fin de no hacerla desaparecer. Utilice siempre el máximo alcance del chorro y deje que la espuma haga su trabajo (Figura 9.13).

Si el incendio es un tanque o está ubicado de manera que el método anterior no pueda ser usado, el chorro debe ser dirigido contra el lado del tanque u otro obstáculo. Este método utiliza el objeto como parafango, el cual permite que laespuma forme una manta para deslizarla hacia abajo y a través de la superficie. Debe evitarse cualquier intento de volear la espuma o dejarla caer sobre la superficie. Este método es muy ineficaz ya que la espuma debe caer a través del calor donde seromperá y bajará a la superficie en una forma muy irregular. Normalmente, la manta de espuma debe ser formada con un espesor de aproximadamente 76 mm (3 pulgadas).

PROPORCIONADORES DE ESPUMA

Para una generación de espuma efectiva, el concentrado debe ser mezclado con la proporción

Figura 9.13 De la espuma de frente sobre el fuego para controlar un incendio de superficie de propagación o rebótela contra una pared u otro objeto sólido para cubrir el incendio sin esparcir el combustible.

adecuada de agua y luego aireado (excepto aquellas espumas químicas y catalíticas que no requieren aireación). Es importante que la proporción de concentrado y agua sea mantenida. Demasiado concentrado daña el producto y las espumas deficientes en concentrado son ineficaces.

Eductor de Piton de Espuma

Este tipo de eductor utiliza la acción del venturi para sacar el concentrado. Dicho eductor puede extraer concentrado hasta los 1.8 mts. (seis pies). Inmediatamente después del proporcionamiento en el venturi, la solución para hacer espuma es aireada por el pitón. Este eductor es apropiado para usarlo con espumas proteínicas de alcohol, las cuales necesitan ser aplicadas poco después de ser mezcladas. El eductor de pitón de espuma es un dispositivo de aplicación en un solo sitio, debido a la dificultad de mover el pitón junto con elrecipiente del concentrado.

EDUCTOR EN LINEA

El eductor en línea utiliza la misma acción del venturi como el eductor de pitón de espuma. Sin embargo, la solución de espuma puede ser bombeada a un lugar remoto para su aireación. El eductor en línea puede ser conectado directamente a un pitón de espuma para formar un eductor de pitón de espuma, o puede ser puesto sobre la línea de manguera o incluso sobre la descarga de la bomba. La colocación del eductor debe hacerse siguiendo las recomendaciones del fabricante a fin de tener en cuenta la contrapresión que será desarrollada. Un eductor puede ser usado para surtir más de una línea. Es necesario tener cuidado cuando se utilice un eductor en línea de esta manera, porque este tipo de dispositivo es usualmente diseñado para hacer fluir una cantidad determinada de agua a una presión dada. Con múltiples pitones, este criterio de diseño podría ser rebasado y la espuma producida sería ineficaz. Debe tenerse cuidado de igualar los L/min (GPM) del pitón o de las combinacciones de pitones con el criterio de diseño del eductor. Algunos sistemas fijos utilizan eductores en línea, pero la mayoría de los sistemas dependen de instalaciones de proporcionadores más precisos y confiables.

PITONES Y GENERADORES DE ESPUMA

Los pitones de espuma son aparatos de aplicación de espuma. Estos pitones pueden ser ajustados o movidos para cambiar el patrón de aplicación de la espuma. Un tipo de pitón de espuma ha sido ya discutido y éste fue el eductor de pitón de espuma. Este pitón en particular es especial porque tiene el eductor hecho en la misma estructura. Otros pitones de espuma requieren un eductor separado. El resto de los pitones de espuma caen dentro de tres categorías: rociadores de espuma, pitones aspirantes de espuma y generadores de espuma de alta expansión.

ROCIADORES DE ESPUMA

Los rociadores de espuma se encuentran en los sistemas de agua y espuma y lluvia de espuma. Los rociadores de espuma se asemejan a los pitones aspirantes en que ellos utilizan la velocidad del venturi para mezclar el aire dentro de la solución para hacer espuma. Sin embargo, algunos sistemas usan rociadores corrientes para hacer una espuma de baja calidad a través de la simple turbulencia de las gotitas de agua a medida que éstas se desprenden del aire. Estos sistemas generalmente utilizan espumas AFFF. Los rociadores de espuma vienen en diseños montantes y colgantes. El deflector debe ser adaptado para satisfacer los requerimientos específicos de instalación.

PITONES ASPIRANTES DE ESPUMA

Los pitones de espuma se presentan en dos grandes categorías: el pitón de neblina de espuma y el pitón de neblina de patrón variable. Estos pitones son empleados en los sistemas fijos para la aplicación manual de la espuma en asociación con la aplicación manual de la espuma en asociación con la aplicación del sistema. Ellos proporcionan al sistema la versatilidad adicional de utilizar pitones portátiles. El pitón de neblina de espuma se vende con dos adaptadores de espuma para moldear el chorro. EL pitón básico divide la solución para hacer espuma en pequeños chorros y además introduce aire por medio de una acción del venturi. Los accesorios sirven para darle a la aplicación de la espuma cualidades diferentes que las del pitón corriente. El accesorio cónico proporciona un alcance suplementario al pitón y la criba produce un alto contenido de aire más homogéneo para aplicaciones suaves.

El pitón de neblina de agua, cuando se usa con solución de espuma, produce una espuma de baja calidad y poca duración. Este pitón divide la solución de espuma en diminutas gotitas y utiliza la agitación de las gotitas de agua que se mueven por el aire para lograr la acción espumosa. Su mejor aplicación es cuando se acopla con la AFFF, la cual, debido a sus características de formación de película, no requiere una espuma de alta calidad para ser eficaz. Los pitones de neblina de agua han encontrado gran aceptación a causa de la capacidad para ser utilizados como pitones normales de combate de incendio y pitones de espuma.

ASPIRADORES DE ALTA CONTRAPRESION

El aspirador de alta contrapresión o aspirador impelente de espuma, es un aspirador en línea utilizado en situaciones que requieren que la espuma sea descargada a presió n. Estos aparatos son más apropiados para inyecciones debajo de la superficie, pero se usan en asociación con muchos sistemas de tubería fija. Los aspiradores de alta contrapresión operan por medio de la acción del venturi. Esta acción produce típicamente una espuma homogénea y estable pero de bajo contenido de aire.

GENERADORES DE ESPUMA DE ALTA EXPANSION

Los generadores de espuma de alta expansión producen una espuma estable y de alto contenido de aire. El contenido de aire varía desde 10 partes de aire a una parte de solución de espuma (100x) hasta 1.000 partes de aire para una parte de solución de espuma (1.000x). Hay dos tipos básicos de generadores de espuma de alta expansión: el ventilador mecánico y el aspirador de agua. Este último es muy similar a los otros pitones productores de espuma excepto que es mucho más grande y largo. La parte posterior del pitón se abre para permitir el flujo de aire. La solución de espuma se bombea a través del pitón en un rocío fino, el cual se mezcla con el aire para formar una espuma de expansión moderada. La punta del pitón tiene una criba o serie de cribas, las cuales dividen la espuma y además la mezclan con aire. Estos pitones producen típicamente una espuma de inferior volumen de aire que la producida por los generadores con ventiladores mecánicos.

Los generadores con ventiladores mecánicos, se asemejan a los extractores de humo en la apariencia (Figura 9.14). Operan con el mismo principio que el pitón aspirante de agua excepto que el aire es forzado a través del pulverizador de espuma en vez de ser sacado por el movimiento del agua. Estos aparatos producen una espuma de mayor contenido de aire y son típicamente asociados con las aplicaciones de inundación total.

Figura 9.14 Los generadores de espuma de alta expansión pueden ser portátiles o sostenidos en mano. La unidades portátiles pueden parecer similares a los extractores mecánicos de humo.

Capítulo 10
Mangueras

NORMA NFPA 1001
MANGUERA DE INCENDIO
Bombero I

3-7 Manguera de incendio, pitones y otros dispositivos.

3-7.1 El bombero deberá identificar los tamaños, tipos, cantidad y uso de la manguera contenida en un auto bomba.

3-7.2 El bombero deberá demostrar el uso de los pitones, los adaptadores de mangueras y otras herramientas de mangueras llevadas en los vehículos de extinción.

3-7.3 El bombero, dado el equipo necesario y operando en forma individual o como miembro de un equipo, deberá avanzar con líneas de mangueras secas de dos diferentes tamaños, siendo ambas de 1½ pulgadas de diámetro desde un auto bomba.

(a) Hasta dentro de la edificación.

(b) Ascendiendo por una escalera hacia ventanas de pisos superiores.

(c) Ascendiendo en la escalera interna de una edificación hacia los pisos superiores.

(d) Ascendiendo por una escalera exterior de una edificación hacia los pisos superiores.

(e) Descendiendo por una escalera interior hacia pisos inferiores.

(f) Descendiendo por una escalera exterior hacia pisos inferiores.

(g) Ascendiendo enganchado a una cuerda.

3-7.4 El bombero, dado el equipo necesario y operando en forma individual o como miembro de un equipo, deberá avanzar mangueras cargadas a la línea de ataque de dos diferentes tamaños, de las cuales ambos deberán ser de 1½ pulgada de largo, desde una bomba:

(a) Hacia la edificación.

(b) Ascendiendo por una escalera hacia ventanas de pisos superiores.

(c) Ascendiendo en la escalera interna de una edificación hacia los pisos superiores.

(d) Ascendiendo por una escalera exterior de una edificación hacia los pisos superiores.

(e) Descendiendo por una escalera interior hacia pisos inferiores.

(f) Descendiendo por una escalera exterior hacia pisos inferiores.

(g) Ascendiendo enganchado a una cuerda.

3-7.5 El bombero deberá demostrar las técnicas para proceder a la limpieza de manguera de incendio, acople y pitones y realizar las inspecciones de daños.

3-7.6 El bombero deberá conectar una manguera de incendio a un hidrante, y abrir y cerrar completamente el hidrante.

3-7.7 El bombero deberá demostrar la forma de cargar las mangueras de incendio en los vehículos contra incendio e identificar el propósito de al menos tres tipos de cargas de mangueras y su acabado final.

3-7.8 El bombero deberá demostrar tres tipos de rollos de mangueras.

3-7.9 El bombero deberá demostrar dos tipos de cargas de mangueras.

3-7.10 El bombero deberá demostrar los procedimientos para connectar y desconectar mangueras de incendio.

3-7.11 El bombero deberá trabajar desde una escalera con una línea cargada, la cual debe ser de 1½ pulgada de diámetro.

3-7.12 El bombero deberá demostrar la técnica de transporte de manguera dentro de un edificio para ser conectada a una alimentación y avanzar la línea de manguera desde fuente de suministro de agua.

3-7.13 El bombero deberá demostrar los métodos para el tendido de la línea de mangueras.

3-7.14 El bombero deberá demostrar el reemplazo de una sección dañada en una línea de manguera.

Bombero II

4-7 Mangueras de incendio, pitones y otros dispositivos.

4-7.2 El bombero deberá demostrar todos los procedimientos para el desplazamiento de las mangueras.

4-7.3 El bombero deberá demostrar los procedimientos de inspección y mantenimiento de las mangueras, conexiones, pitones y recomendar aquellas reparaciones o remplazos que resultan necesarios.

4-7.4 El bombero deberá mostrar todos los tipos de conexión de hidrantes a la bomba.

4-7.5 El bombero deberá demostrar cómo seleccionar los adaptadores y otros dispositivos a ser usados en situaciones específicas en operaciones de combate de incendio.*

*Reimpreso bajo licencia de la Norma N° 1001, *Norma para la Calificación Profesional de Bombero,* Copyright (c) 1981 National Fire Protection Association, Boston, MA.

Las transparencias relativas a manguera, de la IFSTAs están diseñadas para complementar este capítulo.

Capítulo 10
Mangueras

CONSTRUCCION Y CUIDADO DE LAS MANGUERAS

Las mangueras de incendio están clasificadas por su tamaño (diámetro interno) y por el material del cual son construidas. Las actuales mangueras son fabricadas de diferentes materiales, los cuales son susceptibles al uso y deterioro, adicionalmente pueden ser fabricadas con diferentes niveles de calidad. Las mangueras de incendio son manufacturadas de acuerdo a tres métodos básicos de construcción: (1) Trenzada (2) Forradas (3) Recubiertas. La mayoría de las fibras usadas en la construcción de la cubierta exterior de las mangueras son de algodón, nylon, rayon, vinil y fibras de poliéster. Es importante recordar que las mangueras de incendios deben soportar presiones relativamente altas, deben ser capaces de transportar agua con la menor pérdida de presión y deben ser lo suficientemente flexibles como para permitir cargarlas en un compartimiento para mangueras sin ocupar un espacio excesivo (Figura 10.1).

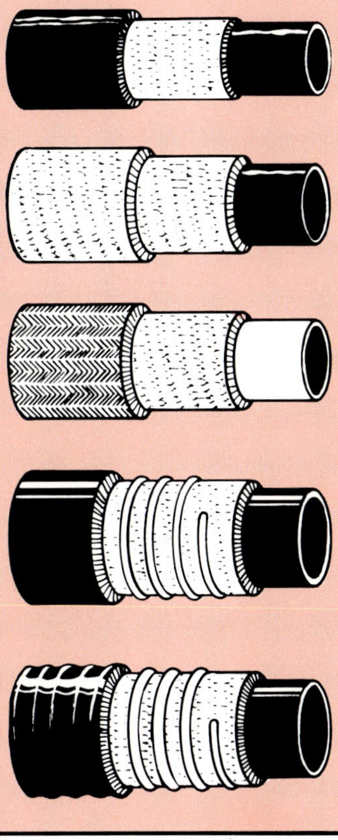

TIPOS	DESCRIPCION
3/4 ó 1 PULGADA (19 mm a 25 mm) MANGUERA DE ALTA PRESION	• CUBIERTA DE GOMA • TUBERIA INTERIOR DE GOMA • REFUERZO TEXTIL
1 A 6 PULGADAS (De 25 mm 150 mm) MANGUERA CON CHAQUETA TEJIDA	• UNO O DOS TEJIDOS CUBIERTOS DE TELA • TUBERIA INTERIOR DE GOMA
1½ a 5 PULGADAS (38 mm a 12.5 mm) MANGUERA IMPERMEABLE DE CHAQUETA SENCILLA	• CUBIERTA DE MATERIAL POLIMERO • REFUERZO TEXTIL • MANGUERA INTERIOR DE MATERIAL POLIMERO
2½ a 6 PULGADAS (65 mm a 150 mm) MANGUERA FLEXIBLE DE ADMISION DE CHAQUETA DURA	• CUBIERTA DE GOMA • REFUERZO TEXTIL Y PLASTICO (HELICOIDAL) • MANGUERA INTERIOR DE GOMA
2½ a 6 PULGADAS (65 mm a 150 mm) MANGUERA FLEXIBLE DE ADMISION DE CHAQUETA DURA	• CUBIERTA DE GOMA • REFUERZO TEXTIL Y ALAMBRE (HELICOIDAL) • MANGUERA INTERIOR DE GOMA

Figura 10.1 Se utilizan una gran varledad de métodos de construcción para la fabricacion de los diferentes tipos de mangueras de incendio.

"Tipos y Tamaños"

El término de "Mangueras de Incendio" identifica a un tipo de tubo flexible utilizado por los bomberos para llevar agua bajo presión desde una fuente de suministro hasta el punto donde ésta va a ser descargada. Para ser confiable, la manguera de incendio debe ser construida con los mejores materiales y no deben ser usadas para otros fines que no sean el combate de incendios. Las mangueras de incendio es uno de los art¡culos más usados en el servicio de bomberos y por la forma en que se usa requiere que sea flexible, resistente al agua, que tenga una superficie interior lisa y una cubierta exterior duradera. La manera en la cual se usan las mangueras de incendio y su aplicación con otros equipos, está asociada con otras funciones esenciales del combate de incendios.

Los diferentes tamaños de mangueras utilizadas por los Cuerpos de Bomberos han sido diseñadas para propósitos muy espec¡ficos. Cuando se hace referencia al diámetro de la manguera, las dimensiones de la cuales se está tratando es el diámetro interior de la manguera. Las mangueras de incendio son generalmente cortadas y acopladas en longitudes de quince metros para mejor manejo y reemplazo; sin embargo, se pueden obtener mayores de quince metros (50 pies). Estas longitudes comúnmente se llaman secciones o paños y los mismos deben ser acoplados a fin de producir una línea de manguera continua. La asociación Nacional de Protección Contra Incendios de E.U.A. (NFPA) en su Norma N°1961 describe las especificaciones establecidas para mangueras de incendio, y su Norma N° 1963 describe lo referente a especificaciones para conexiones y acoples. La siguiente lista incluye las longitudes más comunes de mangueras de incendio utilizadas:

- De 19 mm-25 mm (3/4 o 1 pulgada) recubierta en caucho, equipada con acoples de 25 mm (1 pulgada), es comúnmente llamada manguera química.
- De 25 mm (1 pulgada) tejida, recubierta en caucho liso, equipada con acoples de 25 mm (1 pulgada), algunas veces utilizada en bombas de impulsión.
- De 38 mm (1½ pulgadas) recubiertas en caucho liso, con una doble cubierta equipada con acople de 38 mm (1½ pulgada).
- De 44 mm (1¾ pulgadas) cubiertas en caucho, con una doble cubierta de caucho liso, equipadas con acoples de 38 mm (1½ pulgada).
- De 50 mm (2 pulgadas) recubiertas con caucho liso, de una doble cubierta, equipada con acoples de 65 mm (2½ pulgadas).
- De 65 mm (2½ pulgadas) recubiertas con caucho liso, de una o doble cubierta, equipada con acoples de 65 mm (2½ pulgadas).
- De 69 mm (2¾ pulgadas) recubiertas con caucho liso, con una doble cubierta equipada con acoples de reducción de 65 mm (2½ pulgadas).
- De 77 mm (3 pulgadas) recubiertas en caucho liso, con una doble cubierta con acoples de reducción de 65 mm (2½ pulgadas) o acoples de 77 mm (3 pulgadas).
- De 90 mm (3½ pulgadas) recubiertas con caucho liso, con una doble cubierta, equipada con acoples de reducción de 65 mm (2½ pulgadas) ó 77 mm (3 pulgadas), o acoples de 90 mm (3½ pulgadas).
- De 100, 115, 130 y 160 mm (4, 4½, 5 y 6 pulgadas) recubierta en caucho sintético o plástico.
- De 65, 77, 100, 115, 130 y 160 mm (2½, 3, 4, 4½ y 5 pulgadas) de alta resistencia.

Cuidado y Mantenimiento

Debido a que la manguera de incendio es una herramienta para ser usada en el combate de incendios, resulta natural que se vea sujeta a todo tipo de situaciones. Muy poco se puede hacer durante los incendios a fin de proporcionar un uso seguro y protegerla contra maltratos. Probablemente uno de los factores más importantes en relación a la vida útil de las mangueras se refiere al cuidado que reciban después de los incendios, en los depósitos y en los vehículos que la transportan. Las mangueras de incendio se deben seleccionar con sumo cuidado para asegurarse de la calidad de sus materiales, aunque a pesar de ser buenas no podrá resistir de acción a daños mecánicos, calor, productos químicos, moho o presiones superiores para las que han sido construidas.

La vida útil de la manguera de incendios sin embargo depende en gran medida de qué tan bien se proteja en contra de estas cinco principales causas de daño.

DANO MECANICO

Las mangueras de incendio pueden sufrir daños de diferentes maneras mientras se usan en el combate de incendios. Algunos de los daños más comunes son: cortaduras, desgastes, acoples deformados o dañados, y grietas en los tejidos. Para prevenir estos daños a continuación se dan algunas recomendaciones prácticas:

- Evite el pasar las mangueras sobre terreno regoso y esquinas punteagudas.
- Utilice las luces de señalización y coloque rampas para las mangueras cuando la pase a través de vías con flujo de vehículos.
- Evite que los vehículos pasen por sobre las mangueras.
- Evite el cierre abrupto de los pitones, para prevenir en lo posible el golpe de ariete.
- Cambie la posición de los dobles en las mangueras cuando vayan a cargarlas de nuevo.
- Provea bloques de soporte para prevenir el desgaste como consecuencia de las vibraciones que se producen en la conexión cerca de la bomba.
- Evite una excesiva presión en la bomba para las líneas de mangueras.

CALOR

El exponer las mangueras a un calor excesivo, o a contacto directo con el fuego, hará que las mismas se carbonicen, se derritan, ó que se debiliten y en consecuencia se dañe la cubierta interior de caucho. Un efecto similar de resecamiento se puede producir en los tejidos y cubiertas intermedias cuando se colocan las mangueras en la torre de secados, durante un extenso período de tiempo y a relativamente altas temperaturas ambientales. Para prevenir estos daños, los bomberos deberán tener en cuenta las siguientes recomendaciones:

- Cuando le sea posible, proteja las mangueras del calor excesivo y la exposición al fuego.
- No permita que una manguera después de haberse secado, permanezca en un área calurosa.
- Para el proceso de secado emplee temperaturas moderadas. Recuerde que una corriente de aire seco resulta más beneficiosa y menos dañina que una de aire caliente.
- Mantenga el tejido exterior de la cubierta de la manguera seca.
- Aquellas mangueras que no hayan sido utilizadas durante largos períodos de tiempo se les deberá hacer circular agua para prolongar su vida.
- No resulta una buena práctica el secar las mangueras sobre el pavimento caliente.

ENMOHECIMIENTO

El enmohecimiento se puede presentar en las mangueras con cubiertas tejidas, si la humedad permanece sobre su superficie exterior. Esta condición podría causar putrefacción, degradación y el consecuente deterioro de la manguera. Algunos métodos para prevenir el enmohecimiento son los siguientes:

- Después del incendio remueva todas las mangueras mojadas del camión y sustitúyalas por unas secas.
- Si las mangueras no han sido desmontadas del vehículo durante un período de treinta días, las mismas se deberán remover del vehículo. Deben ser inspeccionadas, humedecidas, y montadas nuevamente.
- Algunas mangueras han sido químicamente tratadas para protegerlas contra el enmohecimiento, pero tal tratamiento no siempre resulta 100 por ciento efectivo. Independientemente de esto las mangueras deberán ser puestas en uso cada treinta días y se deberá circular agua a través de ella cada noventa días para evitar resecamiento y grietas en su cubierta interior.

CONTACTO CON PRODUCTOS QUIMICOS

Los químicos y los vapores químicos dañan la cubierta interior y frecuentemente propician la separación entre la cubierta interior y la exterior. Cuando las mangueras son expuestas a derivados del petróleo, pínturas, ácido o alcalinos, las mismas se pueden deteriorar e incluso propiciar su rompimiento (Figura 10.2). Después de haber estado expuestas a productos o a vapores químicos, se deben limpiar las mangueras tan pronto como sea posible. Algunas de las prácticas más recomendables incluyen las siguientes:

- Cepille y lave completamente cualquier señal de contacto con ácido, con una solución de bicarbonato de soda y agua. La soda neutralizará los ácidos.

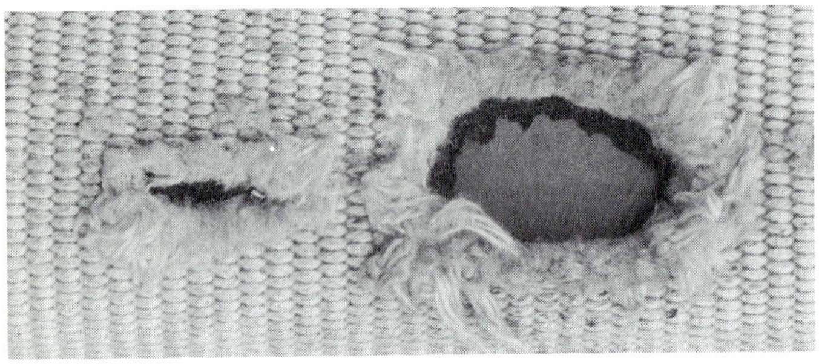

Figura 10.2 Las sustancias químicas dañan la chaqueta exterior y a la sección de goma.

- Tome precauciones contra derrames de gasolina cuando esté llenando el tanque de combustible, ya que las mangueras pudieran ser impregnadas en caso de encontrarse en los alrededores.
- Remueva las mangueras de los vehículos periódicamente, lávelas con agua abundante y séquelas completamente.
- Si existe algún indicio sobre un posible daño, la manguera deberá ser inspeccionada y probada.
- Evite el colocar las mangueras en área de reparación de vehículos, debido a que los vehículos estacionados derraman aceite de sus componentes mecánicos y ácido de la batería.
- El agua que proviene del incendio, puede arrastrar con ella cierto tipo de materiales o sustancias que puedan resultar dañinas para las mangueras.

LAVADO, SECADO Y ALMACENAMIENTO

La importancia de contar con una manguera contra incendio confiable, no es siempre bien ponderada y por lo general aquellas mangueraas que han sido descuidadas son las que fallarán en el momento que más se necesiten. El proceso de reemplazar una sección de manguera defectuosa durante las labores de combate de incendio resulta una pérdida de tiempo que puede significar que el incendio tome grandes proporciones y quede fuera de control. Por lo demás una manguera poco confiable puede resultar responsable de las lesiones que puedan sufrir los bomberos y otras personas. Las técnicas de lavado, secado y las condiciones de almacenamiento de las mangueras son unas de las funciones más importantes dentro de un programa de cuido y mantenimiento de mangueras.

Luego de utilizar una manguera en labores de combate incendio, es necesario retirarle la acumulación de polvo y sucio. Si el sucio no puede ser removido con cepillo, se deberá lavar la manguera con agua limpia. Cuando las mangueras han estado expuestas al aceite, deben ser lavadas con jabón o detergentes, asegurándose de que el aceite sea completamente removido. La manguera deberá entonces ser debidamente escurrida. Si no se dispone de una máquina lavadora del tipo comercial, se pueden utilizar los cepillos y escobas comunes, conjuntamente con un chorro de agua proveniente de una línea de manguera con un pitón. En la Figura 10.3 se muestra una lavadora que puede lavar casi todos los tamaños de mangueras, hasta 77 mm (3 pulgadas) de diámetro. El flujo de agua dentro de esta máquina puede ser ajustado a conveniencia y el movimiento del agua ayuda a impulsar la manguera a través de la máquina. La línea de manguera que suministra el agua a la lavadora puede venir conectada al camión cisterna o directamente de un hidrante. Resultará obvio que a mayor presión se obtendrán mejores resultados.

En la Figura 10.4 se muestra una máquina del tipo gabinete que lava, escurre y drena las mangueras de incendio. Este tipo de lavadoras puede ser operada por una persona, es auto propulsada y puede usarse con o sin detergentes. La lavadora es un artefacto de gran utilidad en las labores de mantenimiento y cuido de las mangueras. Su costo se justifica al compararlo con el

Figura 10.3 Esta máquina lavadora tipo Jet desplaza la manguera a medida que la va limpiando.

Figura 10.4 Esta máquina lavadora de manguera, restrega la manguera con cepillos, la enjuaga, la drena y la enrolla.

valor actual de las mangueras de incendio. Las máquinas lavadoras, sin embargo, no limpiarán suficientemente las conexiones y acoples cuando se hayan introducido en sus ranuras ciertos residuos de materiales. En estos casos es conveniente sumergirla en un recipiente de agua tibia con jabón y removerla de un lado a otro hasta que se limpien las ranuras (Figura 10.5). La conexión macho deberá limpiarse con cepillo de consistencia adecuada y si las ranuras se encuentran impregnadas de asfalto, alquitrán u otro tipo de material, podría resultar necesario utilizar un cepillo de alambres.

Una vez que las mangueras han sido limpiadas, se debe proceder a colgarlas en una torre para mangueras para facilitar su secado o tal vez colgarlas en una rampa inclinada o en un estante tipo gabinete (Figura 10.6). Por lo general, cuando

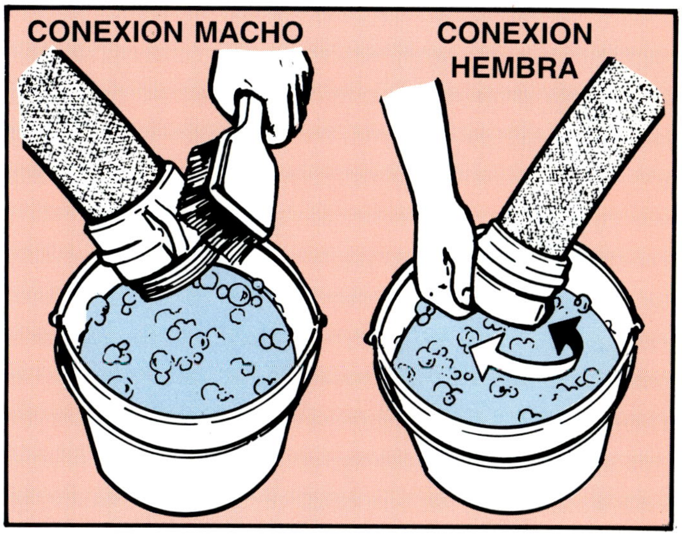

Figura 10.5 Se utiliza un cepillo para limplar las roscas de la conexión macho mientras que en la conexión hembra se gira el anillo móvil en agua jabonosa.

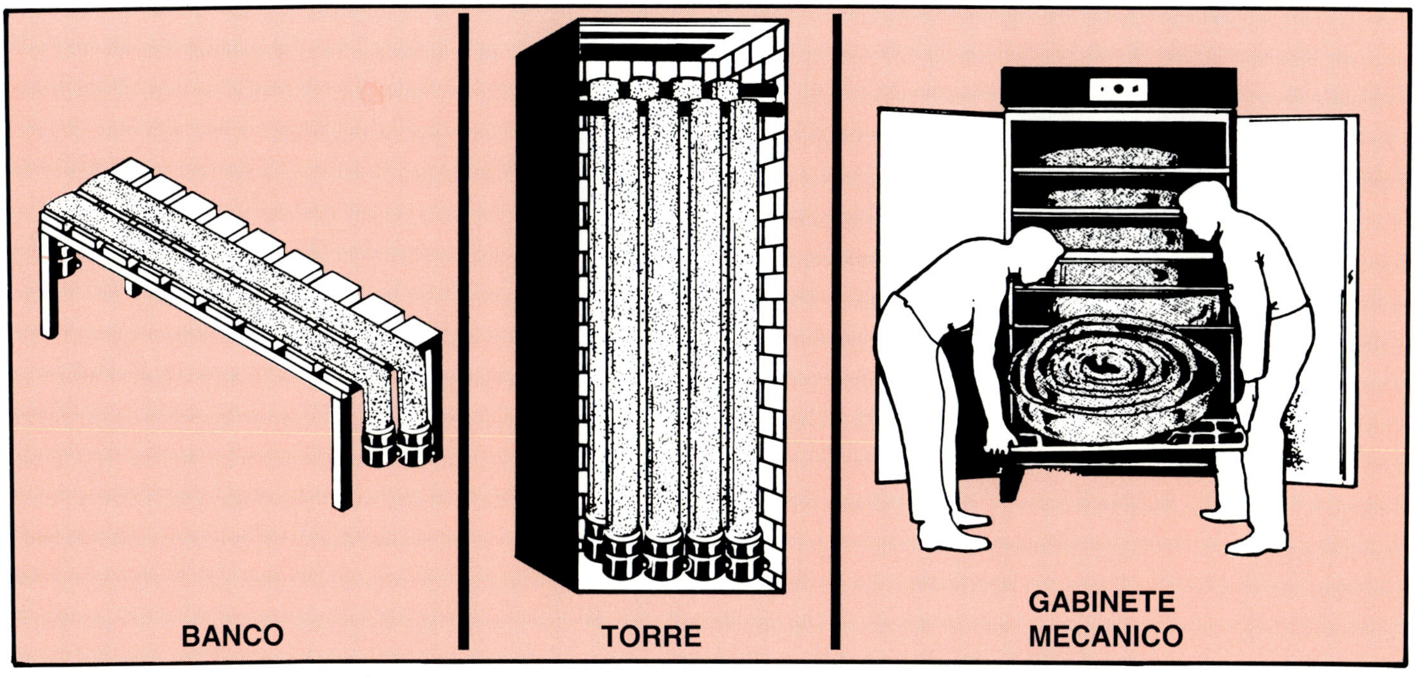

Figura 10.6 Después de la limpieza las mangueras se ponen a secar en bancos, torres o secadores mecánicos.

se dispone de torre de mangueras, éstas han sido construidas como parte del cuartel de bomberos. En la mayoría de las instalaciones bomberiles las torres para secado han resultado altamente exitosas. Sin embargo, es importante asegurarse que la torre esté suficientemente ventilada y que no se permita la exposición directa de las mangueras a la acción de los rayos del sol o altas temperaturas.

Algunos consideran que resulta conveniente que la sección interior de caucho de la manguera se mantenga húmeda mientras se encuentran almacenadas, bien sea en estantes o en los vehículos contra incendio. Debido a que las torres para secado facilitan el drenaje y el continuo secado de la sección interior de caucho, resulta conveniente el humedecer el tubo interior una vez que la cubierta exterior se ha secado.

Las banquetas especiales destinadas al secado de mangueras pueden ser construidas en madera o de acero con tablillas de madera. Estas banquetas son muy adaptables para grandes espacios interiores libres de ventanas. Las aberturas permitirán que los rayos del sol se proyecten sobre las mangueras extendidas. Cada sección de secado debería tener un largo aproximado de 16 metros (52 pies) y un espaciamiento general de 18 metros (60 pies) a fin de contar con suficiente espacio en los extremos para las actividades que se deben realizar.

Otra alternativa la constituye la posibilidad de adquirir gabinetes mecánicos para secado, o bien construidos en la propia institución. A estos construidos en la institución se les deberá proveer con ventiladores a fin de forzar la circulación de aire dentro del área de secado. La mayoría de los gabinetes mecánicos están equipados con termostatos y ventiladores para el control de la temperatura y la circulación del aire seco. Cuando sea posible, se recomienda hacer las previsiones para lograr que la extracción del aire se haga directamente al exterior. Debido a que los tramos sobre los cuales se colocan las mangueras son removibles, se pueden arreglar las mangueras de tal manera que se obtenga un secado completo.

Después que las mangueras han sido cepilladas, lavadas, secadas y enrolladas, las mismas deberán ser almacenadas en estantes, adecuados. Estos estantes deben estar en la estación de bomberos, preferiblemente en la planta de ubicación de los vehículos, para mayor facilidad y accesibilidad. Aun cuando estos estantes también pueden ser adquiridos en el mercado, muchos Cuerpos de Bomberos han construido muy buenos estantes para el almacenamiento de mangueras. Algunas estaciones poseen un salón para el almacenamiento de mangueras, con estantes construidos a lo largo de la pared. Algunos estantes son construidos en madera mientras otros son hechos de metal o tubos (Figura 10.7).

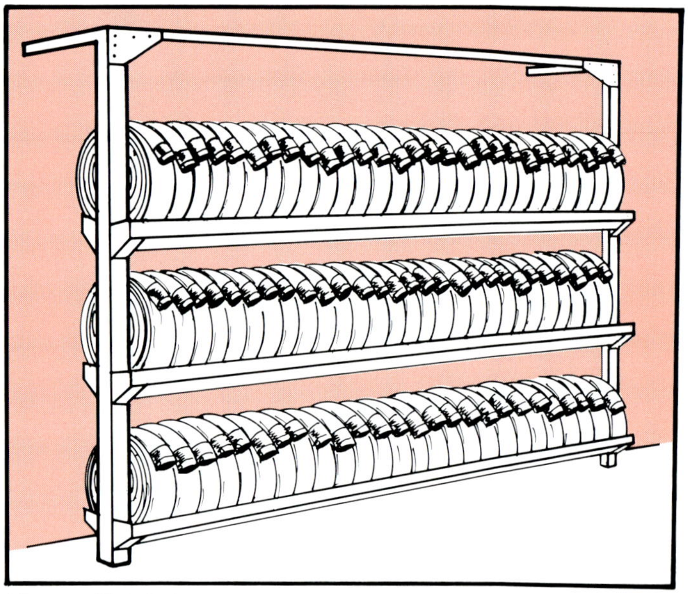

Figura 10.7 Debe contarse con estantes de almacenamiento adecuados y de fácil acceso para guardar las mangueras limpias.

ACOPLES Y OTROS DISPOSITIVOS

Desde los primeros momentos en que se usaban las mangueras de cuero y lona para llevar el agua a los incendios, se hacía necesario cierto tipo de dispositivos de unión. La historia de las primeras aplicaciones de estos dispositivos revela que las conexiones fueron inclusive hechas de metal. En la actualidad los acoples para las mangueras de incendio son hechos de materiales duraderos y diseñados de tal manera que resulta posible el conectar y desconectar mangueras en poco tiempo y sin mayor esfuerzo. Los materiales para los acoples son generalmente aleaciones de bronce, aluminio o magnesio en porcentajes variables. Estos materiales ofrecen por si mismo la posibilidad de utilizar el método de fijar las conexiones a las mangueras sin peligro de corrosión. Gran parte de la eficiencia en el trabajo con mangueras contra incendio, dependerá de las condiciones y el mantenimiento que se les dé a los acoples. Por lo tanto, los bomberos deben tener claro conocimiento de los acoples con los cuales ellos trabajan cotidianamente.

Tipos de Acoples para Mangueras

Existen diversos tipos de acoples para el uso en los servicios de bomberos, algunos de los cuales son mostradas en las ilustraciones presentadas a continuación. La parte de la manguera a la cual se acopla la manguera puede ser conocida por diferentes nombres. Algunos de los términos que la identifican son: cáscara, concha y canilla. En función de una mayor claridad y consistencia en la descripción de esta parte, en el manual lo llamaremos la conexión.

Las tres piezas consisten en una conexión macho, una conexión hembra y un torniquete. Una buena manera de identificar las conexiones hembra y macho al momento de hacer la conexión es recordar que el macho viene equipado con una pértiga mientras que por lo general la hembra no la lleva. La estructura física de las conexiones es muy diversa y la misma pudiera tener ciertas variaciones. Los materiales más comúnmente utilizados son el bronce, aleaciones de aluminio y aleciones de aluminio con cubiertas y capas para endurecimiento. Cada uno de los materiales puede ser incorporado a las conexiones por métodos distintos. Las conexiones de material fundido son probablemente los más débiles y presentan menos resistencia a las fuerzas internas o externas y a los usos indebidos. Las conexiones fabricadas por extrusión son de alguna manera un poco más fuertes que las fundidas y tienen una alta resistencia a las fuerzas. Las conexiones hechas por fraguado son más fuertes y preferidas por las resistencia en comparación con las fundidas o las de extrusión. La parte que sobresale por extrusión se llama torniquete protector (Figura 10.8). De esta forma, este torniquete o protuberancia golpeará primero el piso, en momentos de caída de la conexión, o cuando la misma es arrastrada desde los vehículos.

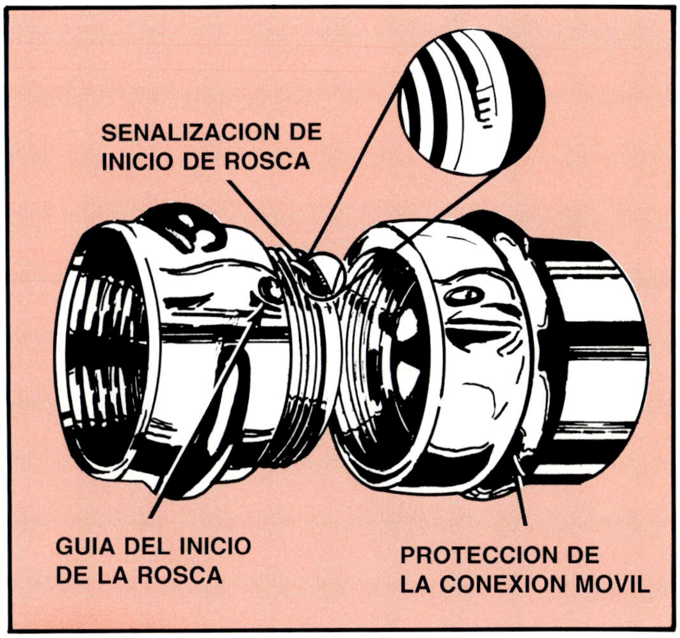

Figura 10.8 Acoples con protectores de la conexión movil, indicador de inicio de rosca y guía de indicador de inicio de rosca.

Un aspecto adicional con que cuentan las conexiones con rosca es que cuentan con una guía para señalización del acople y marca para señalizar o identificar la guía. La se guía encuentra colocada en la rosca como se muestra en la Figura 10.8. La marca para señalizar la guía es sencillamente un pequeño saliente o un punto colocado en el borde que permite identificar bien sea con el tacto o a la vista la localización exacta' de la guía cuando la ranura del torniquete de la hembra esta en línea con la ranura de la conexión, entonces las roscas estarán listas para ser conectadas.

Los materiales para ser usados en las conexiones deben ser considerados en base a los usos que tengan estimados en cada Cuerpo de Bomberos. Las conexiones de bronce fundido pudieran estar sujetas a deformaciones permanentes como consecuencia de su limitada dureza. Las conexiones hechas por el método de extrusión del bronce, pueden sin embargo verse menos afectadas por el proceso de expansión. En el caso de las conexiones hechas en base a aleaciones de aluminio, con revestimiento resistente, resultan muy beneficiosas y mucho más fuertes que las conexiones a base de bronce con extrusión, con un peso de aproximadamente la mitad si comparamos ambas conexiones. El revestimiento que se le coloca protege la conexión contra la corrosión y la electrolisis, las cuales son muy comunes en aleaciones de aluminio. Otro aspecto de singular importancia es el hecho de que luego de mucho uso no se presentan un alargamiento excesivo de la conexión. El intercambio de conexiones a base de bonce y aluminio resulta inconveniente debido al cambio de electrolisis que pudiera producirse con el tiempo, así propiciando la consecuente corrosión de la conexión.

Las conexiones de reducción de tres y cinco piezas mostradas en la Figura 10.9 se usan para acoplar mangueras mayores a 65 mm (2½ pulgadas) y permite reducir la conexión, bien sea en sí misma o por una conexión distinta de manera que pueda utilizarse la rosca normalizada de 65 mm (2½ pulgadas)). Estas conexiones tienen muy poca influencia en las pérdidas por fricciones debido al efecto del chorro en los acoples. Las conexiones de reducción pueden ser usados en aquellos casos donde se acoplan mangueras de 77 mm (3 pulgadas) ó más, conjuntamente con conexiones de 65 mm (2½ pulgadas).

Otro método de conexiones incluye la conexión de cierre automático y la conexión del cuarto de vuelta. La conexión de cierre automático posee un

Figura 10.9 Ejemplo de acoples reductores de 3 piezas y de 5 piezas.

gancho o agarradera en la conexión hembra. La conexión se puede desacoplar desenganchando las agarraderas. La conexión del cuarto de vuelta tiene dos ganchos en cada conexión. Las conexiones se acoplan al hacer un giro de un cuarto de vuelta, lo cual permite que los mismos se interconecten. Ambos tipos permiten una rápida conexión y desconexión, pero no presentan la ventaja de que puedan ser utilizados con otro tipo de conexión usado en el servicio de bomberos. En la Figura 10.10 se ilustran ambas conexiones.

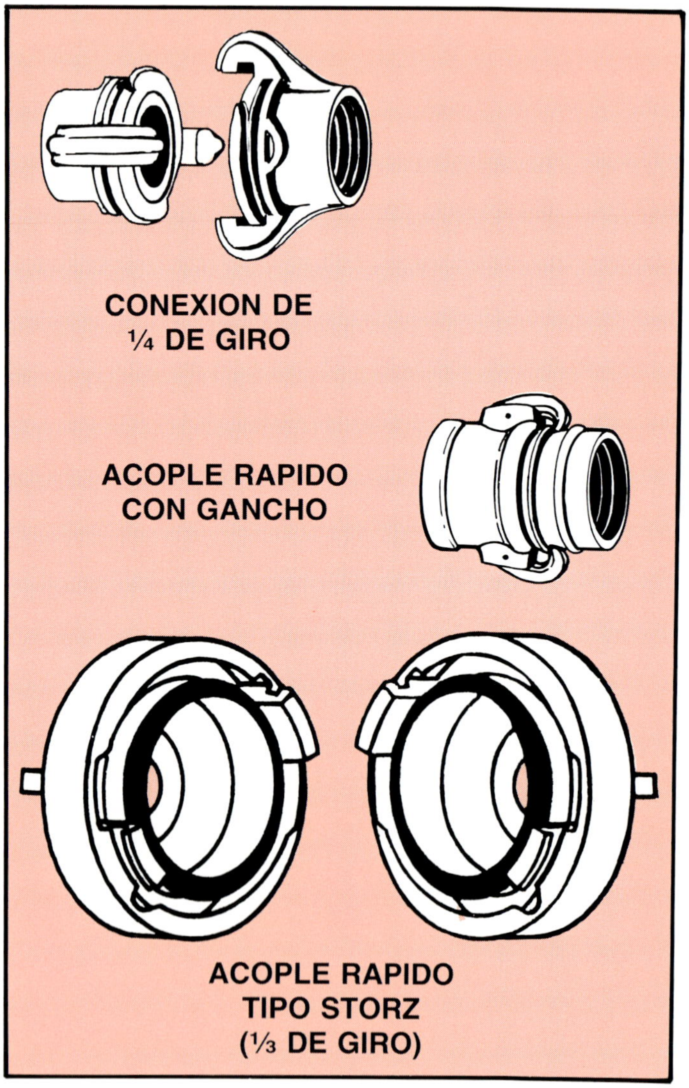

Figura 10.10 Las conexiones de acople rápido pueden ser de gancho, un cuarto de giro y un tercio de giro.

Las conexiones utilizadas para los distintos tamaños de mangueras de succión o aspiración están equipadas con ganchos extendidos, lo cual facilita las labores de acople de estas mangueras a un hidrante o a la succión de la bomba. Por lo general se utiliza una conexión de tres piezas para las mangueras de succión, tal como se muestra en la Figura 10.11.

Figura 10.11 Conexión de tres piezas con pestañas grandes para mangueras de admisión.

Los ganchos dispuestos en las conexiones tiene como propósito el permitir un mayor agarre al utilizar las llaves para mangueras de hidrante y facilitar, apretar o aflojar las conexiones. Muchas de las mangueras que se encuentran en el mercado en la actualidad vienen equipadas con ciertos ganchos más sofisticados y de menos tamaño que permiten un deslizamiento más fácil de las conexiones cuando son trasladadas o movidas por el suelo ó alrededor de objetos. Las conexiones pueden adquirirse bien sea con dos o tres ganchos. El diseño con dos ganchos ofrece una menor área que pudiera proyectarse y atrapar o tropezar objetos, y la diseñada con tres ganchos hace más fácil de agarrar con una llave de manguera para los trabajos de desacople de las conexiones. Ambas proveen por igual un servicio que puede considerarse satisfactorio. Dentro de los diversos tipos de ganchos usados en las conexiones tenemos el rocker de entrada y clavija. Los tres tipos se muestran en la Figura 10.12. El rocker es en la actualidad el más utilizado debido a las mejoras que se han realizado al modelo.

Cuido y Mantenimiento de las Conexiones de Mangueras

Resulta controversial definir cuál de las conexiones estará más sujeta a daño, el macho o la hembra. La rosca hembra no está expuesta pero

Figura 10.12 Hay tres tipos de pestañas utilizadas en las conexiones para obtener un buen agarre con llaves de palanca.

la conexión giratoria está sujeta a deformación y daño. Cuando las partes hembra y macho están conectadas, existe menos posibilidad de daño de cualquiera de ellas. Difícilmente las partes pueden ser dañadas por caídas o arrastre. Es por eso que los extremos desconectados requieren de mayor protección. Las conexiones pudieran ser dobladas o deformadas cuando por sobre ellos pasan vehículos muy pesados, razón por la cual se debe prohibir que los vehículos transiten sobre las mangueras de incendio. Algunas reglas muy simples a considerar en el cuidado de los acoples son las siguientes:

- Evite el dejar caer y/o arrastrar las conexiones.
- No permita que los vehículos pasen por sobre las mangueras.

- Examine las conexiones después que se haya procedido al lavado y secado de las mangueras.
- Remoje la empacadura y la conexión giratoria en solución de agua tibia con jabón.
- Limpie las roscas de todo sucio, barro, arena y aceite.
- Inspeccione la empacadura y sustitúyala si hay evidencia de rotura o daño.

Existen dos tipos de empacaduras que se usan en las conexiones de las mangueras de incendio. La empacadura de la conexión giratoria de la manguera de incendio se utiliza para hacer el acople lo más ajustada posible cuando se interconecten las conexiones hembra y macho. La empacadura del anillo de expansión de la manguera de incendio se usa al final de la manguera, donde es expandida dentro de la conexión. Estas dos empacaduras no son intercambiables: la diferencia entre ellas radica en su espesor: Una comparación entre estas dos empacaduras revela que la empacadura de la conexión giratoria es relativamente más ancha en su estructura y con un diámetro exterior mayor que el de la empacadura del anillo expandido. El diámetro interior de ambas empacaduras puede resultar igual. La empacadura del aro expandido tiene un diámetro exterior más pequeño, pero es más gruesa en conjunto y no puede ser utilizada como una empacadura de conexión giratoria. La empacadura de la conexión giratoria puede ser ocasionalmente removida de la conexión e inspeccionada por posible grietas, fracturas ó pérdida de elasticidad. La inspección de la empacadura puede ser hecha simplemente sujetando la empacadura entre los dedos índice y pulgar tal como se muestra en la Figura 10.13. Con este método generalmente es posible evidenciar cualquier tipo de defecto. También, demuestra la habilidad o no de que la empacadura pueda regresar a su forma normal. Un método para sujetar la empacadura que va a ser colocada en la conexión giratoria es el mantenerla entre el dedo pulgar y el dedo medio, con el dedo índice presionando el lado interior de la empacadura (Figura 10.14). A continuación, mantenga el lado externo de la empacadura levantada, presionando con el dedo índice; luego colóquela dentro de la conexión giratoria permitiendo que el lazo más largo entre a la conexión en el lugar provisto para la empacadura. Para facilitar que el lazo más pequeño entre en su lugar, sólo debe aflojar la empacadura (Figura 10.15). Si la conexión giratoria se ha tornado áspero ó rígido, colóquelo en un recipiente con agua tibia y jabón y agítelo dentro de la solución.

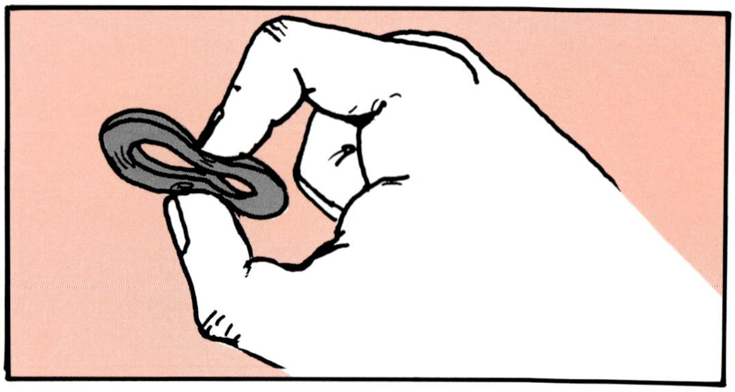

Figura 10.13 La condición de una empacadura puede observarse al comprimirla.

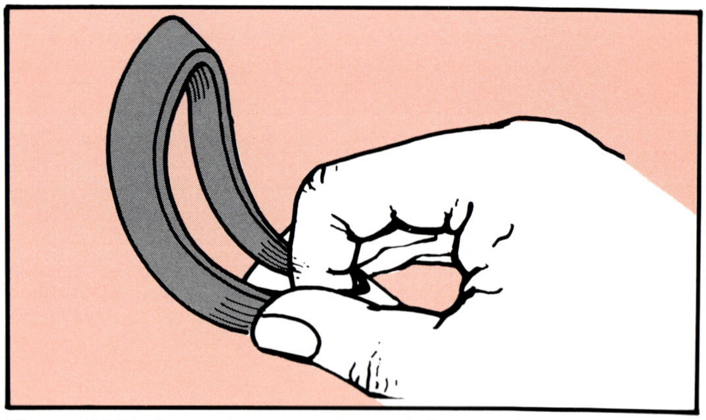

Figura 10.14 Agarre la empacadura y hale con el dedo índice para doblar hacia arriba la parte exterior de la misma.

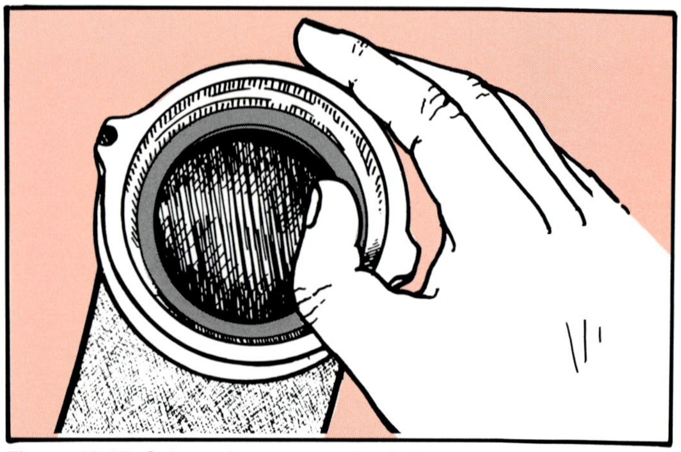

Figura 10.15 Coloque la parte exterior de la empacadura dentro de la conexión móvil y luego suéltela para que la parte interior caiga a su posición.

Cuando una conexión ha sido severamente deformada la solución más común es reemplazarla. Sin embargo hay casos en los cuales la deformación no es tan severa y se puede, con el uso de ciertas herramientas, darles su forma original. Tal vez el golpear la conexión con un pequeño martillo podrá ser de utilidad en aquellos casos de leve expansión. Una vez que la conexión ha sido alineada las roscas deberán ser repasadas con un instrumento especial de hacer roscas. Las roscas en algunos casos pueden ser reparadas utilizando una pequeña lima de tres lados.

Dispositivos y Herramientas para Mangueras

El conjunto de una manguera para el combate de incendio deben estar conformada por una serie de dispositivos donde un extremo de la manguera se conecta a una fuente de suministro de agua y en el otro extremo se le conecta un pitón o cualquier otro dispositivo de descarga. Existen implementos distintos a las conexiones y los pitones, que son usuados conjuntamente con las mangueras de incendio, a fin de completar la descripción antes dada. Estos implementos son agrupados dentro de una categoría llamada dispositivos o accesorios tales como conexiones o adaptadores. Aquellos dispositivos que son usados en el trabajo con las mangueras, pero que a través de los cuales no circula agua, son conocidos como herramientas. El processo de manipular las mangueras de incendios en la escena del incendio involucra el uso de una gran variedad de herramientas de mano tales como llaves de empalme, rampas, cuerdas, correas y otros. En prácticamente todo el proceso de manipulación de mangueras, tanto las herramientas como los artefactos son utilizadas a fin de completar con éxito todos los procedimientos.

ARTEFACTOS EN FORMA DE Y

En ciertas ocasiones se hace necesario el dividir una línea de manguera en dos ó más líneas. Para este propósito se usan diversos tipos de conexiones en forma de Y. Las Y de 65 mm (2½ pulgadas) a 38 mm (1½ pulgadas) se usan para la conexión directa de una línea de 65 mm (2½ pulgadas) que suplirá a líneas de mangueras de 38 mm (1½ pulgadas). (Figura 10.16). La de 65 mm (2½ pulgadas) se usan para dividir una línea de 65 mm (2½ pulgadas) tal como se muestra en la Figura 10.17. Los artefactos en forma de Y generalmente cuentan con una compuerta de manera tal que el agua que alimenta a las líneas de mangueras puedan ser controladas en esa compuerta.

DISPOSITIVO PARA DIVERSIFICACION DE TOMAS DE AGUA

El dispositivo para la diversificación de tomas de agua es una variación del adaptador tipo Y. Es regularmente fabricada con una válvula de compuerta de un cuarto de giro para salidas de 38 mm (1½ pulgadas). Las salidas de descarga de 65 mm (2½ pulgadas) también pueden ir provistas de una válvula de compuerta de un cuarto de giro. El dis-

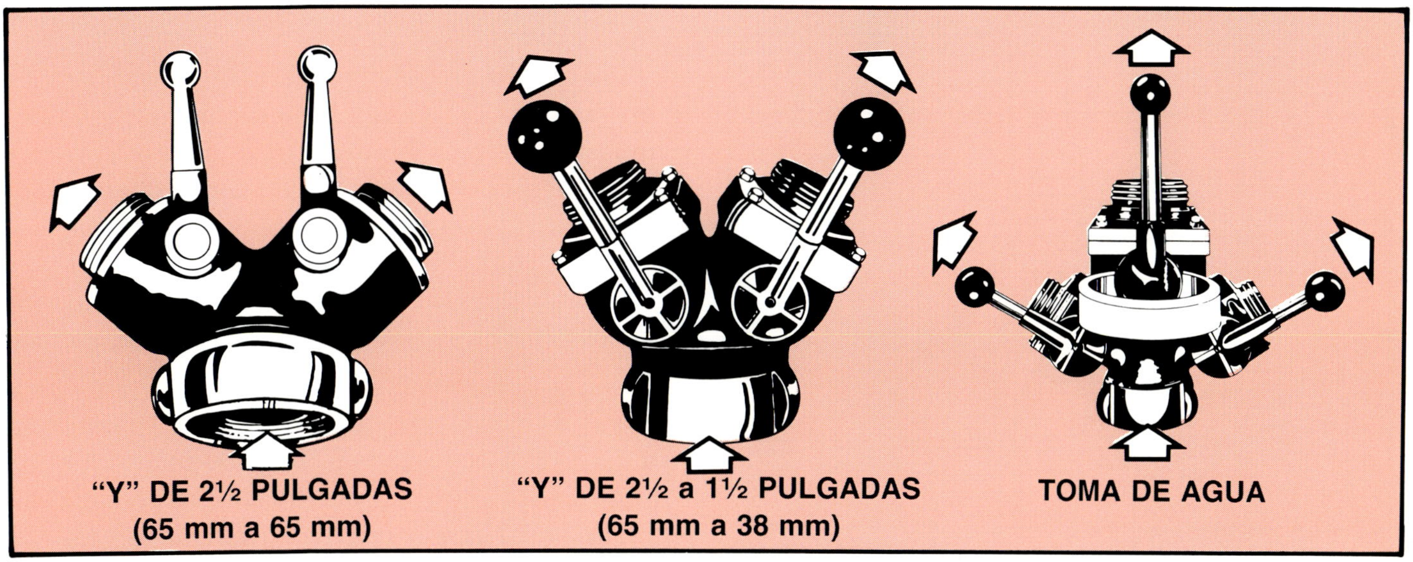

Figura 10.16 Una línea se divide en dos con una "Y" y en tres con una toma de agua.

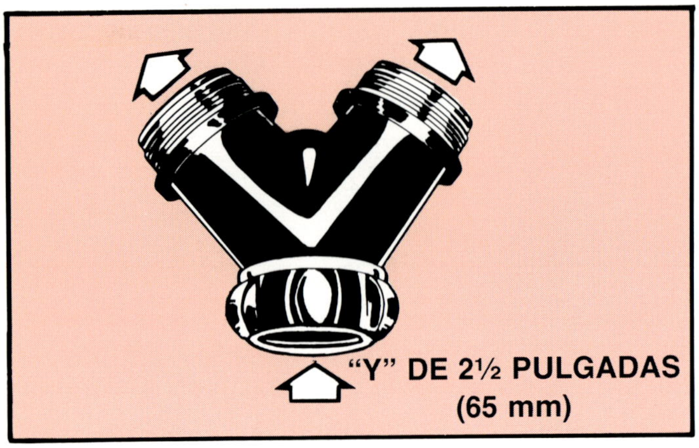

Figura 10.17 Esta "Y" recta sin válvula puede ser usada para sacar dos línea de 2½ pulgadas (65 mm) de una línea de 3 pulgadas (76 mm).

positivo de toma de agua está diseñado para ser usado en línea de mangueras de 65 mm (2½ pulgadas) ó mayores, generalmente cerca del pitón, de manera tal que las líneas de mangueras de 65 mm (2½ pulgadas) y 38 mm (1½ pulgadas) puedan ser usadas desde una misma posición de suministro (Figura 10.16). El diversificador de tomas de agua puede ser obtenido para mangueras de 38 mm (1½ pulgadas).

SIAMESAS

Los adaptadores en forma de Y y las siamesas generalmente son confundidos debido a su gran similitud. La disposición de líneas de mangueras siamesas consiste básicamente en dos o más líneas de mangueras que son llevadas a una sola línea o dispositivo. Se puede observar que el adaptador siamés, tal como se muestra en la Figura 10.18, tiene dos conexiones hembra y una conexión macho, mientras que el adaptador en forma de Y tiene una conexión hembra y dos machos. Todos los adaptadores siameses pueden ser adquiridos con o sin válvulas aun cuando es recomendable el requerirlos con válvula. Las siameses de 65 mm (2½ pulgadas) o mayores generalmente vienen equipadas con válvulas a fin de que se puedan utilizar una o más líneas de manguera, tal como dos líneas en una bomba (Figura 10.19). El arreglo en forma de diluvio o adaptador universal frecuentemente utiliza una siamesa para hacer converger diversas líneas de mangueras dentro de un chorro maestro.

Figura 10.18 La conexión siamesa recta tiene dos conexiones hembras y una conexión macho.

Figura 10.19 La conexión siamesa con válvula de selección permite utilizar la primera línea antes de que la segunda sea conectada.

DISPOSITIVOS ESPECIALES

Algunos de los dispositivos especiales que se utilizan para el desplazamiento de mangueras se muestran en la Figura 10.20. Los adaptadores doble hembra y doble macho son probablemente más utilizados que cualquier otro dispositivo especial. Estos dos dispositivos pueden ser adquiridos, o pueden ser fabricados al soldar conjuntamente viejos acoples de manguera de la misma medida.

Los reductores van desde 38 mm (1½ pulgada) hasta 25 mm (1 pulgada), 65 mm (2½ pulgadas) a 38 mm (1½ pulgadas), 115-160 mm (4 a 6 pulgadas) a 65 mm (2½ pulgadas). Los reductores y conexiones doble hembra para succión son generalmente preferidas con largas pértigas extendidas.

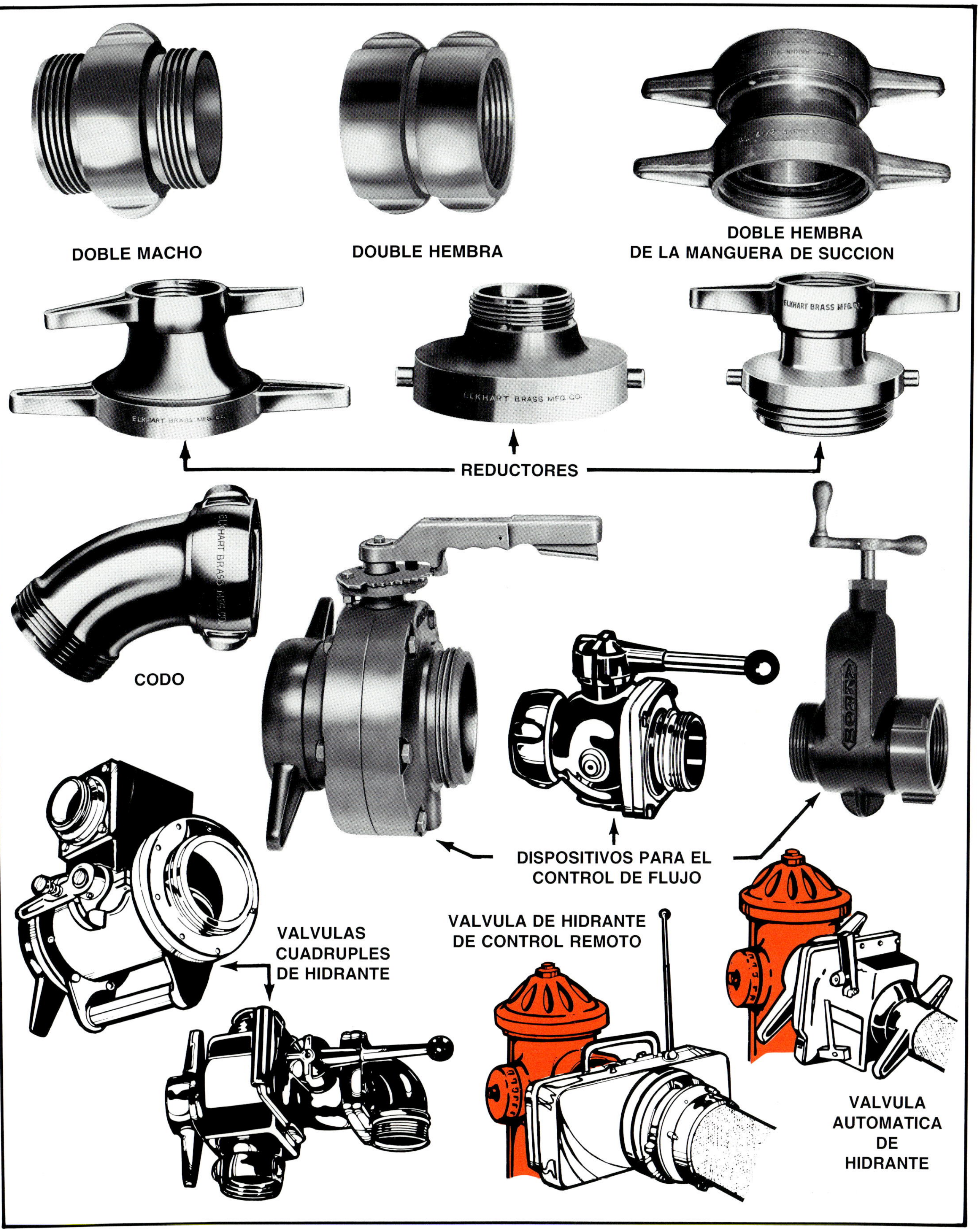

Figura 10.20 Varios dispositivos de mangueras utilizados sobre las bombas. *Cortesía de Akron Brass y Elkhart Brass.*

De la misma forma, los codos de descarga son dispositivos que pueden ser usados en las conexiones de la bomba.

La tapa de la manguera puede ser ajustable a la conexión macho para tapar una línea de manguera o la salida de la bomba. El tapón de manguera puede ser ajustado a la conexión hembra para cerrar la succión auxiliar de la bomba o para cerrar la conexión hembra de la línea de manguera.

DISPOSITIVOS PARA EL CONTROL DE FLUJO

El flujo de agua es controlado por diversos dispositivos en la línea de la manguera en los hidrantes y en las bombas. Esto no incluye válvulas de bola, válvulas de compuertas, válvulas de hidrantes de cuatro vías, y válvulas mariposa. Generalmente se utilizan las válvulas de bola en la línea de manguera, las válvulas de compuertas y las válvulas de hidrante de cuatro vías son utilizadas para controlar el flujo desde un hidrante y las válvulas mariposas son usadas en las descarga de la bomba. Las válvulas de bola están abiertas cuando la manivela se encuentra alineada con la línea de manguera, y cerrada cuando se encuentra en el ángulo recto con la manguera. La válvula de compuerta tiene una compuerta que se mueve hacia arriba y hacia abajo debido a un arreglo conjunto de manivela y tornillo. Las válvulas de hidrantes de cuatro vías son descritas en la sección de tendido de mangueras. Una válvula mariposa usa una compuerta plana operada por el movimiento de la manivela. La compuerta está en el centro del curso del agua cuando la válvula está abierta. Existen también disponibles válvula y operadores mecánicos y a control remotos, los cuales permiten controlar el flujo del agua desde un hidrante a la línea de suministro.

GUIAS DE DESPLAZAMIENTO DE MANGUERAS

Las guías de desplazamiento de mangueras son dispositivos sobre los cuales se pueden hacer circular cuerdas o mangueras para ayudar en ascenso o descenso de equipos cuando se realizan operaciones de combate de incendio realizadas en edificaciones o en instalaciones ubicadas por encima del nivel del piso. El dispositivo está constituido por una estructura metálica curva, que le permite ajustarse a la forma del borde o del techo. Lleva incorporado dos pequeñas ruedas o más, sobre las cuales se puede deslizar la manguera o la cuerda. Este dispositivo reduce las posibilidades de daño a la manguera en las secciones punteagudas de la pared, de la cornisa o del techo mientras se levantan o bajan los equipos. Durante las operaciones con la manguera las guías de desplazamiento y el método para utilizarla sobre el borde del techo son mostradas en la Figura 10.21. Su uso en cornisa y bordes de ventanas es similar al descrito para los techos.

Figura 10.21 La polea de rodamiento proteje la manguera de daños producidos por los extremos puntiagudos mientras se sube o baja durante las operaciones.

HERRAMIENTAS PARA CUBRIR LAS MANGUERAS

El nombre de Camisa de Manguera ha sido aplicado para aquellas herramientas que se utilizan para cubrir pequeñas perforaciones o roturas que se presentan en las mangueras o para acoplar conexiones deterioradas del mismo tamaño. Aun cuando a través de este dispositivo puede desplazar el agua, se le considera más como una herramienta que como un dispositivo. El método para conectar dos acoples que presenten fisuras se ilustra en la Figura 10.22 y 10.23. Con la herramienta abierta, coloque la parte inferior debajo de la manguera y la conexión, luego coloque la otra mitad en posición pero no la enganche. Se engancha con presión fuerte del pie. La Camisa de Manguera está equipada con una sección flexible y sellante que se adapta alrededor de la manguera. Debe tenerse especial cuidado en colocar la manguera de tal manera que no interfiera con el cierre de la herramienta. Tan pronto se aqplica presión en la línea, el sello de goma se adhiere alrededor de la manguera y ajusta herméticamente la junta.

Figura 10.22 Coloque la conexión o manguera rota en el fondo de la cama de manguera.

HERRAMIENTAS DE INTERRUPCION DEL FLUJO EN MANGUERAS

Las herramientas utilizadas para interrumpir el flujo son esencialmente dispositivos diseñados para detener el paso del agua en las líneas de mangueras cuando no se dispone de válvulas de control. También se utiliza para reemplazar secciones de mangueras averiadas, para extender líneas, o para detener el flujo del agua en

Figura 10.23 Párese sobre la camisa de manguera para cerrarla.

operaciones de combate cuando no se desea cortar el suministro principal de agua. El interruptor del flujo también puede ser utilizado en los casos en que momentáneamente se deje una línea de manguera conectada a un hidrante. El usar el interruptor en un lugar cercano a la escena del incendio permite a la persona ubicada en el hidrante, operar el hidrante sin que se requiera de una señal especial del oficial al mando de las operaciones. El interruptor puede ser removido cuando se ha avanzado con las líneas secas y se necesita cargarlas con agua. El método para la aplicación del interruptor a una línea de manguera puede variar de acuerdo al tipo de interruptor utilizado. El mecanismo de cerramiento de la mayoría de los interruptores de flujo están diseñados para prevenir el desarrollo de altas presiones en la línea que pudieran causar daño al recibimiento o cuerpo de la manguera. Algunos interruptores son ajustables a diferentes tamaños de mangueras. Por lo general los tipos de interruptores son clasificados de acuerdo a los métodos bajo los cuales son operados. Estos métodos son el de presión negativa, elevación por encima del nivel, atornillamiento y presión hidráulica tal como se muestra en laFigura 10.24. Algunas reglas generales aplicables a todos los interruptores portátiles son los siguientes:

- Coloque el interruptor de flujo a menos de 6 mts. (20 pies) del parachoque del equipo móvil.
- Coloque el interruptor a una distancia no menos de 2 mts (6 pies) de una conexión en el lado del suministro.
- Colóquese a un lado cuando vaya a aplicar o retirar el interruptor.
- Coloque la manguera ccompletamente dentro del interruptoir para evitar daños. La manguera debe ser colocada completamente dentro para asegurar una total paralización del flujo de agua.
- Cierre y abra e interruptor lentamente para evitar el golpe de ariete.

LLAVES DE HIDRANTES Y MANGUERAS

El principal uso de las llaves de mangueras es el de apretar o aflojar conexiones de manguera, pero este dispositivo tan versátil puede ser utilizado para cerrar válvulas, apalancar, martillar. En la Figura 10.25 se representan diversos tipos existentes. Algunas conexiones de manguera de diseño especial requieren de llaves especiales. La llave hidrante es generalmente equipada con una abertura pentagonal en su cabeza, el cual se ajusta a la mayoría de los hidrantes normalizados. La palanca puede colocarse en la sección de agarre a la cabeza y la manilla puede ser del tipo de trinquete. La cabeza puede también ser equipada con orugas. Aunque el mazo de goma no se puede considerar un martillo, el mismo puede ser utilizado para apretar o aflojar conexiones. En oportunidades resulta sumamente difícil el lograr acoples completamente herméticos aun cuando las conexiones cuenten con largas pértigas. Un mazo de goma o de cuero similar al mostrado pudiera ser llevado en cada carro bomba para este propósito.

RAMPAS O PUENTES PARA MANGUERAS

Una de las causas más comunes de deterioro o daños de las mangueras es aquél que se refiere al cruce de vehículos. Cuando una manguera se encuentra cargada y bajo presión, el daño pudiera no ser tan significativo que cuando está vacía y sin presión. Sin embargo, las conexiones de mangueras están siempre sujetas al daño diario cuando son traspasadas por los vehículos. El vehículo no

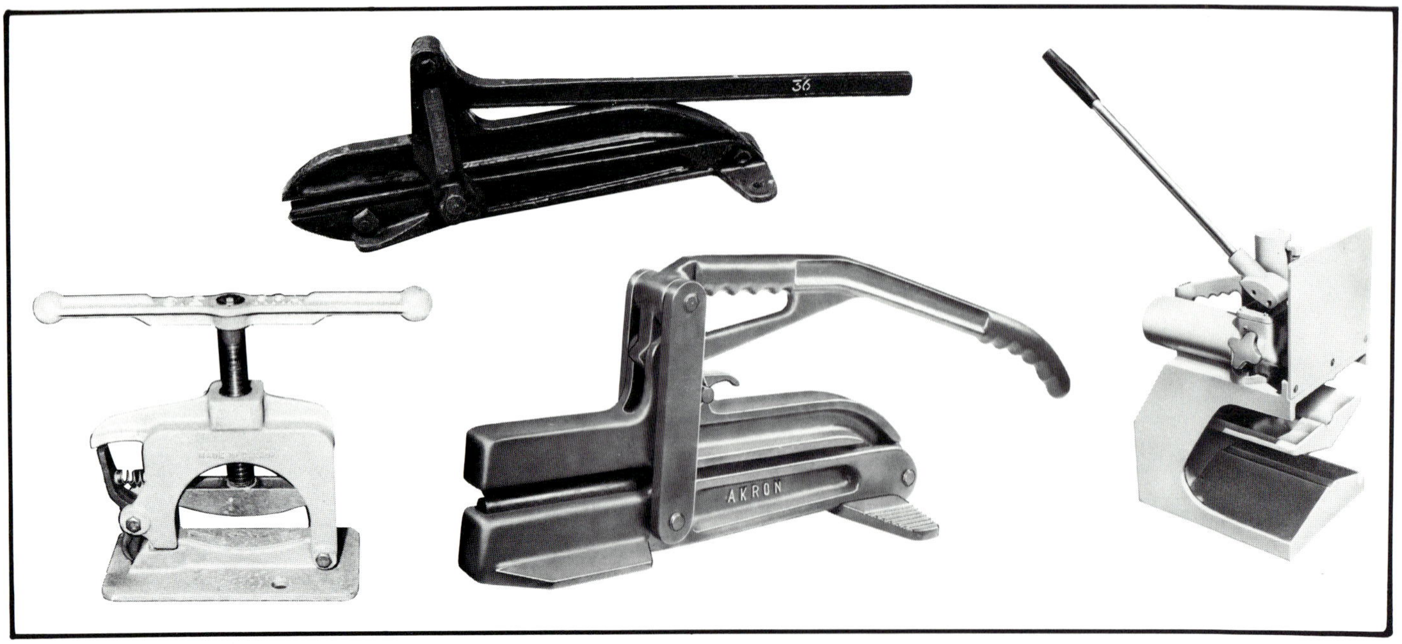

Figura 10.24 Las tenazas de mangueras se clasifican generalmente de acuerdo al método de operación.

Figura 10.25 La palanca de manguera y llave de hidrante de diferentes tipos son útiles para muchos propósitos.

sólo causará daño a la manguera, sino que el bombero que se encuentre de pitonero recibirá la reacción del corte del flujo de agua cada vez que la manguera sea pisada por una rueda. De manera que la cubierta de la manguera puede ser dañada por el pavimento cada vez que la rueda pase sobre ella. En cualquier circunstancia que se haga necesario el desplazar vehículos por encima de las líneas de mangueras, se deberán utilizar los puentes o rampas. Una de las más versátiles es aquélla fabricada a base de metal. Existen otros tipos de rampas hechas a base de madera que sirven para proporcionar una plataforma de inclinación para cada rueda.

Figura 10.26 Deben utilizarse las rampas potectoras de mangueras para evitar los daños por vehículos en tránsito.

SOPORTE ANTIVIBRATORIO

Los soportes o bloques antivibratorios son dispositivos concebidos para ser colocados donde las mangueras pueden estar sujetas a fricción o roce por vibración. Los bloques antivibratorios son particularmente útiles en el punto donde las mangueras de abastecimiento entran en contacto con el pavimento o pasan por brocales. Bajo esta condición resulta más probable el daño en mangueras de abastecimiento, debido a que las vibraciones provenientes de la operación de la bomba pueden mantener la manguera en constante movimiento. Los soportes o bloques antivibratorios pueden estar fabricados de madera, cuero o de secciones de cauchos de camiones.

CUERDAS, BANDAS Y CADENAS PARA MANGUERAS

En la actualidad se dispone de numerosas cuerdas, bandas y cadenas para mangueras, las cuales resultan de gran ayuda en la manipulación de mangueras durante una situación de incendio. Algunos de sus usos incluyen en la operación de aseguramiento, traslado y ajuste de las mangueras conjuntamente con escaleras, vías de evacuacíon y otras. En la Figura 10.27 se muestran algunos de los tipos más comunes.

ROLLO DE MANGUERAS

Rollo Recto

El rollo básico de las mangueras consiste en comenzar por un extremo, generalmente en la conexión macho, y enrollar la manguera hacia el otro extremo hasta completar el rollo. Cuando el rollo se completa, la conexión hembra queda cubierta

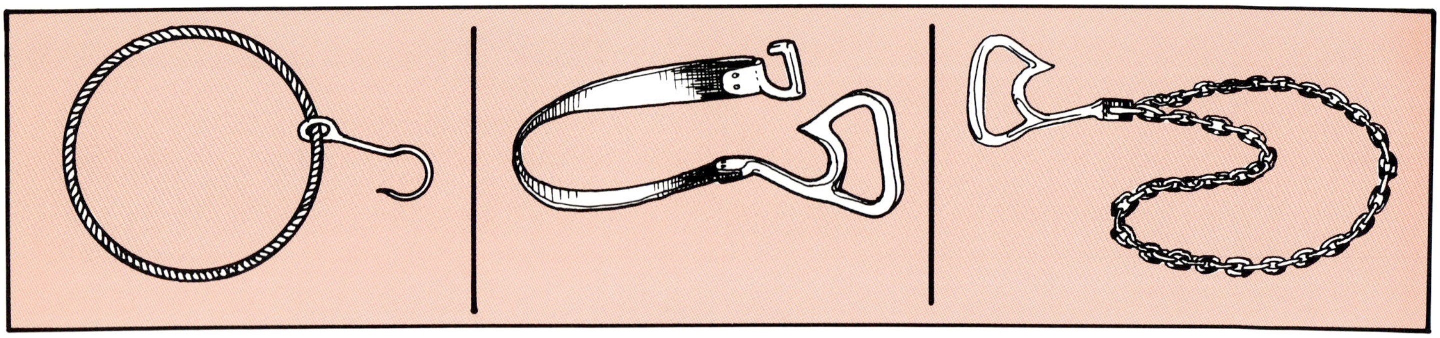

Figura 10.27 Estos son los tipos comunes de herramientas especiales para mangueras de cuerda, de correa y de cadena.

y la conexión macho protegida en el centro del rollo. Este rollo recto es comunmente utilizado antes de colocar las mangueras en depósito (Figura 10.28).

Una variación de este método es el comenzar el rollo en la conexión hembra de manera que cuando se complete el rollo, la conexión macho quede expuesta. Esto es generalmente realizado para hacer notar una conexión dañada. Generalmente se le coloca una etiqueta para señalar el tipo y ubicación de la avería.

Figura 10.28 El enrollado común comienzaq en la conexion macho y se enrrolla hacia la conexión hembra.

Rollo

El rollo "DONUT" tiene ciertas ventajas que el rollo recto no posee. Dos ventajas importantes son el de que las dos conexiones finales se encuentran a disposición en el exterior del rollo y de que la manguera es menos vulnerable a enredarse cuando es extendida. Su adaptabilidad al servicio la hace preferible en la mayoría de los casos. Cuando una sección de manguera necesita ser enrollada en la forma de rollo uno o dos bomberos pueden efectuar el trabajo, y se pueden utilizar cualquiera de los tres métodos existentes. A continuación se describen dos métodos usados para realizar el Rollo DONUT (Figuras 10.29 y 10.35).

Método N° 1

PASO 1: Extienda la sección de manguera en forma plana y en línea recta. Comience el rollo desde un punto a 2 mts. (6 pies) fuera del centro y en dirección a la conexión macho. Enrolle hacia el extremo hambra. Deje el suficiente espacio al centro del lazo para insertar las manos y trasladarlas (Figura 10.29).

Figura 10.29 Coloque el acople macho sobre la manguera y párese a una distancia aproximada de 1,80 metros (6 pies) del centro de la manguera para iniciar el enrollado de "rosquilla".

PASO 2: Casi al final del rollo, se debe colocar la conexión macho dentro del rollo a medida que la manguera se enrolla. Use una pequeña extensión de manguera cerca de la conexión hembra, para proteger la conexión macho (Figura 10.30).

PASO 3: Continúe enrollando la manguera sobre el extremo de la conexión hembra hasta que ésta quede enrollada y detrás del operador. Con el rollo en esta posición, arrodillarse alrededor del rollo con la pierna en contacto con el piso. Coloque el brazo en posición interior con respecto al rollo sobre la manguera e inserte los dedos de la mano en el centro del lazo para levantarla (Figura 10.31).

Figura 10.30 Próximo a finalizar el enrollado, el acople macho será protegido por la manguera remanente.

Figura 10.31 Finalice el enrollado hasta llegar a la conexión hembra. Para levantar: arrodíllese, coloque las manos en el pliegue central, y levante la manguera.

Método N° 2

PASO 1: Tome cualquiera de los extremos y llévelo al lado opuesto de manera que la manguera quede extendida, plana y recta (Figura 10.32).

Figura 10.32 Haga un pllegue en el medio de la manguera con ambos lados derechos y planos.

PASO 2: Teniendo las conexiones al frente y ubicado en el doblez principal a una distancia de aproximadamente 70 centímetros (2,5 pies) o 40 centímetros (1,5 pies) para mangueras de 38 mm (1½ pulgadas), comience a enrollar la sección y enrolle hasta la conexión macho (Figura 10.33).

PASO 3: Si la manguera que queda detrás del rollo se torna ajustada durante el enrollado, hale el lado de la hembra ligeramente hacia atrás una corta distancia para así aflojar la tensión (Figura 10.34).

PASO 4: Cuando el rollo esté cerca de la conexión macho, coloque el rollo sobre el piso, tome la conexión hembra y llévela alrededor de la conexión macho para completar el rollo (Figura 10.35).

Figura 10.33 Comience el enrollado en el lado correspondiente al acople macho aproximadamente a 60 cm (2½ pies) de distancia.

Figura 10.34 Cuando el rollo quede tenso, tire hacia atrás el lado de la conexión hembra.

Figura 10.35 A medida que el rollo llegue al acople macho, acuéstelo y termínelo de enrollar pasando la conexión hembra por encima del acople macho.

Rollo Doble

EL ROLLO DOBLE es más adaptable a las mangueras de 38 mm (1½ pulgadas), aunque se puede usar en mangueras de 65 mm y 77 mm (2½ y 3 pulgadas). El propósito es el de completar un rollo compacto, el cual pueda ser transportado para los casos de aplicaciones especiales. En los siguientes pasos se describen como puede realizarse el rollo doble (Figuras 10.36-10.39).

PASO 1: Coloque juntas las conexiones macho y hembra y extienda la manguera en forma recta para formar dos líneas paralelas desde el doblez hasta las conexiones (Figura 10.36).

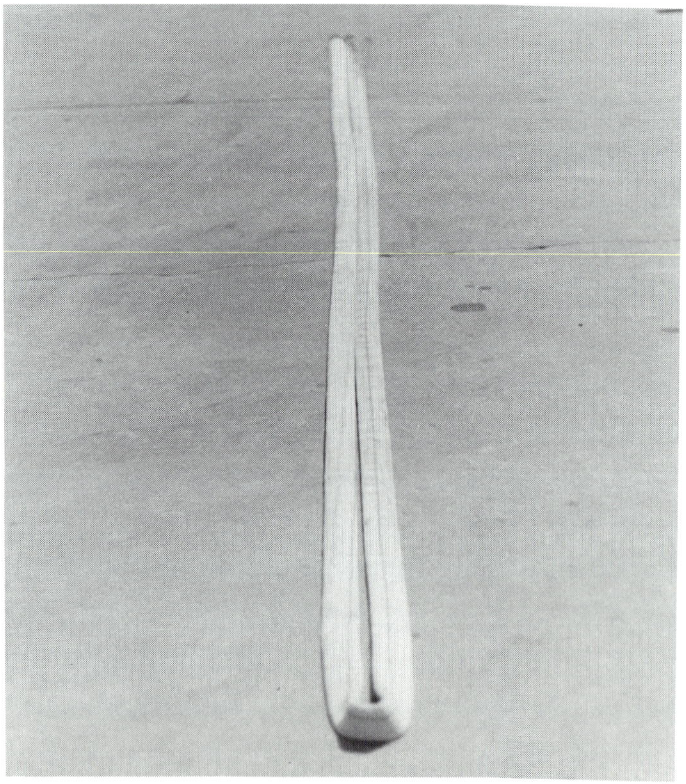

Figura 10.36 Ponga la manguera doblada en dos, en forma plana con un pliegue suave.

PASO 2: Sujetándose el doblez, tome ambas secciones simultáneamente para comenzar a enrollar (Figura 10.37).

PASO 3: Continúe enrollando ambas secciones simultáneamente hacia las conexiones, para crear un rollo gemelo de menor diámetro (Figura 10.38).

PASO 4: El rollo doble puede ser llevado en la misma manera que el rollo sencillo o tal

Figura 10.37 Doble el pliegue hacia las dos líneas paralelas para comenzar el rollo.

Figura 10.38 Enrolle las dos líneas simultáneamente hacia los acoples.

Figura 10.39 Los rollos de menor diámetro pueden ser amarrados para almacenaje y transporte.

vez se le puede colocar una pequeña pieza de cuerda o cinta atada al de manera sencilla para casos de operaciones en el área de incendio o simplemente para almacenar en el vehículo de combate (Figura 10.39).

Rollo de Cierre Automático

El rollo de Cierre Automático es un método mediante el cual la manguera de extinción puede ser enrollada en un rollo doble y asegurada con una porción de la misma. El lazo de cierre automático puede ser regulado a distintas longitudes o como lo prefieran en los requerimientos locales. Los pasos siguientes describen como hacer el rollo (Figura 10.40-10.46).

PASO 1: Coloque juntas las conexiones macho y hembra tienda la manguera horizontalmente sin torcerla para formar líneas paralelas desde el extremo del lazo hasta las conexiones (Figura 10.40).

PASO 2: Mueva un lado de la manguera hacia arriba y de 65 mm a 77 mm (2½ a 3 pies) del lado opuesto sin doblarlas. Este método evita el torcer el lazo grande de la manguera. El tamaño de este lazo (Mariposa) determina la longitud del lazo del hombro que luego servirá para el traslado (Figura 10.41).

PASO 3: Ubicado detrás del lazo formado, lleve adelante el lado posterior del lazo en direcciones a las conexiones y colóquelo donde se cruza la manguera. Esta acción le permite formar un lazo en cada lado sin necesidad de torcerlo (Figura 10.42).

PASO 4: Comience a enrollar en dirección a las conexiones y forme dos rollos de lado y lado (Figura 10.43).

PASO 5: Cuando se completen los rollos, permita que los conexiones queden encima de cada rollo y ajuste los lazos, uno corto y otro largo (Figura 10.44), halando solamente un lado del lazo.

PASO 6: Coloque el lazo más largo a través del corto, justamente detrás de las conexiones, y ajústelo firmemente. El lazo

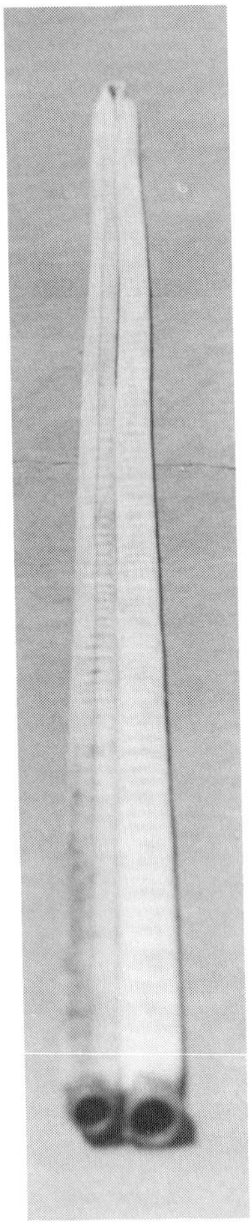

Figura 10.40 (Izquierdo) Coloque la manguera doblada en dos en forma plana.

Figura 10.41 (Derecha) Pase un tramo de la manguera por encima del otro manteniéndolos planos. Haga un aro del tamaño adecuado para cargar la manguera enrollada sobre los hombros.

Figura 10.42 Coloque la parte del aro opuesta a la intersección sobre ésta.

Figura 10.43 Comience a enrollar ambas líneas hacia las conexiones.

Figura 10.44 Finalice los rollos con las dos conexiones en la parte superior. Hale de uno de los lazos de la manguera para ajustar su longitud.

forma una especie de hombrera (Figura 10.45).

PASO 7: Los extremos de las conexiones pueden llevarse en el frente o en la parte posterior (Figura 10.46).

Con el advenimiento de las edificaciones elevadas, las cuales cuentan con sistemas internos

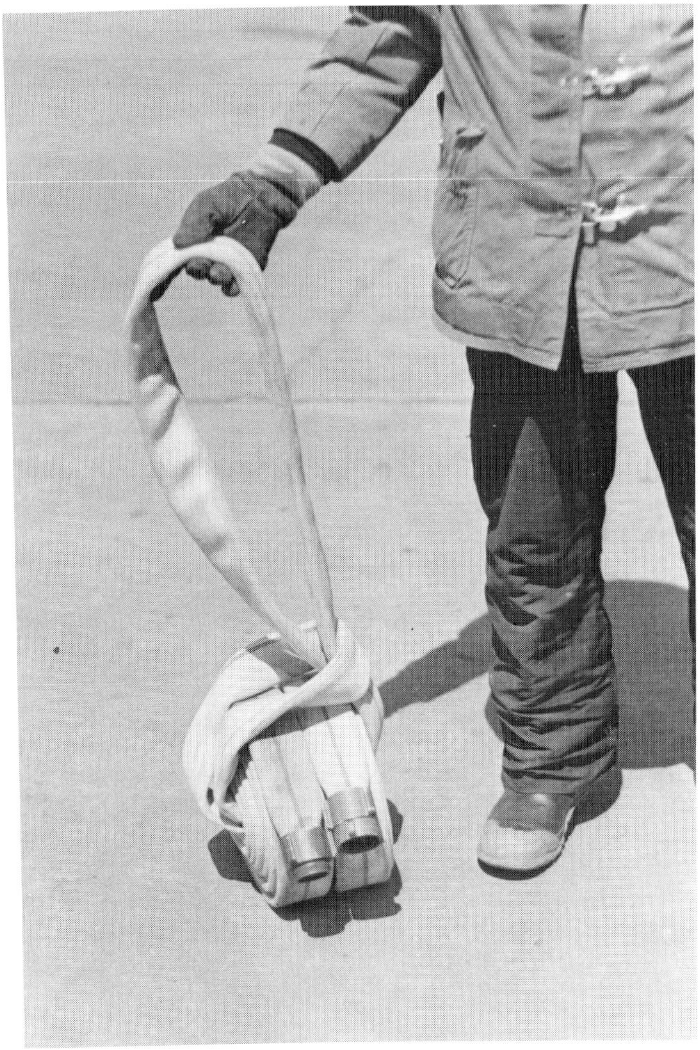

Figura 10.45 Pase el lazo mayor por dentro del lazo menor y ajústelo.

Figura 10.46 Al colocar el lazo sobre el hombro, las conexiones pueden quedar de cualquier lado.

Figura 10.47 Se puede hacer un paquete con una manguera, un pitón y varias herramientas para operaciones con tuberías de incendio.

para distribución de agua contra incendio, se establece la necesidad de contar con empaques especiales para el traslado de las mangueras a ser utilizadas dentro de la edificación. Estos empaques especiales pueden variar en formas, pero el principio de tener listo un preempaque de mangueras para su uso inmediato es el mismo. Algunos empaques de mangueras que por lo demás incluyen herramientas y accesorios que deben ser transportados por un bombero son ilustrados en las Figuras 10.47-10.51.

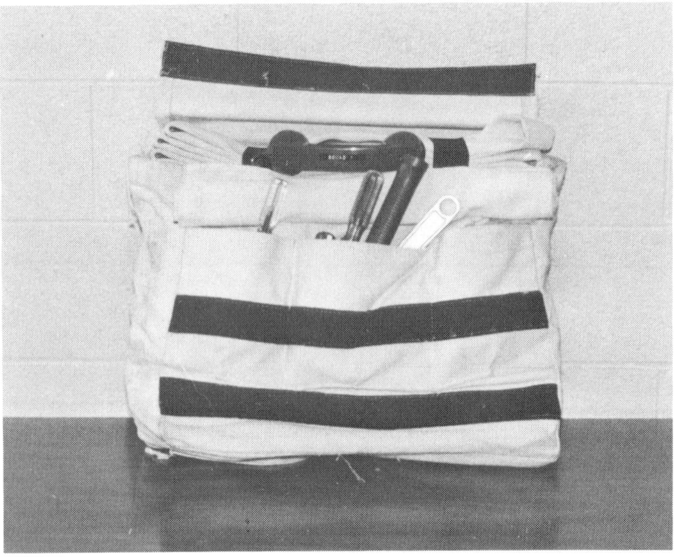

Figura 10.48 El equipo para operaciones con tuberías de incendio puede ser colocado convenientemente en un maletín de transporte.

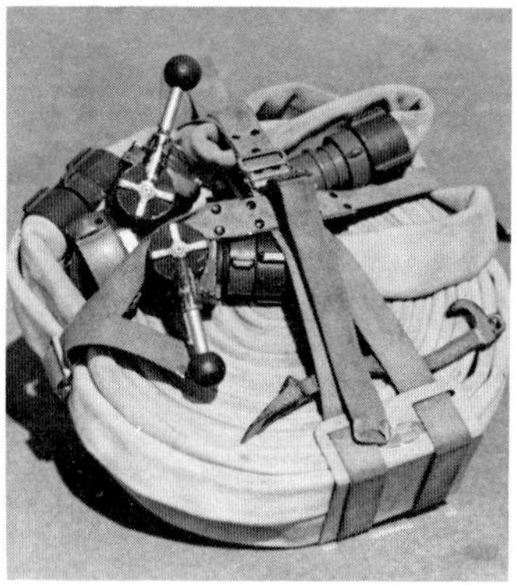

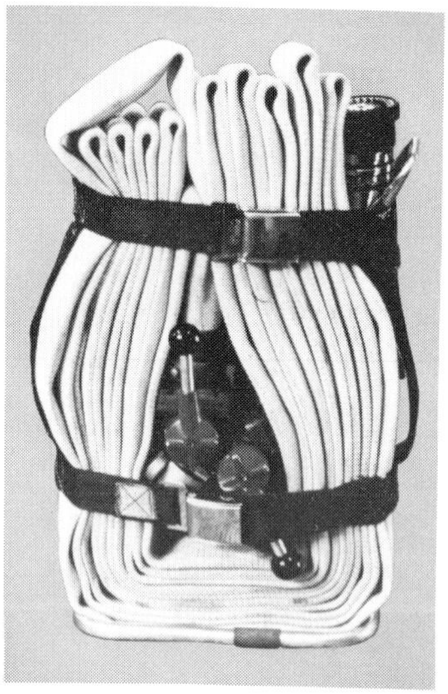

Figura 10.50 Métodos alternos para llevarlos que pueden ser utilizadas son correas o morrales.

Figura 10.51 (Izquierda) Estos paquetes también pueden ser llevados fácilimente.

Figura 10.52 (Derecha) El maletín de transporte o cualquiera de los paquetes pueden ser llevados a mano si se está utilizando el equipo autónomo de protección respiratoria.

En caso de que de manera simultánea el bombero tenga que hacer uso de los equipos de protección respiratoria, el empaque de manguera puede ser transportado en una mano, junto al cuerpo (Figura 10.52).

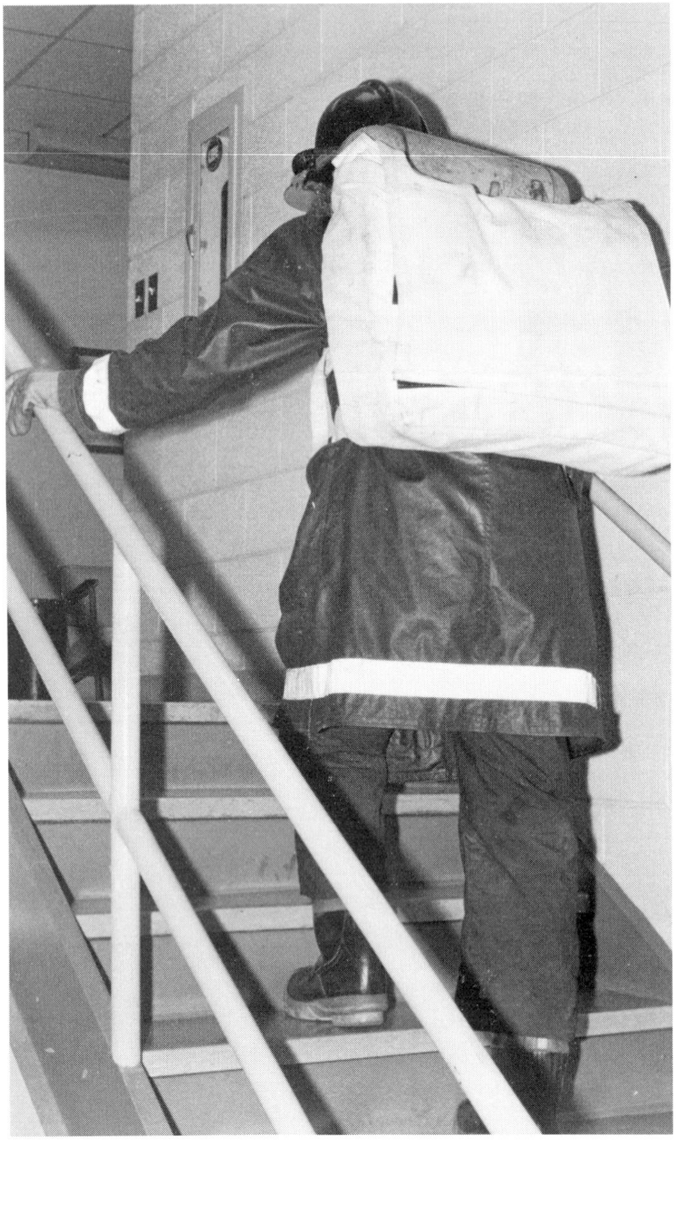

Figura 10.49 El maletín de transporte es fácil de cargar y tiene espacio en la parte superior para llevar un tanque de aire de repuesto.

CONEXION Y DESCONEXION DE MANGUERAS

El proceso de acoplar mangueras es, en su mayor parte, un proceso simple de unir las conexiones macho y hembra de la manguera. La necesaria rapidez y precisión requerida en condiciones de emergencia hace imprescindible que se desarrollen técnicas específicas para el acople de mangueras. Cuando se conecten dos secciones de mangueras, mantenga los lados extendidos de la manguera en el mismo plano. Esta práctica hace que sea más fácil manipular y cargar la manguera. Los pitones pueden ser conectados a la manguera utilizando los mismos métodos que se utilizan cuando se acoplan dos secciones de mangueras.

Acoplando Mangueras (Método de Pie con Inclinación)

Párese de frente mirando las dos conexiones de modo que un pie quede cerca de la conexión macho. Coloque el pie directamente detrás de la conexión macho y ejerza presión sobre él para inclinarlo hacia arriba. Colocando los pies los suficientemente separados, para lograr una buena estabilidad, agarre por detrás la conexión hembra con una mano y sitúe la otra mano en el torniquet de la conexión. Junte las dos conexiones y gire la conexión giratoria con el pulgar de la mano para hacer el acople. (Figura 10.53).

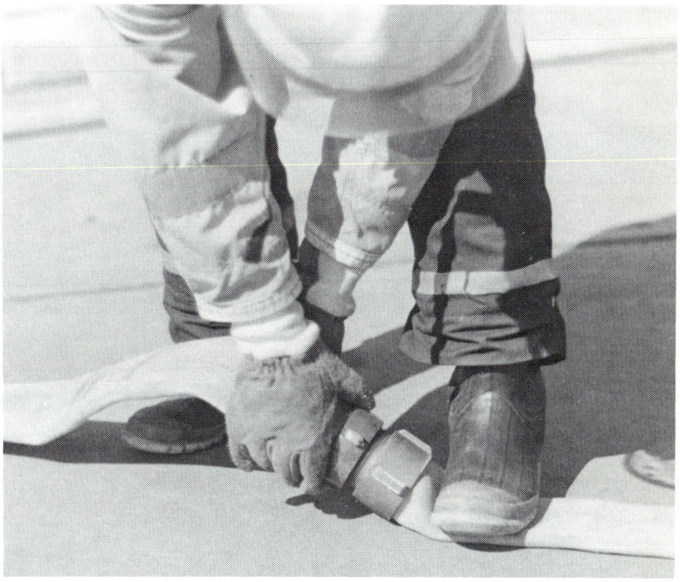

Figura 10.53 Un bombero preparándose para efectuar una conexión por el método común. **NOTA:** Soque la conexión sólo con las manos.

Acoplando Mangueras (Método Sobre el Muslo)

Agarre la conexión hembra con una mano ubicada sobre el torniquete. Lleve la manguera por encima del muslo con una separación de pies lo suficientemente confortable. Permita que la conexión hembra cuelgue unos 254 mm (10 pulgadas) sobre el muslo hacia el suelo. Levante la conexión macho con la otra mano, alínee las conexiones y gire el torniquete para enroscarlas (Figura 10.54.)

Figura 10.54 Un bombero preparándose para efectuar una conexión de manguera por método sobre la cadera.

Acoplamiento de Mangueras (Método por Dos Bomberos)

Sencillamente dos bomberos se colocan uno frente del otro llevando cada uno conexiones opuestas. El bombero con la conexión macho la agarrará con ambas manos, doblando ligeramente la manguera detrás de la conexión al sujetarla firmemente contra un costado o sección media del cuerpo. El acople de la manguera debe ser hecha por el bombero con la conexión hembra. Es recomendable que el bombero con la conexión macho mire en otra direción a fin de evitar el tratar de ayudar alinear las conexiones. El bombero con la conexión hembra, la tomará con ambas manos, une las dos conexiones, alínea sus posiciones y luego gira el torniquete en dirección a las agujas del reloj para completar la conexión. Las posiciones están ilustradas en la Figura 10.55.

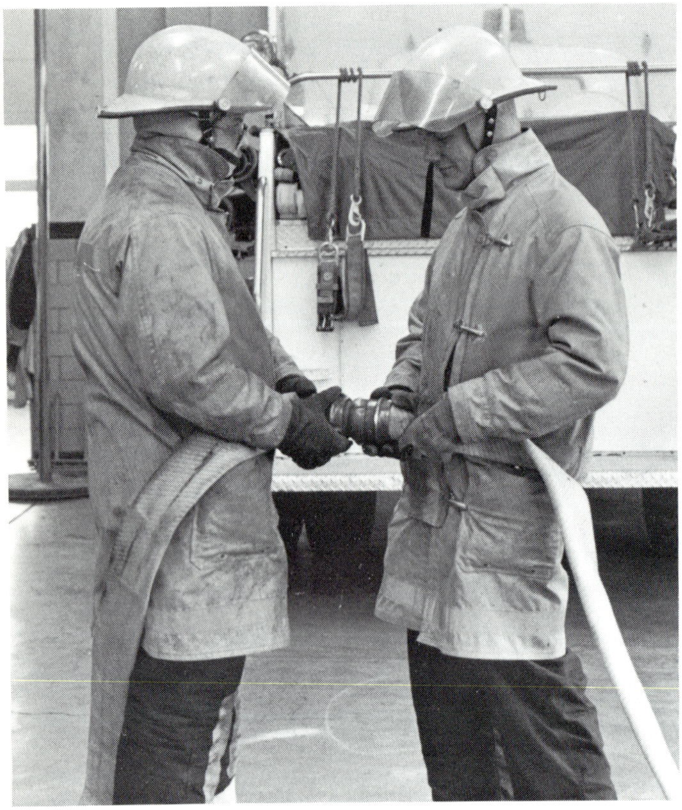

Figura 10.55 Cuando dos bomberos efectúan una conexión, el operador de la conexión móvil hembra alínea la manguera.

Aflojando una Conexión muy Ajustada

Algunas veces puede ser necesario aflojar una conexión sin contar con las herramientas adecuadas. Un método conocido como la "Prensa de Rodilla", es más efectivo bajo condiciones normales. El principio de operación consiste en comprimir la empacadura de la manguera lo suficientemente como para permitir un giro libre del torniquete. Un método alterno que se realizará con dos bomberos es el conocido como el "brazo rígido," el cual puede también ser utilizado para lograr una desconexión rápida.

METODO DE LA PRENSA DE RODILLA

Agarre la manguera detrás de la conexión hembra y coloque esta conexión encima de la conexión macho. Se pueden obtener mejores resultados si la manguera se dobla junto a la conexión macho. Separe bien los pies para lograr un mejor equilibrio y coloque la rodilla derecha sobre la manguera y el torniquete de la conexión hembra. Mantenga el muslo en un plano vertical con las conexiones y aplique el peso del cuerpo a la conexión realizada. A medida que se aplica este peso apriete rápidamente el torniquete en dirección contraria a las agujas del reloj (Figura 10.56).

Figura 10.56 Un método efectivo para separar conexiones muy apretadas aplicando el peso del cuerpo para comprimir la empacadura de la conexión.

METODO DEL BRAZO RIGIDO

En este método dos bomberos se sitúan uno frente al otro con las conexiones de la manguera entre ellos. Cada bombero agarra firmemente con ambas manos su respectiva conexión y lo presionan el uno al otro, comprimiendo de este modo la empacadura en la conexión. Manteniendo sus brazos rígidos y codos afuera, ambos bomberos usan el peso de sus cuerpos para girar la conexión de la manguera en dirección contraria a las agujas del reloj (Figura 10.57).

DISPOSICION DE MANGUERA

Antes de que se haga la disposición sistemática, se deben conocer ciertos requisitos. Uno es el espacio provisto para la manguera en el vehículo bomberil y otro, las características de construcción del compartimiento donde estará la misma. Estos son requerimientos básicos nor-

Figura 10.57 Agarrando fuertemente las conexiones y los brazos estirados, puede utilizarse el peso del cuerpo para separar conexiones fuertemente apretadas girando ambos bomberos en sentido contrario a las agujas del reloj.

malizados que se han establecido. Son factores que en la práctica deben estar contemplados como requerimientos específicos. Existen dos requerimientos básicos que son conocidos como tendidos hacia adelante y tendidos hacia atrás. La manera en la cual la manguera se coloca en el compartamiento no necesariamente determina la clase de tendido, hacia adelante o hacia atrás. El carro bomberil que se supone hará el tendido inicial en la escena de la emergencia desde la fuente de suministro de agua hasta el incendio, es generalmente cargado de modo que la conexión hembra salga primero.

Asimismo, el vehículo bomberil que se espera haga el tendido inicial desde el incendio a la fuente de suministro de agua es generalmente cargado de forma que la conexión macho salga primero con el pitón conectado. Sin embargo, nada se tendrá que evitar si el vehículo tiende las mangueras hacia adelante o hacia atrás si se dispone de adaptadores hembra, macho y los mismo son utilizados adecuadamente. Estos dos requerimientos de tendido son discutidos separadamente.

Compartimientos de Mangueras Contra Incendios

Los compartimientos para mangueras son generalmente conocidos como "Camas de Manguera." El tamaño del compartimiento restringe la contidad de mangueras que pueden ser colocadas y su forma determina el tipo de carga que puede ser utilizada. Existen ciertas características generales que son comunes en cualquier cama de manguera, tales como las canaletas abiertas en la parte inferior que facilitan la circulación del aire por toda la carga de manguera. Sin este aspecto, la manguera probablemente enmohecerá y se pudrirá en corto tiempo. El ancho de la cama puede ser solamente igual a la distancia entre las ruedas traseras del vehículo o pudiera extenderse sobre las mismas hasta el ancho máximo permitido por la ley. Un compartimiento para mangueras contra incendio (cama de manguera) puede ser dividida o separada a fin de que el compartimiento contenga dos o más cargas separadas. El divisor o separador es conocido como tablilla separadora. Algunos son hechos de metal. El separador puede ser utilizado para hacer adaptaciones especiales y cumplir con requerimientos particulares de carga o necesidades especiales.

Cualquiera de las tres formas básicas de disposición de manguera puede ser utilizada para cargar un determinado compartimiento de manguera. La utilizada en este ejemplo es el de la carga plana. Cada carga es inciada junto al separador en la parte posterior de la cama de manguera. Las conexiones machos se dejan expuestos en cada lado del separador como lo ilustra la Figura 10.58. Después que las dos cargas son completadas, se pueden colocar dos líneas de manguera simultáneamente. La conexión hembra de una carga puede sin embargo ser traída por encima y acoplada a la conexión macho que está expuesta en la otra carga como lo ilustra la Figura 10.59. Así se permitirá tender luego una línea de manguera en caso de que resultare necesario. Esto provee una combinación muy versátil y ha demostrado ser efectiva para ciertas condiciones. En algunos casos, el separador puede estar situado a un lado de la cama de manguera para formar un compartimiento más pequeño para mangueras de 38 ó 44 mm (1½ ó 1¾ pulgadas).

Figura 10.58 Un compartimiento de mangueras dividido tiene la ventaja de poder hacer dos tendidos de líneas de mangueras simultáneamente.

Figura 10.59 Si se desea, se pueden unir las camas de mangueras y tenderse una sola línea de manguera.

Factores en la Disposición de Mangueras

Aunque la disposición de mangueras de incendio en los vehículos bomberiles no es una operación de emergencia, es una operación muy importante, la cual debe ser efectuada correctamente. Cuando se requiere en un incendio, la disposición apropiada de las mangueras permitirá que se realicen las operaciones de manera eficiente y efectiva. No es la intención de este manual el favorecer alguna técnica particular para la disposición de las mangueras. El objetivo no es otro que tratar de presentar algunas de las técnicas más comunes, de manera que deban seleccionarse una o algunas de ellas. Diversos factores deben ser considerados para determinar la forma de disposición de las mangueras que será utilizada. Si solo se dispone de un carro bomberil se debe seleccionar una carga que llene lo más aproximadamente posible todos los requerimientos. No obstante, si los recursos del cuerpo de bomberos incluyen uno o más carros bombas y un carro escalera, cada vehículo debe ser cargado para cumplir con una necesidad específica. Después de estudiar y practicar las diferentes cargas y formas de disposición sugeridos, se pueden determinar las necesidades del cuerpo de bomberos (Figura 10.60).

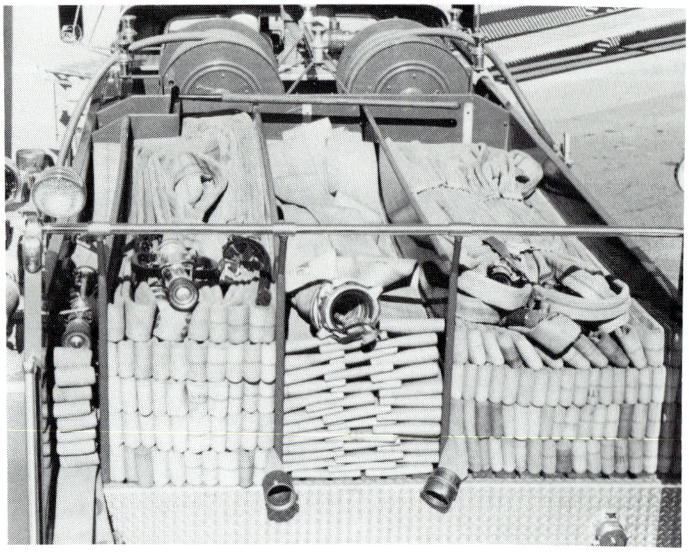

Figura 10.60 Un ejemplo de la forma de cargar las mangueras para satisfacer una gran variedad de necesidades locales.

La terminología más común utilizada para describir un compartimiento de mangueras de incendio es "Cama de Manguera." Las camas de mangueras varían en tamaño y forma y algunas veces son construidas para fines específicos. A fin de aclarar la terminología de las posiciones de las camas de mangueras en este manual, el frente de la cama de manguera es designada como aquella parte del compartimiento hacia el frente del vehículo. La parte posterior de la cama de manguera es designada como aquella parte del compartimiento que da hacia la parte trasera del vehículo. Cuando se coloca en posición carga cualquier manguera, los bomberos deben observar ciertas reglas básicas a fin de permitir que la manguera se extienda uniformemente en la cama y así evitar dificultades al desconectar las conexiones. Algunas de las reglas básicas son:

- Antes de acoplar cualquier conexión revise las empacaduras y torniquete.

- Cuando se acoplan dos secciones de mangueras, mantenga ambos lados de la manguera en el mismo plano. La alineación de las pértigas en las conexiones no es importante.

- Cuando se acoplan dos secciones de manguera, las conexiones deben apretarse con las manos. No utilice llaves inglesas o alguna otra fuerza indebida.

- Cuando la manguera de incendio tenga que ser doblada para formar un lazo en la cama de manguera, todas las deformaciones deben ser removidas presionando con los dedos, de modo que el interior del doblez se pliegue ligeramente. Durante el proceso de carga, es posible que las conexiones queden en una posición tal que se haga necesario el girar la sección de la manguera para poder sacarla. Para evitar esta situación, haga un pequeño doblez o un doblez al reverso en la manguera como se ilustra en la Figura 10.61. Esta práctica comúnmente se llama un "DANES." El danes sirve para dos propósitos: uno para cambiar la dirección de la manguera y el otro para cambiar la ubicación de una conexión.

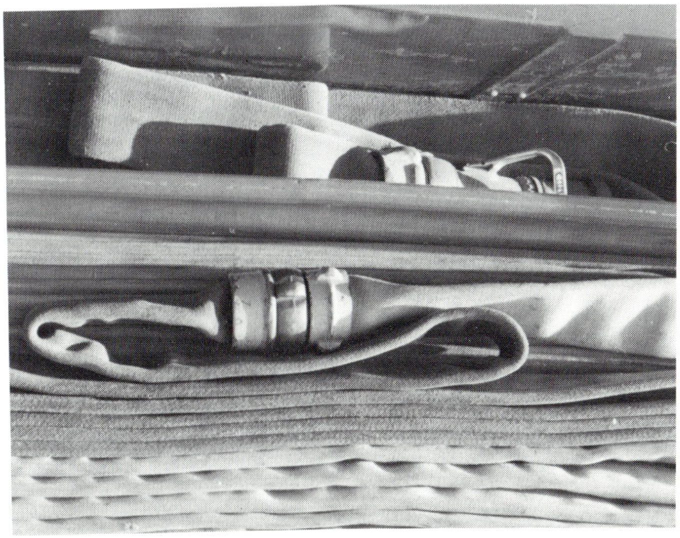

Figura 10.61 El doble pliegue cambia la posición y dirección de las conexiones para eliminar los dobleces en la cama de mangueras.

La Colocación en Forma de Acordeón

La colocación en forma de acordeón puede iniciarse en cualquier esquina de la cama de manguera, y se puede utilizar cualquier extremo de la manguera dependiendo de la necesidad de tener un tendido hacia adelante o hacia atrás. Este tipo de cargar las mangueras colocada en dobleces en cada extremo de la cama de manguera tiene un aspecto adicional como lo es el tener todas las secciones de la misma longitud. Este rasgo es una ventaja significativa en el avance de líneas de mangueras.

Un mínimo de tres bomberos deben ser empleados para colocar las mangueras. Uno se coloca en la cama de manguera y dos en la parte posterior de la cama de manguera. Los pasos a seguir son ilustrados en las Figuras 10.62-10.64.

PASO 1: El procedimiento de ubicar las mangueras se inicia en una esquina trasera donde la manguera es ccolocada en el borde y extendida hacia el frente de la cama, donde luego es doblada hacia atrás y nuevamente hacia el frente. Haga cada doblez de manera sucesiva a la longitud de la cama para hacer una carga uniforme (Figura 10.62).

PASO 2: A medida que cada sección plegada de manguera es colocada en la carga de

Figura 10.62 Comience la carga tipo Acordeón colocando la carga cerca del tabique divisorio hacia el lado fuera de la cama de manguera. En esta posición inicie la colocación de la manguera sobre la cama haciéndole los dobleces sucesivos.

acordeón, el espacio que queda en la cama de manguera se hace más angosto. Durante este proceso, es posible que una conexión quede colocada en posición tal que sea necesario girar la manguera para poder sacarla. Para evitar esta situación, haga un pequeño doblez o giro reverso en la manguera como ha sido descrito previamente.

PASO 3: Cuando se complete la primera hilera, levante gradualmente el último doblez desde el frente hacia la parte posterior a lo largo del lado de la cama de manguera a medida que la manguera se aproxima a la sección movible. La segunda hilera se comienza simplemente doblando la manguera hacia la cama abierta. Cada doblez luego se coloca como se explicó previamente y la carga se ubica hacia el lado opuesto (Figura 10.63).

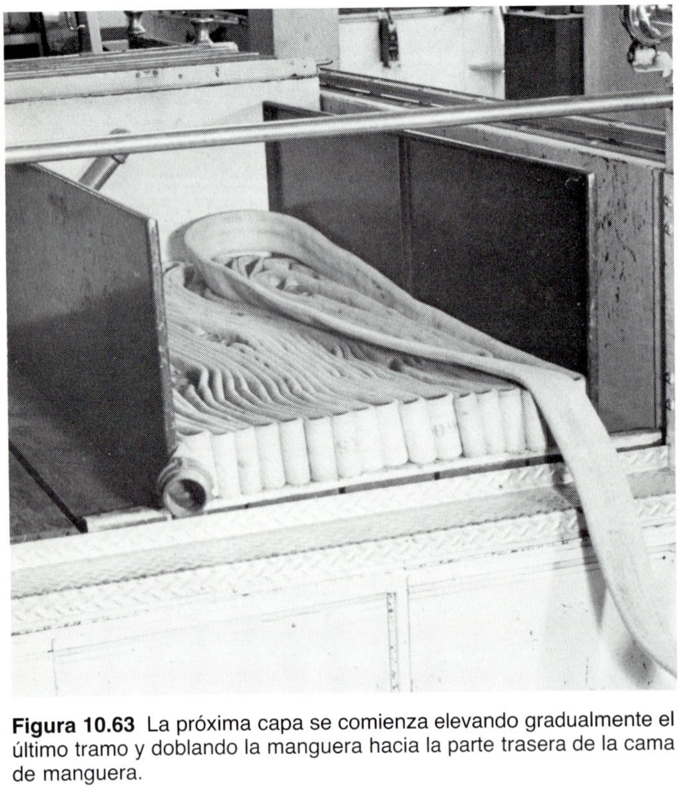

Figura 10.63 La próxima capa se comienza elevando gradualmente el último tramo y doblando la manguera hacia la parte trasera de la cama de manguera.

Método Alterno: Doble el último tramo de la primera hilera hacia el lado abierto de la cama de la manguera abierta en lugar de doblarla hacia el lado de la cama y gradualmente levante este doblez a lo largo del lado de la cama a medida que éste se aproxime al frente. Esta práctica evita que la manguera se rompa cuando se retira de la cama de manguera. Crúcela por encima hacia al lado opuesto y comience una nueva hilera (Figura 10.64). Atravesar la manguera por encima y hacia el lado opuesto permite que la manguera esté siempre del mismo lado de la cama de manguera. Crúcela por encima hacia al lado opuesto y comience una nueva hilera (Figura 10.64).

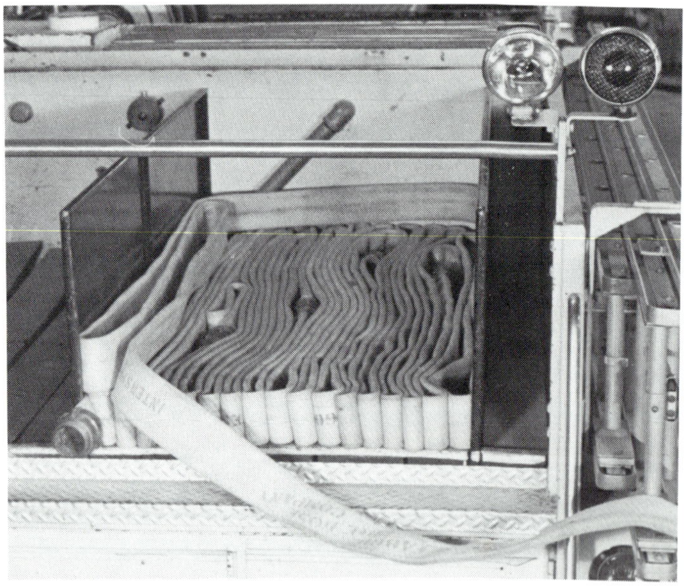

Figura 10.64 El comenzar la siguiente capa llevando la manguera por la parte delantera hacia el otro extremo permite que la manguera comience a salir siempre por el mismo lado.

Disposición Plana de Mangueras

La disposición plana, como el nombre lo implica, consiste en doblar la manguera hacia atrás y hacia adelante sobre sus lados planos a lo largo del compartimiento de manguera. Cualquier extremo de la manguera puede ser utilizado para iniciar este tipo de colocación y puede comenzarse en cualquier esquina de la cama de manguera. Esta forma de cargar mangueras genera aproximadamente el mismo número de dobleces en la manguera que la carga de acordeón y tiene además la característica adicional de tener todas las secciones de la misma longitud.

Se debe utilizar un mínimo de tres bomberos para realizar la disposición de mangueras en forma plana. Uno se coloca en la cama de manguera y dos en la parte posterior de la misma. Los pasos para realizar la carga son ilustradas en las Figuras 10.65-10.66.

PASO 1: La manguera se coloca en un esquina interior de la parte posterior de la cama de manguera, dejando la conexión expuesta en la sección trasera del vehículo. Coloque la sección plana de la manguera a lo largo de un lado y hacia el frente de la cama de manguera, dóblela de regreso de vuelta hacia la parte trasera y póngala en forma ligeramente diagonal a fin de poder comenzar la segunda hilera a un lado de la primera (Figura 10.65).

PASO 2: Haga cada sucesiva hilera de la misma manera hasta que complete una primera capa. Comience una segunda hilera simplemente doblando de nuevo hacia el lado donde se inició el proceso. Los extremos doblados pueden ser removidos en cada hilera para permitir que el centro de la carga se llene uniformemente con las puntas dobladas. (Figura 10.66).

Figura 10.65 Comience la colocación en forma plana en un ángulo interior trasero y lleve la manguera acostada hacia adelante con un leve desplazamiento en diagonal.

Figura 10.66 Continúe con las capas adicionales simplemente haciendo los pilegues en dirección al lugar de inicio.

Disposición en Forma de Casquillo

La disposición en forma de casquillo puede empezar en un esquina en cualquiera de los extremos de la cama de manguera y utilizando cualquiera de los extremos de la manguera para comenzar la carga según la necesidad de un tendido hacia adelante o hacia atrás. Esta carga coloca menos dobleces en la manguera que las cargas de acordeón, pero las hileras son considerablemente largas y desiguales en longitud.

Un mínimo de tres bomberos se deben utilizar para colocar la manguera en forma de casquillo. Uno se coloca en la cama de manguera y dos en la parte posterior de la misma. Los pasos a ejecutar son ilustrados en la Figura 10.67-10.69.

PASO 1: El procedimiento se incia en una esquina trasera, con la manguera colocada en el borde y extendida hacia el frente de la cama donde se dobla de nuevo hacia el frente. Lleve la manguera hacia la parte frontal de la cama y tráigala a lo largo del lado opuesto hacia la parte trasera de la cama. Doble la manguera nuevamente hacia el frente y continúe cargando la manguera en forma de casquillo (Figura 10.67).

PASO 2: A medida que la hilera se llena hacia elcentro, un acoplamiento puede aparecer en este punto. Esta conexión puede estar en una posición que hace necesario voltearla cuando quede atascada. Para remediar esta situación, coloque un "Danés" en la carga como se

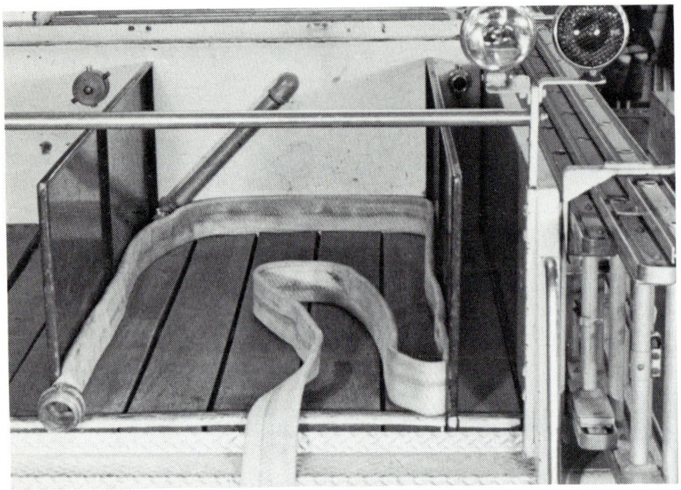

Figura 10.67 Comience la colocación en forma de herradura en un ángulo interior trasero y lleve la manguera acostada hacia adelante con un leve desplazamiento en diagonal.

describió previamente. Las puntas dobladas que quedan en la parte posterior de la cama pueden ser removidos o colocadas uniformemente, según las normas de cada institución (Figura 10.68).

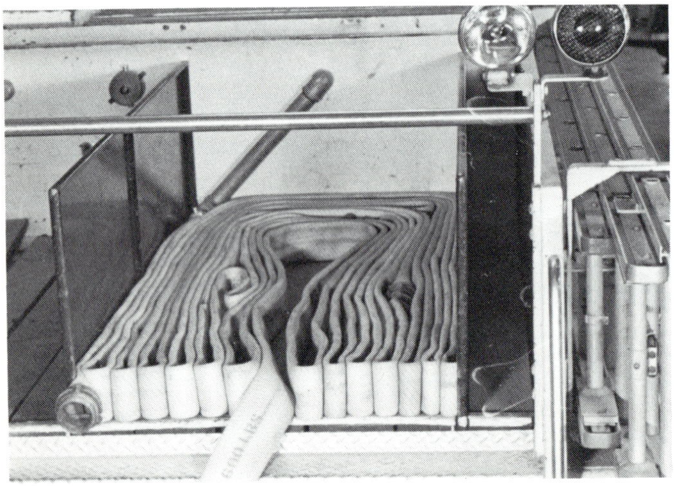

Figura 10.68 A medida que el espacio se va poniendo más angosto será necesario hacer pilegues adicionales. Pueden utilizarse dobles pliegues o pliegues sencillos.

PASO 3: Para hacer el cruce hacia la segunda hilera en el frente de la cama de manguera, coloque el último doblez desde el centro en forma plana sobre la carga y extiéndalo hacia una esquina frontal. En esta esquina, voltée la manguera sobre el borde, traiga la manguera hacia el frente de la cama y reanude la carga como se describió anteriormente (Figura 10.69). El cruce para las hileras subsiguientes debe hacerse en esquina alternas.

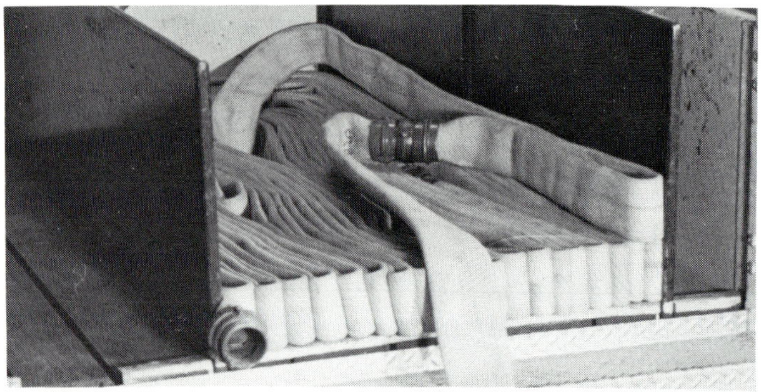

Figura 10.69 Para subir la capa siguiente, lleve la manguera acostada hacia un ángulo delantero, regrese por el borde, cruce por la parte delantera y reinicie la colocación como en la capa inferior, o lleve el último tramo hacia la parte trasera de la cama de manguera y pase la manguera bordeando la mitad de la capa ya colocada.

Método Alterno: Otro método para hacer el cruce hacia la próxima hilera de una manguera en forma de casquillo es traer el último doblez desde el centro hacia la parte posterior de la cama y doblar la manguera alrededor de las puntas o extremos de la mitad de la hilera. En este punto, coloque la manguera entre la hilera y el lado de la cama, y hale fuertemente. Forme un pequeño doblez en este punto, doblando la manguera hacia el lado de la cama en vez de hacia la sección abierta de la cama. Este pequeño doblez evita la formación de una torcedura cuando se saca la manguera de la cama.

Manguera de Gran Diámetro

Debido al tamaño y a los materiales utilizados en la construcción de manguera de gran diámetro, esta debe ser colocada en el carro bomberil utilizando el método de disposición plana. Este método facilita su remoción de la cama de manguera y evita el deterioro que ocurre cuando la misma se coloca en el borde. La manguera de gran diámetro también puede ser colocada en carretes especiales para mangueras.

Arreglos Especiales en la Disposición de Mangueras en los Vehículos de Bomberos

Existen algunos arreglos especiales de cargas de mangueras que son añadidas a la carga básica de manguera para incrementar su versatilidad. Los arreglos son normalmente realizados con dos propósitos. Uno es proveer suficiente manguera para hacer una conexión a un hidrante y la otra proveer una línea de trabajo en el escenario del incendio.

LA DISPOSICION EN HILERAS RECTAS

La disposición en hileras recta consiste en que la última sección o las dos líneas estén colocadas holgadamente hacia atrás y adelante a través del tope de la carga de manguera. Esta disposición está normalmente asociada con la operación del tendido hacia adelante. Herramientas tales como una llave de hidrante, válvula de compuerta y otros aparatos que se consideran necesarios deben ser conectados cerca del acoplamiento hembra (Figura 10.70).

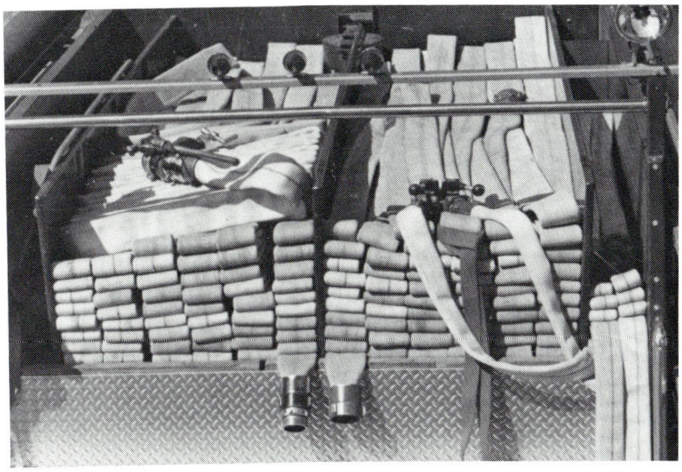

Figura 10.70 El arreglo final recto permite que la manguera sea llevada al hidrante para un tendido hacia adelante.

COLOCACION DE LA CARGA EN FORMA DE CASQUILLO EN REVERSO

Una carga en reverso en forma de casquillo es lo que su nombre implica, una carga en forma de casquillo con sus extremos opuestos en la cama de manguera. Así, el lazo grande de una fila está en la parte posterior de la cama en vez en la parte delantera. Esta disposición consiste en dos cargas semejantes, una en cada lado descansando sobre el tope de una carga básica de manguera.

Esta carga puede ser iniciada en el centro o en la parte externa del espacio que ocupará. Si es iniciada en el centro se construirá hacia la conexión Y de 65 x 38 mm (2½ x 1½ pulgadas) en el centro de la carga; también puede formarse lejos de la connexión Y como lo ilustran las Figuras 10.71-10.73.

PASO 1: Acople la manguera a la conexión Y en la parte posterior de la cama de manguera y proceda hacia el frente. Doble la manguera contra si misma y regrésela hacia la parte trasera, forme un lazo a lo largo de la parte trasera de la cama de manguera, gire la manguera a medida que se forme el lazo para remover cualquier doblez y proceda de un lado de la cama hacia el frente. (Figura 10.71).

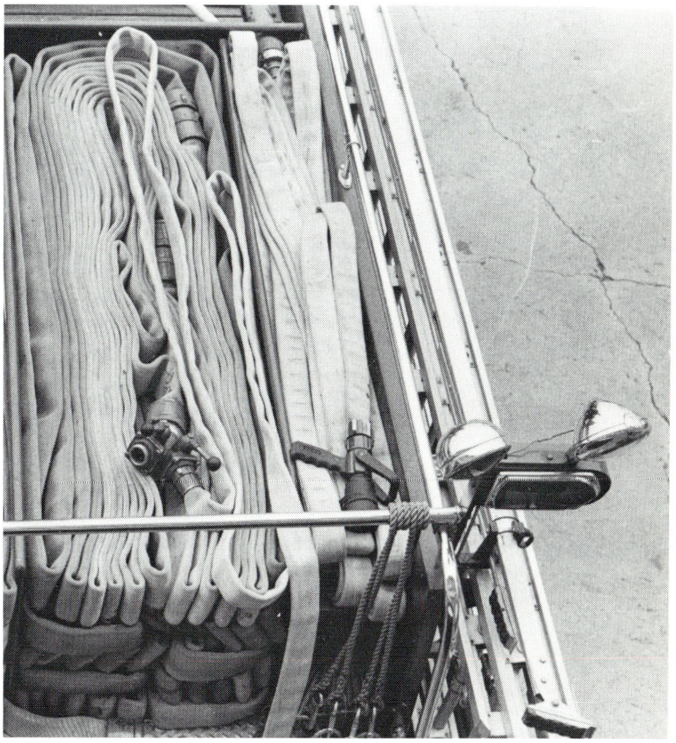

Figura 10.71 Desde la conexión de descarga o en "Y" saque un pliegue hacia la parte delantera de la cama de manguera, regrese hacia atrás y haga un pliegue antes de regresar a la parte delantera de la cama de manguera por el borde.

PASO 2: Doble la manguera de nuevo contra la que ya ha sido cargada y continúe cargando hacia la parte trasera. Mantenga la colocación dentro de las longitudes de los lazos existentes y continúe el patrón hasta que la carga se complete con la cantidad deseada de manguera. Los dobleces tendrán que ser removidos a medida que se forma cada lazo (Figura 10.72).

PASO 3: Coloque el pitón sobre la línea central de la carga de manguera. El pitón puede ser colocado hacia el frente o hacia la parte posterior de la cama de manguera dependiendo de como desea ser removido (Figura 10.73).

La carga en forma de casquillo en reverso puede además ser utilizada para una línea preconectada y cargada en dos o tres hileras colocando el pitón extendido hacia la parte trasera, se puede

Figura 10.72 Regrese la manguera pegada a los pliegues existentes enderezando la manguera para eliminar las torsiones. Continúe los pliegues dentro de los ya existentes.

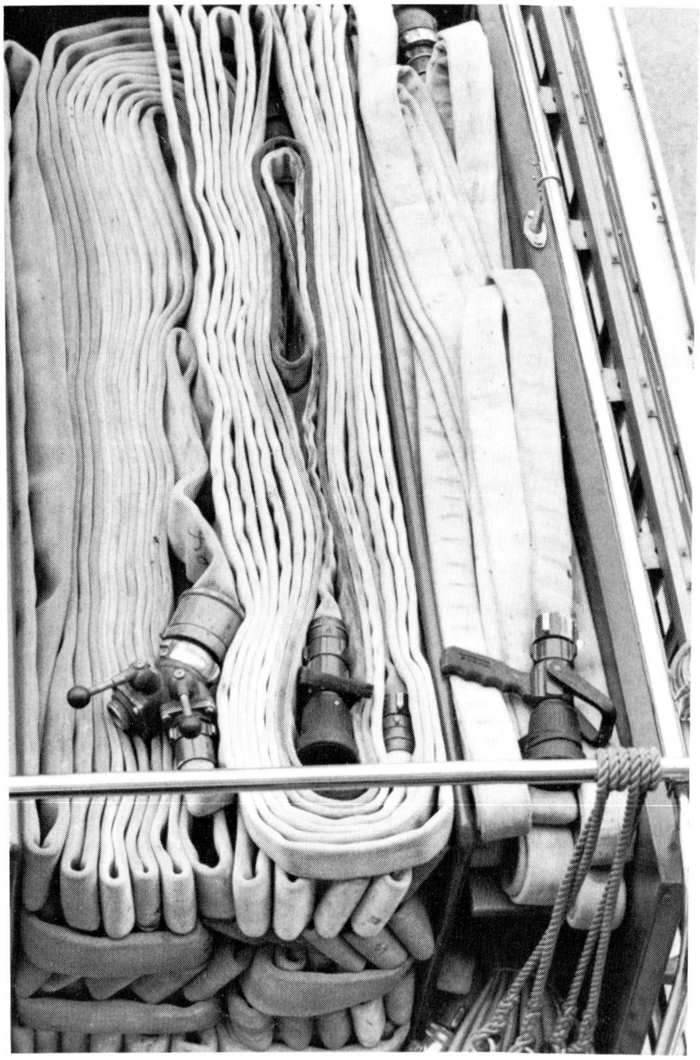

Figura 10.73a Coloque el pitón en el centro. El pitón puede quedar hacia adelante o hacia atrás.

Figura 10.73b La colocación de la manguera en forma de herradura inversa puede ser colocada en la cama de manguera bien sea en forma plana o de canto.

entonces colocar sobre el hombro y extender el brazo opuesto por entre los lazos de las hileras, permitiendo halar la manguera desde la cama para transportarla en el brazo.

Carga de Mangueras Preconectadas

CARGA PLANA

Cualquier carga de manguera preconectada debe comenzar colocando la conexión hembra en el lugar donde ésta sería conectada a la bomba de descarga. La conexión para la descarga de la bomba debe estar especificamente ubicada para utilizarla con una línea de manguera preconectada. El contar con un compartimiento especial de manguera resulta necesario para llevar las cargas preconectadas. El compartimiento de mangueras para esta carga preconectada puede variar en tamaño y forma pero debe ser lo suficientemente ancho como para permitir el libre movimiento de la manguera. Los siguientes pasos ilustran la manera de efectuar una carga plana preconectada (Figura 10.74-10.75).

PASO 1: Acople la conexión hembra a la descarga de la bomba y coloque la manguera en forma plana como se describió para la carga plana. Cuando aproximadamente un tercio de la manguera haya sido cargada, deje un lazo extendido cerca de 200 mm (8 pulgadas) más allá de la parte posterior de la cama y contra los bordes (Figura 10.74).

PASO 2: Termine de cargar la manguera de la misma manera, conecte un pitón y colóquela encima de la carga completa.

Método Alterno: Si la línea preconectada debe tener una longitud superior a 45 m (150 pies) se pueden colocar dos lazos extendidos, uno grande y otro pequeño, (Figura 10.75).

Figura 10.74 La forma de colocar una manguera plana preconectada es similar a la forma plana concocida excepto que debe añadirse en la parte trasera de la cama de manguera una porción de pliegue adicional después de haberse cargado un tercio de la manguera, también se pueden usar dos pliegues en la misma capa. *Cortesía de Rose Fire Company.*

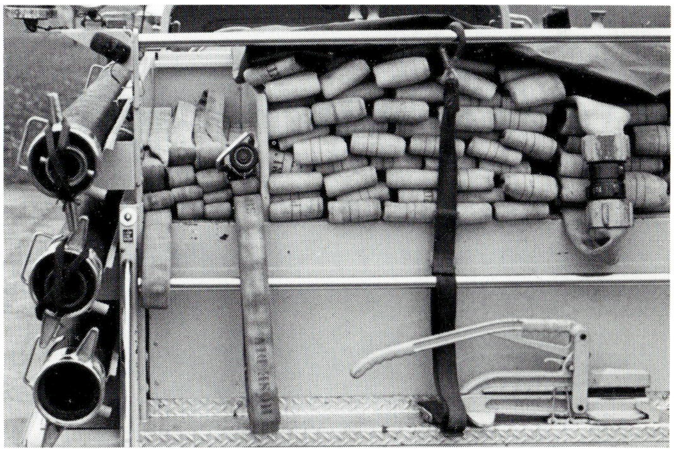

Figura 10.75 Algunos departamentos prefieren dos pliegues, uno corto para las manos y otro largo para el hombro, especialmente para líneas de mangueras largas. *Cortesía de Rose Fire Company.*

CARGA DEL HOMBRE VELOZ

La carga del hombre veloz es un concepto que significativamente incrementa la facilidad y eficiencia, con las cuales se puede hacer rápidamente el ataque inicial de un incendio utilizando un mínimo de personal. El concepto de carga de hombre veloz utiliza una manguera de 38 mm (1½ pulgada) o mayores preconectada al carro bomberil. La cama de manguera es arreglada y la manguera embalada y empaquetada de un modo que ofrece mejoras sustanciales en las cargas tradicionales de mangueras preconectadas en lo que concierne a eficiencia y seguridad.

Algunas de las ventajas principales de esta carga incluye:

- Permite que el ataque inicial sea rápido y efectivo con un mínimo de personal
- La línea puede ser removida de la cama y trasladada fácilmente por una persona

- La línea se separa del tope a medida que se avanza y la carga sobre el bombero se hace progresivamente más liviana.
- La posibilidad de raspaduras o rompimiento en la cama de manguera o la presencia de obstrucciones es enormemente reducida.
- Cada carga de hombre veloz ocupa menos del 5% del espacio total disponible en una típica cama de manguera de 500 mm (20 pulgadas) por 185 mm (73 pulgadas) por 3.000 mm (120 pulgadas).
- La mayoría de las camas de manguera existentes en los carros bomberiles pueden ser fácilmente modificadas para que acepten la carga del hombre veloz.
- La carga del hombre veloz ha sido probada en el trabajo diario por varios años y ha dado excelentes resultados.

El compartimiento de manguera para esta carga preconectada necesita solamente ser de 110 mm x 180 mm x 3400 mm (4¼ x 18 x 120 pulgadas) de profundidad. El método para hacer la carga de manguera está ilustrado en las Figuras 10.76-10.78.

PASO 1: La conexión hembra del primera tramo demanguera se conecta a la descarga. Una o más hileras de mangueras son colocadas en la cama, luego la longitud restante se coloca temporalmente a un lado (Figura 10.76).

PASO 2: Coloque tramos adicionales de manguera en la cama con el pitón ubicado sobre la última sección de la manguera previamente colocada (Figura 10.77).

PASO 3: Acople los extremos libres de la manguera y coloque el resto del primer tramo en la cama (Figura 10.78).

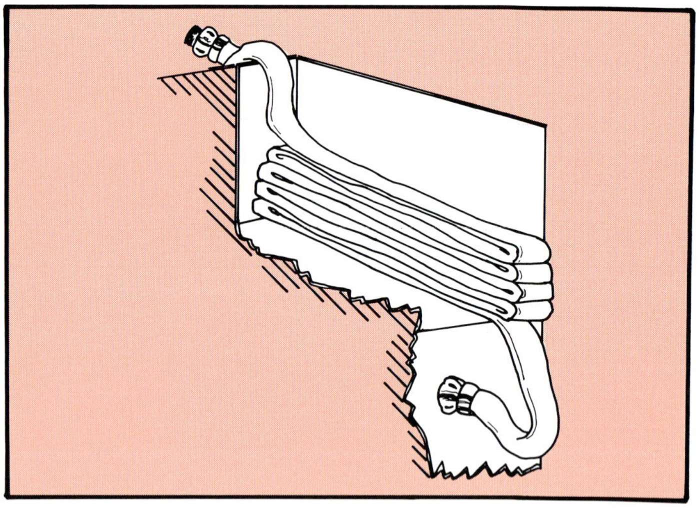

Figura 10.76 Comience la colocación de la manguera para uso inmediato conectándola a la boca de descarga, luego coloque la cantidad de manguera deseada sobre la cama de manguera y el resto sobre la parte frontal de la cama de manguera. Puede ser recomendable una onda en la parte inferior.

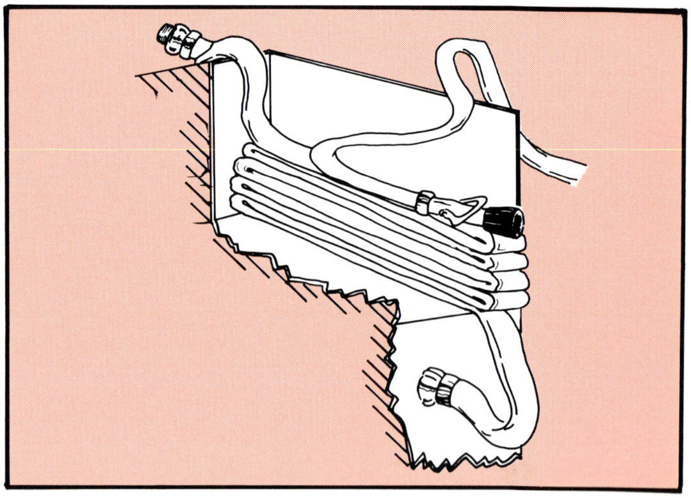

Figura 10.77 Coloque el pitón en la parte trasera de la cama de manguera y coloque un tramo adicional de manguera sobre ella.

Figura 10.78 Acople el extremo final de la sección al remanente de la primera sección y finalice la colocación.

CARGA DE TRES PLACAS

La carga de tres cargas es una variación de la carga plana preconectada, la cual también puede ser cargada en una o más hileras. La carga obtiene su nombre por el hecho de que la manguera que se dobla sobre sí misma para formar tres capas.

as tres capas son luego cargadas como ilustran as (Figuras 10.79-10.82).

PASO 1: Conecte la línea de manguera a un orificio de descarga preconectado. Extienda la línea hasta estirarla desde la parte posterior de la cama de manguera (Figura 10.79).

PASO 2: En un punto, aproximadamente dos tercios de la distancia desde la cama de manguera hasta el pitón, doble la línea hacia atrás sobre sí misma y regrese el doblez a la parte trasera de la cama de manguera. Las tres capas de manguera deben ser apiladas con el pitón al final de las capas extendidas (Figura 10.80).

PASO 3: Cargue las capas de manguera en forma plana, manteniendo las tres capas juntas como si fueran una sola línea (Figura

Figura 10.79 Comience la colocación en tres capas conectando la manguera a la tubería de descarga y estirándola en línea recta desde la parte trasera del vehículo.

Figura 10.80 Pliegue la manguera sobre sí misma para formar tres capas parejas. Es recomendable que el pliegue donde está el pitón llegue hasta la manilla del pitón o sea doblado de cierta forma para asegurarlo y que se facilite sacar la manguera.

10.81). Si el compartimiento de manguera es más ancho que la manguera, cruce hacia un lado en la parte delantera de la cama de manguera.

PASO 4: Coloque el pitón y el doblez sobre el cual éste descansa en la parte posterior del comportamiento cuando se concluya la carga. Las disposición final tanto para los anchos como para los angostos se muestran en la Figura 10.82.

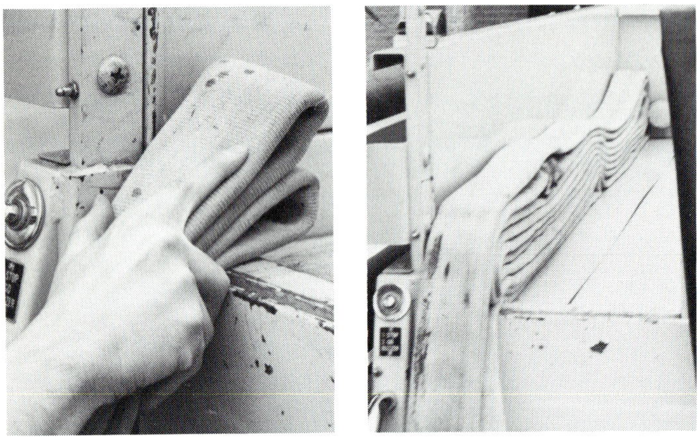

Figura 10.81 Coloque la manguera doblada en forma plana como si fuera una sola sección. *Cortesía de Rose Fire Company.*

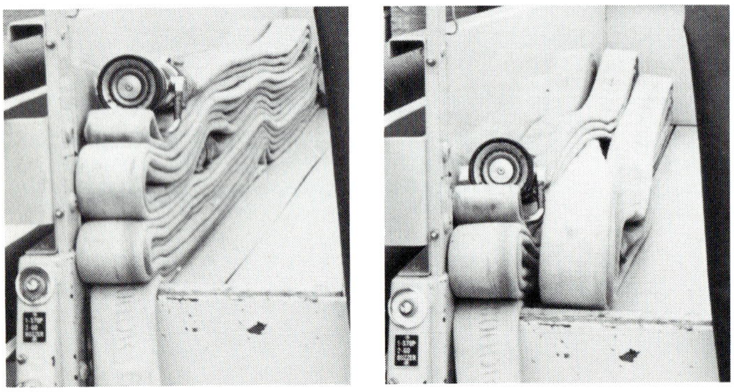

Figura 10.82 Se coloca el pitón encima de la manguera hacia la parte trasera de la cama de manguera.

Líneas de Mangueras en Carretes

Las líneas de mangueras en carretes son mangueras preconectadas usualmente cargadas.

Estos rieles o carretes de línea de mangueras pueden ser montados en diversos lugares sobre los carros bomberiles de acuerdo a las necesidades específicas y el diseño del aparato. Algunos carretes son montados encima de la bomba contra incendio y detrás de la cabina del vehículo. Este arreglo permite que la manguera puede ser desenrollada desde cualquier lado del aparato aun cuando su despliegue sobre el nivel del suelo esta limitada a su longitud. Los carretes son operados fácilmente con las manos.

TENDIDOS DE MANGUERA

La aplicación satisfactoria de los chorros de extinción depende enormemente de la rapidez y eficiencia de la brigada de bomberos al tender líneas de mangueras y conectarlas al suministro de agua. Los compartimientos de manguera deben ser arreglados para facilitar el tendido de líneas de mangueras, bien sean sencillas o múltiples.

Tendidos Hacia Adelante

Las primeras prácticas utilizadas para realizar los tendidos de mangueras antes de la instalación de las bombas en los vehículos contra incendio se realizaban desde el hidrante hasta el incendio y llegó a conocerse como "el tendido hacia adelante." La operación consiste en estacionar el aparato enfrente a la fuente de suministro de agua y permitir a la persona en el hidrante alejarse sin peligro del aparato y asegurar la manguera, después de lo cual él se dirige hacia el incendio tendiendo una línea de manguera sencilla o dual (Figura 10.83). Un método alterno de conexión al hidrante es atar un pedazo o trozo de cuerda o nylon en forma de lazo a la manguera de modo que pueda ser lanzada encima del hidrante.

VALVULAS DE HIDRANTE DE CUATRO VIAS

El objeto de una válvula de hidrante de cuatro vías es el de proveer un medio para permitir el cambio desde una línea directa de suministro del hidrante a una línea de suministro abastecida por un autobomba, sin interrumpir el flujo de agua. Con una válvula de cuatro vías, una línea de hidrante sin apoyo es utilizada por el primer carro bomba hasta que el segundo autobomba llegue al hidrante y se hagan las conexiones entre la válvula y el segundo autobomba. El segundo carrobomba descarga luego a través de la válvula aumentando lapresión y el flujo en la línea de suministro inicial. Existen varios fabricantes que proveen válvulas de cuatro vías que tienen los mismos principios básicos de operación. Los siguientes pasos describen la aplicación típica de una válvula de hidrante de cuatro vías (Figuras 10.84-10.86).

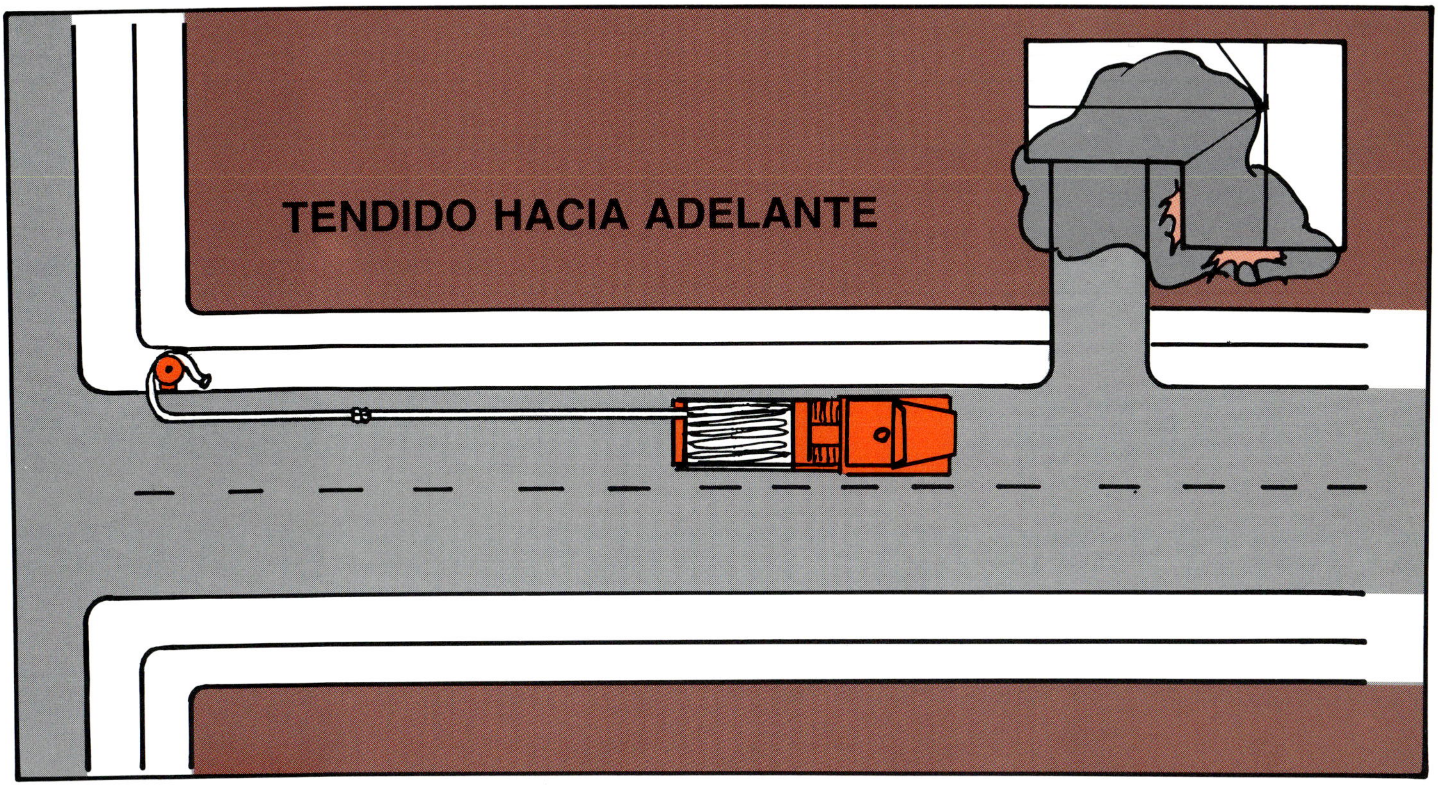

Figura 10.83 Un tendido hacia adelante lleva el agua desde la fuente hacia el vehículo en la escena del incendio.

PASO 1: El primer autobomba conecta la válvula de cuatro vías al hidrante y completa un tendido hacia adelante.

PASO 2: Debido a que la línea de suministro se transporta unida a la válvula, el hidrante puede ser activado inmediatamente. Abra el hidrante completamente (Figura 10.84). Use un empalme de manguera en el autobomba hasta que la línea de manguera sea conectada a la bomba.

PASO 3: El segundo autobomba se detiene en el hidrante y conecta su manguera de succión a la conexión de 115 mm (4½ pulgadas) y abre la válvula para permitir que el agua fluya hacia la bomba (Figura 10.85).

PASO 4: El segundo autobomba conecta una línea de descarga a la toma de la válvula de cuatro vías. La válvula de cuatro vías se puede variar de hidrante a suministro del autobomba cuando sea necesario. La línea de descarga luego se lleva a la presión adecuada para suplir el primer carro bomba por medio de la línea de suministro (Figura 10.86).

Figura 10.84 El primer carro bomba conecta la válvula de cuatro vías al hidrante y tiende una línea sin soporte hacia el incendio. Cuando se abre el hidrante, el agua fluye hacia el carro bomba de ataque. Se ilustran dos tipos. *Foto cortesía de Akron Brass.*

Como se ha discutido, la válvula de cuatro vías permite al primer carro bomba en llegar, que realice un ataque inicial limitado con línea de

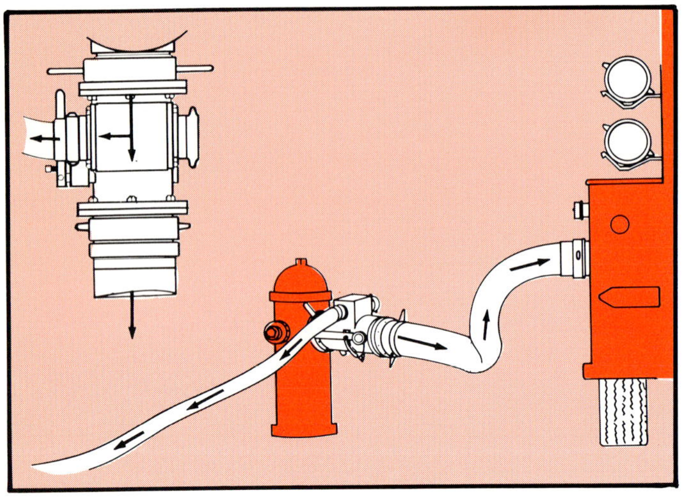

Figura 10.85 El segundo carro bomba se conecta al macho de 115 mm (4½ pulgadas) de la válvula y la abre. El agua fluye así a los dos carros bombas.

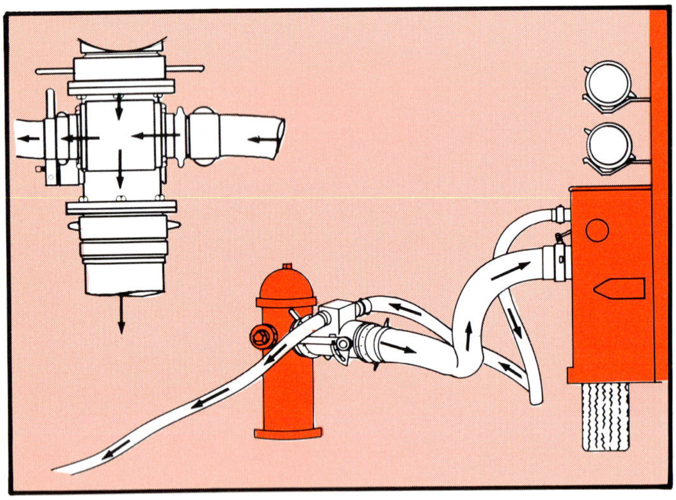

Figura 10.86 El segundo carro bomba se conecta a la toma de 65 mm (2½ pulgadas) de la válvula de hidrante (abre la válvula de paso si es necesario) y comienza a bombear a través de la línea de suministro.

ataque preconectada, utilizando agua que fluye hacia la bomba a través de la línea de suministro de alimentación del hidrante. Asimismo, esto facilita el uso racional del resto de la capacidad disponible en el hidrante.

El ataque puede ser expandido ya que la válvula provee un medio para que el segundo carrobomba en llegar tienda líneas de mangueras adicionales al mismo hidrante, y conecte y cargue estas líneas sin ninguna interrupción del flujo en la línea de suministro inicial.

Tendido en Reverso

Algunas veces es necesario el situar carros bomberiles cerca de la fuente de suministro de agua para alimentar las líneas de manguera con adecuada presión y volumen. Esta operación hace necesario que el carro bomba tienda líneas de manguera en reverso (desde el incendio a la fuente de suministro de agua). Debido a su naturaleza, es conocido como el "Tendido en Reverso". La operación consiste en detener el aparato de modo tal que se pueda remover una cantidad suficiente de manguera desde la cama. Todas las herramientas que puedan ser requeridas en el incendio deben ser descargadas en un lugar seguro conveniente, antes que el aparato se marche de la escena debido a que éste tiene que permanecer en la fuente de suministro de agua (Figura 10.87).

Cuando se remueva una manguera colocada en forma de casquillo, hale los dobleces desde el

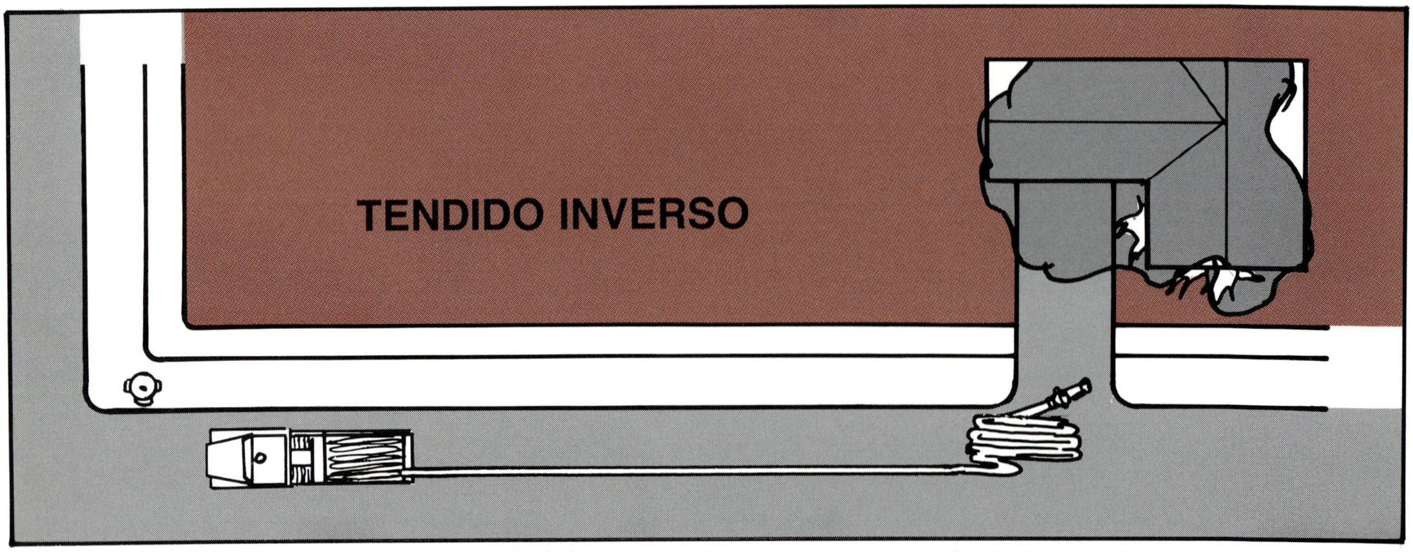

Figura 10.87 En el tendido inverso el carro bomba tiende la manguera desde el incendio hacia la fuente de suministro de agua.

lado opuesto al incendio. Esto permitirá que la manguera se deslice fácilmente. Estos dobleces deben ser colocados cerca de otros pliegues desplazados en el lado opuesto al incendio. Cuando se remueven dobleces adicionales de una carga de acordeón, estos deben ser situados junto a dobleces anteriores en el lado opuesto al incendio (Figura 10.88). Avise al conductor para que prosiga hacia el hidrante tendiendo línea sencillas o múltiples.

Figura 10.88 Las secciones de mangueras adicionales deben ser colocadas al lado de las mangueras que están en el piso de lado contrario al del incendio, a medida que van siendo descargadas. *Cortesía de Rose Fire Company.*

Tendido Separado

El tendido separado es un línea de manguera tendida en parte como un tendido hacia adelante y en parte como un tendido en reverso. Esto puede ser logrado por un carro bomba haciendo un tendido hacia adelante desde una intersección o una entrada lateral hacia el incendio. Un segundo auto bomba puede después hacer un tendido en reverso hacia la fuente de suministro de agua desde el punto donde la línea inicial fue tendida (Figura 10.89).

HACIENDO CONEXIONES AL HYDRANTE

El siguiente procedimiento es utilizado cuando se hacen conexiones al hidrante desde un tendido hacia adelante.

PASO 1: El conductor detiene el aparato aproximadamente a 3 m (18 pies) pasando el hidrante. Agarra suficiente cantidad de manguera para llegar al hidrante. Se encamina con todo el equip necesario para hacer la conexión, al hidrante (Figura 10.90).

PASO 2: Se aproxima al hidrante y enlaza la manguera alrededor del mismo, coloca el pie sobre la "X" creada por la manguera al cruzarse sobre la misma y avisa al conductor para que prosiga (Figura 10.91). Un método alterno de enlazar el hidrante es amarrar un pedazo de cuerda o nylon en forma de lazo a la manguera de modo que pueda dejarse caer sobre el hidrante.

PASO 3: Coloque la llave de hidrante en la tuerca de operación. Remueva las tapas del hidrante y coloque la válvula de compuerta en la salida ubicada en el lado opuesto del incendio, remueva el lazo de manguera del hidrante y conéctelo a la salida

Figura 10.89 Un tendido de línea dividida es la que ha sido tendida por dos carros bombas; uno que hace un tendido hacia adelante y otro que hace un tendido inverso desde el mismo punto.

Figura 10.90 Saque de la cama de manguera, la cantidad suficiente para llegar hasta el hidrante y diríjase a éste con la llave de hidrante y los acoples necesarios.

Figura 10.91 Rodee el hidrante con la manguera, coloque el pie sobre la intersección y notifique al conductor antes de comenzar a aflojar las tapas.

más cercana al incendio. Cuando utilice manguera de grandes diámetros, un adaptador enroscado de rápido acoplamiento tiene que colocarse en el hidrante antes que la manguera sea conectada a éste (Figura 10.92).

PASO 4: Abra el hidrante completamente. Cuando regrese el aparato, apriete los acoplamientos que presenten fugas y empuje la manguera hacia el bordillo. **NOTA:** Si se tienden múltiples líneas, siga los mismos procedimientos como para una línea sencilla.

PASO 5: Cuando el vehículo haya terminado el tendido, se desconecta la manguera de la cama (dejando suficiente manguera para llegar a la toma de la bomba) y se conecta a la bomba. La señal de cargar la línea se da posteriormente. Esta señal puede ser efectuada con las manos, con una linterna o utilizando la campana, sirena o corneta.

Un método alterno consiste en colocar una llave de empalme en la línea de suministro 6 met-

Figura 10.92 Coloque la llave de hidrante sobre la tuerca de operación. La válvula de paso es la salida opuesta al incendio y la línea de suministro es la salida del lado del incendio. La válvula de paso puede llevarse conectada a la línea de manguera y desconectada esta despueś de haber colocado la válvula de paso en la salida opuesta al lado del incendio.

ros (20 pies) detrás del vehículo. Esto brinda espacio para remover las líneas de combate de incendios, y proporciona una forma de identificar a la línea que será cargada. La línea puede ser luego desconectada de la cama y conectada a la bomba mientras la línea esté siendo cargada. Cuando la conexión de la bomba se complete, se retira la llave de empalme.

Cuando las conexiones al hidrante son hechas desde un tendido en reverso, la manguera de succión puede ser suave o rígida. La conexión de un carro bomba a un hidrante con esta manguera de succión involucra coordinación y trabajo en equipo. Se necesitan más personas para conectar una manguerra rígida que para conectar una suave. Los siguientes pasos ilustran la forma de conectar una manguera suave (Figura 10.93-10.95).

PASO 1: Ubique el carro bomba en un ángulo adecuado con relación al hidrante y dentro de los límites de la longitud de la manguera de succión. Verifique que la válvula de la bomba del vehículo esté cerrada y retire la tapa de admisión.

PASO 2: Saque del vehículo la manguera suave, la llave del hidrante y la llave de paso. (Figura 10.93). Haga las conexiones al vehículo y despliegue la manguera de succión. Coloque la llave de hidrante sobre la tuerca de operación del hidrante, con la manilla en dirección contraria a la conexión.

Figura 10.93 Saque la manguera de chaqueta suave, la llave de hidrante y la válvula de paso para efectuar la conexión al hidrante. Haga la conexión al carro bomba.

PASO 3: Retire la tapa del hidrante y efectúe la conexión a esté, utilizando los adaptadores que puedan ser requeridos para esta operación (Figura 10.94).

PASO 4: Abra lentamente el hidrante y apriete cualquier conexion con fugas (Figura 10.95).

Figura 10.94 Desenrolle la manguera, coloque la llave de hidrante y la válvula de paso en el hidrante y haga la conexión.

Figura 10.95 Abra despacio el hidrante hasta que esté completamente abierto, apriete las conexiones que tengan fuga.

Algunos cuerpos de Bomberos mantienen la manguera blanda preconectada a la succión del vehículo. Este procedimiento requiere de una válvula de paso en la admisión de la bomba para evitar fugas. En algunas oportunidades se utiliza dos mangueras de 2½ or 3 pulgadas, para hidrantes equipados con tomas de 2½ pulgadas, y pueden ser conectadas a una conexión siamesa en el carro bomba (Figura 10.96).

Figura 10.96 Líneas dobles cortas pueden usarse para conectar el carro bomba con hidrante dobles.

Es más eficiente conectar una manguera blanda de 115 mm (4½ pulgadas) o mayor a un hidrante con salida de 65 mm (2½ pulgadas) únicamente. Esta conexión se efectúa utilizando un acople reductor de 115 mm por 65 mm. Los reductores deben ser machos en el extremo de succión cuando la manguera blanda de admisión está equipada con dos conexiones hembra de 4½ pulgadas. Esta conexión se ilustra en la (Figura 10.97).

Existen varias condiciones que determinan cuando se ubica el carro bomba en una esquina o frente al hidrante. No puede darse una norma definitiva para determinar la distancia de ubicación del carro bomba desde la esquina o el hidrante, porque no todos los hidrante están ubicados a la misma distancia de la esquina, y las tomas de los hidrantes pueden no estar directamente orientados hacia la calle. Otro factor importante a considerar es que mientras la mayoría de los vehículos tienen las conexiones de succión en ambos lados otros pueden tener también una conexión en la parte delantera o trasera. Se considera un buen criterio ubicar el vehículo con la conexión de suc-

Figura 10.97 Una manguera de chaqueta suave de gran diámetro también puede ser conectada a un hidrante doble utilizando un acople reductor.

ción lo más próxima posible a la toma del hidrante a fin de que puedan efectuarse las curvaturas necesarias para la manguera de succión. El procedimiento para efectuar la conexión de la manguera dura se ilustra en las Figuras 10.98-10.101

PASO 1: Ubique el carro bomba en el ángulo adecuado y a una distancia que se encuentre de los límites de la manguera de succión. Un operador verifica, que la válvula de la bomba esté cerrada y retira la tapa de succión de la bomba. El otro bombero toma la llave del hidrante y el adaptador, retira la tapa de la toma del hidrante y coloca la llave de hidrante sobre la tuerca de operación con la manilla en dirección opuesta a la toma (Figura 10.98).

PASO 2: Coloque el adaptador de 115 mm (4½ pulgadas) en la toma del hidrante.

PASO 3: Retire la manguera dura del vehículo y conéctela al hidrante (Figura 10.99). Algunos Cuerpos de Bomberos prefieren conectarse primero a la succión de la bomba (Figura 10.100).

PASO 4: Conecte el otro extremo a la succión de la bomba (Figura 10.101).

Figura 10.98 Mientras el operador verifica la válvula del tanque y quita la tapa de la conexión de admisión del vehículo, otro bombero se dirige al hidrante con la llave y adaptador para quitar la tapa de hidrante.

Figura 10.99 Después de colocar el adaptador en el hidrante, saque la manguera de chaqueta dura y conéctela al hidrante.

Figura 10.100 La manguera de chaqueta dura puede conectarse primero al carro bomba si se prefiere así.

Figura 10.101 Conecte la manguera de chaqueta dura a la conexión de admisión del carro bomba.

PASO 5: Abra el hidrante y ajuste los controles de la bomba.

MANEJO DE MANGUERAS

Para atacar y extinguir efectivamente un incendio, las líneas de manguera deben ser retiradas del vehículo y avanzadas hacia el sitio del incendio. Las técnicas para avanzar las líneas de mangueras dependerán de la forma como han sido colocadas en el vehículo. Las mangueras pueden haber sido colocadas preconectadas a una conexión de descarga o simplemente colocadas en una cama de mangueras sin estar conectadas.

Líneas Preconectadas

COLOCACION PLANA

Avanzar con la manguera que ha sido colocada en forma plana involucra sacar la manguera del compartimiento y caminar hacia el fuego. Este procedimiento se ilustra en los siguientes pasos. (Figuras 10.102-10.103).

PASO 1: Saque el pitón de la cama de manguera y colóquelo sobre el hombro, con una mano en la manguera, y pase la otra por entre los pliegues de la manguera. (Figura 10.102).

Figura 10.102 Coloque el pitón sobre el hombro y saque el resto de la manguera. Cuando se utilicen pilegues largos y cortos, los largos se colocan sobre el hombro y los cortos se agarran con la mano.

PASO 2: De espaldas al vehículo, hale la manguera con determinación de la cama de manguera, y camine alejándose del vehículo. (Figura 10.103).

Figura 10.103 La manguera colocada en forma plana, puede descargarse simplemente por alejarse del vehículo.

COLOCACION PARA USO INMEDIATO

La ventaja adicional de la colocación de la manguera para uso inmediato, es que puede ser avanzada sin arrastrar alguna porción de ella. Este procedimiento se ilustra en los siguientes pasos. (Figura 10.104-10.106).

PASO 1: Agarre firmemente el pitón y hale la carga de manguera sacándola parcialmente de la cama de manguera (Figura 10.104).

PASO 2: De espaldas al vehículo, coloque la carga de manguera sobre el hombro con el pitón a la altura del estómago. (Figura 10.105).

PASO 3: Camine alejándose del vehículo, sacando la manguera de la cama por el pliegue inferior (Figura 10.106).

PASO 4: Cuando la manguera quede estirada, enderécela y permita que vaya saliendo desde la parte superior.

Figura 10.104 Agarre el pitón y saque parcialmente el resto de la manguera de la cama de manguerá.

Figura 10.105 Coloque la manguera sobre los hombros con el pitón abajo.

Figura 10.106 Camine alejándose del vehículo dejando que la manguera caiga sobre el hombro y vaya cayendo progresivamente desde la parte superior.

COLOCACION DE TRES PLIEGUES

Avanzar la manguera colocada en tres pliegues involucra colocar el pitón y el primer tramo sobre el hombro y caminar alejándose del vehículo. Este procedimiento se describe e ilustra en los siguientes pasos: (Figura 10.107-10.109).

PASO 1: Coloque el pitón y el pliegue de la primera sección sobre el hombro de frente hacia la dirección del recorrido (Figura 10.107).

PASO 2: Camine alejándose del vehículo, sacando la líneas de la cama de manguera (Figura 10.108).

PASO 3: Cuando la cama de manguera ha sido despejada, deje caer el pliegue del hombro y avance el pitón (Figura 10.109).

Figura 10.107 Coloque el pitón y el primer pliegue, asegurando con la manilla del pitón, sobre el hombro.

Figura 10.108 Camine alejándose del vehículo, sacando toda la manguera de la cama de manguera. Suelte la manguera que está retenida con la manilla del pitón.

Figura 10.109 Deje caer el pliegue y continúe caminando hacia el incendio.

Líneas no Preconectadas

LINEAS EN FORMA DE "Y"

La colocación de las mangueras en forma de herradura en reversa y otras líneas de "Y" normalmente son utilizadas en conjunto con el tendido en reverso debido a que la conexión en "Y" es hecha a la manguera de 2½ o 3 pulgadas. El proceso de descarga involucra dos operaciones que pueden ser hechas consecutivamente por un solo bombero. Las pasos siguientes para descargar y avanzar se ilustran en las Figuras 10.110-10.111.

PASO 1: Agarre firmemente cualquiera de los pitones y saque la manguera colocada en forma de herradura en reverso de la cama de manguera hasta que el pliegue quede libre. Lleve la manguera a una posición vertical mientras pasa el brazo por el centro del pliegue. Coloque la manguera sobre el hombro con el pitón hacia la parte delantera de cuerpo (Figura 10.110).

PASO 2: Saque la manguera totalmente del vehículo y diríjase hacia el incendio. La manguera ira siendo suministrada desde la parte exterior de la carga.

La otra parte de la manguera colocada en forma de herradura o reversa, es sacada por un segundo bombero. Si es posible, un tercer bombero puede llevar la conexión en "Y" y un tramo largo de manguera adicional.

Figura 10.110 Pase el brazo a través del arco de la herradura, téngala hasta una posición vertical y colóquela sobre el hombro.

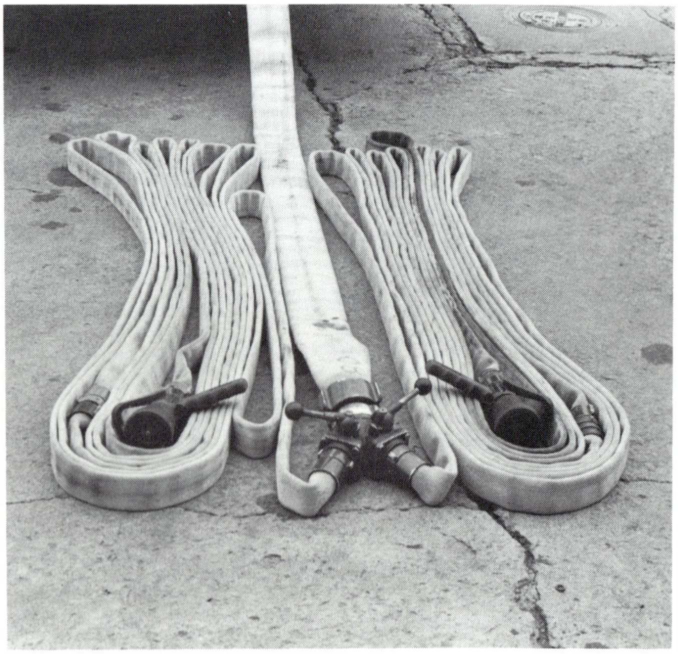

Figura 10.111 Ambas líneas del arreglo final en "Y" pueden ser sacadas simultáneamente y llevadas hasta al área del incendio sí se utiliza una válvula de acople en "Y".

La descarga de líneas colocadas en "Y" dependerá de cómo han sido colocadas en la cama de mangueras. En la mayoría de los casos éstos involucran el agarrar firmemente el pitón o correa conectada a la carga de manguera con conexión "Y" y sacarla con determinación de la cama de manguera. Ambos lados de la carga pueden ser colocadas sobre los hombros o en el piso y la conexión en "Y" colocada en medio de las dos (Figura 10.111). La línea, entonces, puede ser avanzada por cualquier método aceptado. El pitón puede ser llevado en la mano o sobre el hombro.

TRANSPORTACION SOBRE LOS HOMBROS. (DESDE COLOCACION PLANA O EN FORMA DE HERRADURA)

Debido al modo en que han sido colocadas las mangueras en forma de herradura y en forma plana en la cama de manguera, se hace necesario descargar una sección a la vez sobre los hombros. Los pasos para cargar sobre los hombros y avanzar, se ilustran en las Figuras 10.112-10.114.

PASO 1: De frente a la cama de manguera, agarre el pitón o acople y colóquelo hacia la parte delantera del cuerpo aproximadamente a la altura del pecho.

PASO 2: Pase la manguera sobre cualquier hombro manteniéndola plana y formando un pliegue que se extienda aproximadamente hasta detrás de la rodilla.

PASO 3: Forme otro pliegue hacia la parte delantera del cuerpo extendida aproximadamente hasta la cintura (Figura 10.112).

PASO 4: Continúe formando pliegues hacia delante y atrás del cuerpo hasta que una sección de manguera completa se encuentre sobre el hombro (Figura 10.113).

PASO 5: Las cargas adicionales sobre los hombros se colocan de la misma manera tomando como guía la manguera anterior, pasando sobre el hombro hacia atrás y luego hacia adelante. Los acoples deben quedar en la parte delantera del cuerpo.

Figura 10.112 Sostenga el pitón por delante del cuerpo, haga un pliegue hacia la parte de atrás pasando por el hombro, y regrese la manguera hacia adelante formando un pliegue a la altura de la cintura.

Figura 10.113 Continúe formando pilegues adelante y atrás hasta que se termine la sección de manguera.

PASO 6: Cuando se termine de cargar la cantidad de mangueras deseada todos giran en la misma dirección y proceden a avanzar permitiendo cargar sobre los hombros los pliegues superiores a medida que la línea se vaya extendiendo (Figura 10.114).

TRANSPORTACION SOBRE LOS HOMBROS (DESDE UNA COLOCACION EN FORMA DE ACORDEON)

En vista de que todos los pliegues de mangueras colocadas en forma de acordeón son casi del mismo tamaño, pueden ser llevadas sobre los hombros, cargando al mismo tiempo varios pliegues desde la cama de mangueras. Los pasos siguientes para transportar sobre los hombros y avanzar se ilustran en la Figuras 10.115-10.117.

PASO 1: De frente a la cama de mangueras, agarre con las dos manos el pitón o conexión y el número de pliegues necesarios para la porción a ser transportada (Figura 10.115).

PASO 2: Saque los pliegues de la cama de manguera aproximadamente ⅓, gire los pliegues hasta que queden en posición plana, o dése la vuelta colocándose los pliegues sobre el hombro. Asegúrese que la manguera esté en forma plana sobre el hombro con el pitón o conexión adelante del cuerpo (Figura 10.116).

PASO 3: Agarre el conjunto firmemente con las dos manos y aléjese del vehículo, sacando la carga totalmente de la cama de manguera (Figura 10.117).

PASO 4: Las cargas adicionales deben ser sacadas de la misma forma.

Figura 10.115 De frente a la cama de mangueras, tome un número adecuado de pliegues de la manguera colocada en forma de acordeón.

Figura 10.114 Cuando se ha cargado suficiente cantidad de manguera, todos los bomberos giran, y comienzan a andar. La manguera comenzará a desprenderse del hombro del último bombero.

Figura 10.116 Hale los pliegues sacándolos de su posicion y colóquese debajo de ellos, girándolos para que queden en forma plana con el pitón o la conexión sobre la parte delantera del bombero.

Figura 10.117 Agarre las mangueras colocadas sobre el hombro con las dos manos y aléjese del vehículo sacando el resto de la manguera de la cama de manguera.

DESPLIEGUE DE LINEAS DE MANGUERA

Las diferentes formas de colocación de las mangueras y los arreglos finales han sido diseñados para permitir al bombero descargar las mangueras de incendio con mayor facilidad y efectividad y avanzar hacia donde se requiera su uso. Las mejoras en los procedimientos de colocación y despliegue de las mangueras han surgido siempre como consecuencia del esfuerzo constante de los bomberos por hacer un mejor trabajo. Estas técnicas para el manejo de las líneas de manguera que han surgido como consecuencia de análisis previos, son básicamente para operaciones a nivel del suelo independientemente de cuál sea la forma de colocación. Las operaciones a nivel de suelo conducen al bombero únicamente hasta la entrada de la edificación, a partir de la cual el bombero debe aplicar las técnicas aprendidas a esas áreas y a los obstáculos dentro del edificio. Algunas veces las líneas de mangueras deben ser izadas por fuera de los edificios hasta entradas o niveles superiores al nivel del suelo por medio de escaleras, plataformas de elevación o cuerdas. De igual forma, algunas veces las líneas de mangueras deben ser llevadas hasta pisos superiores utilizando las escaleras interiores. La aplicación de las técnicas de despliegue de líneas de mangueras hasta lugares por encima del nivel del suelo está limitada a la cantidad de la manguera que puede cargar un bombero. Los sistemas de tuberías de incendio en edificaciones permiten ir más allá de estas limitaciones.

Despliegue de Linea de Manguera Dentro de una Estructura

Para máxima seguridad de los bomberos es necesario que estos estén alertas sobre los peligros permanentes de retornos de la llamas, combustión súbita generalizada y colapso estructural. Cuando se desplieguan una línea de manguera en una edificación, los bomberos deben:

- Estar del mismo lado de la manguera, tanto el pitonero como los bomberos de respaldo (Figura 10.118).
- Palpar las puertas con el dorso de la mano sin guantes.

Figura 10.118 Los bomberos que avanzan con una línea de manguera deben estar colocados del mismo lado de la manguera.

Figura 10.119 Ajuste el pitón de descargas, verifique el ajuste del flujo (si es necesario) y saque el aire de la línea antes de entrar a la edificación.

Figura 10.120 Todos los bomberos deben permanecer agachados y retirados de las puertas para evitar que se quemen.

- Ajustar el pitón para agua pulverizada para un ataque indirecto y en chorro sólido para un ataque directo.
- Purgar el aire de la línea de manguera antes de entrar a la edificación (Figura 10.119).
- Permanecer agachados y fuera del dintel de las puertas (Figura 10.120).

Despliegue de Mangueras por las Escaleras Interiores

El desplegar mangueras por escaleras interiores presentan diversas condiciones que dificulta la operación. Las mangueras son difíciles de arrastrar en espacio abierto y extremadamente dificultosas para sobrepasar las obstrucciones que se encuentran en las escaleras interiores. Llevar las mangueras sobre los hombros o bajo el brazo es aceptable para este tipo de operación en vista de que la manguera queda en posición para atacar el incendio y puede ser utilizada según sea requerido. Las líneas de mangueras deben ser avanzadas antes de llevarlas con agua especialmente cuando es necesario transitar por escaleras interiores. Durante el proceso de avance, tienda la manguera sobre los peldaños de la escalera y hacia la pared exterior para evitar ángulos fuertes y estrangulamientos. Cuando la línea que está fuera de la edificación queda tensada se comienza a soltar manguera a partir del último bombero. El avance con mangueras cargadas sobre los hombros se muestra en la (Figura 10.121). Una situcación similar se ilustra en la (Figura 10.122) para llevar la manguera bajo el brazo.

Para el despliegue de líneas llenas de agua se utiliza un aro en la manguera de 2 a 3 metros donde exista la holgura suficiente. Ponga el aro vertical y ruédelo hacia el pitón (Figura 10.123).

Despliegue de Líneas de Mangueras Desde Tubería de Incendios

El combate de incendio en edificaciones altas presenta el problema de llevar las mangueras a los pisos superiores. Si bien es posible extender la línea de manguera desde los vehículos hasta el área de incendio, esto no se considera recomendable. Es más práctico tener algunos paños de man-

Figura 10.121 Se puede subir escaleras llevando la manguera sobre los hombros doblada en forma de acordeón.

Figura 10.122 También se puede subir escaleras llevando las manguera bajo los brazos.

Figura 10.123 Una línea en operación puede ser avanzada formando un aro con la manguera excedente y haciéndolo rodar hacia el pitón.

guera o mangueras dobladas en los vehículos para ser utilizadas con la tubería de incendio de los edificios.

La forma en que están colocadas las mangueras para ser utilizadas con las tuberías de incendio es una cuestión de preferencias personales. Pueden estar dobladas o en bultos que pueden ser cargados fácilmente sobre los hombros, o en paquetes de mangueras especialmente diseñadas con pitones, acoples Y herramientas especiales. Ver página 238.

Las mangueras pueden ser llevadas hasta el piso del incendio bien sea utilizando las escaleras interiores o los ascensores. En todo caso, los bomberos deben llegar hasta el piso inferior al piso del incendio y hacer aquí la conexión a la tubería de incendio. Esto también permite a los bomberos hecerse una idea sobre la distribución en el piso que quizás puede ser aplicada al piso del incendio.

Al llegar a la tubería de incendio del edificion, desconecte la línea de manguera del edificio, verifique las conexiones para usar los adaptadores adecuados (si se requiere) y conecte la manguera del Cuerpo de Bombero a la tubería de incendio.

Si se utiliza una manguera de 1½ pulgadas, es recomendable colocar una válvula en "Y" en la tubería de incendio o al final de una sección corta de manguera de 2½ pulgadas, conectada a la tubería de incendio. También debe considerarse la posibilidad de utilizar una manguera de 2½ pulgadas, la cual dependerá de la magnitud y naturaleza del incendio. Una vez que se ha hecho la conexión a la tubería de incendio, el exceso de manguera debe ser llevado por las escaleras hacia el piso superior al incendio (Figura 10.124). Es más fácil bajar la escalera con una manguera llena que subirla.

Durante las operaciones de retirada, el agua dentro de las mangueras debe ser drenada cuidadosamente para evitar daños innecesarios por agua. Esto puede hacerse drenando la manguera por fuera de una ventana, por la escalera o cualquier otra forma adecuada.

Figura 10.124 Una vez hecha la conexión a la tubería de incendio, la manguera excedente debe ser elevada por la escalera hacia el nivel inmediato superior al del incendio.

Traslado de Manguera Sobre Escaleras de Bomberos

Llevar una manguera escalera arriba puede lograrse mejor cuando la línea no está llena de agua. Si la manguera ya tiene agua, será más fácil, rápido y seguro si se suprime la presión y se drene la manguera antes de proceder a su traslado. Los dos métodos que se utilizan para llevar mangueras en escaleras de bomberos se muestra en las Figuras 10.125 y 10.126. Los bomberos deben subir distanciados unos de otros aproximadamente 3 metros y debe haber de igual forma, de 6 a 8 metros de mangueras entre ellos. La Figura 10.125 ilustra como se puede subir una manguera por la escalera haciendo un aro con ella y pasándolo por el mismo hombro de cada bombero. La Figura 10.126 muestra como se sube una manguera utilizando cuerdas y herramientas especiales. Cuando sea posible, es mejor utilizar un bombero en la base de la escalera para ayudar con la manguera y otro para sostener la escalera.

Figura 10.125 Avance una línea de manguera sobre una escalera de bomberos llevando la manguera plegada sobre el hombro del mismo lado de cada bombero.

Figura 10.126 Pueden utilizarse herramientas especiales para mangueras para izar una línea de mangueras a través de una escalera de bombero.

'raslado de Manguera Llena de Agua Por la :scalera de Bombero

Los bomberos se ubican de tal forma que están .l alcance unos de otros en la escalera. Todos los •omberos deben usar la correa de seguridad porque ımbas manos estarán ocupadas para mover la ínea llena de agua. La línea es impulsada hacia ırriba de bombero a bombero. (Figura 10.127). El ›itonero introduce la línea por la ventana y el 'esto de los bomberos continuán izando según sea ıecesario.

Figura 10.127 Una línea de manguera en operación puede ser empujada por una escalera de bombero hacia arriba, de bombero a bombero.

Uso de Una Manguera Desde la Escalera de Bombero

La línea de manguera llena se sube tal como se explicó previamente. El bombero que está más arriba sostiene el pitón, mientras que el siguiente le sostiene la manguera para izarla según sea necesario. El pitonero pasa la manguera por entre la escalera y asegura el pitón con cuerdas y herramientas especiales. Ambos bomberos deben usar correas de seguridadd y cuando la línea esté atada a la escalera puede abrirse el pitón (Figura 10.128).

Figura 10.128 Un pitón puede ser operado desde una escalera de bombero después de haber sido asegurada adecuadamente.

Cómo Trasladar Mangueras Hacia Arriba

En algunas oportunidades las líneas de mangueras son subidas a todo lo alto de una edificación, escaleras de incendio o escaleras de bombero. Esta operación también exige que la manguera no esté llena de agua. Si la operación se efectúa por la pared de un edificio debe haber un bombero en una ventana de cada piso. Cuando se sube por la escalera de bombero, debe haber un bombero por cada 3 o 4 metros de elevación. Cuando se sube por una escalera de incendio, debe haber un bombero en cada descanso. Puede amarrarse una pértiga a la manguera con una cuerda, correa o cadena de manguera. La pértiga es un implemento por medio del cual la manguera puede ser pasada de un bombero a otro. La Figura 10.129 muestra un método de subir la manguera.

Figura 10.129 Para pasar las mangueras de un nivel a otro se pueden utilizar pértigas y herramients especiales de mangueras.

Izamiento de Mangueras con Cuerdas

Subir mangueras con cuerdas introduce la posibilidad de dañar el acople o el pitón a medida que se iza. Por esta razón, es recomendable doblar hacia atrás el acople o el pitón, de tal forma que queden apuntando en dirección contraria a la dirección de recorrido. La Figura 10.130 muestra una manguera que está siendo izada con la ayuda de una cuerda y protectores de mangueras. Una forma muy común de amarrar una manguera con una cuerda para ser izada es la siguiente: efectúe un amarre de Ballestrinque en un sitio de la manguera alejado del extremo. Haga un lazo alrededor del pitón y la manguera donde el pitón esté doblado hacia atrás. Haga otro lazo alrededor de la manguera doblada aproximadamente 30 cm del extremo del pliegue. Con los amarres colocados adecuadamente, la manguera pasará por el protector de manguera con el pitón y la conexión por el lado de arriba y la manguera pasará por el carril del protector. Un método alterno consiste en hacer el amarre en el pliegue con el pitón en dirección

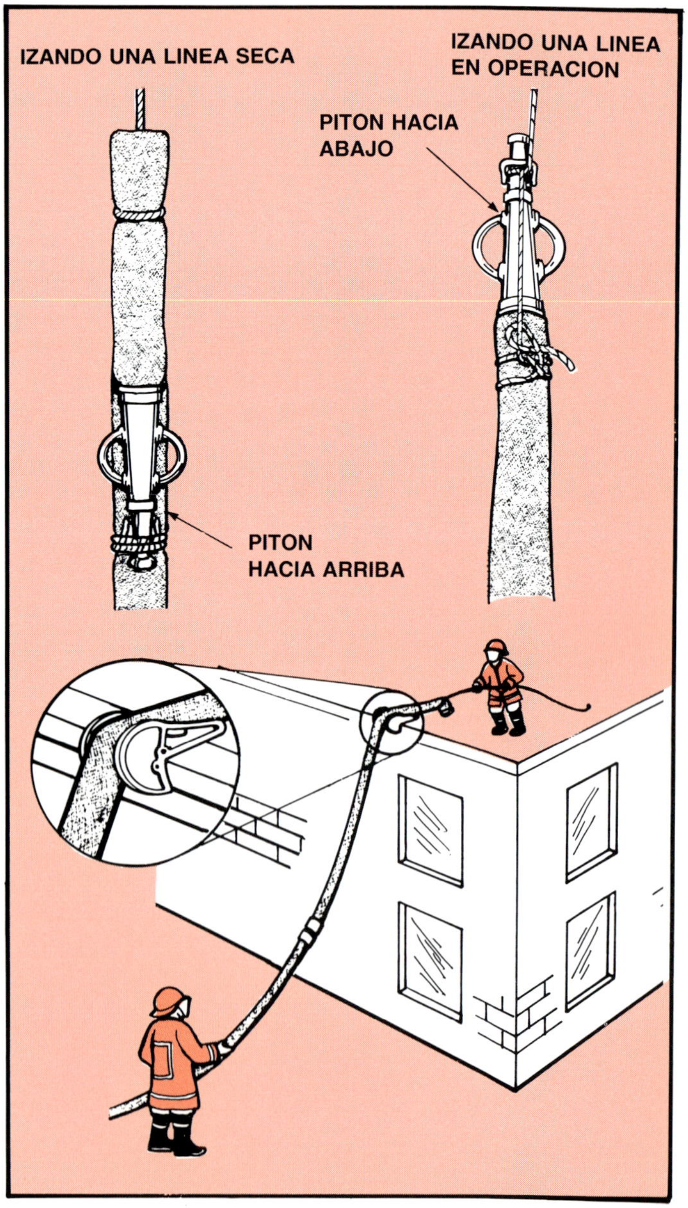

Figura 10.130 Las líneas secas y en operación pueden ser izadas con una cuerda y un protector de manguera. La cuerda y los amarres deben estar entre la edificación y la manguera.

hacia afuera. Puede usarse un lazo corredizo para poder lanzar la cuerda nuevamente y subir mangueras adicionales.

Cuando se iza una línea llena de agua, la cuerda debe ser amarrada por debajo de la conexión del pitón. Esto hará que la fuerza sea aplicada sobre la manguera y no sobre la conexión. Asegúrese que la palanca de cierre del pitón esté bien amarrada para evitar que se abra con algún golpe durante el izamiento. Es recomendable aliviar la presión de la manguera y drenarla antes de bajarla. Para bajar una manguera con una cuerda, invierta los procedimientos de subida.

Extensión de una Línea de Manguera

Si una línea de manguera requiere ser alargada, pueden añadirse las secciones que se requieran utilizando el siguiente procedimiento (Figura 10.131).

PASO 1: Traslade las secciones adicionales de manguera según sea necesario hacia el extremo donde se encuentre el pitón.

PASO 2: Aplique la tenaza de manguera aproximadamente un metro antes del pitón y abra éste para aliviar la presión de la bomba en la línea.

Figura 10.131 Para extender una línea de manguera coloque una tenaza de manguera 1 metro (3 pies) antes del pitón, quíte, el pitón conecte la manguera, revístale el pitón y suéltele la tenaza.

PASO 3: Quite el pitón, acople las nuevas secciones de mangueras y conecte nuevamente el pitón

PASO 4: Retire lentamente la tenaza permitiendo que el agua fluya hacia el pitón.

También puede extender una línea de manguera usando un pitón desarmable (Figura 10.132).

Figura 10.132 También se puede extender la manguera cuando se utiliza un pitón desarmable.

Rescate de una Línea de Manguera Suelta y sin Control

Una línea de manguera suelta es una en la cual el agua fluye a través del pitón, una abertura o la manguera rota que no estando bajo control de los bomberos (Figura 10.133). Esta situación es sumamente peligrosa debido a que la manguera puede latigar hacia todos los lados. Bomberos y observadores pueden quedar seriamente lesionados si son golpeados por la manguera suelta incontrolada.

La forma más segura de controlar una manguera suelta es cerrando la válvula de paso de agua. Esta válvulas pueden ser las de la bomba o la del hidrante. Puede utilizarse una tenaza de manguera con un punto estacionario en la línea de man-

Figura 10.133 Cuatro de las formas en que una línea de manguera puede quedar suelta son: el pitón abierto, conexión suelta, línea rota y tenaza suelta.

guera. Si no es posible cerrar una salida, debe utilizarse el siguiente procedimiento.

PASO 1: Retroceda sobre la línea tanto como sea requerido por razones de seguridad y arrodíllese sobre la línea de manguera, coloque las rodillas a los lados de la manguera y las manos sobre ésta.

PASO 2: Avance hacia el pitón mientras mantiene asegurada la línea de manguera con las manos y las rodillas.

PASO 3: Continúe avanzando hacia el pitón para controlar la línea y cierre el pitón.

Reemplazo de una Sección de Manguera Rota

Una sección de manguera rota bajo presión puede ser sumamente peligrosa. Como la necesidad de cortar el flujo de agua es urgente y quizás no se cuente con una tenaza de manguera, el método más eficiente para cortar el flujo de agua es estrangular la manguera tal como se muestra en la Figura 10.134. Primero retraiga la manguera lo suficiente como para poder trabajar, doble la manguera sobre si misma y aplique el peso del cuerpo sobre los pliegues de la manguera. Es muy útil, durante la operación, colocar una rodilla sobre el pliegue y aplicar presión en este punto. Por supuesto, si se cuenta con una tenaza de manguera, debe ser usada. El cierre debe hacerse entre el punto de rotura y la fuente de suministro de agua, un metro antes de la conexión de la sección dañada (Figura 10.135). Para el reemplazo de una sección dañada debe extraerse del vehículo dos secciones de mangueras adicionales. Esto es necesario

Figura 10.134 El flujo de agua de una manguera rota puede detenerse rápidamente haciendo los pliegues en un tramo de la manguera.

Figura 10.135 También se puede utilizar una tenaza de manguera para controlar el flujo de agua que suministra el carro bomba, mientras se reemplaza la sección de una manguera rota.

porque las líneas de mangueras se estiran cuando son sometidas a presión, por consiguiente las conexiones en la línea están más distantes que la longitud de la sección de reemplazo.

OPERACIONES CON LINEAS DE MANGUERAS

Los siguientes métodos pueden ser utilizados con líneas de mangueras de tamaño medio de 1½, 1¾, y 2 pulgadas.

Método para un Solo Bombero (Líneas de Mangueras de Tamaño medio)

Una línea de manguera y su pitón deben estar bajo control todo el tiempo. Cuando se requiere que un solo bombero opere una manguera mediana y su pitón, debe proporcionarse algunos medios para sujetar y anclar la manguera. Para efectuar esto el pitonero debe agarrar el pitón con una mano y con la otro agarrar la manguera inmediatamente después del pitón. La línea de manguera debe estar recta por lo menos tres metros antes de llegar al pitón, y el pitonero debe estar de frente hacia la dirección donde será dirigido el chorro. Permita que la manguera se recueste contra la parte interior de la pierna que se encuentre más próxima y abrácela o sosténgala delante del cuerpo y la cintura. Ancle la manguera contra el suelo o el piso colocando el pie de la pierna que soporta la manguera sobre ésta. Si el chorro debe ser desplazado o dirigido a un ángulo excesivo de la línea central, cierre el pitón, enderece la manguera y adopte nuevamente la posición de operación. La Figura 10.136 ilustra este método.

Figura 10.136 Un bombero puede sostener una manguera de pequeño diámetro en operación manteniéndola recta y utilizando la pierna y el cuerpo como soporte.

Método para Dos Bomberos (Líneas de Manguera de Tamaño Medio)

El método de operación de mangueras de tamaño medio para dos bomberos debe ser usado siempre que sea posible, porque proporciona un mayor grado de seguridad que el método para un solo bombero. El método para dos bomberos es usado generalmente cuando se necesita avanzar con el pitón. El pitonero sostiene con una mano el pitón y con la otra la manguera. La línea es sujetada contra la cintura y por sobre la cadera. El bombero de respaldo se coloca del mismo lado de la manguera que el pitonero un metro más atrás. Este bombero sujeta la manguera con ambas manos y las apoya contra la cintura y sobre la cadera. Una función importante del bombero de respaldo es la de mantener la manguera recta detrás del pitonero. La Figura 10.137 ilustra el método.

Los métodos siguientes pueden ser utilizados con líneas de ataque de gran tamaño de 2½, 2¾, 3 pulgadas.

Figura 10.137 Se recomienda que una línea de diámetro medio en operación sea avanzada por dos bomberos.

Método para un Solo Bombero (Manguera de Gran Diámetro)

Cuando se utiliza un pitón de neblina o de chorro sólido conectado a una línea de ataque de gran diámetro, deben utilizarse un mínimo de dos bomberos o preferiblemente tres. Sin embargo, es posible que, de acuerdo a la necesidad, se encuentre un solo bombero operando una línea de manguera de gran tamaño. La Figura 10.138 ilustra una forma de efectuar esta tarea con un grado de seguridad aceptable. El bombero establece la cantidad excedente que posee la línea de manguera y forma con ella un gran aro cruzándola aproximadamente a un metro del pitón. El bombero se sienta sobre el cruce de las líneas y dirige el chorro. Este método no permite mucha maniobrabilidad del pitón, pero puede ser operado desde esta posición hasta que se reciba ayuda. Si no se espera contar con ayuda dentro de un corto plazo, debe amarrarse la manguera en el cruce como lo muestra la Figura 10.139 para facilitar su operación y mayor seguridad.

Figura 10.138 Un bombero puede operar en forma segura una manguera de gran diámetro haciendo un aro con la manguera, pasando el pitón por debajo de ella y sentándose sobre el cruce de manguera.

Método para Dos Bomberos (Mangueras de Gran Diámetro)

Cuando únicamente se cuenta con la disponibilidad de dos bomberos para la operación de un pitón en una línea de manguera de gran diámetro, debe contarse con algún medio para anclar la línea para contrarrestar la reacción de retroceso. Un método es que el pitonero sostenga el pitón con una mano y la manguera con la otra. Luego sostiene la manguera a la altura de la cintura y por sobre la cadera. El bombero de respaldo, en este caso, debe servir como anclaje, en una posición aproximadamente de un metro atrás del pitonero. El bombero de respaldo coloca una rodilla próxima a la línea de manguera. Con una rodilla en tierra el bombero de respaldo agarra con sus dos manos la línea de manguera cerca de la otra

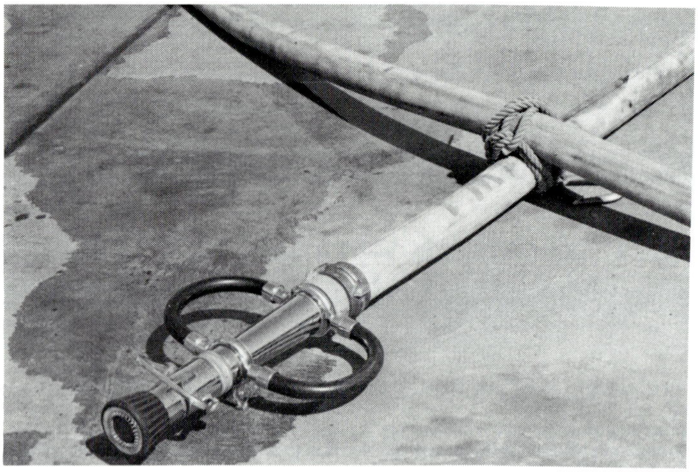

Figura 10.139 Se puede aumentar la seguridad de esta operación amarrando la manguera en el cruce.

rodilla. Esta posición evita el movimiento de la manguera hacia atrás y hacia los lados. Si la manguera trata de venirse hacia atrás, el bombero de respaldo está en la posición de empujarla hacia adelante.

Otro método para dos bomberos es utilizar herramientas especiales de cuerdas para mangueras, para ayudar en el anclaje de la manguera. El pitonero hace un lazo alrededor de la manguera con la herramienta un poco alejado del pitón, y luego pasa el brazo opuesto por entre el lazo grande. De esta forma, el pitón es sujetado con una mano y la manguera cerca del pitón con la otra. La línea de manguera descansa sobre el cuerpo y está levemente inclinado hacia el pitón para absorber parte de la presión de retroceso. La Figuras 10.140 y 10.141 ilustra este método.

Método para Tres Bomberos (Mangueras de Gran Diámetro)

Controlar un pitón en una línea de manguera de gran diámetro se puede hacer más fácil con tres bomberos. Existen diferencias de opiniones sobre cuáles deben ser las posiciones que ocupa tanto el bombero de respaldo como el de anclaje. Algunos prefieren que el bombero de respaldo esté a continuación del pitonero (de cualquier lado de la línea de manguera) con el bombero de anclaje arrodillado detrás del bombero de respaldo como lo muestra la Figura 10.142. Otros prefieren que los dos bomberos sirvan de anclaje arrodillados uno al lado del otro y a cada lado de la línea de man-

Figura 10.140 Una cuerda para manguera ayudará al bombero de respaldo una línea de manguera de gran diámetro.

Figura 10.141 Tanto el pitonero como el bombero de respaldo pueden utilizar cuerda u otra herramienta de manguera para ayudarlos a absorber la sección hacia atrás de la manguera.

Figura 10.142 Los bomberos que respaldan y anclan una línea de manguera pueden ser ubicados en diferentes posiciones para hacer un trabajo efectivo.

guera. El bombero de esta manera coloca la línea de manguera en una posición que le permite sujetarla entre ambos y asegurar una mayor estabilidad en el punto de anclaje.

TRASLADO DE MANGUERAS

Traslado en Forma de Acordeón Sobre los Hombros

El traslado de líneas de manguera en forma de acordeón sobre los hombros tiene diferentes adaptaciones. Siendo adaptable para el avance de una línea de manguera en operación, puede ser utilizada de igual forma simplemente para el traslado de una sección de manguera. Esta forma de llevar las mangueras proporciona un sistema y un método en donde los bomberos pueden trasladar una simple sección de manguera o un segmento de una línea de operación de una forma sistemática y prabsolutamente práctica.

PASO 1: Tienda una sección de manguera en línea recta. Lleve la conexión de uno de los extremos hacia el otro lado hasta alcanzar aproximadamente el centro de la sección. En esta posición se agarra la manguera con la misma mano y se avanza hacia la conexión en el otro extremo (Figura 10.143).

PASO 2: Agarre la segunda conexión y coloque ambas sobre los pliegues de manguera cuidando de que queden emparejadas las conexiones (Figura 10.144).

PASO 3: Regrese al otro extremo y alínee los pliegues y las conexiones (Figura 10.145).

PASO 4: Diríjase al centro de la manguera, agáchese cerca de ella y coloque la manguera doblada sobre un hombro. Levántese apoyado en sus piernas (Figura 10.146).

PASO 5: Tenga cuidado cuando deje caer la manguera, para no dañar las conexiones. Esto se puede evitar agarrando las conexiones mientras se deja caer la manguera del hombro (Figura 10.147).

Figura 10.143 Lleve una conexión al centro de la sección de manguera, recoja la manguera con la misma mano.

Figura 10.144 Sujete los pliegues con la mano izquierda mientras recoge la otra conexión. Luego coloque las conexiones sobre los pliegues.

Figura 10.145 Con las conexiones emparejadas, regrese al otro extremo de la manguera y alinee todos los pliegues y conexiones.

Figura 10.146 Recoja por el centro la sección de manguera doblada usando las técnicas adecuadas para levantaria.

Figura 10.147 Para bajarlas, agarre las conexiones para evitar que se dañe y deje caer la manguera del hombro.

Drenaje y Traslado de una Sección de Manguera

Frecuentemente resulta necesario el drenar el agua remanente en una manguera y trasladarla a una distancia considerable. Drenar una manguera es una tarea y prepararla para ser transportada es otra. La siguiente técnica es un método con el cual pueden hacerse las dos tareas simultáneamente y la manguera puede ser llevada doblada en forma de acordeón. Lamangueras no necesariamente deben estar en línea recta pero deben eliminarse los ángulos fuertes y los estrangulamientos.

PASO 1: Levante cualquiera de los extremos, permitiendo que el agua fluya y coloque la conexión por delante del cuerpo a la altura de la cintura, pasando el resto de la manguera sobre el hombro. (Figura 10.148).

Figura 10.148 Recoja la conexión colóquela al frente de la cintura y pase la manguera sobre el hombro.

PASO 2: Sostenga la manguera delante del cuerpo con ambas manos, camine despacio hacia adelante y haga un pliegue delante del cuerpo.

PASO 3: Continué caminando en dirección de la manguera, coloque la porción de ésta que ha sido recogida sobre el hombro y haga pliegues adelante y atrás aproximadamente a la altura de la rodilla (Figura 10.149).

Figura 10.149 Camine hacia adelante haciendo pliegues adicionales por delante y detrás del cuerpo que lleguen hasta la rodilla.

PASO 4: Continúe caminando despacio a lo largo de toda la sección de manguera, acomodándola sobre el hombro y haciendo pliegues adicionales adelante y atrás del cuerpo hasta que toda la sección haya sido drenada y colocada sobre el hombro (Figura 10.150).

Figura 10.150 Continúe hasta que toda la sección de manguera esté drenada y sobre el hombro.

Para Transportar la Manguera Enrollada Sobre el Hombro

El transporte de manguera enrollada sobre el hombro puede ser utilizado para trasladar una sección de manguera. Los pasos recomendados para acomodar una manguera enrollada sobre los hombros se ilustran en las Figuras 10.151-10.156.

PASO 1: Párese de frente a la manguera estirada y pase la conexión sobre el hombro (el pitón puede estar conectado). Deje que la manguera cuelgue frente a su cuerpo (Figura 10.151).

Figura 10.151 De frente a la manguera estirada, coloque el pitón o la conexión sobre el hombro.

PASO 2: Dé varios pasos hacia adelante para hacer un doblez en el piso de aproximadamente un metro de largo. Inclínese hacia adelante y agarre la manguera (Figura 10.152).

PASO 3: Muévase levemente hacia adelante manteniendo el cuerpo erguido, lleve el aro recién formado hacia atrás y por sobre el hombro de tal forma que el aro no llegue al piso (Figura 10.153).

Figura 10.152 Dé varios pasos hacia adelante para formar un aro con la manguera y recójala.

Figura 10.153 Parado en forma erguida, lleve el aro formado sobre el hombro.

PASO 4: Continúe cargando la manguera con aros sucesivos de igual forma (Figura 10.154).

Figura 10.154 Continúe cargando sucesivamente los aros de la misma forma.

Capítulo 11
Ventilación

NORMA NFPA 1001
VENTILACION
Bombero I

3-10 Ventilación.

3-10.1 El bombero definirá los principios de la ventilación e identificará las ventajas y efectos de la misma.

3-10.2 El bombero identificará los peligros presentes y las precauciones a tomar al efectuar la ventilación.

3-10.3 El bombero demostrará cómo abrir varios tipos de ventanas desde el interior y exterior, con y sin el uso de herramientas del servicio de bomberos.

3-10.4 El bombero demostrará la ruptura de cristales de ventana o puerta y la remoción de obstrucciones.

3-10.5 El bombero demostrará la ventilación de un techo y un piso utilizando un hacha*.

Bombero II

4-10 Ventilación

4-10.1 El bombero demostrará el uso de diferentes tipos de motosierras y martillos hidráulicos.

4-10.2 El bombero identificará los distintos tipos, de techos, demostrará las técnica usadas para ventilar cada tipo e identificará las precauciones necesarias.

4-10.3 El bombero identificará el tamaño y ubicación de una abertura para la ventilación y las precauciones que serán tomadas durante la misma.

4-10.4 El bombero demostrará la remocción de tragaluces, coberturas de agujeros y otras cubiertas sobre las superficies de los techos.

4-10.5 El bombero demostrará los tipos de equipos utilizados para la ventilación forzada.

4-10.6 El bombero demostrará la ventilación utilizando la neblina de agua*.

*Reimpreso bajo licencia de la Norma N° 1001, *Norma para la Calificación Profesional de Bombero,* Copyright (c) 1981 (Derechos Reservados). National Fire Protection Association, Boston, MA.

Las transparencias sobre la ventilación de IFSTAs están diseñadas para complementar este capítulo.

Capítulo 11
Ventilación

La ventilación es la remoción sistemática del aire caliente, humo y gases de una estructura, seguida por el reemplazo de una provisión de aire fresco, lo cual facilita otras actividades en el combate de incendios.

La importancia de la ventilación no puede ser omitida. La ventilación incrementa la visibilidad para ubicar más rápido el lugar del incendio. Esta disminuye el peligro para los ocupantes atrapados conduciendo fuera los gases tóxicos calientes y reduciendo el riesgo de una explosión de gases de combustión por flujo reverso. Desafortunadamente, la ventilación puede ser mal entendida por el público porque requiere el hacer un poco de daño a una edificación; pero esto da como resultado una reducción significativa en pérdidas.

EL USO CRECIENTE DE PLASTICOS HACE QUE LA VENTILACION SEA MAS IMPORTANTE

La tecnología moderna requiere un nuevo énfasis sobre la ventilación. Considere un solo artículo: plásticos. Desde mediados del siglo veinte, el uso de materiales plásticos ha tenido un incremento fenomenal. Estos materiales realizan una función tan vital que ha generado una nueva industria, situándose junto a industrias básicas semejantes tales como aquellas que utilizan madera, metal y textiles. La industria de materiales plásticos se espera que sobrepase a la industria de acero en libras producidas por año durante la década de los años 80. Como resultado, la carga de combustible en todos los establecimientos será incrementada y se puede también esperar aumentos en las cantidades de productos de combustión producidos durante los incendios. Cada día se hace más importante la ventilación inmediata para salvar vidas, extinguir incendios y reducir daños.

Las investigaciones recientes han indicado que las regulaciones modernas sobre la conservación de energía pueden estar creando problemas adicionales de ventilación con los crecientes requerimientos de aislantes. Esto se debe a que el aislante retendrá mayor calor e incrementará la temperatura de combustibles en el área a la temperatura de ignición, pudiendo hacer que la propagación repentina del fuego ocurra mucho más rápido. Por lo tanto, la necesidad de la ventilación se ve incrementada y debe ser efectuada más rápido que en tiempos pasados. El aislante instalado sobre las cubiertas de techos de construcción resistente al fuego, retendrá eficazmente el calor y puede reducir drásticamente el grado de resistencia al fuego, ocasionando la ruptura prematura del techo.

La inspección previa a un incendio debe señalar las características de construcción del techo y el lugar donde se han añadido aislantes suplementarios a techos existentes y áreas de áticos, de modo que el personal que realiza la ventilación pueda estar enterado de los problemas potenciales.

Cuando un oficial de bomberos determina la necesidad de ventilar, deberá considerar también las precauciones necesarias para el control de incendio y la seguridad de los bomberos. Es necesario utilizar equipos de protección respiratoria para resguardar las vías respiratorias y llevar líneas de mangueras cargadas durante el proceso de ventilación. La posibilidad de propagación de un fuego por toda una edificación y el peligro de exposición al fuego están siempre presentes.

VENTAJAS DE LA VENTILACION

Los principales objetivos de una brigada de combate de incendios son: llegar a la escena del incendio tan pronto como sea posible, rescatar las víctimas atrapadas, localizar el fuego y aplicar los agentes extintores adecuados para procurar un mínimo de daños por el fuego, agua, humo y calor. La ventilación durante el combate de incendios es definitivamente una ayuda para el cumplimiento de estos objetivos. Cuando se realiza la ventilación apropiada para ayudar en el control del fuego, hay ciertas ventajas que pueden ser obtenidas de su aplicación.

Apoyo a las Operaciones de Rescate

La ventilación apropiada simplifica y facilita el rescate de víctimas, removiendo el humo y los gases que ponen enpeligro a los ocupantes que estén atrapados e inconsicientes y haciendo las condiciones más seguras para los bomberos.

Acelera el Ataque y la Extinción

La remoción del humo, los gases y el calor de una edificación, permite a los bomberos localizar más rápidamente el incendio y proceder a la extinción. La ventilación apropiada no solamente reduce el peligro de la asfixia, sino que también disminuye los obstáculos que estorban a los bomberos mientras ellos realizan la extinción del incendio, salvamento y recuperación, rescate y los procedimientos de revisión y reacondicionamiento, mejorando la visión y removiendo la molestia del calor excesivo. Cuando se hace una abertura en la parte superior de una edificación durante la ventilación, se produce un efecto de chimenea que arrastra las corrientes de aire de todas las partes de la edificación en dirección a la abertura. Por ejemplo, si esta abertura se hace directamente sobre el incendio, tenderá a localizar el fuego. Si se hace en otra parte, puede contribuir a la propagación del incendio (Figura 11.1).

Reduce los Daños a la Propiedad

La extinción rápida de un incendio reduce el daño por el agua. La ventilación adecuada ayuda a reducir en lo posible este daño. Un método de ventilación que pudiera resultar ventajoso es ap-

Figura 11.1 El humo y el calor hacen que el ingreso a la edificación sea difícil y peligroso. Una ventilación apropiada removerá el calor y el humo.

licar agua en el área caliente en la forma de neblina o rocío. Los gases y el humo pueden ser disipados, absorbidos o expulsados por la rápida expaansión de agua cuando se convierte en vapor. Además de remover los gases, el humo y el calor, este método también reduce la cantidad de agua que puede ser requerida para extinguir el incendio.

El humo puede ser desplazado de las edificaciones incendiadas controlando las corrientes de calor, disipando el humo a través de la expaansión del agua a medida que se transforma en vapor, o por procesos mecánicos. Los procesos mecánicos incluyen ventiladores, ventiladores de succión y extractores de humo. Independientemente del método usado, la ventilación reduce el daño por el humo porque los vapores de combustibles y las partículas de carbón son removidas.

Cuando el humo, los gases, y el calor son removidos de una edificación incendiada, el fuego puede ser rápidamente confinado a un área. Esto permitirá que las operaciones efectivas de resguardo de bienes e inspección sean iniciadas incluso mientras se realiza el control del incendio. Muy poca mercancía se salva cuando las mantas son colocadas sobre materiales empapados y llenos de humo; por lo tanto, es imperativo que las operaciones de resguardo de bienes e inspección se inicien tan pronto como sea posible.

Reduce la Formación de Hongos de Humo

El calor, el humo y los gases de combustión se desplazarán hacia arriba buscando el punto más alto en un área debido al fenómeno de convección, hasta que son atrapados en el techo o cielo raso. A medida que ellos se atrapan y comienzan a acumularse, se amontonan y se esparcen lateralmente para envolver otras áreas de la estructura. Este fenómeno es generalmente denominado Hongos de Humo (Figura 11.2).

La ventilación apropiada de una edificación, durante un incendio, reduce la posibilidad de la formación de hongos. Esta tiende a sacar el incendio hacia un punto, dando escape a los gases calientes en ascenso.

Reduce el Peligro de la Explosión por Flujo Reverso

Cuando se confina suficiente calor en un área, las temperaturas de los materiales combustibles suben a sus puntos de ignición. Estos materiales no se encenderán, a menos que haya suficiente oxígeno disponible para mantener la combustión. En esta situación, existe una condición muy peligrosa porque la entrada de una provisión de aire (la cual proporciona el oxígeno necesario) es todo lo que se necesita para convertir elárea sobrecalentada en un infierno. Esta ignición repentina es a menudo referida como explosión por flujo reverso.

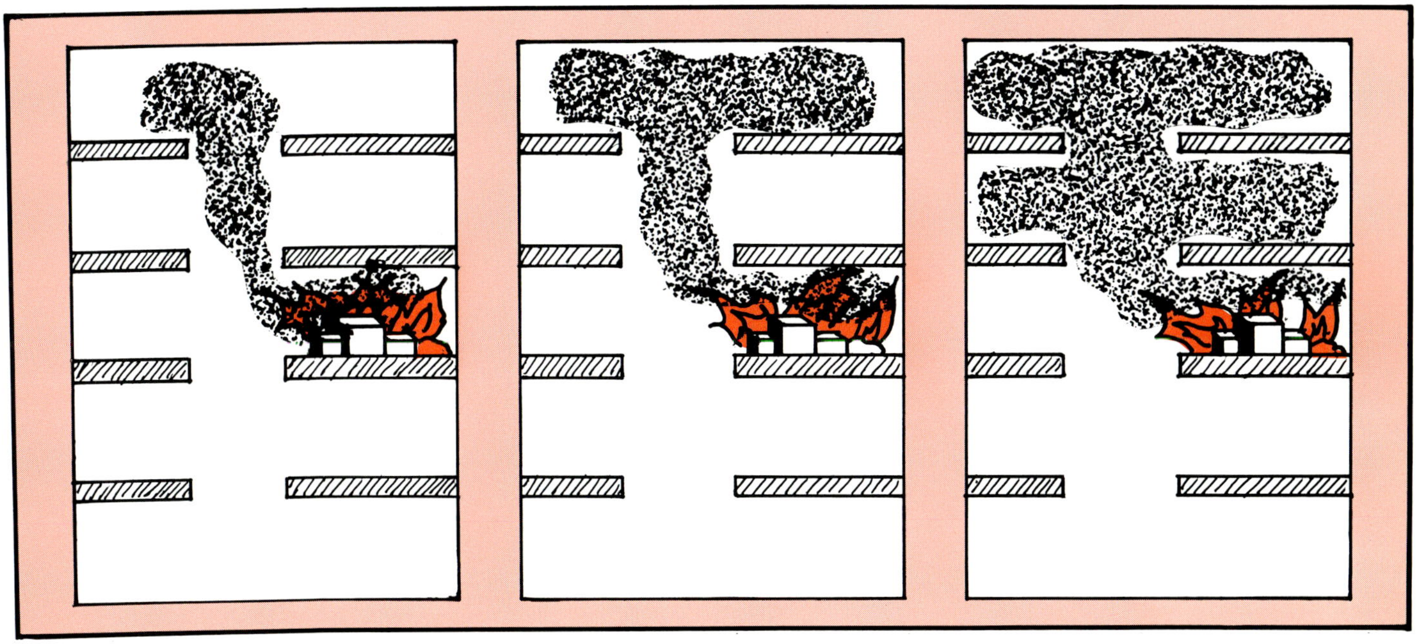

Figura 11.2 Cuando el humo, el calor y los gases no pueden escaparse, éstos llenen todo el espacio disponible por arriba, tomando la forma de hongos a medida que se desplazan hacia abajo.

Para impedir que esta situación crítica ocurra, el área debe ser ventilada en la parte superior, para aliviarla de los gases de combustión sobrecalentados y del humo.

Los bomberos deben estar conscientes de este peligro de explosión y deben proceder cautelosamente en las áreas donde se hayan acumulado cantidades excesivas de calor. Durante el combate de incendios o las operaciones de rescate, las puiertas deben ser abiertas ligeramente y con cuidado, o de manera que puedan ser cerradas rápidamente, si es necesario, para cortar el suministro de aire a las áreas extremadamente calientes.

Las situaciones que crean una explosión por flujo reverso son el confinamiento y la intensa acumulación de gases calientes en una atmósfera donde se haya agotado el oxígeno (Figura 11.3). La ventilación apropiada es un procedimiento por medio del cual estos gases calientes pueden ser aliviados con unmínimo daño adicional a la estructura.

CONSIDERACIONES QUE AFECTAN LA DECISION PARA VENTILAR

Los requerimientos para un plan de ataque deben ser cuidadosamente considerados antes que el oficial de bomberos ordene ventilar. Una serie de decisiones pertinentes a las necesidades de ventilación deben ser tomadas primero. Estas decisiones, por la naturaleza de la situación del incendio, caerán en el orden siguiente:

- ¿Hay necesidad de ventilar en este momento? La respuesta a esta pregunta debe estar basada en las condiciones del calor, humo y gases dentro de la estructura, además del riesgo a la vida.
- ¿Dónde es necesaria la ventilación? La respuesta a esta pregunta involucra los rasgos de construcción de la edificación, contenidos, exposiciones, dirección del viento, extensión del fuego, ubicación del incendio, aberturas verticales o en el tope y las aberturas transversales u horizontales.
- ¿Qué tipo de ventilación debe ser utilizada? La respuesta a esta pregunta puede derivarse del conocimiento del oficial de bomberos de los tres métodos siguientes de ventilación: (1) Proveer una abertura para el paso del aire entre las atmósferas interior y exterior; (2) usar la aplicación de la neblina de agua y la expansión del agua en forma de vapor para desplazar las atmosferas contaminadas; y (3) utilizar la ventilación con aire forzado.

Figura 11.3 Busque los indicios de una explosión por corriente de aire invertida, y si es necesario, realice la ventilación vertical.

Condiciones Visibles de Humo

Las condiciones del humo variarán según cómo haya progresado la combustión. Un incendio de libre combustión debe ser tratado en forma diferente a uno que esté en la fase latente o de rescoldo. El humo acompaña a la mayor parte de las formas ordinarias de combustión y difiere grandemente con la naturaleza de las substancias de los materiales en combustión. La densidad y el color del humo son directamente proporcionales a la cantidad de partículas suspendidas. Un incendio que apenas comienza y consume madera, tela y otros materiales corrientes, producirá ordinariamente humo de color gris blancuzco o blanco azulado de poca densidad. A medida que la combustión progresa, la densidad puede aumentar y el humo se hará más oscuro a causa de la presencia de grandes cantidades de partículas de carbón.

El humo negro es usualmente el resultado de la combustión del caucho, alquitrán, brea u otros líquidos inflamables. Se ha dicho que el humo marrón puede indicar los óxidos de los vapores del nitrógeno y que el humo gris amarillento es una señal de peligro de que se acerca una explosión por corriente de aire invertida. El bombero debe recordar que los materiales que contiene el humo pueden ser determinados solamente por medio de un análisis químico. *Aungue el color del humo puede ser de algún valor para determinar lo que se está quemando, éste no es siempre un indicador confiable.* Algunas veces es bastante fácil para los bomberos clasificar lo que se está quemando por los olores distintivos, especialmente durante las etapas iniciales del incendio. El humo de la combustión del caucho, trapos, madera de pino, plumas o pastos, todos tienen un olor característico. A medida que el humo se hace más denso y el bombero está expuesto a mayores cantidades, la irritación de las fosas nasales pronto hace que disminuya la habilidad de reconocer olores.

La Edificación Involucrada

El conocimiento de la edificación involucrada es una gran ventaja cuando se toman decisiones con respecto a la ventilación. El tipo de edificación y el diseño son los factores iniciales a considerar en la determinación de si debe ser realizada la ventilación horizontal o la vertical. El número y tamaño de las aberturas en las paredes, el número de pisos, escaleras, respiraderos, ascensores, ductos, aberturas en los techos, la disponibilidad y ubicación de las escaleras exteriores de incendios y las situaciones riesgosas son factores determinantes. Los permisos de construcciones emitidos en un área particular, pueden permitir al cuerpo de bomberos conocer cuando las edificaciones fueron alteradas o subdivididas. La revisión de estos permisos a menudo revelará informaciones concernientes a los sistemas de calefacción, ventilación y aire acondicionado ya las vías de escape para el humo, calor y los gases de combustión. El punto en el cual una edificación está unida a estructuras continguas, también tiene influencia en la decisión. La inspección y planificación previa del cuerpo de bomberos puede proporcionar información más detallada y valiosa.

EDIFICACIONES ELEVADAS

La principal consideración en cuanto a las edificaciones altas es el peligro que representa el calor y el humo para los ocupantes. Las edificaciones altas son ocupadas normalmente por hospitales, hoteles, apartamentos y oficinas. En todo caso, una gran cantidad de personas pudiesen estar expuestas a varios peligros.

Las llamas y el humo pueden propagarse rápidamente a través de respiraderos, escaleras, pozos de ascensores, sistemas que operan con aire y otras aberturas verticales. Estas aberturas contribuyen a crear un "efecto de chimenea", generando una corriente de aire ascendente e interfiriendo con la evacuación y ventilación.

La creación de capas de humo y gases de combustión en los pisos localizados debajo de la planta alta de las edificaciones selladas y de varios pisos es un fenómeno relativamente nuevo. El humo y los gases dde combustión producidos se acumularán en varios niveles hasta que el edificio sea ventilado. La planificación previa a un incendio debe incluir las tácticas y estrategias para afrontar los problemas de ventilación y riesgos de vida inherentes al humo estratificado. El humo y los gases de combustión viajan por la edificación hasta que sus temperaturas son reducidas a temperaturas del aire circundante. Cuando esta estabilización de temperatura ocurre, el humo y los gases de combustión forman capas o nubes dentro del edificio.

La experiencia ha demostrado que estas nubes de humo denso se forman en un piso por debajo de la planta más alta (Figura 11.4). Un ejemplo clásico de esta formación ocurrió en un edificio sellado de 17 pisos. El incendio se encontraba localizado en el sótano y las nubes de humo denso se formaron en los pisos 10, 11 y 12. El fuego fue extinguido antes de que se hubiese acumulado suficiente calor para mover el humo estratificado al piso superior. La ventilación de este humo fresco fuera de la parte superior del edificio, fue realizada creando corrientes controladas de aire en la parte superior de los respiraderos de las escaleras y a través de los pisos llenos de humo.

Figura 11.4 En las edificaciones de varios pisos, el humo y los gases se enfrían a medida que ellos se elevan y estratifican o forman capas antes de llegar al tope. Esta variante de hongo crea un "sombrero" para otros productos de combustión. El piso arriba del incendio donde esto ocurre varía con respecto a un número de factores incluyendo el combustible, la intensidad y tamaño del incendio, los tipos de canales de humo, la altura del edificio y el estado atmosférico.

El efecto de hongo, el cual usualmente se espera en los pisos superiores, no ocurre en las edificaciones altas hasta que se haya producido suficiente calor para mover en dirección ascendente el humo estratificado y las nubes de gases de combustión acumulados en los pisos inferiores.

La ventilación en un edificio de varios pisos donde no se tienen planes específicos para el uso efectivo del potencial humano, equipos y agentes de extinción, no debe ser practicada. Debe considerarse el hecho de que la demanda de potencial humano para este tipo de edificación es aproximadamente de cuatro a seis veces más grande que la requerida para un incendio en una residencia normal. En la mayoría de los casos, la ventilación debe ser efectuada horizontalmente con el uso de dispositivos mecánicos de ventilación. El equipo de protección respiratoria gozará de gran demanda ya que cada bombero tendrá que estar completamente equipado con aparatos autocontenidos de respiración. Los problemas de comunicación y coordinación entre las diversas cuadrillas de ataque y ventilación se complican más a medida que el número de participantes aumenta.

La ventilación a nivel de techo en los modernos edificios altos debe ser considerada durante la planificación previa. En muchas edificaciones, sólo un respiradero de escalera penetra el techo. Esta "chimenea vertical" debe ser utilizada para ventilar el humo, calor y gases de combustión de varios pisos. Antes que las entradas a los pisos incendiados sean abiertas y el respiradero de escalera sea ventilado, la puerta que conduce al techo debe ser bloqueada en la posición abierta o removidas sus bisagras. La remoción de la puerta en el tope del respiradero, garantiza que ésta no puede cerrarse y permite que el respiradero se llene de gases supercalientes, después que las tácticas de ventilación son iniciadas.

SOTANOS Y EDIFICACIONES SIN VENTANAS

Las escaleras exteriores, ventanas y elevadores facilitan el acceso a los bomberos, excepto en las residencias privadas y donde haya rociadores automáticos. Sin embargo, la mayoría de las entradas exteriores a los sótanos pueden estar bloqueadas o aseguradas con rejas de hierro, póstigos de acero, puertas demadera, o combinaciones de éstos para protección contra el tiempo y los ladrones. Todos estos implementos sirven para impedir los propósitos de ventilación natural.

Otro factor muy importante y que debe ser considerado cuando un sótano se encuentra involucrado en un incendio, es su relación con el resto de la edificación. Los rasgos estructurales como las escaleras, pozos de ascensores, ranuras de tuberías, sistemas que operan con aire y otras aberturas verticales, contribuyen a la propagación del fuego y el humo a los pisos superiores. La ventilación bajo el nivel de la calle es difícil por cuanto éste raramente provee una oportunidad para usar las técnicas normales de evacuación del humo. Los sótanos usualmente requerirán la ventilación mecánica.

Muchos edificios, especialmente en zonas comerciales, tienen grandes extensiones de pared sin ventanas. Las ventanas son consideradas importantes para la ventilación, aun cuando ellas no pudiesen ser los medios de escape más deseables de las edificaciones incendiadas. Los diseños de edificios sin ventanas crean un efecto adverso en las operaciones de ventilación y de combate de incendios. (Figura 11.5). La ventilación de una edificación sin ventanas puede verse demorada por un tiempo considerable, permitiendo que el incendio avance u origine condiciones de explosión de gases de combustión.

Los problemas inherentes a la ventilación de este tipo de edificación son muchos y variados, dependiendo del tamaño, ocupación, configuración y tipo de material con que está construido el edificio. Las edificaciones sin ventanas necesitan usualmente la ventilación mecánica para la remoción del humo. Los sistemas que operan con aire deben

Figura 11.5 Las estructuras sin ventanas requieren la ventilación vertical o forzada, la cual puede ser difícil.

ser parados tan pronto como sea posible. El modo de hacer esto y la ubicación de los controles deben ser señalados en la planificación previa. La mayoría de los edificios de este tipo son automáticamente provistos de aire acondicionado y calentados a través de ductos. Este equipo, en combinación con el de ventilación mecánica, pueden eficazmente despejar el área de humo.

Es imprescindible que los bomberos se familiaricen completamente con los diseños, contenidos, sistemas y rutas de acceso de las edificaciones sin ventanas que existan en sus respectivas áreas.

Riesgos a la Vida

Tratar sobre el peligro de la vida humana es de extrema importancia. Ciertas situaciones de incendio pueden sugerir que laventilación se efectúe primero para remover el calor y el humo, o que las llamas extendidas sean atacadas inmediatamente, algunas veces ambas cosas deben ser hechas simultáneamente. Todas las variables no pueden ser discutidas aquí, pero el caso es que la primera consideración es la seguridad de los ocupantes. El riesgo a la vida es generalmente reducido en una edificación habitada envuelta en llamas, si los ocupantes están despiertos. Sin embargo, si los ocuapntes estaban dormidos cuando se produjo el incendio y aún se encuentran en el edificio, cualquiera de estas dos situaciones pueden ser esperadas: primero, ellos pueden haber sido vencidos por el humo y los gases; segundo, ellos prodían haberse perdido en la edificación y probablemente están aterrorizados. En cualquier caso, la ventilación apropiada será necesaria junto con las operaciones de rescate.

Además de los riesgos que ponen en peligro a los ocupantes, existen riesgos potenciales para los bomberos y personal de rescate. El tipo de estructura involucrada, si las aberturas naturales son adecuadas, y la necesidad de surcar los techos, paredes, o pisos (combinados con otros factores) añaden más problemas al proceso de decisión.

Los riesgos que pueden esperarse de la acumulación de humo y gases en una edificación incluyen:

- La oscuridad causada por el humo denso.
- La presencia de gases tóxicos.
- La falta de oxígeno.
- La presencia de gases inflamables.

Otra consideración que afrontan a los bomberos es la combustibilidad de los materiales y contenidos dentro de un edificio. Aun cuando estos materiales combustibles pueden ser calentados por encima de sus temperaturas de ignición, no pueden quemarse debido a la falta de oxígeno. El peligro esta en el hecho de que los combustibles precalentados estallarán en un incendio de combustión libre cuando sean surtidos con una provisión de aire fresco.

Ubicación y Extensión del Incendio

En la mayoría de los casos, la ventilación no debe ser realizada hasta que se establezca la ubicación del incendio sea establecida. La acción de abrir con propósitos de ventilación antes de localizar el fuego, puede contribuir a propagar dicho incendio por todas las áreas de la edificación que de otra forma no hubieran sido afectadas. El humo que sale del piso superior no siempre indica la existencia de un incendio en esa planta, ya que puede ser en un piso inferior o hasta quizás en el sótano. Así mismo, el humo que fluye lentamente por una abertura no está necesariamente cerca del lugar del incendio. Obviamente, la ventilación extensa del techo puede ser impráctica o extremadamente peligrosa si la ubicación del fuego es tal que la ventilación vertical atraerá el incendio hacia las partes de la edificación que no están involucradas.

El fuego puede haber recorrido cierta distancia a lo largo de una estructura mientras llega el personal de bomberos y debe considerarse la extensión del incendio, así como también su ubicación.. La severidad y extensión del fuego generalmente dependen de la clase de combustible, el tiempo que ha estado ardiendo, los aparatos de protección contra incendio instalados y del grado de confinamiento del incendio. La fase al que el incendio ha progresado es una consideración primordial para determinar los procedimientos de ventilación.

Algunas de las formas por medio de las cuales ocurre la propagación vertical son las siguientes:

- A través de cajas de escaleras, ascensores y respiraderos por contacto directo con las llamas o por corrientes de convección.
- A través de tabiques y paredes y hacia arriba entre las paredes por contacto con las llamas y las corrientes de convección.
- A través de ventanas u otras aberturas exteriores por donde la llama se extiende a otros orificios externos y entra a los pisos superiores.
- A través de techos rasos y pisos por transmisión del calor por medio de vigas, tuberías u otros objetos que se extienden de piso en piso.
- A través de techos rasos y pisos por contacto directo con las llamas.
- A través de aberturas en los techos rasos y pisos por donde las chispas y el material incendiado caen hacia los pisos inferiores.
- Por el derrumbamiento de pisos y techos.

Selección del Lugar a Ventilar

La situación ideal en la selección de un lugar para ventilar es aquella en la cual los bomberos tienen conocimiento previo de la edificación y sus contenidos. No hay una regla básica para la selección del punto exacto para abrir un techo, excepto "tan directamente sobre el incendio como sea posible". Muchos factores tendrán cierta relación con el sitio a ventilar. Algunos de ellos son:

- La disponibilidad de aberturas naturales tales como: tragaluces, pozos de ventilación, monitores y compuertas.
- La ubicación del incendio y la dirección en la cual el Comandante desea que éste sea llevado.
- El tipo de construcción.
- La dirección del viento.
- El grado de progreso del incendio y la condición e la edificación y su contenido.
- Burbujas o fusión de la brea del techo.
- Indicaciones de convexidad de techo.

El efecto que la ventilación tendrá en el incendio, las consecuencias que su descarga tendrá sobre los riesgos, la prontitud el servicio de bomberos y la habilidad para proteger las exposiciones, antes de abrir efectivamente la edificación, deben ser considerados cuando se determina el lugar a ventilar.

Antes de ventilar una edificación, el oficial de bomberos debe proveer el potencial humano y los medios adecuados para el control del incendio, porque el fuego puede aumentar inmediatamente en intensidad cuando el edificio sea abierto. Estos recursos deben ser suministrados tanto para la edificación involucrada como para otros edificios expuestos. Tan pronto como la edificación haya sido abierta para permitir la salida de los gases calientes y el humo, debe hacerse un esfuerzo para llegar al lugar del incendio y extinguirlo. La entrada debe hacerse en la edificación tan cerca del fuego como sea posible, si la dirección del viento lo permite. Es por esta abertura que las líneas de mangueras cargadas deben ser situadas en caso de una combustión violenta o explosión. Las líneas cargadas también deben estar disponibles en otros puntos donde existan aberturas para proteger los edificios que probablemente estarían en peligro a causa de su exposición al área involucrada.

LA VENTILACION VERTICAL

Después que el oficial de bomberos haya considerado el tipo de edificación involucrada, la ubicación y extensión del incendio, haya movilizado el recurso humano y las herramientas hacia el techo, haya observado las precauciones de seguridad y seleccionado el lugar a ventilar, no ha concluido aún la operación. La ventilación al nivel del techo envuelve todos estos factores además de las siguientes precauciones y procedimientos que el oficial encargado debe considerar y practicar para tener éxito.

- Coordinar las brigadas de ataque.
- Observar la dirección del viento con relación a las exposiciones.
- Tomar nota de la existencia de obstrucciones o peso en el techo.
- Fijar una cuerda salvavidas al techo como medio secundario de escape.
- Siempre que sea posible utilizar las aberturas naturales del techo.
- Hacer un hueco grande si es requerido, antes que varios pequeños.
- Tener cuidado al hacer la abertura de modo que los soportes estructurales principales no sean cortados.
- Trabajar con el viento a la espalda o al lado para dar protección a los operadores mientras hacen la abertura en el techo.
- Vigilar la abertura para evitar que el personal caiga dentro de la edificación.
- Introducir un objeto romo por la abertura para romper el cielo raso.

Apertura de Techos

Para ventilar apropiadamente un techo, el bombero debe conocer los tipos y diseños básicos de techos.

Muchos diseños y estilos de techos son utilizados y sus nomberes varían en cada localidad. Los revestimientos para techos pueden ser de tablillas de madera, tejamaniles compuestos, papel cubretechos compuesto, teja, pizarra o una superficie compuesta de brea y grava. El revestimiento es la parte expuesta del techo y su objetivo principal es ofrecer protección contra el clima. La selección de un revestimiento de techo apropiado es importante desde el punto de vista de protección contra incendio porque éste puede estar sujeto a chispas y teas en llamas. El estudio de los tipos más comunes de techos y la manera en que su construcción afecta los procedimientos para las aberturas es necesario para desarrollar una ventilación vertical efectiva. El bombero tendrá que afrontar tres tipos predominantes de construcción de techos: los estilos plano, inclinado y arqueado. Las edificaciones pueden estar construidas con una combinación de diseños de techos incluyendo estos u otros tipos. Algunos de los estilos más comunes son el plano, de dos aguas, el techo a laholandesa, el de cobertizo, el de cuatro vertientes, el abuhardillado, domo, linterna y mariposa, como lo ilustra la Figura 11.6.

PRECAUCIONES DE SEGURIDAD

El bombero de mayor jerarquía en el área donde se realiza la ventilación, debe estar en comunicación constante con el comandante en la escena. Los radios portátiles son los más recomendables para este tipo de comunicación. Las principales precauciones, una vez sobre el techo incluyen: asegurarse de que sólo sean hechas las abereturas requeridas, coordinar los esfuerzos de las cuadrillas con los de los bomberos que estén en el interior, y lograr la seguridad de todo el personal que esté ayudando en la abertura de la edificación. Algunas de las precauciones de seguridad que deben ponerse en práctica incluyen:

- Proporcionar medios de escape secundarios.
- Impedir que el personal camine sobre techos abombados.

  NOTA: Esto es usualmente un signo de que los miembros estructurales han sido debilitados. (Si es necesario abrir un techo debilitado, una escalera de techo puesta sobre el mismo sirve para distribuir el peso del bombero sobre un área mayor).
- Fijar una cuerda salvavidas a cualquier bombero que vaya a entrar a un área de techo debilitado.

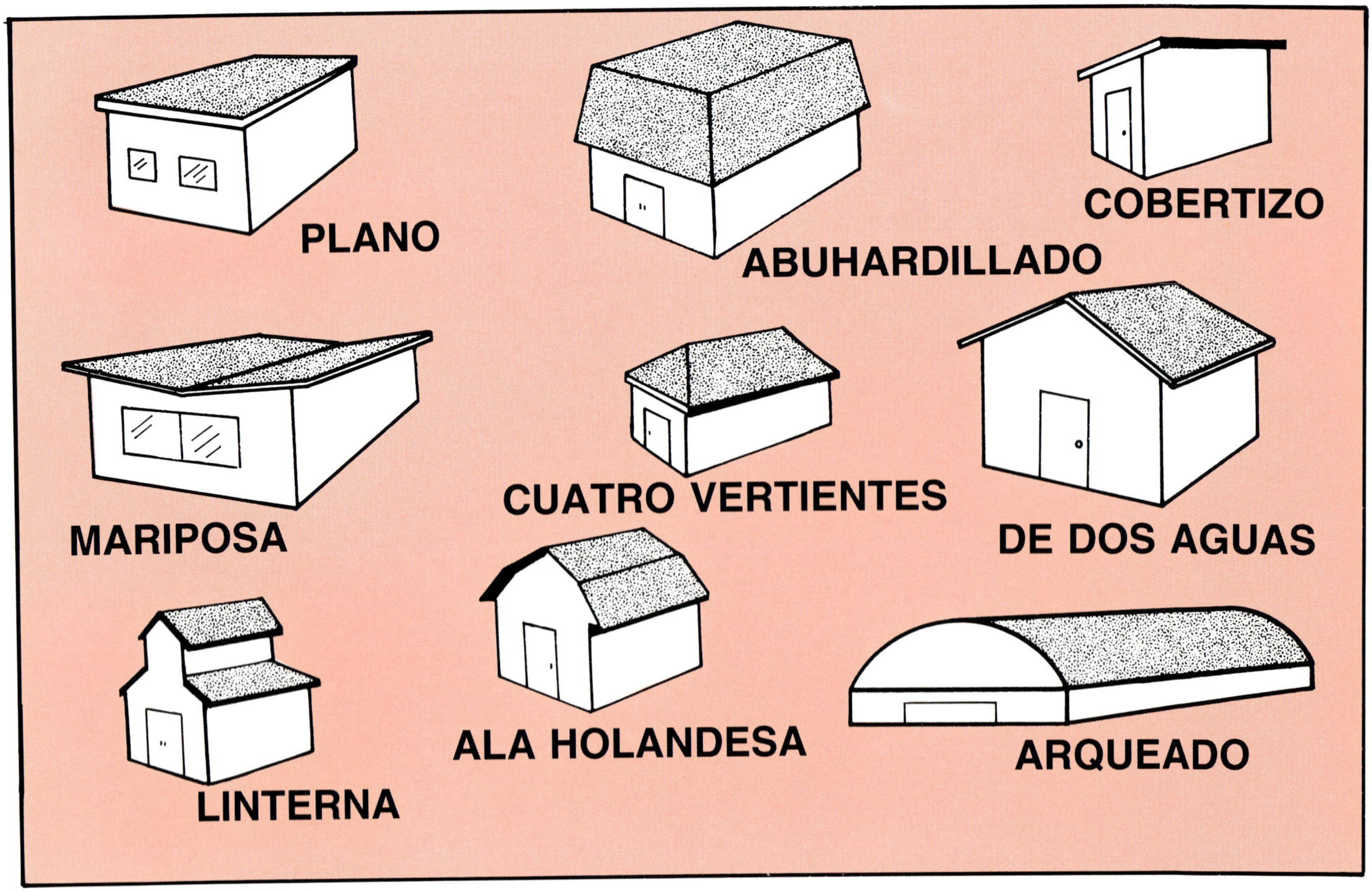

Figura 11.6 Tipos de techos comunes.

- Proteger al personal de resbalones y caídas.
- Tener cuidado al trabajar alrededor de cables eléctricos y tensores.
- Asegurarse de que la persona que haga la abertura se pare del lado de barlovento del corte y lleve puesto el equipo protector apropiado.
- No permitir otras personas dentro del alcance del hacha.
- Prevenir a los que usan hachas de cuidarse de los obstáculos altos dentro del alcance de sus hachas.
- Probar las herramientas de potencia en el suelo para garantizar su operación en el sitio del corte de las áreas más altas. Es importante detener el funcionamiento de la herramienta antes de elevarla o subirla hacia estas superficies altas.
- Alertar a todos los operadores de equipos cortantes de asegurarse que el ángulo del corte no esté dirigido hacia sus cuerpos.
- Estar pendiente de indicios de estructuras debilitadas u otros riesgos.
- Tener cuidado, especialmente cuando se utilicen herramientas de potencia, de no cortaar o debilitar miembros estructurales de soporte.
- Mantener el pie firme.

ABERTURAS NATURALES DE LOS TECHOS

Las aberturas naturales de los techos pueden existir en varios tipos tales como la forma de compuertas de escotillas, tragaluces, monitores, pozos de ventilación y también puertas de escaleras. Puede esperarse que la mayor parte de ellos esté cerrada o asegurada de alguna manera para evitar la entrada. Las compuertas de escotillas, como las mostradas en la Figura 11.7 son normalmente cuadradas y suficientemente grandes como para permitir que una persona suba al techo desde el desván. Estas pueden ser de metal o madera, y en tér;minos generales, no proporcionan una abertura adecuada para los propósitos de ventilación.

Figura 11.7 Las compuertas de escotillas, tragaluces, entradas exteriores y ventiladores son aberturas potenciales de techos. Asegúrese de que éstas sean de suficiente tamaño antes de usarlas.

Si los tragaluces contienen vidrios ordinarios astillábles, pueden ser abiertos cómodamente. Si contienen vidrio armado con tela de alambre, son muy difíciles de romper y resultan más fáciles de abrir removiendo el marco. Los lados de un monitor pueden contener vidrio (el cual es removido fácilmente), persianas de madera o metal. Los lados abisagrados son forzados fácilmente en la parte superior Si el tope del monitor no es removible, por lo menos dos lados deben ser abiertos para crear la corriente de aire requerida. Las puertas de escaleras pueden ser forzadas de la misma manera que cualquier otra puerta.

TECHOS PLANOS

Los techos planos son más comunes en edificios mercantiles, industriales y en apartamentos de viviendas multifamiliares que en las edificaciones individuales. Este tipo de techo ordinariamente tiene un pequeño declive hacia la parte posterior de la edificación y es frecuentemente atravesado por chimeneas, tubos de ventilación, respiraderos, escotillas y tragaluces. El techo puede estar rodeado y dividido por parapetos y puede soportar tanques de agua, equipos acondicionadores de aire, antenas y otras obstrucciones que pueden interferir con las operaciones de ventilación.

La parte estructural del techo plano es generalmente similar a la construcción de un piso que consta de vigas de madera, concreto o metal cubiertas con un revestimiento. El revestimiento está cubierto con una capa de material impermeable y un material aislante (Figura 11.8). En lugar de la construcción con vigas y revestimientos, los techos planos son algunas veces hechos de concreto armado o de planchas de yeso o concreto prefabricadas colocadas dentro de las vigas de metal.

La manera más idónea para que el servicio de bomberos determine el material de que están construidos los techos de los edificios es a través de las inspecciones donde dicha información puede ser recogida y puesta a la disposición de los bomberos. Los materiales usados en la construcción de techos planos, determinan de algún modo su capacidad para ser cortados con un hacha. Cuando se corta a través del techo, el bombero deberá hacer la abertura rectangular o cuadrada para facilitar las reparaciones. Una abertura amplia de por lo menos 1.2 1.2 mts. (4 pies x 4 pies) resulta más

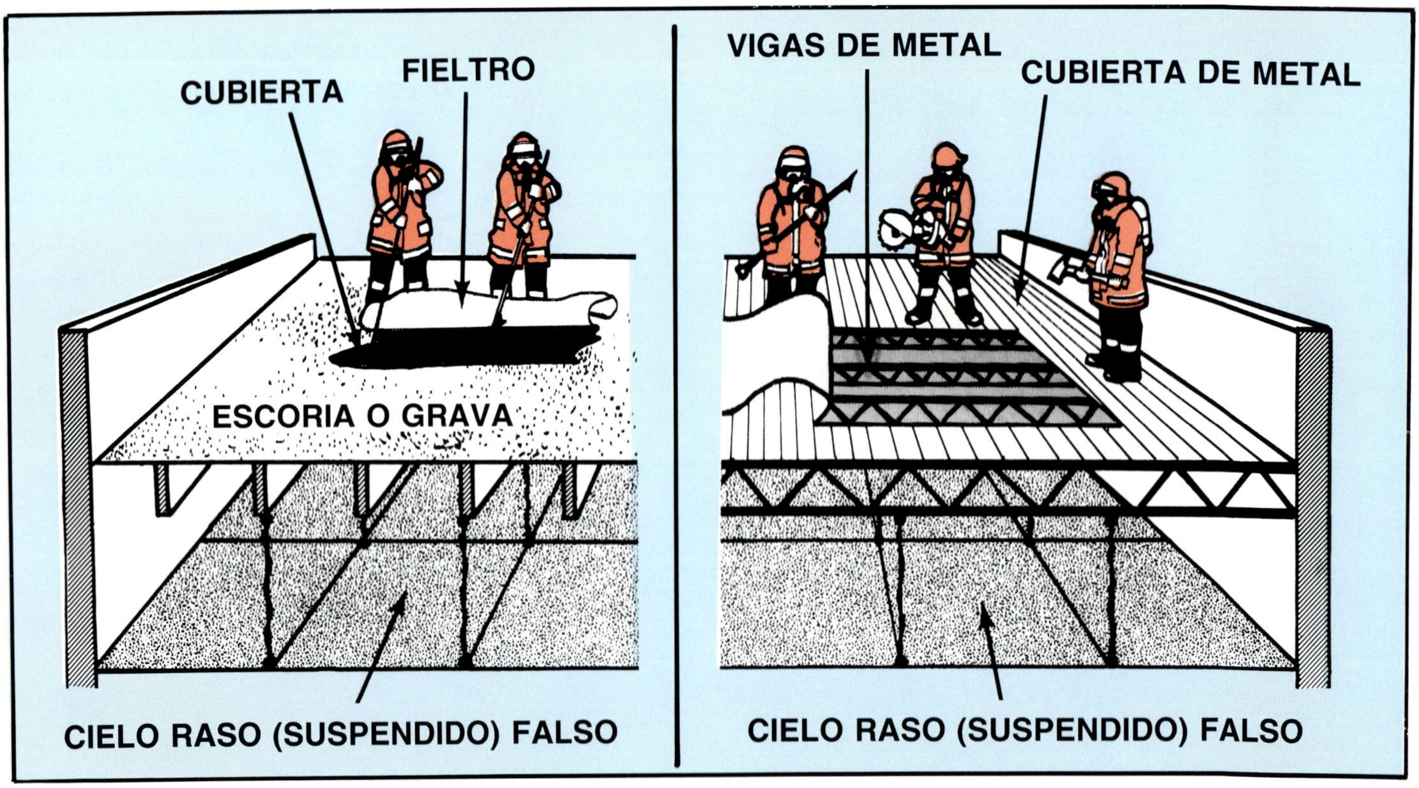

Figura 11.8 Los techos planos son sostenidos generalmente por vigas de madera o metal con cubiertas de madera o metal, paneles de madera terciada, o vaciados de yeso, cubiertos con una superficie impermeable.

conveniente que varias pequeñas. A continuación se sugiere un procedimiento para abrir un techo de vigas de madera o de cabrios con un hacha.

Paso 1: Use los siguientes factores para determinar el sitio donde será hecha la abertura:
- El área de incendio más intenso.
- El punto más alto en el techo.
- La dirección del viento.
- Los riesgos existentes.
- La extensión del incendio.
- Las obstrucciones.

Paso 2: Localice los soportes del techo sondeando con el hacha. Entre los cabrios o vigas sonará vacío y el hacha rebotará. Cuando se encuentre cerca o sobre un soporte, éste sonará sólido y bajo.

Paso 3: Marque el sitio para la abertura haciendo una línea sobre la superficie del techo con la punta del hacha.

Paso 4: Remueva el metal o material armado del techo cortándolo y utilice el pico del hacha para apartarlo.

Paso 5: Corte la cubierta de madera diagonalmente a lo largo de la viga hacia el boquete.

NOTA: La viga nunca debe ser cortada. El corte hecho al lado de una viga permite que los golpes tengan una base sólida para evitar el rebote.

Paso 6: Utilice golpes cortos cuando corte. Si se debe balancear un hacha a gran altura para aplicar más fuerza, revise que no tenga obstucciones arriba u otros bomberos alrededor. Si la hoja se acuna en el material, debe tener cuidado de no romper el astil del hacha.

Paso 7: Levante las tablas del techo con el extremo puntiagudo del hacha: después de haber hecho la abertura en el techo, empuje la punta roma de una pértiga, gancho o argamasa, o cualquier otra herramienta adecuada a través de dicha abertura para abrir el cielo raso.

Los equipos de potencia para abrir techos son más útiles y a menudo proporcionan los medios para que los procedimientos de ventilación puedan ser acelerados. Estos equipos pueden ser impulsados por motores eléctricos o de gasolina conectados a las sierras. Las sierra circulares de potencia pueden ser equipadas con una hoja de carburo. Las motosierras de cadena y sable son también útiles.

TECHOS A 2 AGUAS

El techo a dos aguas es elevado en el centro y por lo tanto forma una pendiente hacia los bordes. La construcción del techo inclinado consta de cabrios de madera o armaduras de metal que se extienden desde el caballete hacia la solera encima de la pared exterior al nivel del alero. Los cabrios o armaduras que sostienen el techo inclinado pueden ser de varios tipos de materiales. Sobre estos cabrios, las tablas de revestimiento son aplicadas en forma cuadrada o diagonalmente a través de ellos. Estas tablas de revestimiento son usualmente aplicadas firmemente sobre todo el techo. Los techos de dos aguas tienen por lo general una cubierta de papel impermeable aplicada antes que las lámina sean colocadas. Las láminas pueden ser de madera, metal, compuestas, asbesto, pizarra o teja.

Los techos a dos aguas en graneros o establos, iglesias, supermercados y edificaciones industriales pueden tener fieltro aplicado sobre el revestimiento y luego cubierto con asfalto. Las tablas de yeso, de aproximadamente 50 mm (dos pulgadas) de espesor, pueden ser colocadas entre las armaduras de metal de un techo inclinado en lugar del revestimiento de madera. Estas situaciones pueden ser determinadas solamente mediante inspecciones conducidas por el personal del servicio de bomberos.

Los techos inclinados tienen un declive más pronunciado que el de los techos planos. Esta inclinación puede ser gradual o excesiva. Los procedimientos para abrir los techos a dos aguas son bastante similares a aquellos para los techos planos, excepto que se deben tomar precauciones adicionales para evitar resbalones. (Figura 11.9). Los pasos sugeridos para abrir techos a dos aguas son los siguientes:

Paso 1: Coloque una escalera de techo sobre el tejado y establezca la posición donde será

Figura 11.9 Para abrir un techo inclinado, corte a lo largo de los cabrios y paralelo al caballete y remueva los materiales del techo y del cielo raso.

hecha la abertura. Golpee el techo con el hacha para localizar los soportes sólidos o cabrios.

Paso 2: Mueva la escalera de techo hacia cualquier lado del sitio seleccionado y utilícela como soporte. El lugar escogido debe estar por lo general en el punto más alto del techo.

Paso 3: Rompa las tablas o fieltro de techar suficientemente para permitir que el corte inicial sea hecho. (En algunos casos, es mejor remover primero todas las tablas o fieltro del área entera donde será hecho el agujero).

Paso 4: Corte el revestimiento a lo largo de un cabrio a la distancia requerida para la abertura. El lado opuesto de la abertura puede ser cortado después del mismo modo. (La abertura debe ser cuadrada o rectangular).

Paso 5: Remueva las tablas de revestimiento con el pico del hacha o alguna otra herramienta adecuada.

Paso 6: Empuje la punta roma de una pértiga u otra herramienta de astil largo a través del agujero para abrir el cielo raso.

TECHOS ARQUEADOS

La construcción de techos arqueados tiene algunas ventajas para ciertos tipos de edificaciones. Una forma de construcción de techo arqueado utiliza la armadura de cuerda de arco para sostener los miembros. La cuerda más baja de la armadura puede ser cubierta con un cielo raso para formar un desván encerrado o espacio en el techo. Tales espacios ocultos y no ventilados definitivamente constituyen un problema para la entrada forzosa y contribuyen a la propagación del incendio.

Un techo arqueado sin armadura está compuesto de trozos de madera de longitud uniforme y relativamente cortos. Estos materiales de construción son biselados y perforados en los extremos por donde son atornillados juntos en ángulo para formar una red de miembros estructurales. Esta red forma un arco de trozos de madera mutuamente ensamblados y endurecidos. Siendo un arco en vez de armadura, el techo ejerce una reacción horizontal además de la vertical. El resultado de estas reacciones es el empuje del techo, el cual es distribuido a los soportes de empuje. La construcción de arcos sin armaduras permite que todas las partes del techo sean visibles para los bomberos. Un agujero de tamaño considerable puede ser hecho cortando o quemando a través del revestimiento y techado de la red en cualquier lugar sin que se desplome la estructura del techo, ya que las cargas son en tal caso distribuidas hacia los materiales de construcción menos dañados alrededor de la abertura.

Los procedimientos para abrir los techos arqueados son los mismos que los usados para los techos planos de dos aguas, excepto que resulta difícil que una escalera de techo pueda siempre ser usada sobre un techo arqueado. Las escaleras rectas o de extensión y las escalera aéreas pudieran resultar satisfactorias colocándolas tan plano como sea posible sobre el techo. Aun cuando se sujete adecuadamente al bombero, el procedimiento resulta difícil y peligroso a causa de la curvatura del techo. Se deben observar en estos casos las precauciones de seguridad apropiadas.

TECHOS DE CONCRETO

El uso del concreto premoldeado es muy popular en ciertos tipos de construcciones. Las placas de techos prefabricados se consiguen de muchas formas, tamaños y diseños. Estas planchas premoldeadas son llevadas al sitio de la construcción, listas para ser usadas. Otros constructores forman y vacían el concreto en el lugar de la obra. Los techos de concreto prevaciado o armado son extremadamente difíciles para que se abran y este método de abertura debe ser evitado siempre que sea posible.

Existe un material muy popular de poco peso, hecho a base de yeso y cemento de portland, el cual es mezclado con agregados de perlita, vermiculita o arena, que proporciona un montaje de techos y pisos de poco peso. Este material algunas veces se llama concreto ligero. Las placas premoldeadas ligeras son fabricadas con este material y luego las planchas son reforzadas con mallas o barras de acero. Los techos de concreto ligero son usualmente acabados con fieltro para techos y una capa de brea caliente para hacerlos impermeables.

Las cubiertas de los techos de concreto ligero son también vaciadas en la obra sobre un tablón permanente, cubierta de techo de acero, malla reforzada con papel o sobre listones de metal. Estas planchas de concreto ligero son relativamente fáciles de penetrar. Algunos tipos de concreto ligero pueden ser penetrados con un pico de martillo, una motosierra, martillo neumático o cualquier otra herramienta penetrante.

TECHOS METALICOS

Las cubiertas de techos de metal son hechas de varios tipos de metales y son construidas en muchos estilos. Las cubiertas de techos de acero ligero pueden ser sostenidas por una estructura de acero o pueden extenderse a través de espacios más amplios. Otros tipos de láminas corrugadas para techos son hechas de acero ligero formadas en frío, metal en lámina galvanizado y aluminio. Las laminas de acero ligero formadas en frío son usadas principalmente en el techado de los edificios industriales. El metal laminado, galvanizado, y corrugado y el aluminio son raramente cubiertos con un material para techos y las láminas pueden ser levantadas por lo general desde sus soportes. Las herramientas para cortar metal o motosierras con hojas para metal deben ser empleadas para cortar techos de metal. Los techos de metal de las edificaciones industriales están usualmente provistos de aberturas adecuadas, tragaluces o compuertas. Casi la única forma en que los bomberos puedan saber cuándo este tipo de techo es encontrado es haber descubierto su existencia con anterioridad mediante una inspección de planificación previa.

Precauciones a Seguir para Evitar el Trastorno de la Ventilación Vertical Establecida

Cuando la ventilación vertical se efectua, la convección natural de los gases calientes crea corrientes ascendentes que dirigen el fuego y el calor en dirección a la abertura superior. Las brigadas de bomberos deben aprovechar las mejoras en la visibilidad y la presencia de atmósferas menos contaminadas para atacar el incendio en su punto más bajo. Si el "efecto de chimenea" se interrumpe, el calor, el humo y el vapor retroceden, afectando los esfuerzos de extinción. El efecto de chimenea es el movimiento natural del aire en forma vertical por toda la edificación. La magnitud del efecto de chimenea es determinada por las diferencias en temperatura y las densidades entre el aire interior y exterior de la edificación. Algunos factores comunes que pueden destruir la efectividad de la ventilación son los siguientes: el uso inapropiado de la ventilación forzada, rotura de vidirios, chorros de extinción dirigidos impropiamente, rotura de tragaluces, explosiones, una quema continua y aberturas adicionales entre la cuadrilla de ataque y la abertura superior.

LOS CHORROS ELEVADOS PROYECTADOS EN FORMA DESCENDENTE A TRAVES DE LAS ABERTURAS DE VENTILACION IMPEDIRAN LA VENTILACION DE LA ESTRUCTURA.

Los chorros elevados son utilizados frecuentemente para disminuir las chispas y tizones volantes desde una edificación incendiada o para reducir la columna térmica de calor sobre un edificio. Cuando los chorros elevados o de líneas manuales son proyectados hacia abajo a través de una abertura de ventilación o son usados para reducir la columna térmica hasta un punto donde la ventilación es obstruida, destruyen o trastornan el movimiento ordenado de los gases del fuego de la edificación (Figura 11.10). Un trastorno de esta naturaleza puede afectar físicamente a los bomberos que pudieran estar trabajando en varios niveles en los pisos inferiores. Los chorros que estén siendo operados justamente por encima de las aberturas ventiladas, deben ser proyectados ligeramente sobre el plano horizontal. En esta posición, ellos ayudarán a refrescar la columna térmica y extinguir las chispas. El movimiento del chorro puede aumentar incluso la rapidez de ventilación.

La ventilación vertical no puede ser la solución para todos los problemas de ventilación porque pudiese haber muchos casos donde su aplicación sería impráctica o imposible. Sólo un pronto y acertado criterio, basado sobre una comprensión cabal de las muchas variables que afectan o son afectadas por la ventilación, puede proporcionar la respuestas a las dos preguntas siguientes:

- ¿Se requiere la ventilación?
- ¿Qué tipo es más apropiado en este caso?

Además de seleccionar el método de ventilación un oficial de bomberos debe determinar cómo, cuándo y dónde será más útil el propósito de la misma. El tipo y diseño de edificación son los factores iniciales que deben ser considerados para determinar si la ventilación horizontal o vertical debe ser realizada. Las características del tipo y diseño incluyen el número y tamaño de las aberturas de las paredes, la cantidad de pisos, y la disponibilidad y envolvimiento de las salidas de escape exteriores y las exposiciones. Directamente relacionadas con éstos, están las cubiertas protectoras de las aberturas, la dirección en la cual las aberturas se orienten y la dirección del viento.

VENTILACION HORIZONTAL

Las estructuras que se prestan por sí mismas para la aplicación de la ventilación horizontal incluyen:

- Las edificaciones de tipo residencial en las cuales el incendio no ha envuelto el área del ático.
- Los edificios con ventanas en lo alto de la pared cerca del alero.
- Los áticos de edificaciones de tipo residencial que tienen respiraderos en las paredes.
- Los pisos envueltos de las estructuras de múltiples pisos.
- Los edificios con grandes espacios abiertos sin soportes debajo del techo, en los cuales el incendio no es contenido por cortinas de fuego y donde la estructura ha sido debilitada por los efectos del incendio.

Muchos de los aspectos de la ventilación vertical también son aplicados a la ventilación hori-

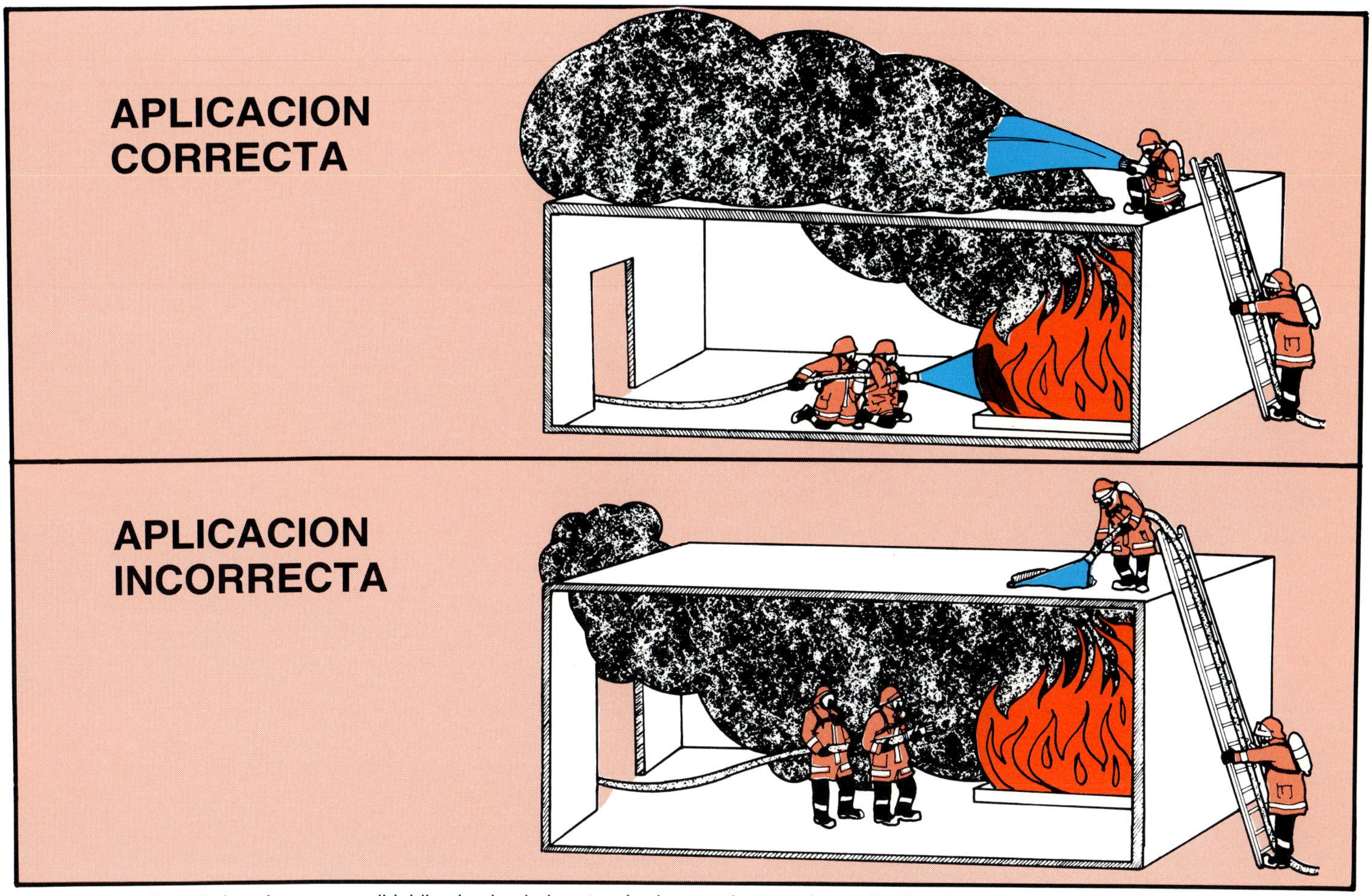

Figura 11.10 Cuando los chorros son dirigidios hacia abajo a través de una abertura de ventilación, éstos destruyen o trastornan el proceso. Ellos deben ser dirigidos ligeramente por encima del plano horizontal a través de la abertura.

zontal. Sin embargo, existe un procedimiento diferente al ventilar una sala, un piso, un desván, un ático o un sótano. El procedimiento a seguir se verá influenciado por la ubicación y extensión del incendio. Algunos de los medios por los cuales ocurre la propagación horizontal son los siguientes:

- A través de las aberturas en las paredes, por contacto directo de la llama o por las corrientes de convección.
- A través de corredores, pasillos o pasadizos por corrientes de convección, radiación y contacto de la llama.
- A través de espacios abiertos por el calor radiado o por corrientes de convección.
- En todas las direcciones por la explosión o fogonazo de los gases de combustión, vapores inflamables o polvo.
- A través de paredes y tabiques interiores por contacto directo de la llama.
- A través de paredes por conducción del calor por medio de vigas, tubos u otros objetos que se extienden a través de las paredes.

Condiciones Meteorológicas

Las condiciones meteorológicas son siempre una consideración primordial al determinar el procedimiento de ventilación adecuado. En ciertas circunstancias, cuando no hay viento, la ventilación cruzada es menos efectiva ya que la fuerza para remover el humo está ausente. En otros casos, la ventilación cruzada no puede ser realizada debido al peligro del viento soplando hacia una exposición o alimentando el incendio con oxígeno. El viento juega un papel importante en la ventilación. Su dirección puede ser designada como de barlovento o sotavento. El lado de la edificación con el que choca el viento es el de barlovento, el lado opuesto es el de sotavento, como está ilustrado en la Figura 11.11.

Exposiciones

Como la ventilación horizontal no descarga normalmente el calor y el humo directamente por encima del incendio, se hace necesaria alguna ruta. Los bomberos deben estar enterados de las exposiciones internas así como de las externas. Las rutas por las que el humo y los gases calientes viajarían hacia la salida pueden ser los mismos corredores y pasadizos que estarían usando los ocupantes para la evacuación. Por lo tanto, la práctica de la ventilación horizontal sin considerar primero a los ocupantes y los procedimientos de rescate, puede bloquear el escape de los ocupantes. La teoría de la ventilación horizontal es básicamente la misma que la de la ventilación vertical puesto que la liberación del humo y el calor es una ayuda para combatir el incendio y reducir los daños.

Las exposiciones exteriores incluyen las mencionadas anteriormente, más aquellas que son preculiares a la ventilación horizontal. Ya que la ventilación horizontal es realizada en un punto distinto al punto más alto de una edificación, hay el constante peligro de que los gases calientes en ascenso inflamen aquella parte de la estructura con la que harían contacto al ser liberados. Ellos pueden inflamar los aleros de las estructuras adyacentes o ser desplazados por las ventanas por encima de su punto de liberación. A menos de que sea con el propósito específico de ayudar en el rescate, una edificación no debe ser abierta hasta que las líneas de mangueras estén listas en su lugar en el punto de entrada de ataque del lado de barlovento, en el punto intermedio donde podría esperarse que se extendiera el incendio, y en las posiciones para proteger otros riesgos.

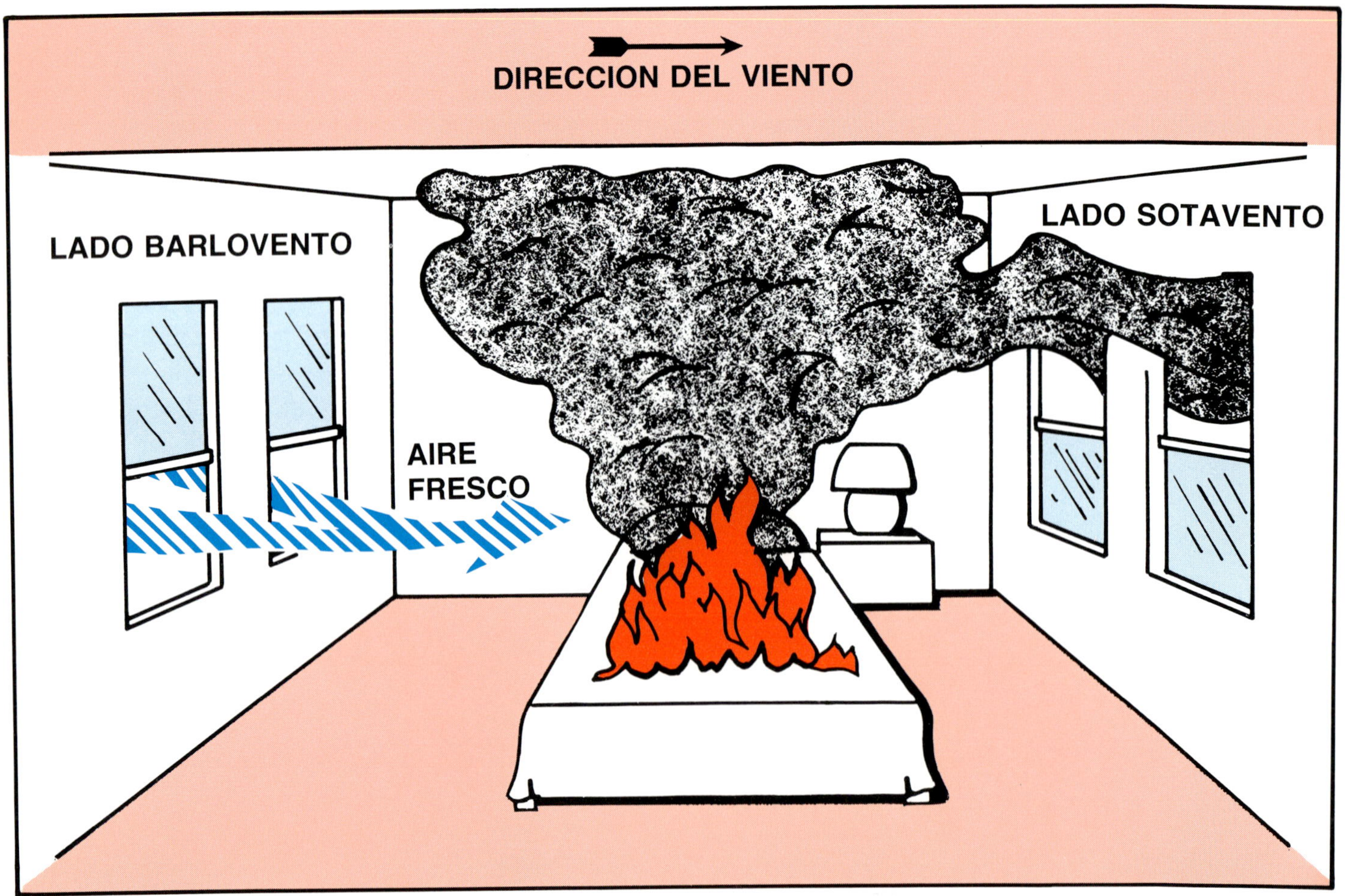

Figura 11.11 Abra las ventanas superiores en el lado de sotavento, luego las ventanas inferiores en el lado de barlovento conforme se necesitan para una buena ventilación cruzada.

Precauciones para Evitar Trastornar la Ventilación Horizontal Cruzada

La abertura de una puerta o ventana en el lado incorrecto de una edificación puede invertir las corrientes de aire y dirigir el calor y el humo hacia los bomberos. El abrir puertas y ventanas entre la cuadrillas que avanzan para combatir el incendio y el punto de salida de la ventilación establecida, reducirá la entrada de aire fresco desde la abertura detrás de los bomberos. Los bomberos seguirán las corrientes de la ventilación cruzada establecida como lo ilustra la Figura 11.12. El humo y el calor irán intensificándose a medida que la corriente de aire es interrumpida por el bloqueo ocasionado por el bombero o cualquier otra obstrucción de la puerta, tal como se ilustra en la Figura 11.13.

VENTILACION FORZADA

La ventilación ha sido considerada hasta ahora desde el punto de vista del flujo natural de las corrientes de aire, las corrientes creadas por el incendio, y el afecto de los chorros de neblina. La ventilación forzada es efectuada por ventiladores, extractores o chorros de neblina. El hecho de que la ventilación forzada resulte efectiva y pueda efectuar la remoción del humo cuando otros métodos no son adecuados, prueba su valor e importancia.

Es difícil clasificar el equipo para la ventilación forzada como de un tipo en particular. El principio aplicado es el de mover grandes cantidades de aire y humo. Estos ventiladores portátiles son todos accionados por motores eléctricos o motores a gasolina. La Figura 11.14 muestra los extractores portátiles y varios métodos de utilizarlos para ventilar.

Los ventiladores para forzar el aire deben estar equipados con motores y conexiones a prueba de explosión cuando sean usados en atmósferas inflamables. Estos ventiladores deben ser apagados cuando se vayan a mover. Antes de ponerlos en funcionamiento, asegúrese que no

Figura 11.12 Las corrientes de aire fresco pueden establecer una ventilación cruzada beneficiosa de un cuarto lleno de humo.

Figura 11.13 Si las puertas o ventanas abiertas para la entrada de aire fresco están bloqueadas por un bombero parado u otra obstrucción, entonces el humo y el calor se intensificarán nuevamente dentro del salón.

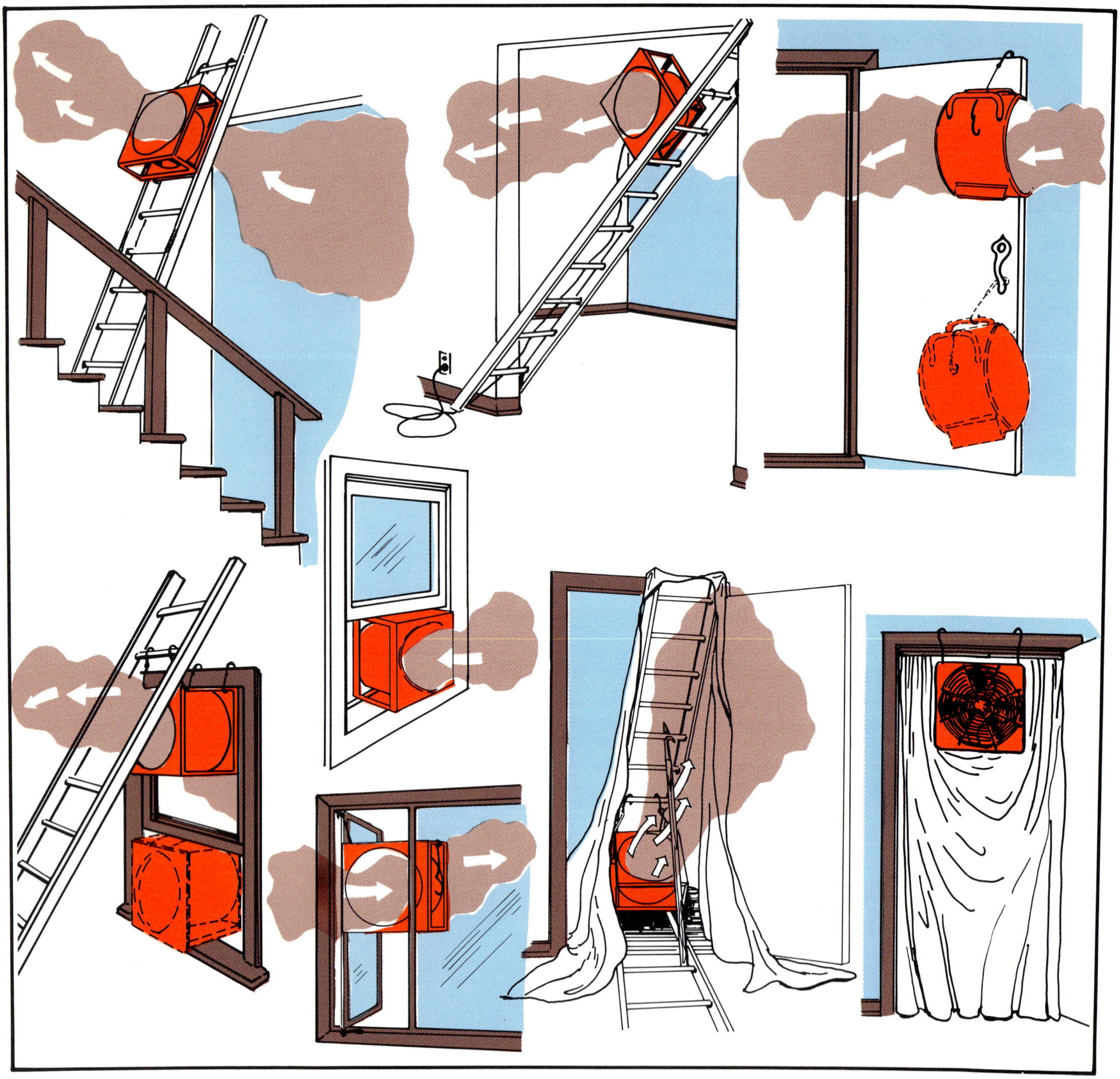

Figura 11.14 Los extractores de humo portátiles pueden ser instalados en cualquier posición necesaria con una variedad de herramientas. Mientras más alta sea su colocación mejor será removido el calor y el humo.

hayan personas cerca de las aspas y que las telas o cortinas no estén en posición de ser succionadas por el ventilador. Los ventiladores deben ser siempre movidos por las manillas provistas para este propósito. El chorro de descarga de aire debe ser evitado a causa de las partículas que puedan ser recogidas y expelidas por el equipo de ventilación.

Algunas Ventajas de la Ventilación Forzada

Aun cuando el fuego pudiese no ser el factor determinante, las atmósferas contaminadas deben ser completamente evacuadas. Aun cuando la ventilación forzada no es el único medio para aclarar una atmósfera contaminada, resulta siempre de gran ayuda para la ventilación normal. Algunas de las razones para emplear la ventilación mecánica o forzada son:

- Garantiza un control más positivo.
- Suplementa la ventilación natural.
- Agiliza la remoción de contaminantes, facilitando un rescate más rápido bajo condiciones más seguras.
- Reduce el daño por el humo.
- Fomenta buenas relaciones públicas.

Desventajas de la Ventilación Forzada

Si la ventilación mecánica o forzada es aplicada erróneamente o en forma incontrolada, puede causar mucho daño. La ventilación forzada requiere supervisión debido a la fuerza mecánica que está detrás de ella. Algunas de las desventajas de la ventilación forzada son:

- Puede desplazar el incendio junto con el humo y propagarlo hacia las áreas laterales.
- La introducción de aire en tan grandes volúmenes puede hacer propagar el incendio.
- Depende de una fuente de engería.
- Requiere equipos especiales.

Técnicas para la Ventilación Forzada

- Ya que el objetivo básico es producir una circulación artificial y sacar el humo rápido, el extractor debe ser instalado para extraer en la misma dirección que el viento natural.
- Durante el estado incipiente del fuego, la mayor parte del calor, humo y gases congestionados se elevan y acumulan cerca del cielo raso. Los extractores del humo deben ser colocados a gran altura para máxima efectividad al despejar el humo y proporcionar visibilidad.
- Cuando se utilizan los extractores de succión y ventilación, primero se aclara el área del lado de barlovento en la dirección del extractor de succión de humo. Luego se trasladan los extractores de ventilación de humo hacia los extractores de succión, manteniendo la línea de circulación tan recta como sea posible. La acción venturi de la circulación en línea recta aspirará la mayor parte del humo de las esquinas.
- Cuando se permite que el aire circule alrededor de los lados del extractor de humo y entrar y salir por las aberturas cercanas, causa una agitación que reduce la eficiencia. Si el área que rodea el ventilador se deja abierta, la presión atmosférica empuja el aire a través de la parte inferior de la puerta y hace retorceder el humo hacia el interior del cuarto.

  Para evitar la agitación del aire, cubra el área alrededor de la unidad con mantas de salvamento u otro material.
- Establezca la trayectoria de la corriente de aire y mantenga dentro el flujo de aire tan recto como sea posible. Todas las esquinas causan turbulencias y reducen la eficiencia. Evite abrir ventanas o puertas cerca del extractor de succión de humo a menos que el abrirlas incremente definidamente la circulación.
- Remueva todos los obstáculos en dirección al flujo de aire. Incluso una persiana reducirá a la mitad la succión efectiva. Evite el bloqueo del lado de toma del extractor de humo por escombros, cortinas, tapicería o cualquier cosa que pueda disminuir la cantidad de aire que entra.
- Mantenga los extractores de humo listos para usarlos cuando las líneas de mangueras estén en posición y tenga a la mano una línea preparada para cuando realmente estén instalando los extractores. Ya que el humo está compuesto de gases calientes, éste se condensa y se asienta rápidamente sobre todas las cosas del cuarto o edificación. Por lo tanto, los extractores deben ser puestos en operación tan pronto como sea posible después que las líneas de mangueras hayan sido utilizadas.
- Para acelerar la acción de despeje, coloque un extractor de succión de humo en el lado de sotavento del lugar o edificación, donde éste pueda sacar el humo y los gases restantes. Luego ponga el extractor de ven-

tilación en una abertura exterior en el lado de barlovento, donde éste admitirá aire fresco y puro. Los resultados son usualmente más satisfactorios cuando el extractor de ventilación se coloca en la parte inferior de la ventanna o puerta.

Uso de la Neblina de Agua para Expulsar Humo y Gases

El uso de la neblina de agua en la extinción de incendios y en la ventilación requiere una técnica especial de operación. El simple hecho de que los bomberos tengan un buen pitón de neblina que suministre una cortina protectora no los habilita para avancar dentro de un área sobrecargada y espera hacer un trabajo de ventilación y extinción efectivo. Cuando la neblina de agua se usa para propósitos de ventilación y extinción, el grado de efectividad depende de cómo, dónde y cuándo el chorro de neblina se aplica.

Se ha encontrado que un chorro de neblina dirigido a través de una ventana o puerta, sacará grandes cantidades de calor y humo en la dirección hacia la cual el chorro se proyecta.

Comparados con los extractores mecánicos de humo, se ha descubierto que los chorros de neblina remueven de dos a cuatro veces más humo, dependiendo del tipo y diámetro del pitón, el ángulo del patrón de neblina y la ubicación del pitón con relación a la abertura de la edificación. Un chorro del pitón de neblina dirigido a través de una abertura con un patrón de neblina de 60° que cubre el 85 al 90 por ciento de la abertura proporciona los mejores resultados para la ventilación (Figura 11.15). El pitón debe estar aproximadamente a dos pies de la abertura. Las aberturas más grandes permiten un mayor flujo de aire, de modo que una puerta a veces podría ser más beneficiosa que una ventana. Cualquiera que sea el tamaño de la abertura, los chorros de ángulos amplios no deben ser utilizados, porque cuando la trayectoria del agua se aproxime a un ángulo recto hacia la línea de aire, mucha de la energía que mueve el aire se pierde.

Hay tres desventajas para la aplicación de los chorros de neblina en la ventilación forzada. Habrá un incremento en la cantidad de daño por agua dentro de la estructura, habrá una reducción en el suministro de agua disponible y en climas sujetos a temperaturas congelantes, y habrá un aumento en el problema de hielo en el área alrededor de la edificación.

Figura 11.15 Cuando se utilice un chorro de neblina para ventilar, el pitón ajustado a 60 grados debe estar aproximadamente a dos pies (0,5 metros) de la abertura y el patrón debe cubrir del 85 al 90 por ciento de la abertura.

Capítulo 12

Resguardo de Bienes e Inspección de Comprobación

NORMA NFPA 1001
RESGUARDO DE BIENES E INSPECCION DE COMPROBACION
Bombero I

3-6 Resguardo de Bienes.

3-6.1 El bombero deberá identificar el objetivo de Resguaro de Bienes y su importancia para el cuerpo de bomberos y la comunidad.

3-6.2 El bombero deberá demostrar individualmente y como miembro de un equipo, la forma de doblar y enrollar las mantas de protección.

3-6.3 El bombero deberá demostrar individualmente y como miembro de un equipo, el despliegue de una manta de protección.

3-6.4 El bombero deberá demostrar las técnicas de inspección, limpieza y mantenimiento del equipo de resguardo de bienes.

3-17 Inspección de Comprobación

3-17.1 El bombero deberá demostrar la búsqueda de fuentes de reignición visualmente, por tacto y por ruidos

3-17.2 El bombero deberá demostrar la forma de llegar a fuegos escondidos mediante la apertura de boquetes de acceso en los cielos raso, paredes, pisos y apartando material quemado.

3-17.3 El bombero deberá demostrar cómo se separa el material chamuscado del que está sin daño.

3-17.4 El bombero deberá definir los deberes del personal que queda en el lugar del siniestro para vigilancia y seguridad.

3-17.5 El bombero deberá identificar el objectivo de la inspección de comprobación.

Bombero II

4-6 Resguardo de Bienes

4-6.1 El bombero deberá demostrar, trabajando individualmente y en equipo, la construcción y uso de canales de desagüe utilizando el equipo de resguardo de bienes.

4-6.2 El bombero deberá demostrar, trabajando individualmente y en equipo, la construción y uso de receptáculos para agua utilizando el equipo de resguardo de bienes.

4-6.3 El bombero deberá demostrar la remoción de escombros y la remoción y drenaje de agua de una estructura, utilizando para ello el equipo de resguardo de bienes excepto las mantas de protección.

4-6.4 El bombero deberá demostrar cómo se cubren o se cierran las aberturas hechas durante las operaciones de combate de incendio.

4-17 Inspección de Comprobación.

4-17.1 El bombero deberá enumerar los procedimientos a seguir durante las inspecciones de comprobación.

4.17.2 El bombero deberá identificar las medidas de seguridad que deben ser observadas durante la inspección de comprobación*.

*Reimpreso bajo licencia de la Norma N° 1001, *Norma para la Calificación Profesional de Bombero,* Copyright (c) 1981 National Fire Protection Association, Boston, MA.

Las Transparencias sobre Resguardo de Bienes de Inspección de Comprobación de la IFSTA están diseñadas para complementar este capítulo.

Capítulo 12
Resguardo de Bienes e Inspección de Comprobación

La actividad de resguardo de bienes en el servicio de bomberos consiste en aquellos métodos y procedimientos operacionales asociados al combate de incendios, los cuales ayudan a reducir los daños que pueden ser atribuida a las necesarias labores de aplicar agua, ventilar una edificación y buscar posibles incendios en toda la instalación. Estos procedimientos no pueden ser eliminados totalmente, pero la implementación de nuevas técnicas en la extinción de incendios, además del uso correcto y efectivo de los procedimientos de resguardo de bienes, dan como resultado una mayor posibilidad de minimizar las pérdidas.

El objetivo fundamental de una inspección de comprobación consiste en la búsqueda y extinción de incendios ocultos o residuales; poner la edificación, su contenido y el área del incendio en condiciones seguras; determinar la causa del incendio; y reconocer y preservar cualquier evidencia de incendio premeditado. Los trabajos de resguardo de bienes e inspección de comprobación pueden ser algunas veces ejecutados simultáneamente, pero generalmente el resguardo de bienes precede a la inspección. Cuando los procedimientos de resguardo de bienes preceden a una inspección de comprobación completa y sistemática, se tendrá como resultado una significativa reducción de la magnitud de pérdidas y la pronta reincorporación de la propiedad al pleno servicio productivo.

PLANIFICACION DE LAS OPERACIONES DE RESGUARDO DE BIENES

Las operaciones eficientes de resguardo de bienes dependen fundamentalmente de la planificación y el adiestramiento. Aquellas personas encargadas de esta actividad deben revisar el inventario del equipo de resguardo de bienes del servicio y cerciorarse de que los que tengan reúnan los requerimeintos establecidos en la Norma N° 1901 de NFPA, Automotive Fire Apparatus. El oficial responsable del adiestramiento debe constatar que todos los bomberos sean entrenados adecuadamente en las operaciones de resguardo de bienes y en el uso de los equipos. Los oficiales jefes deben ser instruidos en el sentido de darles a estas operaciones una alta prioridad y no vacilar en pedir ayuda adicional, para realizar el trabajo cuando sea requerido.

Frecuentemente el daño causado por el calor, el humo y el agua puede exceder las pérdidas directas ocasionadas por el incendio, pero estas pérdidas pueden ser materialmente reducidas mediante operaciones de resguardo de bienes e inspecciones de comprobación. Esto también constituye uno de los medios más efectivos para captar la buena voluntad. Un cuerpo de bomberos puede recibir a menudo palabras de estímulo y elogios por la prensa debido a la efectividad en sus labores de resguardo de bienes e inspección de comprobación. Este elogio da a los bomberos una sensación de logro, particularmente cuando las expresiones provienen de persona cuyas pertenencias han sido preservadas por ellos. Es común para los oficiales del cuerpo de bomberos notar eficiencia y moral alta entre los hombres que han contribuido significativamente a reducir pérdidas por incendios al ejectuar exitosamente las labores de resguardo de bienes e inspección de comprobación.

Arreglo y Disposición de Materiales y Equipos para Ser Cubiertos

El ordenamiento de los materiales que serán cubiertos puede estar restringido debido a la existencia de mercancías muy variadas y voluminosas. Muchos estantes para exhibición y almacenamiento tienen una altura que llega hasta el techo y se encuentran directamente adosados contra la pared. Esta característica e instalación dificulta la acción de cubrir la estantería. Cuando el agua desciende por una pared, entrará naturalmente en contacto con los estantes y humedecerá su contenido. Una forma ideal de instalación será dejar un espacio libre adecuado entre estantes y paredes.

Una situación que comúnmente obstaculiza las labores de resguardo de bienes es la falta de bases y soportes bajo los materiales que son susceptibles al deterioro por el agua. Algunos ejemplos de materiales perecederos son: La harina, materiales en cajas de cartón, papel, alimentos y otras mercancías secas tales como telas, ropa, etc. Aquellas mercancías almacenadas en sótanos deben ser colocadas sobre bases de por lo menos 12,5 cms. (5 pulgadas) de alto. Sin embargo las mercancías o equipos ubicados en pisos superiores estarían razonablemente seguras con bases de menor altura. Si los materiales son almacenados demasiado cerca del techo, representará un problema para preservarlas adecuadamente. Debe existir el suficiente espacio entre las mercancías y el techo de manera tal que permita a los bomberos aplicar fácilmente cubiertas protectoras. Cuando exista limitada cantidad de mantas de protección, resulta recomendable usarlas para canalizar el agua o como receptáculos, aunque el agua tenga que ser dirigida al piso y limpiada posteriormente.

El ordenamiento de implementos del hogar representa un tipo diferente de situación. Si se tiene un grado razonable de cuidado, una manta de tamaño medio será suficiente para proteger el contenido de un cuarto (Figura 12.1). Un procedimiento recomendado para arreglar los muebles de un cuarto es agruparlos en el centro del mismo, evitando en lo posible ubicarlos debajo de un artefacto o equipo de alumbrados, el cual podría gotear. Si el piso está cubierto por una alfombra removible, retírela de abajo de los muebles a medida que cada pieza es movida y enróllela adecuadamente. Una cómoda, un tocador, o cualquier objeto alto puede ser colocado al extremo de la cama. Si hay un rollo de alfombras, póngalo encima para que sirva como soporte de una posible cubierta. Otros tipos de meubles pueden ser reunidos muy cerca y los cuadros, cortinas, lámparas y vestuario pueden colocarse sobre la cama. Algunas veces puede ser necesario poner la manta en posición antes de que sean colocados algunos artículos sobre la cama. En este caso, la cama y los muebles pueden ser protegidos mientras que los otros objetos son colocados debajo de la manta.

MANTAS DE PROTECCION

Las mantas de protección convencionales son hechas de materiales de lona sólidamente tejidas, las cuales han sido previamente impermeabilizadas. Algunas mantas con revestimiento de goma han sido utilizadas aunque no son muy comunes. Las mantas de protección de lona tienen esquinas reforzadas y ruedos a los bordes en los cuales son colocados anillos para colgar o formar pliegues en las mantas. Estas mantas de lona tratadas pueden ser obtenidas en varios tamaños, siendo las dimensiones más comunes desde 2,74 x 3,65 m. (9 x 12 pies) a 4,26 x 5,49 m (14 x 18 pies).

El incremento reciente en el uso de las mantas plásticas de protección tiene algunas ventajas. Estas mantas, hechas de una telilla de 100% polietileno, son extremadamente livianas y fáciles de manipular. Una manta hecha de polietileno resistente y comparable en tamaño a las mantas de lona, pesa aproximadamente 1 kg. (2 libras). Estas mantas son significativamente económicas y prácticas para su uso en interiores y exteriores. Son químicamente inertes, fabricadas en colores diversos y generalmente son resistentes a sustancias alcalinas, aceites, ácidos, sustancias cáusticas, o solventes. No son afectadas por temperaturas anormales y permanecerán flexibles bajo cero grados y no se deformarán, enmohecerán hi absorberán humedad. Las mantas plásticas tienen la tendencia a deslizarse cuando son aplicadas a mercancías ubicadas en lugares muy altos y no son fácilmente adaptables para hacer pliegues si se requiere enrollar el borde.

Mantenimiento de las Mantas de Protección

La limpieza, secado y reparación apropiados de las mantas de protección hacen aumentar su

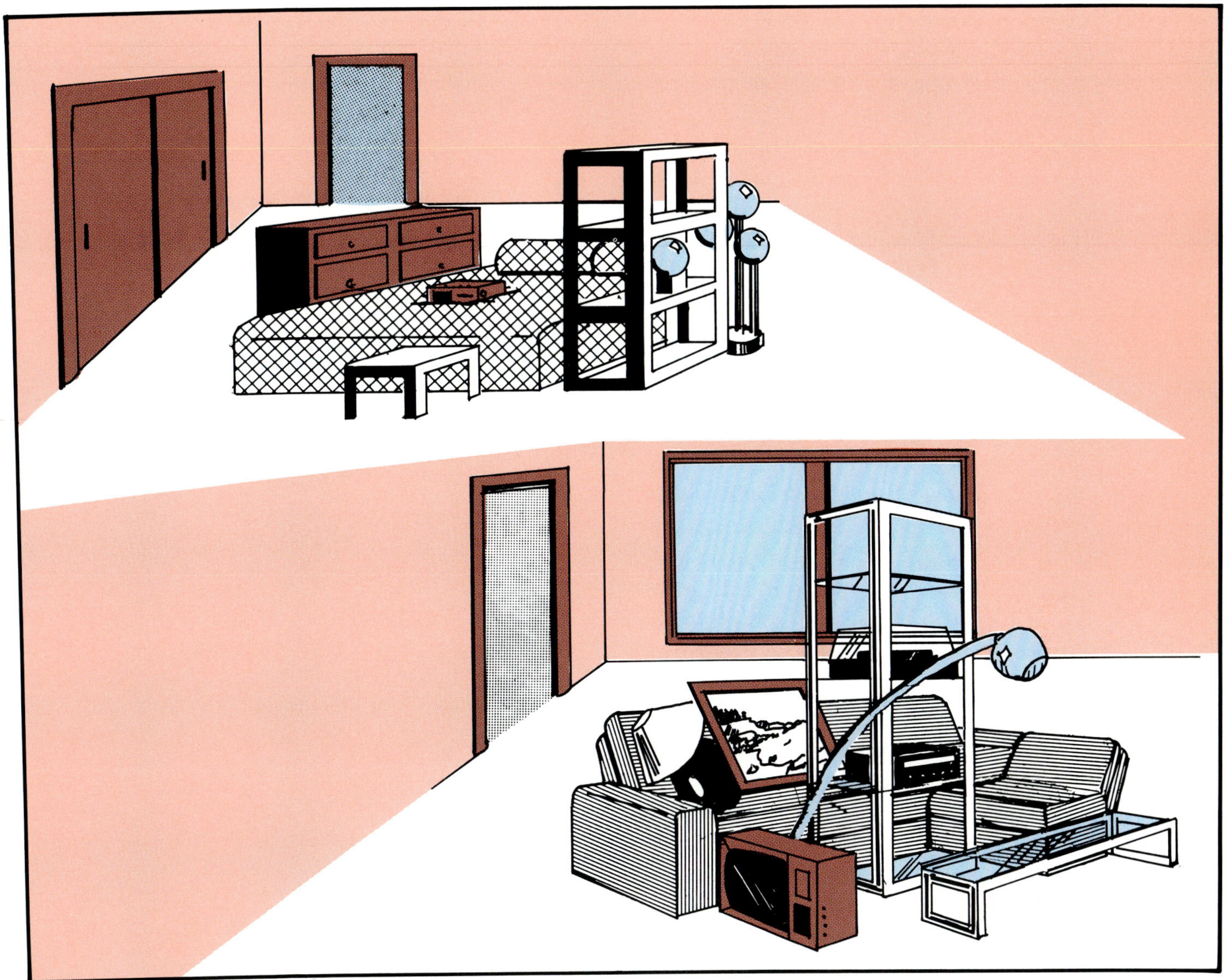

Figura 12.1 Cuando se ordenan los muebles, coloque todas las piezas con gavetas con la parte frontal hacia el centro para reducir la posibilidad que se les introduzca agua. Procure que la pendiente quede hacia afuera.

vida útil. Generalmente, la única limpieza requerida para la manta de protección es rociarlas con un chorro de manguera y pasarle un cepillo o escoba. (Figura 12.2). Las mantas extremadamente sucias y manchadas pueden ser lavadas con una solución detergente y luego enjuagadas con abundante agua, porque después que el carbono y las manchas de cenizas se hayan secado, la reacción química que generan estas sustancias acelera la descomposición y deterioro de las mismas. Cuando están secas, los materiales extraños son difíciles de remover hasta con un de-

Figura 12.2 Debe evitarse que las mantas protectoras se sequen antes de ser lavadas. Cenizas de madera y residuos de otros productos quemados pueden reaccionar químicamente con la lona.

tergente. Las mantas de protección de lona deben estar perfectamente secas antes de que sean dobladas y puestas en servicio. Esta práctica es esencial para prevenir la formación de moho y podredumbre. No hay objeción particular para el secado al aire libre de las mantas de protección excepto que elviento tiende a soplar y azotar las mantas. Después que estas mantas estén secas, deben ser examinadas por posibles daños. Un método rápido y eficiente es acomodar la manta en el suelo de modo que con facilidad tres o cuatro bomberos puedan levantarla por encima de sus cabezas. Cada persona pondrá especial atención en buscar agujeros y lugares rotos a medida que la manta es movida lentamente. Cuando se encuentre un agujero o signo de deterioro, el observador debe sostener la palma de la mano contra la manta y otro bombero debe marcar con tiza la parte exterior. Las nuevas cintas adhesivas hechas de plástico o de fibras han cambiado por completo el método de remendar mantas. Ya no es necesario coser a mano los pequeños agujeros y rasgaduras o remendarlos con varios tipos de pegamento o cola. Una buena cinta adhesiva, conocida como "MYSTIC TAPE", puede ser obtenida en casi todas las tiendas por departamento o casas de repuestos de auto. También hay parches adheribles que son aplicados con plancha. Si se aplica la cinta adhesiva para remiendos en ambos lados de la superficie, incrementará la adhesión para un sellado más fuerte y permanente.

Equipo de Resguardo de Bienes

Para efectuar el trabajo de resguardo de bienes en incendios se sugiere que el equipo necesario sea colocado en un solo sitio del vehículo. Este depósito común eliminará el tener que revisar todos los compartimientos en búsqueda del equipo. Las herramientas y equipos deben ser colocados dentro de una caja de herramientas u otro recipiente para hacerlos más fáciles de transportar.

EQUIPOS A SER TRANSPORTADOS EN EL VEHICULO

El típico equipo de resguardo de bienes recomendado por la Norma N° 1901 del NFPA, Automotive Fire Apparatus, es enumerado a continuación. Sin embargo, su uso no está limitado al trabajo de resguardo de bienes.

- Alicates de Electricistas
- Cizallas
- Cinceles
- Tijeras para láminas metálicas de avión
- Cortador de lámina metálica (abrelatas)
- Llaves ajustables
- Llaves para tubos
- Martillos
- Mandarrias
- Sierra para cortar metal
- Serrucho para cortes transversales
- Engrapadoras de pistolas
- Cuchilla de linóleo
- Barra de acero
- Destornilladores
- Candados y pasadores
- Gato hidráulico
- Clavos surtidos
- Tornillos surtidos
- Papel para tejados
- Papel alquitranado o laminado plástico
- Listón de madera
- Trapeadores
- Haragán-escurridor
- Jarras para achicar
- Palas para achicar
- Escobas
- Balde con exprimidor
- Equipo de rociadores automáticos
- Aspirador de agua
- Bomba sumergible
- Esponjas
- Piel de ante
- Trapos surtidos

- Enchufes adaptadores para aterramiento de grosor 14.30 o mayor con extensión mínima de 30 m. (100 pies) de largo
- Lonas de protección
- Protectores de pisos.

EQUIPO PARA ROCIADORES AUTOMATICOS

Las herramientas que se utilizan cuando se instala un sistema de rociadores son necesarias cuando se combaten incendios en edificaciones protegidas por sistemas de rociadores automáticos. El flujo de agua de un rociador abierto puede causar daños considerables a las mercancías en los pisos inferiores después que el incendio haya sido controlado. Las siguientes herramientas son recomendables como parte de este equipo:

- Llaves para rociadores
- Grifos y tapones
- Tenazas para rociadores
- Llaves para tubos
- Rociadores surtidos

IMPLEMENTO DE TRANSPORTE

En la Figura 12.3 se muestra una pequeña bolsa o implemento de transporte impermeable, improvisada con un trozo de lona vieja o dañada. Este implemento mide generalmente de 2 a 2,5 m cuadrados (6 a 8 pies). Al mismo se le pueden incorporar agarraderas pasando una soga dentro de las bandas laterales las cuales permiten que al transportarla pueda ser fruncido, formando así una bolsa. Tal transportador puede ser usado para cargar y atrapar escombros y sirve como tina de agua para sumergir pequeños objetos encendidos.

Figura 12.3 Un implemento de transporte es útil para recoger escombros o para utilizarlo como tina para sumergir materiales humectantes.

PROTECTORES DE PISO

Ciertos pisos delicados y costosos pueden ser dañados por el lodo y sucio si no se utiliza una alfombra protectora de piso. Los protectores de piso miden usualmente de 500 mm a 760 mm de ancho (20 ó 30 pulgadas). Los mismos pueden ser desenrollados desde una entrada hasta casi cualquier parte del edificio. Los protectores de piso de vinil para uso comercial son livianos, flexibles, fuertes, resistentes al agua y al calor, y fáciles de conservar (Figura 12.4).

BOMBAS PORTATILES

Las bombas de agua portátiles son utilizadas para sacar agua de sótanos, pozos de ascensores y sumideros.. Las autobombas del cuerpo de bomberos nunca deben ser usadas para este propósito porque las bombas contra incendios son maquinarias costosas, delicadas y no destinadas para bombear el agua sucia y arenosa que se encuentra en dichos lugares.

Figura 12.4 Los protectores de piso evitarán los daños adicionales al piso y alfombras que les puedan ocasionar los escombros, el agua y demás materiales que se llevan adentro.

Existen varias clases de artefactos conocidos como succionadores o sifones, los cuales pueden utilizarse para sacar el exceso de agua. Estos aparatos pueden ser desplazados a cualquier punto donde pueda ser colocada una manguera para el desagüe.

ASPIRADOR DE AGUA

Una de las maneras más fáciles y rápidas para sacar agua, sustancias químicas, soluciones ácidas y otros líquidos no inflamables es usar un aparato aspirador de agua. El lodo y otros pequeños escombros pueden ser también removidos de alfombras, baldosas y otros tipo de revestimiento para pisos con este equipo. El artefacto aspirador de agua consta de un tanque llevado sobre la espalda, y una boquilla. Tiene una succión bastante fuerte como para extraer líquidos de alfombros de fibras gruesas. El tanque normalmente tiene una capacidad de 15 L a 19 L (4 a 5 galones) y pueden ser vaciados simplemente halando una cuerda, la cual descarga al agua a través de la boquilla. Es compacto, moderadamente liviano y muy efectivo para operaciones de limpieza (Figura 12.5). Un aspirador de agua tipo industrial puede ser usado en vez del tipo de aspirador llevado sobre la espalda. Estos aspiradores de agua de tipo industrial varían en tamaño desde 11 L hasta 75 L (3 hasta 20 galones) de capacidad.

Figura 12.5 El aspirador colocado en la espalda es muy utilizado por los cuerpos de bomberos. Son muy efectivos pero debido a su limitada capacidad deben ser vaciados frecuentemente.

CUIDADO Y MANTENIMIENTO DEL EQUIPO DE RESGUARDO DE BIENES

La limpieza, secado y reparación adecuada del equipo de resguardo de bienes son tan importantes como el cuidado de las mantas de protección. El cuidado apropiado del equipo incrementará su tiempo de servicio dependiendo de la intensidad de su uso. Algunos procedimientos para el cuidado del equipo de resguardo de bienes son:

- Aspirador de Agua
  —Inspeccione los cables eléctricos, por si hay aislantes rotos
  —Enjuague el tanque colector
  —Limpie la boquilla
- Trapeadores
  —Límpielos con agua y jabón
  —Séquelos completamente
- Herramientas
  —Séquelas
  —Acéitelas ligeramente si es necesario
- Escobas
  —Límpielas
  —Lije los astiles si están quemados
- Baldes y tinas
  —Límpielos
  —Revíselos por posibles agujeros

METODOS PARA DOBLAR Y EXTENDER LAS MANTAS DE SALVAMENTO

Enrollamiento de la manta de protección por un solo bombero

La ventaja principal del rollo del la manta de protección para un solo bombero es que ésta puede ser llevada a la parte superior de un objeto y luego desplegada por una sola persona. Para formar este rollo dos bomberos tienen que hacer pliegues iniciales para reducir el ancho de la manta. Los pasos para hacer el rollo para ser desplegada por uno solo se ilustran en las Figuras 12.6-12.14

Paso 1: Extienda la manta en forma plana sobre el piso. Sitúe un bombero en cada extremo para doblar un lado a la vez (Figura 12.6).

Paso 2: Agarre la manta con una mano a medio camino entre el centro y el borde que va a ser doblado. Usando la otra mano como pívote, estire la manta y traiga el doblez hacia el centro de la manta (Figura 12.7).

Figura 12.6 Tienda la manta con el acabado hacia arriba.

Figura 12.7 Agarre la manta entre el centro y el borde del lado que va a ser doblado y haga un pliegue.

Paso 3: Después que el primer pliegue haya sido colocado en el centro, agarre el borde con la mano exterior. Usando la otra mano como pívote, estire la manta con fuerza (Figura 12.8).

Paso 4: Traiga este borde exterior al centro y póngalo encima y alineado con el primer doblez previamente colocado (Figura 12.9).

Paso 5: Doble la otra mitad de la manta en la misma forma, siguiendo los pasos 2,3,4. Si los pliegues no están derechos, deben ser enderezados. El doblez se muestra en la Figura 12.10.

Paso 6: En esta posición, doble los extremos de la manta como 30 cm (12"), para impedir que los extremos sobresalgan. Haga un rollo más compacto (Figura 12.11).

Figura 12.10 Repita los pasos anteriores para el lado aún desplegado y coloque el borde exterior en el centro, sobre el primer pliegue para terminar de doblar.

Figura 12.8 Agarre el borde y estire la manta.

Figura 12.9 Doble el extremo hacia el centro sobre el doblez anterior. Doble alternativamente como se muestra a la derecha.

Paso 7: Comience el enrollamiento en cualquiera de los extremos y comprima las primeras vueltas tan fuertemente como sea posible (Figura 12.12).

Figura 12.11 En esta posición, doble los extremos aproximadamente 30 centímetros (12" pulgadas) para evitar que las puntas sobresalgan y para hacer un rollo más compacto.

Figura 12.12 Comience a enrollar por cualquier extremo.

Figura 12.13 Estire la parte floja en el centro cuando aparezcan las arrugas.

Paso 8: A medida que el enrollado progresa, estire la parte floja en el centro tan pronto como aparezcan arrugas (Figura 12.13).

Paso 9: El rollo puede ser mantenido compacto con bandas de goma o amarrado con cuerdas (Figura 12.14).

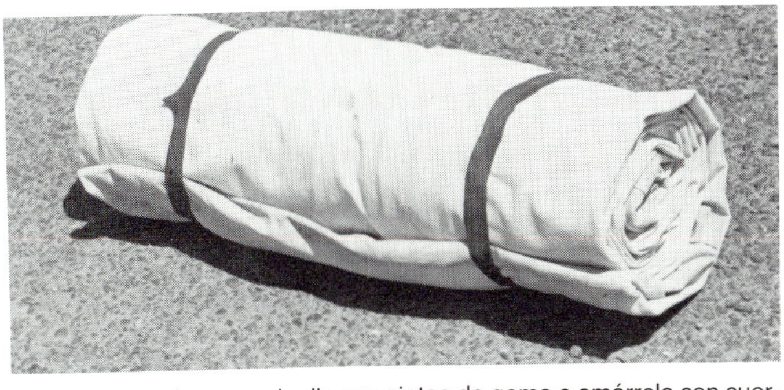

Figura 12.14 Asegure el rollo con cintas de goma o amárrelo con cuerdas.

Despliegue por un Solo Bombero, con una Manta de Protección Enrollada

Una manta de protección enrollada para despliegue por un solo bombero puede ser llevada en el hombro o bajo el brazo. Si está asegurado con bandas de goma o cordones, su firmeza la hace útil en diversas maneras. Una aplicación, distinta a la de cubrir objetos, es como protector de piso, el cual puede ser desplegado a lo ancho si es necesario. Deben utilizarse los siguientes pasos cuando un bombero extiende una manta de protección enrollada (Figura 12.15-12.20).

Paso 1: Comience en un extremo del objeto que va ser cubierto y mientras sostiene el rollo con las manos, desenrolle una cantidad suficiente para cubrir la punta (Figura 12.15).

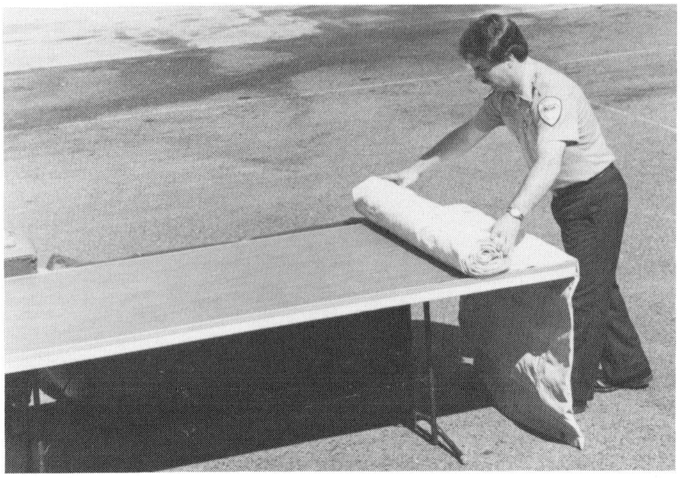

Figura 12.15 Desenrolle la manta para cubrir la punta del objeto a ser cubierto.

Paso 2: Extienda el rollo sobre el objeto y continúe desenrollando hacia el extremo opuesto (Figura 12.16).

Paso 3: Deje que el resto del rollo caiga en su lugar en el otro extremo o arréglelo en una posición como la mostrada en la Figura 12.17.

Paso 4: Póngase en un extremo y agarre las puntas, una en cada mano (Figura 12.18).

Paso 5: Despliegue los lados de la manta sobre el objeto moviendo ambas manos rápidamente hacia arriba y afuera (Figura 12.19).

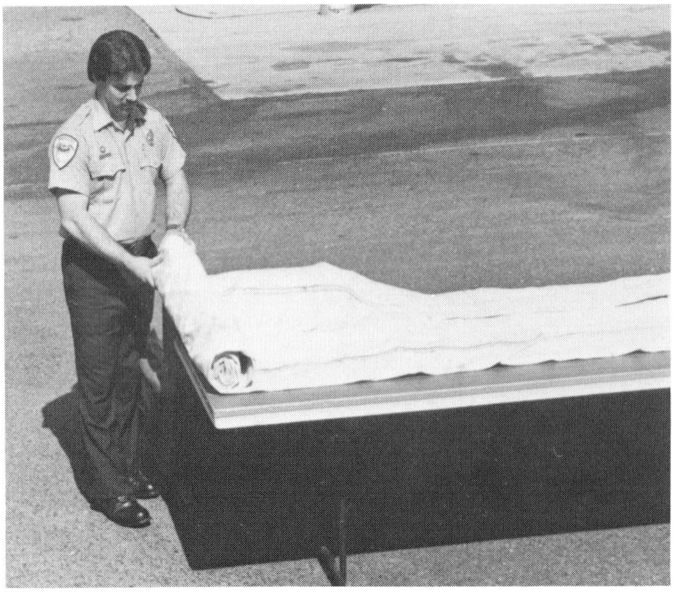

Figura 12.16 Siga desenrollando la manta sobre el objeto.

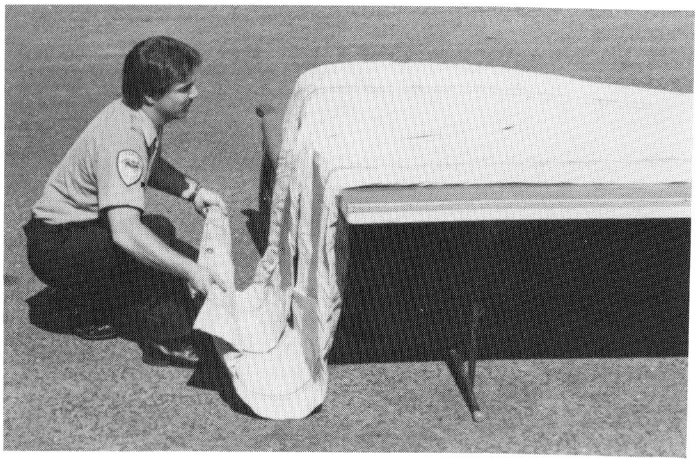

Figura 12.17 Deje que el rollo caiga en su sitio en el extremo opuesto.

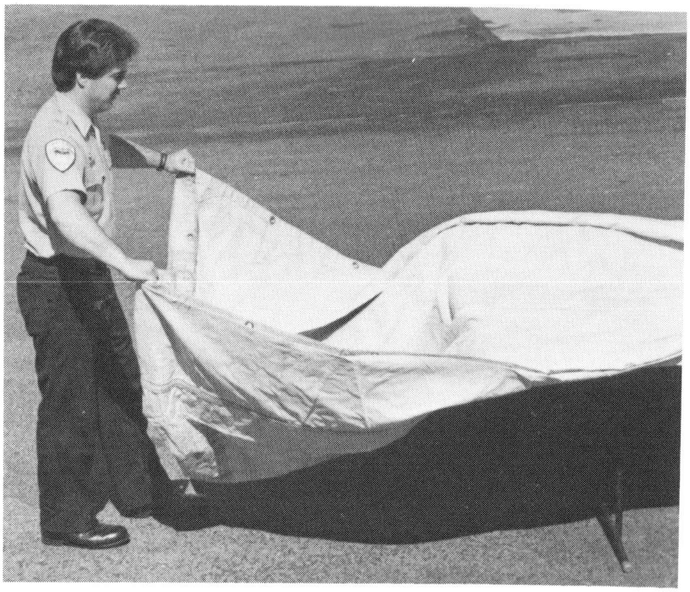

Figura 12.18 Agarre los bordes para desdoblar la manta.

Figura 12.19 Desdoble la manta sacudiendo las manos hacia arriba y afuera.

Paso 6: Abra el otro extremo de la manta sobre el objeto en la misma forma y recoja todas las orillas sueltas en el suelo (Figura 12.20).

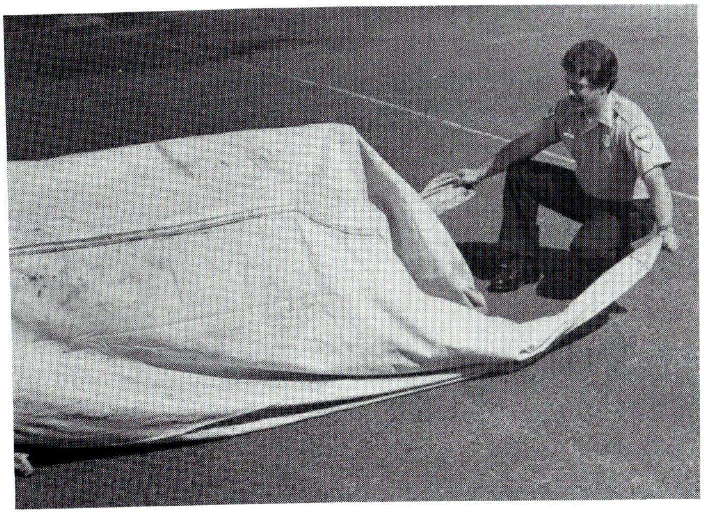

Figura 12.20 Para completar la envoltura recoja todas las orillas sueltas en el suelo.

Doblado de la Manta de Proteccióna para Despliegue por un Solo Bombero

Al igual que con el enrollamiento para un solo bombero, se debe hacer el plegado inicial para reducir el ancho de la manta. Estos pliegues son exactamente los mismos que aquellos descritos en los pasos del 1 hasta el 5 ilustrados en las Figuras 12.6-12.14, del enrollamiento para un solo bombero. Otros pasos del doblamiento de la manta de protección para un solo bombero, se ilustran en las Figuras 12.21-12.25.

Paso 1 al 5: Figuras 12.6-12.14.

Paso 6: Con la manta doblada a una anchura reducida, ambos bomberos agarran un extremo de la manta y lo traen a un punto alejado pocos centímetros del centro. Cada bombero debe utilizar el pie interior como pívote para hacer el doblez (Figura 12.21).

Paso 7: Cada bombero utiliza una mano como pívote y trae el extremo que está doblado sobre el pliegue anterior (Figura 12.22).

Paso 8: Repita esta operación una vez más, y traiga el extremo que se está doblando sobre el pliegue anterior en el centro (Figura 12.23).

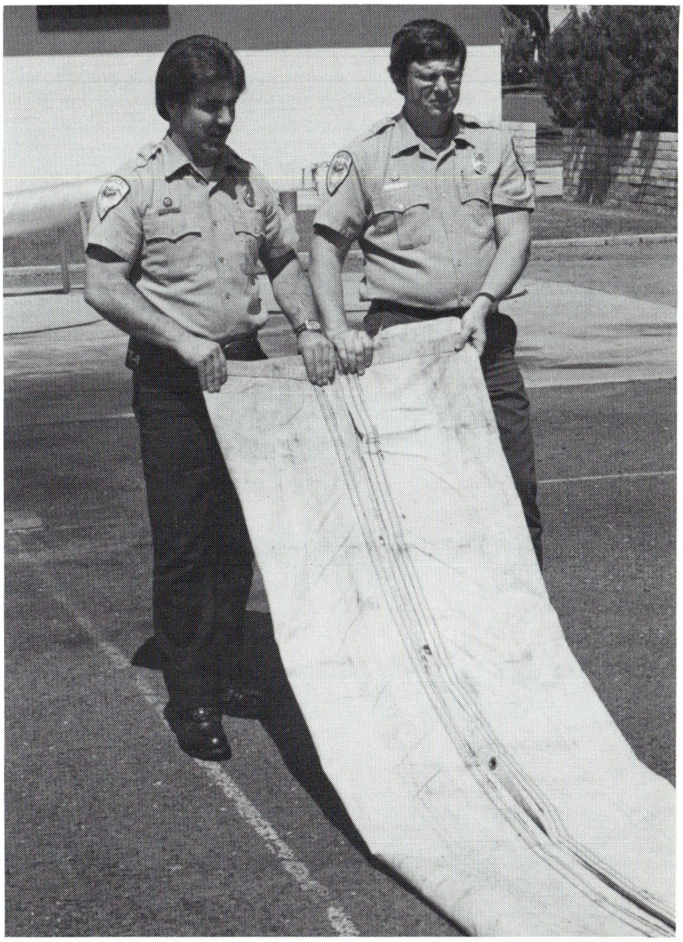

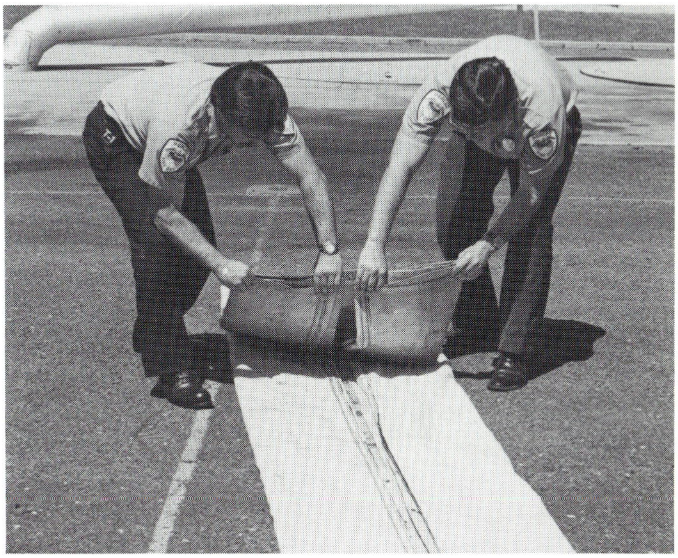

Figura 12.21 Usando el pie como pívote, traiga el extremo de la manta doblada a un punto alejado pocos centímetros del centro.

Paso 9: Doble ahora el otro extremo de la manta hacia el centro y deje como 10 cm (4 pulgadas) de separación entre los dos pliegues (Figura 12.24).

Paso 10: La separación dejada entre las dos partes dobladas de la manta sirve ahora

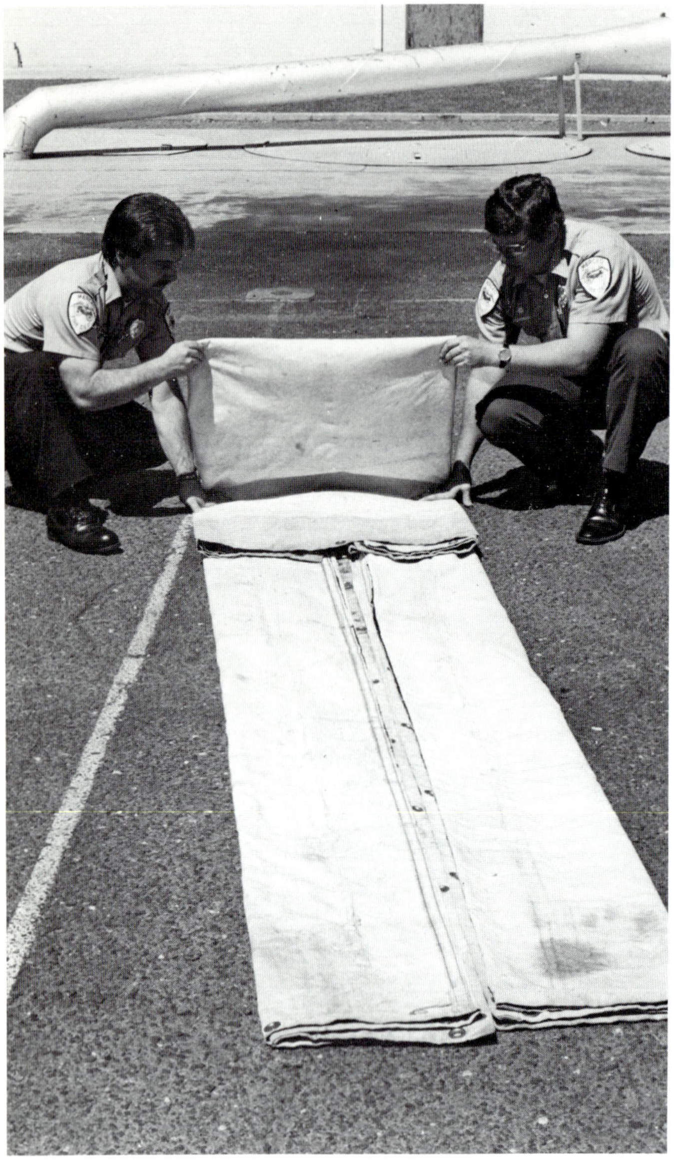

Figura 12.22 Usando las manos como pívote, traiga el extremo doblado hacia el centro.

Figura 12.23 Efectúe un tercer doblez hacia el centro para reducir el tamaño.

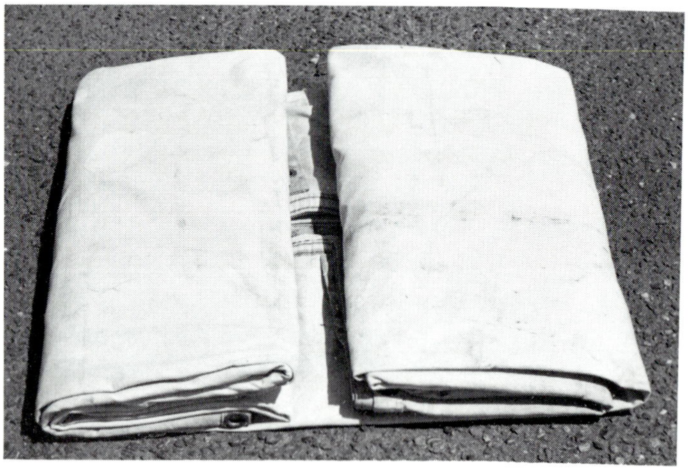

Figura 12.24 Doble el otro lado de igual forma, dejando aproximadamente 10 centímetros (4 pulgadas) entre pliegues.

como bisagra al colocar los bomberos un lado sobre otro y finalizar el procedimiento (Figura 12.25).

Despliegue por un Solo Bombero con una Manta de Protección Doblada

Una manta de protección doblada para un despliegue por un solo bombero puede ser llevada de cualquier manera. Se sugiere, sin embargo, que esta manta sea llevada en el hombro por mayor conveniencia. Utilice los siguientes pasos para

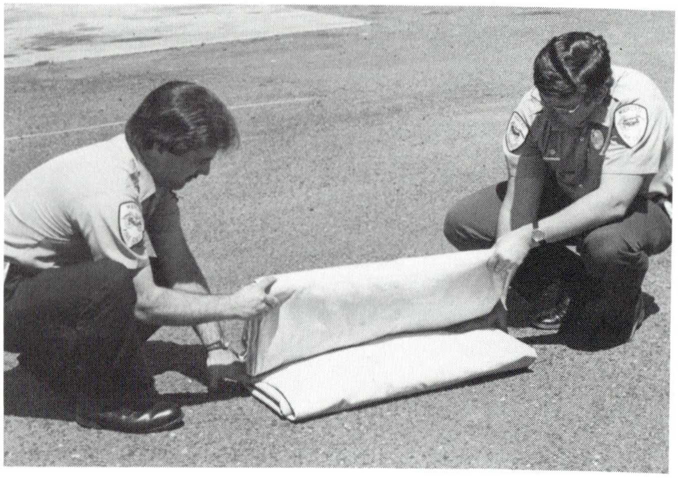

Figura 12.25 Finalice el doblado colocando un lado sobre el otro.

uando un solo bombero extienda una manta de rotección doblada (Figura 12.26-12.32).

Paso 1: Coloque la manta doblada sobre y cerca del centro del objeto que va ser cubierto y sepárela en el primer doblez (Figura 12.26).

Paso 2: Seleccione cualquier extremo y continúe desdoblando, abriendo el pliegue siguiente (Figura 12.27).

Figura 12.26 Coloque la manta sobre el centro del objeto que va ser cubierto y separe los grupos de pliegues.

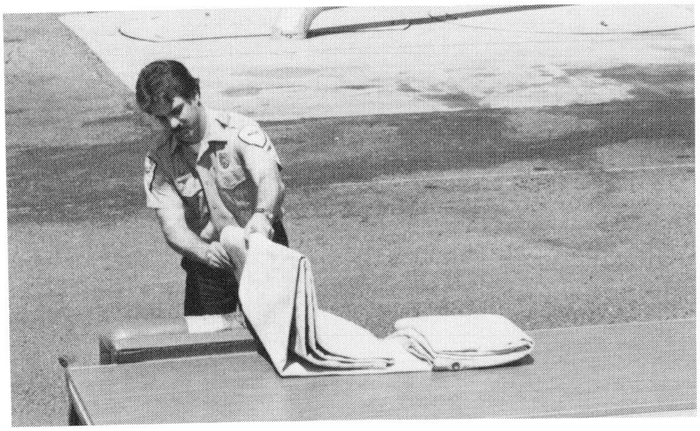

Figura 12.27 Comience en cualquier extremo y desdoble el próximo pliegue.

Paso 3: Continúe desplegando este mismo lado hacia el extremo del objeto que va a ser cubierto (Figura 12.28).

Paso 4: Agarre el extremo de la manta cerca del centro con ambas manos para impedir que las esquinas se desdoblen (Figura 12.29).

Paso 5: Pase el extremo de la manta sobre el borde del objeto que está siendo cubierto (Figura 12.30).

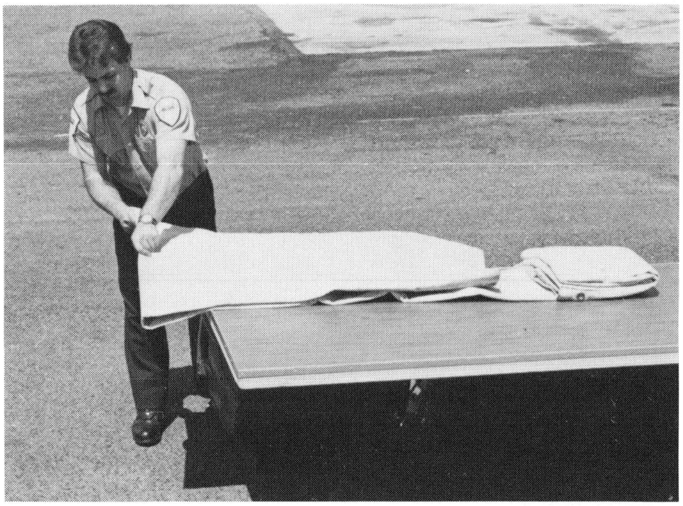

Figura 12.28 Continúe desdoblando hasta que el extremo esté cubierto.

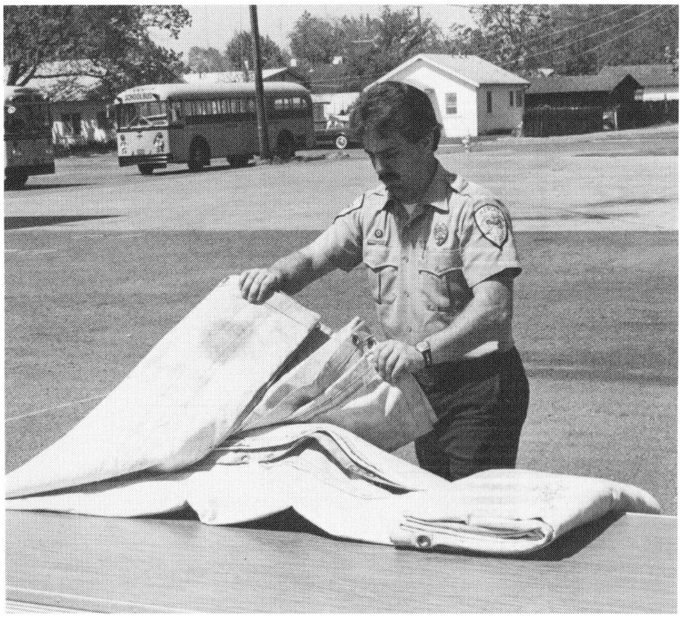

Figura 12.29 Agarre la manta en el centro con ambas manos.

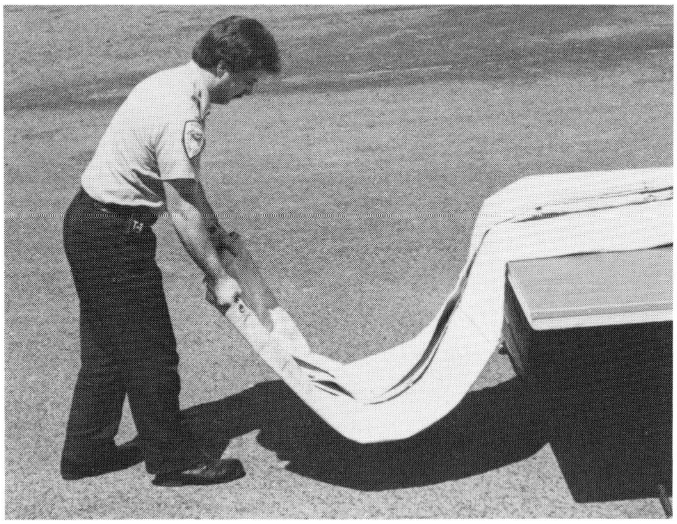

Figura 12.30 Coloque el extremo de la manta en posición sobre el extremo del objeto.

Paso 6: Desdoble el otro extremo de la manta sobre el objeto de la misma manera.

Paso 7: Agarre las puntas de la manta en cualquier extremo y prepárese para desplegarla como fue descrito en el rollo para un solo bombero (Figura 12.31).

Paso 8: Extienda los lados de la manta sobre el objeto, moviendo ambas manos rápidamente hacia arriba y afuera (Figura 12.32).

Paso 9: Abra el otro extremo de la manta sobre el objeto de la misma manera.

Figura 12.31 Agarre las puntas y prepárese para extender la manta.

Doblado de Manta de Protección para Despliegue por Dos Bomberos

Esta forma de doblar la manta de protección está adaptada particularmente para una operación de dos bomberos y es muy versátil con respecto a su aplicación. Los pasos para hacer el doblamiento se ilustran en las Figuras 12.33-12.43.

Paso 1: Con la manta tendida longitudinalmente, ambos bomberos agarran extremos opuestos de la manta en el anillo central y luego tiran de ella firmemente. Levante este pliegue central y estire las arrugas para formar la primera mitad del doblez (Figura 12.33).

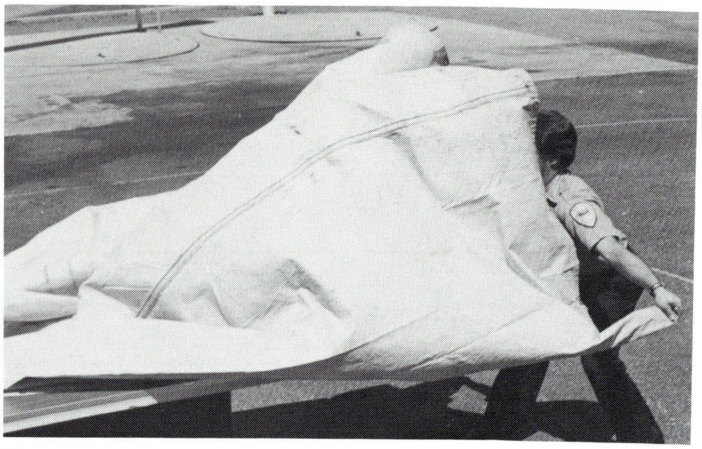

Figura 12.32 Extienda ambos extremos con un movimiento rápido de las manos hacia arriba y afuera para cubrir el objeto.

Paso 2: Tienda la manta medio doblada en el suelo y alísela para quitar las arrugas como se ilustra en la Figura 12.34.

Paso 3: Con un bombero parado en cada extremo frente a la manta medio doblada, agarre las esquinas de los bordes con la mano más cercana a ellas. Mientras permanece en esta posición, coloque el pie correspondiente en el centro de la manta medio doblada y de este modo haga un pívote para el siguiente doblez (Figura 12.35).

Paso 4: Estire la parte de la manta que está siendo doblada firmemente y doble ahora en cuatro, colocando los bordes sobre el otro extremo doblado (Figura 12.36).

Paso 5: Un bombero debe pararse luego sobre un extremo de la manta doblada en cuatro mientras que la otra persona agarra el extremo opuesto y sacude todas las arrugas (Figura 12.37).

Paso 6: El bombero que está sosteniendo el extremo de la manta lleva este extremo al compañero (Figura 12.38a). Alínee los extremos (Figura 12.38b).

Paso 7: Ambos bomberos se agachan ahora en cada extremo de la manta longitudinal.

Figura 12.33 Doble la primera mitad levantando en alto la manta por el anillo central con el lado del acabado hacia adentro.

Figura 12.34 Extienda la manta en el suelo y elimine todas las arrugas.

Figura 12.35 Utilizando los pies como pívote en el centro de la manta medio doblada, prepárese para doblar en cuatro manteniendo la manta tensa

El pliegue forma un pívote con las manos y el otro bombero coloca el pliegue un poco separado de la otra punta (Figura 12.39).

Paso 8: Los dos bomberos agarran después el extremo de los bordes utilizando su pie interior como pívote para el siguiente doblez (Figura 12.40).

Paso 9: Traiga los bordes sobre la manta y colóquelos un poco separados del pliegue central (Figura 12.41).

Figura 12.36 Termine de doblar en cuatro colocando el extremo de los bordes abiertos sobre el extremo doblado.

Figura 12.37 Agarre ambos extremos de la manta doblada en cuatro y sacuda para eliminar las arrugas.

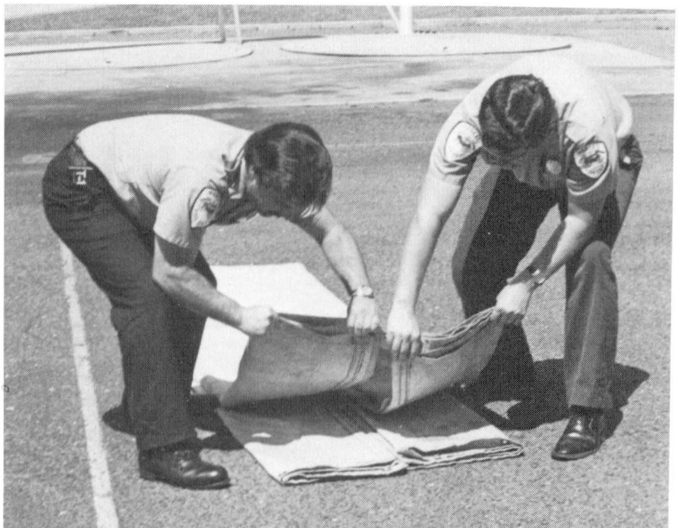

Figura 12.38 Tome el extremo de la manta doblada en cuatro. Llévela hacia adelante para doblarla, reduciendo su longitud.

Figura 12.39 Mientras un bombero forma un pívote con las manos, el otro coloca la parte superior algo separado del borde del otro extremo.

Figura 12.40 El extremo de los bordes se dobla nuevamente utilizando los pies como pívotes.

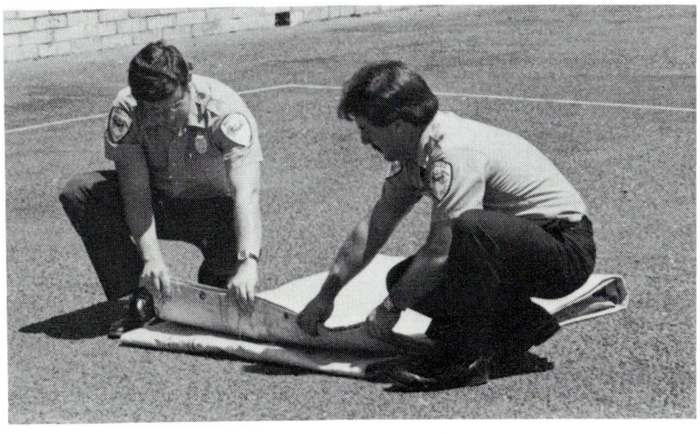

Figura 12.41 Alinee los bordes y remueva las arrugas.

Paso 10: Continué este proceso de doblado trayendo el extremo de los bordes sobre el extremo doblado. Durante este doblez la mano libre puede ser usada como pívote para sostener la manta en forma rígida (Figura 12.42).

Paso 11: Complete la operación con un pliegue más en las misma manera. Traiga los bordes sobre el extremo doblado usando la mano libre como pívote durante el doblez (Figura 12.43).

Figura 12.42 Utilizando las manos como pívote, continúe doblando el extremo de los bordes sobre el extremo doblado.

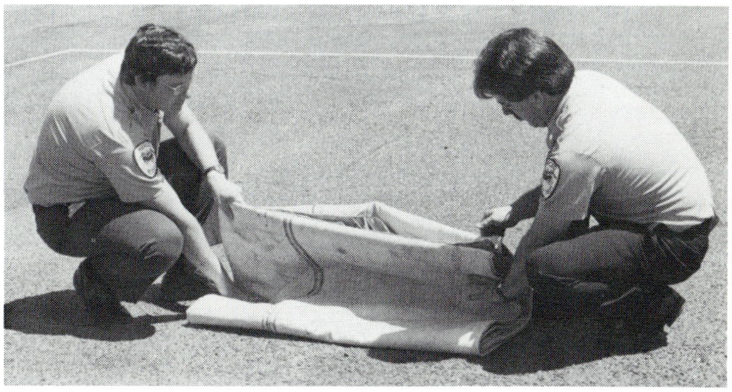

Figura 12.43 Un pliegue más completa la operación, quedando los bordes en la parte superior.

Modo de Cargar la Manta de Protección Doblada para Despliegue por Dos Bomberos

Probablemente la manera más conveniente de llevar esta manta es sobre el hombro con los bordes junto al cuello. No importa que extremo de la manta quede al frente del portador pues siempre tendrá al alcance dos bordes de la misma. La Figura 12.44 muestra el borde doblado junto al cuello con los pliegues separados por el que los carga, mostrando las cuatro esquinas accesibles. El portador separa las cuatro puntas por parejas con el par superior para el bombero que le acompaña y el inferior para él mismo. Después que la manta haya sido estirada longitudinalmente, las esquinas deben ser aseguradas corriendo la mano por el dobladillo hasta el extremo.

Figura 12.44 La manta doblada por dos personas se lleva sobre el hombro de modo que las dos puntas superiores estén disponibles para el compañero y los dos inferiores para el portador.

Despliegue por Dos Bomberos con una Manta de Protección Doblada

El método comúnmente usado para extender una manta doblada por dos personas es conocido como el lanzamiento del globo. Este método da mejores resultados cuando se atrapa suficiente aire bajo la manta. Este aire atrapado da a la manta un efecto de paracaídas, el cual tiende a mantenerla flotando sobre el artículo que va ser cubierto. Los pasos para hacer el lanzamiento del globo se ilustran en las Figuras 12.45-12.49.

Paso 1: Despliegue la manta a lo largo de un lado del objeto que va ser cubierto y déjela doblada en dos, agarrando cada lado de la manta cerca de las puntas como se ilustra en la Figura 12.45.

Paso 2: Haga varios pliegues en forma de acordeón con la mano que va a efectuar el lanzamiento y coloque la otra mano casi a medio camino hacia el extremo del borde (Figura 12.46).

Paso 3: Tense fuertemente la manta entre los bomberos y prepárese para balancear la parte doblada primero hacia abajo, y luego hacia arriba y afuera en un movimiento envolvente a fin de atrapar tanto aire como sea posible (Figura 12.47).

Paso 4: Cuando el lado plegado de la manta alcance el punto más alto, los bomberos pueden arrojarla o llevarla al otro lado del objeto, en una acción que hace que la manta flote sobre él (Figura 12.48).

Figura 12.45 Extienda la manta al lado del objeto que será cubierto y separe las dos mitades del pliegue.

Figura 12.46 Haga varios pliegues de acordeón en la mano guía.

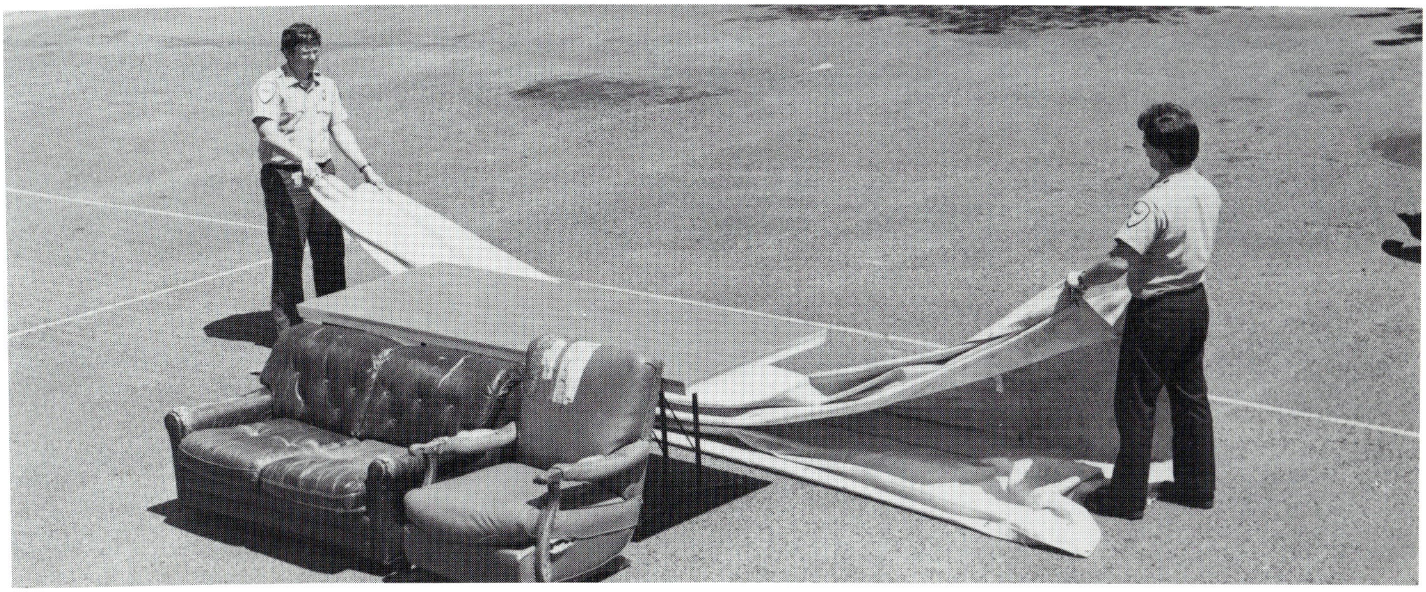

Figura 12.47 Tense la manta fuertemente y balancéela hacia abajo, afuera y arriba en un movimiento envolvente, atrapando aire.

Paso 5: Mientras la manta flote sobre el objeto, guíela a su posición y enderécela para facilitar el desagüe (Figura 12.49).

COMO IMPROVISAR CON MANTAS DE PROTECCION

Para Sacar Agua con Canales

Uno de los medios más prácticos de sacar el agua que sale del techo de pisos superiores es con canales. Los canales de agua se pueden instalar en el piso inferior para drenar a través de ventanas o puertas. Algunos cuerpos de bomberos disponen de canales previamente preparados de aproximadamente 3 m (10 pies) de largo como equipo regular, pero puede ser más práctico hacer canales usando una o más mantas. Pueden hacerse canales efectivos de agua utilizando una manta colocada sobre dos pértigas que se extiende hacia el exterior de una ventana o sobre escaleras como se muestra en la Figura 12.50. El peso del agua a lo largo del canal tiende a mantener tenso el enrollado. También pueden construirse canales en las escaleras del edificio como la ilustrada en la Figura 12.51.

Construcción de Receptáculos

Un receptáculo se improvisa colocando una manta de protección en el suelo para contener pequeñas cantidades de agua. El receptáculo

Figura 12.48 Con la manta en el punto más alto, lleve los pliegues de acordeón sobre el otro lado del objeto.

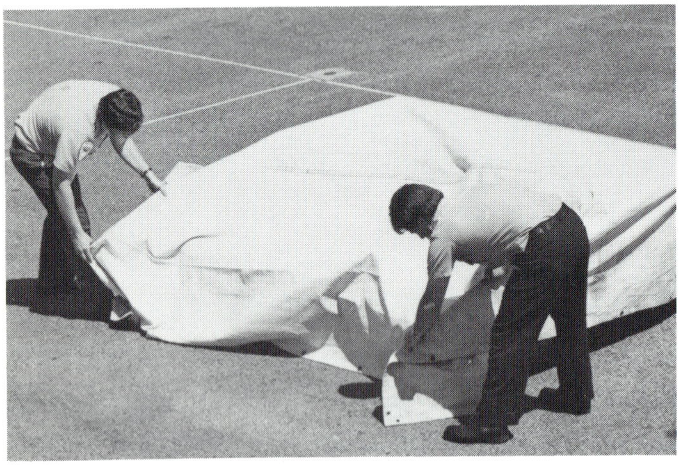

Figura 12.49 Arregle la manta en posición y estírela para que el agua corra.

Figura 12.50 Un canal de agua construido con una manta de resguardo de bienes y dirigido hacia afuera puede ser sostenido utilizando dos pértigas.

Figura 12.51 Una escalera puede ser también cubierta enrollando los bordes de la manta doblada ligeramente, formando un canal comenzando desde la parte inferior hasta la parte superior de la escalera.

puede ser usado además como recurso temporal para controlar grandes cantidades de agua hasta el momento en que puedan ser construidos canales para dirigir el agua al exterior. Los receptáculos construídos adecuadamente tendrán capacidad para manejar varios centenares de litros de agua y a menudo ahorran un tiempo considerable durante las labores de resguardo de bienes. La manta debe ser colocada en posición tan pronto como sea posible, incluso antes de que los lados de la manta sean enrollados.

Generalmente, se requieren dos personas para preparar un receptáculo con el fin de hacer los rollos más uniformes en todos los lados. Los pasos requeridos para hacer un receptáculo son los siguientes y se ilustran el las Figuras 12.52-12.54.

Paso 1: Con la manta extendida en el suelo, enrolle los lados hacia adentro más o menos un mentro (3 pies) y ponga los extremos de los rollos laterales en un ángulo de 90° para formar las esquinas del recipiente (Figura 12.52).

Paso 2: Haga un rollo bien apretado con uno de los extremos de la manta. Páselo por encima de la porción lateral que se colocó a 90°. Utilizando la mano exterior para alcanzar éste, incrústelo debajo para cerrar las esquinas (Figura 12.53).

Paso 3: Enrolle el otro extremo del mismo modo y cierre las esquinas. Un receptáculo terminado se muestra en la Figura 12.54).

USO DE TAPONES PARA ROCIADORES

El tiempo transcurrido desde el momento de activación de un rociador hasta que se dá la autorización para cerrar la válvula principal del sistema puede ser considerable. Resulta peligroso el cerrar prematuramente la válvula principal de los rociadores antes de tener la certeza de que la extinción total se ha logrado. Sin embargo pueden evitarse pérdidas extensas causadas por el agua

Figura 12.52 Se comienza un receptáculo enrollando cada lado hacia adentro más o menos 1 metro (3 pies) y colocando la punta de los rollos laterales perpendicularmente para formar las esquinas.

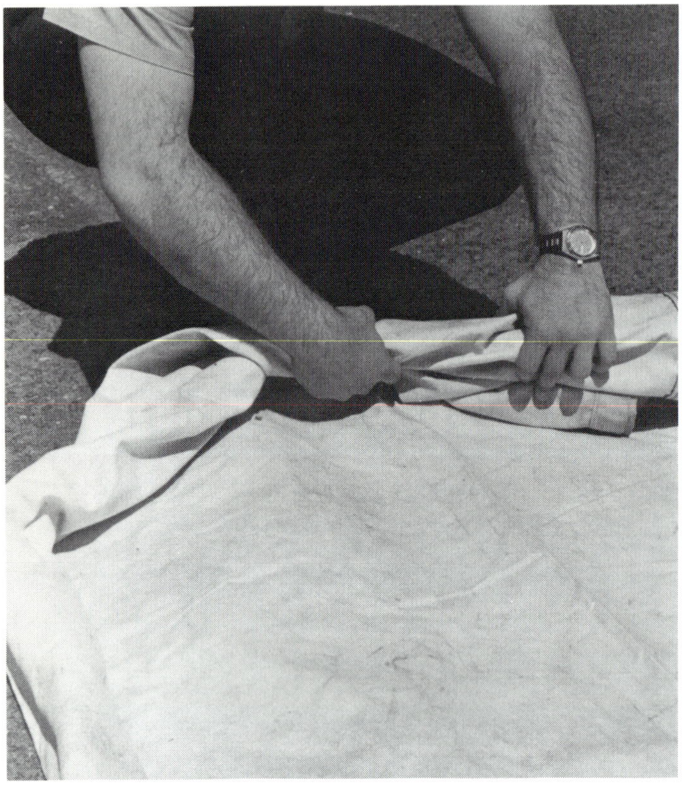

Figura 12.53 Haga un rollo bien apretado en un extremo, páselo sobre el rollo lateral y luego introdúzcalo por debajo de la pared para cerrar la esquina.

si se taponean individualmente los rociadores que ya no se requieran para la extinción del incendio.

Cado bombero puede cargar cómodamente un pequeño dispositivo en forma de cuña para ser utilizado como tapón de rociador. La mayoriía de las cuñas están diseñadas de modo que puedan ser llevadas a su posición con la palma de la mano. Si el dispositivo está hecho adecuadamente, prácticamente se puede controlar todo el flujo que mana de un rociador. Las cuñas pueden ser envueltas en una tira de goma para mejorar su efectividad.

Las tenazas de rociadores son, hasta cierto punto, más efectivas para retener el agua. Debido al diseño que tienen estas tenazas no pueden ser cargadas tan cómodamente como par formar parte del equipo individual rutinario. Si se utiliza adecuadamente el taco de goma o neopreno impedirá totalmente la salida de agua por el rociador (Figura 12.55).

INSPECCION MINUCIOSA DE COMPROBACION

La inspección minuciosa de comprobación es la inspección que se realiza en el escenario de un incendio para detectar fuegos ocultos o brazas que puedan encenderse nuevamente, así como detectar y preservar indicios de incendios premeditados. Posteriormente la edificación debe dejarse en condiciones seguras de habitabilidad. Las operaciones de resguardo de bienes ejecutadas durante el combate de incendios afectarán directamente las inspecciones de comprobación que puedan ser requeridas más tarde. Muchas de las herramientas y equipos utilizados para revisión son los mismos que los usados para otras labores bomberiles. Algunas de las herramientas y equipos necesarios para la inspección, así como su uso, pueden incluir:

- Pértiga, barras para cielos rasos
  —Para abrir techos y así verificar la propagación del fuego.
- Hachas
  —Para abrir paredes y pisos.
- Receptáculos, baldes, tinas
  —Para cargar escombros o proveer un recipiente para sumergir material humeante.

Figura 12.54 Un receptáculo completo listo para ser usado.

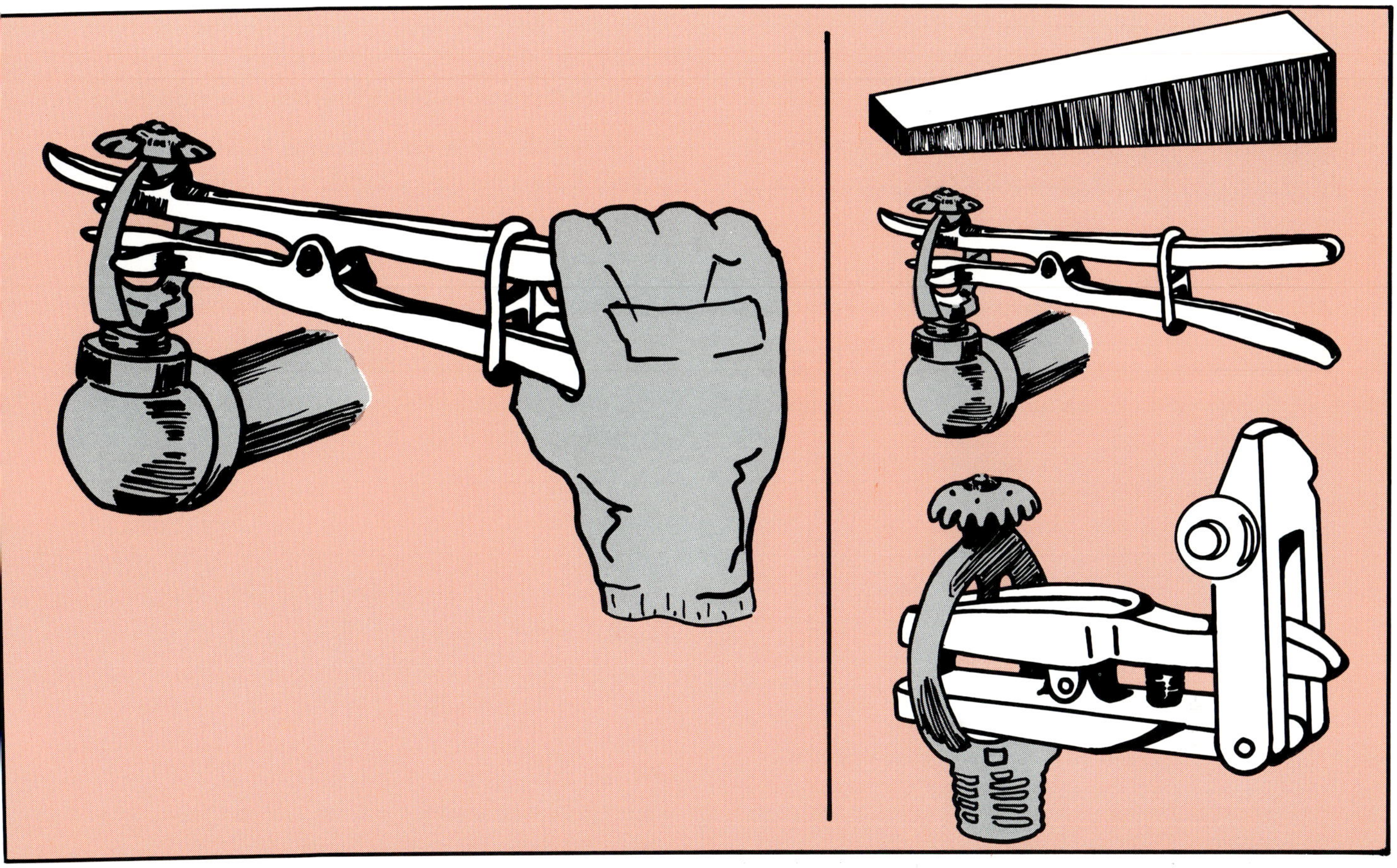

Figura 12.55 Las trabas de rociadores pueden ser aplicadas para detener el fljuo de agua y mejorar las labores de resguardo de bienes sin reducir la protección contra incendio en otras áreas.

- Palos, rastrillos, tridentes
  —Para mover materiales embalados o sueltos.

Buscando Fuentes de Reignición

En vista de que los procedimientos de inspección no necesariamente tienen que seguir un patrón pre-establecido, una de las primeras tareas rutinarias probablemente será la búsqueda de fuentes de reignición. Por lo general se considera un indicio de ineficiencia cuando se hace necesario regresar al escenario de un incendio para hacerle frente a la reignición del mismo. Debe efectuarse una inspección minuciosa en el área del incendio para cerciorarse que el fuego ha sido extinguido totalmente.

DETERMINE LAS CONDICIONES DE LA ESTRUCTURA PARA GARANTIZAR LA SEGURIDAD DEL BOMBERO DURANTE LABORES DE INSPECCION DE COMPROBACION

Antes de comenzar la búsqueda de fuentes de reignición es importante determinar las condiciones de la edificación en el área que va a ser inspeccionada. La intensidad del fuego y la cantidad de agua utilizada para su control son dos factores importantes que afectan el estado de la edificación. El primero determina el grado en que los componentes de la estructura se han debilitado y el segundo determina el peso adicional impuesto sobre pisos y paredes dependiendo de la características de absorción de los materiales dentro de la edificación. Se debe prestar especial atención a estos dos factores para la protección del personal durante las labores deinspección de comprobación.

El bombero debe estar alerta por otras condiciones peligrosas de la edificación, tales como:

- Pisos débiles debido a la acción del fuego sobre sus vigas.
- Desmoronamiento del concreto, debido al calor.
- Componentes metálicos del techo debilitados (La tensión de resistencia del

acero es aproximadamente a 260°C [500°F]).

- Desplazamiento de paredes, debido al largamiento de soportes metálicos del techo.
- Friso en la unión de paredes agrietados, debido al calor excesivo.
- Soportes de tabiques, derretidos por el calor.

El bombero puede detectar a menudo fuentes de reignición por observación visual, tacto o sonido.

- Observación Visual:
  —Ver descoloración de material
  —Pintura desprendida
  —Emanación de humo por grietas
  —Friso agrietado
  —Empapelado reseco
- Tacto:
  —Palpe las paredes y pisos con el revés de la mano.
- Sonido:
  —Chasquidos o crujidos de material en combustión.
  —Silbido de vapor.

Un paso importante en la búsqueda de fuentes de regnición sería el hacer una inspección cuidadosa y sistemática para determinar si el incendio se extendió a otras áreas de la construcción u otros edificios. Si se descubre que el incendio se extendió a otras áreas es necesario determinar de qué forma se propagó. Cuando las vigas del piso se han quemado en sus extremos por donde entran a la pared, es recomendable inspeccionarlos llenando los huecos con agua. El otro lado de la pared también debe ser inspeccionado para ver si el fuego o el agua han penetrado.

A menudo ciertos materiales aislantes abrigarán fuentes de reignición por un tiempo prolongado. Estes materiales deben ser removidos para poder detectar el fuego. Cuando el incendio ha quemado los alrededores de ventanas o puertas, hay la posibilidad de que haya fuego dentro de los marcos. Estas áreas deben ser abiertas para asegurar la extinción completa. Otro punto de posibles problemas es detrás de la cornisa. Cuando el incendio ha quemado alrededor de un techo combustible o cornisa, es conveniente abrir ésta e inspeccionar por si hay fuentes de regnición.

Cuando existan espacios confinados debajo de pisos, sobre techos o dentro de paredes y tabiques tienen que ser abiertos durante la búsqueda de fuentes de reignición y el mobiliario del cuarto debe ser trasladado a sitios donde no sean dañados. Solamente debe removerse lo necesario en paredes, techos, o revestimiento de piso para asegurar la extinción completa. La estructura de soporte de la edificación no debe ser alterada.

Para abrir techos desde abajo se requiere el uso de una pértiga o barra de acero. Para abrir un cielo raso, el bombero debe romper primero la mezcla de yeso y luego arrancar el listón. Normalmente para esta operación se utiliza la barra de acero. Los techos metálicos o compuestos de diferentes materiales pueden ser arrancados del soporte en forma similar. El bombero no debe estar debajo del espacio a ser abierto en el momento de efectuarlo. El movimiento debe hacerse hacia abajo y afuera para impedir que los restos caigan sobre la cabeza del bombero. No debe intentarse de derribar un techo sin llevar puesta la ropa protectora completa (Figura 12.56).

Figura 12.56 Cuando abra un techo con una pértiga, use ropa protectora completa.

El gancho para cielo raso de yeso, hecho de acero moldeado con una punta de lanza y dos cuchillas de bordes afilados, es útil para abrir techos de metal, yeso u otros componentes estructurales para lograr acceso al incendio. Las cuchillas se cierran cuando la lanza penetra en un objeto y automáticamente se abren después de la penetración (Figura 12.57). Este dispositivo permite que los techos y trozos de paredes puedan ser arrancados cuando se tira de ellos.

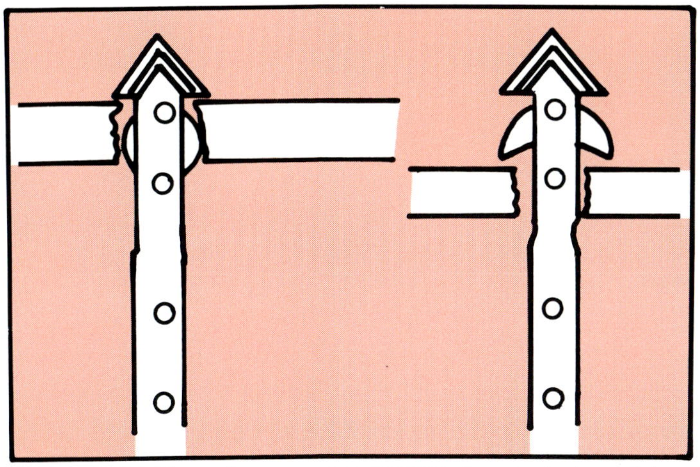

Figura 12.57 El gancho para yeso también arranca techos eficientemente. Las cuchillas se retraen para atravesar el techo, luego los resortes hacen que ellas se extiendan cuando se hale.

Extinción de Fuentes de Reignición

Es indispensable para los bomberos usar ropa protectora adecuada incluyendo equipo de protección respiratoria autocontenido, mientras ejecutan labores de inspección de comprobación y extinción de fuentes de reignición. Es particularmente importante el uso de botas con protectores metálicos, y de igual forma, se debe requerir el uso de guantes. Es recomendable el uso de protección para los ojos si no impide quitarse los equipos de protección respiratoria (Figura 12.58). Esta protección es una ayuda para la tediosa y peligrosa tarea de extinguir fuentes de reignición.

Siempre se debe tener disponible líneas de mangueras preparadas para la extinción de fuentes de reignición, aunque no es siempre necesario el uso de mangueras del mismo diámetro que las líneas utilizadas para controlar el incendio. Los autobombas del cuerpo de bomberos pueden ser a menudo desconectados del hidrante, pero debe mantenerse al alcance una o más líneas para hidrantes de 65 mm (2½ pulgadas). o mayor, como precaución. Estas líneas grandes no necesariamente deben ser llevadas por una cuadrilla de inspección durante la búsqueda de fuentes de reignición, pero deben mantenerse listas para extinguir cualquier resurgimiento del fuego. Frecuentemente se utilizan mangueras más pequeñas connectadas con estas líneas grandes, para proporcionar mejor maniobrabilidad por toda la construcción. La boquilla debe ser colocada de modo tal que si se abriese accidentalmente no cause daños adicionales por efectos del agua. Las mangueras de jardín conectadas directamente a una fuente de agua doméstica pueden ser también utilizadas para extinguir pequeños incendios. Cuando se utilicen las mangueras de jardín y otros equipos con capacidad limitada para la extinción durante labores de inspección deben tomarse medidas para mantener líneas de mayor diámetro en las proximidades. El uso de bombas de agua, recipientes, y extintores portátiles de incendio proveen recursos limitados de extinción, y no son tan confiables como las líneas de mangueras para los fines de inspección.

Figura 12.58 Use ropa protectora completa durante las inspecciones de comprobación.

Frecuentemente se descubren pequeños objetos ardientes durante la inspección. Debido a su tamaño y condición, es mejor sumergirlos en un recipiente con agua, que tratar de mojarlo con un chorro de agua. Las bañeras, fregaderos, lavamanos, y tinas de lavar son útiles para este propósito. El mobiliario mayor, tales como los colchones, muebles rellenos, y ropas de cama deben ser llevados al exterior donde pueden ser extinguidos completamente de manera fácil. Es importante para todos los bomberos recordar que todos los artículos chamuscados y parcialmente quemados pueden ser de utilidad a un investigador mientras prepara el inventario y determina la causa del incendio. El uso de agentes líquidos es de considerable valor cuando se extinguen fuentes de reignición. Las cualidades penetrantes de los agentes líquidos generalmente permiten una extinción completa de fuentes de reignición en algodón, tapicería, mercancías embalsadas y una gran cantidad de otros materiales. Cuidado especial debe tomarse para eliminar el uso indiscriminado y descuidado de los chorros de manguera.

Figura 12.59 Durante la inspección de comprobación debe tenerse cuidado para no destruir evidencias de incendio premeditado.

Protección y Preservación de Evidencias

Dos cosas deben tener claramente presentes los bomberos respecto a la protección y preservación de evidencias.

- Siempre que sea posible debe mantenerse la evidencia donde sea encontrada, intacta y sin perturbar.
- Se debe identificar, remover y salvaguardar apropiadamente las evidencias que no pueden ser dejadas en el escenario del incendio.

No se debe permitir ningún cambio en las evidencias más de los que sea absolutamente necesarios para la extinción del incendio. Las fotografías son un excelente soporte de evidencias si son tomadas inmediatamente. Las fotografías deben ser tomadas antes de que pueda ser retirada alguna evidencia. Los bomberos deben evitar pasar sobre las posibles evidencias de incendio premeditado y dañarlas de tal manera que resulten inútiles (Figura 12.59). El mismo tipo de precaución debe tenerse en la aplicación y uso excesivo de agua, para así evitar resultados insatisfactorios similares. Debe protegerse cualquier rastro de huellas humanas, para permitir tomar las medidas de las mismas, compararlas, medir la longitud del paso, posición de los pies, y alguna peculiaridad en la marcha (caminata o carrera) de una persona sospechosa. La colocación de cajas sobre las huellas impedirá que el polvo las disipe; de lo contrario, límpielas y manténgalas en buen estado para fotografiarlas, o sacar un molde posteriormente. En caso de encontrar restos de papeles parcial o completamente quemados en un horno, cocina o fogón deben ser protegidos inmediatamente cerrando las compuertas u otras aberturas, al ser descubiertas.

Todas las evidencias recolectadas por los bomberos deben ser debidamente marcadas, rotuladas, identificadas y preservadas en recipientes limpios. Se debe realizar una anotación cuidadosa de la fecha, hora y lugar donde fueron encontradas. También resulta conveniente el establecer señales adicionales de identificación en latas, botellas y otros artículos, tales como las iniciales de las personas que encontraron las evidencias. Este procedimiento puede establecer una identificación incuestionable. Debe tenerse un registro de testigos y de cada persona que ha tenido o tendría responsabilidad por el cuidado y preservación de las evidencias.

Cuando no se dispone de los medios para una buena protección del papel parcialmente quemado y las cenizas, se pueden proteger entre capas de plásticos o entre pedazos de vidrios de ventanas para el uso del investigador y para el transporte posterior a un laboratorio. Documentos tales como cartas o facturas que exigen el pago de dinero deben ser preservadas para ayudar a establecer el estado financiero de una persona, lo cual pudiera indicar un motivo para provocar el incendio.

Si encuentra una sección de madera de la que se sospeche contener parafina o aceite, colóquela en un recipiente transparente y séllelo hasta que se pueda realizar el correspondiente análisis químico. Todas las botellas deben ser rotuladas con etiquetas e identificadas. Aquellos objetos tales como mecha de vela y fósforos quemados deben ser envasados en una botella que contiene algodón para evitar romper la evidencia al moverla o transportarla. Las muestras de materiales, como algodón, madera, rayón, fieltro y otros tejidos pueden ser guardados en botellas limpias de boca grande y luego fuertemente selladas y debidamente marcadas. Los residuos de líquidos volátiles, muestras de aceite, trapos empapados de aceite, desperdicios y cosas semejantes deben ser colocados en envases de lata y sellados. Este procedimiento preservará los olores así como los materiales mismos y podrán ser presentados posteriormente a un tribunal en sus condiciones originales. Cualquier evidencia de esta clase debe sellarse con cera, de modo que cuando sea necesario, un experto de laboratorio puede testificar en el juzgado que el sello de cera estaba intacto hasta el debido momento.

El bombero que sospecha de un incendio premeditado y encuentra la evidencia, debe ser capaz de identificarla posteriormente. Cuando dicho material haya sido rotulado, clasificado, y marcado adecuadamente puede ser transferido a las autoridades competentes en cualquier momento. Las evidencias deben ser mantenidas bajo llave debiendo ser manipuladas por el menor número de personas posible. Se recomienda llevar un registro de cada una de las personas que haya tocado esta evidencia.

Después que las evidencias hayan sido debidamente preservadas, los escombros pueden ser recogidos. Los materiales carbonizados deben ser removidos para evitar la posibilidad de reignición y reducir las pérdidas causadas por el humo. Algunos materiales no quemados deben ser separados de los escombros y limpiados. El recoger los escombros en grandes recipientes como baldes o tinas reduce el número de viajes en ir y venir al área de incendio. Se considera poco favorable para

Figura 12.60 Los escombros de la inspección de comprobación deben ser adecuadamente desechados, no meramente descargados en la acera o calle.

la opinión pública descargar los escombros en las calles y aceras o estropear jardinería costosa (Figura 12.60).

Protección de Ventanas y Techos

Las operaciones de inspección de comprobación y resguardo de bienes deben continuar incluso después que el incendio sea extinguido completamente; de lo contrario, las mercancías o mobiliario previamente protegidos pudieran ser deteriorados por el tiempo. Es recomendable cubrir las ventanas rotas o techos descubiertos, indistintamente si el daño fue ocasionado por el fuego o como parte de las operaciones necesarias para el combate de incendio (Figura 12.61).

Figura 12.61 Las labores de resguardo de bienes deben ser finalizadas cubriendo ventanas rotas, puertas y techos abiertos para evitar más daños.

Capítulo 13

Determinación de las Causas de Incendios

NORMA NFPA 1001
DETERMINACION DE LAS CAUSAS DE INCENDIOS
Bombero II

4-1 General.

4-1.1 El bombero deberá identificar las responsabilidades del bombero en la determinación del lugar de origen, causa y protección de evidencias en casos de incendio.

Las Transparencias sobre Identificación y Prevención de la IFSTA están diseñadas para complementar este capítulo.

Capítulo 13

Determinacion de las Causas de Incendios

Muchos cuerpos de bomberos tienen la tendencia de hacer una inadecuada identificación de las causas de los incendios. Algunas veces es debido a que "algo tiene que ser presentado por escrito"; algunas veces por falta de precisión. Por ejemplo, en el caso de un incendio causado por una persona cuando usa un equipo de soldadura por arco cerca de un recipiente con gasolina, podría ser señalada como causa "la gasolina" por un servicio de bomberos, como "eléctrica" por algún otro, como "soldadura" por otro, y como "chispas que encendieron gasolina" por otra (Figura 13.1).

Figura 13.1 Si un equipo de soldadura inflama un recipiente con gasolina. ¿Podría ser la causa "gasolina", "electricidad", "soldadura" u otra cosa? *Cortesía de Steve Tylor.*

Ninguna de estas, sin embargo, describe la historia completa. La causa de un incendio es una combinación de factores: combustible encendido, fuentes de la temperatura de ignición, y si hay algunas personas involucradas, el acto u omisión de la persona que se encargó de poner los eventos como un todo (Figura 13.2). Un impreciso reporte de incendio no puede ser usado para desarrollar medidas preventivas ni tampoco puede ser usado para indicar las incidencias del incendio.

Con mucha frecuencia las brigadas de bomberos llegan rápidamente a la escena del incendio, corren para extinguir el incendio, procediendo a aclarar y limpiar el área—y todas las evidencias también—y regresan prontamente a la estación. Pocas veces la brigada de bomberos toma el tiempo necesario para ayudar a determinar la causa del incendio. Si un cuerpo de bomberos no conoce la causa de los incendios, bien sea accidental o intencional, ellos no podrán trabajar eficientemente en función de minimizar el número y severidad de los incendios.

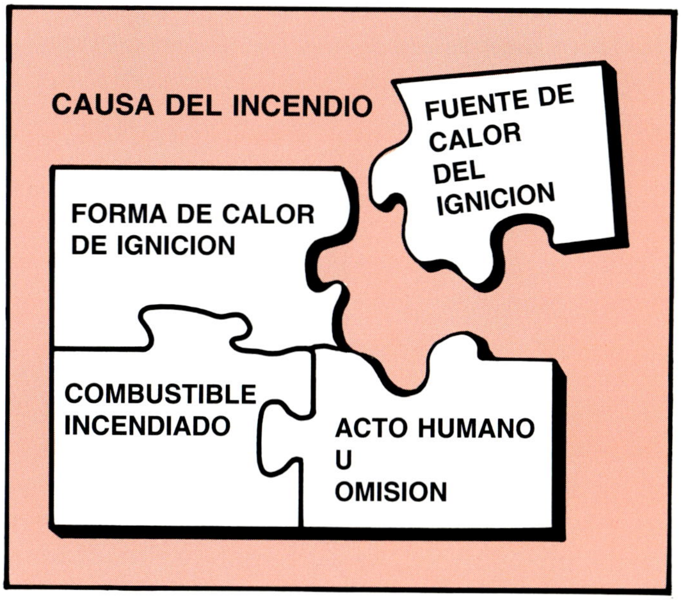

Figura 13.2 La causa de un incendio es una combinación de varios factores.

EL PAPEL DEL BOMBERO

Aun cuando en la mayoría de la jurisdicciones el jefe del cuerpo de bomberos tiene la responsabilidad legal de la determinación de las causas del incendio, son los bomberos en la escena del incendio los que tienen la responsabilidad de asegurarse de que la verdad y las causas específicas del incendio sean determinadas. Un bombero debidamente entrenado puede figurarse importantes conclusiones al observar el incendio y su comportamiento, así como otros hechos significativos desde su llegada, mientras ingresó a las instalaciones, y durante la ubicación y extinción del incendio.

El bombero, más que cualquier otro, está pendiente del color y consistencia del humo, es más apto para reconocer olores poco comunes tales como el de los líquidos inflamables y químicos, así como notar el color de las llamas. El bombero es el más adecuado para responder a preguntas importantes. ¿Están los muebles y otros equipos en el área como ellos deberían estar, o han sido removidos de su posición original? ¿Existen evidencias de violación de puertas o ventanas antes desu llegada? ¿Existe alguna indicación de más de un punto de origen, o de una propagación rápida del fuego poco común?

La importancia de los bomberos no puede ser sobreenfatizada. El uso por parte de los bomberos de los chorros de extinción, por ejemplo, frecuentemente determina si la evidencia es salvada o destruida. Mucho juicio y cuidado durante la remoción de los escombros puede traer consigo la consecución de importantes evidencias (Figura 13.3).

Frecuentemente, los investigadores no están presentes mientras los bomberos combaten el incendio, remueven escombros, y entrevistan a los ocupantes y testigos para la elaboración del reporte de actuación. Debido a esto, los bomberos tienen la importante responsabilidad de notar de todo lo que pueda indicar la causa del incendio. El investigador pocas veces estará familiarizado con la historia del caso, las circunstancias y las personas involucradas, de tal forma que la información de los bomberos presentes en la escena del incendio es vital.

Figura 13.3 Busque signos de entrada forzosa. *Cortesía de C.D. Ray y Asociados.*

Los asuntos de las siguientes listas han sido puestas bajo un título ideal, así que las listas son de alguna manera redundantes. Algunas de las observaciones y acciones pueden ser apreciadas o hechas en diferentes momentos. Por ejemplo, evidencias de colas de propagación del incendio tal vez no se encuentren hasta efectuar la remoción de escombros, en lugar del momento de las labores de extinción, y una completa búsqueda de recipientes o señales de intrusión o violación de los accesos podría ser realizados solamente después de que el incendio ha sido totalmente extinguido. El punto importante es no sólo cuando el bombero observa algo que puede dar indicación de la causa, sino que él lo note y tome las medidas adecuadas posteriormente.

Acciones a Seguir Desde el Inicio de la Alarma

La responsabilidad del bombero para obtener la información comienza desde el momento en que recibe la alarma (Figura 13.4). Entre otras cosas que se deberán observar, tenemos:

- Hora del día. Esto nos da una indicación de las personas y circunstancias que se pudieran encontrar en el lugar para el momento en que ocurrió el incendio. Por ejemplo: si el incendio es un edificio a las tres de la madrugada, se espera que los ocupantes estén en ropas de dormir, no con

Figura 13.4 La responsabilidad de los bomberos en asistir a la determinación de las causas comienza lo más pronto posible, desde el momento en que se recibe la alarma. *Cortesía de Robins, Lelle, Largon y Kaplan.*

sus mejores ropas. Si el incendio es en una oficina después de las horas de trabajo, el dueño probablemente no estará en el lugar.

- Condiciones climáticas y peligros naturales ¿Clima caluroso, frío, tormentoso? ¿Existe una fuerte nevada, hielo, fuerte lluvia, llovizna? Si la temperatura externa es alta, la calefacción en la estructura no debería estar en operación. Si la temperatura es baja, las ventanas no deberían estar totalmente abiertas. Los incendiarios frecuentemente originan incendios en momentos de condiciones climáticas inclementes debido a que la respuesta del cuerpo de bomberos tomará un poco más de tiempo.
- Barreras ocasionadas por el hombre. Existen barricadas en las vías hacia el lugar incendiado tales como: árboles caídos, cables, potes de basuras y vehículos bloqueando el acceso a los hidrantes, tuberías, conexiones y vías de accesos.
- Personas que abandonan el área, la mayoría de las personas se emocionan con los incendios y se quedan a observarlos. Si alguna persona abandona el área en un vehículo, tome nota del color, marca y modelo del carro, número de la placa y descripción de los ocupantes. Si la persona abandona el área a pie, fíjese en su forma de vestir, apariencia física en general y algo peculiar que llame la atención (Figura 13.5).

Figura 13.5 Tome nota de personas que abandonan el escenario. *Cortesía de Ray & Asociados.*

A la Llegada

La información adicional que se deberá obtener después que los hombres lleguen al incendio incluye:

- Hora de llegada y extinción del fuego. Posteriormente, se interrogará a la persona que reportó el incendio en relación a la hora de detección del incendio y su reporte. Si el fuego se propagó con mucha rapidez en el intervalo de tiempo muy corto, entre el recibo de y la llamada y llegada de las unidades al sitio, podemos deducir que alguna sustancia acelerante y colas se utilizaron para el desarrollo masivo del fuego.
- Dirección y velocidad del viento. Estos tienen un gran efecto en el desarrollo y propagación del incendio.
- Localización del fuego. ¿Existen focos separados o aparentemente sin conexión? De ser así, el fuego pudo haber sido ocasionado en diferentes lugares o propagado mediante la utilización de colas.
- Color del humo. Es un factor importante, el cual nos da algunas indicaciones de lo que se quema (Tabla 13.1). Si el color del humo indica un combustible que no debería estar en la estructura, su causa podría ser sospechosa y en algunos casos se deberá actuar con precaución.

TABLA 13.1
COLOR DEL HUMO PRODUCIDO POR VARIOS COMBUSTIBLERS

Combustible	Color del humo
Pasto/compuestos vegetales	Blanco
Fósforo	Blanco
Bencina	De blanco a gris
Nitrocelulosa	De amarillo claro a amarillo-marrón
Sulfuro	ararillo-marrón
Acido sulfúrico, ácido nítrico, ácido clorhídrico	amarillo-marrón
Pólvora	amarillo-marrón
Gas cloro	Verde amarillento
Madera	De gris a marrón
Papel	De gris a marrón
Telas	De gris a marrón
Iodo	Violeta
Aceite de cocinar	Marrón
Nafalta	De marrón a negro
Tinner	De marrón a negro
Terpentina	De marrón a negro
Acetona	Negro
Kerosene	Negro
Gasolina	Negro
Aceite lubricante	Negro
Goma	Negro
Tar	Negro
Carbón	Negro
Plásticos	Negro

- Color de la llama. El color de la llama puede corroborar o dar parámetros de comparación con el color del humo y es una indicación de la intensidad del fuego.
- Indicaciones de entrada forzosa (Figura 13.6). Observe cualquier señal de entrada forzosa en puertas y ventanas producidas antes de la llegada del cuerpo de bomberos. El incendio pudo haber sido originado para cubrir otro crimen.
- Puertas y ventanas abiertas o cerradas. Si la puerta debió estar bajo llave y no lo estaba, nos da un indicio de que pudo ser intencional; por lo tanto, se deberá averiguar a aquellas personas que poseen llaves de la puerta. Estos son los primeros sospechosos.
- Puertas y ventanas cubiertas. Cobijas, papeles, etc. son usadas en su mayoría para retardar el descubrimiento del incendio.
- Recipientes desechados. Recipientes encontrados dentro o fuera de la estructura que pudieron haber contenido líquidos inflamables.
- Herramientas para robo, desechadas.
- Rostros familiares. Esté pendiente de los rostros que le son familiares entre los grupos de curiosos. Ellos podrían ser los incendiarios habituales.

Figura 13.6 Busque señas de entradas forzosas. *Cortesía del Condado de Dallas, Texas, Oficina del Fire Marshall.*

Durante el Combate de Incendio

Los bomberos deberán continuar observando cualquier condición que conlleve a determinar la causa del incendio.

- Olores inusuales como lo son: gasolina, kerosene, pintura, tinner, y otros acelerantes o químicos (olores irritantes y/o dulces) pueden ser identificados por el personal actuante. Un dato importante es que los incendiarios profesionales suelen utilizar perfumes, desodorantes ambientadores y amoníaco en su intento de ocultar el olor a algún acelerante usado para quemar.
- Comportamiento del fuego cuando se le aplica el agua. Flashback, reignición e incremento de la intensidad del fuego cuando

combustible ordinario parece ser el único elemento involucrado nos indican la presencia de un líquido inflamable.

- Obstáculos en la extinción del fuego. Un ejemplo puede ser la colocación del los muebles en la entrada para impedir el acceso. Artefactos incendiarios, colas de tela y periódicos.
- Alteraciones para ayudar a la propagación del fuego, tales como: agujeros en las paredes, pisos y la abertura de las puertas cortafuegos, etc. (Figura 13.7).

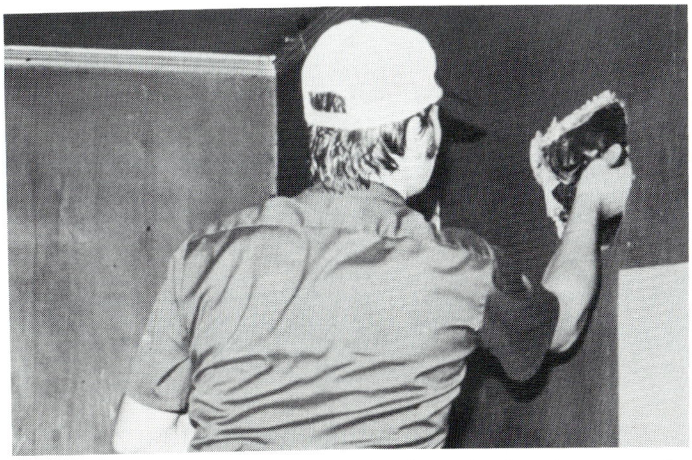

Figura 13.7 Busque alteraciones hechas intencionalmente para ayudar a la propagación del fuego. *Cortesía de Richard McIntyre.*

- Patrones irregulares en un objeto incendiado, de un lado profundamente quemado y por el otro sin quemarse.
- Intensidad de calor. Alta intensidad nos podría indicar la presencia de un líquido inflamable.
- Velocidad de propagación. Por lo general, la propagación rápida del fuego nos podría indicar la presencia de un líquido inflamable.
- La falta de operación de los sistemas de protección, debido a un daño intencional.
- El daño aparente del sistema contra robo.
- Fuegos en lugares inusuales.
- Ausencia de artículos personales. Ausencia total o falta de algunas ropas, muebles, aparatos y objetos de valor; ausencia de posesiones personales tales como diplomas, documentos financieros, juguetes, objetos con valor sentimental tales como fotografías, fotos de matrimonio; ausencia de animales (mascotas) que por lo general se encuentran en la estructura.
- (Recuerde el no tratar de ver más allá de lo que realmente es. Alguna personas no tienen tantas pertenencias materiales como las circunstancias puedan hacer creer a uno de que ellos deberían tener).

Después del Incendio

Todos los factores concernientes con el incendio deben ser reportados al oficial a cargo, tan pronto como sea posible. Si el incendio es de origen sospechoso, cada bombero debe escribir en orden cronológico los aspectos o circunstancias más importantes personalmente obsservasdas (no conjeturas o apreciaciones). Tales anotaciones serán de incalculable valor en el caso de que el bombero deba comparecer ante la Corte, debido a que en ciertos casos se realizan juicios tiempo después del incidente, y una persona no podría retener en la memoria lo acontecido.

Después del incendio, el oficial al mando entrevistará a los ocupantes, dueños y testigos para obtener la información para efectuar el reporte del incendio y si las causas no están claras, para ese momento, éste conducirá una investigación preliminar de la causa.

El salvamento y la remoción de escombros, son probablemente las operaciones básicas para determinar las causas del incendio. Algunos cuerpos de bomberos le dan una gran importancia a las labores de salvamento, recuperación y remoción de escombros. Tal es el caso de que por lo general dejan el lugar más limpio, y más ordenado de lo que fue antes del incendio. Esto, aun cuando es admirable, puede destruir la evidencia de cómo se inició el incendio. Tales labores de recuperación y remoción de escombros deben ser suspendidas hasta cuando se haya determinado la causa del incendio.

El salvamento y la remoción de escombros son necesarios, pero deben ser realizados con mucho cuidado, siendo la primera consideración el descubrimiento de la causa del incendio. Los escombros no deberán ser removidos más de lo necesario, especialmente en el aŕea de origen, debido a que la investigación se verá afectada. De igual manera no se deberá arrumar y botar en forma de pilas los escombros, debido a que las evidencias podrían quedar enterradas (Figura 13.8).

Figura 13.8 Las evidencias son escondidas o destruidas en forma indiscriminada cuando se efectúan las labores de refrescamiento y remoción de escombros. *Cortesía de Jim Nichols.*

Cuando las causas han sido determinadas como accidentales, los bomberos podrán realizar las labores definitivas de limpieza y remoción; pero si se encuentra evidencias de posible intencionalidad en el origen, el oficial al mando debe ser notificado inmediatamente y todas las operaciones de salvamento, recuperación y remoción de escombros debe ser paralizadas excepto, por supuesto, aquellas relativas a la prevención de reignición.

La remoción es el momento perfecto para que los bomberos y el oficial al mando examinen el edificio y sus alrededores en la búsqueda de alguna indicación sobre la causa del incendio.

Conducta y Comentarios en el Escenario del Incendio

Aunque los bomberos y el oficial deben obtener la información posible relativa al incendio, no deberán hacerse intentos de interrogar al potencial sospechoso de haber producido el incendio. Esto es trabajo de un investigador entrenado, no es labor de los bomberos o del oficial. En el caso de que estén inclinados para hacerlo, permita que tanto el propietario como los ocupantes hablen libremente. De esta manera es posible obtener información de gran valor. Desde el momento en que se sospeche de una persona como incendiario, se debe contactar a un investigador autorizado para que tome control de las acciones.

No haga ningún tipo de comentarios o aseveraciones, ni emita opiniones personales sobre las posibles causas hasta la llegada del investigador. Cualquier comentario referido a las causas debe ser hecho sólo después que tanto el investigador como el oficial de bomberos estén de acuerdo de su precisión y validez y hayan dado el permiso correspondiente para que se haga el pronunciamiento público.

Nunca deberán hacerse comentarios de cualquier tipo de escenario. Ello podría ser fácilmente escuchado por el propietario, por un periodista o cualquier otra persona en las adyacencias que pueda dar crédito y consideración a tales comentarios.

La mayoría de los periodistas son personas muy acuciosas, pudiendo existir un micrófono en cualquier parte. Afirmaciones no aprobadas, no autorizadas o prematuras que pudieran ser difundidas o publicadas podrían ser muy comprometedoras para los cuerpos de bomberos y en muchas oportunidades podrían dificultar los esfuerzos del investigador para probar cualquier intento malicioso como causa del incendio. "El incendio está bajo investigación" es una respuesta suficiente para cualquier pregunta referente a las causas.

ASEGURANDO EL AREA INCENDIADA

El más esfuerzo eficiente y completo en la determinación de la causa de incendio "dudosos o intencionales" es totalmente perdido, a menos que el edificio incendiado y el área siniestrada sean cuidadosamente protegidos y vigilados hasta que el investigador finalice en la evaluación y obtención de evidencias, exactamente como aparecen en el escenario.

Si el investigador no está disponible al momento, el área afectada debe estar custodiada hasta la llegada del mismo. Para ello el Oficial encargado de la extinción podrá designar alguno de su personal a custodiar el área o hablar con la Policía para que sea asignada una partrulla con la finalidad de evitar la entrada de personas en el área afectada y que las pocas evidencias restantes sean destruidas en su totalidad (Figura 13.9). Todas las evidencias deberán ser marcadas, identificadas y fotografiadas al momento, debido a que en la mayoría de los casos se requerirá de la obtención de una autorización o consentimiento escrito para poder realizar alguna otra visita al área. Esta responsabilidad bien podría ser asignada a la policía, si existe alguna limitación de personal por parte del cuerpo de bomberos, pero sin embargo, en lo posible ésta deberá ser ejecutada por personal de bomberos.

Figura 13.9 Las áreas deben ser mantenidas seguras hasta que la investigación haya sido completada. *Foto: Jim Wichols; Notice: Go-Write, Inc.*

El cuerpo de bomberos tiene la autoridad para restringir el acceso a cualquier edificio durante las operaciones contra incendio y mucho después tanto como sea necesario. Se debe estar alerta, sin embargo, de cualquier ley local relativa al derecho que puedan tener los dueños u ocupantes en cuanto a acceso se refiere. Esta autoridad termina tan pronto como el último bombero abandona el área.

No se le debe permitir la entrada a las instalaciones a ninguna persona, bajo ninguna circunstancia, a menos que sea acompañada por un oficial o bombero responsable. Un registro de tales visitas se deberá llevar cuidadosamente, tomando nota del nombre de la persona, hora de entrada y salida, y la descripción de cualquier objeto que pueda haber sido retirado de la escena.

Existen varias formas de asegurar y proteger el escenario. Una podría ser mediante el uso de personal bomberil o policial. En áreas con cercas en las puertas se les pueden colocar candados, reforzándolos con patrullajes en intervalos de tiempo no muy separado. También tenemos el colocar sogas alrededor del área con letreros que digan: "PROHIBIDO EL PASO" Cuerpo de Bomberos. Si es una industria donde existe vigilancia privada, ésta fácilmente puede manejar la situación de vigilancia. Como última instancia se recomienda sellar las puertas y ventanas con madera contraenchapada, cartón resistente, u otros materias.

CONSIDERACIONES LEGALES

La actividad de los bomberos en el incendio finaliza con la llegada del investigador. Los bomberos deben mantener posesión del área para prevenir la entrada de personas no autorizadas y evitar la necesidad de una orden de cateo para el investigador.

Este último punto relacionado con orden de cateo está basado en Michigan Vs. Tyler (436 U.S.499,56 Ed. 2° 486) (1978). La Corte Suprema de los Estados Unidos en relación a esto declaró que "una vez en el edificio (para extinguir incendio), los bomberos podrán tomar bajo custodia legal (sin necesidad de una orden emanada por la ley) evidencias de artefactos utilizados para ocasionar incendios que estén a simple vista . . . (y) los oficiales no necesitan orden para permanecer en el edificio por un tiempo razonable para investigar las causas del incendio después de haber sido extinguido".

La Corte está de acuerdo, con modificación, con la promulgación de la Corte Suprema de Michigan de que "(si) hubo un incendio, las llamas están extinguidas y los bomberos han abandonado el lugar siniestrado, se requiere una orden para entrar nuevamente al lugar, al menos que exista un consentimiento . . . "

La importancia de estas decisiones parecerá ser de que si existen evidencias de un posible incendio criminal (ARSON), el Cuerpo de Bomberos debe mantener al menos una persona en el área hasta la llegada del investigador. El abandonar el área y luego regresar sin autorización escrita y efectuar investigación puede resultar suficiente para hacer imposible la acción judicial o puede ser motivo de apelación ante la Corte para retirar la acción judicial.

Cada cuerpo de bomberos debe conocer las disposiciones legales que afectan a su jurisdicción en este particular. Varias opiniones o interpretaciones pueden ser obtenidas de personas tales como fiscales o jueces de distrito o estado. Escriba un procedimiento normalizado en base a estas opiniones.

Capítulo 14

Técnicas de Extinción de Incendios

NORMA NFPA 1001
TECNICAS DE EXTINCION DE INCENDIOS
Bombero I

3-8 Chorros de Extinción.

3-8.2 El bombero deberá usar un pitón para atacar un incendio clase A y un incendio clase B.

3-15 Seguridad.

3-15.1 El bombero deberá identificar las condiciones peligrosas de la edificación como consecuencia del incendio.

3-15.2 El bombero deberá demostrar las técnicas a ser utilizadas en caso de ser atrapado o haberse desorientado en un incendio o ambiente hostil.

3-15.3 El bombero deberá definir los procedimientos a ser utilizados en emergencias eléctricas.

Bombero II

4-1 Generalidades.

4-1.2 El bombero deberá identificar los procedimientos para cerrar los servicios de gas en una edificación.

4-1.3 El bombero deberá identificar los procedimientos para interrumpir los servicios eléctricos a una edificación.

4-8 Chorros de Incendio.

4-8.1 El bombero deberá definir los siguientes métodos para la aplicación de agua.

(a) Directo.
(b) Indirecto.
(c) Combinado.

4-8.2 El bombero, ante diferentes situaciones, deberá seleccionar para cada una las mangueras y el pitón adecuado.

4-8.3 El bombero deberá identificar las precauciones que deben tomarse al avanzar las líneas de manguera hacia el fuego.

Las Transparencias sobre Incendios de Maleza de la IFSTA están diseñadas para complementar este capítulo.

Capítulo 14
Técnicas de Extinción de Incendios

El éxito o fracaso de las brigadas de combate de incendios depende frecuentemente de las destrezas y conocimientos que tenga el personal involucrado en las operaciones iniciales. La mayoría de los incendios son controlados con la aplicación inmediata de agua que realizan los bomberos que llegan primero al siniestro.

Por otra parte, los incendios con grandes pérdidas son muchas veces el resultado de una deficiente selección e inadecuado uso de las mangueras. Una brigada de bomberos bien entrenada, con un adecuado plan de ataque, suficiente cantidad de agua y una aplicación adecuada de la misma, podrá contener la mayoría de los incendios.

Los bomberos deben conocer las operaciones que han de ser efectuadas por cada uno de los miembros del equipo en la escena del incendio. La tripulación típica de un vehículo debe realizar las siguientes tareas:

- Jefe de tripulación—Toma de decisiones sobre el despliegue táctico mientras asiste y supervisa a cada uno de los tripulantes.
- Operador del vehículo—Transporta la tripulación, los equipos, y el vehículo en forma segura a la escena del incendio, y opera las bombas. Puede hacer las conexiones de suministro a vehículos, hidrantes o depósitos de agua.
- Bomberos—(Las asignaciones individuales dependerán del número de bomberos disponibles). Despliegan las líneas de manguera seleccionadas y operan los pitones en la dirección del fuego, colaboran en el avance de las líneas de manguera y el traslado de herramientas, efectúan las conexiones de las líneas de suministro a los hidrantes si esto forma parte de la operación y colaboran con el operador u otros miembros del equipo según sea necesario.

La familiarización con el uso y limitaciones de los equipos que llevan los vehículos se aprende mejor con el estudio y ejercicios de práctica. El uso rápido y eficiente de las herramientas alcanza su grado máximo cuando los tripulantes que frecuentemente trabajan en el mismo equipo se entrenan juntos (Figura 14.1).

Figura 14.1 La efectividad de las operaciones de combate de incendios aumenta cuando el personal que frecuentemente trabaja junto se entrenan juntos.

La necesidad de procedimientos seguros y el uso de trajes de protección nunca será exagerada. Los cascos, guantes, vestimenta, botas y equipos de respiración, además de proteger al bombero, también le permiten usar las mangueras desde una posición más cercana. De igual forma, los bomberos deben trabajar por parejas cuando operan líneas de ataque y durante las operaciones de búsqueda y salvamento. Los bomberos que trabajan solos pueden extralimitarse o ser incapaces de ayudarse a sí mismo cuando queden atrapados.

EXTINCION DE INCENDIOS CLASE "A"

El ataque en un incendio debe ser coordinado, para que pueda ser exitoso. Dependiendo de las condiciones actuales y las que se prevean, el jefe de grupo puede decidir demorar al ataque para efectuar el rescate inmediatamente o aplicar una cortina de agua de protección entre el fuego y las personas que pudieran estar atrapadas. Los bomberos deben ejecutar las tareas ordenadas por el jefe de grupo en el momento que éste desee que sean realizadas. Ventilar un incendio, por ejemplo, antes que las líneas de ataque estén listas, puede ocasionar la propagación no deseada del fuego. El esfuerzo de ventilación, cuando se efectúa adecuadamente, contribuirá sustancialmente a la entrada y ataque del personal que lleva las líneas de manguera.

Los bomberos que avanzan con líneas de manguera necesitarán llevar consigo ciertos equipos para poder entrar a la estructura y efectuar la extinción. Este equipo incluirá al menos una linterna, arneses de rescate y herramientas de entrada forzosa. El pitonero debe purgar el aire en la línea abriendo el pitón levemente. La operación de pitón también debe ser verificado en todo su recorrido, para ajustar el selector de ataque en el patrón de dispersisón adecuado. Cualquier fachada, corniza o aleros que estén ardiendo debe ser apagado antes de entrar a la edificación.

Los bomberos deben esperar en la entrada, permaneciendo en cuclillas o a un lado de la puerta de entrada, hasta que el oficial dé la orden de avanzar. Si el ataque se efectúa en coordinación con la ventilación, debe mejorar la visibilidad y puede obtenerse un reconocimiento más preciso de las condiciones del fuego.

Ataque Directo

El uso más efectivo del agua en fuegos incontrolados se consigue con un ataque directo desde una posición cercana con un chorro sólido o patrón de neblina de penetración (30° o menor) en la base de las llamas. El agua debe ser aplicada directamente sobre el combustible en llamas en ráfagas cortas hasta que el fuego disminuya su intensidad. Los chorros no deben ser aplicados por mucho tiempo ya que el blance térmico puede ser alterado. El balance térmico es el movimiento de los gases calientes hacia el techo después de aplicar el chorro de extinción. Esto incluye la dispersión de vapores en expansión en todas las áreas del espacio confinado. Si los chorros de agua se aplican durante un tiempo excesivo, el vapor comienza a condensarse provocando el descenso rápido del humo hacia el piso para luego moverse muy lentamente.

Ataque Indirecto

Cuando los bomberos no pueden entrar a una estructura debido a la intensidad de las condiciones en áreas confinadas, puede efectuarse un ataque indirecto (Figura 14.2). Este ataque no es recomendable donde aún pudieran quedar víctimas atrapadas o donde la propagación del fuego hacia áreas no afectadas no puede ser controlada. El ajuste del pitón oscilará desde la neblina de penetración (30°) hasta la neblina de ángulo moderado (60°) y debe ser dirigido hacia el techo, moviéndose de un lado a otro, donde se encuentran los gases con temperaturas sumamente elevadas. Dirigir el chorro en la atmósfera donde se encuentran estos gases muy calientes cerca del techo tendrá como resultado la producción de grandes cantidades de vapor. Veintisiete litros de agua (0,03 m^3) o 1 pie cúbico (7,4 galones) completamente vaporados se convertirán en 51,800 litros de vapor (51,8 m^3 — 1.700 pies cúbicos). Al igual que se mencionó anteriormente, el chorro debe cerrarse antes de que se perturbe el balance térmico. Una vez que el fuego haya disminuido su intensidad, las líneas de manguera pueden avanzar para extinguir los puntos calientes restantes con un ataque directo.

Ataque Combinado

El método combinado utiliza la técnica de la generación de vapores del ataque indirecto combinado con un ataque sobre los materiales en llamas cerca del piso. El pitón puede ser operado en los patrones "T, Z u O", comenzando con neblina

Figura 14.2 El ataque indirecto es usado cuando se combate un incendio desde el exterior de la edificación.

de penetración dirigido a los gases calientes en los niveles del techo y después bajado rápidamente para atacar los materiales en combustión cerca de los niveles del piso. El patrón "O" del ataque combinado probablemente sea el método más familiar y del que se abusa con mayor frecuencia. Cuando seusa el patrón "O" el chorro debe dirigirse hacia el techo y rotarlo en el sentido de las agujas del reloj haciendo que los bordes del chorro lleguen al techo, pared, piso y pared opuesta. Hay que tener en mente que la aplicación del agua al humo no extingue el incendio y únicamente ocasiona daños innecesarios por el agua además de perturbar el balance térmico. Los bomberos que ayudan al pitonero no deben agruparse detrás del pitón ya que esto dificulta su manejo. Los miembros del equipo de apoyo deben avanzar la manguera al pitonero, a medida que éste lo requiera. Todos los miembros del grupo deben estar pendientes deuna serie de condiciones potenciales de riesgo tales como:

- Colapso inminente de la edificación.
- Fuego detrás, abajo y arriba del grupo de ataque.
- Estrangulamiento u obstrucciones de la manguera.
- Huecos o peligros de caídas.
- Cargas suspendidas en soportes debilitados por el fuego.
- Mercancía peligrosa o altamente inflamable que pueda derramarse.
- Posibilidad de explosión con corrientes invertidas o inflamación súbita generalizada.
- Riesgo de descarga eléctrica.
- Extralimitación, confusión o pánico de los miembros del grupo.

Selección del Chorro

Como se ha mencionado anteriormente, la técnica de aplicación de agua es exitosa únicamente si la cantidad de agua aplicada es suficiente para enfriar los combustibles que están en llamas. El uso de una manguera pequeña no solamente demora la extinción, sino que el volumen puede ser insuficiente para proteger a los bomberos del avance de la llamas. La selección de las líneas de manguera depende de las condiciones del incendio y de otros factores tales como:

- Volumen de agua requerida para la extinción
- Alcance requerido
- Número de personas disponibles para la operación de la manguera
- Requerimientos de movilidad
- Requerimientos tácticos
- Velocidad de despliegue
- Propagación potencial del incendio

Obviamente sería incorrecto escoger una línea de 38 milímentros (1½ pulgadas) para atacar un incendio en una instalación comercial muy congestionada. La línea no tendrá el volumen necesario ni el alcance. También será incorrecto atacar un incendio familiar con una línea de 65 milímetros (2½ pulgadas) descargando 940 litros por minuto (250 GPM). La Tabla 14.1 proporciona un análisis sencillo de las características del chorro de las mangueras pero no se pretende reemplazar el juicio de los bomberos para la selección del chorro de combate deincendio.

Una vez que se han seleccionado las líneas de manguera y se ha determinado el método de ataque, los bomberos deben actuar siguiendo las instrucciones del jefe de grupo. Las líneas de manguera tienen poco valor si no se avanzan hasta la

TABLA 14.1
CHARACTERISTICAS DEL CHORRO DE LA MANGUERA

Tamaño	L/min (GPM)	Alcance (Max.)	No. de personas al pitòn	Portabilidad	Control de daños	Control direccional	Cuándo se usa	Area efectiva (estimado)
16 a 25 mm (3/4 a 1 pg) (Carrete)	38 a 151 L/min (10 a 40 GPM)	8 a 15 m (25 a 50 pies)	1	Excelente	Excelente	Excelente	Incendio interior muy pequeño. Imposible que se extienda el incendio. Resguardo de bienes e inspección de comprobación.	Menos de un cuarto.
38 mm (1,5 pg)	151 a 473 L/min 40 a 125 GPM	8 a 15 m (25 a 50 pies)	1 o 2	Buena	Bueno	Excelente	Incendio incipiente — todavía bastante limitado para extinguirse con cantidad limitada de agua. Para ataque rápido. Para situar los chorros de nuevo rápidamente. Con número limitado de personal. Cuando la relación entre combustible y àrea sea mínima. Para protección contra peligros adicionales.	De uno a tres cuartos.
65 mm (2,5 pg)	473 a 1325 L/min (125 a 350 GPM)	15 a 30 m (50 a 100 pies)	2 a 4	Marginal a mala	Marginal	Bueno	Cuando tamaño e intesidad del fuego estén fuera de alcance de manguera de 38 mm. Para la seguridad del personal. Cuando se requiera de volúmenes más grandes y de mayor alcance para protección contra otros peligros.	Un piso o más involucrados.
Maestro	1325 a 7570 L/min (350 a 2000 GPM)	30 a 60 m (100 a 200 pies)	1	Mala o ninguna (Los chorros aéreos pueden ser excelentes)	Malo	Bueno	Cuando tamaño e intensidad del fuego estén fuera del alcance de mangueras a mano. Cuando haya suficiente agua pero el agua está limitada. Para la seguridad del personal. Cuando haya suficiente agua pero el agua está limitada. Para la seguridad del personal. Cuando se requieran volúmenes más grandes y de mayor alcance para protección contra peligros. Cuando haya suficiente capacidad para bombear. Cuando se puedan tolerar cantidades excesivas de agua. Cuando ya no se pueda mantener el ataque interior.	Edificios grandes completamente involucrados.

base del fuego durante el ataque inicial. Los grupos de ataque deben informar a su jefe de grupo. Las líneas de manguera tienen poco valor si no se avanzan hasta la base del fuego durante el ataque inicial. Los grupos de ataque deben informar a su jefe de grupo si la cantidad de agua que se aplica es suficiente para contener el fuego o si existe evidencia de propagación del incendio hacia otras área del edificio. Esta coordinación apresurará el control del incendio y reducirá los daños al permitir que empiecen las operaciones de salvamento e inspección minuciosa de comprobación tan pronto como el fuego sea contenido. Evidencias sospechosas sobre el origen del incendio deben ser reportadas siempre y los miembros de la tripulación deben tener cuidado para no dañar evidencias físicas de fuego premeditado.

Una vez contenido el fuego puede ser necesario relevar la tripulación del ataque inicial. Los equipos de protección respiratoria todavía deben utilizarse durante las fases de limpieza y de inspección minuciosa de comprobación debido a la presencia de gases de combustión. Debe prestarse atención especial a paredes, tabiques o partes elevadas sobresalientes que puedan haberse desajustado por las actividades del combate de incendio. Si se encuentran objetos de valor, deben ser entregados inmediatamente al jefe del grupo.

EXTINCION DE INCENDIOS CLASE "B"

Todos los bomberos están familiarizados con la expresión, "Nunca utilice agua en incendios de líquidos inflamables"; sin embargo, la necesidad y la experiencia han demostrado que el agua es sumamente efectiva en la extinción o control de estos incendios. El control de incendio en líquidos inflamables puede ser efectuado en forma segura si se utilizan las técnicas adecuadas. Estas técnicas exigen un conocimiento básico de las propiedades de los líquidos inflamables y los efectos del agua sobre ellos.

Los líquidos inflamables tienen algunas propiedades muy particulares que afectan su comportamiento en los incendios y su extinción. Entre éstas tenemos que:

- Flotan sobre el agua
- Generan electricidad estática cuando fluyen
- Pueden arder con fuerza explosiva
- Generan vapores inflamables a temperatura ambiente
- La llama se propaga rápidamente sobre toda la superficie expuesta
- Pasarán por el rango de explosividad a medida que mezclas muy ricas para arder se ventilan

Considerando estas propiedades y las grandes cantidades de líquidos que se almacenan, se transportan y se utilizan, de los líquidos inflamables son un riesgo latente de incendio.

El uso de equipo de protección personal es necesario para reducir las lesiones en los bomberos y permitir un mayor acercamiento durante la extinción. Los bomberos deben tener presente que al pararse en charcos de combustibles, o en corrientes de agua que contienen combustible, su ropa puede ocasionar quemaduras químicas por contacto y prenderse en llamas ante la presencia de una fuente de ignición.

Las llamas alrededor de válvulas de alivio o tubería no deben ser extinguidas a menos que pueda interrumpirse el suministro de la sustancia que está fluyendo. Los vapores que no se han quemado usualmente son más pesados que el aire y se concentrarán o formarán bolsas de gas en bajo estratos donde pueden ser encendidos. Los bomberos deben controlar siempre las fuentes de ignición en las cercanías de gases inflamables o cuando existan fugas de líquidos inflamables. Los vehículos, equipos eléctricos y chispas generadas por herramientas mecánicas manuales, pueden constituirse una fuente de ignición para encender fugas de vapores inflamables. Un aumento en la intensidad del ruido o del fuego que sale de una válvula de alivio puede ser una indicación de ruptura inminente del recipiente. Los bomberos no deben asumir que las válvulas de alivio son suficientes para liberar con seguridad el exceso de presión en condiciones de fuego intenso. Muchos bomberos han fallecido al estallar los recipientes de líquidos inflamables, tanto grandes como pequeños, que han estado sometidos a la acción de las llamas.

En recipientes que contienen líquidos inflamables, esta situación de súbita liberación y consecuente vaporización del líquido es conocido como Bleve: explosión delos vapores en expansión de líquidos en ebullición (1). Un Bleve se presenta con la descompresión explosiva del recipiente, con el disparo de trozos del tanque y la formación de la típica bola de fuego con calor radiante. El Bleve ocurre con mayor frecuencia cuando las llamas entran en contacto con el recipiente en el espacio ocupado por los vapores y con una aplicación deficiente de agua para el enfriamiento.

Uso del Agua Como Agente de Enfriamiento

El agua puede ser usada como agente de enfiramiento para extinguir incendios y para proteger áreas de exposición (Figura 14.3). Mientras que el agua sin aditivos espumantes no es efectiva en incendios con gasolina y alcoholes, los incendios con aceites más pesados pueden ser extinguidos mediante la aplicación de agua en forma pulverizada en cantidades suficientes para absorber el calor producido. Existen fórmulas para determinar la tasa de aplicación necesaria para extinguir incendios de tanques y para hacer los cálculos en

Figura 14.3 El agua puede ser utilizada como agente para extinguir incendios por enfriamientos o para la protección contra exposición.

(1) Boiling Liquid Expanding Vapor Explosion.

sitio rápidamente, debiéndose tener cuidado para no rebasar los tanques. El agua será de mayor utilidad como agente enfriante para proteger áreas expuestas. Para que sea efectivo, el chorro de agua debe ser aplicado de tal manera que forme una película sobre las superficies expuestas. Esto es válido para combustibles ordinarios y otros materiales que puedan debilitarse o colapsar, tales como tanques metálicos o paredes de soportes. El agua aplicada a tanques de almacenamiento debe dirigirse por encima del nivel del líquido almacenado para alcanzzar la mayor efectividad en el uso del agua.

Uso del Agua Como Herramienta Mecánica

El chorro de agua puede ser utilizado para mover el combustible, si está ardiendo o no, hacia áreas donde pueda quemarse con seguridad y/o donde las fuentes de ignición puedan controlarse con mayor facilidad. Nunca se debe derramar o dirigir hacia alcantarillas o cloacas. Los bomberos deben usar el patrón de neblina de ángulo amplio o de penetración para la protección del calor radiante y para evitar dirigir el chorro dentro del líquido. Dirigir un chorro concentrado hacia líquidos inflamables ardiendo provoca un aumento de la producción de vapores inflamables y aumenta considerablemente la intensidad del fuego. El chorro debe ser desplazado suavemente de lado a lado y el combustible o fuego "barrido" a la ubicación deseada. Se debe tener cuidado para mantener el borde de ataque del chorro de neblina en contacto con la superficie del combustible. De lo contrario, el fuego puede correrse debajo del chorro y regresar rápidamente abrasando a la brigada de ataque. En algunos casos, el fuego puede ser arrinconado con las mangueras contra una barrera y después se puede barrer las llamas de la superficie, mientras el producto se mantiene confinado. Donde se presenten pequeñas fugas, se puede aplicar un chorro concentrado directamente en el orificio para detener el líquido que se derrama. La presión del chorro debe ser mayor que la del material que se derrama para que pueda ser efectivo. Se debe tener cuidado para no rebasar el recipiente.

El agua también puede ser usada para disipar el vapor de las llamas usando el chorro de neblina.

Estos chorros ayudan a diluirlos y dispersarlos, controlando en pequeña escala el movimiento de los vapores a una dirección deseada.

Uso del Agua Como Sustituto

El agua puede ser usada para desplazar el combustible de las tuberías o tanques. Los incendios que se alimentan por fugas se pueden extinguir bombeando agua en la tubería o llenando el tanque de agua hasta una altura superior al nivel de la fuga. Esta acción hará que el producto volátil flote sobre el agua, siempre y cuando el caudal del agua sea mayor que el de la fuga. Debido a la gran proporción de agua que se requiere, rara vez se utiliza para diluir líquidos inflamables y controlar el fuego. Sin embargo, esta técnica puede ser útil para incendios pequeños donde es posible contener el derrame.

Uso del Agua Como Cubierta Protectora

Se pueden utilizar líneas de mangueras como cortinas protectoras para el personal que avanzan con el objeto de cerrar los combustibles líquidos o gaseosos (Figura 14.4). La coordinación y movimiento lentos y deliberados proporcionan una relativa seguridad contra las llamas y el calor. Mientras una línea puede ser usada como cubierta protectora, es recomendable utilizar dos líneas con otra de respaldo para controlar el fuego. Cuando los depósitos de líquidos o gases inflamables están expuestos a la acción directa de las llamas, se deben usar chorros concentrados desde su máximo alcance efectivo hasta que la válvula de alivio se cierre. Esto puede ser logrado corriendo el chorro sobre la parte superior del tanque de forma tal que el agua escurra por ambos lados del mismo. Esta película de agua enfriará el espacio ocupado por los vapores en el tanque. Los soportes metálicos en la base del tanque también deben ser enfriados para prevenir que colapsen. En este estado, los chorros pueden ser avanzados bajo patrones de neblina que se abren progresivamente para efectuar reparaciones temporales o cerrar válvulas. Debe contarse con una línea de respaldo conectada a una bomba con fuente de agua separada para proteger a los bomberos en la eventualidad de falla de alguna de las líneas o si se requieren enfriamiento adicional. La aproximación a recipientes de almacenaje debe hacerse perpendicularmente al mismo y nunca desde los extremos. Los recipientes con rupturas frecuentemente se fraccionan en dos y se convierten en proyectiles.

Incendios en Vehículos de Transporte de Carga y Vehículos de Pasajeros

Las técnicas de extinción de incendios en vehículos que transportan combustibles inflamables

Figura 14.4 Las líneas de manguera proporcionan una cortina protectora para que los equipos de extinción avancen a cerrar el suministro de líquidos o gases combustibles.

son similares en muchos aspectos a los incendios de depósitos. Las principales diferencias son:

- Mayor riesgo para los bomberos, debido al tráfico
- Mayor riesgo para los transeúntes y otros motoristas
- Suministro de agua reducido
- Dificultad en determinar el producto involucrado
- Dificultad en controlar los derrames
- Tanques y tuberías afectados o dañados por la fuerza de la colisión
- Inestabilidad de los vehículos

Aun cuando aquellos accidentes muy graves pueden generar un alto en la circulación de vehículos, muchos incidentes necesariamente serán manejados con cierto tráfico de vehículos alrededor del sitio, circulando casi a la velocidad normal. Se debe cerrar un canal de circulación adicional al que el propio accidente inhabilitó y usarlo para las operaciones de emergencia. Se debe evitar el uso de equipos de llama abierta para minimizar la posible ignición del combustible derramado. Los equipos contra incendios deben ser ubicados de manera tal que se aprovechen las condiciones topográficas, climáticas y se proteja a los bomberos del tráfico. Los bomberos deben evacuar sus vehículos y trabajar al lado opuesto del tráfico tanto como sea posible. Los bomberos deben evitar trabajar donde el vehículo pudiera lesionarlos, en la eventualidad de que fuera chocado por otro vehículo. En lugares donde el tráfico pasa muy cerca, deben tener cuidado para que las herramientas no entren al canal donde circulan los vehículos ya que pudieran ser golpeados. Cuando no se disponga de agentes del orden público, debe asignarse un bombero, para que controle el tránsito de vehículos.

Las técnicas de aproximación y control de derrames o incendios en donde se encuentran vehículos involucrados, son las mismas utilizadas para los recipientes de almacenamiento. Además de esto, los bomberos deben estar atentos si fallan los neumáticos del vehículo, lo cual puede hacer que la carga inflamable se mueva repentinamente. Los tripulantes deben conocer la situación de su suministro de agua para no exceder las limitaciones de este abastecimiento. Como es el caso en el ataque de incendios estructurales, puede ser necesario proteger las víctimas atrapadas con líneas de manguera hasta que puedan ser rescatadas.

Se debe determinar, tan pronto como sea posible, la naturaleza de la carga mediante la factura de despacho, manifiesto de carga, placas, identificadoras o por medio del conductor del vehículo (Figura 14.5). Desafortunadamente habrá casos donde esto no podrá ser establecido, ya que las placas identificadoras podrían estar equivocadas o deterioradas y el conductor no sea capaz de identificar el cargamento. En estos casos, debe establecerse contacto con el trasportista o fabricante responsable del vehículo. Debe seguirse los planes establecidos para emergencias del transporte, para reducir las pérdidas de vidas, daños a propiedades y contaminación ambiental. Los vehículos de pasajeros del tipo particular presentan un problema de extinción menor, debido a la reducida contidad de combustible que llevan. La fuga de combustible o el combustible en llamas puede ser lavado y desplazado de la parte de abajo del vehículo para luego atacarse el remanente fuego clase A. Los bomberos deben evitar pararse al frente de los parachoques del tipo amortiguador que vienen en los nuevos vehículos ya que éstos pueden explotar. Será necesario utilizar grandes cantidades de agua para atacar incendios donde se

Figura 14.5 Las placas de identificación ayudan a describir el tipo de carga que se lleva en vehículos de transporte. *Cortesía de la Napa (CA) Fire Departament.*

han prendido en llamas los componentes del vehículo con aleaciones de aluminio o magnesio. Los bomberos deben tomar precauciones adicionales cuando se comienza a aplicar agua a estas partes en llamas, debido a que se incrementará la intensidad del fuego. Así mismo no deben asumir que los automóviles y pequeños autobusetes privados están totalmente libres de grandes peligros tales como recipientes adicionales de combustible, tanques de propano, explosivos o materiales peligrosos. Los autobusetes son usados frecuentemente para transportar pequeñas cantidades de materiales radiactivos para uso en hospitales. También puden presentarse grandes pérdidas monetarias por incendio en vehículos de transporte de encomienda o correos. Igualmente se debe ver cualquier vehículo militar como un peligroso.

EXTINCION DE INCENDIOS CLASE "C"

Incendios en equipos eléctricos ocurren muy frecuentemente, pero una vez desenergizados pueden ser manejados con relativa facilidad. El peligro principal en fugas eléctricas es la falla en reconocer el riesgo por parte del personal que atiende la emergencia. Es responsabilidad del jefe de grupo que los interruptores de la fuente principal de energía estén abiertos para controlar el flujo de electricidad en la estructura. De igual forma, debe asignarse un bombero para controlar las fuentes de poder. Una vez que la fuente de energías ha sido cerrada, estos incendios deben apagarse por sí solos, o si continúan ardiendo pasarán a ser incendios bien sea clase "A" o clase "B". Generalmente, será preferible usar extinguidores de bióxido de carbono en vista de que no requieren de limpieza posterior a su uso y son más económicos en comparación con los agentes halogenados. Sin embargo, algunos microprocesadores electrónicos pueden resultar dañados por el enfriamiento temporal provocado por los residuos "nevados" del bióxido de carbono. Los agentes químicos de uso múltiples representan un considerable problema de limpieza además de ser químicamente activos con algunos componentes eléctricos.

El uso de agua en equipos energizados no es recomendable a menos que sea absolutamente necesario, debido al peligro inherente de ser electrocutado. Si debe aplicarse agua, debe hacerse con chorros de neblina y a gran distancia. Cuando el incendio ocurre como consecuencia de la rotura de líneas de alta tensión, debe desalojarse un área igual a la distancia entre los postes a cada lado del punto de rotura. Los incendios en transformadores pueden presentar serios riesgos a la salud y al ambiente por el líquido refrigerante que lleva P.C.B. (Policronado-bifenol). Estos líquidos son inflamables debido a su base de aceite y son extremadamente cancerígenos (productores de cáncer). Los transformadores a nivel del piso deben ser extinguidos cuidadosamente con un extintor de polvo químico seco.

Los transformadores ubicados en niveles altos deben dejarse arder hasta que un personal calificado pueda extinguirlos con polvo químico seco desde un dispositivo de elevación de potencia. El apoyar una escalera del poste coloca al personal en situación de riesgo, tanto de la fuente de energía como del líquido. La aplicación de chorros de agua a estos incendios ocasionará el esparcimiento de esta sustancias en el suelo.

En estos accidentes la consulta y cooperación con el personal de la compañía de electricidad es vital para reducir los riesgos hacia las personas y propiedades. Se pueden encontrar otros riesgos eléctricos poco usuales en: locomotoras de ferrocarriles, estaciones de centrales telefónicas y sub-estaciones eléctricas. Los procedimientos para combatir incendios en estas situaciones particulares deben establecerse en el planeamiento previo.

EXTINCION DE INCENDIOS CLASE "D"

Los metales combustibles presentan el doble problema de temperaturas de combustión extremadamente altas y su reacción ante la presencia del agua. El agua es efectiva únicamente cuando puede ser aplicada en cantidades suficientemente grandes como para enfriar el metal por debajo de su temperatura de ignición. El método usual de control es el de proteger las áreas expuestas y permitir que el metal se consuma. Hay agentes extintores especiales que pueden ser lanzados con palas en forma manual en cantidades suficientemente grandes como para cubrir completamente el metal en combustión. El dirgir un chorro de manguera a metales en combustión puede ocasionar la descomposición violenta del agua y el consecuente desprendimiento de hidrógeno inflamable. Las partículas y el polvo del metal son más reactivos al agua que las barras de mayor tamaño o los productos acabados. Estos incendios pueden reconocerse por la luz blanca y brillante que se presenta, hasta que una capa de ceniza cubra el material en combustión. Los bomberos no deben asumir que estos fuegos se han extinguido porque no existan llamas visibles.

CONTROL DE LA ENERGIA ELECTRICA

Los bomberos deben estar en condiciones de controlar el flujo de corriente eléctrica a las estructuras donde se están llevando a cabo las operaciones de emergencia. A fin de evitar las posibles lesiones personales y el probable daño a los equipos eléctricos, los bomberos deben estar familiarizados con la transmisión de la energía eléctrica y los peligros asociados. Mientras que a los equipos de alto voltaje se les asocia con fuertes descargas, la corriente residencial convencional es lo suficientemente potente como para producir una descarga fatal. Además de reducir el riesgo de lesiones o descarga fatal, el control del flujo de corriente eléctrica reduce el peligro de fuente de ignición de combustible o encendido accidental de equipos eléctricos.

Las consecuencias de las descargas eléctricas incluyen entre otros, los siguientes trastornos:

- Paro cardíaco
- Fibrilación ventricular
- Paro respiratorio
- Contracciones musculares involuntarias
- Parálisis
- Quemaduras superficiales o internas
- Lesiones en los ojos por el arco ultravioleta

Los factores que determinan la gravedad de las descargas eléctricas son:

- Trayectoria de la corriente eléctrica en el cuerpo
- Grado de resistencia de la piel-húmeda (baja) o seca (alta)
- Duración de la descarga
- Amperaje de la corriente eléctrica
- Voltaje de la corriente eléctrica
- Frecuencia C.A. o C.C.

Instalaciones de Electricidad

SERVICIOS RESIDENCIALES

Las residencias se sirven comúnmente con una línea que va desde un poste hasta la estructura que recibe el nombre de acometida eléctrica. El metodo más fácil de desenergizar la estructura es cortando la corriente mediante el interruptor ubicado en el cajetín de electricidad. La palanca de control puede asegurarse en su sitio con un candado o sello de alambre. Pueden surgir problemas cuando más de una acometida eléctrica entre en la misma estructura y/o existan líneas rotas que entran en contacto con cables de televisión y/o teléfono, o con partes metálicas de un edificio.

> **CORTAR CABLES ENERGIZADOS**
>
> Para máxima seguridad en el área del incendio, los cables energizados no deben ser cortados excepto por personal experimentado de la compañía de electricidad y utilizando el equipo adecuado. Cuando los planes determinen que el personal de la compañía de electricidad pudiera necesitar la asistencia del cuerpo de bomberos, se debe suministrar un entrenamiento adecuado al personal participante.

LINEAS SUBTERRANEAS

Los sistemas de transmisión subterráneos consisten en conductos de cables y tanquillas bajo la superficie. El peligro más frecuente que presentan estos sistemas es la explosión que puede lanzar la cubierta de la tanquilla a gran distancia. La causa de este hecho es la acumulación de gases que se encienden por una chispa producida por un fusible quemado o el arco producido por un cortocircuito. Esto es un peligro tanto para el público en general como para los bomberos. Si se sospecha esta situación, mantenga al público alejado del área y asegúrese de que los vehículos no estén estacionados sobre la tapa de una tanquilla.

No entre a una tanquilla excepto para intentar efectuar un rescate, en vista de que el combate de incendio puede efectuarse desde afuera. Simplemente descargue bióxido de carbono o polvo químico seco en la tanquilla y coloque nuevamente la tapa. Coloque una cobija húmeda o cubierta de protección sobre la tanquilla a fin de impedir la entrada de oxígeno, para contribuir a la extinción del incendio. No es recomendable usar el agua para las labores de extinción, debido a la cercanía de equipos eléctricos. El agua derramada también puede crear lodazales que pueden convertrirse en peligrosos conductores de electricidad. Cuando las circunstancias determinan que un bombero debe entrar a una tanquilla, debe hacerse únicamente con equipo de protección respiratoria autónomo de presión positiva y equipos de protección personal completo. Bajo ninguna circunstancia debe utilizarse una máscara del tipo filtro incorporado. Cualquier equipo o herramienta debe ser del tipo que no produzca chispa, porque la menor chispa puede incendiar la mezcla explosiva.

INSTALACIONES DE ALTO VOLTAJE

Muchas industrias, edificios grandes y complejos residenciales tienen equipos eléctricos que utilizan más de 600 voltios. Bajo esta condición, lógico será ubicar un letrero de "Alto Voltaje" en las puertas de las casetas resistentes al fuego que alojan los equipos de alto voltaje como los transformadores o motores eléctricos grandes (Figura 14.6). Algunos transformadores usan aceites inflamables como refrigerantes que constituyen un peligro en sí mismo. No debe utilizarse agua en esta situación, ni siquiera en forma de neblina, proque el peligro de una descarga es aún mayor y pueden ocurrir daños externos a equipos eléctricos no involucrados en el incendio.

Debido a los productos químicos tóxicos utilizados en los aislantes plásticos y refrigerantes, el humo constituye un peligro. Entre únicamente cuando lo exijan las operaciones de rescate, usando equipos de protección respiratoria autónomo de presión positiva y una línea de seguridad controlada por alguna persona desde la parte exterior del espacio confinado. Cuando esté buscando, hágalo con guantes dieléctricos para evitar las acciones reflejas de agarrar equipos energizados con los cuales se pueda entrar en contacto.

Figura 14.6 Un aviso como éste puede ser la primera condición que alerte a los bomberos de que se encuentran involucrados equipos eléctricos con alto voltaje.

Corte de Engería Eléctrica

Desde el punto de vista de seguridad, la energía eléctrica debe permanecer encendida tanto como sea posible para proporcionar iluminación, ventilación u operación de bombas especiales. Cuando la edificación se daña hasta el punto que interrumpe la corriente y existe peligro de electricidad, la corriente debe ser cortada por un empleado de la compañía de electricidad si es posible. Cuando el cuerpo de bomberos deba hacerlo, únicamente debe asignársele la tarea a personal entrenado y que esté consciente de los peligros. Cuando un incendio involucra solamente un área de un edificio, es innecesario cortar la corriente en toda la edificación.

La corriente puede ser cortada por medio de un interruptor o sacando un fusible. Se debe tener cuidado para hacerlo evitando hacer contacto con la piel desnuda. Una práctica común en incendios residenciales es "sacar el medidor desconectado" (Figura 14.7). Si los contactos están expuestos, se le debe insertar un protector y colocarle una etiqueta de advertencia para avisar y evitar su uso hasta que el personal calificado haya revisado el sistema. En aglunos medidores de edificios com-

Figura 14.7 En la parte trasera de un medidor del tipo residencial se puede apreciar los contactos expuestos.

erciales al sacarlo no interrumpe el flujo de energía eléctrica (Figura 14.8). Los bomberos también deben estar alertas sobre la existencia de equipos de energía eléctrica de emergencias, tales como plantas de emergencia. En tales casos, el sacar el medidor o cortar el interruptor maestro no elimina totalmente la corriente eléctrica.

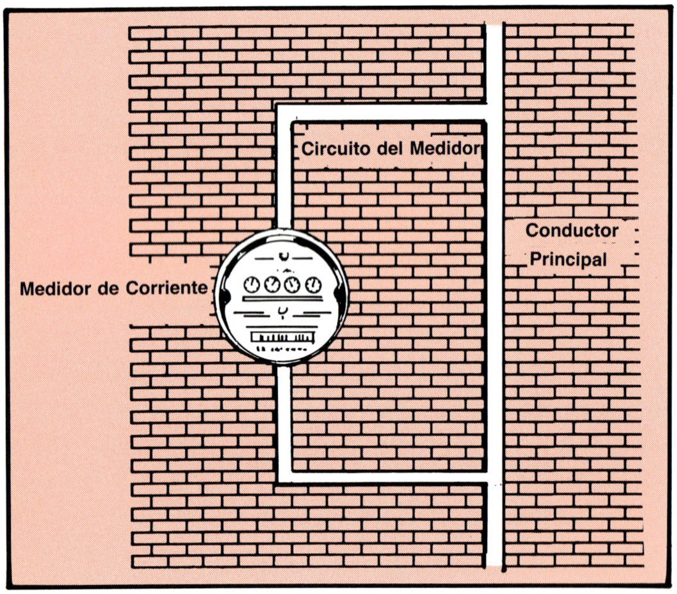

Figura 14.8 Cuando se usa un medidor de corriente, el medidor es conectado en paralelo con el conductor principal, de tal manera que el remover el medidor no interrumpa el suministro de energía al edificio.

Guía para Emergencias Eléctricas

A continuación se señalan unos puntos que serán de utilidad para atender emergencias eléctricas. La lista no abarca totalmente lo que debe ser considerado, pero proporciona algunos principios que deben tenerse presentes para mantener un ambiente de trabajo seguro para el personal.

- Cuando se consiguen cables desprendidos, debe considerarse por razones de seguridad una zona de peligro con un radio igual de la longitud del cable desprendido, en todas las direcciones. Esto se debe a que otros cables pueden haberse debilitado por el otro circuito y pueden desprenderse posteriormente.
- Los bomberos deben protegerse no sólo de descargas eléctricas y quemaduras, sino también de lesiones en los ojos provocados por los arcos eléctricos.
- Considere todos los cables como si tuvieran corriente de alto voltaje.
- Desde el punto de vista de la seguridad, los bomberos no deben cortar los cables, sino que deben esperar y permitir que el personal entrenado de la compañia de electricidad efectúe los cortes que sean necesarios. Solamente en las circunstancias más extremas es que debe exceptuarse esta regla.
- Cuando existe un peligro eléctrico, use siempre los equipos de protección personal completos y herramientas aisladas.
- Se debe tener cuidado al izar o bajar escaleras, mangueras o equipos cerca de tendidos eléctricos aéreos (Figura 14.9).
- En áreas donde hay cables desprendidos, proceda con mucho cuidado y observe alguna sensación de vibraciones en sus pies. Debido al contenido de carbón de las botas se pueden transmitir pequeñas cargas, indicando que hay corriente en el suelo.
- No toque ningún vehículo o carro bomba que esté en contacto con cables eléctricos en vista de que el contacto con el cuerpo cerrará el circuito a tierra ocasionando descargas eléctricas.
- Cuando más de un cable se encuentren desprendidos, considerélos igualmente peligrosos cuando esté o no haciendo arco.
- Cuando se encuentran equipos eléctricos energizados, no es recomendable utilizar chorro liso. Debe utilizarse patroń de neb-

Figura 14.9 Cuando se esté transportando mangueras o herramientas por encima de líneas eléctricas, se debe tener especial cuidado para que las herramientas no entren en contacto con las líneas.

lina con presión del pitón no inferior a 100 PSI. (700 kPa) y no debenutilizarse aplicaciones en vista de que pueden actuar como conductores.

- Debe darse consideraciones especiales a la cercas, en vista de que al entrar en contacto con ella o con el marco protector una línea eléctrica energizada, toda la cerca quederá energizada siempre que sea continua. Esto presenta dificultad para proteger a las personas debido a la extensión de la cerca.

CONTROL DEL SERVICIO DE GAS

Es muy importante para todos los bomberos tener un conocimiento práctico del peligro y los procedimientos correctos para el manejo de incidentes relacionados con gas natural y gas licuado de petróleo (G.L.P.). Casi todas las viviendas, casas rodantes y negocios utilizan el gas natural o G.L.P. para cocinas, calefacción, o procesos industriales. Un bombero familiarizado con el uso y distribución del gas será capaz de prevenir o reducir los daños ocasionados por incidentes donde se encuentran involucrados estos gases.

El gas natural es mayormente metano con pequeñas cantidades añadidas de etano, propano, butano y pentano. Es más liviano que el aire y por consiguiente, tiene la tendencia de elevarse y dispersarse en espacios abiertos. El gas natural no es tóxico pero está considerado como un asfixiante porque puede desplazar el aire normal necesario para la respiración y ocasionar asfixia. Es incoloro por sí solo, pero se le añade un olor muy característico en planta. Su distribución se realiza desde los pozos de gas hasta el sitio donde va a ser utilizado por medio de una red nacional de tuberías de superficie y subterráneas. La presión en estos tubos varía desde ¼ hasta 1.000 libras por pulgada cuadrada (3 h = Pa a 6.900 kPa); sin embargo, la presión usualmente es inferior a 50 libras (350 kPa) en los sitios de distribución local. Es explosivo en concentraciones entre el cuatro y catorce por ciento.

La compañía local de servicios debe ser notificada cuando ocurra cualquier emergencia que involucre gas natural en su jurisdicción. Ellos designarán un personal de emergencia equipado con herramientas especiales, mapas del sistema de distribución y el entrenamiento y experiencia necesarios para ayudar a controlar el flujo de gas. El tiempo de reacción de estos equipos usualmente es menor de una hora, pero puede ser mayor en áreas rurales o en momentos de gran demanda. Debe incentivarse las buenas relaciones entre los bomberos y la compañia que presta el servicio.

El gas licuado de petróleo (G.L.P.), o gas en bombonas como se le conoce algunas veces, es un gas combustible almacenado en estado líquido bajo presión. Es utilizado principalmente en vehículos de paseo, casa móviles y viviendas agrícolas o rurales. Se ha experimentado un incremento en el uso de G.L.P. como combustible para vehículos de motor. El gas está compuesto principalmente de propano con pequeñas cantidades añadidas de butano, etano, etileno, propileno, iso-butano o butileno. El G.L.P. es incoloro por sí solo, pero se le añade un compuesto oloroso muy característico en las plantas procesadoras. El gas no es tóxico pero está considerado como asfixiante proque puede deslazar el aire normal de respiración y ocasionar asfixia. El G.L.P. es aproximadamente una y media veces más pesado que el aire así que ocupará el espacio más bajo posible. El gas es explosivo en concentraciones entre 1,5 y 10 por ciento. Del centro de distribución hasta el sitio donde va a ser utilizado es llevado en cilindros o tanques sobre vehículos de carga. Es almacenado cerca del sitio donde va a ser utilizado y luego conectado a los equipos a través de tuberías subterráneas y tuberías de cobre. Todos los recipientes de G.L.P. están sujetos al BLEVE (Boiling Liquids Expanding Vapor Explosion), explosión de vapores en expansión de líqiudos en ebullición cuando están expuestos a calor intenso o llama abierta.

Los incidentes que involucran al sistem de distribución frecuentemente se originan por excavaciones alrededor de tuberías subterráneas. Si hay escape de gas pero sin llamas, debe contactarse a la compañía que presta el servicio inmediatamente. No deben estacionarse los vehículos próximos a la escena del incidente motivado a la posibilidad de ignición. Los bomberos deben estar preparados para una posible explosión y subsecuente incendio. La primera consideración de los bomberos debe ser la eliminación de las fuentes de ignición en el área. La rotura de la tubería principal puede haber dañado las conexiones de servicio próximas al sitio; por consiguiente, deben chequearse las edificaciones ubicadas alrededor para detectar la presencia de concentraciones de gas. Los bomberos no deben intentar operar las válvulas principales porque las acciones incorrectas pueden agravar la situación u ocasionar la interrupción innecesaria del servicio de gas en un área no afectada por la rotura. Si el gas está ardiendo, no debe extinguirse la llama. Si se considera necesario las áreas de exposición pueden ser protegidas con chorros de mangueras sies necesario.

La situación más común que deberán enfrentar en general los bomberos está relacionada con el medidor de suministro. Por lo general el medidor está ubicado fuera de la edificación y normalmente visible desde la calle. El flujo de gas a la edificación puede interrumpirse colocando la válvula de corte en la posición de cerrado, lo cual debe ser perpendicular a la tubería (Figura 14.10).

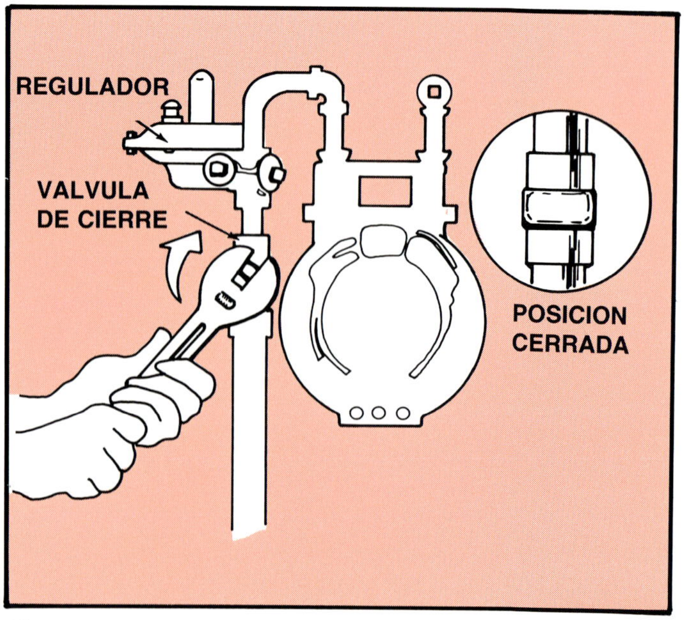

Figura 14.10 El flujo de gas dentro de una edificación puede ser interrumpida con sólo girar la válvula de cierre.

Los bomberos que actúan en esta operación, eben avanzar una línea con chorro de neblina ara protegerse a sí mismos. Debe enfatizarse que el gas está ardiendo, no debe extinguirse la ama. Si por alguna razón la manilla del medidor o puede ser operada, la tubería puede cerrarse arcialmente comprimiéndoles con una herramienta hidráulica de rescate. Esta acción no cortará el flujo de gas pero sí lo reducirá.

El G.L.P. o gas en bombona se almacenan en uno o más tanques o cilindros al aire libre. El suministro de gas a una estructura puede ser interrumpido cerrando la válvula en la tubería que va a la edificación. Si la válvula no puede ser operada, el gas puede pararse comprimiendo la tubería de cobre que va al edificio con un alicate o en el caso de tuberías más gruesas con una herramienta de rescate. El gas que no se haquemado puede disiparse con un chorro de neblina de al menos 400 L/min (100 gpm). Si existen problemas con algún cilindro o tanque, debe establecerse contacto con la empresa responsable depestar el servicio.

CUERPO DE BOMBEROS DE CARACAS D.F.

PROCEDIMIENTOS OPERATIVOS VIGENTES

Incendio en Residencias Unifamiliares (Casa)		Instalaciones Comerciales o Industriales	
1ra. Máquina en arribar a la escena de incendio			
Si no existen hechos evidentes Proceda a al escena e investigue. Inicie las operaciones de combate si encuentra fuego.	Incendio o muestras de humo. Proceda a la fuente de suministro de agua. tendido simple En ausencia de una fuente de suministro haga un tendido línea simple desde la entrada o en algún otro punto donde se pueda ubicar el tanque plegable.	Si no existen hechos evidentes Proceda a la escena e investique. Inicie las operaciones de combate si encuentra fuego.	Incendio o muestras de humo. Proceda a la fuente de suministro. Haga el tendido de dos líneas simples. En ausencia de una fuente de suministro haga un tendido desde la entrada o en algún otro punto donde se pueda ubicar el tanque plegable para suministro. Incie el ataque.
2da. Máquina en arribar a las escena del incendio			
Manténgase alerta en una posición cercana. Si encuentra un incendio conecte una manguera de la primera máquina a la fuente de suministro o el tanque plegable.		Manténgase alerta en una posición cercana. Si encuentra un incendio tienda dos líneas de manguera desde la primera máquina hacia la fuente de suministro de agua. Si existe un tanque plegable, tienda una sola línea.	Proceda a la fuente de suministro. Ponga el hidrante en condición de uso inmediato o prepare tendido para succión. Establezca presión de 1000 kPa (150 psi) en la línea de la primera máquina.

Figura 14.11 Los procedimientos operativos normalizados proporcionan directrices para el personal que llega al lugar del incendio.

TACTICAS DE LA BRIGADA DE COMBATE

Algunos cuerpos de bomberos tienen planes predeterminados o políticas escritas para casi todos los tipos de emergencia que pueden concebir que puedan ocurrir. Esto sprocedimientos son ejecutados usualmente por el primer grupo que llega a la escena y se conocen como procedimientos operativos vigentes o P.O.V. (Figura 14.11). Los procedimientos operativos vigentes pueden variar considerablemente en diferentes localidades, pero en términos generales los principios son los mismos. El procedimiento es fundamentalmente un medio para iniciar el combate del incendio, pero su uso no reemplaza el necesario análisis de la situación y la toma de decisiones que puedan estar basadas en el sentido común y como parte de una acción de comando. Por otra parte, puede haber varios POVs entre los cuales hay que escoger, dependiendo de la severidad del incendio, localización y la capacidad de las unidades que primero lleguen para asumir el control. En algunas oportunidades, en un POV puede contemplarse todo lo necesario para confinar y extinguir un incendio. En incidentes más complejos el POV puede ser utilizado únicamente para proporcionar una defensa adecuada del fuego hasta que se puedan emplear fuerzas adicionales para combatir el incendio. En los POVś usualmente se señala la forma de realizar actividades generales en cualquier escenario de emergencia, pero también puedan incluirse procedimientos para hacer más eficientes las operaciones en objetivos específicos Pre-planificados. La incorporación de los POV's en los planes de atención de los riesgos especiales reduce la confusión en el área del incendio y la memorización. La eficiencia se incrementa en situaciones especiales, cuando las brigadas utilizan regularmente los POV's en las actividades de combates de incendio. De igual forma, durante la implementación de un P.O.V', el jefe de bomberos tendrá la oportunidad de aplicar otros planes pre-incidente y desarrollar una forma de ataque diseñada de acuerdo a las necesidades del incidente. A continuación se presentan algunos ejemplos de POV's del cuerpo de bomberos para incendios en diferentes instalaciones. Las situaciones descritas contemplan la participación de dos vehículos de extinción, un carro escalera y un oficial de comando.

Tácticas de Incendio para Residencias Unifamiliares

La tripulación del primer vehículo contra incendio que llega al sitio de la escena iniciará el combate del incendio tomando en consideración las condiciones actuales del incendio y el comportamiento que se espera que tenga. Esta tripulación también efectuará el reporte por radio al centro de despacho indicando la ubicación exacta, áreas de exposición, y las condiciones que se encontraron en el incidente. El jefe del grupo después de evaluar la situación, puede ordenar tender una línea u ordenarlo al próximo auto-bomba que llega. El trabajo de los vehículos siguientes es respaldar al primer vehículo según sea requerido.

Una vez conocida la ubicación del incendio, el Jefe de grupo del primer vehículo instalará la línea de ataque inicial para cubrir las siguientes prioridades.

- Desplazamiento de las líneas para interponerse entre el fuego y los ocupantes atrapados para proteger al personal de rescate
- Protección de las principales vías de escape
- Protección de áreas interiores expuestas (otras áreas ocupadas)
- Inicio de la extinción
- Dirigir las operaciones con la mangueras

La tripulación del segundo auto-bomba debe establecer primeramente el suministro de agua disponible para combatir el incendio y luego proceder de acuerdo a las siguientes prioridades.

- Respaldar las líneas de ataque ínicial.
- proteger los medios secundarios de escape.
- Prevenir la propagación del incendio. (Confinarla).
- Proteger las áreas de mayor exposición.
- Colaborar en la extinción.

Cuando los equipos de protección respiratoria no han sido puestos en operación durante el trayecto, debe hacerse inmediatamente al llegar y antes de proceder con el ataque interior del incendio (Figura 14.12). En emergencias de cierta magnitud puede ser necesario que el grupo que llega en el primer vehículo comience las operaciones de rescate y el segundo grupo asuma las actividades de tendido de las primeras líneas de ataque al incendio. Sin embargo, generalmente, la función de rescate será ejectada por el personal de carro-escalera con la protección de los chorros de manguera de los autobombas.

Figura 14.12 El personal de segunda alarma dotado de SCBA pueden ser usados para relevar al personal de primera alarma y continuar el ataque interior del incendio. *Cortesía de Sheldon Weaver.*

El carro escalera frecuentemente llega después del autobomba y es responsable de la búsqueda y salvamento, además de colaborar con el combate del incendio, efectuando la ventilación.

Al incio, los tripulantes del vehículo escalera deberán observar el exterior de la edificación para ver si se detectan señales de víctimas que deben ser rescatadas de inmediato. A continuación, pueden iniciar la búsqueda de víctimas utilizando rutas de acceso interiores o exteriores. De igual forma irán ventilando a medida que avanzan, estando alerta de señales de propagación del incendio hacia niveles superiores. Deben estar siempre preparados para entrar al edificio a su llegada. Esto comprende ponerse el equipo de protección respiratoria autónomo de presión positiva, lo que debe efectuarse en el trayecto al incsidente. Generalmente es deseable que la tripulación asignada al vehículo escalera sean agrupados en equipos para exteriores o interiores. El jefe de la tripulación y uno o dos miembros equipados con herramientas entran al edifico para iniciar la búsqueda en el interior, antes de pasar a niveles superiores. Simultáneamente, el conductor junto con uno o dos bomberos levantan las escaleras necesarias para entrar o ventilar la construcción desde el exterior. Por ejemplo, puede utilizarse una escalera para efectuar un rescate en una ventana de un segundo piso mientras que el equipo elevado es levantado hasta el techo para efectuar la ventilación.

Tanto el personal que trabaja en el interior como los de exteriores deben iniciar la búsqueda en áreas donde lo más probable es que estén inhabitadas de acuerdo a la situación. Como se ha dicho anteriormente la búsqueda debe efectuarse sistemáticamente para evitar que se omitan áreas.

Además de los procedimientos de rescate y ventilación, frecuentemente es necesario que los tripulantes del vehículo escalera colaboren con los tripulantes de los auto-bombas en el ataque al incendio. Esto puede hacerse colocando las escaleras tal como ha sido solicitada por el oficial al mando de las operaciones. Frecuentemente el vehículo escalera puede ser designado para apagar grandes incendios en pisos superiores con un monitor instalado en el dispositivo elevador. Esta acción debe ser coordinada con otras operaciones tanto para evitar lesiones del personal que se encuentra en el interior como para prevenir la propagación del incendio a lugares de la edificación que no han estado involucrados. El personal de ataque para interiores, con frecuencia resultan lesionados o forzados a retirarse por la acción de los chorros de las líneas de manguera inadecuadamente aplicados desde el exterior. Los dispositivos elevadores, escaleras, plataformas y torres de escaleras también pueden ser utilizados como sustitutos de puntos de abastecimiento desde el cual los grupos de combate de incendio pueden desplazar líneas de manguera.

Aun cuando el cuerpo de bomberos tenga o no los equipos antes mencionados, su principal consideración debe ser de que cada una de las funciones necesarias le sean asignadas a alguien, bien sea un individuo o la tripulación de un auto-bomba o vehículo escalera. Las funciones de rescate, protección de áreas expuestas, ventilación, confinamiento o extinción, deben ser correctamente ejecutadas para que la operación sea exitosa. Se considera que si se asignan estas tareas y las mismas son extendidas y practicadas, las operaciones serán más eficientes y seguras.

Tácticas de Incendios en Instalaciones Protegidas con Sistemas de Extinción

Algunos edificios están equipados con sistemas automáticos de extinción con rociadores y tuberías secas. Esto se debe fundamentalmente a la alta potencialidad de pérdidas de vidas, nivel del riesgo del proceso y tipos de construcciones. En los procedimientos operativos de los cuerpos de bombero deben considerarse la necesidad de apoyar estos sistemas.

Particularmente los bomberos deben dar una alta prioridad al apoyo, a los sistemas de extinción de incendio cuando:

- Los grupos de ataque inicial son asignados inmediatamente para evacuación o búsqueda de víctimas.
- Los chorros no pueden alcanzar áreas sumamente amplias o de gran altura.
- Fluye agua debido a la operación de los cabezales de los rociadores.
- Los sistemas dependen del apoyo del cuerpo de bomberos para que puedan funcionar.
- Las tácticas requieren el uso de las tuberías secas que no están conectadas con el sistema de suministro de agua.
- Las tuberías fijas se abastecen de fuentes de agua privadas y la presión la suministra un sistem de bombeo independiente.

Los procedimientos operativos a ser utilizados en estas zonas, es conveniente que sean incorporados al plan de contingencias elaborado específicamente para la edificación. Estos planes incluyen una descripción detallada de las características de la construcción, contenido, sistemas de protección e instalaciones circundantes. También establecerá los procedimientos a ser utilizados por cada grupo de acuerdo a las condiciones con que se encuentren. Como parte integral del plan, debe incluirse un plano del edificio que señala los suministros de agua, conexiones del sistema de protección, y ubicación de los vehículos de bomberos, y debe mantenerse actualizado para señalar los cambios que afectan las operacions del cuerpo de bomberos.

Incendios y Emergencias en Espacios Confinados

Las operaciones de combate de incendio y de rescate deben efectuarse con frecuencia en sitios que están bajo el nivel del suelo o bien en sitios carentes de ventilación tanto natural como artificial. Los sótanos, cavernas, trincheras, tanques de almacenamiento y cloacas son sólo algunos ejemplos de este tipo de áreas. El factor más importante para la operación segura en estas emergencias es el reconocimiento del peligro inherente a las áreas confinadas. Las condiciones ambientales que pueden encontrarse incluyen:

- Deficiencias de oxígeno
- Vapores y gases inflamables
- Gases tóxicos
- Temperaturas elevadas

También pueden estar presentes riesgos físicos tales como:

- Vías de entrada y salidas limitadas
- Estructuras de soporte dobladas o inestables
- Agua u otros líquidos en las partes más bajas
- Riesgos por los servicios de gas y electricidad

En énfasis en el uso de los equipos de protección personal nunca será exagerado especialmente con los equipos de protección respiratoria autónomos de presión positiva. Las máscaras de filtros resultarán inútiles en atmósferas deficientes de oxígeno y no deben ser usadas. Cuando los bomberos deban entrar en espacios confinados con los arneses y bombonas de los equipos de protección respiratoria autónomos desmontados, se deben extremar las precauciones para evitarse retirar la máscara del que está haciendo el rescate. También hay que recordar que se disponen de máscaras para el suministro de aire que poseen largas mangueras de suministro que eliminan el uso de tanques.

Todo el personal de rescate deberá estar atado a una línea de vida antes de entrar. Esta línea debe ser chequeada constantemente y debe contarse con un grupo de rescate de reservas equipado adecuadamente, igual en número al grupo de rescate que está trabajando en las áreas interiores. Debe preparase un sistema de comunicaciones entre los grupos que están adentro y los de afuera en vista de que los radios portátiles pueden ser inefectivos. Un método de señales es conocido como el método B-A-R-S. Cada letra representa un halón de la cuerda en cualquiera de los extremos de la línea de vida.

TABLA 14.2
SEÑALES PARA LA LINEA DE VIDA

	Exterior	Interior
B—Un halón	¿Está bien?	¡Está bien!
A—Dos halones	Avance la línea	Avance la línea
R—Tres halones	Retire la línea	Retire la línea
S—Cuatro halones	Viene socorro	¡SOCORRO!

Toda señal que se da, tal como un tirón fuerte de la línea, debe ser contestada por el grupo que se encuentra al otro extremo de la misma. Otro método de comunicaciones seguro es mediante el uso de megáfonos que no requieren de una fuente de energía. De igual forma, el personal de rescate debe poder utilizar el sistema de comunicaciones seleccionado sin tener que quitarse la máscara del equipo de protección respiratoria autónomo.

Son también importantes las comunicaciones con los supervisores y otras personas con amplios conocimientos sobre el sitio del siniestro ya que pueden suministrar información muy valiosa sobre los riesgos existentes, el número de víctimas y su probable ubicación. De igual forma, la elaboración de planes pre-accidentes para aquellos espacios confinados que se encuentran en la jurisdicción del cuerpo de bomberos reducirán la necesidad de adivinar el trabajo a realizar y los mismos pueden ser consultados cuando se ejecutan las operaciones en estos sitios. Los bomberos deben estar preparados para implementar los métodos de extinción o rescate preestablecidos sin demora. Estos planes deben incluir medidas para la protección del personal de rescate y de las víctimas, control de los servicios públicos y otros peligros físicos, comunicaciones, ventilación e iluminación. Los equipos a ser utilizados en las operaciones de rescate donde no existe fuego deben ser certificados para uso en atmósfera explosivas; esto incluye las linternas, extractores de humo y radios.

En vista de que el acceso en estos accidentes es generalmente restringido, será vital para el éxito de la operación el establecimiento de un puesto de comando y un área de espera. El área de espera debe estar ubicada cerca de la entrada pero sin obstruirla y en la misma deben concentrarse los recursos humanos y materiales que van a ser utilizados. Los bomberos no deben entrar a estos sitios cerrados hasta tanto el oficial al mando haya decidido sobre el curso de la acción a seguir y haya emitido las órdenes respectivas. Un bombero se debe ubicar en la entrada para llevar un control sobre el personal y los equipos que entran y salen. Este bombero debe anotar y verificar la misión, presión de tanque, nombre y el tiempo seguro de trabajo estimado de todo el personal que entra (Figura 14.13). Este procedimiento permite estar pendiente de todos los miembros del grupo y reduce la posibilidad de que alguno pase desapercibido después que su tiempo limite de trabajo seguro haya terminado.

Una vez dentro de las instalaciones, los bomberos deben efectuar la operación de búsqueda o cualquier otra actividad de manera sistemática y con un mínimo de esfuerzo. Si la entrada debe hacerse bajando escaleras, se debe efectuar tan rápido como sea seguro hasta el fondo de las mismas. En condiciones de incendio el calor y el humo se concentrarán en la parte superior de la escalera y la situación debe ir mejorando a medida que se desciende. Al llegar al fondo pueden iniciar la búsqueda con el método de girar hacia el lado izquierdo o hacia el lado derecho. Los grupos que avanzan deben aprovechar la oportunidad de ventilar a medida que progresan. También deben mantener comunicación con el puesto de comando para reportar lo que hacen, las dificultades, o para recibir instrucciones adicionales. Los bomberos no deben dudar en abandonar el sitio si las condiciones interiores o los reportes exteriores indican la inminencia de un colapso estructural. Es recomendable que otros grupos se dediquen a identificar

Figura 14.13 Una hoja de control de acceso da la posibilidad de contabilizar el personal que se encuentre laborando en áreas de riesgo.

los riesgos potenciales de posibles desprendimientos de objetos sobre los bomberos. Soportes debilitados por el fuego, tales como vigas de acero y columnas sin revestimiento, pueden ser "congelados" si se dirige una manguera a ellos. Se debe tener en cuenta que los soportes metálicos sin protección fallan rápidamente cuando se exponen a temperaturas mayores a 315°C (600°F). A mayor tiempo de exposición, mayor posibilidad de que fallen, independientemente de su composición. Por otra parte la mercancía almacenada en estantes se irá haciendo más inestable a medida que aumentan los daños por el fuego y la mercancía va absorbiendo el agua. La aplicación de los chorros de mangueras debe efectuarse con extrema prudencia motivado a la dificultad de ventilar el vapor de agua generada. El fuego en áreas confinadas también puede ser atacado indirectamente con pitones, distribuidores, esparcidores o espuma de alta expansión. Mientras se combate el incendio se debe prestar especial atención a la posibilidad de propagación vertical del fuego. Motivado al confinamiento del calor, los bomberos sentirán que se cansan más rápidamente y agotarán el suministro de aire del equipo de protección personal con facilidad. Por esta razón es que deben solicitar ser relevados antes de que se sientan exhaustos y deben observar estrictamente las técnics de conservación de energías y verificación de válvulas indicadoras de presión. Los bomberos no deben internarse más allá de lo que le permita el margen de seguridad del suministro de aire dispoinible para regresar.

Técnicas de Extinción de Incendios de Montes Bajos

Los incendios de monte bajo comprenden los fuegos de gamelote, grama, siembras, matorrales y vegetación similar, exceptuando la vegetación selvática. Los incendios de montes bajos tienen sus características tan particulares que lo hacen totalmente diferentes de otras formas de combatir incendios. La topografía local, el tipo de combustible y el clima presentan problemas distintos. La experiencia local de las brigadas de combate y el análisis de su misión determinarán los métodos y técnicas que serán utilizados para combatir estos incendios rastreros.

Una vez iniciado el incendio de monte bajo, la combustión es generalmente rápida y continua. Existen muchos fctores que afectan el comportamiento de este tipo de incendios pero los tres más importantes son el combustible, el clima y la topografía. Cualquiera de estos tres factores pueden tener influencia dominante en el comportamiento de un incendio en particular, pero usualmente la fuerza combinada de los tres determinará la magnitud del incendio.

COMBUSTIBLES

Los combustibles son generalmente clasificados en grupos de combustibles con características similares de combustión. Este método clasifica los combustibles de los incendios de monte bajo en combustibles del suelo, de superficie y de crestas (Figura 14.14).

- Combustibles del suelo-pequeñas ramas hojas y viruta en descomposición en el suelo.
- Combustibles de superficies-pasto, monte u otra vegetación baja. Vegetación muerta de superficie que incluye árboles caídos, leños pesados y cosas parecidas.
- Combustible de crestas-combustibles suspendidos y verticales separados físicamente de los combustibles de suelo de tal forma que el aire pueda circular libremente alrededor de ellos, ocasionando que arda más libremente.

Varios factores afectan las características de combustión de ellos tales como:

- Tamaño de los combustibles-los combustibles pequeños y livianos arden más rápidamente.
- Solidez-los combustibles compactados fuertemente tales como los de suelo y superficie arden con mayor lentitud que los de crestas.
- Continuidad-cuando los combustibles están muy cerca se propaga el fuego más rápidamente debido al efecto de la transferencia de calor. Los combustibles por sectores se propagarán irregularmente o no se quemarán.

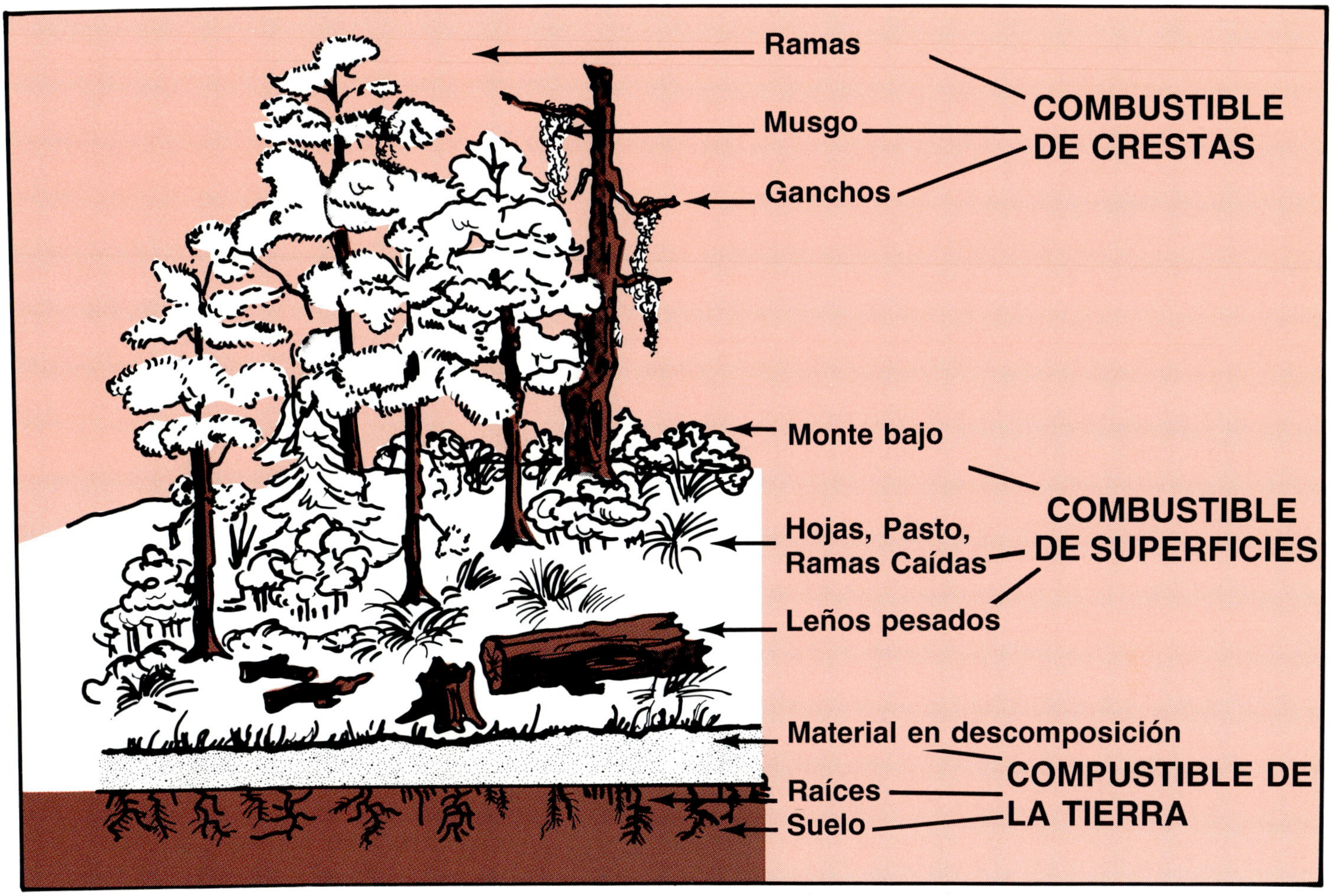

Figura 14.14 Los componentes combustibles incluyen los superficiales, la maleza y la cresta.

- Volumen-la cantidad de combustible presente en un área determinada. El volumen determinará la intensidad del fuego y la cantidad de agua necesaria para lograr la extinción.

CONDICIONES METEREOLOGICAS

Todos los aspectos de las condiciones metereológicas tienen algún efecto en el comportamiento de los incendios de monte bajo. Algunos de estos factores son:

- Viento-que abanica las llamas, aumentando su intensidad y las proporciones de aire fresco que acelera la combustión. Incendios de mediano o gran tamaño pueden generar sus propios vientos.
- Temperatura-tiene sus efectos sobre el viento, está estrechamente ligada a la humedad relativa y afecta principalmente a los combustibles actuando como secador a largo plazo.
- Humedad relativa-el mayor impacto es sobre vegetales muertos que ya no tienen humedad propia.
- Precipitación-determina gradualmente el contenido de humedad de los combustibles vivos. Mientras que los combustibles muertos livianos pueden secarse rápidamente, los combustibles muertos gruesos retendrán la humedad por más tiempo y arderán más lentamente.

TOPOGRAFIA

La topografía se refiere a la superficie del terreno y tiene un efecto determinante en el comportamiento del fuego. La inclinación de la pendiente afecta tanto a la velocidad como a la dirección de propagación. El incendio se desplazará más rápidamente cuesta arriba que hacia abaqjo, y mientras más pronunciada sea la pendiente, más rápido se desplazará el fuego. Otros factores topográficos que influyen sobre el comportamiento de los fuegos de monte bajo son los siguientes:

- Orientación de la ladera-es la dirección hacia donde se enfrenta la ladera incendiada. Una exposición completamente hacia el sur (al norte del ecuador) recibe directamente los rayos solares y por consiguiente recibe más calor. Los incendios de monte bajo comúnmente arden más rápido cuando la ladera está orientada hacia el sur.
- Configuración local del terreno-afecta directamente el desplazamiento del aire. Obstrucciones tales como salientes del terreno, árboles e incluso rocas sobresalientes pueden alterar el flujo de aire y causar turbulencia o remolinos generando un comportamiento irregular del incendio.
- Cañones-u otras restricciones al flujo del aire generan un incremento a la velocidad del viento. El desplazamiento del aire puede ser crítico en los cauces de quebradas pronunciadas. Estas características del terreno generan corrientes verticales turbulentas provocando un efecto de chimenea. Los incendios en estas quebradas y hondonadas se propagan a una velocidad extremadamente rápida y son sumamente peligrosos.

PARTES DE UN INCENDIO DE MONTE BAJO

Las partes de un incendio de monte bajo se muestran en la Figura 14.15.

Frente. El frente es la parte de un incendio de monte bajo que avanza o se propaga más rápidamente. Generalmente se encuentra del lado del incendio opuesto a la dirección donde sopla el viento. Las llamas arden intensamente y generalmente causan los mayores daños. La clave para controlar el incendio está en controlar el frente y evitar la formación de uno nuevo.

Brazos. Los brazos son largas y angostas franjas que se apartan del fuego principal. Generalmente se presenta cuando las llamas alcanzan un área que tiene combustibles livianos y pesados en parchos. El combustible liviano se quema más rápidamente que los combustibles pesados, lo que le da la forma de brazo. Cuando no se controlan estos brazos se forman nuevos frentes.

Cola. La cola o parte posterior de un incendio de monte bajo es el lado opuesto al frente. Generalmente arde lentamente y con tranquilidad y es

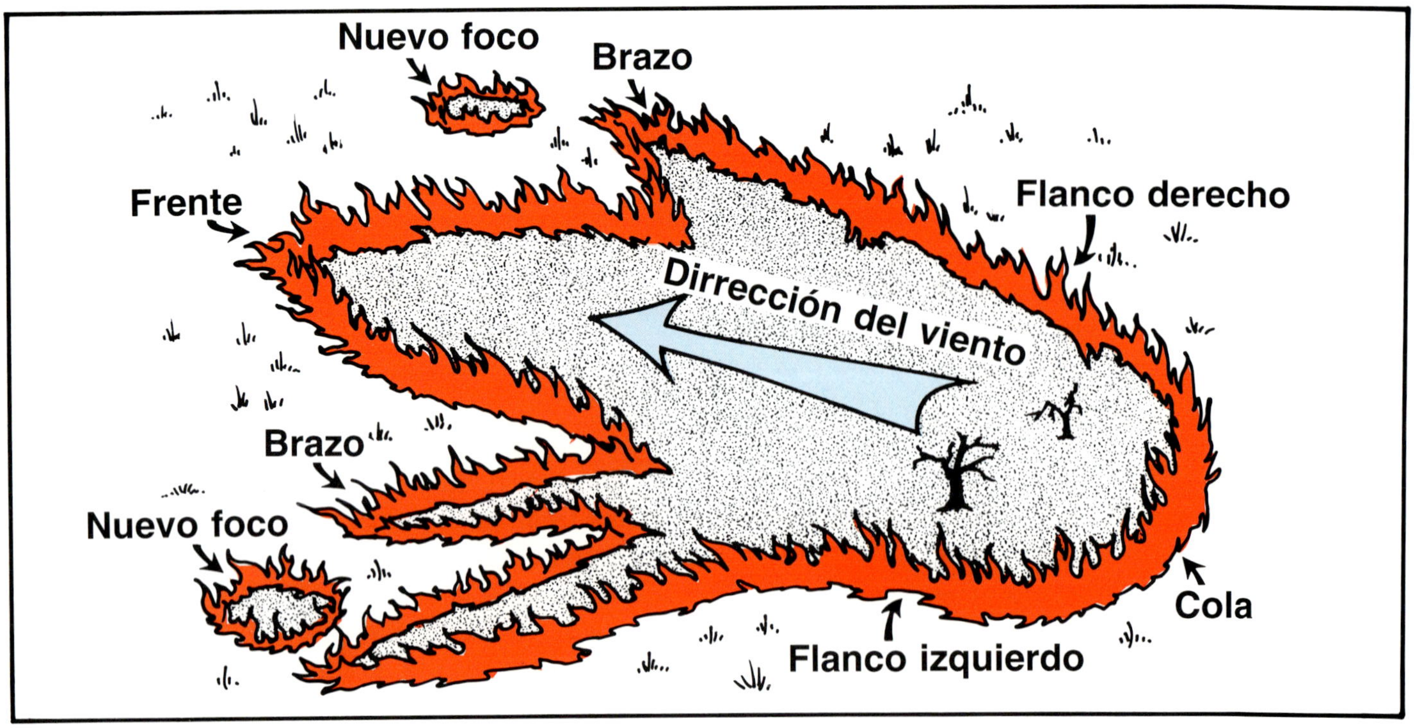

Figura 14.15 Partes de un incendio de monte bajo.

fácil de controlar. La mayoría de las veces puede encontrarse la cola ardiendo cuesta abajo o contra el viento.

Flancos. Los flancos son los laterales de un incendio de monte bajo. Los flancos derechos e izquierdo separan el frente de la cola. Es a partir de estos flancos que se forman los brazos, lo que destaca la importancia de ser controlados. El cambio repentino en la dirección del viento puede convertir un flanco en el frente.

Perímetro. El perímetro de un incendio de monte bajo son los márgenes del fuego. Es la longitud total del borde exterior de áreas en llamas o quemadas. Obviamente el perímetro cambia constantemente hasta que se extinga el incendio.

Nuevos focos del incendio. Es un incendio orginado por chispas o brazas que se elevan y aterrizan fuera del incendio principal. Los focos de fuego representan un peligro para el personal y equipo que trabaja en el incendio principal porque podrían quedar atrapados entre ambos incendios. Estos deben ser extinguidos rápidamente o formarán un nuevo frente y continuará creciendo en tamaño.

COMBATE DEL INCENDIO

El método usado para combatir los incendios de monte bajo se basan en el control perimetral. La línea de control puede situarse en el borde del incendio, próximo a él o retirado a una distancia considerable. El objetivo es el de establecer cortafuegos que encierren completamente el incendio y que todo el combustible se quede encerrado y se agote inofensivamente.

Las aproximaciones directas e indirectas son los métodos de ataque básicos para incendios de monte bajo (Figura 14.16). El método directo son las acciones que se emprenden directamente contra las llamas. El método indirecto consiste en la aplicación de técnicas de control a diferentes distancias del fuego que avanza para detener su propagación y se utilizan generalmente en incendios que son "muy calientes", "muy rápidos" o "muy grandes". En vista de que los incendios de monte bajo cambian constantemente, es muy posible que se inicie con un método de ataque y se finalice con otro. Se debe evaluar la situación continuamente durante el incendio de modo que los ajustes puedan efectuarse oportunamente. Las reglas esenciales que deben seguir los bomberos están contenidas en los "Diez Mandamientos para el Combate de Incendio" del Servicio Forestal de Estados Unidos.

"Diez Mandamientos para el combate de Incendio"

1. Manténgase informado sobre las condiciones metereológicas del incendio y los pronósticos.
2. Conozca lo que hace el incendio todo el tiempo; observe personalmente y por medio de exploradores.
3. Funde todas sus acciones al comportamiento actual y esperado del incendio.
4. Tengas rutas de escape para todos y hágaselas conocer.
5. Ubique un observador cuando exista posible peligro.
6. Esté alerta, mantenga la calama, piense claramente y actúe decisivamente.
7. Mantengan comunicación explícita con su personal, su jefe y los grupos de apoyo.
8. Dé instrucciones claras y asegúrese que fueron entendidas.
9. Mantenga el control del personal todo el tiempo.
10. Combata el incendio agresivamente, pero antes tome medidas de seguridad.

El combate de incendios de monte bajo es un oficio muy peligroso. Muchos bomberos han fallecido o han sido lesionados severamente tratando de controlar estos incendios. Analice detalladamente la situación y luego haga lo que parece más correcto. Recuerde: La seguridad del personal y equipos siempre va primero.

Figura 14.16 El ataque directo y el indirecto son los dos métodos para combatir incendio de vegetación.

Capítulo 15
Comunicaciones

NORMA NFPA 1001
COMUNICACIONES
Bombero I

3-14 Alarma de Incendio y Comunicaciones.

3-14.1 El bombero debe definir el procedimiento que un ciudadano debe seguir al reportar un incendio u otra emergencia.

3-14.2 El bombero debe demostrar su desempeño al recibir reportes de alarm o de emergencia en iniciar las acciones pertinentes.

3-14.3 El bombero debe definir el propósito y función de los instrumentos para recibir alarmas así como los equipos para alertar al personal disponible en la estación.

3-14.4 El bombero debe identificar los implementos de control de tránsito instalados en la estación de bomberos para facilitar la respuesta de los aparatos de combate de incendio.

3-14.5 El bombero debe identificar el procedimiento requerido para recibir llamadas personales y administrativas.

3-14.6 El bombero debe identificar los procedimientos de radio establecidos por el cuerpo de bomberos.

3-14.7 El bombero debe identificar las políticas y procedimientos concernientes al ordenamiento y transmisión de múltiples alarmas de incendio y llamadas para asistencia especial desde el lugar del siniestro.

3-14.8 El bombero debe definir todas las señales de alarma de fuego, incluso las alarmas múltiples y especiales para el control del movimiento de los vehículos contra incendio y la acción a tomar una vez recibida cada señal.

Bombero II

4-15 Alarma de Incendio y Comunicaciones

4-15.1 El bombero debe identificar las áreas asignadas de primera prioridad.

4-15.2 El bombero debe demostrar los equipos de radio tanto fijos como portátiles.

4-15.3 El bombero debe identificar los procedimientos de radio usados en el cuerpo de bomberos.

4-15.4 El bombero debe identificar los equipos supervisores de alarmas provistos en la estación y la acción a tomar una vez recibida la señal.

4-15.5 El bombero debe identificar los indicadores de fuego provistos para dirigir a los bomberos al lugar específico de aquellos sitios públicos o privados protegidos con tales dispositivos*.

Las transparencias sobre Comunicaciones de la IFSTA están diseñadas para complementar este capítulo.

Capítulo 15
Comunicaciones

Las comunicaciones de los cuerpos de bomberos están conformadas por todos aquéllos métodos por los cuales el público puede notificar a la central del cuerpo de bomberos de una emergencia y aquellos por los cuales la central puede notificar a las sub-estaciones y demás organismos involucrados y suministrar información adecuada a todo el personal que participa en la emergencia.

EL CENTRO DE COMUNICACIONES

El centro de comunicaciones posee los equipos y el personal para recibir la alarma y despachar las unidades. Este puede estar localizado en la estación de bomberos o en una edificación separada (Figura 15.1). De acuerdo con las normas de la NFPA, existe una gran variedad de equipos y métodos que pueden ser utilizados para satisfacer las necesidades de un departamento de comunicaciones:

- Recepción y registro automático de las alarmas provenientes de las estaciones manuales.
- Indicador sonoro y visual de la alarma relativo a su ubicación.
- Grabador automático de la hora y lugar de la alarma.

La edificación o parte de la edificación usada como centro de comunicaciones no debe estar cerca de instalaciones con alto riesgo de incendio. El uso de materiales combustibles no es permitido en su construcción excepto la cobertura de pisos altos instalados en el área de sistemas. Es esencial con-

Figura 15.1 Los centros de comuniciaciones en ciudades puequeñas se encuentran usualmente en la misma edificación, mientras que en las ciudades grandes pueden estar en lugares separados.

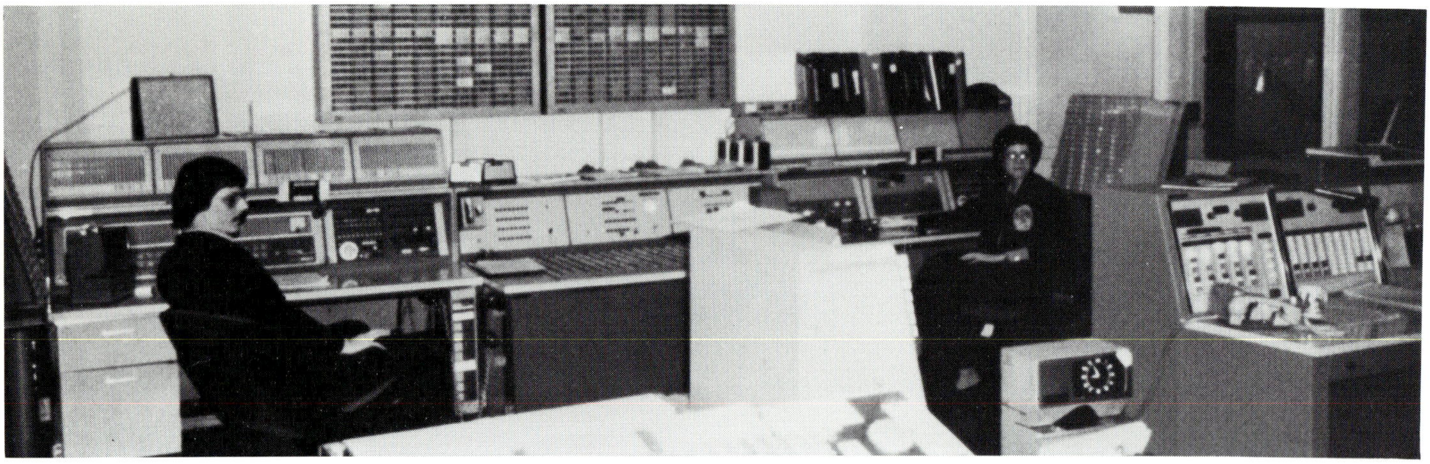

Figura 15.2 Amplios centros de comunicaciones requieren continuamente un mínimo de dos operadores.

tar con una adecuada fuente de energía eléctrica de emergencia, incluyendo una fuente secundaria confiable e independiente de otras fuentes que pueda incorporarse a la línea en menos de 10 segundos.

Para municipalidades que reciben más de 2.500 alarmas por año, las normas de la NFPA establecen que deben existir por lo menos dos operadores bien entrenados durante las 24 horas (Figura 15.2). En algunos casos pueden hacer falta más de dos. En pequeñas áreas donde se contemple un solo operador, un incidente mayor puede sobrepasar su habilidad. Esta posibilidad también existe en grandes municipalidades con dos o más operadores.

Un método para el manejo eficiente de las llamadas que puedan ser recibidas por diferentes operadores es el uso de un grabador y un sistema de confirmación (Figura 15.3). Existen equipos para registrar tanto las llamadas telefónicas como las del radio transmisor, protegiendo así a la colectividad y al cuerpo de bomberos, ya que permite:

- Contar con una comprobación inmediata de nombres y ubicación que fueron suministrados con rapidez, facilitando el despacho del personal y equipos adecuados.
- Permite establecer la secuencia de las llamadas recibidas, instrucciones de despacho, y salida de las unidades como elemento de comprobación para verificar si las acciónes o respuestas fueron adecuadas.

Figura 15.3 Existen equipos de grabación y reproductores tanto para las comunicaciones telefónicas como para las de radio, para asegurar que no se pierdan detalles de los mensajes.

- Permite, con cierta unidad, una fuente para los análisis de voz.

REPORTE DE INCENDIO

Muchas vidas y propiedades se han perdido debido a los retardos en llamar a los cuerpos de bomberos una vez que el fuego ha sido descubierto. En otros casos, sin mayor pérdida de tiempo, algún viajero o conductor ha descubierto un incendio y se ha parado para reportar por teléfono la alarma y se ha encontrado con la situación de no poder describir la ubicación del sitio del siniestro adecuadamente. En otros casos los cuerpos de bomberos han recibido llamadas que muy rápidamente dicen: "Vengan pronto mi casa se quema" y cuelgan el teléfono sin dar la dirección.

Los cuerpos de bomberos deben incluir, en sus programas educativos de seguridad, información sobre cómo reportar un incendio correctamente. La siguiente información debe ser incluida:

- Teléfono
  - —Disque el número directo del cuerpo de bomberos o el de la operadora.
  - —Reporte el tipo de accidente.
  - —Dirección.
  - —Cruce de vías.
  - —Su nombre y dirección.
  - —Número para confirmar la llamada.
- Estaciones manuales de alarma.
  - —Envíe la señal.
  - —Espere en el lugar.
- Estación de alarma de incendio.
  - —Envíe la señal.
  - —Notifique al cuerpo de bomberos.

METODO PARA RECIBIR LAS ALARMAS DEL PUBLICO

Las alarmas de incendio pueden ser recibidas en diferentes formas. Estas pueden incluir los sistemas municipales de alarmas, teléfono, radios o simplemente personas que se dirigen a la estación de bomberos para reportar la emergencia. Las alarmas también pueden ser recibidas por sistemas privados de alarma.

Sistemas Municipales de Alarma

ESTACION MANUAL POR CABLES TELEGRAFICOS

Este sistema de alarm es operado presionando la palanca en la estación de alarma la cual activa un mecanismo de resortes. El dispositivo giratorio transmite un código, abriendo y cerrando el circuito. Cada estación transmite un código diferente para un lugar específico. El cableado puede ser aéreo o subterráneo. El sistema está limitado porque sólo transmite información referente a la localidad y la activación mal intencionada genera alarmas que constituyen un problema.

Figura 15.4 La caja de alarma de incendio telegráfica tiene un disco codificado que transmite una señal cuando se activa.

CASETA TELEFONICA DE ALARMA DE INCENDIO

Es un teléfono instalado en una caja de alarma de incendio para establecer contacto de voz directa, permitiendo el intercambio de mayor informacióp n acerca del tipo de ayuda requerida.

Este sistema es generalmente rentado a la compañía de teléfonos y cada caja es conectada al centro de comunicaciones por medio de un circuito independiente de cables telefónicos. En algunos modelos cuando la bocina es levantada de su colgador emite una señal auditiva y se prende una luz en el centro de comunicaciones de alarma indicando visualmente la ubicación del teléfono (Figura 15.5).

Figura 15.5 Las cajas de alarma de incendio se utilizan para comunicación oral directa con el centro de comunicaciones. Al levantar el auricular se indica la ubicación de la estación.

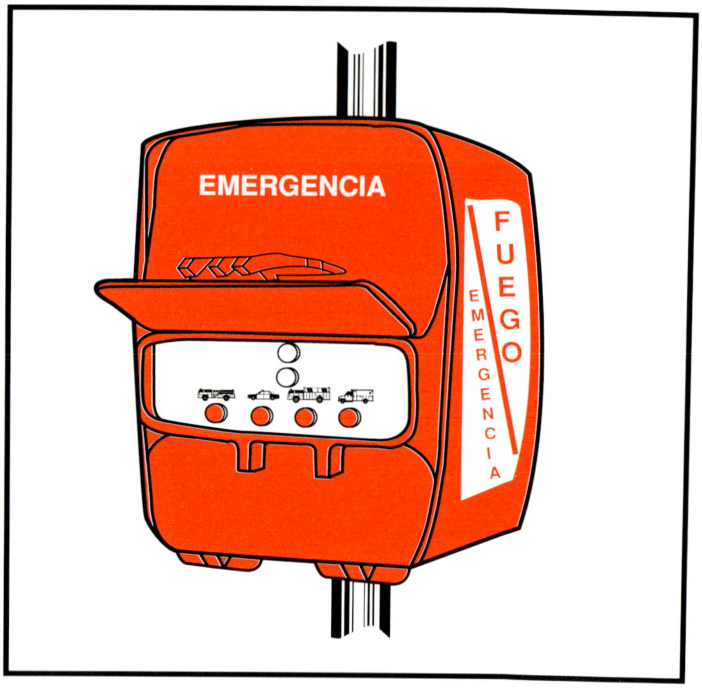

Figura 15.6 Las estaciones de alarmas de radio informan su ubicación por medio de un trasnmisor independiente y no están afectados por circuitos en el tendido eléctrico.

Cuando la cantidad de cajas es demasiado grande, haciendo necesario un incremento en las dimensiones del panel, algunos cuerpos de bomberos han usado la combinación de cajas del tipo de circuitos telegráficos y del tipo telefónico. Esto permitirá aprovechar las ventajas de ambos sistemas, donde al bajar la palanca se envía la señal codificada y se utiliza el teléfono para información adicional.

ESTACION DE ALARMA DE INCENDIO CON RADIO

La estación de alarma de radio contiene un radio transmisor independiente alimentado con una fuente de energía de batería (Figura 15.6). Algunos sistemas poseen dispositivos de recarga solar. Otros poseen un alternador impulsado por resortes que suministra energía cuando la palanca es halada. Hay muchos tipos de estaciones de radio. La activación de la estación de alarma alerta al receptor en el cuerpo de bomberos con una señal auditiva, luz indicadora visual, y una grabación permanente que indica la localidad. Algunos modelos tienen además de la luz roja indicadora de alarma, una luz de prueba y otra de avería. Con el uso de un interruptor cronómetro dentro de la estación, ésta se puede probar por sí mismo cada 24 horas. Si el poste de la estación es golpeado o maltratado, la luz de avería se prende y da la localización de la estación. Algunas estaciones son numeradas y estos números también aparecen en el panel, informándole al receptor la estación involucrada y su localidad. Algunos sistems de impresión cuando son activados por la señal que viene del radio, imprimen el día del año, horas del día en horario de 24 horas, el mensaje enviado por la estación, el número de la estación y el signo codificado que indica la carga de la batería del equipo. Algunas estaciones de alarma con radio están diseñadas de forma tal que la persona pueda seleccionar la necesidad de bomberos, policías o servicios de ambulancias.

Teléfono

Los sistemas telefónicos públicos prestan un servicio muy valioso para el reporte de incendios. La norma de la NFPA, número 121, "Norma para la instalación, el Mantenimiento y el uso del Sistema Público de Comunicaciones con el Cuerpo de Bomberos", dice que el centro de comunicaciones de alarmas debe tener al menos una línea telefónica y en grandes municipalidades se debe contar con líneas adicionales, dependiendo de la cantidad de llamadas que se reciben.

Gracias a la disponibilidad de teléfonos públicos hoy en día, éstos se han convertido en la forma más común de reportar una alarma de incendio. Muchas llamadas de carácter administrativo también vendrán por medio de los teléfonos públicos de la estación. Por esta razón es importante conocer los procedimientos correctos para procesar estas llamadas. La siguiente lista indica algunos de estos procedimientos:

- Conteste la llamada rápidamente.
- Identifique el cuerpo de bomberos y ayude así a evitar números equivocados.
- Esté preparado para tomar el mensaje.
- Tome el mensaje en forma completa, incluyendo la feche, el nombre del que llamó, su uúmero de teléfono, el mensaje, y el nombre del que tomó el mensaje.
- Nunca deje la línea abierta o alguien en espera.
- Pase el mensaje a la persona a quien va dirigido con prontitud.
- Termine la llamada cortésmente.

Algunas alarmas de incendio han sido retrasadas por confusión cuando varios cuerpos de bomberos se encuentran en la misma área telefónica. Actualmente la compañía de teléfonos asigna un solo número para emergencia, fácil de recordar, por ejemplo el 166, pero sólo cuando es solicitado por la autoridad de la localidad. Más y más ciudades se encuentran también usando el número, pero este sistema tiene sus desventajas. Los despachadores en la policía comúnmente reciben estas llamadas y sin embargo todavía se siguen recibiendo reclamos acerca del retardo en su transmisión. Una ventaja es que un número tan simple puede discarse en la oscuridad. El uso de etiquetas con el número telefónico de emergencia impreso puede ser pegado directamente en el teléfono ayudando a reducir el tiempo de llamadas al cuerpo de bomberos (Figura 15.7).

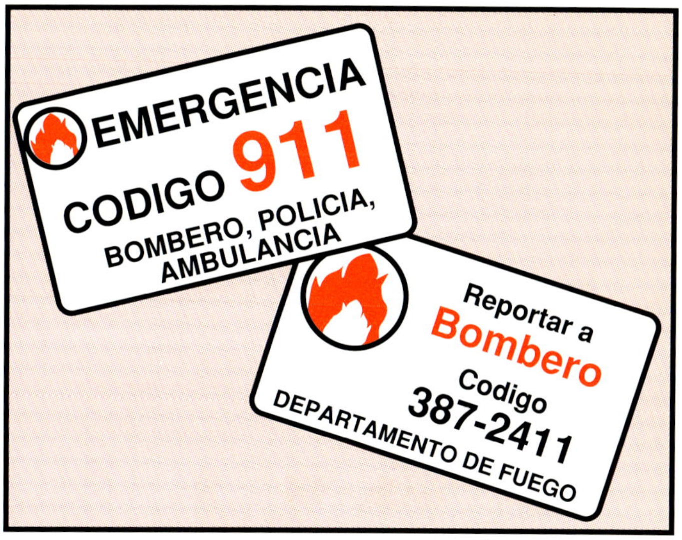

Figura 15.7 Se puede colocar etiquetas en teléfonos para ayudar al que efectúa la llamada si está bajo tensión emocional.

Alarmas por Radio y Personalmente

Las alarmas de incendio pueden ser recibidas por radio a través del personal del cuerpo de bomberos o de la policía que se encuentran en la calle y observan el fuego. Algunas personas también pueden ir directamente al cuartel de bomberos y reportar una emergencia (Figura 15.8). Cuando se reporta de esta manera, asegúrese de recolectar y escribir toda la información que sea necesaria y notificar al despachador antes de alertar al personal que está previamente designado para atender las alarmas de incendio.

Sistema Privado de Señales de Alarma de Incendio

Además de los sistemas municipales de alarma se utilizan sistemas de señales para la protección privada, para detectar y transmitir alarmas hacia el centro de comunicaciones del cuerpo de bomberos. Este sistema puede ser usado para:

- Notificar a los ocupantes que evacúen el local.
- Llamar al cuerpo de bomberos u otro organismo asistencial.
- Supervisar el sistema de extinción y así asegurar su operabilidad cuando sea necesario.
- Supervisar procesos industriales y alertar sobre anormalidades que puedan originar un peligro de incendio.
- Supervisar al personal para segurar que se efectúen los trabajos asignados.
- Activar los equipos de control de incendios.

Los tipos de sistemas de señales privados son:

Figura 15.8 Cuando se reporta un incendio personalmente en la estación de bomberos, tome nota de toda la información necesaria para ser entregada a las unidades de primera alarma.

- Sistema de estación central de señales de protección.
- Sistema de señal de protección auxiliar.
- Sistema de estación remota de señales de protección.
- Sistema de señal de protección de propiedades privadas.

SISTEMA DE ESTACION CENTRAL DE SENALES DE PROTECCION

Un sistema de estación central es un sistema o grupo de sistemas de alerta de fuego en locales comerciales que envían una señal de alarma a una estación central. Esta oficina tiene personal experimentado y entrenado permanentemente de guardia, que recibe las señales, transmite las alarmas a los cuerpos de bomberos e inicia las acciones que la señal recomienda que se efectúen.

SISTEMA DE SENAL DE PROTECCION LOCAL

Una señal de alarm o de supervisión se activa en las áreas protegidas y su función primordial es la de alertar a los ocupantes y personal de supervisión. El cuerpo de bomberos debe ser informado siempre que se active un sistema, aún si la dependencia cuenta con brigadas de bomberos o si el fuego es pequeño.

SISTEMA DE SENAL DE PROTECCION AUXILIAR

Un sistema de alarm auxiliar no es suficiente en sí mismo para informar al cuerpo de bomberos pero en combinación con un sistema municipal sí genera una respuesta. Los dispositivos de alarma usualmente son propiedad del dueño de la instalación y son mantenidos por ellos mismos, pero los sistemas de interconexión de las instalaciones con el cuerpo de bomberos forman parte del sistema de alarma de incendios del municipio. Usualmente las instalaciones protegidas son edificios públicos como escuelas y hospitales a través de un tablero central.

Se dispone de indicadores visuales en un sitio aceptable al cuerpo de bomberos para dirigir posteriormente a los bomberos al sitio donde se originó la alarma. Esto es necesario especialmente en grandes complejos de almacenes donde en ciertos momentos no hay personal de guardia que pueda servir de guía. Los indicadores conectados a los dispositivos de señal de alarma deben indicar:

- Edificación particular del complejo.

- Piso del edificio.
- Sección del piso.

SISTEMA DE SENALES DE PROTECCION DE ESTACION REMOTA

Los sistemas de señales de protección de estaciones remotas se utilizan para proteger propiedades privadas. Generalmente estos sistemas pertenecen a una compañía comercial que centraliza las estaciones y les hace mantenimiento. Sin embargo, la señal en vez de ir a la estación central de la compañía, va directamente a un tablero en una oficina pública de alarma de incendio o cuerpo de bomberos, a través de una línea directa donde se encuentran los operadores que tomarán las acciones al recibir la alarma (Figura 15.9).

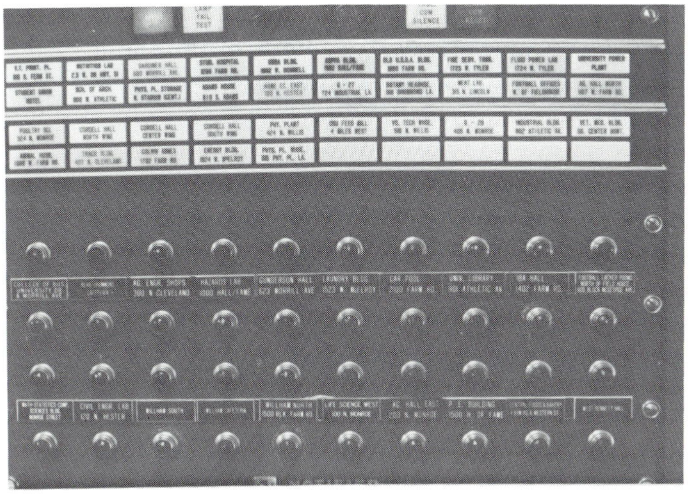

Figura 15.9 Los sistemas de señales de estación remota envían la alarma de los edificos privados al centro de comunicaciones del cuerpo de bomberos.

Figura 15.10 El mantenimiento de los sistemas de señales privadas es efectuado por sus dueños. Estos sistemas transmiten la señal a los centros de alarma públicos.

SISTEMA DE SENAL DE PROTECCION DE PROPIEDADES PRIVADAS

Estos son sistemas que protegen grandes plantas e instalaciones que tienen su propia central de vigilancia en la dependencia que se protege (Figura 15.10). De este puesto de vigilancia las alarmas se retransmiten manual o automáticamente al cuerpo de bomberos. El personal de vigilantes puede llamar a los bomberos después de haber investigado, para dar una mejor información sobre la puerta de entrada, tipo de fuego o número del edificio.

METODOS PARA ALERTAR AL PERSONAL DEL CUERPO DE BOMBEROS

Hay una variedad de métodos para alertar a los bomberos cuando se presenta una emergencia. La forma particular de alertar al personal del cuerpo de bomberos depende de la circunstancia de que permanezcan o no en el cuartel (Figura 15.11).

Alerta del Personal Cuando Ellos Permanecen en el Cuartel

Los avances tecnológicos han traído novedosos sistemas para alertar al personal, los cuales deben ser usados en combinación con los sistemas tradicionales. Estos tipos de sistemas incluyen:

- Teleimpresores computarizados.
- Altoparlante.
- Teletipo.
- Timbre.
- Iluminación.
- Teléfono del despachador.
- Registro telegráfico.
- Radio.
- Personalmente.
- Sistemas de alarma privado.

Alerta de Cuarteles sin Personal

Los dispositivos para alertar a los bomberos en sus hogares o propiedades son muy comunes. Algunos cuerpos de bomberos también usan sistemas de alerta externos. Estos sistemas incluyen:

Figura 15.11 Se utilizan varios métodos para alertar los cuarteles de bomberos, desde teleimpresores telegráficos hasta impresores computarizados, y al personal mediante el uso de sirenas o de radio-intercomunicadores.

- Intercomunicadores.
- Teléfonos.
- Sirenas.
- Pitos o cornetas de aire.
- Impresores eléctricos.

DISPOSITIVOS DE CONTROL DE TRANSITO

Los dispositivos de control de tránsito se utilizan para interrumpir o parar el tráfico hasta que los vehículos de bomberos hayan salido del cuartel o hayan terminado de pasar por un cruce de vías. Estos dispositivos de control de tránsito pueden ser activados manualmente, por luces o por sirena.

Dispositivos Activados Manualmente

Los dispositivos de control de tránsito de este tipo se activan mediante un interruptor que se opera manualmente hasta que hayan pasado los vehículos. El interruptor puede ser acoplado a un control automático de tiempo que interrumpe el flujo de tráfico hasta que los vehículos salgan y luego regresa a su ciclo normal.

Dispositivos Activados por Luz

Este tipo de dispositivo se activa por medio de un reflector de luz muy intensa instalado en los vehículos, los cuales envían una señal a un detector instalado en cada uno de los cruces de vías (Figura 15.12). El detector activa entonces el selector del semáforo en la caja de control para encender la luz verde o apresura el ciclo normal hasta que el verde esté en la dirección deseada. Una luz indicadora, ubicada cerca de la célula foto-eléctrica, informa al conductor que elsemáforo está gobernado.

Dispositivos Activados por Sirena

La sirena de los vehículos activan este dispositivo de control de tránsito. Una unidad que recibe el sonido es instalada en cada uno de los cruces de vías. Esta unidad discrimina todos los otros ruidos por medio de un filtro y envía una señal al selector del semáforo en la caja de control. Este selector mantiene la luz amarilla encendida por unos segundos y luego enciende la roja intermitente a una velocidad doble de lo normal.

Figura 15.12 Los semáforos pueden ser modificados para que puedan ser controlados por los vehículos equipados con una señal de luz muy intensa que responden a una emergencia.

PROCEDIMIENTOS DE RADIO

Todas las comunicaciones de radio en los Estados Unidos están bajo la jurisdicción de la Comisión Federal de Comunicaciones (Federal Comunications Commission-FCC). Más de 7.000 Cuerpos de Bomberos u organismos similares han sido otorgados licencias de radiotransmissión por la F.C.C. El número de las dependencias es cada vez mayor debido a que algunos permisos concedidos en alguna áreas abarcan varias organizaciones de bomberos que utilizan el mismo centro de comunicaciones.

Se deben impartir algunas instrucciones a nivel local sobre el uso correcto del radio. Esto debe incluir familiarización con el equipo y cómo funciona. Se necesitan igualmente, procedimientos adecuados de voz que incluyen tono y velocidad de transmisión. Deben establecerse procedimientos tales como códigos, procedimientos de prueba y tiempos límites de transmisión. La normativa local debe establecer quienes están autorizados para transmitir por radio. Constituye un delito Federal enviar por radio mensajes personales que no estén relacionados con un incendio.

Otras consideraciones importantes que deben tenerse presentes son:

- Evite transmisiones innecesarias. Sea breve, preciso y conciso.
- No transmita hasta determinar que la frecuencia está libre.
- Las unidades involucradas en un incendio o rescate tienen prioridad sobre cualquier otra transmisión.
- No utilice lenguaje profano y soez.
- Mantenga el micrófono separado de la boca de 2.5 cm a 5 cm (1" x 2"). No grite. Use un tono de voz alto en lugar de bajo.
- Hable en forma calmada, clara y separando bien las palabras, a un ritmo de conversación natural a velocidad media.
- Evite dejar el micrófono en el asiento del vehículo donde el interruptor puede ser oprimido indebidamente y causar interferencia.
- No toque la antena cuando esté transmitiendo. Puede ocasionar daños al radio.

REPORTE DE LLEGADA Y DE OPERACION

Bien sea utilizando códigos o no, las primeras unidades que llegan al sitio deben utilizar el radio para suministrar una descripción de las condiciones encontradas en el escenario. Esto establece tiempo de llegada y permite a las otras unidades involucradas planificar las acciones que deben tomar a su llegada.

Un reporte de llegada típico puede ser como sigue:

"Unidad 25 a control. Humo leve sale por la fachada del edificio comercial y residencial de tres pisos ubicados en el número 101 de la Avenida Bálsamo".

O como éste:

"Unidad 15 a control. Edificio ubicado en el 101 de la Avenida Bálsamo en llamas. Unidad 14 tiende dos líneas en la parte trasera. Que la unidad 20 traiga dos líneas más para ser tendidas en el lado frontal. Este es un incendio de considerables proporciones".

Cuando se reportan condiciones en la llegada, la siguiente información debe ser incluida:

- Reporte la llegada y la dirección, si está diferente a la reportada inicialmente.
- Descripción del edificio y uso que se le destina.
- Naturaleza y extensión del fuego. Forma de ataque seleccionado.
- Problemas de rescate y otros peligros.
- Instrucciones para las otras unidades participantes.
- Ubicación del puesto de comando.

Una vez iniciadas las operaciones para combatir el incendio, es importante mantener informado al centro de comunicaciones de las acciones que se realizan en el escenario de la emergencia. Tales reportes de operación deben incluir:

- Oficial al mando.
- Cambios del puesto de comando.
- Progreso o dificultades en el control de la situación.
- Dirección de la propagación del fuego a otras edificaciones indicando dirección, altura, uso y distancia.
- Peligros existentes, incluyendo orientación, altura, ocupación, y distancia.
- Problemas existentes.
- Describa necesidades.
- Complicaciones que se prevén.

LLAMADAS DE REFUERZOS

En algunos incendios puede ser necesario llamar a unidades adicionales. Normalmente, sólo el oficial que comanda en el incendio puede ordenar múltiples alarmas o refuerzos adicionales. Este pude ser variado de acuerdo a las condiciones locales. Por ejemplo, cuando una unidad es enviada para investigar sobre un fuego de dimensiones desconocidas, descubre que el incendio es de considerables proporciones, el centro de comunicaciones puede despachar unidades adicionales dependiendo de la información suministrada en el reporte de llegada.

Todos los bomberos deben conocer el procedimiento para solicitar refuerzos adicionales. También deben estar familiarizados con las señales de alarmas, tales como alarmas especiales o múltiples y qué deben hacer cuando se reciban. El personal debe conocer el tipo y número de unidades que deben actuar ante estas situaciones.

Cuando se dan múltiples alarmas para un sólo incendio, se dificulta mantener comunicación con cada unidad a medida que aumentan las transmisiones por radio. Para reducir la carga del centro de comunicaciones, una unidad móvil de comando y comunicaciones puede ser utilizada en incendios de grandes proporciones (Figura 15.13).

Figura 15.13 Se utilizan unidades móviles de comando y comunicaciones para operaciones de gran envergadura.

Capítulo 16

Sistemas de Rociadores Automáticos

NORMA NFPA 1001
SISTEMAS DE ROCIADORES AUTOMATICOS
Bombero I

3-13 Rociadores.

3-13.1 El bombero identificará la conexión del sistema de rociadores dispuesta para uso del cuerpo de bomberos y la alarma del motor de agua.

3-13.2 El bombero conectará línea(s) de manguera a una conexión para bomberos de un sistema de rociadores o cajetín de manguera.

3-13.3 El bombero definirá cómo las cabezas de rociadores se abren y descargan agua.

3-13.4 El bombero cerrará temporalmente el flujo de agua de una cabeza de rociador*.

Bombero II

4-14 Rociadores

4-14.1 El bombero identificará la válvula de *Drenaje Principal* en un sistema de rociadores automáticos.

4-14.2 El bombero abrirá y cerrará una válvula de *Drenaje Principal* en un sistem de rociadores automáticos.

4-14.3 El bombero identificará la válvula de *Control Principal* en un sistema de rociadores automáticos.

4-14.4 El bombero identificará la válvula de *Control Principal* en sistema de rociadores automáticos desde la posición "abierta" hasta la "cerrada" y luego de regreso a la posición "abierta."

4-14.5 El bombero definirá la importancia de los rociadores automáticos en ofrecer seguridad a la vida de los ocupantes de una edificación.

4-14.6 El bombero identificará y definirá los peligros del cierre prematuro de la válvula de *Control Principal* de los rociadores, y de usar hidrantes para surtir mangueras cuando el mismo sistema de agua esté abasteciendo el sistema de rociadores automáticos.

4-14.7 El bombero identificará la diferencia entre un sistema de rociadores automáticos que provée cobertura completa y un sistema parcial de rociadores.

4-14-8 El bombero identificará por lo menos tres fuentes de suministro de agua para surtir a un sistema de rociadores automáticos.

4-14.9 El bombero identificará lo siguiente:
(a) Sistema de Rociadores de Tubería Húmeda
(b) Sistema de Rociadores de Tubería Seca
(c) Sistema de Rociadores de Diluvio

4-14.10 El bombero demostrará la remoción de una cabeza de un sistema de rociadores y su reemplazo por otra del mismo tipo*.

*Reimpreso bajo la licencia de la Norma 1001 de NFPA, *Norma para la Calificación Profesional de Bombero.* Copyright 1981 (Derechos Reservados), National Fire Protection Association, Boston, MA.

Las Transparencias de los Sistemas de Rociadores Automáticos de IFSTA están diseñadas para complementar este capítulo.

Capítulo 16
Sistemas de Rociadores Automáticos

Los antiguos sistemas de rociadores eran defectuosos y poco confiables, pero actualmente los sistemas han sido perfeccionados al punto que resultan altamente son confiables si son mantenidos adecuadamente. La reducción de las primas de seguro para instalaciones equipadas con sistemas de rociadores ha sido un factor influyente en el incremento del número de sistemas instalados en inmuebles.

Las cabezas de rociadores automáticos y todas las partes componentes del sistema deben estar aprobados y certificados por un laboratorio de pruebas reconocido internacionalmente como los Laboratorios Underwriter o Factory Mutual. Los sistemas de rociadores automáticos son ahora reconocidos como los más confiables de todos los equipos de protección contra incendio, siendo esencial para el bombero el tener un conocimiento total del sistema, las tuberías, las válvulas, y su operación.

La protección con rociadores automáticos consiste en la integración de una serie de dispositivos instalados de tal forma que el sistema distribuirá automáticamente cantidades suficientes de agua para extinguir un incendio o mantenerlo confinado hasta la llegada de los bomberos. El agua es surtida a los rociadores a través de un sistema de tubería. Las cabezas de rociadores pueden extenderse desde tubos expuestos o sobresalir del techo o paredes desde tuberías ocultas. El proceso de distribuir las cabezas de rociadores en una edificación debe adaptarse a normas reconocidas y aprobadas como la Norma N° 13 de NFPA, Instalación de Sistemas deRociadores. Además, se han elaborado normas que orientan sobre el diámetro de la tubería y todos los otros detalles concernientes a la instalación de un sistema de rociadores. El diseño de los sistemas de rociadores automáticos se fundamenta en que sólo una porción de las cabezas de rociadores se abrirá durante un incendio. La mayoría de los sistemas públicos de abastecimiento de agua no podrían surtir adecuadamente 500 ó 1.000 rociadores en operación. Esta circunstancia enfatiza el hecho de que un sistema de rociadores debe ser diseñado apropiadamente con una fuente se suministros de agua confiable. El volumen y la presión de agua deben adecuarse al número de rociadores probables de operar simultáneamente en una edificación determinada.

En general, los reportes revelan que sólo en raras ocasiones los sistemas de rociadores automáticos dejan de operar. Cuando se reportan fallas de operación, generalmente la causa atribuida debido a la falta de agua o a fallas en el suministro de agua y no por defectos de los rociadores propiamente dichos.

EL VALOR DE LOS SISTEMAS DE ROCIADORES PARA LA SEGURIDAD DE LA VIDA

La seguridad de la vida de los ocupantes de una edificación aumenta por la presencia de un sistema de rociadores, ya que descarga agua directamente al fuego mientras éste es relativamente pequeño. Como el fuego es extinguido o controlado en su etapa incipiente, los productos decombustión son limitados. En los casos de funciones por incendio en una edificación protegida con rociadores las mismas han sido ocasionados por asfixia, bien sea porque el incendio no generó suficiente calor como para actuar un rociador o porque las heridas fatales sufridas por la víctima antecedieron al momento en que los rociadores entraron en operación. Otros casos de fatalidades incluyen personas dormidas, intoxicadas o inválidas donde la ignición de vestidos, colchones o ropa de cama le causaron quemaduras fatales; no obstante, el sistema de rociadores protegió las vidas de personas en otras partes de la edificación.

La seguridad de la vida de un individuo en un edificio alto, protegido con rociadores, se ve incrementada significativamente. La probabilidad de rescate de ocupantes en una edificación sin rociadores es menor debido a la necesaria extinción manual del incendio.

Una red de tubería de un sistema de rociadores como la mostrada en la Figura 16.1, consta de tubos de diferentes diámetros. El sistema comienza con una tubería matriz de alimentación en dirección a la válvula de rociadores. El montante es una tubería vertical que abastece al sistema de rociadores; generalmente se instala una válvula de retención de una sola directión. La tubería del sistema disminuye en diámetros desde el montante hacia los ramales. Los tubos que conectan el montante a los ramales principales se conocen como tubería de alimentación. La tubería principal abastece directamente a una cantidad de ramales secundarios sobre los cuales están instalados los rociadores. Los ramales principales se extienden hasta pasar los últimos ramales secundarios, y son cubiertos con tapones para facilitar su limpieza. El sistema entero es fijado mediante soportes y colgantes metálicos. Todas las tuberías en los sistemas secos se proyectan inclinadas para ayudar a drenar el sistema de regreso hacia el drenaje principal.

CABEZAS DE ROCIADORES

El dispositivo de descarga de los rociadores automáticos, frecuentemente llamados "cabeza de rociadores" o sólo "cabezas," esparce el agua después de separarse una tapa o tapón sujetado por un elemento sensible al calor. Esta cabeza puede ser una boquilla pulverizadora fija operada indi-

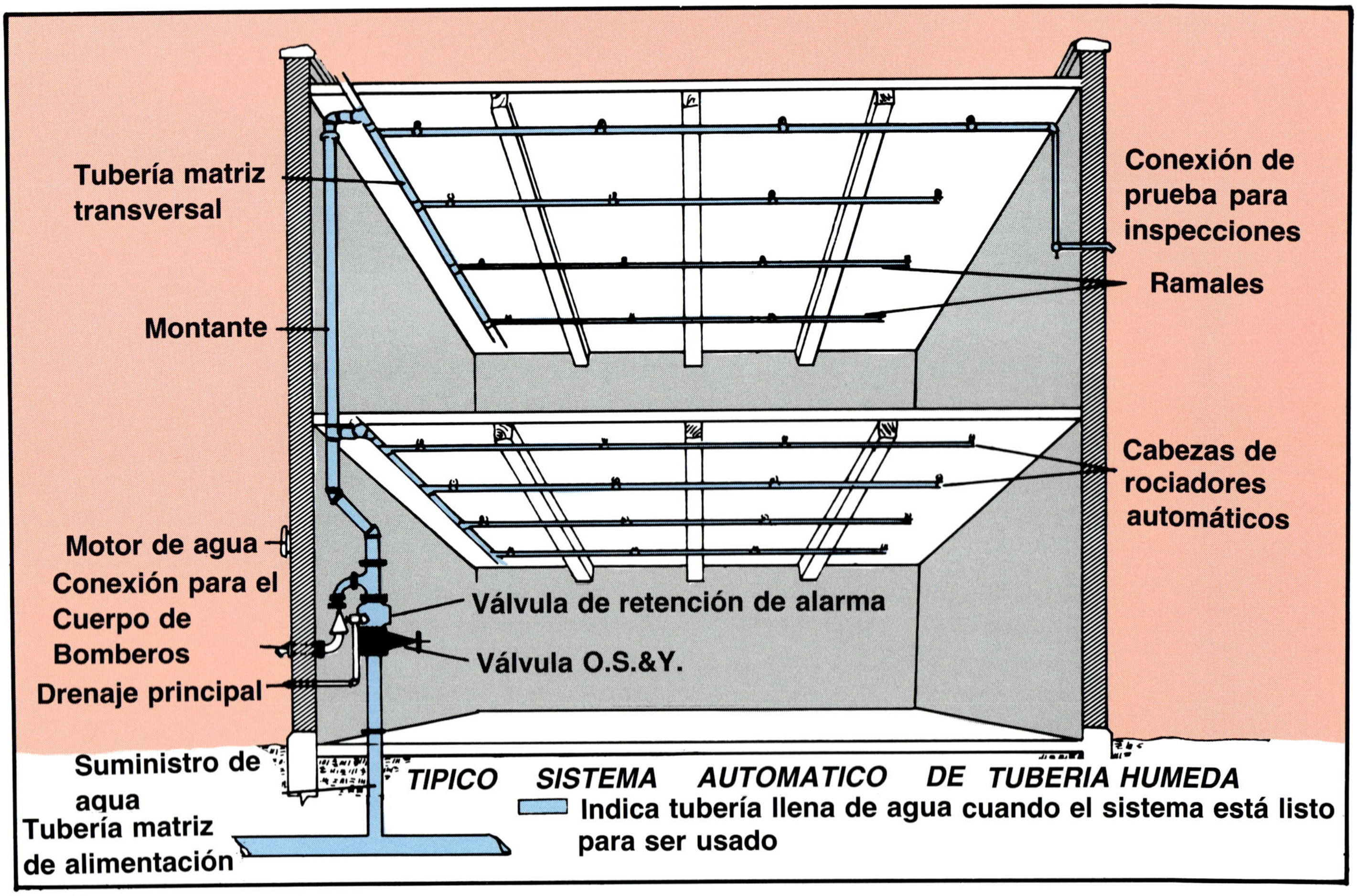

Figura 16.1 Estos son los componentes básicos de un sistema automático de rociadores húmedos.

vidualmente por medio de un detector térmico. Existen numerosos tipos y diseños de cabezas de rociadores.

Las cabezas instaladas tanto en los sistemas de tuberías secas como en las húmedas son mantenidas en posición cerrada por varios dispositivos. Cuatro de los mecanismos de disparo más comunes son: uniones fundibles, ampollas de vidrio, perdigones químicos y de respuesta rápida. Todos se funden o abren en respuesta al calor (Figura 16.2).

Cabeza de Unión Fundible. El diseño de la cabeza con unión fundible consta de una estructura que es enroscada dentro de la tubería de rociadores. Dos barras ejercen presión contra la estructura y la tapa ubicada sobre el orificio de descarga, reteniendo así el agua. La unión fundible mantiene las barras juntas hasta que es derretida durante un incendio, luego de lo cual el agua ejerce una presión que expulsa a un lado las barras y la tapa y al salir choca con el deflector de la cabeza del rociador. El deflector convierte el chorro normal de 12.5 mm (media pulgada) en llovizna para una extinción más eficiente (Figura 16.3).

Tipo Perdigón: Un perdigón de soldadura comprimido dentro de un cilindro pequeño se funde a una temperatura predeterminada, permitiendo que un émbolo se mueva hacia abajo y suelte las partes de la tapa de la válvula.

Tipo Ampolla. Una ampolla pequeña llenada parcialmente con un líquido suplanta las barras y la unión fundibles de ese tipo. El calor expande el

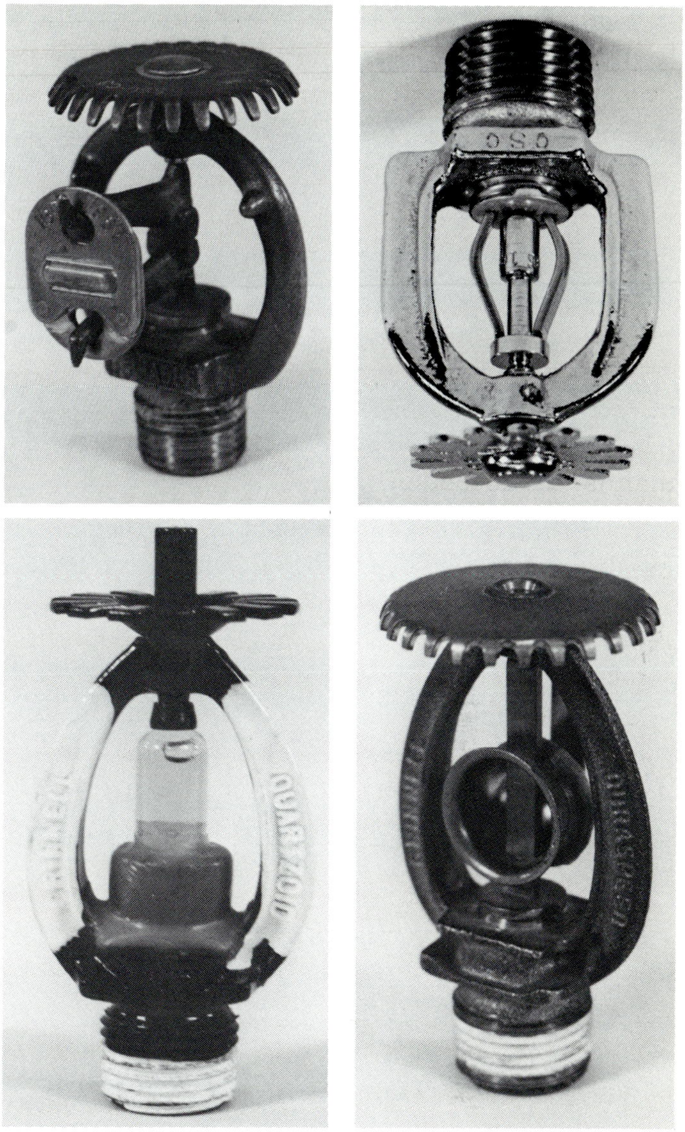

Figura 16.2 Los rociadores automáticos tienen diferentes mecanismos que se desprenden en situaciones de incendio. Estos incluyen uniones fundibles de respuesta rápida, ampollas de vidrio y perdigones químicos.

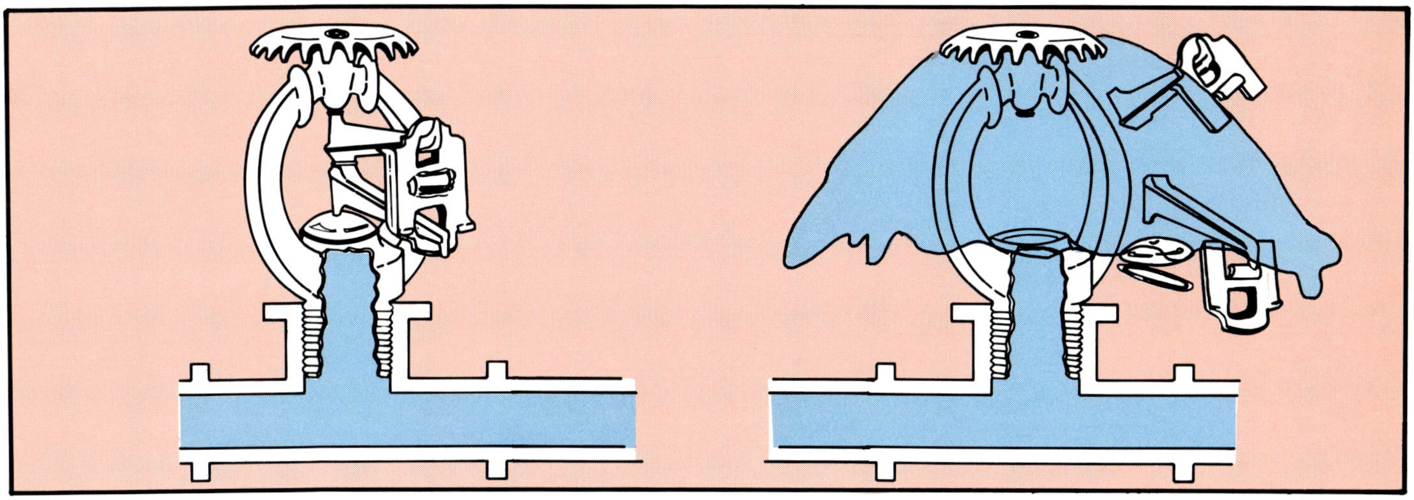

Figura 16.3 Cuando el dispositivo fusible se funde, se produce la separación de las partes que soportan la tapa del orificio, permitiendo que el agua salga y choque con el deflector.

líquido hasta que la ampolla se rompe y la tapa de la válvula es desprendida. La cantidad de líquido en la ampolla determina el momento en que ésta se romperá.

Tipo de Respuesta Rápida: La cabeza de respuesta rápida fue creada con el propósito de salvar vidas. La unión fundible ofrece mayor área superficial para recoger el calor.

Las cabezas de rociadores corrientes están diseñadas para descargar el agua hacia abajo en un patrón hemisférico. Las cabezas de rociadores corrientes de tipo vertical no pueden ser invertidas para usarlas en la posición colgante o suspendida porque en la posición invertida el agua sería dirigida hacia el techo debido al diseño del deflector. Los rociadores de tipo colgante deben utilizarse en sitios donde sea impráctico emplear rociadores en la posición vertical (Figura 16.4).

Figura 16.4 Los rociadores corrientes están diseñados para descargar agua hacia abajo y son de tipo vertical o de tipo colgante que cuelgan de la tubería de abastecimiento.

Las cabezas de rociadores de tipo especial con revestimientos anticorrosivos, deben instalarse en áreas donde existan productos químicos, humedad y otros vapores corrosivos. Sin esta capa esencial, las partes operacionales de la cabeza se corroerán y se tornarán inoperantes en muy corto tiempo.

Es recomendable instalar en el área protegida por el sistema, un gabinete de almacenamiento para guardar cabezas de repuesto y una llave para instalar y remover rociadores. Normalmente estos gabinetes contienen un mínimo de seis cabezas para sistemas pequeños. Es necesario utilizar una llave inglesa de rociadores y tener cuidado cuando se cambien cabezas para evitar daños (Figura 16.5).

Figura 16.5 Rociadores de repuesto y una llave inglesa de rociadores deben estar disponibles en un gabinete de almacenamiento.

RANGOS DE TEMPERATURA DE LOS ROCIADORES

La cabeza de rociador utilizada para una aplicación específica debe estar basada en la temperatura máxima esperada al nivel del rociador en condiciones normales y la proporción anticipada de liberación de temperatura que pueda producir el incendio en un área determinada. La temperatura deberá ser indicada codificando con color los brazos de la cabeza del rociador (Figura 16.6), ex-

Figura 16.6 Las estructuras de los rociadores son codificados mediante colores para indicar sus intervalos de temperatura de operación.

ceptuando los rociadores revestidos y las cabezas del tipo decorativas (Tabla 16.1). Los rociadores revestidos pueden tener brazos coloreados, material de revestimiento, o un punto coloreado encima del deflector. Los rociadores del tipo decorativos, como los niquelados no necesitan ser codificados; sin embargo, algunos fabricantes utilizan un punto de color sobre el deflector.

TABLA 16.1
CODIGO DE COLORES DE LOS ROCIADORES

RANGOS DE TEMPERATURA EN F°(C) ESTRUCTURA	CLASIFICACION DE	COLOR DE LA TEMPERATURAS
135-70 (57,2-76,7°C)	Ordinaria	Sin Pintura (Parcialmente Negro o cromado)
175-225 (79,4-107,2°C)	Intermedia	Blanco*
250-300 (121-148,9°C)	Alta	Azul
325-375 (162,8-190,6°C)	Extra alta	Rojo
400-475 (204,4-246,1°C)	Super Alta	Verde
500-575 (260-301,7°C)	Ultra Alta	Naranja

Los rociadores de 135° (75,2°C) de algunos fabricantes son mitad ntural y mitad pintados.
Los rociadores de 175° (79,4°C) de estos mismos industriales son amarillos.

VALVULAS DE CONTROL Y OPERACION

Cada sistema de rociadores está equipado con una válvula de control principal de agua y varias válvulas de prueba y drenaje. Las válvulas de control son utilizadas para cortar el suministro de agua al sistema cuando las cabezas han de ser reemplazadas, cuando se procede a realizar el mantenimiento respectivo o cuando la operación debe ser interrumpida. La válvula de control principal debe restituirse a la posición abierta después de finalizar el mantenimiento. Esas válvulas están situadas entre la fuente de suministro de agua y el sistema de rociadores (Figura 16.7). Las válvulas de control son del tipo "indicadoras" y son operadas manualmente. Una válvula de control del tipo indicadora es aquélla que muestra si está abierta o cerrada, pudiéndose constatar con sólo un vistazo. Estas válvulas están por lo general situadas directamente debajo de la válvula de alarma de los rociadores, la tubería seca, la válvula de diluvio, o fuera de la edificación cerca del sistema de rociadores que éstas controlan. Cada sistema requiere válvulas de control separadas. Cada válvula debe ser asegurada o supervisada en la posición abierta.

Existen tres tipos comunes de válvulas indicadoras de control utilizadas en los sistemas de rociadores. Uno de estos es una válvula con guía y tornillo externos, usualmente denominada "válvula OS&Y. Esta válvula posee un volante con vástago en forma de tornillo que permite controlar la apertura y cierre de la compuerta. La porción roscada del vástago se encuentra fuera del anillo cuando la válvula está abierta y dentro de éste cuando la válvula está en posición cerrada (Figura 16.8).

Otros tipos de válvulas de control utilizadas son la válvula indicadora de poste (PIV), la válvula indicadora de poste en pared (WPIV) y el montaje de la válvula indicadora de poste (PIVA). La PIV es un poste hueco de metal que está adherido al cuerpo de la válvula. El vástago de la válvula se encuentra dentro de este poste; en el vástago hay un blanco movible sobre el cual aparecen las palabras "ABIERTA" y "CERRADA". La Figura 16.9 muestra una PIV con la manija de operación en posición supervisada. La WPIV es similar a una PIV excepto que ésta se extienda a través de la pared con la mira y la tuerca de operación de la válvula fuera de la edificación. Una PIVA es similar a la PIV con la excepción de que la válvula usada es de tipo mariposa (Figura 16.10), mientras que la PIV y la WPIV utilizan válvula de compuerta.

Además de las válvulas de control principal de agua, los sistemas de rociadores emplean varias válvulas de operación tales como válvulas de globo, válvulas reguladoras o de cierre, válvulas de retención y válvulas de drenaje automático. La válvula de prueba de alarma está situada en una tubería que conecta el lado de abastacimiento de la válvula de retención de alarma al cilindro de retardo. Esta válvula se utiliza para estimular la operación del

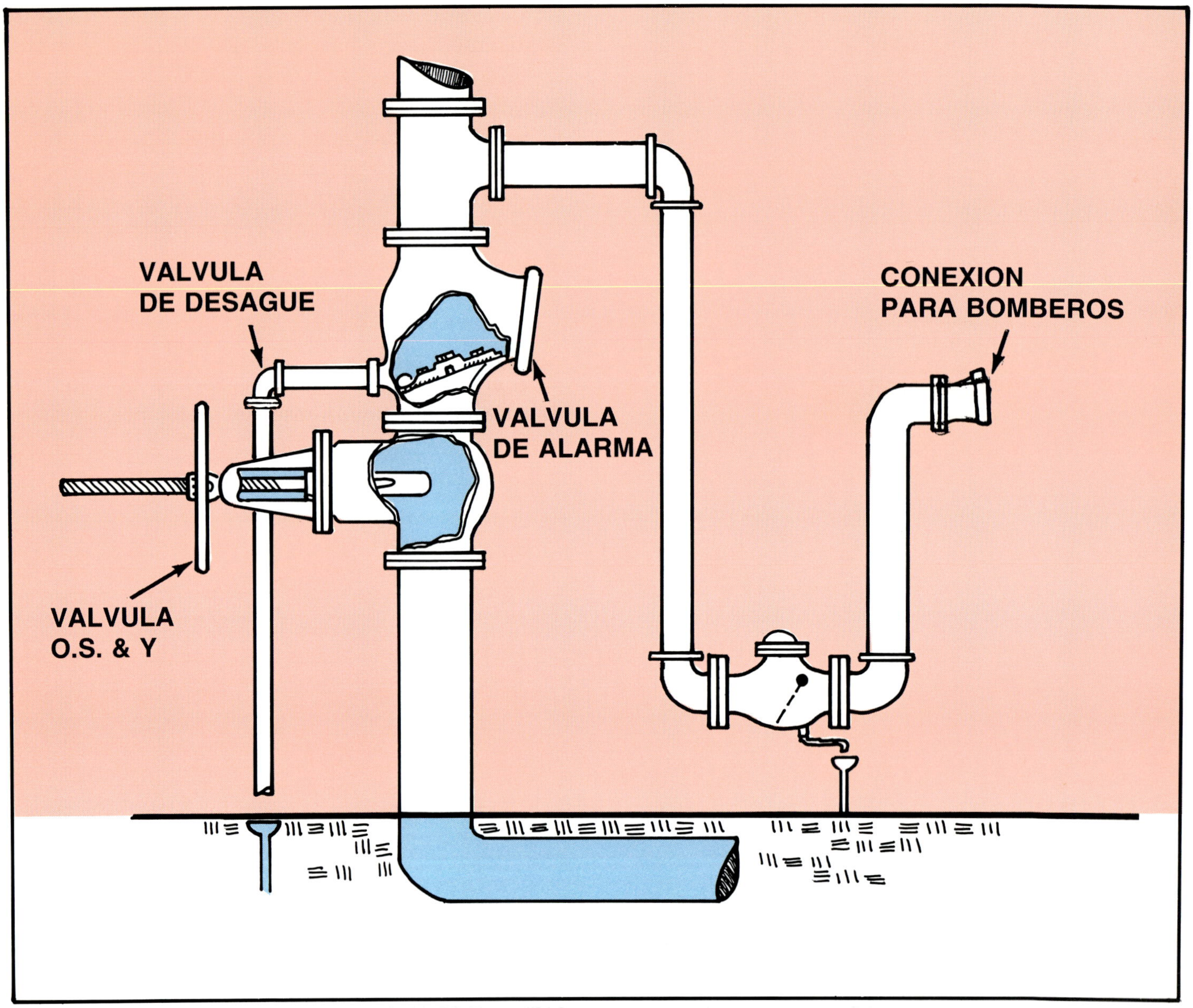

Figura 16.7 La válvula de control principal está situada entre el suministro de agua y el sistema de rociadores.

Figura 16.8 La válvula de anillo y tornillo externa es una válvula indicadora de control; vástago fuera está abierta, y vástago dentro, cerrada.

Figura 16.9 La válvula indicadora de poste es una válvula de control de tipo compuerta que posee una ventanilla que indica "ABIERTA" y "CERRADA".

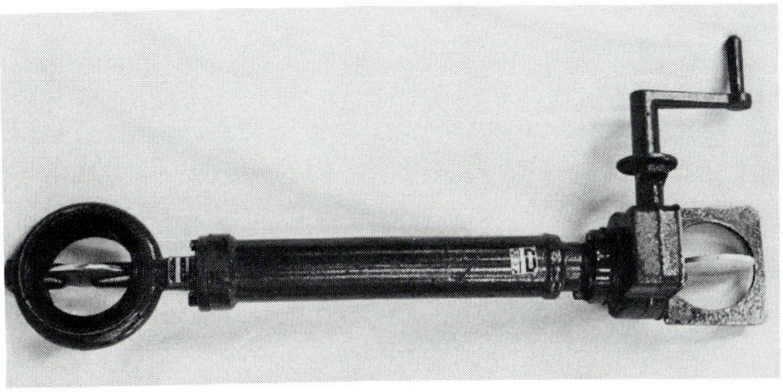

Figura 16.10 Un montante de una válvula indicadora de poste con una válvula mariposa en lugar de una válvula de compuerta.

sistema, permitiendo que el agua fluya dentro del cilindro de retardo y active las mecanismos de la alarma de flujo de agua.

ALARMAS DE FLUJO DE AGUA

La activación de las alarmas de incendio es efectuada mediante la operación de la válvula de retención de alarma, válvula de tubería seca o válvula de diluvio. Las alarmas de flujo de agua de los rociadores son normalmente operadas hidráulicamente o eléctricamente para avisar sobre un flujo de agua. La alarma hidráulica es una alarma local usada para alertar al personal de una edificación protegida con rociadores o a un transeúnte de que el agua está fluyendo en el sistema (Figura 16.11). Este tipo de alarma utiliza el movimiento del agua en el sistem para bifurcar a un motor de agua que activa el timbre de una alarma local. La alarma eléctrica de flujo de agua es también utilizada para alertar a los ocupantes de la edificación y además, puede ser adaptada para notificar al cuerpo de bomberos. En este tipo de alarma el movimiento del agua presiona un diafragma, el cual a su vez mueve un suiche que opera la alarma.

Figura 16.11 Una alarma de flujo de agua suena cuando el agua está en movimiento a través del sistema. Esta es una alarma local operada por un motor de agua.

SUMINISTRO DE AGUA

Cada sistema de rociadores debe poseer un suministro automático de agua de adecuado volumen, presión y confiabilidad. En algunos casos el contar con un abastecimiento de agua secundario e independiente no es solamente deseable, sino requerido. El suministro mínimo de agua debe estar en capacidad de proporcionar el volumen de agua requerido en la cabeza de rociador más alta en una edificación, a una presión residual de 15 psi (100 kPa). El fljuo mínimo se establece de acuerdo al riesgo a ser protegido y depende de las condiciones de la ocupación y la carga calorífica.

La conexión a un sistema público de agua, con adecuado volumen, presión y confiabilidad, es una buena fuente de agua para los rociadores automáticos. Este tipo de conexión es muchas veces la única fuente de abastecimiento de agua disponible. Un tanque de gravedad de tamaño apropiado constituye también un suministro de agua primario y confiable. Para obtener la presión mínima requerida, la base del tanque debe estar por lo menos 11 metros (33 pies) sobre el rociador más alto de la edificación. Los tanques de presión son otra fuente de abastecimiento de agua y son usadas en conexión con un suministro secundario. Los tanques de presión están normalmente situados en el piso superior o en el techo de las edificaciones. Este tipo de tanque se llena dos tercios con agua y contiene una presión de aire de por lo menos 75 psi (520 kPa). Algunas bombas contra incendio utilizadas para succionar agua desde grandes estanques se mantienen como fuentes secundarias de suministro de agua. Estas bombas pueden usarse como fuentes primarias de abastecimiento de agua cuando son operadas y supervisadas apropiadamente.

También pueden ser consideradas como fuentes auxiliares de suministros una o más conexiones siamesas para el cuerpo de bomberos, a través de las cuales éstos puedan inyectar agua al sistema de rociadores (Figura 16.12). En ciertas condiciones, especialmente cuando entran en operación un gran número de rociadores, o que las fuentes de suministro de agua y éstas resulten deficientes, es muy importante que los bomberos conecten las autobombas a estas conexiones para aumentar el volumen y presión del agua. En un sistema de montaje simple, la conexión del cuerpo de bomberos está unida al sistema de rociadores del lado de la válvula principal de suministro de agua. En los sistemas de montantes múltiples, esta conexión entra en la tubería de abastecimiento entre la válvula principal de cierre del suministro y los mecanismos de cierre de los montantes individuales. Este diseño se hace para que en caso de que la válvula principal de suministro de agua sea inadvertidamente cerrada, el agua pueda todavía ser introducida al sistema. En los sistemas múltiples, si las válvulas seccionadoras se cierran, el respaldo de suministro a través de la conexión del cuerpo de bomberos se verá anulado en esa área. La ayuda del cuerpo de bomberos a través de estas conexiones es tan importante que requiere que el primero o segundo autobomba asistente al incendio se conecte a estas uniones.

Figura 16.12 Las conexiones del cuerpo de bomberos son utilizadas para reforzar el suministro de agua al sistema de rociadores.

Adicionalmente se instala una válvula de retención en la tubería principal de alimentación de agua para impedir que los autobombas del cuerpo de bomberos bombeen agua de regreso a la línea matriz de suministro en vez de inyectarla al sistema. Las válvulas de aldaba (clapper) en la conexión del cuerpo de bomberos evitan que el agua brote de esa conexión cuando sólo una línea de manguera se conecta. La válvula globo y la de retención en la línea de acoplamiento del cuerpo de bomberos se instalan para mantener la conexión del cuerpo de bomberos seca y evitar su congelación.

La mayoría de los sistemas de rociadores son diseñados con la premisa de que un incendio puede ser controlado con la operación de sólo algunas cabezas de rociadores. Si una gran cantidad de reciadores son abiertos por el fuego, el suministro normal de agua pudiera ser inadecuado y el flujo de cada rociador sería pequeño e ineficaz. Los autobombas del cuerpo de bomberos que operan desde los hidrantes de la zona reducirían aún más la presión en las tuberías principales y dejarían sin agua al sistema. Siempre que sea posible, los autobombas del cuerpo de bomberos que no estén asistiendo al sistema deberán operar desde otras líneas principales y no desde la tubería matriz de suministro de agua del sistema (Figura 16.13).

El soporte del cuerpo de bomberos a los sistemas de rociadores automáticos y cajetines de mangueras debe incluir un plan normal de operación. Se debe producir 150 psi (1.000 kPa) en el autobomba y mantener esta presión si es posible. Circunstancias particulares como las existentes en edificaciones altas o protegidas con sistema de diluvio, justificarían una presión de descarga de la bomba distinta. Este plan no puede ser establecido hasta que el cuerpo de bomberos se familiarice con los inmuebles con sistemas de rociadores dentro de su jurisdicción. El plan debería cubrir selección de edificaciones, el tipo de ocupación, tipo de sistema y la extensión del sistema. Por lo tanto la inspección general es un prerequisito, y el tener un amplio conocimiento del sistema de agua es importante, incluyendo las características de volumen y presión.

Alguno de los factores más importantes a considerar durante las operaciones de combate de incendio en inmuebles protegidos con rociadores son:

- Además de las operaciones normales de combate de incendio, una de las primeras

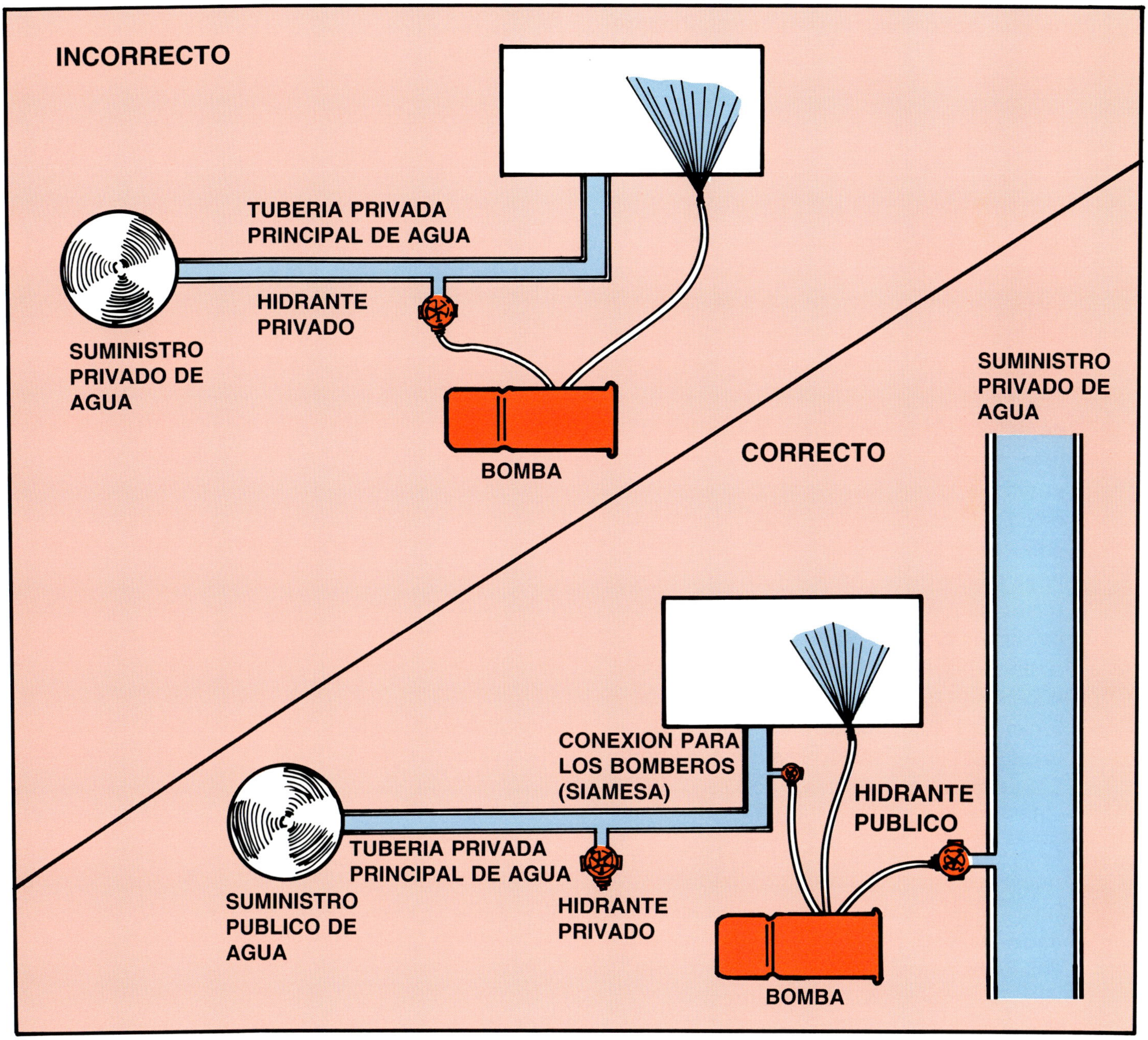

Figura 16.13 El camión de bombeo se debe conectar a suministros de agua que no reduzcan el flujo al sistema de rociadores.

autobombas en llegar al sitio debe conectarse a la siamesa del sistema de rociadores de acuerdo con el plan contra incendio previamente establecido. La capacidad del sistema de tubería y la descarga de las cabezas de rociadores pueden mejorarse aumentando la presión en el sistema. Es recomendable que la presión en los autobombas esté en los alrededores de 150 psi (1000 kPa) a menos que las líneas de manguera que sirven a la siamesa de los rociadores excedan los 30 metros (100 pies) de largo. En este caso sería necesaria una presión un poco más alta. Debe hacerse el mayor esfuerzo para suministrar el agua adecuada a través de un sistema de rociadores y el abastecimiento de agua debe conservarse para este propósito, limitando el uso de líneas de manguera directas.

- Revise las válvulas de control para asegurarse que estén abiertas. Observe la descarga de los rociadores en el área del incendio y mantenga la presión en el autobomba para abastecer adecuadamente las necesidades del sistema de rociadores.
- Las válvulas de control de los rociadores no deben ser cerradas hasta que se haya determinado que el incendio ha sido extinguido o cuando los oficiales de bomberos estén convencidos que las operaciones adicionales simplemente desperdiciarán el agua o tenderán a producir daños mayores con el agua. Cuando una válvula de control de rociadores es cerrada, un bombero debe situarse en la válvula en caso de ser necesario su reapertura por reavivarse el fuego. Los autobombas no deben desconectarse hasta que se confirme por medio de una inspección completa que el incendio ha sido extinguido en su totalidad.
- El sistema de rociadores debe ponerse de nuevo en servicio antes de abandonar el lugar si el tiempo y la extensión de los daños lo permiten. Las cabezas fundidas deben ser reemplazadas por cabezas nuevas con los intervalos de temperatujra apropiados y la válvula de control debe abrirse nuevamente.

TIPOS DE SISTEMA DE ROCIADORES

Sistema de Tubería Húmeda

Los sistemas de tubería húmeda contienen agua a presión todo el tiempo y están conectadas al suministro de agua, de modo que una cabeza de rociador fundida descargará agua inmediatamente en forma de rocío en esa área y activará una alarma. Este tipo de sistema está usualmente equipado con una válvula de retención de alarma que se encuentra instalada en el montante principal adyacente donde la tubería matriz de alimentación entra a la edificación. Está válvula activa una alarma cuando el agua fluye por el sistema. Incorporado a esta válvula se encuentra una aldaba (clapper), la cual es simplemente una valvula de retención automática de una sola dirección con algunas características adicionales. Las aldabas están normalmente en posición cerrada. Cuando una cabeza de rociador opera, esta aldaba se abre y permite que el agua fluya hacia el rociador y a través de la válvula auxiliar hacia el cilindro de retardo para iniciar una señal de alarma.

DISPOSITIVOS DE RETARDO

La cámara de retardo se encuentra instalada entre la válvula de retención de alarma y el equipo de señales de alarma y se requiere debido a las variaciones de presión a que está sometida el agua. Esta cámara es un dispositivo de demora de tiempo que retarda el flujo de agua desde la válvula de retención hacia el equipo de alarma, ya que este debe ser llenada antes de que el agua pueda continuar hacia el equipo de alarma. El agua sale por un pequeño orificio ubicado en el fondo de la cámara. Si no fuera por la cámara de retardo, las ondas o incrementos en la presión del agua harían que la aldaba de la válvula de alarma se levantase momentáneamente y permitiese fluir el agua directamente hacia el equipo de alarma y así transmitiría alarmas falsas. En la Figura 16.14 se muestra una válvula de retención de alarma con tubería húmeda y un cilindro de retardo en dos posiciones, preparada y disparada. Esta ilustración dará una mejor idea de cómo la válvula de retención de alarma y la cámara de retardo funcionan.

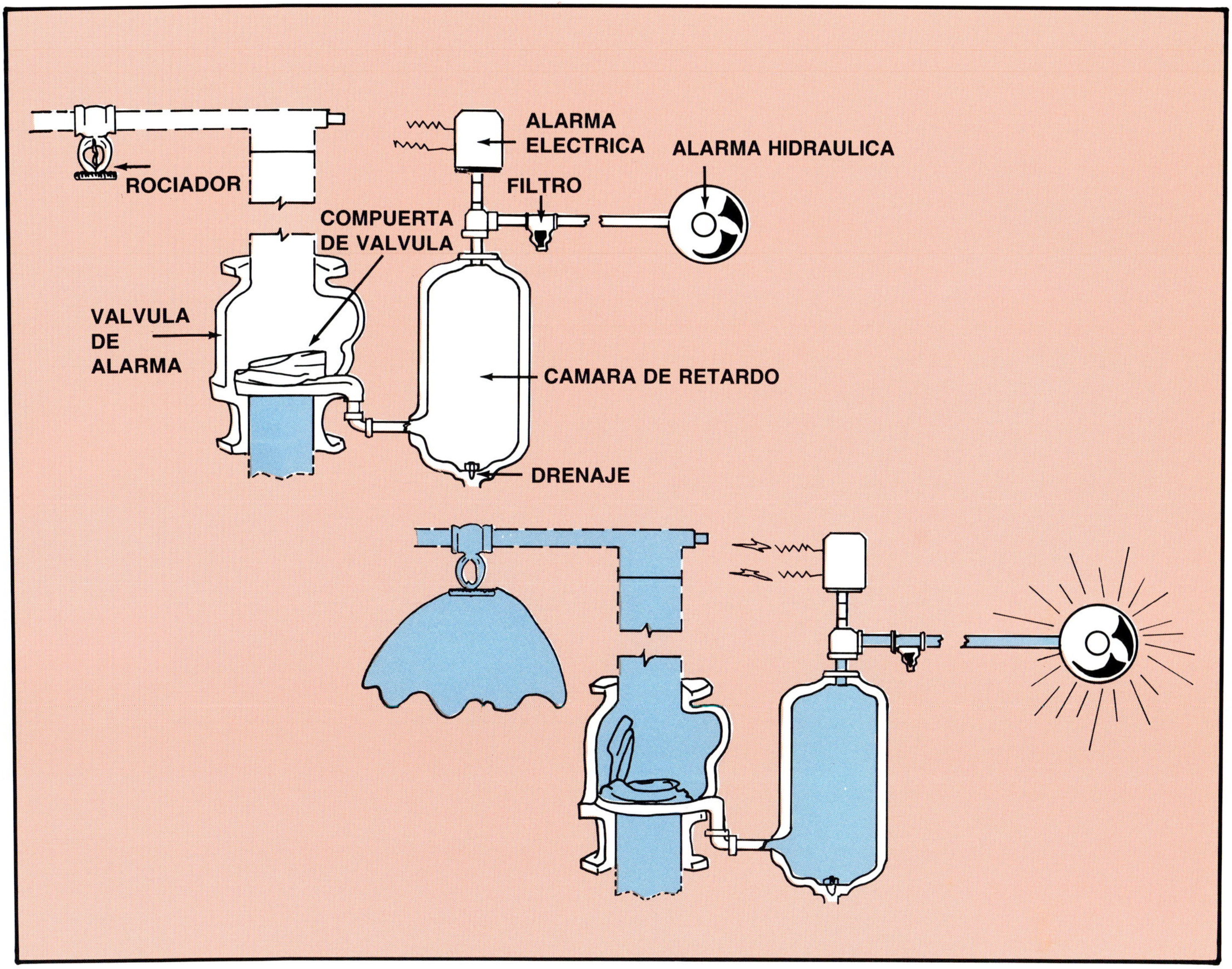

Figura 16.14 El propósito de la cámara de retardo es evitar alarmas falsas por las variaciones de presión en el suministro de agua.

OPERACION DEL SISTEMA

En la Figura 16.15 se muestra un diagrama de un sistema típico. Cuando una o más cabezas de rociadores se abren, el flujo del agua levanta la aldaba principal de su asiento y abre la válvula auxiliar. La presión del agua en el montante principal empuja la aldaba para abrirla en toda su extensión para continuar abasteciendo a los rociadores abiertos. El agua también penetra en la línea de alarma de la válvula auxiliar y continúa llenando la cámara de retardo. Cuando la cámara está llena, el agua activa el suiche de presión, enviando una señal de alarma eléctrica y un flujo para activar el timbre de la alarma de agua. Para desactivar el sistema, cierre la válvula principal de control de agua y abra el drenaje principal.

REEMPLAZO DE CABEZAS DE ROCIADORES

Cuando cambie una cabeza de rociador, sustitúyala por una cabeza del mismo tipo. Normalmente las edificaciones con sistemas de rociadores tendrán una caja (cercana a la válvula de control) que contiene cabezas de repuestos y una llave de tuberías. Las cabezas se remueven en sentido contrario al de las agujas del reloj. Revise las tuberías por obstrucciones y condiciones de las roscas, luego reemplacé la cabeza.

Pasos a seguir cuando se reemplaza una cabeza de rociador en los sistemas de tubería húmeda:

1. Cierre la válvula de control principal.
2. Abra el drenaje principal.

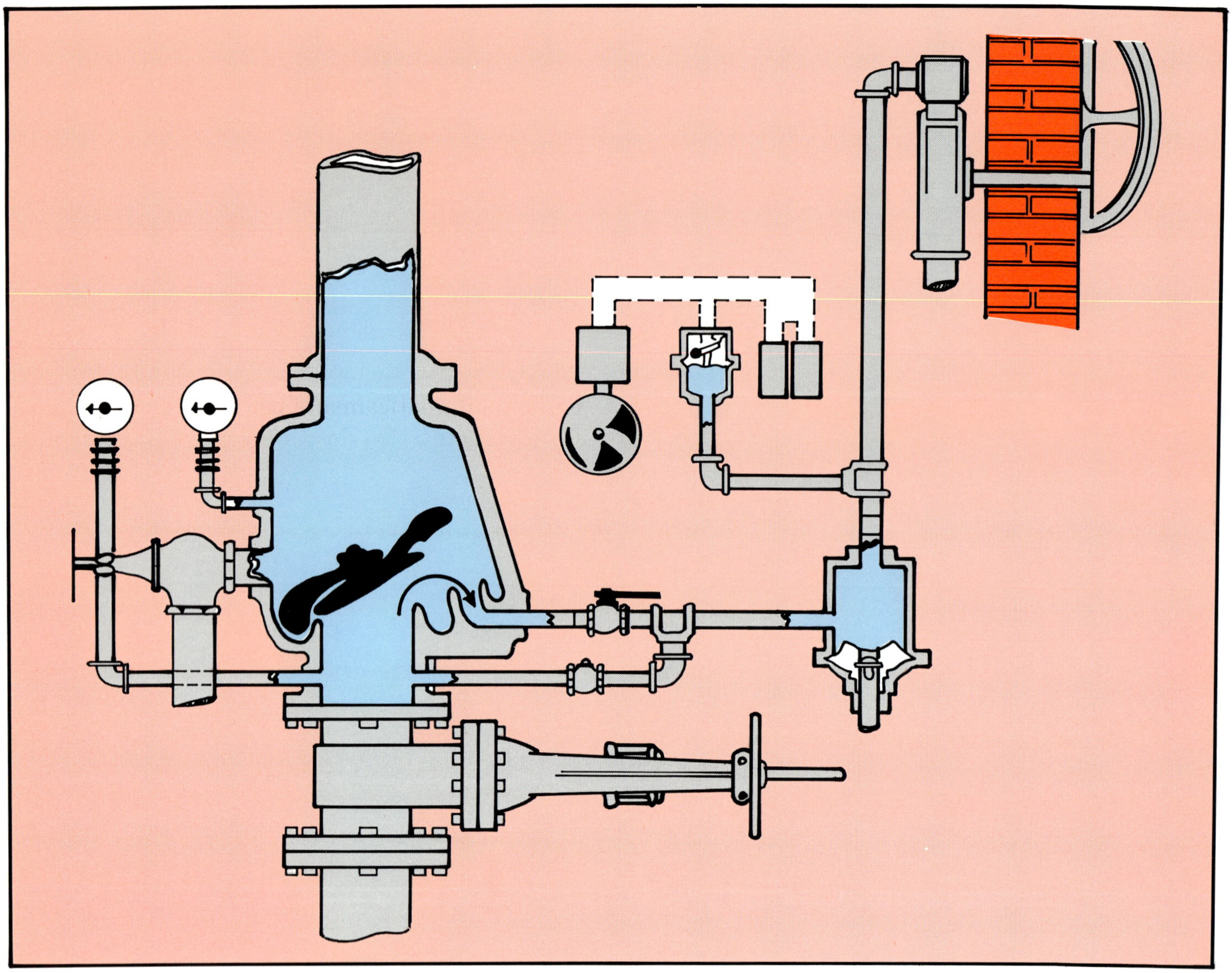

Figura 16.15 Este es el flujo del agua en una válvula de alarma y sus partes asociadas durante una condición de incendio.

3. Proceda a remover la cabeza de rociador.
4. Reemplace la cabeza.
5. Abra la válvula de prueba (normalmente en el punto más alto y remoto, y lejos de la válvula de control) para purgar el sistema del aire atrapado.
6. Cierre del drenaje principal.
7. Abra la válvula de control principal.
8. Si el agua comienza a gotear alrededor de la cabeza reemplazada,, ajuste la cabeza.

NOTA: Debe tenerse cuidado cuando se reemplace las cabezas ya que los componentes están bajo presión.

Sistema de Rociadores de Tubería Seca

Un sistema de rociadores de tubería seca es aquel donde se utiliza aire a presión para reemplazar el agua en la tubería de rociadores situada sobre la válvula. Una válvula de tubería seca es un dispositivo que mantiene el agua fuera de las tuberías del sistema hasta que un incendio activa uno o más rociadores. Los sistemas secos deben ser utilizados en edificaciones donde la calefacción utilizada es insuficiente para impedir que el agua se congele. Cuando una cabeza de rociador se funde y permite que la presión del aire se escape, la válvula de la tubería seca automáticamente se abre para dejar que el agua reemplacé la presión de aire en las líneas. Las válvulas de tuberías secas están diseñadas de modo que una pequeña cantidad de presión de aire por encima de éstas válvulas retendrá una presión de agua mucho mayor que en el lado del suministro de agua de dichas válvulas. Los sistemas secos están provistos de equipos de señales de alarma hidráulicos o eléctricos. La Figura 16.16 ilustra la válvula de tubería seca en ambas posiciones, preparada y actuada.

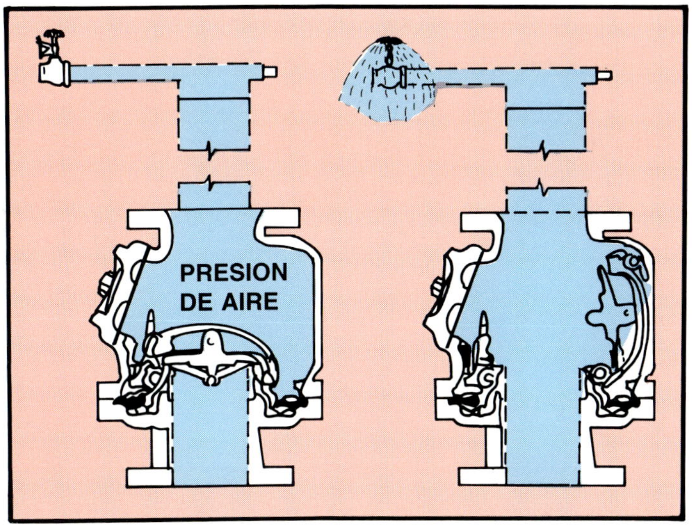

Figura 16.16 La válvula de alarma de tubería seca es mostrada en la posición preparada y en la posición disparada. Observe el agua en la parte superior es usada para hacer un sello entre la aldaba y el asiento cuando la válvula está en la posición preparada.

La presión de aire requerida para los sistema secos generalmente oscila entre 15 y 20 psi (100 y 350 kPa). La presión de aire necesaria para prestar servicio a un sistema seco puede provenir de dos fuentes diferentes. Estas fuentes son del servicio de aire de una planta o de la presión de aire de una unidad que es surtida por un compresor y un tanque que se usa exclusivamente para el sistema de rociadores.

ACELERADORES Y DESCARGADORES

En un sistema de tubería seca relativamente grande, se pueden perder varios minutos mientras el aire es expulsado del sistema. Se han establecido normas, las cuales normalmente requieren que se instale un dispositivo de apertura rápida en los sistemas que tengan una capacidad de agua por encima de 500 galones (2.273 litros). Existen dos tipos de dispositivos de apertura rápida: aceleradores y descargadores. El acelerador desbalancea el diferencial en la válvula de la tubería seca, haciendo que ésta se dispare más rápido, mientras que el descargador expulsa prontamente el aire del sistema. Cuando una cabeza de rociador es activada y la presión de aire en el sistema tipo acelerador baja en pocos psi (usualmente 1 ó 2 libras), el diafragma en el acelerador se desbalancea. Esta condición desbalanceada hace que una válvula se abra, la cual permite que la presión de aire del sistema entre a la cámara intermedia de la válvula de tubería seca. Tan pronto como el aire es igualada en ambos lados de la aldaba (normalmente de 10 a 15 segundos), la válvula es disparada automáticamente por la presión del agua. En el sistema tipo descargador, la activación de una cabeza de rociador hace que el diafragma abra una válvula grande. Esta acción permite que la presión de aire se escape rápidamente al exterior y que la válvula de tubería seca se desparé. Estos dos dispositivos son mecanismos complicados y por lo tanto requieren un mantenimiento y cuidado adecuados. Estos mecanismos deben ser probados en primavera y otoño por un personal competente. Aunque tomará más tiempo, la válvula de tubería seca operará aún cuando los dispositivos de apertura rápida no funcionen.

OPERACION DEL SISTEMA

Cuando uno o más rociadores se abren, la presión de aire es descargada a través de las cabezas abiertas del sistema, desarreglando así el diferencial dentro de la válvula de tubería seca. Un acelerador o descargador será una valiosa ayuda en la operación rápida del sistema. Cuando el diferencial es modificado la presión de agua en el montante levanta el ensamble de la aldaba hacia la posición completamente abierta y asegurada. A medida que el agua llena la cámara superior de la válvula de tubería seca, también penetra en la cámara intermedia donde fuerza la válvula de retención que está cerrada. El agua fluye hacia la línea de alarma para activarla y continúa hasta los rociadores abiertos.

Sistema de Acción Previa

Un sistema de acción previa es un sistema seco que emplea una válvula tipo diluvio, equipos de detección de incendios y cabezas de rociadores cerrados. Este tipo de distema es usado cuando es especialmente importante evitar los daños por agua. El sistema no descargará agua dentro de las tuberías de rociadores excepto en respuesta al sistema de detección. Un sistema que contenga más de 20 cabezas debe contar con un mecanismo de supervisión de manera tal que si el sistema de detección fallase el sistema pueda operar automáticamente.

La detección del incendio activa la operación del sistema introduciendo agua en la tubería de distribución antes de la apertura de cualquier rociador. En este sistema, los dispositivos de detección de incendio operan un disparador ubicado en la unidad de activación del sistema. Este disparador abre la válvula de diluvio y permite que el agua entre al sistema de distribución a fin de que esté listo para cuando las cabezas de rociadores se abran. Cuando el agua entra al sistema, suena una alarma para advertir antes de que se produzca la actuación de la cabeza del rociador.

La inspección y prueba del sistema será esencialmente igual a la de un sistema de diluvio.

Sistema de Diluvio

Este sistema está equipado normalmente con rociadores abiertos y una válvula de diluvio. Los dispositivos de detección de incendio se encuentran instalado en la misma área de las cabezas de rociadores (Figura 16.17). Al detectarse un incendio la válvula de diluvio es abierta, lo cual permite que el agua fluya dentro del sistema y en todas las cabezas de rociadores. El propósito de un sistema de diluvio es regar el área en la cual se origina un incendio, descargando simultáneamente agua a través de todas las cabezas abiertas del sistema. Este sistema es normalmente usado para proteger áreas de riesgos extra altos. Muchos de los modernos hangares de aviones están protegidos con un sistema automático de diluvio, el cual puede ser combinado con un sistema de

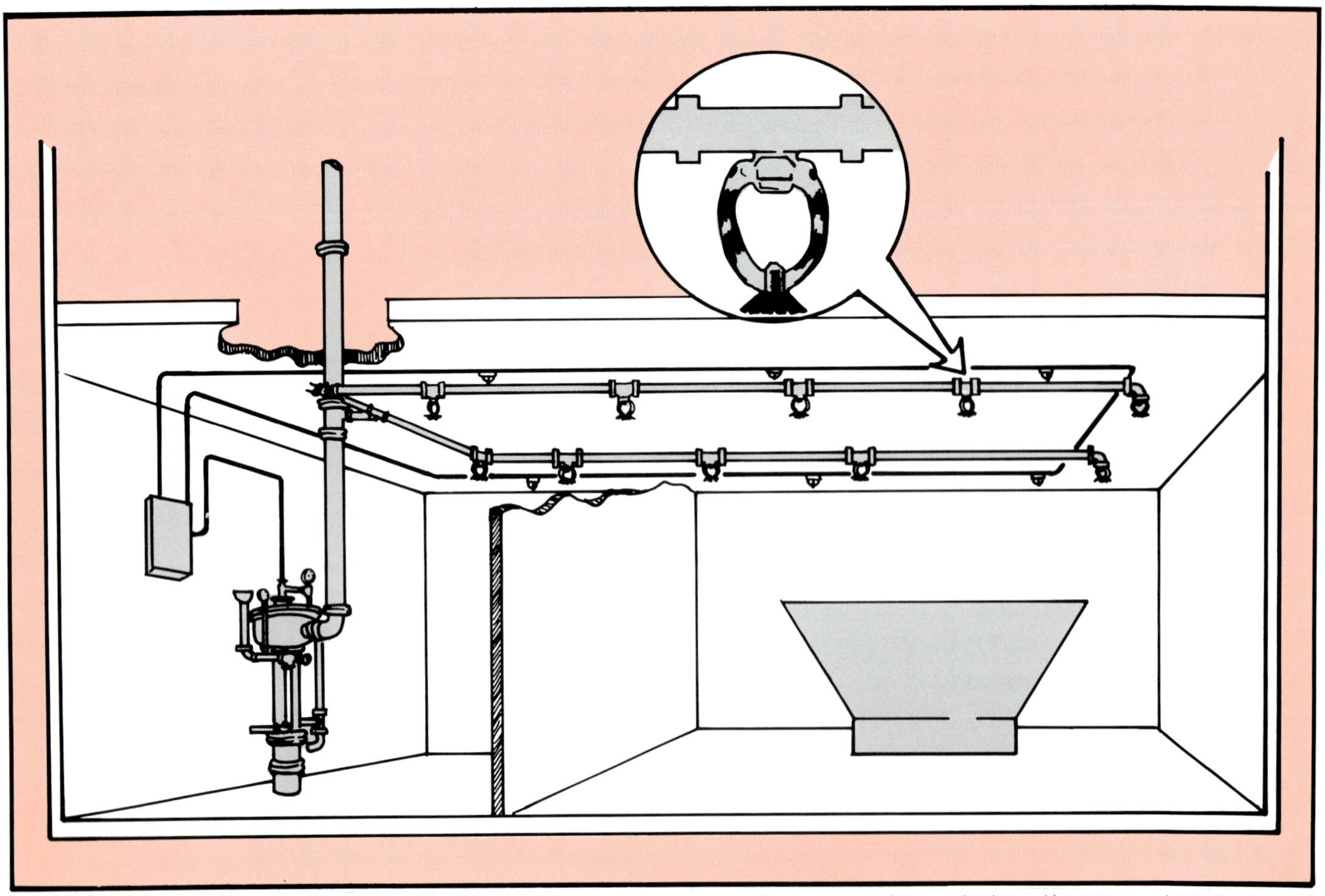

Figura 16.17 Un sistema de rociadores de diluvio poseen cabezas abiertas, es activado por un sistema de detección, y es usado en áreas donde existen altos riesgos o peligrosos de propagación rápida de un incendio.

rociadores automáticos. Aquellos sistemas que utilizan cabezas parcialmente abiertas y cerradas es considerada como una variación del sistema de diluvio.

OPERACION DEL SISTEMA

La activación del sistema de diluvio puede ser controlada por dispositivos de detección de incendio a base de calor o humo o un dispositivo manual. Debido a que el sistema de diluvio está diseñado para operar automáticamente, las cabezas de rociadores no poseen elementos sensibles al calor, es necesario entonces disponer de un sistema de detección separado. Este sistema de detección es conectado a un disparador que es responsable de activar el sistema. Así como hay distintos modos de detección, también existen métodos diferentes de operar la válvula de diluvio. Las válvulas de diluvio pueden ser operadas eléctricamente, neumáticamente o hidráulicamente.

Capítulo 17

Inspecciones de Incendios

NORMA NFPA 1001
INSPECCION DE INCENDIOS
Bombero I

3-11 Inspección.

3-11.1 El bombero deberá identificar las causas más comunes de incendios y su prevención.

3-11.2 El bombero deberá identificar los procedimientos de inspección de incendios.

3-11.3 El bombero deberá definir la importancia de las relaciones públicas relativas a los programas de inspección.

3-11.4 El bombero deberá definir los procedimientos de inspección a las residencias.

Bombero II

4-11 Inspeccion.

4-11.1 El bombero deberá preparar diagramas o dibujos del edificio para indicar la localización de detalles de interés durante la operación de planificación previa de incendios.

4-11.2 El bombero deberá recolectar y registrar por escrito la información requerida a fin de poder preparar el reporte de la inspección a la edificación.

4-11.3 El bombero deberá identificar los procedimientos de evacuación en centros educacionales.

4-11.4 El bombero deberá identificar los programas de seguridad para los hogares.

4-11.5 El bombero deberá identificar los peligros más comunes de los incendios y hacer recomendaciones para su corrección.

Las transparencias de Prevención e Identificación de la IFSTA están diseñadas para complementar este capítulo.

Capítulo 17
Inspecciones de Incendios

Por lo general, aparte de las labores de combate de incendios, las inspecciones son las actividades más importantes realizadas por los cuerpos de bomberos. Una inspección cuidadosa, bien planificada y realizada por un personal idóneo y debidamente entrenado puede prevenir incendios. Con la puesta en práctica de las inspecciones son muchas las condiciones inseguras que pueden ser detectadas, lo que permite establecer un control efectivo antes de la ocurrencia de un incendio (Figura 17.1). Esta actividad le permitirá a los propietarios de las instalaciones contar con servicios de consultas muy valiosos y le da a los bomberos la oportunidad de lograr una mayor eficiencia en el cumplimiento de sus objetivos de salvar vidas y propiedades.

Las inspecciones efectuadas por el personal de bomberos deberán ser completas y continuas. Cuando los bomberos realizan las inspecciones, se familiarizan y conocen el edificio y este conocimiento adquirido les ayudará a controlar un incendio.

Prácticamente en todas las comunidades, el trabajo de prevención de incendio es responsabilidad del jefe del cuerpo de bomberos. Este trabajo es adicional a las operaciones de combate y usualmente es delegado a varias personas dentro de la institución. La forma en el cual este trabajo es asignado y realizado puede variar, dependiendo de la jurisdicción y el personal disponible.

REQUISITOS PARA EL PERSONAL DE INSPECTORES

El portar un uniforme y una placa no hacen de un bombero un inspector. Sin embargo, el público supone que el bombero que porta un uniforme y una placa, él está calificado para discutir asuntos de protección contra incendio y puede en consecuencia orientarles sobre la mejor manera de prevenir y corregir los riesgos existentes. A ningún bombero se le deberá permitir realizar inspecciones de seguridad de incendios sin que haya recibido un entrenamiento especial enesta área. El

Figura 17.1 Ya que las inspecciones del servicio de bomberos previenen incendios, constituyen la actividad más beneficiosa del cuerpo de bomberos para la comunidad.

uso del término "INSPECTOR DE INCENDIO" en este manual se refiere a un inspector de prevención o un inspector de la sección de guardia.

Un inspector de prevención de incendio es un individuo directamente relacionado con el servicio de bomberos, cuyo trabajo principal es inspeccionar todos los edificios de uso público y hacer cumplir las normas, leyes y ordenanzas de la comunidad, relacionadas con la materia de seguridad y protección contra incendio.

Un inspector de la sección de guardia es uno de los bomberos quien con otros miembros de la sección, realiza inspecciones y remiten reportes escritos al comandante o jefe de la sección. Estos bomberos forman parte deun grupo que recopila valiosa información y reporta a su vez, las condiciones peligrosas.

Uno de los requisitos personales más importantes para hacer una inspección es la confianza que se tenga en la habilidad del que la realiza. Un inspector del cuerpo de bomberos debe tener confianza en su habilidad para desempeñarse en público, dar una buena impresión y juzgar apropiadamente las condiciones existentes. La habilidad para hacer juicios precisos sólo puede lograrse por medio de un adecuado entrenamiento y haciendo uso cotidiano de toda la literatura existente en esta área. La habilidad del inspector para llevar toda la información visual a un reporte escrito con sus correspondientes esquemas gráficos sólo puede conseguirse con la práctica. La seguridad y confianza del oficial a cargo de la sección de prevención de incendios o su habilidad para asistir y asesorar adecuadamente en casos de condiciones de riesgo poco comunes resultan muy importantes. Si los inspectores tienen confianza en sí mismos, el público tendrá confianza en ellos.

El Equipo del Inspector

El equipo que requiere un inspector para realizar un buen trabajo de inspección pudiera dividirse primero en aquellos equipos que deben estar disponibles en la estación de bomberos y el equipo que se debe usar en el lugar donde se efectúe la inspección (Figura 17.2). Una lista de los equipos más recomendables deberá incluir los siguientes:

Figura 17.2 Ciertos equipos deben estar disponibles para que el inspector pueda realizar sus inspecciones.

EN EL LUGAR DE LA INSPECCION

- Bragas o cualquier otra indumentaria que además de dar buena presencia, resulte práctica para realizar las inspecciones en espacios confinados o donde se requiera.
- Carpeta de mano con gancho, formularios de inspección.
- Material para preparar gráficos.
- Cinta métrica.
- Linterna, debido a que la mayoría de los espacios confinados carecen de luz.
- Una cámara con su respectivo flash.
- Un tubo pitot y manómetros, cuando se requiera la prueba de caudal.
- Libros de referencias.

EN LA ESTACION DE BOMBEROS

- Formularios de inspección
- Reportes de inspección
- Manuales de inspección
- Registros adecuados
- Lugar tranquilo para trabajar
- Mapas
- Fichas de inspección
- Material de dibujo
- Mesa de dibjuo

INSPECCIONES DEL CUERPO DE BOMBEROS

Los administradores del cuerpo de bomberos deben tomar en cuenta las exigencias de tiempo que van a solicitar los inspectores. Los bomberos no pueden escoger la hora para combatir incendios, pero tienen la perrogativa de seleccionar la hora del día, el día de la semana, y hasta la época del año para efectuar las actividades de inspección. Debido a esta selección, los que manejan personal deberán establecer un horario para llevar a cabo el operativo. El oficial a cargo deberá informar a cada ocupante el propósito de las inspecciones de prevención y verificar si existen ciertos días en el cual estas inspecciones regulares, podrían ser imprácticas. Este procedimiento permite que las inspecciones de incendio puedan ser reajustadas a un horario, de tal modo que no signifique molestia a los ocupantes o al inspector.

Como Iniciar la Inspeccion

Los ocupantes deberán ser informados del propósito de la inspección y a la vez se los debe preguntar si existe algún día en particular en que la inspección pudierá no ser procedente. Esta acción no trata de establecer una fecha especial para la inspección, pero sí el evitar molestia, bien sea a los ocupantes o al personal de inspectores. Las inspecciones se realizan generalmente durante las horas laborables, aunque muchas veces se requiere efectuar inspecciones nocturnas. En instalaciones tales como teatros y clubes nocturnos, se podrá requerir que parte de la inspección sea realizada durante el día y luego completarlas en la noche, cuando el local esté en funcionamiento.

Es posible que se hagan ciertas observaciones antes de que el inspector entre a la instalación. Estas observaciones deberán incluir la localización de los hidrantes alrededor de la edificación inspeccionada: alarmas y equipos de incendios existentes fuera del edificio, etc. (Figura 17.3). Las condiciones de la calle y el mantenimiento del área son de gran importancia desde el punto de vista de la respuesta de los vehículos a la emergencia. El inspector deberá describir el tipo de edificio, ocupación y apariencia general del área. Toda esta información preliminar debe ser obtenida por el inspector antes de comenzar la inspección en el interior del edificio.

Figura 17.3 Una inspección exterior debe hacerse antes de entrar a la edificación, y deben anotarse los datos pertinentes.

El esfuerzo particular del inspector por causar una buena impresión al dueño, creará un clima de cortesía y buenas relaciones entre ambos. El inspector deberá entrar al edificio por la puerta principal y obtener el permiso para realizar la inspección. Nunca deberá hacerla sin la debida autorización. Si los inspectores tienen que esperar para hablar con la persona encargada de dar el permiso, es recomendable hacerlo. El oficial encargado de la inspección deberá traer a su personal si se deben efectuar pruebas en el sistema y presentarlos al encargado del lugar. Si el mismo ha sido informado con anterioridad, el procedimiento resultará mucho más fácil. Es recomendable tener un representante de la compañía en cada lugar que se inspeccione, ya que servirá de guía y responderá a las preguntas a que hubiera lugar durante la inspección. El personal de bombero y el oficial a cargo de la inspección, deberán aprovechar el tiempo de entrevista con el dueño para dejar suficientemente claro el propósito de la visita.

Realizando la Inspección

Para realizar una buena inspección, el inspector deberá disponer del tiempo suficiente como para efectuar algunas anotaciones y elaborar esquemas gráficos de los puntos más importantes. El contar con tiempo adicional para discutir los problemas de protección contra incendio con el dueño será unfactor que beneficiará altamente las labores de inspección. Al disponer de unas buenas anotaciones y adicionalmente contar con un juego de planos de la edificación, podrá elaborar un informe completo sobre la situación real observada durante la inspección.

Desde el punto de vista del bombero inspector, no importa si la inspección se comenzó en el nivel superior y se trabajó en forma descendente hasta llegar al sótano o viceversa. Desde el punto de vista práctico muchos inspectores consideran de gran ayuda y menos confuso el comenzar en el nivel superior. En cualquiera de los procedimientos, la ruta a seguir debe ser planificada de tal forma que permita realizar una inspección sistematizada en cada uno de los pisos. En estructuras grandes y complejas, será necesario hacer más de una vistia para finalizar la inspección.

Luego de hacer la correspondiente participación de la inspección que será realizada y obtener la autorización, el inspector regresará a la entrada principal e iniciará la inspección del área exterior del edificio. Este primer paso será de gran ayuda en la obtención de la información para luego proceder con la representación gráfica de los exteriores de la edificación. Cuando la inspección exterior haya finalizado, el personal pasará al techo (nivel superior) o sótano (nivel inferior) y proseguirá con una inspección sistemática. Se debe inspeccionar de manera sucesiva cada nivel de piso, y paricularmente cada área de todos los pisos. Si existen áreas cerradas, se deberá pedir la llave para ver el interior del mismo. Si el que sirve de guía menciona que “No hay ninún material en el cuarto”, se le deberá decir “Sí, lo entiendo, pero particularmente no es el material lo que queremos ver, sino conocer las medidas internas, la forma y construcción, ya que son elementos importantes dentro de la evaluación”. Si se niegan rotundamente, con el argumento de que se están realizando investigaciones científicas, se deberá sugerir que se cubra lo que no desee que sea visto y así proceder con la inspección. Si no se permite el acceso a ciertas áreas, deberá ser reportado al Comandante para así tomar las acciones pertinentes del caso.

Si la propiedad a inspeccionar incluye varios edifioios, éstos deberán ser revisados por separado. Una recomendación es la de comenzar por el techo del edificio más alto, ya que así el inspector tendrá una visión general. La planimetría de cada piso deberá ser completa antes de seguir al siguiente piso. Si se usan dibujos elaborados anteriormente el procedimiento será más rápido, pero si existe alguna modificación, deberá ser identificado en la planimetría.

Entrevista Final

El abandonar el área inspeccionada sin notificarle al dueño podría dar la impresión de que ésta no fue de gran importancia y que no se tomaron el tiempo necesario para realizarla debidamente. El informarle al dueño o persona encargada de como va la inspección, puede mantener actitudes positivas sobre aquellos aspectos que necesitan atención especial. Durante la entrevista, se deberán hacer comentarios de las condiciones favorables encontradas y hacerles ver que las mismas serán plasmadas en el reporte de inspección. Sobre las condiciones desfavorables, se deberán discutir pero elinspector deberá evitar el hacer comentarios técnicos y conclusiones directas en ese momento. Explíquele al dueño que esas situaciones serán estudiadas a fondo y que las soluciones y recomendaciones, serán suministradas en un reporte escrito. El hablar mucho sobre una condición negativa podría dar la impresión de haber hallado una falta muy grave y puede conllevar a una disputa verbal entre el inspector y el dueño. Esta entrevista final, también le da al inspector la oportunidad de expresar las gracias por la cortesía brindada durante el proceso de inspección y de explicar como los bomberos utilizarán la información adquirida, la cual será objeto de estudio desde el punto de vista de los procedimientos de combate de incendio y planeamiento previo.

Seguimiento

El establecimiento de un programa de seguimiento, es una de las mejores formas de evidenciar ante el dueño u ocupantes la importancia de las inspecciones. Este seguimiento, no tiene necesariamente que ser una visita sorpresa. Al ocupante se le deberá decir durante la entrevista final que un representante del cuerpo de bomberos regresará. Este seguimiento deberá hacerse dentro de varias semanas, después de que el dueño u ocupante haya recibido el reporte escrito y deberá procederse de igual forma a como se hizo durante la inspección. El inspector que realice el seguimiento, deberá ir primero ante la persona a quien se le envió el reporte para darle cualquier aclaratoria sobre la inspección. El entrar a la propiedad sin contactar a esta persona, dará la impresión de que la institución está tratando de involucrarse en asuntos que no le interesan. El ser honesto y correcto en todo lo concerniente a su trabajo, será al final la mejor garantía de éxito.

Elaboración de Planos y Graficos

Existen planos que contienen información detallada en relación a las características de construcción, equipos de protección contra incendios, peligros especiales u otros detalles de las edificaciones, los cuales se encuentran a disposición tanto de los bomberos, para fines de la protección contra incendios, como para las compañías de seguros. Estos documentos son elaborados por compañías especializadas, utilizando simbología normalizada y reconocida en forma universal. En la Figura 17.4 se presentan ejemplos de estas simbologías normalizadas.

En las inspecciones realizadas por el personal del cuerpo de bomberos, se deberá incluir como práctica común el elaborar esquemas gráficos para demostrar la disposición interna y ubicación de la propiedad en relación a calles, edificios y elementos importantes que pudieran ser de gran ayuda durante las operaciones de combate de incendio. Este esquema gráfico es comúnmente llamado plan de cotejo del área. El dibujo o esquema gráfico realizado durante la inspección no requiere ser reelaborado excepto en aquellos lugares donde se hayan realizados cambios o modificaciones posteriores. Estos dibujos realizados durante la inspección se constituyen en la parte más informativa del reporte, por lo cual deberá ser realizado en forma clara y precisa.

El dibujo o esquema que tenga que ser realizado durante la inspección, se puede hacer a mano libre con la ayuda de una carpeta con gancho y una regla de 160 mm (6 pulgadas). Toda la información y los datos recopilados deberán ser representados con la simbología aprobada en cada jurisdicción.

El plano de piso, consistirá en un bosquejo o esquema de cada piso del edificio. Mediante la utilización de la simbología normalizada el inspector puede demostrar el tipo de construcción, grosor de las paredes, ubicación de las tabiquerías, aberturas, tipo de techo y otros elementos importantes. Adicionalmente se puede incluir información realcionada con los sistemas de protección, fuentes de abastecimiento de agua, válvulas etc. (Figura 17.5).

El esquema vertical o de corte de la edificación es una manera de presentar la vista seccional de una porción particular del edificio a lo largo de una línes imaginaria seleccionada para demostrar los cambios en elevación, mezzaninas, balcones u otros elementos de la estructura. La forma más fácil de efectuar esta representación es el establecer una línea imaginaria a lo largo de la pared exterior de la edificación. Para dar esta representación en teoría, remueva la pared exterior, y deje expuestos detalles tales como la construcción del techo, piso, divisiones, sótanos, ático y otros elementos que son difíciles de señalar en el plano de planta de cada piso. El establecer una línea imaginaria a lo largo de la pared exterior, no siempre demuestra las secciones del edificio que se desea. En estos casos, pudiera resultar más conveniente el dividir el edificio cerca del centro a lo largo de la línea donde el ala está incorporada a la estructura principal (Figura 17.6).

Con el bosquejo realizado por el inspector y sus anotaciones, se podrá elaborar un dibujo o plano definitivo, el cual podrá ser usado como referencia en el salón de clase (Figura 17.7).

Fotografías

Las fotografias demuestran una gran cantidad de detalles en un reporte de inspección, especialmente, si se pueden tomar desde diferentes ángulos. Una de las vistas, la cual se considera muy buena desde el punto de vista de combate de incendio, es la que se obtiene desde una posición elevada. Este tipo de fotografías se puede tomar desde un edificio cercano o una torre. Las fotografías internas y de corta distancia son particularmente efectivas y útiles. Una buena cámara equipada con su respectivo flash debe ser considerada como un

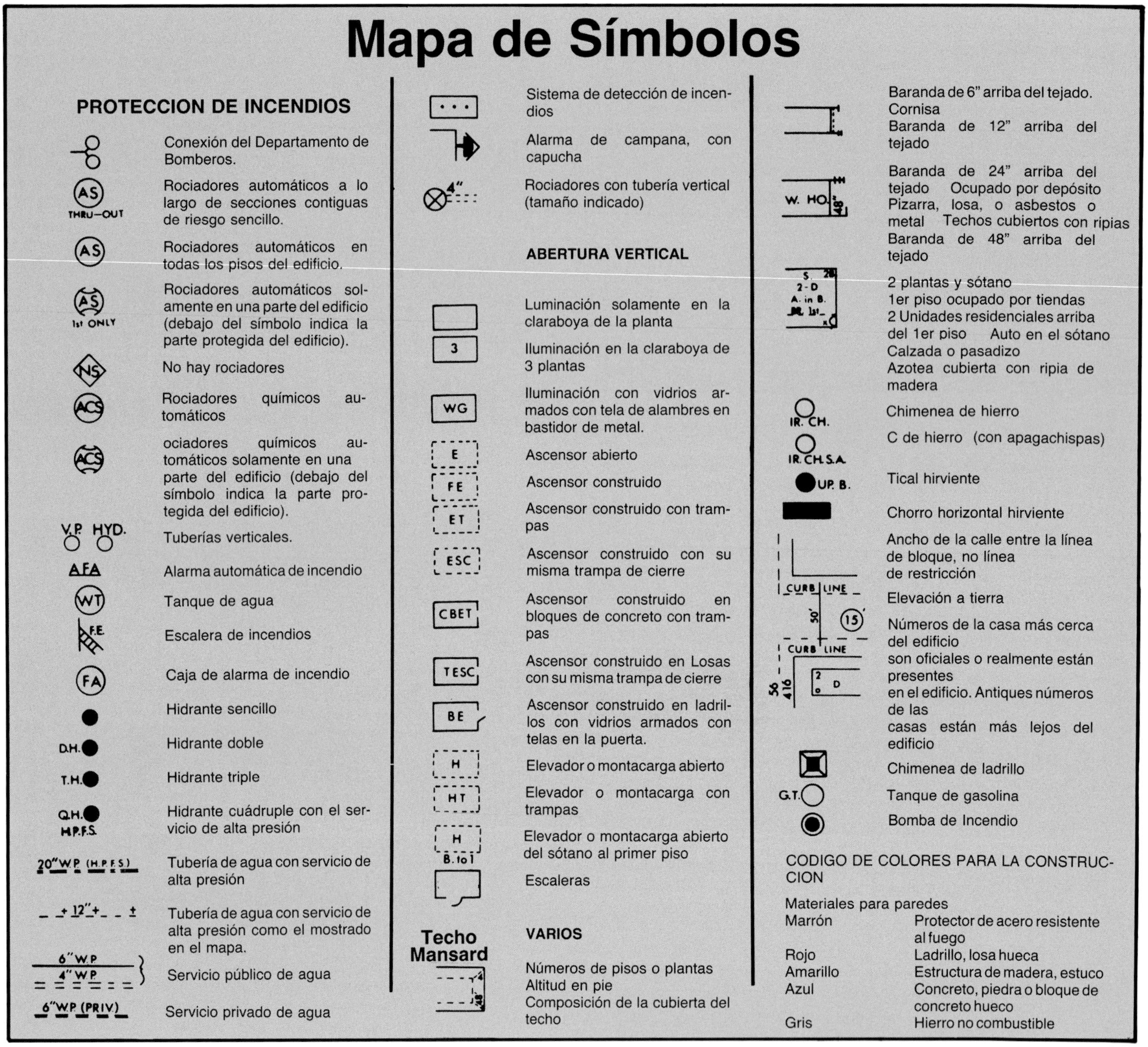

Figura 17.4 Un mapa bien dibujado, utilizando los simbolos corrientes, puede comunicar informaciones importantes en un vistazo.

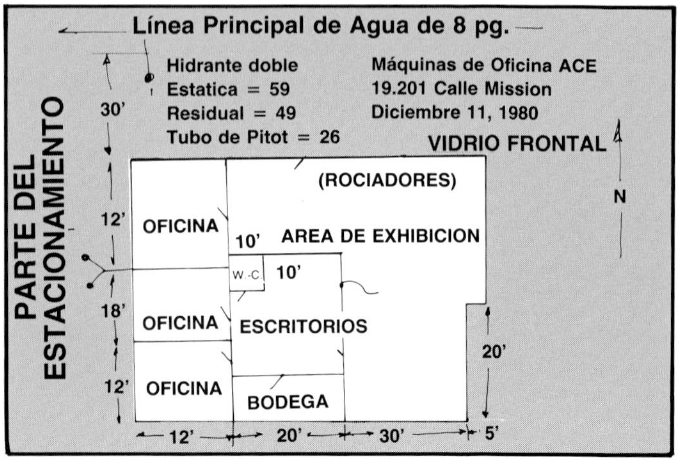

Figura 17.5 El dibujo de campo es un boceto que muestra la informacion general sobre la propiedad. Los detalles pueden ser inscritos en las anotaciones de la inspección.

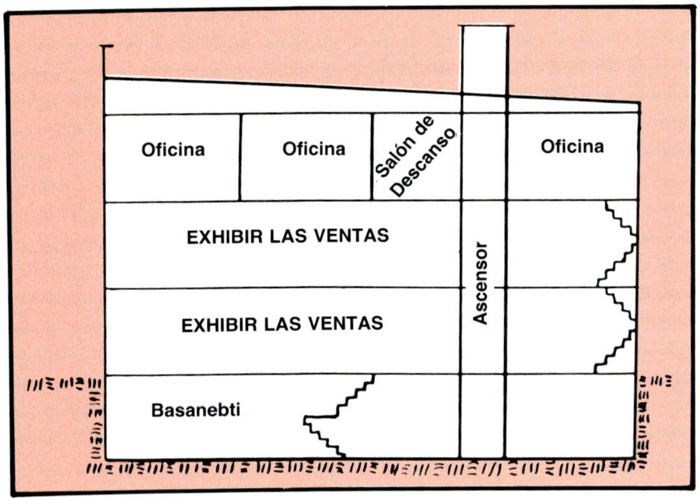

Figura 17.6 Un dibujo con perspectiva seccionada consiste en una representación gráfica sesgada. Puede ser necesaria para ilustrar los camblos de elevaciones.

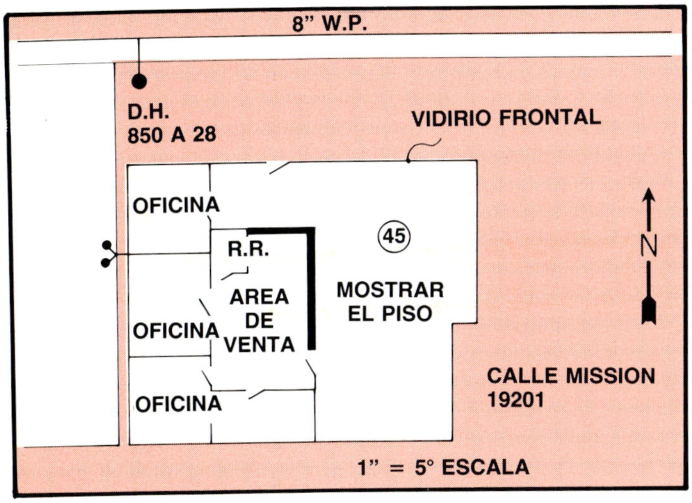

Figura 17.7 El dibujo del reporte debe ser pintado a escala con los detalles, utilizando los símbolos reconocidos de los mapas.

equipo de uso obligatorio de los inspectores de los cuerpos de bomberos.

PELIGROS DE INCENDIOS

El "peligro de incendio" puede definirse como una condición que ayudará a que se inicie un incendio o a que se incremente la severidad y extensión del mismo (Figura 17.8). Para prevenir una posible condición de peligro se debe dar especial atención a los riesgos asociados al combustible, las fuentes de ignición y el suministro de oxígeno. Si algunos de estos elementos pueden eliminarse, no se presentará el incendio. El riesgo asociado con la presencia del oxígeno está normalmente presente; por lo tanto, será muy poco el control que sobre este

Figura 17.8 Durante la inspección, los riesgos de incendios deben ser observados y señalados al dueño de la propiedad o administración.

particular puede mantenerse, a no ser encasos muy especiales.

Los riesgos relacionados con el combustible y la fuente de ignición (calor), son elementos que se pueden controlar más efectivamente. Si la fuente de calor se mantiene separada del suministro de combustible, se puede considerar como una condición de seguridad indefinida. Algunos combustibles pueden ser encendidos fácilmente y pueden tener ciertas características que los hacen peligrosos desde el punto de vista de seguridad. Cualquier fuente de ignición puede ser peligrosa. A continuación se presenta una lista de combustibles y fuentes de ignición más comunes.

Peligros del Combustible

- Materiales sólidos ordinarios: madera, telas y papel
- Líquidos inflamables y combustibles: gasolina, aceites, alcohol
- Gases: gas natural, GLP o elaborados
- Químicos: nitrato, óxido, cloratos
- Polvos: granos, madera, carbón
- Metales: magnesio, sodio, potasio
- Plásticos: resinas, celulosa

Peligros de la Fuente de Ignición

- Energía química: calor de combustión, calor espontáneo, calor de descomposición, calor de solución;

- Energía eléctrica: calor de resistencia y calor dieléctrica
- Energía de un arco luminoso: electricidad estática
- Energía mecánica: calor de fricción, calor de descomposición
- Energía nuclear

Peligros Comunes

Un peligro común es aquella condición que prevalece en casi todos los tipos de ocupaciones y que ayudarán a iniciar un incendio. Los peligros comunes pueden listarse en contraste a los peligros especiales, los cuales son peculiares en una industria determinada. Entre los más comunes tenemos: la limpieza de pisos, fumigación e insecticidas. El término común puede ser mal entendido por algunas personas. Se refiere a la frecuencia del riesgo y no a su severidad.

Los peligros personales son probablemente los más serios de los peligros comunes. El término "peligro personal" cubre todo lo relacionado a rasgos individuales, hábitos, así como también, se reflejan las característricas y peculiaridades de quienes trabajan, viven o visitan la propiedad o edificio en cuestión. Supongamos que una propiedad industrial se queme debido a que algún descuidado tiró un cigarrillo en una papelera. El extintor fue encontrado inoperativo y la tubería seca tampoco funcionó. ¿Estaba la persona fumando en una área prohibida del edificio? ¿Existía acumulación de basura en el área, como resultado de un servico ineficiente o porque no se contaba con un sitio específico para los desechos? ¿Existían extintores vacíos o las mangueras estaban rotas? ¿De quién fue esta falta? Estos riesgos personales pueden considerarse intangibles, pero siempre están presentes.

CHEQUEE EN FORMA DETALLADA POR POSIBLES PELIGROS PERSONALES PARA GARANTIZAR LA SEGURIDAD DE LOS OCUPANTES Y LOS BOMBEROS

Peligros Especiales

Se pueden definir los peligros especiales de incendios como aquellas situaciones que provienen de procesos y operaciones y que son peculiares a cada ocupación. Algunos ejemplos de peligros especiales pudieran ser aquellos involucrados a procesos de pinturas, soldaduras, líquidos inflamables, procesos químicos, ácidos y polvos. El uso generalizado de líquidos inflamables en tanques, cubos de inmersion, hornos, tunel de pintura, mezclas de revestimiento depulverizaciones y otros procesos, implican una variedad de peligros especiales. Los gases inflamables son comúnmente usados como combustible o para otros propósitos específicos, tales como en el proceso de corte y soldadura. En el procesamiento de ciertos materiales tales como: metales, goma, cauchos, fertilizantes y drogas, se producen polvos inflamables que pueden presentar problemas de explosión o de ignición espontánea.

Instalaciones con Peligro Concentrado

El peligro concentrado se puede definir como una instalación o proceso en el cual se puede producir o estimular un incendio que puede causar grandes pérdidas humanas y materiales. Ejemplos de este tipo de peligros son los depósitos de madera, aserraderos, almacénes de aceites a granel, centros comerciales, hospitales, teatros, bodegas de almacenes de telas, casas de vecindad y escuelas (Figura 17.9).

INSPECCIONES EN VIVIENDAS

Las inspecciones en viviendas son fundamentalmente una actividad de prevención de incendios que realizan los bomberos casa por casa, no solamente para efectuar la inspección, sino para adicionalmente prestar servicio de instrucción a los miembros de la familia en todo lo referente a la seguridad en el hogar. Para lograr la completa aceptación de esta actividad, se deberá tener en cuenta dos elementos claves, planificación previa y publicidad. Se debe aclarar que el programa es una actividad de prevención de incendio y no una actividad policial. En otras palabras, el bombero identificará los peligros y no tratará de evidenciar violaciones a las normas. Los objetivos de estos programas de inspección de incendios en el hogar son los siguientes:

Figura 17.9 Los riesgos potenciales son aquéllos con una posible gran pérdida de vidas o propiedades.

- Obtener las condiciones propicias para la seguridad de las personas
- Tratar de eliminar los posibles incendios
- Ayudar a los propietarios u ocupantes a entender y mejorar las diferentes condiciones existentes en los hogares.

Además de reducir la posible pérdida de vidas y daños materiales, el cuerpo de bomberos puede realizar otras actividades muy beneficiosas. Las inspecciones a los hogares les da a los bomberos la oportunidad de involucrar a las personas con sus programas y actividades en pro de la comunidad. De esta forma, los contribuyentes, que son los que en definitiva mantienen el servicio, se sentirán que están recibiendo más y mejores servicios por su dinero, no solamente servicios de emergencias. Además, de esta manera, la comunidad se familiariza con las tareas y responsabilidades de los bomberos. Estas vistas a los hogares traen como resultado un mayor soporte de la comunidad hacia los bomberos.

Las inspecciones a viviendas son también una gran oportunidad para distribuir literaturas, catálogos y revistas sobre la prevención de incendios en el hogar, cómo elaborar un plan de evacuación en el hogar, número de teléfonos a utilizar en caso de emergencia y otras informaciones de seguridad e incendio. Los bomberos pueden explicar cada artículo en las revistas y dar sus experiencias propias sobre diversos casos. Muchos cuerpos de bomberos, utilizan calcomanías o formatos para informar a los dueños de las casas que durante su visita encontraron las mismas en buenas condiciones de seguridad en lo que a incendio respecta. Existen también calcomanías que se usan para notificar que no se pudo realizar la inspección por ausencia de los dueños.

Los bomberos que participen en esta inspección, se familiarizan con el área, las calles, los hidrantes, ubicación de los tanques de agua, tipo de construcción en la zona y de la existencia de cualquier planeamiento previo disponible contra incendios. Esta y cualquier otra información importante debe ser debidamente procesada y considerada durante las secciones regulares de entrenamiento. El uso durante la inspección de equipos de bomberos, tales como los carros, ayudará al conductor a constatar todas las posibles entradas y salidas a las diferentes zonas. Es de hacer notar que aunque son muchos los beneficios de estas actividades, el objetivo principal al efectuar la inspección es reducir riesgos a personas y bienes.

Responsabilidad de los Bomberos

Todos los bomberos deberán entender que la campaña de inspección es un esfuerzo del cuerpo de bomberos para reducir el número de víctimas fatales como consecuencia de incendios en el hogar. Es responsabilidad de los bomberos el representar su institución y abordar a los ciudadanos con orgullo y dignidad. Por lo demás se debe tener presente que el público tiene todo el derecho a pensar que el inspector es una persona preparada y con suficiente experiencia como para asesorarlo en material de prevención de incendios.

La entrada debe realizarse por la puerta principal (nunca cruce el jardín) y fíjese que sus zapatos estén limpios antes de entrar. Si no se encúentra nadie en casa, pero quiere dejar algún material, introduzcalo por debajo de la puerta. El bombero deberá ser cortés, pedir permiso para efectuar la inspección y explicar detalladamente el propósito de la misma. Cuando se localicen condiciones de riesgos, las correcciones no deben ser ordenadas. El peligro debe ser explicado, así como su riesgo potencial y el método apropiado para corregirlo. Cuando consiga buenas condiciones, haga los comentarios y recuerde que nunca deberá discutir con los dueños que los acompañan en la inspección. En esta inspección sólo se deberán incluir áreas tales como sótanos, áticos, almacenes, cocinas y garajes. Otros cuartos podrán ser inspeccionados, si el dueño lo pide. Es importante que el dueño acepte las sugerencias. A continuación se presentan algunos aspectos que se consideran de importancia.

Condúzcase en forma cortés en todas las inspecciones

Agradezca a los dueños, por invitarlo a parsar al interior de su casa.

- El interés principal es prevenir incendios, los cuales pueden exponer a riesgo la vida des sus ocupantes y destruir la casa.
- Los comentarios serán constructivos y se harán para eliminar condiciones de peligrosidad.
- Las inspecciones son confidenciales
- No se toleran los chismes
- Bajo ninguna circunstancia, se deberán divulgar las condiciones encontradas durante la inspección a las compañías de seguros, organización de servicios y reparaciones u otros grupos, o agentes publicitarios, los cuales pueden identificar la casa afectada.

Qué Buscar Durante las Inspecciones

Existen diferentes elementos que los bomberos deben observar durante la inspección en hogares. Tal vez pudieran resultar de gran ayuda el utilizar cierto tipo de planilla de inspección, que pueda ser llenada de manera particular en cada vivienda. Esto además de servir de formato-guía para quien realiza la inspección permite que se hage un resumen de inspección y que además se le entregue una copia al propietario u ocupante.

ELEMENTOS A CHEQUEAR DESDE FUERA:

Condiciones del techo. Un techo viejo y torcido fácilmente prende fuego cuando le llegan chispas y tizones.

Condiciones de las chimeneas. Las chimeneas que descansan sobre postes de madera o repisas tienden a rajarse al hundirse, dejando así que las chispas y los gases calientes le prendan fuego a la madera. Ladrillos sueltos y rajas visibles indican que semejantes defectos pueden existir en otras partes donde pueden causar un incendio. En tales casos, se deberá hacer una investigación completa del caso.

Condición del patio. Grama seca, hojas secas, papeles, ramas de árboles y otros combustibles en desperdicio, localizados alrededor de los patios y/o entradas de la casa pueden inflamarse y propagarse hacia otros edificios, por lo cual representan una condición de riesgo de incendio para los edificios.

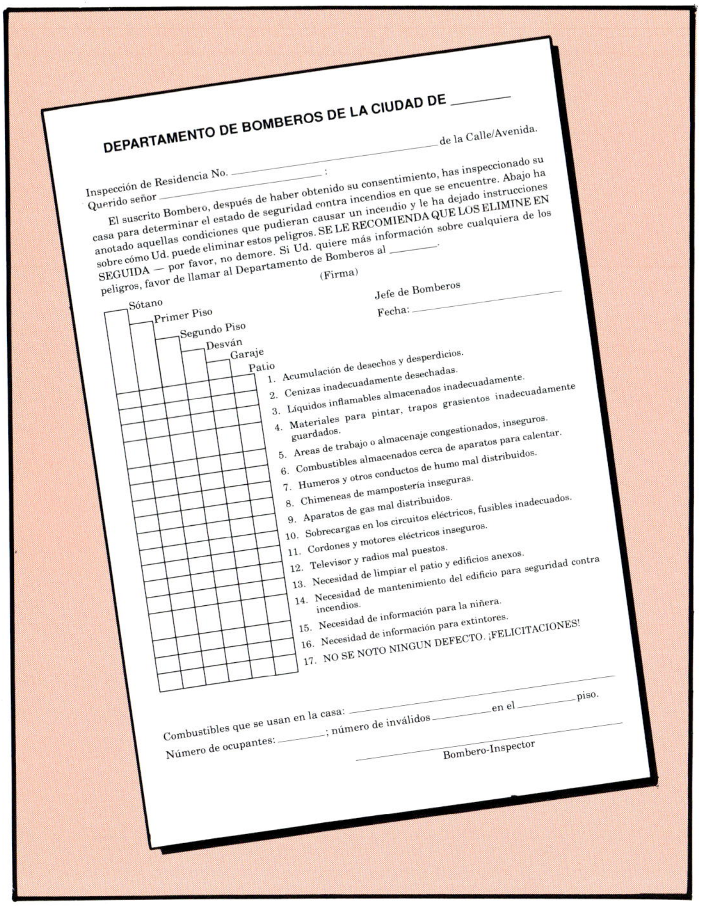

DEPARTAMENTO DE BOMBEROS DE LA CIUDAD DE ________

________ de la Calle/Avenida.

Inspección de Residencia No. ________ :

Querido señor ________

El suscrito Bombero, después de haber obtenido su consentimiento, has inspeccionado su casa para determinar el estado de seguridad contra incendios en que se encuentre. Abajo ha anotado aquellas condiciones que pudieran causar un incendio y le ha dejado instrucciones sobre cómo Ud. puede eliminar estos peligros. SE LE RECOMIENDA QUE LOS ELIMINE EN SEGUIDA — por favor, no demore. Si Ud. quiere más información sobre cualquiera de los peligros, favor de llamar al Departamento de Bomberos al ________.

(Firma)

________ Jefe de Bomberos

Fecha: ________

Sótano / Primer Piso / Segundo Piso / Desván / Garaje / Patio

1. Acumulación de desechos y desperdicios.
2. Cenizas inadecuadamente desechadas.
3. Líquidos inflamables almacenados inadecuadamente.
4. Materiales para pintar, trapos grasientos inadecuadamente guardados.
5. Areas de trabajo o almacenaje congestionados, inseguros.
6. Combustibles almacenados cerca de aparatos para calentar.
7. Humeros y otros conductos de humo mal distribuidos.
8. Chimeneas de mampostería inseguras.
9. Aparatos de gas mal distribuidos.
10. Sobrecargas en los circuitos eléctricos, fusibles inadecuados.
11. Cordones y motores eléctricos inseguros.
12. Televisor y radios mal puestos.
13. Necesidad de limpiar el patio y edificios anexos.
14. Necesidad de mantenimiento del edificio para seguridad contra incendios.
15. Necesidad de información para la niñera.
16. Necesidad de información para extintores.
17. NO SE NOTO NINGUN DEFECTO. ¡FELICITACIONES!

Combustibles que se usan en la casa: ________

Número de ocupantes: ________; número de inválidos ________ en el ________ piso.

________ Bombero-Inspector

Figura 17.10 Esta muestra de planilla de inspección de residencias, indica los articulos que deben ser revisados durante las inspecciones de viviendas.

Quemadores de basura. Se debe dar especial atención a la ubicación y arreglo de los a paratos para quemar la basura. Cuando se efectúe la inspección se debe verificar que el mismo está conforme con lo establecido con las regulaciones locales.

Condiciones de los garages. Por lo general, estos lugares nunca cumplen con las normas de limpieza y mantenimiento. Es importante tomar precauciones contra incendio en estos lugares, al igual que en el resto del edificio.

Líquidos inflamables. Gasolina y otros líquidos inflamables, no deben mantenerse dentro de las casas. Estos deben ser almacenados en envases apropiados y fuera de la casa en una área especial de almacenamiento. Los líquidos inflamables no deben ser usados para desmanchar pisos o con otro propósito, ya que los vapores que estos desprenden, y son explosivos (Figura 17.11).

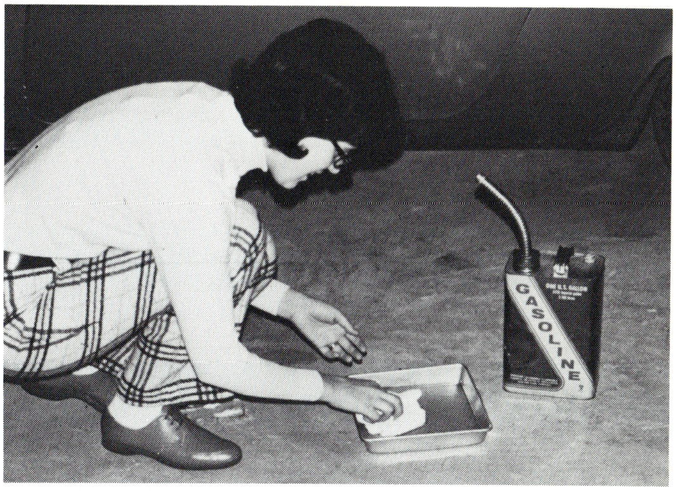

Figura 17.11 Busque liquidos inflamables que estén siendo utilizados para la limpieza de la casa.

ELEMENTOS A CHEQUEAR EN EL SOTANO

Acumulación de basura, material en desuso. Los desperdicios de papel, potes de pintura que no se usan y los muebles viejos constituyen un peligro de incendio. Una de las sugerencias del bombero que realiza la inspecci ón puede ser el desprenderse de todos los materiales inservibles acumulados (Figura 17.12). Brochas inpregnadas de pintura o aceite son especialmente peligrosos, debido a que existe la posibilidad de su ignición espontánea. Ocasionalmente otro tipo de material que se en-

Figura 17.12 Las acumulaciones de materiales combustibles deben ser removidas de los alrededoress de los aparatos de calefacción.

cuentra en los sótanos está también sujeto a este tipo de riesgos.

Tuberías del sistema de calefacción y hornos. Los bomberos deben familiarizarse con las normas que regulan la instalación de ductos y equipos de cocina y sistema de calefacción. El deterioro de la madera o la presencia de ampollas en la pintura, indican que ha sido expuesto a temperaturas altas.

Equipos de gas. La condición de las tuberías pueden traer como resultado escape de gas. La ausencia de accesorios para cortar el suministro de gas de manera automática cuando se apaga la llama del piloto puede producir una explosión. Es necesario ubicar una llave de paso independientemente en la línea de suministro de cualquier equipo que use gas.

Quemadores de aceite. Los quemadores, los tanques de abastecimiento y las tuberías necesitan ser instaladas adecuadamente para evitar el peligro de incendio. Las instalaciones deben ser revisadas por especialistas para ver si cumplen con las normas y regulaciones locales y con la norma NFPA N° 31 "Oil Burning Equipment."

Cuarto de trabajo. El tener cada herramienta en su lugar y un cada lugar para una herramienta, así como almacenar los líquidos inflamables en recipientes especiales y con adecuada ventilación son algunas de las condiciones más importantes.

ATICO

Cuando se obtiene el permiso para inspeccioanr el ático, el bombero deberá revisar por equipos y sistemas eléctricos defectuosos y otros riesgos. A los ocupantes se les deberá recomendar el retirar todo tipo de combustible que no esté siendo utilizado.

Seguridad Contra Incendio en el Hogar

El programa de seguridad contra incendio en el hogar deberá incluir un plan de evacuación para casos de incendio. Este plan debe ser cuidadosamente revisado y prácticado con los niños involucrados a intervalos regulares. Algunas reglas básicas incluyen:

- Tener dos (2) salidas de escape, por cada cuarto
- Las ventanas deberán ser de fácil apertura para niños y las puertas deben permanecer cerradas.
- Permanezca a nivel del piso, si se ve afectado por el humo
- Tenga un pito en cada cama, para que cada persona pueda alertar a los diferentes miembros de la familia cuando sea necesario
- Gatee desde la cama y arrástrese hasta la puerta, con la mano sienta la puerta, si está caliente use la ventana como salida de escape
- Nunca regrese a la casa, una vez afuera
- Se debe colocar una escalera de escape en la ventana del segundo piso en una casa de varios pisos y todos los miembros de la familia deben practicar el descenso por estas escaleras
- Deberán establecer un lugar de reunión, una vez fuera de la casa para así estar juntos después de escapar

Operación EVAHO—Evacuación del Hogar- El plan evaho es una campaña diseñada para incentivar y estimular a las familias a preparar un plan de escape y practicar la evaluación en su casa.

Es esencial que cada uno de los miembros de la familia tome activa participación en la planificación y uso de las vías de escape. Mientras más familiarizados estén con el plan de escape, mayor es la posibilidad de reducir el pánico en una situación de incendio.

Divise dos posibles rutas de escape para cada cuarto de la casa. El metodo mejor y más fácil método será a través de los cuartos y corredores de la casa. Si éstos se encuentran bloqueados, luego será necesario escaparse por las ventanas (Figura 17.13).

Las siguiente información debe tomarse en consideración, cuando se efctúe un plan de evacuación:

- Identifique dos rutas de escape
- Mantenga cerradas todas las puertas, para así retardar la propagación de las llamas

Figura 17.13 Durante las inspecciones de residencias, estimule a las familias para que establezcan dos rutas de escape desde cada habitación.

- Informe al Cuerpo de Bomberos de su localidad si existe algún inválido en su casa y en qué cuarto duerme.
- Conozca las procedimientos apropiados para abrir o romper las ventanas
- Tenga un lugar pre-determinado para encontrarse con sus familiares, una vez fuera de la casa.

La parte más importante a recordar en caso de incendio es que tienen que moverse muy rápido y de manera inteligente, como está establecido en el plan de evacuación. Una vez en el lugar de reunión, no abandone el área hasta que todos los miembros de su familia estén presente. Luego llame al cuerpo de bomberos e infórmelos sobre el caso, y recuérdeles a todos: NO AL PANICO.

SALIDA DE INCENDIO EN DE LAS ESCUELAS

Cuando se efectúan inspecciones en las escuelas, lo referente a las salidas de emergencia es de mucha importancia. Algunos estados tienen leyes que establecen en quién recae la responsabilidad de la realización de la simulación, su frecuencia y otros detalles. Cada inspector de bomberos deberá estar alerta de los requerimientos específicos contenidas en tales regulaciones. Donde no existen leyes, códigos u ordenanzas, el inspector deberá incentivar la realización, en forma voluntaria, del plan de evacuación de emergencia.

El propósito de estos ejercicios es el de asegurar el uso eficiente y seguro de las facilidades existentes. La ejercitación apropiada nos garantiza una evacuación ordenada y mediante la supervisión se previene el pánico, el cual ha sido responsable de la mayoría de las muertes en caso de desastre de incendios. El orden y control es el propósito principal de los ejercicios de evacuación. Aún cuando resulta deseable el lograr evacuar una edificación rápidamente, la velocidad no es un objetivo en sí mismo. Es importante mantener el orden y la disciplina (Figura 17.14).

Los ejercicios de evacuación deberán efectuarse con suficiente frecuencia como para familiarizar a todos los ocupantes, y establecer una rutina. Este ejercicio debe realizarse en diferentes horas y bajo condiciones variadas para simular situaciones fuera de los comunes, que puedan presentarse durante un incendio real. Se recomienda efectuarlas cuando se producen los cambios de clase, cuando están en asambleas, en el gimnasio, o en el receso, o cuando existen eventos especiales. Si el ejercicio se efectúa durante el cambio de clase, los estudiantes deberán ser instruidos en los procedimientos para formar una línea e inmediatemente salir por la puerta de emergencia más cercana pero en forma ordenada. Es recomendable el desplegar avisos que ilustren y orienten sobre la manera de realizar la evacuación.

La responsabilidad de planificación y conducción de estos ejercicios debe ser asignada solamente a un personal calificado y con capacidad para establecer liderazgo. Se debe poner mayor énfasis en el fin de efectuar una evacuación ordenada y disciplinada en lugar de una muy veloz. Los ejercicios de evacuación deberán realizarse por lo menos una vez al mes y se deberá tratar de involucrar a todas las personas en la escuela, incluyendo directores, profesores, enfermeras, bedeles, visitantes, etc.

Figura 17.14 Cuando se inspeccionen escuelas, presencie las prácticas de evacuación. Discuta con el personal la manera en la cual ésta fue conducida y sobre un programa de prácticas de evacuaciones regulares.

Los ejercicios de evacuación deben incluir los procedimientos que permitan la participación activa de todos y cada uno de los ocupantes de la institución. Si se llega a considerar al ejercicio de evacuación como una cuestión de rutina, donde cualquiera pueda presentar una excusa a participar, será bastante probable que en una condición de incendio real falle la evacuación y no se cumpla con los objetivos del mismo. Los ejercicios de evacuación deberán realizarse por lo menos una vez al mes. Si existe la posibilidad de que las condiciones climáticas como en invierno puedan afectar la salud de los niños, se podrán establecer ejercicios semanales al comienzo de las actividades del año escolar para completar el número de ejercicios requeridos antes de la llegada del clima frio. Tales ejercicios se deberán llevar a cabo cuando los niños estén usando las vestimenta completa, alertándolos por medio de la alarma de evacuación.

Cada clase o grupo debe proceder a un punto predeterminado en el exterior del edificio y permanecer en él hasta que se haga la reubicación de cada ocupante y se verifiquen las condiciones de seguridad de las instalaciones. Este punto debe estar lo suficientemente retirado de la edificación como para evitar posibles daños o lesiones como consecuencia de un incendio en el edificio, o para evitar interferir en las operaciones de los bomberos y también para minimizar la confusión entre clases o grupos. No hay que permitir que nadie reingrese hasta que el ejercicio haya sido completado.

Se deben activar todas las alarmas de incendio y no sedebe utilizar para alertar de la evacuación, los timbres de aviso de clases. Cuando una de las autoridades del colegio determine que existe una condición de incendio real, debe notificarlo inmediatamente al cuerpo de bomberos de la localidad. Una de las responsabilidades de directivos y profesores será el inspeccionar las salidas de emergencia diariamente. Se debe prestar particular atención al hecho de mantener todas las puertas sin cerraduras y los medios de escape libre de obstrucciones. Cualquier condición que pueda interferir con la seguridad de la evacuación debe ser corregida de inmediato y reportada a las autoridades competentes.

Los inspectores deben verificar la frecuencia de los ejercicios de evacuación y el tiempo requerido para evacuar el edificio. Un reloj cronómetro es considerado uno de los equipos de evacuación en centros educacionales. El sistema de alarma del edificio debe ser debidamente examinado. Se debe verificar que la alarma puede ser oida claramente en cualquier lugar del edificio y que puede ser activada desde cualquier piso. Deben por supuesto, investigarse los procedimientos y mecanismos con que se cuenta para comunicarse con el cuerpo de bomberos en caso de emergencia.